中国科学技术协会　主编

# 中国动物学学科史

## 中国学科史研究报告系列

中国动物学会／编著

中国科学技术出版社

·北 京·

**图书在版编目（CIP）数据**

中国动物学学科史 / 中国科学技术协会主编；中国动
物学会编著 . -- 北京：中国科学技术出版社，2022.11
（中国学科史研究报告系列）
ISBN 978-7-5046-8908-5

Ⅰ . ①中… Ⅱ . ①中… ②中… Ⅲ . ①动物学 – 生物学史 –
中国 Ⅳ . ① Q95–092

中国版本图书馆 CIP 数据核字（2020）第 216535 号

| | |
|---|---|
| 策　　划 | 秦德继 |
| 责任编辑 | 何红哲 |
| 封面设计 | 李学维 |
| 版式设计 | 中文天地 |
| 责任校对 | 张晓莉 |
| 责任印制 | 李晓霖 |

| | |
|---|---|
| 出　　版 | 中国科学技术出版社 |
| 发　　行 | 中国科学技术出版社有限公司发行部 |
| 地　　址 | 北京市海淀区中关村南大街 16 号 |
| 邮　　编 | 100081 |
| 发行电话 | 010-62173865 |
| 传　　真 | 010-62173081 |
| 网　　址 | http://www.cspbooks.com.cn |

| | |
|---|---|
| 开　　本 | 787mm×1092mm　1/16 |
| 字　　数 | 680 千字 |
| 印　　张 | 27.5 |
| 版　　次 | 2022 年 11 月第 1 版 |
| 印　　次 | 2022 年 11 月第 1 次印刷 |
| 印　　刷 | 北京顶佳世纪印刷有限公司 |
| 书　　号 | ISBN 978-7-5046-8908-5/Q·233 |
| 定　　价 | 158.00 元 |

# 《中国学科史研究报告系列》

总 主 编　沈爱民
副总主编　宋　军　刘兴平
项目策划　杨书宣　黄　珏

## 本书编委会

主　编　王德华　王祖望

编　委　（按姓氏笔画排序）

王金星　计　翔　冯伟民　刘少英　齐晓光　江建平　杜卫国
李保国　李晓晨　李新正　杨　光　吴小平　汪建国　张　立
张士璀　张正旺　张春光　张荣祖　张素萍　张路平　武云飞
黄复生　黄乘明　蒋志刚　童墉昌　雷富民

秘　书　张永文　张　欢

## 本书撰写专家

王金星　教　授　山东大学生命科学学院
王祖望　研究员　中国科学院动物研究所
王德华　教　授　山东大学生命科学学院
计　翔　教　授　温州大学生命与环境科学学院
冯伟民　研究员　中国科学院南京古生物研究所

# 丛书序

  学科史研究是科学技术史研究的一个重要领域，研究学科史会让我们对科学技术发展的认识更加深入。著名的科学史家乔治·萨顿曾经说过，科学技术史研究兼有科学与人文相互交叉、相互渗透的性质，可以在科学与人文之间起到重要的桥梁作用。尽管学科史研究有别于科学研究，但它对科学研究的裨益却是显而易见的。

  通过学科史研究，不仅可以全面了解自然科学学科发展的历史进程，增强对学科的性质、历史定位、社会文化价值以及作用模式的认识，了解其发展规律或趋势，而且对于科技工作者开拓科研视野、增强创新能力、把握学科发展趋势、建设创新文化都有着十分重要的意义。同时，也将为从整体上拓展我国学科史研究的格局，进一步建立健全我国的现代科学技术制度提供全方位的历史参考依据。

  中国科协于 2008 年首批启动了学科史研究试点，开展了中国地质学学科史研究、中国通信学学科史研究、中国中西医结合学科史研究、中国化学学科史研究、中国力学学科史研究、中国地球物理学学科史研究、中国古生物学学科史研究、中国光学工程学学科史研究、中国海洋学学科史研究、中国图书馆学学科史研究、中国药学学科史研究和中国中医药学科史研究 12 个研究课题，分别由中国地质学会、中国通信学会、中国中西医结合学会与中华医学会、中国科学技术史学会、中国力学学会、中国地球物理学会、中国古生物学会、中国光学学会、中国海洋学会、中国图书馆学会、中国药学会和中华中医药学会承担。六年来，圆满完成了《中国地质学学科史》《中国通信学科史》《中国中西医结合学科史》《中国化学学科史》《中国力学学科史》《中国地球物理学学科史》《中国古生物学学科史》《中国光学工程学学科史》《中国海洋学学科史》《中国图书馆学学科史》《中国药学学科史》和《中国中医药学学科史》12卷学科史的编撰工作。

上述学科史以考察本学科的确立和知识的发展进步为重点，同时研究本学科的发生、发展、变化及社会文化作用，与其他学科之间的关系，现代学科制度在社会、文化背景中发生、发展的过程。研究报告集中了有关史学家以及相关学科的一线专家学者的智慧，有较高的权威性和史料性，有助于科技工作者、有关决策部门领导和社会公众了解、把握这些学科的发展历史、演变过程、进展趋势以及成败得失。

研究科学史，学术团体具有很大的优势，这也是增强学会实力的重要方面。为此，我由衷地希望中国科协及其所属全国学会坚持不懈地开展学科史研究，持之以恒地出版学科史，充分发挥中国科协和全国学会在增强自主创新能力中的独特作用。

# 前　言

　　动物学是一门古老而又常新的学科。说古老，自人类与动物打交道以来，就产生了动物学知识，如殷商时代的甲骨文字中已记载动物学知识。说常新，随着学术思想和研究技术的发展，动物学领域越分越细，现代动物学新的分支学科也不断产生。

　　本书在编撰过程中，将我国动物学的发展分为古代动物学、近代动物学和现代动物学三个时期，包括三篇二十章。

　　第一篇是中国古代动物学的发展，分为七章：甲骨文中对动物的记载、《诗经》和《夏小正》中的动物知识、动物命名与分类、古人对动物认知的演进、古人对动物的利用与发展、动物为害的记载与防治、动物对古代社会人文的影响。

　　第二篇是中国近代动物学的发展，分为五章：西方近代动物学的传入、外国人士在中国进行的动植物资源考察与标本采集、近代动物学在中国的创立、近代动物学的奠基者及其研究群体和分支学科的建立、影响近代动物学学科在中国较快发展的重要因素。

　　第三篇是中国现代动物学的发展，分为八章：脊椎动物学、无脊椎动物学、动物胚胎学、动物地理学、动物生态学、动物行为学、行为生态学、保护生物学和保护遗传学。

　　第一篇和第二篇由王祖望、黄复生、童墉昌先生撰写，他们出色的工作能力、忘我的工作精神、对学问的孜孜追求，恰是我国动物学家科学精神的具体体现。在此向他们表示由衷的谢意和敬意！第三篇由各学科领域的学术骨干撰写，脊椎动物学（刘少英，兽类学；雷富民、张正旺，鸟类学；计翔、江建平、杜卫国，两栖爬行动物学；张春光、武云飞，鱼类学）、无脊椎动物学（汪建国，原生动物学；张路平，寄生蠕虫学；张素萍、冯伟民、吴小平，贝类学；李晓晨，缓步动物学；李新正，甲壳动物学）、动物胚胎学（王金星、张士璀）、动物地理学（张荣祖）、动物生态学（王德华）、动物行为学（李保国、齐晓光）、行为生态学（蒋志刚、张立）、保护生物学和保护遗传学（杨光、黄乘明）。他们在繁忙的科研和教学任务之余，超负荷地完成了现代动物学部分的撰写工作，在此也向他们表示感谢！

目前我国已经出版了一些与我国动物学学科发展史相关的著作，如《中国古代动物学史》（郭郛、［英］李约瑟、成庆泰著，1999年，科学出版社）、《中华大典·生物学典·动物分典》（王祖望主编，2015年，云南教育出版社）、《中国动物学会八十年》（中国动物学会编，2014年，内部资料）和《中国科学院动物研究所简史》（中国科学院动物研究所所史编撰委员会编，2008年，科学出版社）等。

作为我国的一部动物学学科史，本书尚缺乏动物生理学、动物遗传学、动物解剖学、动物学教学、动物学学术期刊等方面的内容，希望以后能有机会增补。对于本书相关内容的不完善和存在的不足，也希望以后能有机会进行修改和完善。

中国动物学会办公室张永文和张欢女士在中国动物学学科史项目的申请、考核和结题，以及会议组织和联系作者等方面做了大量工作，特此致谢。


王德华
山东大学生命科学学院

# 目　录

# 第一篇

# 中国古代动物学的发展

# 第一章 甲骨文中对动物的记载

人类出现以后，伴随着社会发展的需要，便开始有了文字，以便人与天、人与地、人与人交流情感和表达愿望，进而用以记载自然界和社会间发展各个阶段所发生的人与事。所以文字的出现表明了人类社会从野蛮无知进入文明理性时期。因此，随着社会的发展，一定会有文字的出现，但不同地区由于生产生活条件差异，文字的结构与形式也有很大的差别。

中国最早的文字为象形文字，从物象造字形，从字形知物象、明事理。随着社会的发展以及人们认识的提高，这种象形文字发生了很大变化，但万变不离其宗，人们总可以在字形上找到字的内涵。我国最早的文字是甲骨文，它是用尖形器物在兽骨和龟甲上刻写的文字，或祭文，或记事，或占卜，等等。另外，在这些文字中还记载了各种动物的名称。

## 第一节 虫

有关虫的甲骨文，其原形与蛇有关。蛇原本在人们心目中也是虫，所以被称为"长虫"，甲骨文的虫字与蛇有着密切的关系。有人认为上方为头部，有时写成空心，有时写为实心，似箭头，但更像熨烫衣服的烙铁，头部尖而翘起，头后向左右扩张，略成三角形（图1-1中1～3）。随后，金文虫字将身躯写得更加修长而弯曲（图1-1中4～5）。篆文虫字身躯后部与金文相仿，修长而弯曲，但头后扩大成椭圆形，扁平状结构，可能是躯干与头部相连的部分，好似眼镜蛇被激怒后高昂耸立的状态（图1-1中6）。隶书的虫字把躯干前端膨胀部分写成"◻"（图1-1中7），至此完全脱离了蛇的字形，才辨出了"虫"字。

由于虫的种类多、分布广，无论室内还是户外，人们常受到虫的侵扰，当然也会受到蛇

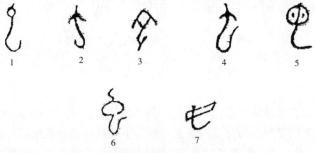

1，2，3.甲骨文；4，5.金文；6.篆文；7.隶书
图1-1 各种文体的"虫"字

的困扰，因为暑热荒野，蛇常入室捉耗子，不过日常的接触，还是虫多于蛇。虫既有有害的种类，又有众多有益好玩的种类，与人类的关系更为密切。因此，在甲骨文中虫的记载特别多。周尧对于虫类的甲骨文进行了广泛而深入的研究。

1. 蝗虫是我国农业上的重要害虫

由于蝗虫分布广、数量多，故危害特别严重。《诗经·小雅》虽有记载"去其螟螣"，但更早却不知晓。周尧研究西安半坡村遗存后指出："我国禾本科作物栽植的年代已经有6000多年了。在那些作物栽培的同时，人们必然会注意到成群结队的暴食性蝗虫。而我们在甲骨文中也第一次找到大量'蝗'字和'蝝'字（图1-2），过去学者们把它们审定为'秋'字或'夏'字，说是象形蟋蟀或蝉，这是错误的。《说文解字》的'蝗'字和'蝝'字，看来就是从它们演化来的。""此外，我还看到不少'告蝗'的卜辞，这是占卜蝗虫的发生。并有和天气的卜辞联系在一起的。"

1.（林2.18.2）；2.（安4.15）；3.（存下463）；4.（前2.5）；
5.（拾7.2）；6.（前6.513）；7.（林2.18.3）；8.（佚525）

图1-2　殷代甲骨文中的"蝗"和"蝝"字

以前人们认为图1-2中甲骨文的形状像蝉，像蟋蟀。蝉的鸣声多在夏天，而蟋蟀的鸣声多在秋末，所以像蝉者即"夏"字，像蟋蟀者即"秋"字。但周尧认为既不是"夏"字，也不是"秋"字。他从半坡村遗存中，根据我国种植禾本科作物有6000多年的历史，加上甲骨文告蝗的卜辞，以及《说文解字》中篆字"蝗"与"蝝"的对比，认定上述甲骨文为蝗和蝝。这种认定更符合情理。

2. 蜂与人类关系十分密切

在远古时期，人们生活在荒山野地之中，虽常受蜂蜇的困扰，但也尝到了蜂蜜的甘甜，这给人们留下了深刻印象。为此留下很多甲骨文的记载。周尧研究了殷墟甲骨文之后，发现了大量的"蜂"字（图1-3）。

1.（甲3642）；2.（明藏469）；3.（河303）；
4.（粹12）；5.（珠623）；6.（京都2367）；7.（京都2362）

图1-3　殷代甲骨文中的"蜂"字

这些"蜂"字过去也被认为是"秋"字。但周尧认为："其中不少是和蜜蜂非常酷似的，有膝状的触角和腹末的螫刺作为标志。篆文'蜂'字就是从它演变来的。此外，我们还见有'蜂大集'的卜辞，并认为这是养蜂的卜辞。说明殷代已经养蜂了。因之当周武王讨伐殷纣时，在他的大旗上聚集了蜂群，被认为是吉利的兆头，只有蜜蜂有'大集的习性，命名这大旗为蜂蠆'"。从甲骨文"蜂"字、蜂大集的卜辞，以及周武王蜂蠆的典故，周尧认为我国养蜂业的历史至少在 3000 年前就已经开始了。这种考证十分据理，甲骨文的蜂应与蜜同在。《说文解字》："蜂，飛蟲螫人者，從蟲蠭，逢聲，蜂。"从字形也可以看出甲骨文与之相关性。

### 3. 蝉属半翅类昆虫

由于体大鸣声洪亮，所以蝉的噪鸣常与四周清静的环境形成强烈的反差，许多文人墨客用以描述盛夏意境，表达内心情怀。另外，蝉在远古时期是极好的食材，由于得之不易，便成了帝王专用的上等食品。先秦《礼记·内则》"爵、鷃、蜩、范"，爵即雀，鷃为鹌鹑，蜩就是蝉的古称，范即蜂。无论是前两种的鸟还是后两种的虫，都是食材中的珍品。为此，甲骨文也有蝉的记载（图 1-4）。

图 1-4 《甲骨文合集》34410 甲骨文中的"蝉"字

甲骨文的蝉字，以简单的线条十分形象地勾勒出蝉的形态特征和生活习性，体分头、胸、腹三大部分。头宽大，额部向左右两侧突出，腹端尖，后足胫节细长，外侧有小刺等。整个形象似乎趴在树上，头朝天尾朝地，发出阵阵鸣声，大有满耳蝉声，静无人语的意境。虽说是出自古人之手，又经过数千年的形象甲骨文，但现今看起来仍是栩栩如生、活灵活现，充分体现了甲骨文的魅力。

### 4. 蜻蜓

蜻蜓属于水生昆虫，有水、有森林的地方多有蜻蜓。蜻蜓成虫为陆栖、能飞，常捕食蚊蝇等，飞起来又十分有趣，多在水边飞翔，常往水面点点，为此引起古人的注意。唐·杜甫的《曲江二首（其二）》诗中有"穿花蛱蝶深深见，点水蜻蜓款款飞"的名句。

蜻蜓最早的文字记载见于商代，在商代青铜卣的铭文上有蜻蜓图像（图 1-5）。

图 1-5 青铜卣上的蜻蜓图像

丁山在《甲骨文所见氏族及其制度》中列举众多甲骨文蜻蜓，十分清晰而生动，整个形象，体形修长，头大圆形，有的十分形象地勾勒出硕大双眼，左右分开，四翅横列；有的双双成45°斜角倾斜；有的则双双平行横列，这就是蜻蜓通常停立的姿势。尾端分叉，这种分叉的腹端多为雄性结构，一般成钳状，交配时用以夹住雌虫的颈部。由此可见古人对蜻蜓观察之细腻，了解之深刻，便创造了如此完美的甲骨文（图1-6）。

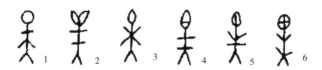

图1-6 殷代甲骨文中的"蜻蜓"文字

5. 蚕

蚕由野生经过驯化家养成为家蚕，这是中国古代劳动人民的伟大创举，所以我国先民早就知道蚕不仅能为人类提供优美的蚕丝，还知道蚕蛹是美味食品。远古时代，蚕已成为人们生活中不可或缺的一部分。所以，那时的蚕已是家喻户晓的一种昆虫。为此也留下很多甲骨文，如祭祀蚕神的占卜，以及许多青铜器上的纹饰（图1-7）等。

周尧研究之后认为："有'蚕王'的祭礼和'女蚕'的官职。有'糸'字和'丝'字，像丝成束状（图1-8）。"

甲骨文的蚕字，是以幼虫的形象刻写的。头胸部稍扩大，腹部则稍瘦而长，有明显的分节，纵观整个形象，很像蚕宝宝。但与上述的虫字甲骨文有很多相似之处，头端稍扩大，头后细长，而端部弯曲，等等（图1-9）。这也许是虫与蚕、虫与蛇等字的内在联系，也许是古人在寻找它们之间的相关性。这些问题都有待进一步探索。

图1-7 殷代铜器上的蚕纹

1.（乙6757）；2.（存86）；3.（箧106）；4.（乙124）；5.（箧58）；6.（后下8）；7.（通别253）；

8.（铁2.2）；9.系（后1.8.14）；10.矗（前2.18.4）；11.矗（京申161）；12.率（甲308）；13.率（邺初下39.6）；14.?[①]（拾9.9）

图1-8 殷代甲骨文中的"糸"字和"丝"字

---

① "?"表示尚未确认或有待进一步探索。

1.（铁185）；2.（后228）；3.（菁11）；4.（搜13.6）；5.（河816）；6.（明藏468）

图1-9 殷代甲骨文中的"蚕"字

# 第二节 鱼

有关鱼的甲骨文很多，这和当时的渔猎生活有关。人类与鱼的关系更密切，远古时期陆地水域很多，江河湖海处处有鱼，人们的饮食多以鱼为主，接触多，期望多，记载也就多（图1-10）。以下各甲骨文图各有差异，但这些甲骨文有以下共同特点：

（1）体形扁平，纺锤状，两头细小，中间膨大。

（2）体有背鳍、腹鳍和上下分叉的尾鳍。

（3）前端为口，有张开，如图1-10中J25143、J25144，但多为相合，成锥形，如J25145、J25146等。

（4）体被鳞片。

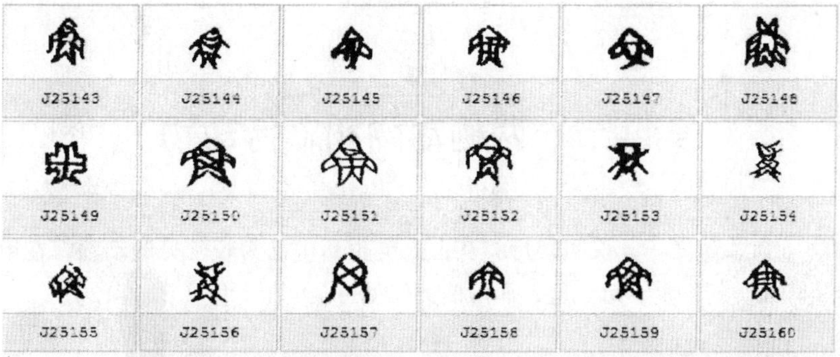

| | | | | | |
|---|---|---|---|---|---|
| J25143 | J25144 | J25145 | J25146 | J25147 | J25148 |
| J25149 | J25150 | J25151 | J25152 | J25153 | J25154 |
| J25155 | J25156 | J25157 | J25158 | J25159 | J25160 |

图1-10 鱼的甲骨文

从简单的鱼象形文字可以看出鱼的形态特征和生活习性。但是在这些甲骨文字中还有不少差别，这些差别是否代表鱼的不同种类，尚待进一步考证。

从甲骨文鱼到现代书写的鱼，虽相差甚远，但仍可找出它们之间的历史渊源。

# 第三节 贝

贝类分布十分广泛，其肉美鲜嫩，为食物中的佳品。贝壳坚硬、艳丽，可加工成名品刀具，如蚌刀、蚌镰、箭镞和各种装饰品，如蚌龙、蚌鸟等。除此之外，在远古时期，贝壳还作为货币在民间流通，因此很早以前就有贝的记载。甲骨文中的贝字就是一种宝贝科的宝贝轮廓，十分形象、清晰。宋·陆佃撰《埤雅》："目中肉如科門而有首尾，以其背用，故謂之貝。貝背也，貝之字從目從八，言背，目之所背也。"明·李时珍撰《本草纲目》："貝字象形，其中二點像其齒刻，其下二點像其垂尾。"我国出土的各种贝类见图1-11。

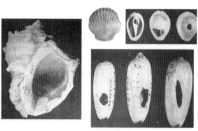

a.河南安阳殷墟（商代）出土的贝类

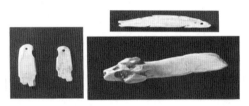

b.白燕遗址出土的贝类（商周时期）　　　c.天马—曲村遗址出土的贝类

图1-11　我国出土的各种贝类

# 第四节　两栖动物和爬行动物

龟甲为甲骨文载体之一，说明爬行类在古人类生活中已为较常见的动物，在甲骨文中爬行类共五个字：龙、蛇、鳖、鼋、龟，而两栖类仅见一个"蛙"字（图1-12）。

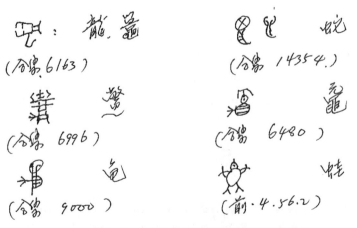

图1-12　龟甲上常见的两栖类与爬行类甲骨文

# 第五节 鸟

鸟字始见于殷周金文的《鸟形铭鼎》和《亚鱼鼎》中（图1-13）。

有关鸟的甲骨文为鸟左侧侧面观，包括鸟的头、体、翼、足，也是十分形象，尖嘴，小头，体胖，羽翼丰满，足在身体下方（图1-14），充分显示了以鸟的原型所造的鸟字。虽与现代鸟字差别很大，但仍可探寻其内在渊源。

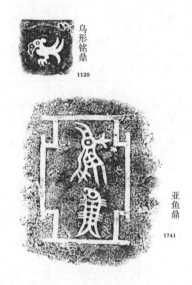

图1-13 殷周金文中的"鸟"字［引自中国社会科学院考古研究所编. 殷周金文集成（修订增补本）. 中华书局，2007］

图1-14 甲骨文中的"鸟"字（左：甲2904；右：乙6664）

# 第六节 兽

在我国已能辨识的甲骨文中，涉及兽类名称的字有20多个（表1-1）。

表1-1　甲骨文中有关兽类名称的字

| 序号 | 甲骨文 | 印刷体 | 原甲骨编号 | 注释（郭郛等，1999） |
|---|---|---|---|---|
| 1 |  | 牛 | 甲2916 | Cattle, *Bas taurus domestica* |
| 2 |  | 犬 | 狗，乙2639 | dog, *Canis familiaris* |
| 3 |  | 羊 | 甲644 | sheep and goat, *Ovis arics, Capra hircus* |
| 4 |  | 豕 | 合集10228 | 猪，pig, *Sut scrofa domestica* |
| 5 |  | 豸（豹） | 存1.1306 | leopard, *Panthera pardus* |
| 6 |  | 虎 | 前4.44.5 | Tiger, *Panthera tigris* |
| 7 |  | 狐 | 存2.359 | fox, *Vulpes vulpes* |
| 8 |  | 兔 | 乙918 | hare, *Lepus* |
| 9 |  | 马 | 合集32994 | horse, Equus c.ballus |
| 10 |  | 狼 | 前6.48.4 | wolf, *Canis lupus* |
| 11 |  | 狈 | 人673 | 貉①，*Nyctereutes*，狼群的一员 |
| 12 |  | 鹿 | 合集19965 | deer, *Cervus nippon* |
| 13 |  | 犀（兕） | 合集10403 | 犀，*Rhinoceroos sonduicus*；兕，*R. unicoruis* |
| 14 |  | 象 | 合集10222 | elephant, Elephas maximus |
| 15 |  | 麤 | 合集11258 | 野猪，wild pig, *Sus scrofa* |
| 16 |  | 麑、麒 | 南明472 | 麑、野牛，gaur, wild cattle, *Bos gaurus* 麑、麒、大额牛，big frontal cattle, *Bos frontalis* |
| 17 |  | 麋 | 续455 | mi, Pere David's deer, *Elaphurus davidianus* |
| 18 |  | 麕 | 京1345 | 麕、獐，water deer, *Hydropotes incrmis* |
| 19 |  | 鲁 | 1-乙3404， | 鼠兔，*Ochotona* |
| 20 |  | 鼌 | 5后上9.4 | 鼷鼠，jumping mice, *Sicista*；跳鼠，jerboa, *Allactaga* |
| 21 |  | 麖、麟 | 存2.915 | 麟，hartebeest, *Alcelaphus* |
| 22 |  | 夔、猴 | 夔，甲2336 | monkey, *Macaca* |
| 23 |  | 兽 | 甲2299 | 嘼、兽，animall, beast |

①表示尚未确认。

有关"兽"字的甲骨文很复杂。它由多个文字组合而成，兽字繁体为"獸"，右边是犬字，左边有人认为是石弹和狩猎武器，意思是猎人带着猎犬和武器注目观察四野，希望猎取野兽。以此复杂的意思和形象构成了一个"獸"字，所以甲骨文的兽字是一个复合字（图1-15）。

图 1-15　甲骨文中的"兽"字（甲 181）

在兽中最具代表性的动物是鹿，因为它是古代狩猎最重要的对象，古人对这类动物的生活习性也最了解。甲骨文有四种象形鹿类动物名称，即鹿、麝、麋、麐，虽然这四种鹿类动物整体形象不同，有的有角，有的则无；有的角短，有的则角长且有分枝；有的腹下有香腺，有的则无。但在甲骨文中，这类动物都保留了一个共同的象形的"鹿"作为它们的基本形制。

甲骨文是刻在龟甲兽骨上的卜辞，涉及人们生活、生产和社会活动诸多方面，当然也包括猎捕兽类、饲养家畜等活动。例如：对猎捕工具弓、矢、网、罗、阱等，家畜圈舍家、牢、匋等，以及动物的雌雄（牝、牡）、成幼（子、羔）等都有单独的字。相关的田猎资料较多，限于篇幅，即不赘述。

# 参考资料

［1］吴·陆玑. 毛诗草木鸟兽虫鱼疏. 丛书集成初编［M］. 北京：中华书局，1985.

［2］汉·郑玄注. 孔颖达疏. 陆德明音义. 礼记注疏. 四库全书. 115 册［M］. 台北：台湾商务印书馆，1986.

［3］汉·许慎撰. 宋·徐铉增释. 说文解字. 四库全书. 223 册［M］. 台北：台湾商务印书馆，1986.

［4］宋·陆佃撰. 埤雅. 四库全书. 222 册［M］. 台北：台湾商务印书馆，1986.

［5］郭沫若主编. 甲骨文合集［M］. 北京：中华书局. 1978–1983.

［6］丁山. 甲骨所见氏族及其制度［M］. 北京：中华书局. 1956.

［7］周尧. 中国昆虫学史［M］. 西安：天则出版社. 1988.

［8］刘月英. 我国古代贝类学的形成及贡献. 见：王祖望等主编.《中国古代动物学研究》. 北京：科学出版社，2019.

# 第二章 《诗经》和《夏小正》中的动物知识

　　《诗经》是一部从约公元前 11 世纪至公元前 6 世纪（即从西周初期到春秋中叶）前后绵延 500 年的一部诗歌总集，距今已有 2000 多年。诗人十分熟悉大自然中的各种动植物及其栖息环境，往往因物起兴而赋诗，赋诗的对象涉及大量动植物。其中涉及动物的诗中，提道了昆虫、鱼类、爬行类、鸟类、兽类等。《夏小正》与《诗经》的成书时间相近，是我国最早的一部指导农业生产的物候历，它是以动物、植物的生长发育等知识为基础，结合天象制定而成。

## 第一节 《诗经》中的动物学启蒙

### 一、《诗经》中提及昆虫的诗篇

　　《诗经》是一部诗歌专辑，广泛传颂于民间，后由孔子收集、整理、编纂，传世于后。全书多处出现昆虫名称，有的代表种的名称，如螽、斯螽即飞蝗，蠶即家蚕；有的则代表某一类群名称，如虫、蟓、蜉蝣、螺蠃等各自代表不同的昆虫类群。在《诗经》中出现有 26 个昆虫名称。由于诗人借景生情、见物有感，看到昆虫某些特殊的形态和习性，希望得到大自然的力量，表达人们内心的美好愿望与追求。现举例如下：

**《诗经·周南·螽斯》**

螽斯羽，詵詵兮，宜爾子孫，振振兮。

螽斯羽，薨薨兮，宜爾子孫，繩繩兮。

螽斯羽，揖揖兮，宜爾子孫，蟄蟄兮。

　　《毛诗注疏》对诗文有这样的解释：詵詵眾多也，薨薨眾多也，揖揖會聚也。清代王鸿绪等《诗经传说汇纂》认为："螽斯，蝗屬，長而青，長角長股，能以股相切作聲，一生九十九子。……薨薨群飛聲。引王安石語：薨薨言其飛之眾，……揖揖會聚也。又王安石語：揖揖言其聚之眾。引呂氏大臨語：螽斯將化其羽，比次而起，已化而齊飛有聲；既飛複斂羽而聚，屬言眾多之狀，其變如此也。"清代郝懿行在《诗问》一文中说："螽斯，蝗屬，……詵詵，羽未成而比聚之貌；振振，舒翼欲飞；……薨薨，羽成群飞声；绳绳，不绝也；……揖揖，敛羽下集貌；蛰蛰，安息也。"古人对于诗文解释很多，但对螽斯只是给予广义的"蝗属"名号，确切种名却难以确定。经刘举鹏等考证，诗文中的螽斯为亚洲飞蝗。根据上述诗文叙述可知，古人对飞蝗的形态结构和生活习性有着深入研究，飞蝗在短时间内其种群数量可急速增长扩大，迁飞时响声震耳，遮天蔽日，古人便有了"螽斯羽，诜诜兮""螽斯羽，薨薨兮""螽斯羽，揖揖兮"的思绪和联想。诗人对其强大的繁殖速度和活动能力有深刻的认识。蝗卵众多，古人常说"一牡可产九十九子"，且成活率又高，生命力又强。诗人对此更是有着强烈的感触，所以才能写出"宜尔子孙，振振兮""宜尔子孙，绳绳兮""宜尔子孙，蛰蛰兮"的诗句。效仿飞蝗的多子多孙、扩大族群和强盛生命力的特性，扩大自身的生存领地。诗人借此祝福自己的后代，希望自己的族群也能像飞蝗一样兴旺发达，迅速成长。

### 《诗经·国风（曹风）·蜉蝣》

蜉蝣之羽，衣裳楚楚。心之忧矣，於我归处。
蜉蝣之翼，采采衣服。心之忧矣，於我归息。
蜉蝣掘阅，麻衣如雪。心之忧矣，於我归说。

邹树文《毛诗蜉蝣虫名疏证》一文表明："毛诗一再地说：'蜉蝣之羽，衣裳楚楚。''蜉蝣之翼，采采衣服。''蜉蝣掘阅，麻衣如雪。'"这几句诗的原文虽然有几个在现代语中费解的词汇，但是已经意味着蜉蝣是一种很美丽的昆虫了。《毛诗故训传》（简称《毛传》）（毛亨，约为公元前二世纪初人）：'蜉蝣，渠略也。朝生暮死，犹有羽翼以自修饰。楚楚，鲜明貌。采采，众多也。掘阅，容阅也。如雪，言鲜洁。'蜉蝣掘阅即是蜉蝣之容的意思，和前面两章说羽说翼恰巧相称。诗人不说蜉蝣之容，而说蜉蝣掘阅，是协调声韵，变换词汇，以增加诗歌优美感的常情。诗'心之忧矣，于我归处。''归息''归说'，充满了朝不保暮的忧虑。《毛传》指明蜉蝣朝生暮死，具体地说出了诗人的情绪。"邹树文的这些解释及引文清楚地表明了上述诗文的思绪。

蜉蝣为昆虫纲之下"目"一级分类阶元的名称，作为一类昆虫的学名一直沿用至今，这在整个昆虫纲中也是少有的现象。我国古人观察到蜉蝣类华丽的羽翼和婀娜的身姿，同时还深知蜉蝣的生活习性，并且对这一独特类群进行了深入研究。蜉蝣为一类水生昆虫，稚虫在水中生活。成熟后，出水化为亚成虫，并从亚成虫再蜕一次皮，化为成虫。这类昆虫在脱离水域的时期，常常有同时集群的现象，同时浮出水面，同时飞舞空中。出水后蜉蝣的成虫不食不饮，依靠稚虫时期积累的营养物质维持生命，成虫的寿命极其短暂，一般仅仅生活几个小时便结束了生命，大有转瞬即逝之感。乘此短暂时光，成群蜉蝣随空飞舞，纵情漂游，互相追逐，求偶交尾，产卵于水中，繁殖其后代。随即成虫便失去生命，连同自身的体躯顺流而去，"无怨无悔"就此结束了短暂的一生。因此蜉蝣被称为"朝生暮死虫"。这种娇柔身躯、华丽色彩和独特的生活习性，引发了诗人的种种感慨。

有人说这是曹国一位士大夫为国君贪图享乐、不知勤政而发出的感叹声音。当时国家正面临种种困难，战事不断，危在旦夕，但君王和大臣们却迷恋于灯红酒绿，歌舞升平，仍是彩彩衣服，衣裳楚楚，却不知国家的危亡和自己的死期，真是令人"心之忧矣"！

但是也有另一种说法，有着不同的意思。如晋代傅咸的《蜉蝣赋》序说："讀詩至蜉蝣，感其雖朝生暮死，而能修其羽翼。可以有興。遂賦之。""有生之薄，是曰蜉蝣。育微微之陋質，羌采采而自修。不識晦朔，無意春秋。取足一日，尚又何求？戲渟淹而委餘，何必江湖之是求。"全文中心意思是：只求快快乐乐地"取足一日"，还有什么奢求呢？"无意春秋"矣，这也许是在劝说人们要知足常乐，"何必江湖之是求"呢！这种思想似乎与上述不同，但对于蜉蝣这一类群，多彩艳丽的羽翼、娇柔多姿的体躯和纤细秀长的尾须，翩翩飞舞，时时相依，以及成虫不食不饮，朝生暮死的短命现象等特点，却是他们共同的认识，这恰是蜉蝣这一类群最重要的形态特征和生活习性。可见古人对蜉蝣的观察极其深刻、细微，准确地把握其柔雅而优美的身姿和独特而奇异的生活习性，借以抒发不同诗人内心的不同情怀。

《诗经》所记述的20多类昆虫不能一一叙述，但是作为我国早期集中记述的昆虫种类及其相关的生活习性，本文仅就上述种类予以简略介绍，表明《诗经》对于这一庞大类群——昆虫有着很深的认识、理解、研究，并予以记载。

## 二、《诗经》中提及鱼类的诗篇

《诗经》中提及的鱼类有鳣（鲟鱼）、鲂、鲤、鳏（鲢鱼）、鲦、鳟、鰋（鲇）等，现举例如下：

（1）鳣（鲟鱼、鳇）：《卫风·硕人》第四章：河水洋洋，北流活活。施罛，鳣鲔发发，葭菼揭揭。庶姜孽孽，庶士有朅。

（2）鲤鱼：《陈风·衡门》第三章：岂其食鱼，必河之鲤？岂其取妻，必宋之子？

## 三、《诗经》中提及爬行类的诗篇

《诗经》中提及的爬行类有鳖、龟、鼍（扬子鳄）等，现举例如下：

（1）鳖：《小雅·六月》第六章：吉甫燕喜，既多受祉。来归自镐，我行永久。饮御诸友，炰鳖脍鲤。侯谁在矣，张仲孝友。

（2）鼍：《大雅·灵台》第四章：於论鼓钟，於乐辟廱。鼍鼓蓬蓬，矇瞍奏公。

## 四、《诗经》中提及鸟类的诗篇

《诗经》中提及的鸟类有雎鸠（鱼鹰）、鹈鹕、鸿（鸿雁）、凫（野鸭）、鸳鸯、黄鸟等，现举例如下：

（1）雎鸠（鱼鹰、鹗）：《周南·关雎》第一章：关关雎鸠，在河之洲。窈窕淑女，君子好逑。

（2）黄鸟（仓庚、黑枕黄鹂）：《邶风·凯风》第四章：睍睆黄鸟，载好其音。有子七人，莫慰母心。

## 五、《诗经》中提及兽类的诗篇

《诗经》中提及的兽类有猨（猿）、兔、鼠、狼、狐、狸、貂、豺、熊、罴、虎、猫、象、兕、（野牛）、鹿、硕鼠（田鼠）等，现举例如下：

（1）硕鼠（大仓鼠）：《魏风·硕鼠》第一章：硕鼠硕鼠，无食我黍。三岁贯女，莫我肯顾。逝将去女，适彼乐土。乐土乐土，爰得我所。

（2）罴（棕熊）：《小雅·斯干》第六章：下莞上簟，乃安斯寝。乃寝乃兴，乃占我梦。吉梦维何？维熊维罴，维虺维蛇。

（3）猱（金丝猴）：《小雅·角弓》第六章：毋教猱升木，如涂涂附。君子有徽猷，小人与属。

# 第二节 《夏小正》中的动物生态学

《夏小正》是我国最早的一部指导农业生产的物候历，其成文年代大体可以推断为殷商或殷末周初。它记录了殷商以来积累起来的大量物候知识，里面提道的与一年中某一月份相关联起物候作用的植物有 18 种，其中木本植物有 7 种：柳、梅、杏、杝、桃、桐、栗；草本植物 11 种：韭、缟、堇、芸、白茅、王萯（香附草）、幽（狗尾草）、藿苇、萍（浮萍）、开（扫帚草）、鞠（野菊）。主要以始花期为物候来临的标志（栗以外皮开裂、果实零落，韭加浮萍以绿叶始生，杏以黄熟为标志）。动物有 33 种，其中鸟类 12 种：雁、鹰、鸠、燕、仓庚（黄鹂）、鴐、鴂（伯劳）、鸡、雀、乌鸦、雉、鸢；兽类 12 种：鹿、麋、獭、貍、豺、田鼠、熊、罴、貊、貉、鼲、鼬；虫蛤类 9 种：蛤、蜃、蜉蝣、蛾（蛙类）、故（蝼蛄）、蚳（小型的蝉）、良蜩（彩蝉）、唐蜩（大而黑的马蝉）、寒蝉（青色小型的蝉）。主要以动物往来、出入、交尾或鸣叫为物候来临的标志。这些特征便于观察，又有比较稳定的周期性。现将《夏小正》所记载的农事生产活动与动物活动及植物生长与季节变化关系汇总于表 2-1 中。

表 2-1 《夏小正》中动物活动、植物生长与季节变化的关系

| 月份 | 气象 | 动物活动 | 植物生长状况 |
|---|---|---|---|
| 一月 | 时有后（和煦）风，寒日涤冻涂（虽有寒意，但冻土已开始消融） | 雁北年（北去）<br>雉震呴（震羽而鸣）<br>鱼陟负冰（由水底上升近冰层）<br>田鼠出（田鼠活动）<br>獭祭鱼（獭捕鱼并将鱼陈列在水滨）<br>鹰则为鸠（鹰去鸠来）<br>鸡桴粥（鸡开始产卵） | 柳稊（柳树生出黄黄花序）<br>梅、杏、杝、桃则华（开花） |
| 二月 | — | 祭鲔（用鲔供祭，表示捕鱼季节到来）<br>昆蚩（昆虫蠢动）<br>玄鸟来降（燕归来）<br>有鸣仓庚（黄鹂北来鸣叫） | 荣堇（堇菜开花）<br>荣芸（芸菜开花）<br>时有见稊（白茅抽黄） |

| 月份 | 气象 | 动物活动 | 植物生长状况 |
|------|------|----------|--------------|
| 三月 | 越（时）有小旱 | 彀则鸣（蝼蛄鸣叫）<br>田鼠化鴽（田间鹌多鼠少了）*<br>鸣鸠（斑鸠鸣叫）<br>始蚕（开始养蚕） | 拂桐芭（桐树开花） |
| 四月 | 越（时）有大旱 | 鸣扎（麦蜇鸣叫）<br>鸣蜮（蛙鸣叫） | 囿有见杏（果园杏果成熟）<br>王萯莠（香附草抽华序）<br>莠幽（狗尾草抽穗） |
| 五月 | — | 蜉蝣有殷（蜉蝣大量出现）<br>䗾蜩鸣（彩蝉鸣叫）<br>鸠则为鹰（鸠去鹰来） | — |
| 六月 | — | 鹰始挚（小鹰长成，开始学习飞翔搏击） | — |
| 七月 | 时有霖雨 | 狸子肇始（野猫长成，开始猎物） | 季蘆苇（芦苇生花）<br>上皇潦生萍（池塘出现浮萍）<br>开季（扫帚草开花） |
| 八月 | 辰则伏 | 出现蚊蚋和萤火虫<br>群鸟翔（飞翔）<br>鹿从（相逐交配）<br>鴽为鼠（田间鹌少鼠多了） | 栗零（栗实熟裂掸落） |
| 九月 | — | 带鸿雁（雁南来）<br>陟玄鸟（燕子飞去）<br>熊、罴、豹、貉、鼬则穴（穴居过冬）<br>雀入于海为蛤（雀鸟不见了） | 荣鞠（菊开花） |
| 十月 | — | 豺祭兽（准备过冬的食物）<br>黑鸟浴（乌鸦高飞）<br>玄雉入于淮为蜃（玄雉不见了） | — |
| 十一月 | — | 王狩（言王狩之时也，冬猎为狩） | — |
| 十二月 | — | 鸣戈（鸢高飞鸣叫）<br>陨麋角（麋角解）<br>玄驹贲（玄驹，蚁也。贲者，走于地中也） | — |

\* 鴽：古名，即今之鹌鹑。见黄复生主编《中国古代动物名称考》（科学出版社，2017，第483页）。因古代缺乏科学知识，人们将田间某种动物增减与另一种动物增减视为因果关系，实际是一种误解。

以上是《夏小正》中记载的动植物的物候现象，这表明在3000多年前，古人已经对当地动植物的生长发育及繁殖季节，鸟类的迁徙、鱼类洄游和动物冬眠等本能行为，动物周期性的生理变化，植物的开花结果等多方面生理、生态特点有比较深刻的认识，并能用以联系生产、指导农事活动。这些知识为后来物候学的形成和发展打下了良好基础。自此以后，有关著作所反映的物候历无一不受《诗经·豳风·七月》和《夏小正》的影响，并在它们的基础上进一步发扬光大。

## 参考资料

［1］吴·陆玑. 毛诗草木鸟兽虫鱼疏. 丛书集成初编［M］. 北京：中华书局，1985.

［2］汉·戴德撰. 卢辩注. 大戴礼记. 第 47 篇. 夏小正. 四库全书. 128 册［M］. 台北：台湾商务印书馆，1986.

［3］高明乾，佟玉华，刘坤. 诗经动物释诂［M］. 北京：中华书局，2005.

［4］唐·欧阳询撰. 艺文类聚.（傅咸. 蜉蝣赋）四库全书. 887 册［M］. 台北：台湾商务印书馆，1986.

［5］王鸿绪等奉敕撰. 诗经传说汇纂. 四库全书. 85 册.

［6］清·郝懿行撰. 诗问. 续修四库全书 65 册［M］. 上海：上海古籍出版社，2002.

［7］邹树文. 毛诗蜉蝣虫名疏证［J］. 生物学通报，1956（12）：6-10.

［8］牟重行. 人与自然的一门学问——二十四节气［M］. 深圳：海天出版社，2014.

# 第三章 动物命名与分类

## 第一节 动物命名的由来

在第一、第二章中，我们介绍了殷商甲骨文中记载的动物名称超过 20 个，《诗经》中记载的动植物名称 252 个，其中植物 143 个，动物 109 个；《夏小正》记载与物候有关的动植物名称共计 51 个种，其中植物 18 个，动物 33 个。随着古人对繁多的动植物种类认识的不断扩大、深入，在春秋战国时期，在动植物分类上首先出现了高度概括的专用名词——"动物"和"植物"。例如在《周礼》中就提道"天產者動物，謂六牲之屬。地產者植物，謂六穀之屬。"在该书的《地官司徒》中有关大司徒的职责条文中有"以土會之法，辨五地之物生。一曰：山林，其動物宜毛物，其植物宜阜物，……；二曰：川澤，其動物宜鱗物，其植物宜膏物……；三曰：丘陵，其動物宜羽物，其植物宜覈物……；四曰：墳衍，其動物宜介物，其植物宜莢物……；五曰：原隰，其動物宜臝物，其植物宜叢物。"这段引文说明当时人们已经有了"植物类"和"动物类"的概念。然后古人又根据不同的环境特点分成山林、川泽、丘陵、坟衍、原隰等，这些不同环境各自又适宜哪些动物、植物生存呢？于是古人又在"植物类"和"动物类"这两大类中做了进一步分类。他们将动物分为毛物、鳞物、羽物、介物、臝物。所谓毛物，即兽类，古人对兽类有一定义："四足而毛，謂之獸"，指貂、鹿、虎、狐等有四足而身体具细毛的动物；所谓鳞物是指喜栖息于川泽之中，体具鳞片的鱼类和一些爬行动物，如鲤、鳢、鳙、鳅等鱼类以及蛇等动物；所谓羽物是指喜栖息于丘陵有树木的环境中具有羽毛，善于飞翔的鸟类，古人对鸟类也有一定义："兩足而羽，謂之禽"，指雎鸠、黄鹂、鸳鸯、鹰、隼、鸮等具有羽毛的动物；所谓介物是指身披硬甲的龟、鳖类动物；所谓臝物是指身体裸露，无毛甲鳞片覆盖的动物，一般指软体动物，也有指人为臝物。

## 第二节 古代动物分类系统

对于自然界形形色色动物种类的命名，仅仅是人类认识动物的开始，为了深入了解动物的特殊习性及其发展趋势等，要对千千万万动物物种进行分门别类，列成系统，从系统中了解各动物种类的分类地位及亲缘关系，了解各动物种类的历史成因和进化方向，在此基础上，才能深入研究自然界动物种类、分布格局及其发展规律，继而进一步研究，才能可持续、更有效地利用动物资源。所以，动物的命名、分类及其系统学的研究是动物学各分支学科最基础的学科研究。

　　关于动物的命名与记述，在我国很早就已经开始了，自从有了文字，就有了动物的记载，如前面讲到的殷代的甲骨文。但甲骨文只是对个别动物或卜辞、或祈文的记载，而作为比较多的文字记述，是从《诗经》开始。然而，《诗经》也仅仅是对动物的命名和生活习性的描述，用以表达作者对事物的情感和希望。到了公元前1100—公元前780年，对于动物学的研究已经不是停留在命名与描述上，而是进行了归类，对当时已发现的动物种类经过研究后，分门别类，成立系统，这就是《尔雅》动物分类学的特点。《尔雅》的动物分类法为后来动物系统学的研究奠定了基础。

　　邹树文在《关于我国古代动物分类学的讨论》一文中指出："西汉以前记述动物分类法的文献，计有《尔雅》动物五篇，《吕氏春秋·观表》《考工记·梓人》《淮南子·时则训》《春秋繁露·五行逆顺》《大戴礼·易本命》《周礼·地官·大司徒·土会》《礼记·月令》八种。……只有《尔雅》的动物五篇胪列很多真实种类，不多做解释，只就其现存内容，试做分析调动，即可知道它是虫、鱼、鸟、兽四大类分类法。"所以《尔雅》不仅记载了众多动物种类，还将分散的种类分别归类，形成动物分类统一的系统。

# 第三节　《尔雅》中的动物分类

　　《尔雅》是辞书之祖，也是我国最早的一部基础科学书籍。郭郛所著《尔雅注证》中说"《尔雅》是一本历时3000年的古籍，收字13113个，收词约4300条。它是一本什么样的书？历代学者议论纷纷，莫衷一是。……《尔雅》不仅是一部百科全书式的科学书籍，还是一部中国科学技术文化发展的史书。"《尔雅》将动物归为五大类：《释虫》（第一五）、《释鱼》（第一六）、《释鸟》（第一七）、《释兽》（第一八）、《释畜》（第一九）。《尔雅》是当今世界上最早将千奇百态的动物以其固有性状予以归类的论著。

　　邹树文认为，《释畜》一篇是后人从前面两篇中强分出来的结果，应重新归位。为此，邹树文认为《尔雅》对动物的分类应为四个类群，即《释虫》《释鱼》《释鸟》和《释兽》。但是多数学者认为应保持原作的完整性，仍保留《释畜》篇为妥。双方对《释畜》的去留意见分歧，而对《尔雅》的动物归类和系统学观念的认识是赞同和一致的。《释畜》的归类可能与当时社会发展的水平有关。原始时期，人在山野中捕获的兽，随之即食，后来随着社会的进步，人类有了定居的生活方式，发现原获的猎物可以驯化饲养，并逐渐家养、繁殖，扩大规模，形成社会中不可或缺的畜产品。因此被《尔雅》专门列为一类《释畜》，也是情理所在。但这并不影响《释虫》《释鱼》《释鸟》《释兽》的分类学的地位和系统学的观念。此外，在《释畜》中不包含豕，而是仍放在《释兽》中，仍为常见的动物物种。由此可见，《尔雅》动物分类体系对此予以的重视地位。如果将《尔雅》的《释虫》《释鱼》《释鸟》和《释兽》用现代动物分类学相对应的分类阶元进行对比，它们应该是虫纲、鱼纲、鸟纲和兽纲。当然，这些"纲"一级的分类阶元所涵盖的实际类群与现实相比有些出入，但《尔雅》的《释虫》《释鱼》《释鸟》和《释兽》已经显露出现代动物分类学高级阶元的实际意义。现将相关的类群简述如下：

　　《尔雅·释虫》：主要涵盖六足类的昆虫，但也含有蜘蛛类、多足类，甚至环节动物和蛙等。有关《尔雅》的昆虫分类将在后文进一步考证。

《尔雅·释鱼》：主要是鱼类，但也含有蛇、鳖、龟、贝、虾、蟹等，可能因皆有鳞甲故归为一类。

《尔雅·释鸟》：古人认为二足而羽为鸟，所以主要是鸟类，但蝙蝠和鼺鼠也包括其中，可能均被认为能飞的动物故归为一类。

《尔雅·释兽》：古人认为四足而毛为兽，但这里所包括的兽应是自然界中野生状态下的兽类物种。

《尔雅·释畜》：本篇主要包括马、牛、羊、犬、猪、鸡等。这些动物都是家养的牲畜，称之为六畜。这一组成明确表明本篇不包括自然界野生状态下的动物种类。

这种编排可能是《尔雅》动物分类法的特殊意义，更符合动物分类自然与人为的区别，把自然野生的动物与驯化家养的动物严格分开，将后者另列一类，为家禽六畜，这是人为改造的动物品种。这些动物品种与自然界野生的动物种类虽有某些血缘关系，但在动物自然系统和分类学的相关性已经有着很深的鸿沟。所以这些观念充分体现了《尔雅》对于自然界动物的系统学分类和家养驯化动物的实用归类之间的明确区别，这恰恰体现了《尔雅》动物分类学思想的先进性。

《尔雅》是世界上最早也是最完整的一部动物分类学书籍。古希腊学者亚里士多德（公元前384—公元前322年）将动物分为有血动物和无血动物，有血动物又分为有毛胎生四足类、鸟类、鲸类、鱼类、蛇类、卵生四足类，无血动物又分为软体类、甲壳类、有壳类、昆虫类等。

# 第四节　中国古代昆虫学的产生与发展

## 一、"昆虫"与"六足"的由来与认知

"昆虫"与"六足"是两个不同的科学名词，有着不同的科学概念，但二者关系又密不可分，两者都是昆虫分类学的核心问题。"昆虫"指的是自然界独立存在的一个生物类群的总称，后来被科学地列为"昆虫纲"。而"六足"则是界定这一生物类群最重要的一个特征，因此这一生物类群被泛指为"六足动物"。六足特征体现了这一生物类群的共同历史渊源和进化途径。因此，我们把"昆虫"与"六足"作为讨论我国古代昆虫分类学发展的起点。

"昆虫"作为生物界一个独立类群的科学名词，在我国很早就已经出现了。《礼记》是我国一部早期著作，为史前时期著作。唐代孔颖达予以注疏的《礼记注疏》卷二六有"昆虫"这一科学名词的出现："土反其宅，水归其壑，昆虫毋作，草木归其泽（注：此蜡辞也。……昆虫暑生寒死）。"

战国末期，荀子第一次提道"昆虫"一词；唐代杨倞注《荀子》卷六有记载："昆虫万物生其间（注：昆虫蚁、螪、蜩、范之属也。除大物之外，其间又有昆虫万物。郑云：昆，明也，得阳而出、得阴而藏之虫也）可以相食，养者不可胜数也。"除括号内注解外，其余均为周朝荀况原文，明确提出更为广义的"昆虫"一词，所以郑云：昆，明也，得阳而出、得阴而藏之虫，只是加以解释。所以我国周朝时期不仅有了"昆虫"这一科学名称，还指明昆虫

这一类群的特点：种类多，数量不可胜数也，这应该是对生物界这一庞大类群最早出现并沿用至今的科学名称——昆虫的诠释吧。

汉代班固撰，唐代颜师古注《汉书》中更有昆虫的记载："君道得，则草木、昆蟲咸得其所。師古曰：昆，眾也。昆蟲言眾蟲也。"又，汉朝董仲舒在《春秋繁露》卷一一中说："陰者，陽之助也。陽者，歲之主也。天下昆蟲隨陽而出入。"许慎在《说文解字》中云："二蟲為蚰，讀與昆同，謂蟲之總名，兩義並通。"上文不仅道出昆虫一词，还指出"昆，众也，昆虫言众虫也"，并明确认为是"二虫为蚰，与昆同，为虫之总名。"

以上所列举的"昆虫"这一科学名词于周朝、汉朝时期之前在我国就已经广为流传，后相沿袭，而且在唐、宋、元、明、清各朝又更为广泛沿用（详见《中华大典·生物学典·动物分典·昆虫纲总部》第二册和《中国古代动物名称考》）。"昆虫（Insect）"作为昆虫分类学的名词，古希腊学者亚里士多德在无血动物分类中有昆虫这一名词，随后在欧洲始见于1602年 Aldrovandi 的《昆虫类动物》（*De Animalibus Insectis*），1758年被林奈的《自然系统》（第10版）所采用，并首次建立了昆虫纲（Insecta）。由此可见，"昆虫"这一科学名词在欧洲的流行比古希腊晚了1800多年，比中国晚了2000多年。所以"昆虫"一词绝不是来自欧洲的科学名词，而是源于中国、源于古希腊的科学名词。在我国"昆虫"作为科学名词，用于"虫之总名"，始于周朝之前，可能有3000年的历史。

"六足"是昆虫这一类动物最重要的特征，即动物机体具有六条腿的形态结构。节肢动物进化过程中，某些原始类群的体节发生了急剧变化，这种变化体现在以下两个方面：①通过简约途径，减少体节，减少附肢；②功能高度分化、集中，体现了活动能力的加强和生理功能的提高。原始节肢动物头部为感觉和取食中心，头部后体节繁多，多者甚至可达数十节，这些头部后的几十个体节总称为体部。体部没有进一步分化，每个体节都有一对相对应的附肢，每个附肢又被分为几个分节，其形态接近，功能相似。这些附肢为足之功能，也起着支撑整个体躯的作用。这些众多附肢的形体与功能极其相似，且显得极其笨拙、低能，不仅极大地抑制其活动能力，也极大地局限其活动区域。但在节足动物中，唯有昆虫一类在进化过程中获得了巨大成功，头部后的体部发生了巨大分化，其体节急剧减少而集中，原始祖先的体部发生了强有力的变化，出现了胸部和腹部的分化，原体部的前三个体节变得宽广而粗壮，且肌肉发达，演变为胸部，增强了三对附肢的结构和活动技能，三对足变得更加粗壮强大，专司足的功能。三对足分别着生于前胸、中胸和后胸的腹面外侧，每只足又分为基节、转节、腿节、胫节和跗节等。昆虫的胸部及三对强壮的足不仅有利于奔跑跳跃，支撑起整个体躯的重量，还形成了更加灵活、更加集中而便捷的运动中心；胸部后的体节通过简约方式，急剧锐减至十二节或更少，最少者仅数节，原有的附肢也逐步退化、消失。这些简约后的体节更加集中、有力，成为真正的腹部，每个腹节也变得粗大柔软而富有弹性，承担起腹部的应有功能，专门容纳且更有效地保护了神经系统、消化系统、循环系统、呼吸系统、排泄系统和生殖系统等。简约后的腹部也使整个体躯更加灵活、便捷，更有利于整个身体的活动，也促进其生活空间的扩大。胸部的发达以及运动中心的形成，腹部体节的简约、附肢的退化以及生理功能的提高等，标志着昆虫这一庞大类群在进化过程中获得了一次巨大的飞跃。

强大的六足不但支撑起整个体躯，而且善于奔跑跳跃，以便扩大其生存领域。另外，大部分昆虫在原有基础上，其中胸、后胸的背侧方再生四翅，更增加其运动能力，进一步发挥胸部运动中心的功能，使活动范围更加扩大，由地面伸展到空间。体部的分化、胸部的出现、运动中心的形成、六足四翅的生成、腹节的减约、附肢的退化均提升了生理功能。凡此种种推动了昆虫这一类群向多方位发展进化，使之成为生物界最繁盛的一个类群。

古人虽然不了解昆虫胸部、腹部分化以及运动中心形成和生理功能提高的重要性，也没有明确指出六足四翅对于昆虫系统发育的重要意义，但他们很早就已经把昆虫和六足放在一起，并将六足四翅作为界定多数昆虫的重要特征。

汉朝扬雄撰《輶轩使者绝代语释别国方言》（晋代郭璞注）卷一一明确提及："六足四翼虫也。"汉朝高诱注，宋代姚宏续注《战国策》："蜻蛉乎六足四翼，飞翔乎天地之间。"

关于昆虫六足的记载除上述蜻蜓外，古人对蜚蠊、螳螂、竹节虫、蝗类、螽蟖类、甲虫类、蝶类和双翅类等各个类群中均指出它们的共同特征——六足，甚至虱子也被观察到具有六足，并予以记载。许多古籍绘制昆虫的图像不仅明示六足，还准确地指明其对应位置（见《中华大典·生物学典·动物分典·昆虫纲总部》）。可见古人对昆虫的六足有着深入的观察与研究，具有共同的认识。

此外，先秦时期的《山海经》一书记载了众多神化动物，其中有一种怪蛇被称为"肥蟥"，具有"六足四翼"。这虽是被神化的怪蛇，但不能不令人产生种种疑问。蛇何以有足？蛇又何以有翼？为何又专指"六足四翼"？这岂不怪哉！深究古人思维，这明明是一种以"六足四翼"动物为模本而神化的蛇。纵观整个动物界，唯昆虫纲中一类具有"六足四翼"。古人把有翅昆虫最重要的形态特征"六足四翼"巧妙地安放在蛇的背腹，神奇般地塑造了具有"六足四翼"的图腾动物——肥蟥。

更值得关注的一点，《尔雅》曾道："蟒，蛇最大者。"又将"蟒"称为"蝗"。晋代郭璞注《輶轩使者绝代语释别国方言》道："蟒，即蝗也"。这里的蝗、蟒与蛇左边旁均以虫开笔，古人也常称蛇为虫或长虫等，并且与蝗、《诗经》中的螽斯联系在一起，常称螽斯为蝗属，蝗即飞蝗，具有六足四翼，更具有强大的繁殖力和生命力。将这样强大生命力昆虫的六足四翼安放在蟒蛇身上，使之成为无敌于天下的精神形象——肥蟥。

由此可见，古人对于六足动物观察之细微、研究之深入、联想之广泛、寓意之科学，充分意识到六足对于昆虫一类的普遍意义和历史渊源。这些观念和论述在千百年之后才被后人所理解、重视，用于研究节肢动物的系统发育，并命名昆虫为"六足动物"。

综上所述，"昆虫""六足""六足四翼"等作为昆虫分类学的名词在我国早已出现，已经把昆虫和六足连在一体，那时已把昆虫一词作为总称，用以囊括同类，并以六足予以界定。所以"六足"虫也，这一科学论述不但把昆虫一词从广义"虫"类搬离出来，而且以六足表明了这一类群的亲缘关系。这些观念已经萌发出"昆虫纲""六足动物"的分类阶元及其进化渊源的思想，进而深入研究了昆虫形态上的种种分歧，展示这一大类之下种种分支类群的形态结构与生活习性。

汉代郑玄注《周礼·考工记》："外骨、内骨；卻行、仄行、连行、纡行；以脰鸣者、以注鸣者、以旁鸣者、以翼鸣者、以股鸣者、以胸鸣者，谓之小虫之属。"这样的记载，明确表明了不同类群有不同的形态结构、不同的活动方式和不同的联系鸣声等，它们之间千差万别，但它们又同属小虫之属，认为这就是昆虫系统学的体现。外骨、内骨；却行、仄行、连行、纡行，显示不同类群的不同形态构造和不同的行为举止。以胫鸣者、以注鸣者、以旁鸣者、以翼鸣者、以股鸣者、以胸鸣者，表明了不同类群在身体的不同部位发出不同频率的鸣声，与各自族群传递信息。体现了不同族群各有各自的起源祖先，各有各自的进化历程和各有各自的形态结构与鸣声，但它们又同属于昆虫这一庞大的族群之中。朴实的形态、功能和习性研究与叙述，表达了昆虫分类与系统的历史渊源。

### 二、昆虫分类学原理、方法、目的和无翅昆虫、有翅昆虫的类别

人类为了生存，首先要接触自然、认识自然，对于千奇百态、多种多样的昆虫分辨益、害，多、少，大、小，美、丑等，如何避开有害昆虫的侵扰，获取有益昆虫的好处。从接触、认识自然界种种昆虫开始，渐渐产生了识别、区分和寻根、归类的意识，为了辨别其物性，以求得认识的深刻和生活的安定。

我国先民在接触自然中看到客观世界的内在联系，逐步有了分类的思想。早在先秦时期，《易·同人》就有了明确的记载："类族辨物"。虽仅仅四个字，却道出分类学原理，明确了分类方法与目的，对于客观存在的万物必须按族归类、按类识族，在此基础上方能辨别物性。

宋代胡瑗进一步阐明分类学基本概念，他说："類其族，辨其物，族即族黨也，物即物性也，言其分别族黨，使各以其類，明辨其物性，使各得其所。"又说："萬品之物，亦各以其群類而為黨也。至如飛者則以飛者為群，走者則以走者為群。以至昆蟲……之物，各從其群，各從其分也。"

古人看到了自然界最为普遍的现象：兽走鸟飞，特别提道种类最繁杂的昆虫首先应以"走者"与"飞者"类其族，归其党，辨其物，知其性。走者归走者的族党，飞者归飞者的族党，各有各的归属，各归各的族党，各辨各的物性。两者各有各的来源，各有各的属性。这样才能明辨走者和飞者的不同来源、不同特性。所以文中所谓"走者"与"飞者"，也许是六足虫类昆虫纲"无翅亚纲"和"有翅亚纲"两大类群最早期、最原始的分类雏形。这些认识虽然不能完全体现近代昆虫分类学的实质含意，也不能显示近代六足动物的认定及其互相关系，但是这些论述明确表明了昆虫分类学的目的、意义和方法，并且以"走者"与"飞者"归总六足动物的两大类别和族群。可以说，这是近代无翅亚纲昆虫和有翅亚纲昆虫两大类群分类的起点。

## 第五节　鳞部与介部——古人对鱼、两栖动物、爬行动物的认识

在原始的渔猎生活中，渔产品是近水氏族生活的必需，因此对一些渔产品的认识有所积累。但限于当时的认知水平，对一些常见种类或可熟知，但在分类上实无完整的认知。早在文字出现之前，在考古发掘中已有鱼、爬行动物等方面的岩画、遗骨等出现，甲骨文中也有鱼、蛙、龟、蛇等文字，但无明确的归类。

　　古代最早的分类思想，当推成书于战国或两汉之间的《尔雅》，其将动物分为《释虫》《释鱼》《释鸟》《释兽》《释畜》，实为虫、鱼、鸟、兽四大类。其中，《释鱼》则为水中渔品均列于此，从无脊椎的鱿鱼、鲍鱼，到哺乳类的鲸类均囊括其中，水栖的两栖类大鲵及爬行类的龟鳖也纳归其类。因此，古代所谓的"鱼"实为"渔品"水中食材的统称，并非现代分类学"鱼"的概念。

　　鱼类在脊椎动物中种类最多、种群生物量最大，分布从陆地的各种水域到海洋的浅海至海洋最深处，自古以来是很多人赖以生存的食材及生活来源，至今尚有不少民族以渔为谋生的主要手段。我国地域辽阔，也有不少地区的渔民依鱼为生，从渔猎时期延续至今。从史前的实物（遗骨、岩画、工艺品）到甲骨文均有所反映，到了战国时期的《尔雅》已有了《释鱼》的专叙，但古人未能明确地将"鱼"与"渔"分开，其中包含多种非鱼种类（如鱿鱼、鲍鱼、鲸鱼、鳄鱼、鲵鱼等）。经过多年的考证，我国古籍中实记鱼类共31目125科424种（属）。海洋鱼类明显受纬度影响，南北分野，而内陆鱼类则受水系分割、隔离的影响，各有特产的种类，这在古籍、地方志及地方性典籍中有所反映。如《台湾府志》《闽中海错疏》《黑龙江外记》《云南通志》《满洲源流考》《广东新语》等。

　　《尔雅》之后，有关动物分类的古籍有雅学种种，杂记、类书、本草类，但均是在《尔雅》基础上有所增补及释义，而在分类学上无所新义。直至明代李时珍在其编著的《本草纲目》中将动物分为五部十八类，使我国在动物分类学上取得了突出进展。

　　（1）虫部：卵生类、化生类、湿生类。

　　（2）鳞部：龙类、蛇类、鱼类、无鳞鱼类。

　　（3）介部：龟鳖类、蚌蛤类。

　　（4）禽部：水禽类、原禽类、林禽类、山禽类。

　　（5）兽部：畜类、兽类、鼠类、寓类、怪类。

　　《本草纲目》提出的分类以动物结构的基本类型划分，与现代高级分类阶元划分大体上为同一途径和标准。但鱼所属的"鳞部"仍然混杂有爬行类等，而"介部"又把龟鳖与无脊椎动物的蚌蛤类混在一起。由此可以看出，在近代分类学出现之前，世界上对两栖类与爬行类动物尚无明确的概念。

　　古人虽对两栖动物没有明确的分类认知，但自远古以来，已在古籍中有所记载，如甲骨文中就有"黾"（蛙类）的记载，而大鲵因其体形较大，又是一些地域的美食，因此在多处古籍中出现，如《山海经》中的"人鱼""鯑鱼"。直至明代李时珍的《本草纲目》仍将两栖类动物归于"鳞部·无鳞鱼部"及"虫部·湿生类"。

　　爬行类动物亦如两栖类动物，虽在新石器时期遗址中发现有鼍（扬子鳄）、龟与鳖的化石及遗骸的存在，甲骨文中也有"它"（蛇）、龟、龙、鼍等爬行动物的文字，但其后各种古籍中多在《释鱼》及《本草纲目》中将其归入"鳞部""介部"。

　　两栖类动物与爬行类动物这一分类学名称可以说来自西方分类学的发展，在明清时期传入我国。

# 第六节　古代鸟类知识的积累

人类文明始自渔猎，鸟类是猎物中重要的组成部分，在当时为人类提供了重要的食物来源。随着生产力的提高，一些鸟类被驯化为家禽，为人类提供肉、蛋、羽、绒等产品，从古至今在人类生活中有着不可忽视的重要作用。鸟类又是生态系统中不可或缺的重要一环，难以想象一个没有鸟类的世界会怎么样。

在出土的新石器时代器皿上已有鹳鸟图形出现。夏商时期，殷墟出土的甲骨文有鸟、鸡、雉、翰、鹬、鸿、鹳、雀、燕、凤等鸟名。从周朝至清代有关鸟类的文献不下数百种。《诗经》收录的西周至春秋中期大约 500 多年的诗歌为我国最早的鸟类志书，共记录鸟类 70 余种；《尔雅》为第一部解释语词的专著，有关鸟类的记叙在该书卷十（第十七章）《释鸟》中共 80 余条（包括能飞或滑翔的兽类两条：蝙蝠和鼯鼠）；《说文解字》是我国第一部按部首编排的字典，计有鸟名 115 种；宋代《埤雅》记录了 60 种鸟名；《尔雅翼》记录鸟类 58 种；明代《本草纲目》在禽部分为水禽 23 种、原禽 23 种、林禽 17 种和山禽 13 种，共 76 种；清代方旭所著《虫荟》记载鸟类已达 267 种之多（包括神话与传说及家禽品种）。除文字记载外，古人还留给我们诸多有关鸟类的图画，为我们确定种类提供了重要信息。

## 一、"鸟"字的由来及其内涵

《说文解字注》曰："雥、鸟之短尾总名也。"又曰："鳥，长尾禽。"将鸟分为两大类，即短尾和长尾。之后晋代郭璞注《尔雅》曰："二足而羽谓之禽。"这是最早给鸟类的精确定义。南朝梁·顾野王撰，宋代陈彭年等重修的《重修玉篇》曰："鳥，飞禽之总称。"这是从另一个角度给鸟下的定义。然而，并非所有鸟类都能飞行，诸如鸵鸟、鹤驼等。而能飞翔的兽类如蝙蝠、鼯鼠等也不能归之为鸟类。宋代毛晃增注，毛居正重增《增修互注礼部韵略》曰："禽，飛曰禽，走曰獸。鳥、禽之總名，鳥胎卵曰禽。"

## 二、鸟类的形态、生态及习性的记叙

先人对鸟的形态结构及其功能也有颇为细心的观察和描述，如《禽经》曰："物食長喙，食物之生者長喙；穀食短味，鳥食五穀者喙皆短，搏則利觜，鳥善搏鬥者利觜；巨嘴鳥善警，鳥之巨嘴者，善避矰弋，彈射曰善警。"又曰："冠鳥性勇，帶鳥性仁，纓鳥性樂。"又曰："山禽之味多短，水禽之味多長。山禽之尾多長，水禽之尾多促。"宋代朱胜非撰《绀珠集》曰："物食不同，食草者多力，食肉者多勇而悍。"清代李元撰《蠕范》曰："鳥長距則伏，短距則立；凡鳥三指向前，一指向後，鸚鵡二指向後。"

对鸟的习性、行为亦有不少观察和记述。《禽经》曰："鷹好峙，隼好翔，鳧好沒，鷗好浮。"又曰："鴻鴈愛力，遇風迅舉，孔雀愛毛，遇風高止。"又曰："鵝見異類差翅鳴，雞見同類拊翼鳴。又暮鳩鳴即小雨，朝鳶鳴即大風。"又曰："拙者莫如鳩，巧者莫如鵲。"又曰："鷹不擊伏，鵲不擊姙。又鵲見蛇則噪而賁，孔見蛇則宛而躍。又火為鶉，冕為鶴。"又曰："雀交不一，雉交不再。"又曰："淘河在岸則魚沒，沸波在岸則魚湧。"又曰："鵜志在水，鴛志在木，山鳥巖棲，原鳥地棲；林鳥朝嘲，水鳥夜啖；舒鴈鳴前後和，群棲獨警。”

《尔雅》已经观察到初生雏取食的不同方式，即有早成鸟和晚成鸟（生哺鷇生噣雏，即雏鸟孵出后需亲饲育或在亲鸟带领和指导下自行取食，需饲育的为晚成鸟，自行取食的为早成鸟）。

古籍对燕的繁殖习性也有精湛描述，如唐代张祐撰《洞房燕》，南北朝·陈萧诠撰《咏衔泥双燕》，唐代白居易撰《燕诗示刘叟》等诗清晰表明先人把燕的营巢、繁殖和育雏描写得淋漓尽致。

鸟的鸣叫，在诗人听来颇具抑扬顿挫的音律之美，如唐代韦应物撰《滁州西涧》曰："上有黃鸝深樹鳴"；唐代皇甫冉撰《春思》曰："鶯啼鴈語報新年"；唐代韩偓撰《深秋闲兴》曰："晴來喜鵲無窮語"。

鹦鹉、鹩哥皆能仿人言，深受人们喜爱，如唐代刘禹锡撰《和乐天鹦鹉》曰："誰遣聰明好顏色，事须安置入深籠"；唐代子兰撰《鹦鹉》曰："近來偷解人言語，亂向金籠說是非"。同样效人语的鹩哥（秦吉了），唐代诗人李白撰《自代内赠》曰："安得秦吉了，為人道寸心"，这表达了诗人对亲人的思念。

## 三、鸟类的物候学与季节性差异

《輶轩使者绝代语释别国方言》曰："孤雞鳴則草衰。澤雉如商庚，春秋之季始鳴，麥平隴也。"还注意到鸟的体羽与气候的关系。《禽经》曰："毛協四時。"注：春则毛羽，夏则稀少而改易，秋则刷羽，冬则更生细毛而自温。清代李元撰《蠕范》曰："燕春來，秋社去。鶪（伯劳）夏至來。鴈仲春來，仲秋去。立春百舌鳴，雨水鶯羽。春分杜鵑北向，穀雨鵯鶋催起，霜降鷫鸘南翔。大雪脊令鳴，冬至伯勞歸。"又曰："鷗鳴應潮，石雞之聲應潮。石雞，潮雞也，潮至則鳴，其聲清遠如吹角。"又曰："鳥翅動則雨，鸛仰鳴則雨，雉尾垂則雨。"

## 四、化生论及共生现象

化生论，是古人在生产实践中通过对生物的观察，形成了一种对生命现象的错误认识，虽然"化生论者"也认为"物种是变的"，似乎比西方一些学者认为物种是不变的观念要进步一些，但"化生论者"所认为的"变"却建立在"世间生物可于无中生有，或各种生物可以递嬗蜕变也"，这种"变"毫无科学根据，与达尔文进化论中的"变"毫无共同之处。如《禽经》曰："仲春之节，鹰化为鸠。季春之节，田鼠化为鴽。季秋之节，雀入大水化为蛤。孟冬之节，雉入水化为蜃。"《淮南鸿烈解》曰："鵗化为鹯，鹯化为布谷，布谷复为鵗，顺节令而变化。"早在20世纪20年代，胡先骕曾在《科学》上撰文，斥之为"未能脱初民之迷信，至谬论流传至今，大足为知识上实用上之障碍，此生物学家，不可不以其所知起而辩剖以为世棒喝者也。"

共生现象最典型的是鸟鼠同穴。在孔氏《尚书传》、张氏《地理志》、邢邴疏《尚书·禹贡》、徐松《西域水道记》等多篇文献中均有记载。古云："鸟鼠同穴，其鸟为鵌，其鼠为鼵"。因地域的不同，鸟有雪雀、地鸦、鵰等，鼠为黄鼠、鼠兔、旱獭等。清代宋琬写的《鸟鼠同穴赞》："鵌鼵二蟲，殊類同歸，聚不以方，或走或飛，不然之然，難以理推"最为形象。

## 五、绘画与鸟种类的确定

鸟类自古以来多出现在诗歌、绘画、服饰、工艺品等方面，尤其在绘画方面为我们提供了确定种类的重要信息。如《尔雅音图》《三才图会》《古今图书集成》《吴友如画宝·中外百鸟图》《本草纲目》及《故宫鸟谱》共 12 册 361 幅图，为我国古代鸟类提供了大量宝贵的信息。

## 六、清代学者的译著及外国人的考察报告

如《博物学讲义》《动物学教科书》及《穿越陕甘　1908—1909 年克拉克考察队华北行纪》等文献，为从古代的一般叙述过渡到近代生物学研究提供了有益的范例。

## 七、文献对鸟类的记录

根据现代文献（郑作新，2000 年），我国鸟类记录有 21 目、83 科、1244 种。依据所查古籍文献，可确认共录有 354 种，其中有 17 种非我国分布种（进贡、商业、民间引进等，如鸵鸟、鹤鸵、疣鼻栖鸭、鹦鹉科 13 种、黑翅椋鸟等），分属于 21 目、61 科，剔除外来种，古籍中可厘定的鸟类为现代记录目的 90.5%，科的 71.1%，种的 36.9%。

## 八、古籍中的谬论

有些古籍中的论据不是切实观察的实录，而是一些误判及主观臆想，更有以讹传讹、扩大谬误的传说，如鹤的色变、多种鸟的相视而孕、鸽的无雄而乱交、鸬鹚的胎生等。诸如，晋代张华撰《博物志》曰："鹤生五百而红，五百年而黄，又五百年而苍，又五百年而白，寿三千岁。"清代李元撰《蠕范》曰："鹤二年毛落，三年顶赤，七年飞高，又七年舞应节，又七年鸣应律，十六年大变，百六十岁色白，千岁色苍，二千岁色玄。鹤无死气，故寿也。"又曰："鸟千岁化蛤蜊，燕百岁化车螯，雀五百岁化蜃。"

鸟类繁殖，尤其是交配行为较为隐蔽，在野外不容易观察到，先人有关这方面的资料有不少谬误，且常以讹传讹，如《禽经》曰："白鹢相视而孕，雌相视而孕。"又曰："鹤以声交而孕。雄鸟上风，雌承下风则孕。"又曰："鹊以音感而孕。鹊，干鹊也，上下飞鸣则鸣。"又曰："鸡鹊睛交而孕。状似兔，而足高。相视而睛，不眩转，孕而生雏。"又曰："鹤、鸬鹚等胎生，鸽乱交。"更有甚者，一些奇谈怪论市井流传，如明代周婴撰《卮林·补遗·解鸟兽语》曰："《神仙传》《益部耆传》皆曰：杨宣并闻雀声而知覆车之粟。"《海录碎事》载《论语疏》曰："公冶长辨鸟雀语云：嗻嗻唶唶，白莲水边有车覆粟，车脚沦泥，犊牛折角，收之不尽，相呼共啄，验之果然。"这些资料都是无稽之谈，然而类似描述在古籍中常有发现。

## 九、古代地理分布的地域划分与现代有所差异

古籍中所记叙的种类大多为地方名及类别，很难与现代种名相对应，因此利用古籍中的相关数据时，应结合现代文献予以澄清。

# 第七节　古代兽类知识的积累

何谓兽?

《尔雅》曰:“四足而毛谓之兽。”也就是说，凡生有四足、身体被毛的动物，皆为兽类。身体被毛是外观最显而易见的特征，因此，古人也把兽类叫作“毛物”或“毛虫”。

《周礼·地官·大司徒》:“以土会之法，辨五地之物生。一曰山林，其动物宜毛物。”注:“毛物，貂、狐、貒、貉之属，缛毛者也。”《大戴礼记·曾子天圆》:“毛虫之精者曰麟，羽虫之精者曰凤。”

早在原始社会，人类过着渔猎生活，茹毛饮血，以树叶兽皮为衣。由于能给人类提供衣食的需要，所以人们很早便对兽类进行了观察和认识，并积累了较丰富的实践经验。据考古发现，在新石器时代，人们已经驯养了多种家畜。化石记录表明，在新石器时代早期，人们最早和最主要的家养动物，在北方是猪、狗和鸡，在南方是猪、狗和水牛。“由此，我们或许可以说，东亚新石器时代早期的主要家畜是猪、狗、鸡和水牛，不同于在西亚是绵羊和山羊，在南亚是黄牛。”(周本雄，1984 年)。古人对家养动物有明确的称呼，“始养之曰畜，将用之曰牲。”(《周礼·天官·庖人》)，只有在野外自由生活的才称之为兽。

较早的古籍，记载动物较多的有《诗经》《尔雅》《山海经》等，尤其是《山海经》，记载动物比较系统，并对兽类设有专章。《尔雅》成书于战国或两汉之间，晋代郭璞(276—324 年)注，全书共三卷十九章。现就其第十八章《释兽》中记载的兽类依现代兽类的分目分别记入，见表 3-1。

**表 3-1　现代兽类分目、已知种数及《尔雅》记载的兽类(部分)***

| 序号 | 现代兽类分目 | 已知种数 | 《尔雅》记载的部分兽类(郭郛注证，2013 年) |
|---|---|---|---|
| 1 | 食虫目(Insectivora) | 72 | 鼩鼠(鼩鼱)、彙(刺猬) |
| 2 | 攀鼩目(Scandentia) | 1 | |
| 3 | 翼手目(Chiropitera) | 120 | 蝙蝠 |
| 4 | 灵长目(Primates) | 22 | 猱(猕猴)、猨(长臂猿)、犹(藏犹猴)、蜼(金丝猴) |
| 5 | 鳞甲目(Pholiidota) | 2 | 鲮鲤 |
| 6 | 食肉目(Carnivora) | 61 | 狼、狐、貉、熊、罴、虎、貂、鼪(黄鼬)、貀(海狗) |
| 7 | 鲸目(Cetacea) | 35 | 鱀(白鱀豚) |
| 8 | 海牛目(Sirentia) | 1 | 儒艮 |
| 9 | 长鼻目(Proboscidea) | 1 | 象 |
| 10 | 奇蹄目(Perissodacityla) | 5 | 野马 |
| 11 | 偶蹄目(Artiodactyla) | 48 | 麇、鹿、彘(野猪)、犩(野牛)、羳(黄羊)、犀(爪哇犀) |

| 序号 | 现代兽类分目 | 已知种数 | 《尔雅》记载的部分兽类（郭郛注证，2013 年） |
|---|---|---|---|
| 12 | 啮齿目（Rodentia） | 207 | 鼸鼠、鼢鼠、鼶鼠（仓鼠）、鼷鼠（小家鼠）、豹纹鼠（花鼠） |
| 13 | 兔形目（Lagomorpha） | 32 | 兔、鼣鼠（鼠兔） |
| | 合计 | 607 | |

\* 我国现代兽类分目共 13 目，其中攀鼩目为 20 世纪 80 年代后新分立的目，我国仅 1 种，已知我国境内有兽类 607 种（王应祥，2003 年）。

依据郭郛的注证，《尔雅·释兽》共记载兽类 48 种，加上《释鱼》所记 1 种（鼳）、《释鸟》3 种（鼯鼠、蝙蝠、鸓）和《释畜》5 种（駏驉、野马、犤、犥、犣），合计 57 种。当然，这里所说的"种"与现代物种的含义不同，多是一个类群，有的是科或属，例如兔科（Lepocidae），狐属（Vulpes），有的或已分成多个物种。首先，表 3-1 说明，《尔雅》记载的兽类，在我国现代兽类分目中都有代表（新立的攀鼩目除外），而且对一些个体较大、经济价值较大的兽类，如灵长目、食肉目、偶蹄目、啮齿目等，我国的种类较多，《尔雅》记载的种也较多。这就是说，在两千多年前，古人就对我国境内的兽类及其主要类群进行了较全面的观察、研究和记载，这在当时中国是世界上研究和利用兽类资源最先进的国家。其次，古人对一些时常猎捕利用较佳的动物，如麋、鹿、麕、狼、兔、豕等，除为它们的雄（牡）、雌（牝）、幼兽（子）和大公兽（绝有力者）单独命名外，还对它们的足迹特征做了细致的记述，这不仅有利于根据前人的历史经验直接捕捉利用某些较好的对象，还有助于后人保护雌兽和幼兽资源以便永续利用。最后，《尔雅》对某些兽类毛色、构造特征的记述，对后人辨识兽类很有帮助，如提出"貀无前足"等；又如对虎的色型曰："甝（hán），白虎；虎儵（shū），黑虎。"这是世界上有关虎的色型的最早记载。

总之，《尔雅》是我国记载兽类较多较早的古籍之一。它系统地总结了前人对兽类知识的积累，为我们了解古人对兽类的认知奠定了基础。当然，由于时代的局限，有些记述存在误差或错误，有待更正；有些问题则有待今后进一步研究甄别。此后，历代都有关于《尔雅》的著述，如宋代郑樵注《尔雅注》、宋代陆佃撰《埤雅》、南宋罗愿撰《尔雅翼》、宋代邢昺疏《尔雅注疏》、清代郝懿行撰《尔雅义疏》等，在内容上虽各有修正或补益，如罗愿说："鼯与伏翼皆鼠颣也"，但主要还是保持了《尔雅》的历史传承。

隋唐以后，直至清代，记载兽类名称和相关知识者，古籍中一些类书和字书记述较多，饲养繁殖和药物利用则在农书和本草中皆做专章记述。类书中较受关注的如唐代的《艺文类聚》、宋代的《太平御览》、明代的《本草纲目》（药书）和《三才图会》、清代的《渊鉴类函》《古今图书集成》《格致镜原》等，皆多卷大书，各具特色，其所记兽类资料多沿袭旧说，或大同小异，创新性较少。特别应提出者，几部关于兽类的专志：宋代范成大的《桂海虞衡志》、明代黄省曾的《兽经》、清代张纲孙的《兽经》，三书篇幅都不大，各皆一卷，内容简略，多汇集前人旧说，但名为"兽志"。

《本草纲目》初刊于 1593 年，其卷五十为兽部。李时珍曰："獸，地产也。养者曰畜。……

集诸兽之可供膳食、药物、服器者为兽部。凡八十六种，分为五类：曰畜，曰兽，曰鼠，曰寓，曰怪。"其兽类之一，畜类 28 种［实列动物 9 种：豕、狗、羊、黄羊、牛、马、驴、骡、驼（无鸡），余为药物］。这里，畜类是兽类的一部分，是李时珍的新观点之一；鸡不列入畜类，为新观点之二；黄羊是野生动物，列入畜类，为李时珍误点之一。其兽类之二，兽类 38 种（有 5 种为药物或产药的传说动物），所列之兽类名称，绝大多数为现代所沿用。古人认为麒麟为兽之首，未列入，是新观点之三。其兽类之三，鼠类 12 种（实仅 7 种，其余为别类），鼫鼠是鼠兔，属兔形目，貂鼠、鼬鼠、食蛇鼠皆食肉目兽类，猬是食虫类，作者沿用旧说，是为误点之二。其兽类之四，寓类、怪类共 8 种。《尔雅》曾为兽类的三级分类设立了四个属，李时珍根据他实际检验而较科学的看法，只认可两个属，是新观点之四。但囿于传统迷信传说，而把一些魍魉鬼怪硬立于兽类的一部分，是其误点之三。《本草纲目》是一部科学性很强的药学专著，其对兽类各部位的药用价值，从取材、制作、服用、疗效，都做了细致入微的阐述，为人类健康发展做出了巨大贡献。上述只是从兽类知识的积累发展角度提出了几点历史的侧面，供斟酌。

《古今图书集成》是清代具有代表性的官修巨著，全书 6 编，32 典，1 万卷。其中《博物汇编·禽虫典》列有走兽部、畜总部，自 55～126 卷，共 72 卷（约占禽虫典 192 卷的 38%）。对各种（类）的排列顺序：第一是神话动物，麒麟、驺虞、狮豸、白泽、桃拔、角端；第二是大中型食肉类，狮、象、虎、豹等，直至豺、狼、狐狸；第三是经常猎取利用的麋、鹿、麝、麂等；第四是兔、貉、獭、猬等中小型兽类；第五是鼠类，鼫鼠、貂等；第六是猿猴类，蜼、蒙颂、猓然、狨、玃等；第七是畜，马、牛、羊、犬、豕（无鸡）；第八是珍禽异兽和外国兽类。所占篇幅最多的是马 14 卷，其余为牛 6 卷、羊犬豕各为 4 卷，野生动物中虎最多（5 卷），其余为麋鹿类 3 卷、狐狸 2.5 卷，余皆 1 种 1 卷或 2～3 种 1 卷。依据编撰体例，每种动物的纬目包括汇考（释名、动物性状、分布等）、图形、艺文、纪事、杂录、外编。本书汇集的资料很丰富，所不同者，这些资料不是编者自撰，而是完全摘引前人著述，编撰时曾引书 3523 种，涵盖唐宋以后的主要古籍。

上述列出的兽类和排序，基本反映了当时人们对我国兽类状况的认知，并且得到了皇家的认同；从其汇集资料全面系统的程度来看，可以说这是古人对我国兽类认知过程的一次时代性系统总结。另外，除神兽、鬼兽和异兽外，其对走兽部野生兽类的命名，除个别种类的名称有待商讨修正外，绝大多数的名称都沿用至今。其依据"类聚"原则的排序，当时（系统发育理论尚未出世）来看也是比较合理的；依编撰体例，对每种动物汇集的资料，有名称、异名（及出处）、特征（形态、大小）、生态、分布（产地）以及诗文、纪事、杂录和相关资料（外编），这与现代的动物志（Fauna）基本相同，在 18 世纪初，世界上还没有几个国家能够做到这一点。上述事实表明，在当时，中国仍然是世界上对兽类动物观察、研究、记载和利用最先进的国家。

值得重视的是，中国兽类名录中还有一批神兽（麒麟、狮豸等）、鬼兽（魍魉、彭侯等）、异兽（猰、猶等），有些不见于自然界，有些野外有相似动物，但名称不同，特征也有差异，对这些动物的辨识，仁者见仁，智者见智，各执一词，至今争论不休。例如，权威专著提出，貘、貔狖是大熊猫（*Ailuropoda melanoleuca*），却有人列举其考证资料说不是。大家知道，中国是一个多民族的国家，各民族的传统习俗和崇敬的神灵各有不同，对动物的叫法也不一样。

此外，中国有五千多年的文明史，在悠久的历史传承过程中，动物名称的源头常被淹没或发生嬗变，这些都对今人识别兽类的古名带来难度。我们期盼后来的智者能够把这一疑难问题逐步予以解决。

另外，清代宫廷画师余省、张为邦于乾隆十五年（1750 年）依照《古今图书集成·禽虫典》中的兽类图形摹绘了一套《兽谱》，彩色大幅，共 180 帧，于乾隆二十六年（1761 年）绢裱装订完成，共 6 册（每册 30 种）。此《兽谱》原为宫廷秘藏，故宫博物院将其更名为《清宫兽谱》，于 2014 年由故宫出版社公开出版。这是一部对研究中国古代兽类很有参考价值的彩图资料，也是当时世界上第一部兽类彩色图谱。

# 参考资料

［1］吴·陆玑. 毛诗草木鸟兽虫鱼疏. 丛书集成初编［M］. 北京：中华书局，1985.

［2］郭郛. 尔雅注证［M］. 北京：商务印书馆，2013.

［3］郭郛. 山海经注证［M］.北京：中国社会科学出版社，2004.

［4］周·师旷撰. 晋·张华注. 禽经. 四库全书. 847 册［M］. 台北：台湾商务印书馆，1986.

［5］周·荀况撰. 唐·杨倞注. 荀子. 四库全书. 695 册［M］. 台北：台湾商务印书馆，1986.

［6］汉·班固撰. 唐·颜师古注. 清·齐召南等考证. 前汉书. 四库全书. 249 册［M］. 台北：台湾商务印书馆，1986.

［7］汉·戴德撰. 北周·卢辩注. 大戴礼记. 第47篇. 夏小正. 四库全书. 128 册［M］. 台北：台湾商务印书馆，1986.

［8］汉·董仲舒撰. 春秋繁露. 四库全书. 181 册［M］. 台北：台湾商务印书馆，1986.

［9］汉·高诱注. 宋·姚宏续注. 战国策. 四库全书. 406 册［M］. 台北：台湾商务印书馆，1986.

［10］汉·刘安撰. 汉·高诱注. 淮南鸿烈解. 四库全书. 848 册［M］. 台北：台湾商务印书馆，1986.

［11］汉·许慎撰. 宋·徐铉增释. 说文解字. 四库全书. 223 册［M］. 台北：台湾商务印书馆，1986.

［12］汉·扬雄撰. 晋·郭璞注. 輶轩使者绝代语释别国方言. 四库全书. 221 册［M］. 台北：台湾商务印书馆，1986.

［13］汉·郑氏注. 周礼. 四部丛刊初编·经部.

［14］汉·郑玄注. 唐·孔颖达疏. 陆德明音义. 礼记注疏. 四库全书. 115 册［M］. 台北：台湾商务印书馆，1986.

［15］晋·郭璞著. 尔雅音图. 北京市中国书店（据光绪十年上海同文书局本影印）.

［16］晋·张华撰. 博物志. 四库全书. 1047 册［M］. 台北：台湾商务印书馆，1986.

［17］晋·郭璞注. 唐·陆德明音义. 宋·邢昺疏. 尔雅注疏. 四库全书. 221 册［M］. 台北：台湾商务印书馆，1986.

［18］梁·顾野王撰. 宋·陈彭年等重修. 重修玉篇. 四库全书. 224 册［M］. 台北：台湾商务印书馆，1986.

［19］唐·欧阳询撰. 艺文类聚.（晋·傅咸. 蜉蝣赋.）四库全书. 887 册［M］. 台北：台湾商务印书馆，1986.

［20］宋·范成大撰. 桂海虞衡志. 四库全书. 589 册［M］. 台北：台湾商务印书馆，1986.

［21］宋·胡瑗撰. 倪天稳述. 周易口义. 四库全书. 8 册［M］. 台北：台湾商务印书馆，1986.

［22］宋·李昉等撰. 太平御览. 四库全书. 893 册［M］. 台北：台湾商务印书馆，1986.

［23］宋·陆佃撰. 埤雅. 四库全书. 222 册［M］. 台北：台湾商务印书馆，1986.

［24］宋·罗愿撰. 元·洪焱祖音释. 尔雅翼. 四库全书. 222 册［M］. 台北：台湾商务印书馆，1986.

［25］宋·毛晃增注. 毛居正重增. 增修互注礼部韵略. 四库全书. 237 册［M］. 台北：台湾商务印书馆，1986.

［26］宋·朱胜非撰. 绀珠集. 四库全书. 872 册［M］. 台北：台湾商务印书馆，1986.

[27] 宋·叶庭珪撰. 海录碎事. 四库全书. 921 册 [M]. 台北：台湾商务印书馆，1986.

[28] 宋·郑樵撰. 尔雅注. 四库全书. 221 册 [M]. 台北：台湾商务印书馆，1986.

[29] 明·李时珍撰. 本草纲目. 四库全书. 772—774 册 [M]. 台北：台湾商务印书馆，1986.

[30] 明·屠本畯撰. 闽中海错疏. 四库全书. 590 册 [M]. 台北：台湾商务印书馆，1986.

[31] 明·王圻，王思义撰. 三才图会. 续修四库全书. 1235 册 [M]. 上海：上海古籍出版社，2002.

[32] 明·周婴撰. 卮林·补遗. 四库全书. 858 册 [M]. 台北：台湾商务印书馆，1986.

[33] 清·陈梦雷编. 古今图书集成·博物汇编·禽虫典 [M]. 古今图书集成.

[34] 清·陈元龙撰. 格致镜原. 四库全书. 1031 册 [M]. 台北：台湾商务印书馆，1986.

[35] 清·段玉裁撰. 说文解字注. 续修四库全书. 204—208 册 [M]. 上海：上海古籍出版社，2002.

[36] 清·方旭撰. 虫荟. 续修四库全书. 1120 册 [M]. 上海：上海古籍出版社，2002.

[37] 清·郝懿行撰. 尔雅义疏 [M]. 上海：上海古籍出版社.

[38] 清·屈大均撰. 广东新语. 续修四库全书. 734 册 [M]. 上海：上海古籍出版社，2002.

[39] 清·吴友如绘. 吴友如画宝·中外百鸟图 [M]. 上海璧园，1909.

[40] 清·张纲孙撰. 兽经. 续修四库全书. 1119 册 [M]. 上海：上海古籍出版社，2002.

[41] 清·张英，王士祯等撰. 渊鉴类函. 四库全书. 982 册 [M]. 台北：台湾商务印书馆，1986.

[42] 清·（日）西师意译.（英）窦乐安，许家惺审定. 动物学教科书. 山西大学堂译书院译本. 上海商务印书馆代印.

[43] 罗伯特·斯特林·克拉克，阿瑟·德·卡尔·索尔比著. C.H.切普梅尔编. 穿越陕甘 1908—1909 年克拉克考察队华北行纪 [M]. 史红帅，译. 上海：上海科学技术文献出版社，2010.

[44] 清·阿桂，于敏中等撰. 满洲源流考. 四库全书. 499 册 [M]. 台北：台湾商务印书馆，1986.

[45] 清·鄂尔泰等监修. 靖道谟等编纂. 云南通志. 四库全书. 569—570 册 [M]. 台北：台湾商务印书馆，1986.

[46] 清·蒋毓英修. 台湾府志. 台湾府志三种. 中华书局影印.

[47] 清·西清纂. 萧穆等重辑. 黑龙江外记. 续修四库全书. 731 册 [M]. 上海：上海古籍出版社，2002.

[48] 清·故宫鸟谱. 1—4 册 [M]. 台北：故宫博物院，1997.

[49] 清·清宫鸟谱. 5—12 册 [M]. 北京：故宫出版社，2014.

[50] 清·清宫兽谱. 1—6 册 [M]. 北京：故宫出版社，2014.

[51] 邹树文. 关于我国古代动物分类学的讨论 [J]. 昆虫学报，1976，19（3）.

[52] 邹树文. 中国昆虫学史 [M]. 北京：科学出版社，1982.

[53] 郑作新. 中国鸟类种和亚种分类记录大全 [M]. 北京：科学出版社，2000.

[54] 王祖望，等. 中华大典·生物学典·动物分典 [M]. 昆明：云南教育出版社，2015.

[55] 黄复生主编. 中国古代动物名称考 [M]. 北京：科学出版社，2017.

# 第四章　古人对动物认知的演进

对动物的认知，是人们在生活、生产中对动物观察、捕猎及之后的驯养中逐渐积累的。在文字产生之前，人们对动物的认知表现为事物的形态——岩画、雕塑等，反映出对动物的认知程度。新石器时代，人们由盲目的掠取逐步过渡到原始的农业及驯养业。把只限于掠杀、采集，进而把剩余的动物、植物进行了再生产，从而使人类在这个食物生产革命中产生了对自然认知的巨大进步，进而使人类文明步入一个新的阶段。

认知是逐渐积累而成的。古人历经数千年的生活、生产实践为我们留下了丰富的宝贵遗产。

## 第一节　古人自然观与朴素的进化思想

自古以来，人们常常为"人"自何而来，万物源于何处而争论不休。臆想、揣测、推论……不一而足，至今难有统一的定论，但总括而言无非是"神造论"（各种各样的神）及"自然进化论"（各种各样的进化论说）两大系列。在此，我们只将古人具有代表性的观点进行简介。

远古传说人与动物同居而繁衍后代，如商族的始祖"契"为其母吞食"玄鸟"卵而生之；周族的始祖"弃"是其母"履大人迹"而生。此类传说，只是古人无凭的臆想而已。

### 一、天者，万物主宰者

商周时期，出现了"天命玄鸟，降而生商"及"天黿生周"的天命说。春秋时期末，孔子认为"天"是自然界的主宰者，"子曰：天何言哉？四时行焉，百物生焉，天何言哉？"（《论语·阳货》）。孔子之论经董仲舒大加发挥，提出了"神学目的论"："天"为至高无上之神，"天者，萬物之祖，萬物非天不生"（《春秋繁露·顺命》）；"天"也是人类的主宰，"為生不能為人，為人者天也，人之為人，本於天，天亦人之曾祖父也"（《春秋繁露·为人者天》）。"天"之所以生万物，是为了养人，"天地之生萬物也，以养人"（《春秋繁露·服制象》）。总之，"天"之所以生人、生万物是为了实现天意。董仲舒认为，人是天的缩影，人的一切甚至思想、感情、道德、观念等均为按天意形成的，"天人合一"之说由此产生。

### 二、水是万物之根源

同样是商周时期，另一种说法认为，天为父，地为母，由天地产生雷、火、风、泽、水、山六个子女，自然界均由阴阳两性交感而生万物。

而后《尚书·洪范》提出："五行一曰水，二曰火，三曰木，四曰金，五曰土。"并道出："水曰潤下，火曰炎上，木曰曲直，金曰從革，土曰稼穡。潤下作鹹，炎上作苦，曲直作酸，從革作辛，稼穡作甘。"《国语·郑语（上）》"以土與金、木、水、火雜以成百物。"《国语·鲁语（上）》又曰"地之五行，所以生殖也。"在此强调了"土"的作用，同时说明万物是由五种物质而组成，"土"在生长、繁殖中的重要作用。而管仲学派则认为"水"是万物的根源，《管子·水地篇》中说："水者何也？萬物之本源也，諸生之宗室也。"水不仅是无机物之基础，也是生物发生成长之源。这与现代生物学认为生命源起于海洋的观点是基本相通的。无论"土"或"水"，何者为生命之源均与"神""天"无关，生命起源于"物质"。

## 三、道，为万物之本

春秋时期，老子曰："道生一，一生二，二生三，三生万物。"此"道"为万物之本。战国时期，宋尹学派在此基础上，指出"道"就是"气"，精气是构成万物与生命的本源，"精也者，氣之精者也。""凡物之精，比则為生，下生五穀，上為列星。"《管子·内业》"人之生也，天出其精，地出其形，合此以為人。"《荀子·天制篇》，荀子接受了宋、尹的精气说，认为万物均由"气"而生。

西汉初期，淮南王刘安在"精气说"基础上提出了"道始于一"，"道者一立而万物生矣。"《淮南子·天文训》。"所謂一者，無匹合於天下者也，卓然獨立，塊然獨處，上通九天，下貫九野，圓不中規，方不中矩。"《淮南子·原道训》的浑然一体的"气"同时提出："洞同天地，渾沌為樸，未造而成物，謂之太一。同出於一，所為各異，有鳥，有魚，有獸，謂之分物。……性命不同，皆形於有。"《淮南子·铨言训》的宇宙生成和生物生成变化的观点，认为各类动物、植物均来源于一种原始状态的"气"——湿玄。而人是由"精气"而生，动物是由"烦气"所生。由于各类生物所禀受的气不同，因而产生各类不同的生物。

东汉时期，王充在黄老学派"精气说"的基础上，提出了"元气"是构成天地万物的原始物质基础。"元气"是和云烟、云雾相似的东西，"其氣茫蒼無端末"《论衡·谈天篇》，是不生不灭的物质元素。"死者，生之效；生者，死之驗也"，并指出生物之出现多样性，是由禀受元气的厚薄精粗不同所致。同时指出："天地合氣，萬物自生……"，"天動不欲而物自如，此則無為也。謂天然無為者何？氣也。"这里的"气"是指物质运动。又明确指出"夫天覆於上，地偃於下，下氣蒸上，上氣降下，萬物自生其間矣。"生物不是由"天"（天帝、神）创造的（《论衡·自然篇》）。

南宋时期，朱熹提出"气"是由"理"产生出来的。"理"是通过"气"的作用而生万物。

总之，无论是"道"，还是"气""元气""理"，终究是自然已存的，由之产生万物，而非"天"（上帝、神）之所为产生万物。从古至今，在没有实证的情况下，不同时代，不同认知，用已知的自然现象或想象推断自然的原始，始终是各有所云，莫衷一是，难以得到一致的认同。

### 四、生命过程中的四种学说

自然界中生物种类繁多，目前已知的动植物已达数百万种，从肉眼看不到的病毒、细菌，到高耸入云的北美红杉，长达数十米、重达百吨以上的海洋中的巨鲸。这些生物间是一种什么样的关系？人们在生活、生产中探索生命的过程中，出现种种的推论与臆说。古人限于当时的认知条件，主要有"神创说""物化说""循环变化说"及"朴素的原始进化观"等。

（1）"神创说"在此不论。

（2）"物化说"，又称"化生说"，最早见于《夏小正》"鹰化为鸠""雀入水为蛤"等。到我国战国时期《庄子·至乐篇》中有大量的物化描述。这实是观察片面，妄加推断的结果，但影响颇深。直至明末徐光启、李时珍等著名之大家尚受其影响。

（3）"循环变化说"。老子在提出"道"是产生万物的本源的同时，还提出"道"是"独立而不改，风行而不殆"的观点，认为宇宙为万物都是循环变化的。庄子在《寓言篇》中提出："萬物皆種也，以不同形相禪，始卒若環，莫得其倫。"认为自然界万物是循环不已的变化。在荀子的《荀子·赋篇》中曰："千歲義反，古之常也。"认为这是天经地义的自然法则。而在《荀子·玉制篇》中曰："始則終，終則始，若環之無端也。"这种认为自然界生物是循环变化的观点，也存在于后世各个历史时期对认知的影响。

（4）"朴素的原始进化观"。两汉初期，淮南王刘安在《淮南鸿烈解·坠形训》中有生物发展变化过程的一段论述（原文有误，经夏纬瑛等人校订）清楚地勾画出生物进化的图解（图4-1）。

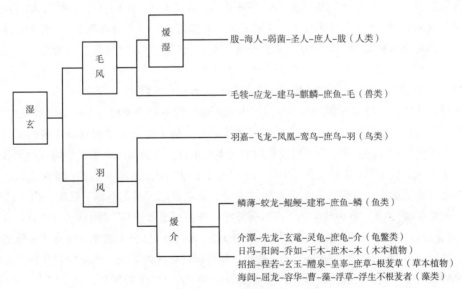

图4-1 淮南王刘安勾画的生物进化图解

通过图解可以看出，刘安用当时已达到的分类学知识，与朴素的生物进化观统一起来，把动物分为肢（人类）、毛（兽类）、羽（鸟类）、鳞（鱼类）和介（龟鳖类）五类；把植物分为藻类、草本类和木本类三类。更重要的是把每类动植物的系统进化过程做出了描述。虽然分类与进化过程粗糙而不明确，但在当时这已是最接近事实的认知，并且认为所有的生物有一个共同的祖先——湿玄，由之演化为世间万物。这在当时是最先进的，生物是在不断发展变化的进化理念。

# 第二节 解剖学与生理学知识的积累

古代氏族社会过渡到奴隶社会、封建社会的历史过程中，战争与祭祀是不可避免的，同时杀戮、肢解人与动物也是理所当然的，但也是古人对人与动物解剖构造与生理的直观认识的积累。在龙山文化遗址中，发现有用人头盖骨做杯和剥人头皮的痕迹。以头盖骨为饮器之风俗，到战国初期仍有记载。在《庄子·胠箧》中曰："昔者龍逢斬，比干剖，萇弘胣，子胥靡。"表明人体解剖与刑法、祭祀有密切的联系。

随着医学的发展，人体解剖与生理学知识在实践中亦得到发展，而这种发展反之又促进了医学的发展。人体解剖与动物解剖的目的在于治病，在《汉书·王莽传》中所述："度量五臟，以筵導其脈，知所經始，方可治病。"从而对尸体解剖开始重视。古代医学经典《黄帝内经》中就有解剖、生理、病理、病因、诊断等方面的基础理论。在对人体解剖知识的积累基础上，唐代出现了"桐人"模型，宋代有了吴简的《欧希范五脏图》、杨介的《存真环中图》和人体模型。到了清代，王清任在观察了多例尸体解剖标本后，纠正了前人的不少谬误，又重新绘出脏腑图。

古代医学受到当时哲学思想的影响，《黄帝内经》把人体与阴阳、五行联系起来，"人生有形，不離陰陽。"并指出"五臟相通，移皆有次，五臟有病，則各傳其所勝。"阐明人体各脏器在正常情况下与病态中都会相互关联，相互制约。同时认为人的情绪及所处自然环境也会影响人的健康状况，"氣怒不節，寒暑過度，生乃不固。"认为七情（喜、怒、忧、思、悲、恐、惊）六淫（风、寒、暑、湿、燥、火）都与疾病有密切的联系。

古代的战争、祭祀与医学，均在其过程中对人及动物不可避免地有着杀戮与解剖的实践。"解剖"一词首见于《灵枢经》。在实践的基础上，对人体的各个系统器官及体表的测量，在《内经》《难经》《灵枢经》《素问》以及其后的《本草纲目》与诸多医学著作中均有所记载。尤其是对循环系统的认知，早在《黄帝内经》中已有了正确的认识：心是五脏六腑之主，功能为藏血与主管血液运行。古代又称血管为脉，"脈者，血之府也。"《灵枢经·脉度》指出："經絡相貫，如環無端""氣（血）離髒也，卒然如弓弩之發，如水之下岸""經脈流行不止，環周不休"（对血液运行全身，周而复始，环周不休的认识，《左传·僖公十四年》曾有"血脉必周身而作"的记载）。通过动脉脉搏的变化，推断身体健康或疾病的状况，为我国古代医学发明的一种独特的医学诊法——脉诊。此一医学史上的创举一直延续了数千年，是中医学中的瑰宝。早在《内经》中已记载了多种脉象。晋代王叔和在前人经验的基础上，曾著有脉学专著《脉经》，其后又有许叔微（12世纪）绘出了《仲景三十六种脉法图》（已佚失），之后又有宋代施发所著《察病指南》，载有33种脉象图。在此基础上，后人又有脉象与呼吸频次关系等医学上的创见。而近代科学仪器描绘脉象，是在1860年法国人发明脉搏描记后实现的，较许叔微晚几百年。

　　在数千年的医学实践中，古人在研究人体的各脏腑、骨骼、消化系统、呼吸系统、神经系统以及内分泌系统的作用方面均有建树。从对人体及动物的阉割（刑法、动物饲养）即可看到对内分泌的实际应用。我国最早的文字——甲骨文中，已有猪、马与人阉割的记载，此后在家畜、家禽的饲养、育种上大量使用。

# 第三节　形态、分类、遗传等方面知识的积累

　　原始的农牧业是从无意识的选种开始的，人们只选择自认为有益于己的物种，其中自然蕴含了对物种的形态及分类的认识，在生产过程中，经历了无数失败的教训，逐步加深了对物种、形态、分类、生态等方面较为确切的了解。从盲目到逐渐的确认，可以说人们对动物的认知是从生产实践中积累而来。

　　在有文字记载（殷墟甲骨文）之后已有了较为可靠的认知记载（甲骨文字、遗骨、岩画中的动物学知识）：兽类21种（类）、两栖爬行类6种（类）、鸟类9种（类）、昆虫6种（类）、蛛形纲2种（类）、多足纲1种（类）、贝1种（类）、蚯蚓1种（类）、蛔1种（类）、鱼（全集10483），说明此期古人对动物已有了初步的形态和分类的认知。

　　农牧业对遗传选种最基本的需求，就是分类的进一步认知。《尔雅》记录动物约300种（类），分属于虫、鱼、鸟、兽四大类，首次提出"二足而羽谓之禽，四足而毛谓之兽"，此一亘古不变，提前数千年分类学之正确论断。《管子·幼官》《周礼·地官》将动物分为赢、羽、毛、介、鳞五大类。《周礼·考工记》则将动物分为小虫、大兽及裸者三大类。《吕氏春秋·月令》等著作将动物分为保虫、介虫、鳞虫、羽虫、毛虫五大类。直至明代，李时珍在《本草纲目》中将动物分为虫、介、鳞、禽、兽、人六大类，奠定了我国动物分类学较为完整正确的基础。

　　在分类认识的基础上，遗传选种则成为最重要的课题。古人在生活、生产实践中认识到"物生其类""种瓜得瓜，种豆得豆""同类同性，异类异性"……同时重视种的选择："母要肥，父要壮，择种为先。"也认识到从变异中取优，"取其变者为新"，历代均奖励"嘉种"的发现、保存与培育。

　　康熙曾撰文记载"白粟米"作为嘉禾的发现与培育的过程，"七年前，乌喇地方树孔中忽生白粟一科，土人以其子播获生生不已，遂盈畝顷，味既甘美，性復柔和，有以此粟来献者，朕命布植於山莊之内，莖幹葉穗較他種倍大，熟亦先時，作為糕餌潔白如糯稻，而細膩香滑殆過之，想上古之各種嘉穀，或先無而後有者概如此，可補農書所未有也。"

　　古人还注意人之优生，指出"男女同姓其生不蕃"。在汉代已知用人体高矮性状遗传的道理，通过婚配来改良家族身高。据《后汉书》记载："馮勤，字偉伯，魏都繁陽人也，曾祖父揚宣帝時為弘農太守，有八子皆為二千石，趙魏間榮之，號曰萬石君焉，兄弟形皆偉壯，唯勤祖父僂長不滿七尺，常自恥短陋，恐子孫之似也。乃為子伉娶長妻，伉生勤長八尺三寸，八歲善計，初為太守銚期功槽，有高能稱，期常從光武征伐，政事一以委勤。"

　　我国古代十分重视动物中的白化变异现象，认为是祥瑞之兆，地方官员遇有白化动物，要逐级上报，并作为献礼呈送朝廷。汉代著名学者王充指出："瑞物皆起和氣而生，生於常類之中而有詭異之性。"他进一步指出："案周太平越裳獻白雉，白雉生而白色耳，非有白雉之種

也。"这些白化动物并非生来如此，实际是自然变异。

在此，特别值得一提的是，明代王廷相的"气种"的学说，所谓"气种"是指"气者形之种，形者气之化"；"万物巨细刚柔各异其才，声色臭味各殊其性，阅千古而不变者，气种之有定也"。这充分反映出当时一些学者所认为的"气种"，已十分接近于现知的遗传物质。

# 第四节　古人的动物生态学与动物地理认知的萌芽

在不同地域、不同自然环境中，分布有不同的动物，这一自然现象在人们生活、生产中是直接感知的，从最初的这种感知积累中逐步有了生态学的认知。如《周礼·地官·大司徒》中关于不同环境中存在不同动物的记叙："一曰山林，其动物宜毛物""四曰坟衍，其动物宜介物""五曰原隰，其动物宜赢物"，初步阐明了动物与环境的生态关系。

总之，地域的不同，地形、地貌、气候、植被的不同，自然会影响到动物的分布。古代人们的活动范围较小，受到视野的局限，自然只对部分地域的动物有所认知，大量的地方志及各局部区域的著作只能反映一定范围内的动物状况。但统而观之，会明显看出不同地域的动物分布差异。这些资料为动物地理学奠定了坚实的基础。

约公元前 11—公元前 6 世纪的《诗经》已记述 100 多种动物；公元前 6—公元前 5 世纪的《考工记》已提出我国东部一些动物南北分野的现象，"鸲鹆不逾济，貉逾汶则死，此地气然也"（鸲鹆即八哥，合乎当年的事实，随着地球变暖，现今八哥已北上至北京）；公元前 5—公元前 3 世纪《尚书·禹贡》有对中国九州经济动物的记载。战国或两汉之间的《尔雅》，西汉时期的《史记·货殖列传》及先秦时期的《山海经》记载有名的山达 477 座，可以证实的有 150 座，可以证实的动物有 3000 种，归属于鸟、兽、鱼、虫四大类，可识别的植物有 160 种，其中 50 种植物可作食物和药物。《山海经》还记录了一些大型动物，如猩猩、犰狳、斑马、马来鳄、湾鳄、亚洲象等，这表明《山海经》并不是一部"荒诞不经"的专著。其后在一些地方性的古籍中也有一些极具地方性特色的动物分布的记载。例如，东汉刘珍等的《东观汉记》、清代西清的《黑龙江外记》、南宋陆游的《入蜀记》、明代屠本畯的《闽中海错疏》等，均反映出一些地方性动物分布的特点。

科学的动物地理学思想是 20 世纪初随着分类学进入我国，世界公认的动物地理学的奠基人是与达尔文同时代的 A. R. 华莱士，他系统地研究了动物在地球上的分布，对 P. L. Sclater 划分世界动物地理区（界）进行了补充、修订，被公认为现代陆栖动物地理区划的基础。《动物的地理分布》（1876 年）是其动物地理学早期最重要的文献。A.R. 华莱士创立了物种的产生和变化在空间与时间上相关联一致的理论，被推崇为世界动物地理学的奠基人。

现代的动物分布是自然环境变迁从古至今现阶段的产物，只有纵观历史，才能有正确的认知。我国有动物记叙的古籍甚多，但均零散于各类资料中，没有专门讨论动物地理学的专著，也没有明确的认知概念，这是我国今后应在动物学科中侧重的一个方面。

# 参考资料

［1］　吴·陆玑. 毛诗草木鸟兽虫鱼疏. 丛书集成初编［M］. 北京：中华书局，1985.

［2］　郭郛. 尔雅注证［M］. 北京：商务印书馆，2013.

［3］　郭郛. 山海经注证［M］. 北京：中国社会科学出版社，2004.

［4］　勾承益，李亚东. 论语白话今译［M］. 北京：中国书店，1992.

［5］　汉·孔安国，唐·孔颖达，陆德明. 景印文渊阁四库全书［M］. 台北：台湾商务印书馆，1986.

［6］　周·管仲撰. 唐·房玄龄注. 管子. 四库全书. 729 册［M］. 台北：台湾商务印书馆，1986.

［7］　周·荀况撰. 唐·杨倞注. 荀子. 四库全书. 695 册［M］. 台北：台湾商务印书馆，1986.

［8］　秦·吕不韦撰. 汉·高诱注. 吕氏春秋. 四库全书. 848 册［M］. 台北：台湾商务印书馆，1986.

［9］　汉·戴德撰. 北周·卢辩注. 大戴礼记. 第 47 篇. 夏小正. 四库全书. 128 册［M］. 台北：台湾商务印书馆，1986.

［10］　汉·董仲舒撰. 春秋繁露. 四库全书. 181 册［M］. 台北：台湾商务印书馆，1986.

［11］　汉·高诱注. 宋·姚宏续注. 战国策. 四库全书. 406 册［M］. 台北：台湾商务印书馆，1986.

［12］　汉·刘安撰. 高诱注. 淮南鸿烈解. 四库全书. 848 册［M］. 台北：台湾商务印书馆，1986.

［13］　汉·刘珍等撰. 东观汉记. 四库全书. 370 册［M］. 台北：台湾商务印书馆，1986.

［14］　汉·司马迁撰. 南朝宋·裴骃集解. 史记. 四库全书. 243 册［M］. 台北：台湾商务印书馆，1986.

［15］　汉·王充撰. 论衡. 四库全书. 862 册［M］. 台北：台湾商务印书馆，1986.

［16］　汉·郑氏注. 周礼. 四部丛刊初编·经部［M］. 上海：商务印书馆，1926.

［17］　南朝宋·范晔撰. 唐·李贤注. 后汉书. 四库全书. 252 册［M］. 台北：台湾商务印书馆，1986.

［18］　唐·王冰次注. 宋·林亿等校正. 黄帝内经素问. 四库全书. 733 册［M］. 台北：台湾商务印书馆，1986.

［19］　宋·陆游撰. 入蜀记. 四库全书. 460 册［M］. 台北：台湾商务印书馆，1986.

［20］　明·李时珍撰. 本草纲目. 四库全书. 772—774 册［M］. 台北：台湾商务印书馆，1986.

［21］　明·屠本畯撰. 闽中海错疏. 四库全书. 590 册［M］. 台北：台湾商务印书馆，1986.

［22］　清·西清纂. 萧穆等重辑. 黑龙江外记. 续修四库全书. 731 册［M］. 台北：台湾商务印书馆，1986.

［23］　严文明. 涧沟的头盖骨杯和剥头皮的风俗［J］. 考古与文物. 1982 年，第二期.

［24］　荀萃华. 再谈淮南子中的生物进化观［J］. 1983 年，自然科学史研究，第二卷第二期.

［25］　郭郛，钱燕文，马建章. 中国动物学发展史［M］. 哈尔滨：东北林业大学出版社，2004.

［26］　宋·卫湜. 礼记集说（卷一五四）. 见：王祖望等. 中华大典·生物学典·动物分典（第一册）［M］. 昆明：云南教育出版社，2016：313.

［27］　元·程瑞学. 三传辨疑（卷九）. 见：王祖望等. 中华大典·生物学典·动物分典（第一册）［M］. 昆明：云南教育出版社，2016：313.

［28］　汉·王充. 论衡·讲瑞篇（卷十六）. 见：王祖望等. 中华大典·生物学典·动物分典（第一册）［M］. 昆明：云南教育出版社，2016：278.

［29］　明·王廷相. 慎言·道体篇（卷一）. 见：王祖望等. 中华大典·生物学典·动物分典（第一册）［M］. 昆明：云南教育出版社，2016：276.

# 第五章 古人对动物的利用与发展

随着人类进化的历史，动物在人类生活、生产中的作用随之发生变化。从单纯依靠渔猎所得充饥果腹，进而改善工具，改良渔猎方法，并试图对捕获的活物（禽、兽）进行饲养、驯化。动物不仅仅作为食材，在饲养、驯化过程中，人们进一步对动物有了更多的认识，充分利用不同动物的不同特性，在生活与生产中予以运用。例如，用于狩猎的助手——犬、鹰、水獭、鸬鹚等；作为运输代步的交通工具——马、牛、骆驼、驴、牦牛等；用于农耕的助力——牛、骡、水牛、马等；用于御寒及穿着原料——各种裘皮、革、羽绒、翎等；用于药用——从低等的虫、蝎、蛇、鳖，到高等的鸟、兽，多种动物成为中医药的重要组成部分。古人对动物的利用，随着对动物认知的加深，在深度及广度上日益广泛而深入，有些动物在人类历史上起到了充裕生活、促进生产力的发展，甚至对人类历史发展与变更有着不可估量的作用。

## 第一节 东西方交流的纽带——蚕学研究与丝绸之路

中国古代对于家蚕的研究，劳动人民对于养蚕事业的发明创造，为人类文明史写下了光辉的一页，这是全世界所公认的。但历史的发展是起伏动荡的，从我国古代蚕学研究的兴衰可以看到国家实力的兴盛与衰败。

### 一、野蚕驯化为家蚕

家蚕（*Bombyx mori* Linnaeus）与野蚕（*Bombyx mandarina* Moore）十分接近。后者为野生，繁衍于野坡之上，而前者为家养，野外已不复见，只能在屋内繁殖。家蚕已经失去了原来野生的习性，在长期人为培育下，形成自身独立的形态特征和生活习性，且家蚕能生成比野蚕更多、更加柔细、多彩的蚕丝供人们享用。这是一项伟大的发明创造，是中国人民长期研究积累的结果。中国养蚕的历史经历了几千年，根据相关文献记载和考古证明，一种野蚕从纯野生，到经过驯化、养殖，渐渐成为纯家养的家蚕，这个过程可分为四个时期：纯野生时期、野生驯养时期、家养驯化时期和纯家养时期。

（一）纯野生时期

这一时期为新石器时代，人们过着原始的游猎生活，居无定所，随遇而安，一切生活资料直接取自自然界。一种野生的蚕蛾幼虫具有体表光滑细腻，没有毒毛，能结成厚实的茧皮，又丰满多脂，蚕蛹可供食用，而且发生数量很多等特点。这些特点引起了古人的关注，同时产生了种种疑问，野蚕的这些特点是否可以为人所用？经过多方试验，反复推敲、尝试，古人体验到这种野蚕确实对人体无毒无害，可以为人所用，其蚕蛹不仅可以为人们提供营养丰富的食物，厚实的茧皮还可以缝制衣裳，御寒保暖。

李济在《西阴村史前的遗存》中提道："在陕西夏县西阴村仰韶文化遗址中，发现距今6080—5600年前新石器时代，经过人为割裂的茧壳和骨针等。这个'茧壳'可能就是直接被利用的蚕茧，是当时利用茧壳直接缝衣保暖的剩余之物。"这是古人直接利用野蚕的一个例证。

周尧《中国昆虫学史》中提道："在浙江吴兴钱山漾新石器时代遗址中，……出土一批盛在竹筐中的丝织品，包括绢片、丝带和丝绒。……经 $C^{14}$ 测定，其年代为距今 $4728 \pm 100$ 年。"随着时间的推移，人们对蚕茧的利用技术有了提高。由于新石器时代人们知识水平有限，蚕仍处于纯野生状态，绢片、丝带仍来自野生蚕茧，经加工而成。从此古人由直接利用蚕的茧皮，进入到抽丝、纺织为绢和带的时期，可想而知这是经过无数次的试验、失败、再试验、再失败，最后取得的成功。这是一个飞跃，也是一个创造，是我国先民对野蚕的生活习性、成熟时间、结茧特点等进行长期饲养观察、研究、开发、利用的结果。

（二）野生驯养时期

这个时期，我国处于黄帝、尧、舜、夏、商、周时期，社会已逐步脱离了原始的游猎状态，慢慢进入定居生活，这个时期的特点是正式桑园的出现。

### 《诗经·国风·魏风·十亩之间》

十亩之间兮，桑者闲闲兮，行与子还兮。

十亩之外兮，桑者泄泄兮，行与子逝兮。

以上诗句证明至少在那个时期已经有了正式种植的桑园。植桑是这个时期的标志。此时出现少部分家养蚕的现象，大部分是把分散的野蚕集中驯养在某一桑园内，便于管理、观察和研究，也便于收获、优选。这就是从单纯采自野生的蚕蛹和蚕茧，开始进入有意识地野外驯养时期。这个时期的蚕仍主要驯养于野外，有荀况诗赋为证：

### 《荀子·赋篇·蚕》

有物於此，儵儵兮其狀，屢化如神。功被天下，為萬世文。禮樂以成，貴賤以分，養老長幼，待之而後存。名號不美，與暴為鄰。功立而身廢，事成而家敗。棄其耆老，收其後世。人屬所利，飛鳥所害。臣愚不識，請占之五泰。

五泰占之曰：此夫身女好而頭馬首者與？屢化而不壽者與？善壯而拙老者與？有父母而無牝牡者與？冬伏而夏游，食桑而吐絲，前亂而後治。夏生而惡暑，喜濕而惡雨。蛹以為母，蛾以為父。三俯三起，事乃大已。夫是之謂蠶理。

这是一篇最早研究蚕的文章，也是一篇观察研究蚕形态、习性的总结，被称之为"蚕理"。全赋分为前后两半，邹树文改为前半"飞鸟所害"和后半"喜湿而恶雨"，都说明驯养与旷野桑树有关，桑树上的蚕宝宝时常受到飞鸟所害，常受到恶雨所淋。因此，人们为了避免野外恶劣条件的干扰，不受飞鸟所害，不受恶雨所淋，能采获更多的蚕茧，便有了改变野蚕野生状态的愿望，渐渐地由户外移到室内。在此期间，户外与室内，反反复复，不断探索、试验、观察，只为求得最佳结果。此时，养蚕虽有入室的需求和愿望，然而主要还是在探索时期，大量蚕事仍在野生状态下集中驯养野蚕。

邹树文指出："家蚕以桑叶为食。桑树在野生的情况下，可以成为浓荫密闭的高大乔木林。古代劳动人民采着乔木桑茧，认为优于其他蚕茧，乃就同处或相类似之处驯养家蚕，其事极为自然。《诗经》用到'蚕'字少，而用'桑'字多。古语往往'耕桑'并称而很少'耕蚕'并称。在古人心目中，不但桑重于蚕，而且表明当时养蚕工作是在桑树上。"

综上所述，家蚕在家养驯化之前，有一段很长的历史时期是在野外桑树上集中驯养。人们也就是在这个历史时期对蚕生活的各个阶段、不同的发育时期进行了广泛的观察与研究。为彻底摆脱野外恶劣条件的困扰，人们开始摸索、创造新的优于野外环境的生活条件，为家养驯化创造条件。

（三）家养驯化时期

春秋战国时期，虽然养蚕还有野外集中驯养现象，但也仅限于少数，多数已移进室内家养驯化。《礼记·祭义》记载："古者天子诸侯，必有公桑、蚕室。"可见此时的养蚕已正式移入室内，且有专门建立的养蚕室，以供家养驯化。野蚕由野生到家养，虽然避开了飞鸟所害、恶雨所淋，但野外与室内的生活条件完全不同。人们如何创造室内的生活环境，更加适宜家蚕的生存与繁衍，并将其驯化为纯家养的状态，这是一个大问题。野外和室内是两个完全不同的生态系统，两者的生活条件差别很大，野外直接饲养在高大的桑树上，生活条件靠天赐予；家养则是在房屋内帘子上，并喂以桑叶，其生活条件靠人工调节。两者在光照、温度、湿度等方面相距甚远。前后需要一个转变过程，这个过程需要深入观察和研究蚕的生理反应、活动状况和繁殖功能等，把野生的蚕完全脱离原有的生态条件，驯化为家养的蚕，这是一项创举，但也是艰难的一步。

野蚕在驯化、家养的过程中，直接推动了对蚕在家养条件下发生规律、生理反应、生活习性的观察和研究，并深入研究蚕的生长发育、蜕皮休眠、吐丝结茧、老熟化蛹、破茧出蛾、产卵繁殖等特性，创建室内人为控制下适合蚕生活的条件，使驯化、家养后的蚕更具有活力，蚕蛹长得更加丰满，蚕丝的产量更高，丝质更优美。家蚕室内驯养家化，不仅改变了野蚕的生活习性，还坚定了人们改变自然的决心和愿望。此时我国蚕业已得到了巨大的发展。邹树文指出："公元前3世纪，我国即以盛产丝织物闻名于世，被称为'丝国'。"

（四）纯家养时期

在驯化、家养的基础上，我国养蚕事业和蚕学研究进入了秦汉鼎盛时期。此时家蚕已完全驯化为纯家养状态，人们在室内创造了适宜家蚕生活、繁殖的环境和适宜的温度、湿度，优越的生活条件促进了家蚕的生长发育。由于科学养蚕，方法由繁变简，程序由难变易，使得养蚕迅速推广普及，蚕丝的产业有了很大发展。那时，几乎家家户户都在养蚕，古时民间有这样的说法："一妇不蚕，或受之寒"。可想而知，那时养蚕业的兴旺发达。此时社会也有了很大发展，生产力有了很大提高，社会分工更加精细，人们的生活水平随之有了很大改善，对蚕丝的需求也更加迫切和渴望。士大夫的生活要求更为讲究，对绫、罗、绸、缎的质地和色彩有着更高的要求。另外，丝绸在国际贸易中占有很高份额。丝绸之路的开通，使得国际贸易更加昌盛，要求有高产的家蚕和优质的蚕丝。在这种形势推动下，要求对家蚕的活动规律、生活习性与繁殖动态进行更深入的观察与研究，进而对家蚕各个品系进行系统的筛选，选高产、选优生、选优质，借以适应形势的需求。所以，这个时期我国蚕丝业进入了最为鼎盛的时期，也使蚕学研究进入了一个崭新时代，为蚕学基础研究奠定了基础。

蚕从野生到家养，人们从直接利用蚕茧缝衣取暖，到间接煮茧、缫丝、织绢；从简单粗放到复杂求精；从国人喜欢，自产自销，惠及疆土，到外人青睐，输出境外，普天共享。总之，蚕从纯野生，经过漫长的野生饲养时期，再到驯化、家养时期，最后到纯家养时期，是一个艰难的历程，前后经过数千年，这是我国先民的伟大创举，也是劳动人民不断观察、试验、筛选，开展蚕学研究的结果。周尧在养蚕历史的考证中说："养蚕是中国古代劳动人民发明的。……是人类改造自然的一个伟大成就。"

## 二、"丝绸之路"的开辟

丝绸之路的开辟，推动了养蚕业的发展，也推动了蚕学的研究。家蚕在驯化、家养后有了很大发展，蚕丝的产业也随之扩大、提高，且因古时战争频繁、社会动荡，人们为求富裕、寻安定，不断向外求生，开拓商旅往来，进而长途迁徙，蚕种及养蚕的相关技术也随之传到国外。邹树文对蚕丝、蚕种早期输出的记载和丝绸之路的开辟做了深入的考证，认为丝绸之路有以下几个路线：

### 1. 西路

这是最古老的路线，也可以说丝绸之路从这里开始。黄河流域、长江流域是中华民族的发祥地，也是人类最早利用蚕茧缫丝、织绢的地方。公元前300年，我国丝织品已经成为对外贸易的重要商品，并不断地输出国门，进入西域各地。随着这道国门的开启，从汉建元三年至元朔三年（公元前138—公元前126年），张骞奉汉武帝刘彻之命西行，并与帕米尔高原以西的国家建立了良好的关系，返回后禀报："臣在大夏时见邛竹杖、蜀布。"邹树文认为："当时还没有应用棉花，这种布也可能是丝织品。由此可见，在张骞奉使以前，民间商旅往来转输丝织物早已频繁了。"随后于汉元狩四年（公元前119年），张骞又奉命第二次出使西域，并派遣许多持节副使到自己不能去的地方。这些人从中原出发，围绕我国新疆维吾尔自治区天山以南的塔克拉玛干大沙漠分南北两路西行，南路经由敦煌、楼兰，经于阗（和田）、莎车，穿越帕米尔高原，到阿富汗、伊朗、伊拉克、罗马帝国。北路出河西走廊，经吐鲁番、库车、喀什等地，横跨帕米尔高原，到达费尔干纳、撒马尔罕。两条路线最后集中于波斯（今伊朗）。《汉书》说它的都城"临妫水，商贾车船行旁国"。由此可见，当时的波斯是我国丝织品的集散市场，从这里再向四面八方扩散，并建立了密切的关系。从此我国与西域各国之间的交通、经济、宗教、文化的交流就更加频繁，贩运丝绸的商旅频频往来，这条道路后来被中外历史学家称为"丝绸之路"。

《后汉书·西域传》记载："大秦国（即今羅馬）……有松柏諸木百草。人俗力田作。多種樹蠶桑。"瓦格勒《中国农书》记载："波斯人当时必定已经在养蚕，因为当亚历山大征服波斯国时，便将这里所得的蚕送给他的先生亚里士多德，使后者在自己的自然史中详细加以叙述。"这些均证明了"丝绸之路"的历史作用，并且进一步证明了蚕种与蚕丝以及饲养、调试等技术早已从这条丝绸之路传入欧洲。周尧指出："随着丝绸之路的开辟，丝织品流传到阿富汗、俾路芝、波斯一带。有的转卖到印度，有的转卖到叙利亚、埃及、罗马和希腊，希腊称（丝）为 ser，称产丝民族为 seres。"

根据上述考证，我国的蚕丝、蚕种以及养蚕技术通过丝绸之路由我国西部传到了中亚、西亚和欧洲诸地，此举不但发展了经济，而且以此建立了良好的国际关系。

2. 东路

据邹树文记载："对于日本的输出，由朝鲜间接的说法，因地理最接近亦极自然。"据《汉书·地理志》所载，早在公元前11世纪，中国的蚕种与栽桑的方法已经传到朝鲜，则此后再达日本，一衣带水之隔而已。据日本史及其蚕丝业史中记载：秦始皇时"徐福率三千男女儿童，携带桑蚕种子，航游日本。"

据清代黄遵宪撰《日本国志》卷四记载："雄略帝八年（公元464年）遣使身狭青檜隈博德于吴。十四年（公元470年）身狭青檜隈博德再奉命往吴。因得吴織、漢織、並縫女姊妹四工女而返"，证明了我国的蚕与丝从东部早已传入朝鲜、日本。

据周尧考证："远在公元前12世纪，我国蚕种和养蚕技术传到了朝鲜。在公元前3—公元5世纪，日本从朝鲜学会养蚕。在秦始皇时（公元前259年—公元前210年）吴地（今江浙一带）有兄弟二人东渡黄海到日本，传授养蚕织绸技术，缝制吴服。应神天皇（公元3世纪末）、仁德天皇（公元4世纪初）、雄略天皇（公元5世纪中）曾专门派人从朝鲜半岛邀请逃到乐浪、带方二郡的中国人移居日本。南北朝时（公元420—589年）也直接从浙江一带招募一批养蚕纺织的技工去传授技术，得到进一步提高。"

以上考证和记载说明，在南北朝之前我国养蚕业已十分发达，并且从我国东部传到朝鲜和日本，在交往中直接传授了相关的知识和技术。

3. 南路

据季羡林《中国蚕丝输入印度问题的初步研究》，将中国蚕丝输入印度的过程分为南海等五条路线。他认为在唐僧玄奘到达印度时，那里的人民用的只是野蚕丝，尚未见到家蚕的养育。"到了宋代，印度人，至少是靠近和中国通商的港口一带的人已经可以穿丝衣服。"看来多数的蚕种与蚕丝由海路从这些通商的港口输入印度了。

郑和七下南洋，从海路打通了世界各地通商渠道，并且建立了良好的外交关系。通过瓷器、茶叶、蚕丝、刺绣和缂丝等，构建了海上的"丝绸之路"，与东亚、南亚、印度洋、非洲甚至与欧洲诸国有了新的联系，开展了更为广泛的贸易往来，并且建立了友好关系。

4. 北路

除上述几条早期开辟的丝绸之路外，还有北方一条重要的古代丝绸之路，称之为北路，这是最晚开辟的一个商旅国门，可能始于元明时期，兴盛于清代。以山西晋商为核心，从江南各地大量采购茶叶、丝绸和漆器，沿着运河北上，经山西由马帮或驼队北运，以张家口、呼和浩特、包头为集散地，随后向北经蒙古，再向北到了俄罗斯，穿越乌拉尔山，最后到达欧洲各地。由于贸易繁忙，发展迅速，山西出现了不少商号、票号和银号。同时也有不少人为了找生活、谋出路，成群结队贩运物资，从荒山秃岭、饿狼出没、盗匪横行的地方"走西口"，到漫漫沙海、无边荒原求新生。他们创造了奇迹，开辟了一条新的商旅通道——北方丝绸之路，将我国南方盛产的丝绸、刺绣、漆器、茶叶运往北方，运往蒙古、俄罗斯和欧洲，再从当地运回我国所需的物资。这不仅沟通了彼此的物产，也交流了文化、艺术、信仰、宗教等。

## 三、蚕学研究的成就

我国古代在开展科学研究中，有很多突出的成就与贡献，蚕学研究便是其中的佼佼者。在人类发展历史上，我国先民对家蚕的研究开始最早、经历最长、成就最大、范围最广、意义最深。它应该被列为世界昆虫学史上最为显赫的一页。第一，家蚕从纯野生到纯家养，培育了一个全新的脱离野生状态下的家蚕，这是一项创举。第二，开辟了多条“丝绸之路”，为世界提供了优质、华丽的绫、罗、绸、缎，以及优美绝伦的刺绣和缂丝。所以，家蚕的研究与培育是蚕学研究的一大成就，这一成就繁荣了国人，同时也献给了世界。

最早研究野蚕的具体时间已无法查考，人们只能从甲骨文留下的诸多桑、蚕、丝的记载中寻找线索。最早研究蚕的文章已有留存，战国末期荀子的《蚕赋》就是存留最完整、最深刻的一篇蚕学研究的早期文章。它首先描述蚕幼虫的形态构造，身体分节、皮肤细腻、无毛无鳞，幼虫的头顶圆滑，嘴在下方横向突出，时常头胸高起耸立，可与高昂的马头相比拟。进而对蚕幼虫的生活习性进行了深入研究，认为幼虫虽由父母所生，但自身难分牝牡，个体发育经过几次蜕皮，所谓“三俯三起”。随着成熟长大，食量暴增，幼虫生活期间怕鸟也怕雨，最后幼虫进入成熟期，吐丝结茧。当时能有这样翔实的记载，实属难能可贵。

晋代张华在深入研究家蚕生殖时观察到：通常雌雄成虫必须交配产子，繁殖后代。但也存在有反常现象，并指出：“蚕不交亦产子，子后为蚕。”通过这一例证，他最早提出昆虫有孤雌生殖的自然现象。

北魏时期，贾思勰的《齐民要术》对蚕的不同品系有了详细记载：“按今世有：三卧一生蠶、四卧再生蠶、白頭蠶、頡石蠶、楚蠶、黑蠶、兒蠶、有一生再生之異、灰兒蠶、秋母蠶、秋中蠶、老秋兒蠶、秋末老獮兒蠶、綿兒蠶、同繭蠶或二蠶、三蠶共為一繭。凡三臥四臥皆有絲綿之別。”详细研究了蚕的不同品种及其生物学特性。

宋代和元代时期对蚕学的研究更加深入而系统，并且在以往的基础上进行了总结，最有代表性的著作有秦观的《蚕书》、陈旉的《农书》、元代司农司的《农桑辑要》和王祯的《王祯农书》等专论。

南宋罗愿的《尔雅翼》是对《尔雅》进行的诠释与扩展，对于昆虫分类部分，在叙述昆虫的不同种类中，他把蚕作为《释虫》的开篇物种，并以蚕加以充实，“蠶倉庚鳴則生。故詩曰：倉庚喈喈，采蘩祁祁。蘩白蒿也，所以生蠶。《夏小正》曰：三月妾子始蠶。蠶之狀：喙呥呥，類馬。色斑斑，似虎。初拂謂之蚝。……蠶尚小，不欲見露氣。……蠶，昆蟲之類。昆者明也。蠶見明則食，食多則生長。其旋生駒皆與母同老，食而不欲。三十六日而化（淮南曰：二十二日而化）。嵇康《養生論》曰：火蠶十八日，寒蠶三十餘日。仲長子昌言亦曰：寒而餓之，則引日多，溫而飽之，則用日少。此寒、溫、饑、飽之為脩短驗之於物者也。荀卿賦曰：三俯三起，事乃大已。俯謂之眠。亦有四眠者。既老將績，其口含絲。”

这段记载不仅深刻地描绘了始蚕的最早时间，形象地描述了蚕幼虫时期的形态和行为，以及成熟时间的种种状态，这个时间的长短与寒、温、饥、饱密切相关。进而补充了荀子的三俯三起，提出也有四眠者。后来王祯在《王祯农书》提道：“北蠶多是三眠，南蠶俱是四眠。”可见南北不同地区蚕龄期的差异在元代时期已有记载。幼虫成熟了，即将吐丝作茧了。所以罗愿的记载是总结了以往对于家蚕形态、生活习性、龄期，以及对于外界条件改变的反映等生物学特性深入研究的结果。紧随此后，罗愿又以蚕记载了家蚕有多绩的现象，"南阳郡一岁蚕八绩""九真郡蚕年八熟""永嘉有八辈蚕：蚖珍蚕，三月绩。柘蚕，四月初绩。蚖蚕，四月绩。爱珍，五月绩。爱蚕，六月末绩。寒珍，七月末绩。四出蚕，九月初绩。寒蚕，十月绩。"一年可以收获八次茧。这虽说是蚕丝产量的提高，但也体现出家蚕在家养条件下形成的独特生活习性，这种崭新的生活习性野蚕种是不具备的。所以可以说家蚕是我国古人研究培育的结果。正如周尧所说："在这漫长的岁月中，野蚕经过人们的培育，形成了家蚕，家蚕在人工选择和气候变化的影响下，性状和野蚕相比产生了巨大变异，并在各个时期和各个地区形成形状各异（代数、眠性、大小、体色、茧形、茧色）的许多类型。看到这一事实，谁都会发出惊叹吧！"

明代时期，我国对家蚕有了更深层次的研究。徐光启将以往的研究进行了系统的总结，形成"蚕学"，并写成《农政全书·桑蚕》，介绍蚕的饲养方法等，直接推动了蚕丝业的发展，促使养蚕事业和丝织产业有了很大提高，为海外贸易创造了物质基础。

邹树文在"养蚕技术的逐步进展"中，通过论蚕性、蚕种的处理、给桑育蚕的过程、蚕的品种问题、禁原蚕说的纠纷等，详细介绍了我国古人对家蚕开展诸多研究，以其所取得的巨大成就。我国历史上关于蚕桑研究的专门著作，周尧进行了详细统计。

中国有关蚕学研究和养蚕的论述与专著甚多。先秦时期就已经有专门记载，如公元前300—公元前200年，荀子的《蚕赋》和淮南王刘安的《蚕经》；公元83年，东汉王景的《蚕织法》；公元960年前《旧唐书·蚕经》一卷，《后唐书·蚕经》二卷，五代孙光宪的《蚕书》三卷；宋代有《蚕书》，元代有《蚕桑直说》《农桑要旨》《养蚕总论》等，还有鲁明善的《农桑衣食撮要》、苗好谦的《农桑辑要》《栽桑图说》；明代有金瑶的《蚕训》、黄省曾的《养蚕经》、许明达的《蚕谱》、沈如封的《吴中蚕法》、罗文振的《农桑撮要》等。

清代关于蚕桑的专著特别多，据周尧统计有50多种。1705年蒲松龄的《农桑经》，1738年后陈克任的《桑蚕志》，1751年李拔的《桑蚕说》，1756年杨屾的《蚕政摘要》，1757年王蓁绪的《蚕说》，1767年韩梦周的《养蚕成法》，1796年后陈斌的《蚕桑杂记》，1796年前后李聿求的《桑志》，1818年周春溶的《蚕桑宝要》，约1826年后黄思彤的《蚕桑录要》，1829年杨名飏的《蚕桑简编》，1820年前后高其垣的《试行蚕桑说》，1845年高铨的《蚕桑辑要》，1845年程岱葊的《西吴蚕略》，1846年邹祖堂的《蚕桑事宜》，1851年狄继善的《蚕桑问答》，1853年陆献的《山左蚕桑考》，1855年沈练的《蚕桑说》《广蚕桑说》和《广蚕桑说辑补》，1860年汪日桢的《湖蚕述》，1862年后张行孚的《蚕事要略》，1871年何石安、魏默深的《蚕桑合编》，1871年宗景藩的《蚕桑说略》，1877年恽畹香的《蚕桑备览》，1878年沈秉成的《蚕桑辑要》、屠立威的《蚕桑实际》、张世准的《蚕桑俗歌》，1881年魏伦先的《河南蚕桑取务记略》，1882年黄世本的《蚕桑简明辑要》，1888年范梁的《树蚕养蚕要略》，1890年何品平的《桑蚕格式》、蒋北奎的《蚕桑实济》，1892年廖静波的《课蚕要略》，1896年赵敬如的《蚕桑说》，1897年仲昂庭的《广蚕桑说辑补》、陈开沚的《禆农要旨》、朱祖荣的《蚕桑答问》及《续编》，1898年郑文同的《蚕桑辑要》、卫杰的《蚕桑萃编》，其他19世纪出版的还有张文艺的《养蚕秘诀》、俞兴埔的《桑蚕述要》、羊复礼的《蚕桑摘要》、谭钟麟的《蚕桑辑要》、孙福保的《吴苑栽蚕法》、刘光蕡的《养蚕歌诀》等，1901年陈启沅的《蚕桑谱》，1902年饶敦秩的《蚕桑简要录》和1908年的《蚕桑质说》等都是清代时期的专著。这些著作系统地记载了我国蚕学研究的成就，直接推动了我国养蚕技术的不断开发和革新，蚕学的研究在元代和明代初期达到鼎盛时期。

元代司农司的《农桑辑要·养蚕》全面阐述了养蚕技术，应用蚕学研究的原理指导蚕业的生产流程，认为："蚕，阳物，大恶水。故蚕食而不饮。《士农必用》蚕之性。子在连，则宜极寒；成蛾，则宜极暖；停眠起，宜温；大眠后，宜凉；临老，宜渐暖；入簇，则宜极暖。"这些研究成果与阐述说明了水分和温度对蚕的生长发育的重要意义。蚕的不同发育阶段对温度和水分有不同要求，用蚕之性规范饲蚕之术，并且对于"收种""择茧""浴连""收乾桑叶"等养蚕技术，使之多出丝，出好丝。

我国养蚕事业一直很兴盛、很普及。唐、宋、元时期如此，到了明代初期还是这样。徐光启曾引王祯话说："蚕缫之事，自天子后妃，至于庶人之妇，皆有所执。以共衣服。故篇目以蚕室为首。"可见在我国养蚕事业长时间一直处于鼎盛时期，而且从上到下普遍养蚕。因此，为蚕学研究提供了极其广阔的天地。徐光启的《农政全书》对蚕桑部分总结了前人各家的研究成果和具体操作技术，并将这些研究成果和操作方法系统化、程序化，指导蚕丝的生产。他引用王祯的"育蚕之法始於择种，收茧取簇之中，向阳明淨厚實者。蛾出第一日者名苗蛾，末後出者名末蛾，皆不可用，次日以後出者取之。鋪連於楗箔，雄雌相配。至暮拋去雄蛾，將母蛾於連上，勻布所生子。"根据蛾的发育状况，培育理想的蚕子。他的"养蚕法"和"蚕事图谱"简明扼要地介绍了科学的养蚕方法，并把养蚕的具体程序绘成图谱，以此描绘蚕学研究和养蚕业的盛况。

随后，人们为了获得更加优质的蚕丝，对家蚕的品种进行杂交。1637年，宋应星《天工开物》上卷："凡蠶有早晚二種。晚種每年先早種五六日出（用中者不同）……今寒家有將早雄配晚雌者。幻出嘉種，一異也。""凡繭色唯黃白二種。……若將白雄配黃雌，則其嗣成褐繭。"古人将野蚕由野生状态经驯化成为家养状态之后，对家蚕的再培育开展了深入实验与研究，培养出众多家蚕的不同品种。1870年，吴烜的《蚕桑捷效书》论蚕说："其種則有三眠、四眠之別。三眠繭薄絲少，四眠繭厚絲多。育蠶者必須四眠。而四眠之中又有金種、花種、烏種、蓮子種、金橘種、束腰種、平頭種等名，此外尚不勝枚舉。金種蠶身甚小。花種遍體斓斑，烏種滿身灰黑，蓮子種繭之小者，金橘種繭之大者，束腰則腰有束痕，平頭則兩頭平滿。"凡此种种，都是古人长期开展蚕学研究的结果。

从新石器时期，古人直接采自自然界的野生蚕茧，粗放地加以利用，然后逐步从野外饲养移入室内加以驯化，并予以精心研究、精心培植，不断去劣存良，杂交选优，使之成为优

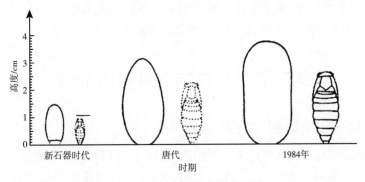

图 5-1　不同时期蚕茧的发展趋势

质多产的各个家蚕品系。图 5–1 充分表明了不同时期蚕茧的发展趋势。早期的蚕蛹仅有 1.5 厘米，蚕茧不到 2.0 厘米，到了唐代有很大提高，蚕蛹超过 2.0 厘米，蚕茧将近 4.0 厘米，随后有更大提高。这是我国劳动人民长期以来对家蚕开展研究、进行筛选的结果。

### 四、蚕学研究和蚕丝业的衰败

从上古开始，我国劳动人民对蚕学的研究从野生、驯化到家养，从简单的种质结构到复杂品种筛选系统化，开展了形态、生态、生理、行为、遗传以及生物学特性的研究。这些蚕学基础学科的研究直接推动了养蚕业技术的改革与发展，促使我国蚕丝与刺绣不断地革新与提高。从秦、汉到唐、宋、元，蚕学基础科学的研究和养蚕业技术的开发一直处于巅峰时期，亦为世人所瞩目。明代初期，绫、罗、绸、缎以及绚丽的刺绣和缂丝一直作为馈赠宾客的上等礼品，也是对外贸易的主要商品。因此，我国常被誉为"丝"的国度。

自 15 世纪初期明洪熙开始，施行了一系列闭关锁国政策，封闭海上通航，断绝与外国的联系，"洪熙元年罷西洋寶船。"从此毁掉了宝船，把自己关闭在铁笼之中。

清代时期，满族人虽善于马背舞刀，骁勇善战，纵横南北，争霸中原，但是海上的战事却节节败退。所以清代执政之后推行了更为严厉的闭关锁国的政策，实行了所谓的"海禁"。邹树文引自《明清史》记载，17 世纪中叶开始"勒令從山東沂南至廣東沿海地方人民一律後撤三十到五十里的界限以內，界外的房屋全部燒毀，城堡全數撤除，形成無人區。內地人民有進入界外者一律處死。商船、民船一律不准下海。"康熙二十一年（1682 年），虽然解除了海上禁令，但海外列强却乘机登陆入侵，掠夺我国资源，倾销外来产品，打击我国经济。鸦片战争之后，我国养蚕业屡屡受到外商的重大打击，蚕学的教学和研究也随之凋零衰落。在文艺复兴、明治维新之后，西方各国与日本大搞社会改革，推行工业革命，开办学校，教书育人，发展科学研究，开发航海事业。他们吸取了中国家蚕的研究成果和养蚕业的生产技术，采用新的手段，引用解剖技术、组织培养、显微透视研究蚕体结构、生理活动和病理动态等，进一步开展家蚕基础学科的研究，发展了蚕学的各分支学科，出版了《蚕体解剖学》《桑树虫害学》《蚕体生理学》《蚕体病理学》等专著，把蚕学研究推向了新的阶段。这些专著分别于晚清光绪及宣统年间编译成中文，由上海新学会社刊印出版。我们只能利用这些知识与成就开展蚕学研究，开办学校，传播蚕学知识，传授育蚕技术。

清代晚期，一些有识之士为重新兴起我国蚕业，重启蚕学研究，开办学校，传授养蚕知识和技术。根据尹良莹《中国蚕业史》记载，光绪二十二年（1896 年），江西高安蚕校开办蚕学馆，"初聘江生金为教师，召集生徒，教以养蚕、制种、缫丝等新法。继又聘日人前岛轰木及白原等讲授蚕业专门科学。"但最后也以失败而告终。

## 第二节　动物的各种应用价值

### 一、医用——推动医学发展的基础

氏族社会的图腾崇拜为其特点之一，而祭祀时图腾崇拜是必不可少的礼仪，礼仪中有对动物及人的杀列、解剖。延续及夏、商、周是我国由氏族社会逐渐步入国家形态文明时代的大门，但仍"国之大事，在祀与戎"，因此这一时期对动物的认识具有极大的经验性与实践性。由之而产生对人类自身的认识，形成了中医药学的基础。

《周礼》中记载："掌管捕获猛兽的'冥氏'，若得其兽，则献其皮、革、齿、须（颔下的须或称口蠿）；掌管四兽的'兽人'，也要将皮、毛、筋骨入于王府；掌攻猛鸟的'翟氏'要献其羽翮。"反映了当时对动物解剖的实践认知。《周礼》六官分工《天官冢宰第一》与《地官司徒第二》最早记载了动植物概念。

猎捕与祭祀是和杀戮与肢体解剖联系在一起的，从而促使人们对动物及人体解剖有了直观上的实践认知。

"解剖知识的积累，对于医药的发展起着促进作用。商代有眼病、耳病、口病、齿（牙）病、舌病、喉病、鼻病、腹病、足病、趾病、妇女病、心病等。"（注：胡厚宣《殷人疾病考》，《学思》1934第三卷第3、4期）周代更有疾医（内科）、疡科（外科、伤科）、兽医等设置，并以"九针"治疗。医疗的进步，反过来加深了人们对解剖生理的认识。

## 二、药用——中药的重要成分

在我国诸多典籍中，动物是中药的重要组成部分，从常见的蚯蚓、土鳖、斑蝥、蜈蚣、蝎子等，到名贵的犀角、虎骨、鹿茸、麝香等，几乎遍及动物界的各个种类。以哺乳类为例，据医书记载，仅此一纲动物，计有69种药用动物之多（表5-1）。

表5-1 我国药用哺乳动物种类

| 目别 | 举例 | 种数 |
| --- | --- | --- |
| 食虫目 | 刺猬和缺齿鼹等 | 5 |
| 翼手目 | 菊头蝠、蝙蝠等 | 8 |
| 食肉目 | 熊、虎、豹等 | 15 |
| 鳍脚目 | 海豹、海狗 | 2 |
| 偶蹄目 | 梅花鹿、麝、高鼻羚羊等 | 20 |
| 奇蹄目 | 马、驴等 | 4 |
| 兔行目 | 草兔、鼠兔等 | 7 |
| 啮齿目 | 鼯鼠、松鼠、竹鼠等 | 6 |
| 鳞甲目 | 穿山甲、印度穿山甲 | 2 |

药用昆虫最早被记载，出自我国秦汉时期的《神农本草经》，其中收录了21种。到了明代药用昆虫有很大发展，李时珍撰《本草纲目》记载了73种药用昆虫。随后在《本要拾遗》中又增加了11种。周尧对《本草纲目》中的药用昆虫一一予以考证，并列出具体名称：蜜蜂 *Apis cerana* 及其副产品，大黄蜂 *Vespa* spp.，竹蜂 *Megachile* spp.，赤翅蜂 *Pompilus* spp.，蠮螉 *Trypoxylidae* 即短翅泥蜂的种类，虫白蜡 *Fricerus pela* 的分泌物，紫铆 *Lacifer lacca* 的分泌物，五倍子 *Melaphis* 虫瘿，螳螂 *Mantidae*，雀瓮 *Cnidocampa flavescens* 茧，蚕 *Bombyx mori* 及其产品，石蚕 *Trichoptera* 的幼虫，九香虫 *Aspongopus chinensis*，枸杞虫 *Theretra oldenlandiae* 一种天蛾，茴香虫 *Papilio machaon*，蛱蝶 *Rhopaloera*，蜻蛉 *Odonata*，樗鸡 *Lycorma delicatula*，斑蝥 *Mylabris* spp.，芫菁 *Lytta* spp.，葛上亭长 *Epicauta* spp.，地胆 *Meloe* spp.，蚁 *Formicidae*，白蚁 *Isoptera*，青腰虫 *Paederus fuscipes*，蛆、蝇 *Muscidae*，狗蝇 *Hippobosca longipennis*，壁虱 *Cimex lecturalis*，人虱 *Pediculus humanus* 及 *Phthirus pubis*，蛴螬 *Scarabaeidae* 幼虫，木蠹虫 *Cerambycidae* 幼虫，桑蠹虫 *Apriona rugicollis*，桂蠹虫、枣蠹（可能是天牛科的幼虫），竹蠹虫 *Cyrrachelus* spp.，芦蠹虫 *Chilo luteellus*，苍耳蠹虫 *Dstrinia furnacalis*，蚱蝉 *Cicadidae*，蝉花 *Cordyceps sobolifera* 与 *Isaria cosmopsaltriae* 寄生于蝉的若虫上，蜣螂 *Coprinae*，蜉蝣 *Ephemeroptera*，天牛 *Cerambycidae*，蝼蛄 *Gryllotalpce* spp.，萤 *Lampyridae*，衣鱼 *Ctenolepisma villosa*，庶虫 *Polyphage saussurei*，蜚蠊 *Periplaneta* spp.，行夜 *Blatta orientalis*，灶马 *Diestrommena* spp.，促织 *Gryllidae*，螽螽 *Locustldae*，吉丁虫 *Chrysochroa elegns*，金龟子 *Mimela* sp. 及 *Anomala* sp.，叩头虫 *Elateridae*，媚蝶 *Vanessa* 或 *Polygonia*，蜚虻 *Tabanus* 或 *Chrysops*，竹虱 *Asterolecan bambusae*，溪鬼虫 *Belostoma* spp.，水黾 *Gerridae*，豉虫 *Gyrinidae*，沙挼子 *Myrmeleonidae* 幼虫。

传说中，神农氏尝百草，开本草学先河，而事实上是千百人在实践中对动植物甚至矿物质的试用，历经坎坷，有人为此致伤、致残或死亡。在实践的基础上，积累了对动植物乃至矿物的认知。古代称药物为本草（包括动物、植物、矿物），首见载于《汉书·平帝记》，其后，有多部本草著录，如《蔡邕本草》《吴晋本草》《李当之本草》等，但均已佚失，现存的古籍仅有明代之后辑佚的《神农本草经》（出自《黄帝内经》之后，东汉末之前）留存于世，其中收录动物药 64 种，为我国药用动物名录之开篇。

南北朝时期，陶弘景撰《本草经集注》摒弃了《神农本草经》上、中、下三品分类法。“更重要的是，对各种动植物的形态特征、生长发育、生活季节、药物产地（包括土壤水分、土质）以及采摘时间等，都要求仔细观察和研究。比如，泽泻，‘丛生浅水中’。蚺蛇胆‘狭长，通黑，皮质极薄，舔之甜苦，摩之注水，即沉而不散’。‘麝形似獐，常食柏叶，啖蛇，……其香正在麝阴茎前，皮内别有膜裹之。五月得香。’等等。所以，本草书中包含有极为丰富的动植物知识。本草学家也往往是我国古代的动植物学者。”而分为玉石、草、木、禽、兽、虫、鱼、果菜、米谷九类，并对一些动植物的形态、生态及解剖做出较为深入的记叙。

《本草纲目》为明代李时珍所撰。他考察了长江流域和黄河流域广大地区的山野、森林，收集了众多标本资料，同时查阅了有关书籍 800 余种，用 27 年写成了这部巨著，但此书在其逝世后三年方才问世，为比较完备的专著。《本草纲目》为中医药典，但其未采用《神农本草经》（魏·吴普等述）将药物分成上、中、下三品的分类法，而是采用了动植物的分类法。其中，将动物分为虫部、鳞部、介部、禽部、兽部、人部六个部，与近代的分类几近吻合。在禽部中，以生态类群将鸟分为水禽 23 种、林禽 17 种和山禽 13 种（此处尚未将能飞的兽类排除），除少数难以确认的记述，大部分可以与当代的分类或类群相对应，可谓当时世界鸟类分类学之先驱。本书流传甚广，17 世纪又传入日本、朝鲜、琉球、越南等地；欧洲于 18 世纪已有法、德、俄、英及拉丁文等文字的译本。在国际上也影响巨大，获得不少赞誉，实为我国对生物分类学的独特贡献。

### 三、食用——人类膳食的重要食材

人以动物为食早已开始，可食动物甚多，无论天上飞的、地上跑的，还是水中游的动物均可成为人类的果腹之食。由于可食动物种类颇多，而昆虫占其中多数，故以食用昆虫为例。

邹树文认为："人类在茹毛饮血时代，他们所面临的环境中有各种昆虫大量存在，可以推知他们的食品之中必有多种多样昆虫在内的事实。"甚至被列为"帝王祭祀用品和他们的食品"。所以，自古以来取食昆虫是相当普遍的现象。

《周礼·天官·鳖人》：祭祀，共蠯蠃蚳以授醢人。《周礼·天官·醢人》：馈食之豆，其实葵菹蠃醢、脾析蠯醢、蜃蚳醢，豚拍鱼醢。《礼记·内侧》：服修蚳醢。先秦时期《周礼》与《礼记》多处记有动物食品，其中均提道"蚳"字，所谓蚳即蚁卵，其中也包括幼蚁，白色之蚁子。

《尔雅》：蚍蜉大螘……其子蚳。所谓蚍蜉大螘，指的就是蚁，蚁有两类，即等翅目昆虫的白蚁和膜翅目昆虫的蚂蚁。由于它们同属社会性昆虫，有共同的巢穴，有不同的分工，古人统称之为蚍蜉螘。

上述蚍蜉、大螘及其子蚳等很可能是白蚁，理由有三：

（1）一般白蚁巢大于蚂蚁巢，特别是一些土栖性白蚁，如土白蚁 *Odontotermes* sp 和大白蚁 *Macrotermes* sp.，巢穴巨大，特别是前者，土白蚁的巢穴不仅有主巢，还有众多的副巢，危害堤坝的土白蚁巢穴，其主巢面积一般可达 1 立方米，更有甚者可超过 1 立方米。

（2）土白蚁蚁后硕大，繁殖力极强，产卵量多而集中，这是一般蚂蚁无法相比的。

（3）白蚁具有专门护卵、育幼的场所，所以蚁卵和幼蚁十分集中，便于人们挖掘。

基于上述种种，古人所谓蚍蜉、大螘及其子蚳指的多是白蚁；再者土白蚁巢群硕大，且又是堤坝上主要蛀虫，水患是先秦时期的重大灾害，古人护堤除蚁，一来可消除蚁患，二来取蚳制酱，以此增加人们的口福。当然，这种蚳也可以来自山林之中。宋·陆游《老学庵笔记》："《北户錄》云，广人於山间掘取大蚁卵为酱，名蚁子酱。按此即《禮》所謂蚳醢也。三代以前固以為食矣。"邹树文考证："陆游于三百年后重提道此，是陆游时代其地尚以蚁子酱为珍品。"明代邝露《赤雅》："山间得大蚁卵如蚌（一本作斗）者用以为酱，甚贵之。"邝露是明代季年人，所述之地相当于现代广西区域。所说如蚌或如斗，则所谓蚁卵当是蚁后而稍作夸大，每穴所能获得者甚少，聚以为酱，自然名贵。可见所谓蚳、蚁卵等，也包括如蚌、如斗的蚁后，指的可能是一种土栖性白蚁的蚁后，以此为酱，当然至珍至贵。

《礼记·内则》中还有一语："爵、鷃、蜩、范"。四个字代表四种动物，前两者为鸟类，后两者为昆虫。所谓蜩即蝉，所谓范即蜂。蝉为半翅类昆虫，蝉科 *Cicadidae* 成虫生活在树上，鸣声响亮，但常被人食之。陶弘景撰《本草经集注》说蝉"形大而黑。嘔傻丈人蟲是摂此。昔人噉之。"其若虫常居土中，其体烤炸可食，其老熟若虫外皮蜕落后称"蝉蜕"，若虫时有被真菌寄生成为"蝉花"均可入药治病。蜂的幼虫和蛹可直接食用，其味甘甜而柔润可口。上古时期，所谓蚁酱、蝉与蜂等均被认为食物中的珍品，专供帝王、贵族享用或作为祭祀的供品。这三类食用昆虫是文献中最早记载的，这些食物当时可能极为难得，故作为珍品而被记载。关于蚕蛹的食用，应在上述昆虫记载之前就已经存在了，却未被记录，直到元代吴瑞《日用本草》中才有蚕蛹被食用的记载。早在新石器时代蚕已经被利用，当时蚕蛹作为食品也是很自然的事情。只是因为那时蚕极为常见，无论蚕丝还是蚕蛹的应用都是常事，非珍品，是不特供帝王食用的普通食品，因此未被记载。

蝗虫作为食品，最早在三国时期被记载。吴·韦昭注《国语·鲁语·虫舍蚳蝝》："蚳，螘子也，可以为醢。蝝，复蜪也，可食。"复蜪即《尔雅》中的蝮蜪，即蝗虫。随后，蝗虫更普遍被食用。《农政全书》："唐贞观元年，夏蝗，民蒸蝗、曝，扬去翅而食之。"北宋范仲淹疏："蝗可和菜蒸食。"徐光启《屯盐疏》："田间小民，不论蝗、蝻，悉将煮食。城市之内用相馈遗。……而同时所见山陕之民犹惑於祭拜，以伤触为戒。"邹树文认为："由此可见，作为食用昆虫因时代因地域而有所不同。"

龙虱作为美味食品在我国南方几乎是家喻户晓。周尧考证："清·方以智〈物理小识〉记载了龙虱供食用的情形。……它的滋味远远胜过其他山珍海味。"

蛴螬为金龟子幼虫，虽生活于土壤之中，但皮肤洁白、细腻、嫩滑，加工后味美可食。陶弘景撰《本草经集注》："蛴螬'杂猪蹄作羹与乳母不能别之'"。宋代李昉等撰《太平御览》卷九四八："吴中书郎盛冲至考。母王氏失明，冲暂行，敕婢食母。婢乃取蛴螬蒸食之。王母甚以为美而不知是何物。儿还。王母语曰，汝行，婢进吾一食甚甘美。然非鱼非肉。汝试问之。既而问婢，服，食是蛴螬。冲抱母恸哭。母目豁然立开。"可见蛴螬不仅是美食，还能去眼疾。

蜉蝣一类作为食品，经邹树文考证，在晋代时已出现。晋代崔豹《古今注》："绀蝶一名蜻蛉，似蜻蛉而色玄绀。辽东人谓之绀幡，亦曰童幡，亦曰天鸡。好似七月连飞闇天。海边蛮夷食之。谓海中青虾化为之也。"邹树文认为："崔豹所指应是蜉蝣一类，因为从它们的飞翔习性可以推定。蜉蝣幼虫在水中是否生于淡水抑或盐水，不能专凭当时人主观推测而信之。范成大《桂海虞衡志》及周去非《岭外代答》所记天虾同是蜉蝣一类，亦同被当时当地人用作食品。"可见蜉蝣作为食品是相当普遍。

天蛾为食的记载，出自清·赵学敏《本草纲目拾遗·卷十·虫部》中，提道"蜜虎"，即鳞翅目一种天蛾科昆虫，其成虫可入蜂窝偷蜜吃，使蜂饿死，故称之为蜜虎。赵学敏认为："然可食。庄人候日未出时，此虫著露体重翅轻不能飞，易於捕取。人捕得，去其翅，群置罐内，令其自相扑搦，其体上细毛自落。然后以油盐椒姜炒食之，味胜蚕蛹。"

清代蒲松龄《农桑经》记有："豆虫大，捉之可净，又可熬油。法以虫掐头，掐尽绿水，入釜少投水，烧之煤之，久则清油浮出。每虫一升，可得油四两，皮焦亦可食。"邹树文认为："这是常见的豆天蛾幼虫，一般名之为豆蚜。豆蚜发生时，当时农民均捕作食用，既可除害，又可充膳。此条则并指出熬油及食其余肉的方法。"

## 四、工业用——不可或缺的原料

动物作为工业的重要原料之一，也有着其特殊的作用。例如，制鞋业与制衣业所用的动物皮毛等，作为工艺品原料的贝壳、珊瑚、猪牛羊的骨头、象牙等，这里仅以工业用昆虫为例，陈述我国工业用动物的渊源历史。

昆虫除食用、药用外，还为工业提供了丰富的资源，且种类繁多。

（1）丝。除家蚕丝的纺织为刺绣提供大量原料外，还有以下几种野蚕为丝织工业提供了可贵原料。

柞蚕 *Antherea pernyi* 早在《尔雅》已有记载："雠由樗蠒"。《尚书·禹贡》有"青州厥筐
檿丝。"周尧考证，檿丝也就是柞蚕丝，可见柞蚕在 3000 年前已经为人们所注意和利用，2000
年前已以丝绸作为供品了。

樗蚕 *Samia Cynthia pryeri* 古时与柞蚕相混而被记载，其实为另一自然物种，也能产出大
量蚕丝。

天蚕 *Eriogyna pyretorum* 其丝除可作为衣服布料外，古时用以弩弦或弓弦。唐代苏鹗曾在
《杜阳杂编》中这样描述："十夫之力挽之不断"，可见天蚕丝的韧性之大。

除上述外，周尧认为："古代利用蚕类还多，在《野蚕录》中有幼虫形态记载的有杻蚕和
柳蚕，从记载来看，都是天蚕蛾科绿天蚕蛾属 *Actias* 的种类；桑蚕就是桑蟥 *Rondotia
menciana*，也许还混杂有些野蚕在内。此外，奈蚕、榆蚕、苦参蚕、萧蚕就不知道指的什么
了。"总之，古人对于自然界蚕蛾丝作为手工原料的利用是竭尽所能，并存有详细的记载。

（2）蜂蜡。蜜蜂有多种用途，其幼虫、蜂蜜除可直接食用、入药外，其蜜与蜡还可入药
治病，甚至用以保存文书。《唐书》："肃宗继位灵武，真卿数遣使以蜡丸裹书陈事。"还可以蜂
蜡制烛。周尧考证陕西乾县永泰公主墓壁画一侍女手持的长烛，"颜色黄白……，它是由蜂蜡
制成无疑。"

（3）白蜡虫 *Ericerus pe-la* 为一种介壳虫，其雄虫的分泌物品质坚硬、熔点很高（可达
83℃）、质地洁白而光滑，为工业上一种重要原料，可入药、制烛，在我国很早之前已被应
用。邹树文认为："白蜡的应用早见于汉、魏间《名医别录》所记，"17 世纪传到了欧洲，1848
年法国人 Chayannes 以中文"白蜡"二字为种名，在《法国昆虫学会会报》上发表了这一介壳
虫的新种。

（4）紫胶虫 *Laccifer lacca* 为半翅类介壳虫种昆虫，在我国早有记载。始见于张勃撰《吴
录》："九真移風縣，有土赤色如膠，人視土知其有蟻，因墾發以木插枝其上，則蟻緣而上，生
漆凝結，如螳螂螵蛸之狀，人折漆，以染絮物，其色正赤，謂之蟻漆、赤漆。"这段话为明代
李时珍《本草纲目》所引用。可见紫胶出自紫胶虫，古时可入药，治血症，但多半为工业
上重要原料，用于染丝织品、皮革及首饰，可作胭脂、口红，更主要用于涂漆和黏剂等。
近代学者刘崇乐为发展我国紫胶的生产，开展紫胶虫北移，扩大其繁殖空间，成立专门研
究机构，深入研究紫胶虫生理、生态、遗传等诸多领域，取得巨大成就。

（5）五倍子为倍蚜在盐肤木树叶上的虫瘿。五倍子不仅可以入药，为重要的中药，同时
五倍子也是重要的工业原料，用于染色及制革等。明代李时珍《本草纲目》："五倍子，宋《開
寶本草》收入草部，……雖知其生於膚木之上，而不知其乃蟲所造也。膚木即鹽膚木也。此木
生叢林處者。五六月有小蟲如蟻，食其汁，老則遺種結小毬于葉間。正如蛄蜱之雀甕，蠟蟲
之作蠟子也。初起甚小，漸漸長堅。其大如拳，或小如菱。形狀圓長不等。初時青綠，久則
細黃。綴于枝葉，宛若結成。其殼堅胞，其中空處，有細蟲如蟻蟓。山人霜降前來取，蒸殺，
貨之。否則蟲必穿壞，而殼薄且腐矣。皮工造為百藥煎，以染皂色，大為時用。"五倍子种类
颇为复杂。近代昆虫学家蔡邦华、唐觉研究后，将其分为红倍花蚜 *Nurudea rosea*、倍花蚜 *N.
shiraii*、圆角倍蚜 *N. sinica*、角倍蚜 *Schlendalia chinensis* 和倍蛋蚜 *S. paitan* 等。

# 第三节　渔——畔水而居的生活所依

畔水而居的人类，绝大多数的食物来源于渔，而在不少地域的渔获品中，鱼的数量与种类均占主要地位（古人对鱼的概念不甚明确：凡水生可食的，如软体动物枪乌贼——名为鱿鱼，两栖类的大鲵——名为鲵鱼，爬行类的鳖——名为甲鱼，鲸——名为鲸鱼……，凡此种种，不少渔品之为"鱼"而非鱼）。现今世界已知鱼类可达 3 万余种，我国鱼类也有 3000 余种。我国古代从史前的考古发现（遗骨、岩画、化石、工艺品等），自古生代以来已有鱼类的繁衍，但有些古鱼类大多已经灭绝，直至上新世除已灭绝的种类外，还有现今仍然存在的种类，如鲤 *Cyprinus* spp.、鲫 *Carassius* spp.、青鱼 *Mylopharyngodon piceus*、草鱼 *Ctenopharyngodon idellus*、鲢鱼 *Hypophthalmichthys molitrix*、鲶 *Parasilurus* spp.、蒙古红鳍鲌 *Erythroculter mongolicus*、鳢 *Ophiocephatus* spp. 等。自新生代第三纪发现的化石及遗骨等可证实某些种类分布已比较广泛，至第四纪可供人类利用的鱼类资源已经非常丰富。除淡水鱼外，还发现有梭鱼 *Mugilsoiny*、鳓 *Ilisha alongata*、黑鲷 *Sparus mcrocepalus*、蓝点马鲛 *Scomberomorus niphonius* 等海产鱼类。说明 5000 年前，先民在淡水及海产渔业上已经有了长足的进步。至战国时期，《尔雅》已有了《释鱼》的专叙。经考证，我国古籍中实记鱼类共 31 目 125 科 424 种（属）。

从海洋到大江、大河，从大型湖泊到小滨沼泽，鱼类遍及各种水域，是脊椎动物中种类最多、数量最大的类群，也是畔水而居人们生活中最主要的食物来源。最初由于生产方式的简陋，捕获量低下，仅能满足一时之需。之后历经多年的改进，捕获量渐增，不仅能供当时所需，尚有剩余，从而出现了不同的加工、储存方法及畜养行为。

人类历史上，从渔猎到农耕，此种生产方式沿袭了数千年之久，"渔民"从古至今代表了一部分赖以为生人群的称谓。这部分人不仅以渔为生，同时也创造了与鱼相映的文化，如食材的加工与储存（膳食文化）、中医药的应用、养殖鱼的发展、观赏鱼的培育、垂钓休闲的兴趣等。在古籍中，文学、艺术、工艺等方面均有众多的反映。

池塘养鱼在我国有着杰出的贡献。早在公元前 400 多年，范蠡提出养鱼致富，取得骄人成绩，后人托其名写成《范蠡养鱼经》，其以节俭为丰富的内容，总结了古代池塘养鱼的经验。其后在此基础上，汉代以后逐步扩大养殖面积，唐代之后发展了多种鱼的混养，明清时期又有了黄省曾的《养鱼经》，徐光启的《农政全书》在《范蠡养鱼经》基础上，进一步阐述养鱼理论及技术发展。

除可见的鲤、鲫、鳊 *Parabramis*、鲌 *Culter* 等淡水鱼类外，我国还培育出著名的四大家鱼：青鱼 *Mylopharyngodon piceus*、草鱼 *Ctenopharyngodon idellus*（鲩）、白鲢 *Hypophtalmishthys molitrix* 与鳙 *Aristichthys mobilis*（黑鲢、花鲢、胖头鱼），在淡水养殖业中起着极为重要的作用。

渔业中除鱼外，亦有多种动物在生产中有着重大贡献，如海蜇（水母）、鱿鱼、章鱼（软体动物）、蚝（牡蛎）、多种贝类、多种虾蟹类，以及珍贵的海产如鲍鱼等，均在人类经济生活中起着重要作用。

## 第四节　野鸟和家禽的利用

以渔猎为主的氏族社会，鸟类是食物的重要组成部分，尤其是鸟类资源比较丰富的地域（迁徙路线上的集散地、夏候鸟的繁殖区、冬候鸟的越冬地），每年不同季节当地所获甚丰的猎品多达成千上万只。以雁、鸭类为主（迁徙群与越冬群），雉鸡类也是猎取的主要目标（大多在冬季集群时），有些小型鸟类，虽个体不大，但数量甚巨，也作为一些地区的主要狩猎鸟，如北方地区的铁雀（铁爪鹀 *Calcarius lapponicus*）、沙半斤（毛腿沙鸡 *Syrrhaptes paradoxus*，斑翅山鹑 *Perdix dauuricae*），南方的禾花雀（黄胸鹀 *Emberiza eureola*），这些均为冬候鸟，集群可达数十万只，加之零星捕获的斑鸠 *Streptopelia*、鸻鹬类 *Charadriiformes* 等，每年的猎获数量惊人，为人类提供了美味佳肴及大量的蛋白质食材。

尚有不少夏候鸟集聚地，当地百姓有采集鸟卵的习俗，也为人们提供了丰美的蛋白质来源（从生态保护角度不提倡此举，也逐步得到了禁止）。

野鸟的利用，不仅限于食用，尚有驯养作为狩猎工具及供观赏宠玩等用途。如驯鹰隼类以供狩猎，驯鸬鹚用以捕鱼，驯鸽供传播信息，圈养鹤类、天鹅、孔雀、锦鸡等供观赏，驯鹦鹉、百灵、画眉、歌鸲等供人听鸟鸣、把玩，还有斗鸡、斗鹌鹑等诸多以鸟作为娱乐的项目。

同时，鸟的羽毛自古就是装饰品及工艺品之原料，羽绒更为御寒之佳品。

自古以来，中国在驯养家禽方面也取得了骄人的业绩。我国的家鸡品种有 50 余个，家鸭品种有 20 余个。如名传千古的乌骨鸡、三黄鸡、九斤黄等，家鸭中的北京鸭、麻鸭等，鹅中的狮头鹅等。鸡、鸭、鹅的家化可追溯至 5000 年前，在考古发掘中，多次出现家禽的遗骨及工艺品。古籍《周礼》《管子》《尔雅》等也有记载。另有不少种类如雉鸡类在古代也有驯养成功之例，但不如鸡、鸭、鹅驯养普及与广泛，如环颈雉、长尾雉、锦鸡、白鹇、孔雀、鹧鸪、山鹑、石鸡、鹌鹑等。还有专供观赏用的鹤类、天鹅等，古人也有驯养的历史，亦十分悠久。春秋时期就有卫懿公因鹤失国的故事。

在人类历史中，从古至今，鸡、鸭、鹅等家禽在提供食材、御寒材料、其他用品等方面有着不可忽视的作用。

## 第五节　兽类在生活、生产中的重要作用

大型兽类，通常指马、牛、羊或野生的麋、鹿、熊、狼等，对于它们的利用，古代典籍中多有记载。《周礼·天官·庖人》："庖人，掌共六畜、六兽、六禽，辨其名物。……六兽：麋、鹿、熊、麕、野豕、兔。""兽人，冬献狼，夏献麋，春秋献兽物。注：狼膏聚，麋膏散，聚则温，散则凉，以救时之苦也。兽物，凡兽皆可献也，及狐狸。"这就是说，天子并不客气，凡兽皆可取来食之。

绝大多数哺乳类动物均可食用，但从资源量及食用价值而言，我国广泛食用种类大多只

限于有蹄类、偶蹄目的猪科、鹿类及牛科的多个种类。以我国南方热带与亚热带地区为例，20 世纪 70 年代末，每年年均猎取量见表 5-2。

表 5-2 20 世纪 70 年代末兽类年均猎取量

单位：万只

| 物种名 | 黄麂 | 赤麂 | 毛冠鹿 | 獐 | 麝 | 合计 |
|---|---|---|---|---|---|---|
| 数量 | 65 | 14 ~ 15 | 10 | 1 | 10 | 100 |

全国野猪、黄羊、狍等也捕获量巨大。

食肉目的鼬獾年产可达 60 万 ~ 70 万头；小灵猫、豹猫、貉、獾、狼也有一定数量，总计年可供肉达数千万斤。另一猎品——野兔也是狩猎动物的大户，仅河南一省于 1980—1981 年就猎获 340 万只。

兽类的皮毛可制裘、制革，以及用于工具、文具等，虽有多寡、贵贱之分，但仍为日常生活中必需的原料。家畜制裘以羊、狗、猫等为主，制革以牛为主，猪鬃广为利用于工具，而野生皮兽种类可达 150 余种。见表 5-3。

表 5-3 野生皮兽种类

| 目别 | 举例 | 种数 |
|---|---|---|
| 食虫目 | 缺齿鼹 | 6 |
| 啮齿目 | 松鼠、赤腹松鼠、旱獭、麝鼠、河狸、鼢鼠等 | 31 |
| 兔形目 | 草兔、华南兔、雪兔、鼠兔等 | 17 |
| 食肉目 | 黄鼬、水獭、豹猫、狐、貉等 | 49 |
| 鳍脚目 | 海豹、海狗等 | 3 |
| 灵长目 | 金丝猴、叶猴等 | 13 |
| 偶蹄目 | 鹿类、黄羊等 | 32 |

兽类的肉和毛皮是古人衣食的重要来源。《礼记·玉藻》"君子狐青裘豹袖"，古代诸侯以羔裘为朝服，卿大夫貂袖，以示高雅。汉《盐铁论·散不足》："古者鹿裘皮冒，蹄足不去。及其后，士大夫狐貉缝腋，羔麛貂袪。"可见，多种兽类的毛皮可制成裘。除上述者外，见诸记载者尚有貂裘、虎裘、豹裘、狼裘、犬裘等，其中狐裘是较贵重者，而白狐裘更是世之珍品。《史记·孟尝君传》：孟尝君曾有求于秦昭王之幸姬，姬向他索要狐白之裘作为交换条件。这也难怪，在商代的甲骨卜辞中，每每将猎获"犾"（狐）或"白犾"时都要说"吉""大吉""弘吉"（甲骨片号：《甲》三一八，《粹》九五六，《存》三七二等）。

在商周时代，手工业是当时一个很重要的产业部门，对兽类的皮、骨、角、牙（象牙）、爪等进行加工处理与精心雕琢，做成各种物件（器具或饰品），生产有序，而且具有一定的规模。《礼记·曲礼下》："天子之六工，曰土工，金工，石工，木工，兽工，革工，典制六材。注：兽工，函鲍韗韦裘也。"《周礼·天官·掌皮》："掌秋敛皮，冬敛革。"同时，考古发掘出土的许多精美的骨雕、牙雕和玉石雕件也是有力的佐证。

　　古人对家养动物，通称为六畜。《周礼·天官·庖人》注曰："六畜，六牲也。始养之曰畜，将用之曰牲。疏：六畜者，马、牛、羊、犬、豕、鸡。"它们是大中型兽类，除食用外，牛还做耕作、运载等役使，犬还守户、参加田猎等。祭祀和殉葬是古代重要的社会活动，也需要许多的动物，甲骨卜辞中就有一次用掉数百和上千头牛羊的记载。

　　说到家养动物，商周时代已有了养鹿业。甲骨卜辞中多次有"获生鹿""麋""麇"等记载，是人们用陷阱的方法猎获的。例如"获生鹿"（《粹》九五一）等；《周礼·天官·庖人》提道"麋、鹿"是天子和各诸侯日常食用的主要食品之类，其用量当不在少数；周代古籍中也多次提道"麋"（鹿崽）和羔（羊）、豚（猪）、犊（牛）一起经常作为食品、祭品和挚礼，其需要量亦不在少数。此外，许多士大夫常穿的麑裘袍，如果没有一定规模的养鹿场的保证，完全依靠野外猎捕鹿崽是很难做到的。

　　从渔猎时代逐步转入农耕时代，人类历史在农耕时代延续了数千年之久。野生动物与家畜在农耕、运输、骑乘等方面也起到了不可忽视的作用（表5-4），对整个人类历史多方面有所促进。

　　我国地域辽阔，各地地理环境有着较大差别，因此家畜的种类也因地而异。

表 5-4　家畜的利用

|  | 马 | 牛 | 羊 | 猪 | 驼 | 驴 | 骡 | 驯鹿 | 犬 | 猫 |
|---|---|---|---|---|---|---|---|---|---|---|
| 农耕 | √ | √ | — | — | — | √ | — | — | — | — |
| 运输 | √ | √ | — | — | √ | √ | √ | √ | √ | — |
| 制裘 | — | — | √ | — | — | — | — | √ | √ | √ |
| 制革 | √ | √ | √ | √ | √ | √ | √ | √ | √ | — |
| 毛 | — | — | √ | — | √ | — | — | √ | — | — |
| 医药 | √ | √ | √ | — | — | √ | — | √ | √ | — |
| 肉 | √ | √ | √ | √ | √ | √ | — | √ | √ | — |
| 奶 | √ | √ | √ | — | √ | √ | — | √ | — | — |
| 工艺原料 | √ | √ | — | — | — | — | — | — | √ | — |
| 体育娱乐 | √ | √ | — | — | √ | — | — | — | √ | √ |
| 宠物 | √ | — | — | — | — | — | — | — | √ | √ |

　　注：家畜在医药方面的应用不同，例如：①马——制备血清，牛——牛黄，驴——皮胶，驯鹿——茸、角，狗——狗宝；②因各地域地理生态环境有异，故不同地域利用家畜的种类不同，如牛，北方用黄牛，南方多用水牛，青藏高原则用牦牛，大兴安岭极寒地区则用驯鹿、犬，西北荒漠、半荒漠地区则以骆驼为主。

　　六畜对人类的生活和社会活动都很重要，但马的用途最多，其对国家安危的保障作用也最大。因此，自夏、商、周以来，马一直被列为六畜之首，直至20世纪末才逐渐退出历史舞台。

　　马的用途，周制有明确的规定，《周礼·夏官·校人》："校人掌王马之政。注：政，谓差择养乘之数也。……辨六马之属，种马一物，戎马一物，齐马一物，道马一物，田马一物，驽马一物。注：种，谓上善似母者，以次差之，玉路驾种马，戎路驾戎马，金路驾齐马，象路驾道马，田路驾田马，驽马给宫中之役。"注，五路，是古代帝王使用的五种车。《周礼·春官·巾车》："王之五路，指玉路、金路、象路、革路、木路。"这六种马，对其品质、性能要求各有不同，故称为"物"。种马要求最优良的种母马，为生产群，我国古代多良马，例如春秋时期，卫国的种马名騋牝，体高六周尺（约138cm）以上，有3000匹。戎马为军马，战国时期，各诸侯国为了更灵活地应对战争，纷纷组建骑兵，以致赵武灵王也"胡服骑射"。齐马为祭典和礼仪用马，要求体质雄健壮观。道马即驿马，驿马是当时陆上交通的主要手段，古人很重视，故驿马的社会地位仅次于军马。春秋时期已有驿站，至秦汉时期更发达，唐代每15千米设一站，每站驿马8～75匹不等。元代国土扩大，靠驿站联系各汗国，全国有驿马30万匹。田马是狩猎用马，驽马用为杂役。

古人认为，国之大事，唯祀与戎。鉴于马匹对国家兴亡、交通运输和农业耕作的重要作用，国家养马，以应战备；民间养马，用于耕驾，养马事业全民化、国家化。我国养马业的发展始于商周，盛于汉唐，其产业化的特点是：

（1）国家设置多级专职官员和专门机构管理、监督和实施各项养马业事务。

（2）政府对养马活动有明确的制度规定和法令，有功者奖，有违者罚，是谓"马政"。

（3）国家设置许多专业的苑、槛饲养、繁殖和生产马匹，并指定牧地进行放牧。

（4）重视马品种的鉴别和优良品种的繁育。

兹分别简述之。

《周礼·夏官》（卷三三）设置了校人、趣马、巫马、牧师、廋人、圉师、圉人等专职官员，分别掌管马匹饲养生产过程中的各项具体业务。其中《校人》"掌王马之政。……天子十有二闲（马圈），马六种；邦国六闲，马四种；家四闲，马二种。"这就是说，国家规定，诸侯不许养种马和戎马，只准养齐马、道马、田马和驽马，大夫只许养田马和驽马（此规定至春秋时期已被突破，前文提道，当时卫国即养有种马3000匹）。非子，周时人，善御马。约公元前900年，周孝王召使主马事，于汧，谓之野养马，马大蕃息，封为附庸，邑之秦（《史记·秦本纪五》）。周朝的马，除官方养殖者外，又向下级征收马匹以充军赋；同时也设官向民间收买，"馬質，掌質馬，馬量三物：一曰戎馬，二曰田馬，三曰駑馬，皆有物賈。注：此三馬買以給官府之使，無種也。"（《周礼·夏官·马质》）

汉朝重视养马，设太仆寺管理马政。太仆一职原为周王舆驾御从，至汉位列九卿。在汉景帝时，约公元前154年已在西北设苑马36所；"四年，禁马高九尺五寸（约145.7cm）的壮年马出關。"当时，这36所苑马为苑监官率奴婢3万人养马30万匹（《文献通考·兵考一一》）。汉武帝重武功、爱良马，设河西4郡，实行"移民实边，戍边垦牧，"大大促进了河西及西北地区养马业的发展。为准备伐胡，大力推进养马，同时也很重视改良马种，他曾以车舆与西北民族换得种马，并下令全国各地多养母马，从事繁殖和改良马种。约公元前119年，张骞出使西域，开辟了文明世界的"丝绸之路"，得以输入西方良种马匹。武帝知道大宛有"天马"，遣使持千金和金马以求，宛不肯，并杀来使，取其财物。帝大怒，遂遣将军李广利将兵十万伐之，连四年，宛人斩其首，献马三千匹，并与汉约岁献天马二匹，汉军乃退。天马者，即所谓汗血宝马也。

汉以后，南北朝时期，国家动乱割据，养马业受到破坏，但在西北地区，至公元五世纪，北魏统一了北方，在原来基础上养马业又有所恢复和发展，据《魏书·食货志》记载，马匹最多时达 200 万匹。

唐代的养马机构严整，人员众多，全国统一管理，为我国马政建设历史之顶峰。其一，政府设太仆寺、卫府寺，统一管理全国厩、牧、舆、马事宜；其二，全国马匹无论官私都要簿籍登记在册；其三，奖励民间养马；其四，养马实行监牧制，全国设有养马牧场 60 多所，在管理上设八坊，坊下设牧监，每监养马 3000～5000 匹。其官员，太仆属下有牧监、副监，监有丞，有主簿，直司团官牧尉、排马、牧长，群头有正有副。凡群置长一人，15 长置尉一人，岁课功进排马。又有掌闲调习马上。唐代的养马规模，最初得突厥马 2000 匹，又得隋马 3000 匹于赤岸泽，皆徒之陇右监牧之。此后，自贞观至麟德四十年，有马 76 万匹。唐代养马业的发达，不仅使天子可以"北望匈奴，顺通西域"，还对国家的政治、经济、文化和社会生活产生了重大影响，大大提高了国家以至在世界上的威望。

上述可见，汉唐的养马与周朝不同，其特点是国家化。"周天子之馬，不過三千四百五十六匹而已；漢之養馬，有五監六廄，而武帝之時，馬至四十萬匹；唐置八使五十六監，麟德間馬至七十萬，開元間至四十五萬匹。而與周之馬數相遠者，蓋周制八軍之馬出於民，而校人所養者特給公家之用而已。漢唐則不然，行軍之馬一出於公，此多寡所以異也。"（《文獻通考·兵考·馬政》）

汉朝一位爱马、识马、相马的专家对马有个评价："夫行天，莫如龍，行地，莫如馬。馬者，甲兵之本，國之大用。安寧，則以別尊卑之序，有變，則以濟遠近之難。昔有騏驥一日千里，伯樂見之，昭然不惑。……"（东汉·马援语）。古人在相马知识的基础上，十分重视马品种的识别和良种的选育。公元前 9 世纪，周代已提出选择种畜是畜牧业的大事。此后历代统治者均将相马、驯马、养马作为国政之一。晋·郭璞在《尔雅注疏·释畜》中提出马的几大用途："既差我马"，差，是选择优良的马匹；"宗庙齐毫"，祭祀宗庙用纯色的马；"戎事齐力"，参加战争用强有力的马；"田猎齐足"，从事狩猎用奔跑迅速的马。古人就围绕上述几大用途选择、培育良马。古人记载良马的鉴别、良马的养育与疾病防治方面积累了丰富的实践经验。荀子曰："骅骝、骐骥、纤离、绿耳，此皆古之良马也。"明·郭子章著《名马记》记载了龙马、泽马、吉良、朱髦等优良品种。据郭郛记载，中国古代已驯养 40～50 个品种的优质马，这是中国人民畜养动物中最有成果之处。马作为一种大型兽类，当它被产业化之后，其对人类的社会生活和国家安危具有如此重要的作用，是人们始料不及的。我国劳动人民对马的饲育、研究和开发做出了许多主要的创新和贡献，使马的体能和功效发挥到极致，其不但对我国历史发展做出了贡献，而且也是当时世界各国的历史所未见。

## 参考资料

［1］吴·陆玑. 毛诗草木鸟兽虫鱼疏. 丛书集成初编［M］. 北京：中华书局，1985.
［2］郭郛. 尔雅注证［M］. 北京：商务印书馆，2013.
［3］荀况撰. 杨倞注. 荀子. 四库全书. 695 册［M］. 台北：台湾商务印书馆，1986.
［4］春秋·范蠡撰. 养鱼经. 见：清·马国翰辑. 玉函山房辑佚书［M］. 上海：上海古籍出版社，1990.
［5］司马迁撰. 裴骃集解. 史记. 四库全书. 243 册［M］. 台北：台湾商务印书馆，1986.
［6］汉·郑玄注. 孔颖达疏. 陆德明音义. 礼记注疏. 四库全书. 115 册［M］. 台北：台湾商务印书馆，1986.

［7］ 郑氏注. 周礼. 四部丛刊初编. 经部［M］. 上海：商务印书馆，1926.

［8］ 魏·吴普等述. 孙星衍，孙冯翼同辑. 神农本草经［M］. 上海：商务印书馆，1937.

［9］ 韦昭注. 国语. 四库全书. 406 册［M］. 台北：台湾商务印书馆，1986.

［10］ 贾思勰撰. 齐民要术. 四库全书. 730 册［M］. 台北：台湾商务印书馆，1986.

［11］ 五代·刘昫等撰. 旧唐书. 268—271 册［M］. 台北：台湾商务印书馆，1986.

［12］ 晋·崔豹撰. 古今注. 四库全书. 850 册［M］. 台北：台湾商务印书馆，1986.

［13］ 梁·陶弘景撰. 本草经集注［M］. 上海：群联出版社，1955.

［14］ 南朝宋·范晔撰. 唐·李贤注. 后汉书. 四库全书. 252 册［M］. 台北：台湾商务印书馆，1986.

［15］ 唐·苏鹗撰. 杜阳杂编. 四库全书. 1042 册［M］. 台北：台湾商务印书馆，1986.

［16］ 宋·陈旉撰. 农书. 四库全书. 730 册［M］. 台北：台湾商务印书馆，1986.

［17］ 宋·黄省曾著. 鱼经. 丛书集成初编. 王云五主编. 上海：商务印书馆，1939.

［18］ 宋·李昉等撰. 太平御览. 四库全书. 893 册［M］. 台北：台湾商务印书馆，1986.

［19］ 宋·陆游撰. 老学庵笔记. 四库全书. 865 册［M］. 台北：台湾商务印书馆，1986.

［20］ 宋·罗愿撰. 元·洪焱祖音释. 尔雅翼. 四库全书. 222 册［M］. 台北：台湾商务印书馆，1986.

［21］ 宋·秦观撰. 蚕书. 四库全书. 730 册［M］. 台北：台湾商务印书馆，1986.

［22］ 元·马端临撰. 文献通考. 四库全书. 610—616 册［M］. 台北：台湾商务印书馆，1986.

［23］ 元·司农司撰. 农桑辑要. 四库全书. 730 册［M］. 台北：台湾商务印书馆，1986.

［24］ 元·王祯撰. 王祯农书. 四库全书. 730 册［M］. 台北：台湾商务印书馆，1986.

［25］ 明·邝露撰. 赤雅. 四库全书. 594 册［M］. 台北：台湾商务印书馆，1986.

［26］ 明·李时珍撰. 本草纲目. 四库全书. 772—774 册［M］. 台北：台湾商务印书馆，1986.

［27］ 明·宋应星. 天工开物. 明崇祯十年（1637 年）初刊.

［28］ 明·徐光启撰. 农政全书. 四库全书. 731 册［M］. 台北：台湾商务印书馆，1986.

［29］ 清·蒲松龄撰. 农桑经. 见：蒲松龄集［M］. 上海：上海古籍出版社，2017.

［30］ 清·吴烜撰. 蚕桑捷效书. 清同治九年（1870 年）刻本［M］. 北京：朝华出版社，2017.

［31］ 清·赵学敏辑. 本草纲目拾遗. 续修四库全书. 995 册［M］. 上海：上海古籍出版社，2002.

［32］ 清·黄遵宪撰. 日本国志. 光绪二十四年浙江书局重刊，1898.

［33］ 李济. 西阴村史前的遗存［J］. 清华研究生院丛书·论蚕，1928.

［34］ 尹良莹. 中国蚕业史［M］. 南京：中央大学蚕桑学会，1931.

［35］ 胡厚宣. 殷人疾病考［J］. 学思. 1934 年，第三卷第 3、4 期.

［36］（德）瓦格勒. 中国农书［M］. 王建新，译. 商务印书馆，1934.

［37］ 季羡林. 中国蚕丝输入印度问题的初步研究［J］. 历史研究. 1955，（4）：51-59.

［38］ 邹树文. 中国昆虫学史［M］. 北京：科学出版社，1982.

［39］ 盛和林，等. 哺乳动物学概论［M］. 上海：华东师范大学出版社，1985.

［40］ 周尧. 中国昆虫学史［M］. 西安：天则出版社，1988.

［41］ 王祖望等主编. 中华大典·生物学典·动物分典［M］. 昆明：云南教育出版社，2015.

［42］ 王祖望，等. 马的品种. 见：中华大典·生物学典·动物分典（第一册）［M］. 昆明：云南教育出版社，2016：302.

# 第六章　动物为害的记载与防治

　　我国为农耕大国，农业生产历史悠久。从游猎时期进入农耕社会之后，农业生产得到不断发展。劳动人民对田间害虫进行了长期的观察、研究与治理，许多记载与论述留下我国治理害虫的历史，以及农业昆虫学发展的轨迹。

## 第一节　一般农业虫灾的记载

　　《礼记》《诗经》记载了我国远古时期农业害虫的状况，以及人们对虫灾所采取的治理措施，但这仅仅是零散记载在古籍中的虫害。自春秋战国开始，各个朝代都有专门史籍对虫灾以及各种异常事态进行逐年的系统记载。邹树文取自《图书集成·蝗灾部》及《清史稿·灾异志》相关记载，对我国古时主要害虫暴发年进行逐年统计，从春秋鲁隐公元年（公元前722年）开始，至光绪三十四年（1908年），每隔100年，按不同害虫发生灾害的频率进行登记，最后制成表6-1。

表6-1　我国古时不同害虫发生灾害的频率（邹树文，1982）　　　　单位：次

| 世纪 | 螟 | 螽 | 蜚 | 蟓 | 蛾 | 蝗 | 蚜蚄 | 虫 | 蛹 | 螣 | 蟊 | 合计 |
|------|----|----|----|----|----|----|------|----|----|----|----|------|
| 公元前 8 | 2 | 1 | 1 |  |  |  |  |  |  |  |  | 4 |
| 公元前 7 | 1 | 4 | 1 |  |  |  |  |  |  |  |  | 6 |
| 公元前 6 |  | 3 |  | 1 | 1 |  |  |  |  |  |  | 5 |
| 公元前 5 |  | 3 |  |  |  |  |  |  |  |  |  | 3 |
| 公元前 4 |  |  |  |  |  |  |  |  |  |  |  |  |
| 公元前 3 |  |  |  |  |  | 1 |  |  |  |  |  | 1 |
| 公元前 2 | 2 |  |  |  |  | 9 |  |  |  |  |  | 11 |
| 公元前 1 |  |  |  |  |  | 2 |  |  |  |  |  | 2 |
| 公元 1 | 2 |  |  |  |  | 15 |  |  |  |  |  | 17 |
| 公元 2 | 2 |  |  |  |  | 18 |  |  |  |  |  | 20 |
| 公元 3 | 5 |  |  |  |  | 2 |  |  |  |  |  | 7 |
| 公元 4 | 1 | 1 |  |  |  | 8 |  |  |  |  |  | 10 |
| 公元 5 |  |  |  |  |  | 11 | 2 | 1 |  |  |  | 14 |
| 公元 6 | 1 |  |  |  |  | 10 | 5 |  |  |  |  | 16 |
| 公元 7 | 1 |  |  |  |  | 8 |  |  |  |  |  | 9 |
| 公元 8 | 1 |  |  |  |  | 6 | 3 |  |  |  |  | 10 |
| 公元 9 | 2 |  |  |  |  | 17 | 2 |  |  |  |  | 21 |

续表

| 世纪 | 螟 | 螽 | 蜚 | 蟓 | 蜮 | 蝗 | 蚜蚄 | 虫 | 蟊 | 螣 | 蝥 | 合计 |
|---|---|---|---|---|---|---|---|---|---|---|---|---|
| 公元 10 | 1 | | | 2 | | 12 | 6 | | 8 | | | 29 |
| 公元 11 | 1 | | | 2 | | 29 | 4 | | 6 | | | 42 |
| 公元 12 | 13 | | | 2 | | 33 | 1 | | | 2 | | 51 |
| 公元 13 | 5 | | | | | 46 | 3 | | 2 | 1 | 2 | 59 |
| 公元 14 | 2 | | | 3 | | 42 | 3 | 1 | 4 | | | 55 |
| 公元 15 | | | | | | 33 | | | 3 | | | 36 |
| 公元 16 | 5 | | | | | 42 | | | 4 | | 1 | 52 |
| 公元 17 | 2 | | | | | 44 | | 15 | 5 | | | 66 |
| 公元 18 | | | | | | 39 | | 16 | | | | 55 |
| 公元 19 | | | | | | 28 | | 8 | 8 | | | 44 |
| 合计 | 49 | 12 | 2 | 10 | 1 | 455 | 29 | 41 | 40 | 3 | 3 | 645 |

上表所列出的 11 个害虫的名称均出自原始相关史籍的记载，并保持原来的名称，由于出自不同朝代、不同地点、不同作者，对害虫的种类、危害程度以及分布区域会有差别，甚至由于历史和知识的局限，把同一种虫害的不同发育阶段称为不同种的名称。邹树文对"蝗、螽、蟊、蟓"等有以下考证。

上表螟害列为第一，虽然螟虫是我国农业的重要害虫，但其危害程度次于飞蝗。它是我国最先被记载的虫灾，所以螟虫也一直被认为是农业的重要害虫。为了便于叙述和突出重点，蝗虫及白蚁另辟章节予以介绍。

北方有危害高粱和小米的粟灰 Chilo infuscatellus 和高粱条螟 Proceras venosata，南方则有主要危害水稻的水稻螟虫二化螟 Chilo suppressalis 和三化螟 Tryporyza incertulas，其危害十分严重，常使稻谷颗粒无收。由于螟虫种类复杂，分布十分广泛，危害极其严重，因此螟虫是最先被记载的农业害虫。

早在先秦时期，对螟害就有过记载，如《诗经·小雅·大田》中的"去其螟螣"的"螟"即螟虫，随后在《春秋·隐公》卷一记载："癸亥（桓王二年）五年……九月……螟，音冥，蟲灾始此。"从此便开始了我国农业害虫成灾的记载。

又："癸寅（桓王五年）八年……九月……螟。"

《春秋·庄公》卷三："癸巳（莊王九年）六年……秋……螟。"

以上仅列举春秋时期正式对螟虫灾害的记载，也是对农业害虫灾害系统记载的开始。随后历史上对农业虫灾所记载的格式基本相似，即某朝代、某年、某月或某季节，发生什么虫灾。随着社会的发展，人们对农业虫灾认识的提高，增加了虫灾的具体发生地区、危害的严重程度以及赈恤灾民办法的记载。这些记载虽然很简单，但长期而系统的资料可能是世上绝无仅有的。这些资料的积累，由于涉及面广而不间断，更显得十分可贵。现代学者应用新的思维、新的技术，结合害虫历史上的发生动态、气象条件及其他事态的变故等进行深入研究，发掘了许多害虫的发生规律。

蜮作为农业虫害，在历史上被记载的时间很早，虽然晚于螟灾，但也是在春秋时期出现的。

《春秋·庄公》卷三："乙巳惠王元年，十有八年……秋有蜮，蜮又作蟈，音或。"过去有人认为蜮为水生半翅目昆虫天鼄，但作为农业上的害虫，邹树文认为：蜮与贼、蚜虫、黏虫都是相同的。表6-1中蜮也仅是在公元前记载过一次，随后便由蚜虫代替了。黏虫古时多称之为蚜虫。周尧说："蚜虫最早见于《氾胜之书》（公元前50年）。"在我国农业上蚜虫的危害十分严重，邹树文在表6-1已统计有30次（加上蜮）；周尧对我国历史上蚜虫大发生年代的统计，"从北魏即公元五世纪开始，到清代末年（1911年）为止，严重灾害49次，发生地区是陕西、甘肃、河南、山东、山西、河北等省，四川、福建也有记载。有17次是明白地记载着，'害稼''害苗'，有的'食稼殆尽'，有的'食稼三分之二'。比这些记载更早一些，在晋咸宁元年（公元275年）、永宁元年（公元301年），'有青虫食其禾叶，甚至十伤五六'。"周尧考证："上述地区主要的禾稼是小麦，而食叶殆尽的重点害虫只有黏虫一种。"周尧统计黏虫大发生年代，除害虫名称外，对被害作物的考证也列入其中。因此，其统计次数多于邹树文统计的数据。所以，他们之间的差别是可以理解的。

蟊，也是在春秋时期已有记载。

《春秋·庄公》卷三："丙辰，惠王十二年，二十有九年……秋有蜚。蜚，扶味反。"

蜚，作为农业害虫，虽然公元前就已经被记载，但对蜚应为何种害虫颇有争议。邹树文认为："蜚字在《春秋》及《左传》……究竟是什么虫，古注的说法不一，我们假定为可能是蜚蠊，因为郭璞注说它是臭虫的缘故。"接后，邹树文又认为："蜚即蜚蠊，始见于《春秋》鲁庄公二十九年（公元前665年）秋，有蜚。"

罗愿撰《尔雅翼》卷二七《释虫·蜚》：蜚者，负盘，臭蟲也，亦作蜚。似蟩蟲而輕小，能飛，生草中……。《左传·庄公二十九年》："有蜚。刘歆以为负蠜也。……食稻为灾，介虫之孽。其父向则以为蜚，色青，近青青也。非中国所有……说者以为蜚，中国所有，非南越之虫，未详向所说。蜚诚臭虫，今所在有之，草间之物。……今负盘，好以清旦，集稻上食稻花……，至日出则皆散去，不可得矣。能熯稻，使不蕃。"《春秋》书之。当由此尔。今人谓之蜚盘虫，亦曰："香娘子"。

明代张自烈撰，清代廖文英续《正字通》申集中《虫部》："蜚，輕小似蚊，生草中，善飛，旦集稻上，食稻花。又氣息惡，能熯稻，使不蕃，遇西風雨則死。"

清代方旭撰《虫荟》卷三《蜚》："《正字通》，蜚，輕小似蚊，善飛，食稻花。旭按：稻花開日，若雨陽不時，則生小飛蟲，群集稻花上食稻花，令稻不實，即此蟲。《春秋》所謂蜚，是也。劉歆以為負蠜，劉向以為非中國所有，並誤。邢氏、邵氏引此說，以解《爾雅》之蜚，尤誤。"

根据上文种种论述，《春秋》中的蜚与《尔雅》中的蜚无关，前者属于农业害虫的蜚，按其体小善飞，好以清晨入田群集于稻花，吸取汁液，能熯稻，使不蕃等，它应该是属于缨翅目昆虫稻蓟马 *Stenchaethrip biformis*。

表6-1蟊的考证，多数学者仍以《尔雅》对于螟、螣、蟊、贼的解释为准：

"食苗心螟，食葉螣，食節賊，食根蟊。"

邹树文认为："《尔雅》此四语是和《诗经·毛传》'食心曰螟，食叶曰螣，食根曰蟊，食节曰贼'的说法相合，而只是有螣、蟊二字的写法不同而已。"三国吴·陆玑撰《毛诗草木鸟兽虫鱼疏》："蝨，蝼蛄也。食苗根，为人患。"邹树文认为，蝨为广义的地害虫，"包括蝼蛄、蛴螬、金针虫等。"十分据理，古人很难对具体的食根的地下害虫命名，但多数为害的害虫应该是蝼蛄。

清代倪文蔚、蒋铭勋修，顾嘉蘅、李廷鈇纂《光绪荆州府志》（一）："明隆庆元年，公安大水，倾洗二圣寺。秋七月，宜都蝨贼为灾，穀登十之一。"依刘举鹏根据《尔雅音图·释虫》图像及其他的记载考证，我国古代文献中的蝼蛄有三种：东方蝼蛄 *Gryllatalpa orientalis*、小蝼蛄 *Gryllotalpa formosana* 和大蝼蛄 *Gryllotalpa unispina*。

关于蝗虫，上文已根据邹树文考证，历史上列举的蝨、蝝、蝻、螣等均属于蝗。其中主要包括两大类群：蝗科 *Acrididae* 和螽斯科 *Tettigoniidae*，但更重要的是蝗类。刘举鹏通过对古籍的考证，认为主要有飞蝗 *Locusta migratoria* 和中华稻蝗 *Oxya chinensis*。飞蝗在我国分布十分广泛，由于长期的地理隔离，不同地域飞蝗种群形成了不同地域亚种的分化。有关飞蝗的历史灾情记载见后文分析。

统计表 6-1 中虫字是泛指的虫灾，是不知名的害虫所引发的虫害，古籍中常有虫、虫害、虫灾等记载。表中除了公元 5 世纪南北朝和公元 14 世纪明代各有一次记录外，主要集中在清代期间，17 世纪有 15 次，18 世纪有 16 次，19 世纪有 8 次，总共有 41 次之多，可见这些虫害也相当严重。

# 第二节　白蚁危害的记载

我国地处亚洲，气候温暖潮湿，适宜白蚁的繁衍生息，其危害十分严重。由于白蚁生活习性特殊，繁殖迅速，活动环境隐蔽，多在土中或建筑物木材、砖墙之中，难以发现，所以明确的历史记载十分有限。邹树文（1963 年，1988 年）为此进行了深入考证，提出了白蚁危害的历史记录："白蚁为害于堤防由来已久。……在战国时代的文献早已说到。……白蚁为害于房屋，史籍上亦有不断记载。……自周秦以迄近代，固然材料太少，只能做一贯的叙述。……既以志其为害记录之早，亦以致慨于后此的文献对有关千百万人生命的江河堤防溃决所由起，竟如此疏忽视之，他更勿论矣。"因此，邹树文有以下考证，这也是我国第一次对白蚁为害的考证，并提出相关的历史记录。

## 一、白蚁危害堤防

我国南方多为丘陵地带，为了解决农业上的浇水灌溉，许多地方多垒筑堤坝，修建水库。自有江河堤坝以来，就有白蚁的危害。最早危害水库堤坝白蚁的记载如下：

先秦《吕氏春秋·慎小篇》："巨防容蝼而漂邑杀人。突泄一煙而焚宫烧积。"

先秦《韩非子·喻老篇》："图难於其易也，为大於其细也。千里之堤，以蝼蚁之穴溃；百丈之室，以突隙之煙焚。故曰：白圭之行堤也塞其穴，丈人之慎火也塗其隙。是以白圭无水难，丈人无火患。此皆慎易以避难，敬细以远大者也。"

西汉《淮南子·人间训》："千里之堤，以蝼蚁之穴漏；百寻之屋以突隙之煙焚。尧诫曰：战战慄慄，日慎一日。人莫蹟於山而蹟於蛭。"

以上三篇都是古人从日常生活中与自然接触所遭遇的种种问题，加以总结的经验教训。由此可知，白蚁对堤防的蛀蚀之严重性，堤防长期在白蚁蛀蚀下，形成巨大巢穴或副巢、空腔等，大雨涨水后，通过蚁路形成管涌，堤坝上管涌若继续扩大便形成了巨大跌窟，随之便引起决堤垮坝。历史上决堤垮坝的灾异，其中大部分记载是白蚁蛀蚀危害的结果。

清代陈璚修、王棻纂《杭州府志》卷八二—八五："宋真宗天禧五年……暴风江潮溢决堤。"又："宋孝宗，熙元年秋七月壬寅癸卯，钱塘大风涛沢临安府，江堤一千六百六十餘丈。"又："明成祖永乐十八年夏秋，仁和、海宁潮湧堤淪入海者千五百餘丈。"又："明英宗正统五年塞海宁蠣岩决堤。"

清代许瑶光修、吴仰贤等纂《嘉兴府志》卷三五："宋嘉定十七年，海溢壞堤。"又："元泰定三年正月，盐官州大风海溢壞堤廣三十餘裡。"又："元泰定四年，盐官州潮水大溢壞堤二千余步。四月又壞堤十九裡。"

清代倪文蔚、蒋铭勋修，顾嘉蘅、李廷鉽纂《光绪荆江府志》（一）："明弘治元年荆州大旱，人相食，十年荆州大水，自沙市决堤浸城，沖塌公安门城楼，民田陷没無算。公安狭堤淵决。""正德十一年八月，公安郭淵决。""嘉靖六年石首大水濆堤，市可行舟。……三十年七月，石首大水，川涨堤濆，平地水深數丈，官舍、民居皆没。……三十五年秋，石首淫雨连月，南北二水交涨，諸堤盡决，溺民無算。公安新淵堤决。"

上述记载因水患引起决堤垮坝，随后经调查这些地区的堤坝多有白蚁的孳生繁殖，所以水患只是外因，引起决堤垮坝的内因是白蚁蛀蚀堤坝的结果。经调查，长江流域主要危害堤坝的白蚁为黑翅土白蚁 Odontotermes formosanus，在五岭和武夷山脉以南的地区，除土白蚁外，可能还会有黄翅大白蚁 Macrotermes barneyi 的危害，它们都是蛀蚀堤坝的土栖性白蚁，蚁巢除大型主巢外，在其四周还有星罗棋布的副巢。这些主巢和副巢最终形成众多空腔，是大雨后导致决堤垮坝的主要原因。

## 二、白蚁危害建筑物

关于白蚁危害建筑物的最早记载始见于公元前77—公元前6年西汉·刘向的《说苑·谈丛》："蠹蠹仆柱梁。蚊虻走牛羊。"邹树文从《汉书·五行志》等史籍考证，并认定为白蚁长期危害的结果。

### 《汉书·五行志》

鲁文公十三年太室屋壞。

景帝三年十二月，吴二城門自傾，大船自覆。

宣帝时，大司馬霍禹所居第門自壞。

哀帝时，大司馬董賢第門自壞。

### 《后汉书·五行志》

延熹五年，太學門無故自壞。

永康元年十月壬戌，南宫平城門內屋自壞。

光和元年，南宫平城門內屋、武庫屋及外東桓屋前後傾壞。

光和三年二月癸亥，廣陽城門外上屋自壞。

初平二年三月，長安宣平城門外屋無故自壞。

興平元年十月，長安市門無故自壞。

### 《晋书·五行志》

黃初七年正月，許昌城南門無故自崩。

太興二年六月，吳郡米屋無故自壞。

太寧元年周筵自歸王敦，既立其宅宇，所起五間六梁一時躍出墜地，餘桁猶互柱頭。

元興三年五月，樂賢堂壞。

義熙元年五月，國子聖堂壞。

### 《宋书·五行志》

元嘉十七年，劉斌為吳郡，群堂屋西頭，鴟尾無故落地，治之未畢，東頭鴟尾複落。

永明中，大舟行一舶，無故自沉，艚中無水。

### 《隋书·五行志》

天嘉六年秋七月，儀賢堂無故自壓。

楨明元年六月，宮內水殿，若有刀鋸石斤伐之聲，其殿因無故而倒。七月，朱雀航又無故自沉。

### 《宋史·五行志》

紹興三年八月辛亥，尚書省後樓無故自壞。

鹹淳九年丞相賈似道家棟裂。

### 《金史·五行志》

元光二年七月乙卯，丹鳳門壞。

上述记载，所谓"无故自坏""自压""落地""自沉"等，不言而喻，这些木构件均为白蚁长期危害后的现象。清代吴震方在《岭南杂记》中明确指明："粤中温热，最多白蚁。新构房屋，不数月为其食尽，倾坏者有之。"

此外，历史上有灾异的记载，因风雨而倒屋毁舍，其实多数者因长期被白蚁蛀蚀后，梁柱已成空虚，随经风雨而坠落。

清代徐景熹修，鲁曾煜、施廷枢等纂《福州府志》卷七四："宋景德二年八月，福州海上有飓风，坏屋舍。""明洪武十三年六月壬午，闽县烈风暴雨，废民屋，人有压死者。"

这类白蚁除了危害房屋木构件之外，还可危害林木、甘蔗，以及各种仓储物资、塑料制品、纸张、布匹等，甚至银行存放的纸币、铁路上的枕木和海上行船的桅杆也常遭到危害，图书馆的藏书和资料室的资料也不能幸免。此外，还蛀蚀铅皮，危害到地下电缆。古时曾记载白蚁还可吞食白银。

清代吴震方撰《岭南杂记》："康熙甲子年，盐课提举司汪苃斯为余言：库银忽缺数千金，见壁下有蛀末一堆，烂如白银，寻其穴掘之，得白蚁数斛，入炉熔之，仍得精金，但耗其十一耳。又庚辰年，余至广城，按察司知事王煜，有一亲识。寄银五十金，藏竹箱中。经年，其人来取，封识如故，及其银纸裹已破，锭件宛然而轻十余两，视之已中空矣。次日，见箱下有银屑一路入壁孔中，掘之皆白蚁。取而熔之，仍为银，已缺数两矣。"这些记载充分说明了白蚁危害的严重性，其主要种类为台湾乳白蚁 *Coptotermes formosanus*，广泛分布于我国长江以南诸省，也分布于广大热带及亚热带地区，为世界性大害虫。我国北方危害房屋的白蚁主要为黑胸散白蚁 *Reticulitermes chinensis*。

历史上对虫灾的系统记录主要集中在上述几类大害虫，这些记录十分可贵，正如邹树文在《昆虫学史事提要》中写道："中国虫灾记录载在史籍，自春秋鲁隐公元年算起至清光绪三十四年止，共有二千六百三十年的历史，虽然脱漏必多，亦堪称世界昆虫学和农学史上最丰富的史料。"这些史料不仅为后人展示了这些害虫在历史上的发生状况及其危害程度，还为后人进一步应用新的技术、新的手段探讨这些害虫的发生规律、发展趋势以及掌握这些害虫的发生动态提供了珍贵的基础数据。

# 第三节　蝗虫灾害

自古以来，蝗虫被列为农业上最重要的大害虫。由于它可造成农业生产的巨大损失，甚至成为朝代更替的导火线，因此，"蝗灾"便成为历代统治者和史学家关注的焦点。我国是一个农业大国，受到蝗虫的灾害更为严重。徐光启撰《农政全书》记载："凶饥之因有三：曰水、曰旱、曰蝗。地有高卑，雨则有偏被，水旱为灾，尚多幸免之处，惟旱极而蝗，数千里间，草木皆尽，或牛马毛、幡帜皆尽，其害尤惨，过於水旱。"在我国几千年农业发展的历史中，蝗虫是一个突出的农业虫灾，蝗灾给我国劳动人民带来无穷的苦难。晋·司马彪撰志，唐·李贤注，梁·刘昭注志《后汉书·吕布传》："吕布据濮阳，曹操闻而引军击布，累战，相持百余日。是时旱、蝗、少谷，百姓相食。"最后由于蝗灾、少谷，出现了人吃人的惨剧。这样悲惨的局面在历史上屡见不绝。因此，古籍上对蝗灾的记载也特别关注。

所谓蝗灾，是由蝗虫引起的灾害，蝗虫种类很多，有稻蝗、竹蝗和飞蝗等，但古籍中所记载的蝗、螽、蝻、蝝、螣等指的是飞蝗。由于飞蝗分布广、种群数量大、繁殖快，又具有暴食性和极强的迁飞能力，毁尽甲地庄稼，又成群结队迁往乙地，所到之处无一幸免，飞蝗过境，赤地遍野。

## 一、飞蝗的发生

我国劳动人民对飞蝗的生活习性、发生规律和治理方法进行了全面而系统的观察和研究。明代徐光启总结了前人对于飞蝗的研究成果，自己又长期从事飞蝗的治理与研究，认为飞蝗的发生与"涸泽"密切相关。明代徐光启撰《徐文定公集》卷二："蝗生之地，……必於大泽之淮。……故洞泽者，蝗之原本也。欲除蝗圖之此其地矣。"蝗生之緣，必於大澤之旁者。……或言來從葦地，葦之所生，亦水涯也。則蝗為水種無足疑矣。"这一理论的阐明，为后人改造"洞泽"、消除蝗灾提供了理论依据。由于篇幅所限，本文仅就我国古代蝗灾的历史记载，飞蝗不同种群的古代分布区域和地理隔离，以及历代飞蝗的发生与诗歌等简单介绍。

蝗虫是农业上头号害虫，所以古籍史和地方志都有记载。周尧对记载的方式进行了列举：汉代班固撰，唐代颜师古注《汉书》记载公元前43年10月"蝗蟲從東方來，蔽天"；公元2年4月"郡國大旱蝗，青州尤甚，民流亡"；公元22年"夏蝗從東方來，飛蔽天，至長安，入未央宮、緣殿閣，草木盡"；公元72年"蝗起泰山，彌行兗豫，……豫章遭蝗，穀不收，民饑死，縣數千百人"。唐代房玄齡等撰《晋书·五行志》也记载有公元10年6月"六州大蝗，食草木牛馬毛皆盡"；公元318年6月"東莞蝗蟲，縱廣三百里，害苗稼，八月冀、青、徐三州蝗，食生草盡"。后晋刘昫等撰《旧唐书》记载，公元682年8月"京畿蝗，無麥苗"；公元716年"山東蝗，蝕稼聲如風雨"；公元784年"秋蝗，自山而東，際於海，晦天蔽野，草木葉皆盡"；公元785年"夏蝗東自海，西盡河隴，群飛蔽天，每日不息，所至草木及畜毛靡有孑遺，餓殍枕道"。大多数古籍均以这样的形式记载蝗灾的发生，随后有时增加一些政府督办和救赈灾民的办法等。

历史上对蝗灾的记载虽然很简单，但时间跨度长、覆盖面广，在简单的记载中却蕴藏着蝗虫复杂的发生和消长规律，所以这些历史文献十分宝贵，具有重要的科学价值。

我国古代蝗灾的记载为历代学者所重视，并做了统计与研究。明代徐光启统计"春秋至於戰國，其蝗災書月者一百一十有一"。周尧"从历史书籍中整理（包括地方志，但不全），从公元前707年到公元1911年，2618年中蝗虫大发生次数538次。"邹树文在表6-1中记载了从公元前722年至公元1908年"所列虫灾有645次，其中蝗灾有455次，尚未将《春秋》之螽及后来之蟊计算在内。"此外，表中所列螽12次、蝝10次、蟊40次和螣3次，都应该纳入蝗灾之列。吕国强、刘金良主编的《河南蝗虫灾害史》中，从公元前624年前周襄王二十八年开始，春秋三传中记有，《左传》曰："雨螽于宋，隊而死也。"《公羊传》曰："雨螽者何？死而隊也。何以書？記異也。"《谷梁传》曰："此何以志？曰災甚也。其甚奈何？茅茨盡矣。"由此记载了河南省第一次蝗灾的发生年及其严重性，一直到清代末年，即公元1911年，《商丘县志》记："商丘旱，蝗災。"在2535年中，记载了520次蝗灾。以上不同作者统计了2600年左右蝗灾的发生年，其结果均接近520次左右。这样的结果充分表明了他们统计历史资料的可靠性，另外也表明蝗灾在历史上大发生可能每隔一定时期有一次暴发年。

刘举鹏在《中国蝗虫学史》一书深入研究并阐明了历史上蝗虫大发生与地球冷暖之间互相关联的现象，他深入分析了我国历史上2000多年蝗虫大发生的记载和气象的变化，认为蝗虫的大发生与地质史上的冰期密切相关。伴随着地球上冰期的来临，气候变得少雨干旱，许多湖泊、沼泽地因少水而萎缩，导致湖面水域不断退缩，沼泽地也变成了旱地，同时湖岸和陆地面积便随之扩大，芦苇和禾本科植物得到高度的发育，更为广阔地扩展其生长地域。在这样时空条件下，蝗虫也不断地扩大其生活空间、改善其繁殖基地，并得到充足的食物。凡此种种，在短时间内蝗虫种群数量急剧增长，蝗虫的大发生便开始了，并不断向外迁飞，侵入耕地，暴食禾黍、最后引起蝗灾的大暴发。在冰期过去之后，气候渐渐回暖湿润，雨量也随之增加，湖泊又扩大了其往日的水域，湖岸则随之急剧退缩，变得狭窄，沼泽地也恢复了往日的状态。与此同时，蝗虫的滋生地萎缩了，芦苇和其他禾本科植物也减少了。严酷的生活条件下，蝗虫的种群数量急剧下降，蝗灾便过去了，危害大田蝗虫的数量急剧减少，或者不见了。此时，由于水域的扩大，水生生物得到高度发育，发生并繁衍了更多的鱼虾，这种自然现象引起了古人的关注，有人误认为这些鱼虾是由蝗虫直接化生而来的。汉·刘珍等撰《东观汉记》记载："蝗虫飞入海中，化为鱼鰕。"这也许是受古时"化生"说的影响。

## 二、飞蝗的分布

飞蝗是世界性大害虫，位居我国农业害虫之首，由于种群庞大、分布广泛、危害严重，在我国历史上的记载极为详细，特别在清代更加全面而系统。

刘举鹏认为清代记载的蝗灾分布表明了飞蝗在我国种群分布的基本结构，可分为三个种群，分别为飞蝗的三个亚种：飞蝗指名亚种 *Locusta migratoria migratoria*（Linnaeus）、飞蝗非洲亚种 *L. migratoria migratorioides*（Reiche et Farmaire）和飞蝗西藏亚种 *L. migratoria tibetensis* Chen。这些种群在我国东部以五岭—武夷山北段为界，分南北两个独立的种群，另一个种群则分布于青藏高原，三个独立的飞蝗种群虽有某些联系，但各自有各自的分布中心，三个种群的地理分布中心是互相独立的、隔离的。指名亚种以黄淮海河泛区及相关湖泊滩地，大沙河三角洲地理景观的地域为其分布中心，广泛分布于我国北方温带和北亚热带地区；非洲亚种以我国热带亚热带森林破坏之后形成的稀树草原景观地带为其分布中心，广泛分布于我国华南诸地，包括台湾和海南诸岛；西藏亚种则以西藏高原隆起后形成的高寒草原草甸地带为其分布中心，广泛分布于雅鲁藏布江流域及其相关地区。这些不仅清晰地表明飞蝗不同种群的分布中心，同时印证了清代飞蝗蝗灾历史记录的深刻意义。

# 第四节 防治害虫的方法与理念

我国是农业大国，自古以来一直很重视对害虫的治理。先秦时期《礼记·郊特性·蜡辞》中后半段："草木归其泽，土反其宅，水归其壑，昆虫毋作，丰年若土，岁取千百担。"可见古人对害虫治理的重视。

《诗经·大田》记载："去其螟螣，及其蟊贼，无害我田稚。"其中"去其"二字就是要治理、去掉的意思，去掉大田中的螟虫、蝗虫、黏虫和地下害虫等。接着，诗的下文"田祖有神，秉畀炎火"两句，提出"去其"具体手段"炎火"。此处的"炎火"，除防治田间害虫外，还有更深层的含义，即原始无管理的农业进入刀耕火种的农业。刀耕火种一来可"去其"虫害，二来可熟化土地，且增加肥力。所以"炎火"是我国防治农业害虫的开始，也可以说是古时农业生产的一大进步。邹树文说："炎火二字，应该结合我们自古以来的习惯，冬天要用火烧田，清除杂草、残株，同时进行冬天的狩猎，因而收攻治越冬的害虫之效来作理解。所以诗文中之'炎火'二字意义深远。由此可见，三千多年前我国劳动人民就已经知道治理农业害虫的重要性，以及具体防治农业害虫的措施。这也许是当今世界上最早防治农业害虫的记载。"

春秋战国时期，人们对防治害虫十分重视，邹树文引《管子·度地篇》说："管仲对曰：'故善為國者，必先除其五害，人乃終身無患害而孝慈焉。'桓公曰：'願聞五害之說。'管仲对曰：'水一害也，旱一害也，風霧雹霜一害也，厲一害也，蟲一害也，此謂五害。……五害已除，人乃可治。'当时把蟲與水、旱等并列为五大自然災害之一，而且把除五害提道善於治國的首要任務之高度。"

古时统治者非常重视害虫的治理，《周礼·秋官》有六种官职都与治理有关。

（1）庶氏掌除毒蛊，以攻说禬之，嘉草攻之，凡驱蛊则令之比之。

（2）柞氏掌攻草木及林麓，夏日至令刊阳木而火之，冬日至令剥阴木而水之，若欲其化也，则春秋变其水火，凡攻木者掌其政令。

（3）薙氏掌杀草，春始生而萌之，夏日至而夷之，秋绳而芟之，冬日至而耜之，若欲其化也，则以水火变之，掌凡杀草之政令。

（4）翦氏掌除蠹物，以攻禜攻之，以莽草熏之，凡庶蛊之事。

（5）赤发氏掌除墙屋，以蜃炭攻之，以灰洒毒之，凡隙屋除其狸虫。

（6）壶涿氏掌除水虫，以炮土之鼓驱之，以焚石投之，若欲杀其神则以牡橭午贯象齿而沈之，则其神死，渊为陵。

以上六种官职，邹树文认为："柞氏及薙氏斩木杀草，用到火和水，虽没有直接说到虫，而改变了昆虫的生境，自然与防治有关。""庶氏掌除毒蛊，翦氏掌除蠹物，赤发氏掌除墙屋，壶涿氏掌除水虫，都是直接掌管治虫的官职。"其中所谓毒蛊可能包括一些医学昆虫，使人致病的害虫；蠹物则指蛀蠹的害虫；关于赤友掌除墙屋，不是指墙屋本身，而是墙屋内的害虫，所指的范围颇广，如仓库害虫，在南方常见的可能是白蚁等；至于壶涿氏掌除水虫则指水中广泛的虫害。依邹树文考证，用火的同时，他们还用："嘉草攻，莽草熏，蜃炭攻，灰洒毒，炮鼓驱，焚石投等各种方法，而成为用药物毒杀虫、熏虫、防虫的最早记载。"由此"可以看到在周代已经知道治虫设官，并能分类掌管，有其除治方法，熏烟、毒杀，都用到药物，是很显然易明的。在离今两三千年前有此成就，虽不易为之考订，亦足称述。"这是我国最早在政府部门中专门设置的掌管治虫的官员，以及所采取具体措施和方法，开创了世界防治害虫学史上的先河。

早期治理害虫的措施对后来影响很大，除在政府部门设有机构外，还有专门人员。对重大害虫还有特殊机构和人员，如蝗灾治理的历史上就有许多专门机构。周尧："公元716年的唐代，政府设有治蝗的专门人员，由宰相姚崇建议设立'扑蝗吏'，并且在防除上收到了很大的效果，相传'挖沟扑蝗'的方法就是由他发明的。"

我国关于治理害虫的律令也是全世界最早提出的。周尧认为："我国第一道治虫法规是汉光武帝建武六年（公元30年）公布的，第二道治虫法规是在宋孝宗时代（1182年）公布的。这些法规不但制定得详细而严格，并且在宋代还获得了彻底的执行。对治虫不利的官吏，曾给予严厉的处分。""与宋代同时并存的另一个王朝——金国，在不久以后，泰和八年（1208年）也公布一道治蝗法规，并散发了《扑蝗图》的印刷品。""在明成祖永乐元年（1403年），颁布了中国第四道治虫法规，但它比欧洲其他各国同样的法规要早上400多年。"

随后在清代治虫中所制定的法规就更加详细而具体，可见《大清律例》《户部则例》等，这些律令和法规充分显示了我国古代劳动人民对治理农业害虫的重视，在具体的策略、方针和方法上也显示出我们劳动人民的创造思维。

周尧对此进行了总结："我国古代防除害虫的方法是极多样化的。按其应用的技术来看，不是只停留在人工防除上而是应用农业技术防除法、抗虫品种的选择、生物防除法、化学药剂防除法和物理机械防除法等一系列防除路线来进行的。"

（1）人工防除法。主要为人工扑打，这是古人最常用的方法。在蝗虫防治中常用篝火烧杀。《尔雅》和《说文解字》都有"爐"字，经周尧考证，这就是以火烧杀众虫的会意字。晋代葛洪《抱朴子·广譬篇》也提道："明燎举则有聚死之蠹。"宋代李昉等撰《太平御览·符子》卷一五一："夕蛾去暗，赴灯而死。"贾思勰撰《齐民要术·种枣篇》认为果树"把火遍照其下，则無蟲災"。这些都是利用昆虫夜间趋光原理来防治害虫，相当于现在普遍应用的"诱虫灯"诱集扑杀田间及山野害虫。

黏虫是农业上一大害虫，古时称蚜蚄，或称之为贼。其成虫产卵和幼龄虫多在植株叶背或茎梗上，蜕皮后幼虫或老熟幼虫白天一般埋伏于土中，傍晚时方始出土危害、盗食禾苗，所造成的损失十分严重。为此古人称它为贼，十分贴切。邹树文在表 6-1 中从公元五世纪南北朝开始，一直到晚清光绪年间，蚜蚄在历史上大灾年的次数有 29 次之多，为此人们也十分重视对黏虫的关注和治理。蒲松龄撰《农桑经》对黏虫的治理有以下记述："蚜蚄之害，惟除子之法最捷、最易，用力少而成功多。穀稍嫩叶，必有子裹嫩尖。早拿白汁一缕，稍晚者渐有子形，再晚即蠕蠕欲出。此时速使剪子，挫死地上，趁此拿一日，胜後來十日。及早拿之，俱不為害，遲疑者即荡然一空，悔之何及。"又："蚄将出，小如虮蟻，一见便宜打之。勤打三日可盡，勿以小而忽之也。至大時遍處蠕蠕，打稍懈則禾立盡。打太久則禾亦枯，難為力矣。"周尧认为，蒲松龄治理黏虫的原则就是后来人们所提倡的"治早、治小、治了"三原则，古人治理农业害虫的原则富有哲理，并且很有远见。

（2）农业技术防除法。我国劳动人民深知消除田间杂草可防止害虫的发生与危害。《吕氏春秋》指出："大草不生，又无螟蜮。"明末的《沈氏农书》提道："一切损苗之蟲，生子每于滕脚地攤之內，冬季劃削草根，另添新土，亦殺蟲護苗之一法也。"元代王祯撰《王祯农书》记载："耙功不到，土粗不實，……有懸死，蟲咬，幹死之病。"明代徐光启撰《农政全书》记载："棉，或遇地蠶，斷根食葉，……請數翻耕，……亦宜冬灌春耕，……殺其害，……將種，再耕之勞之，殺其蟲，既被蟲食者，格殺其蟲，移植補之。"又："種棉二年，……收棉後周圍作岸，積水過冬，入春凍解，放水候幹，耕除如法，……不生蟲。"古时还主张轮作、间作治理虫害。《农政全书》："種棉二年，翻稻一年，即草根潰爛，土氣肥厚，蟲螟不生，多不得過三年，過則生蟲。"又："桑下可以藝蔬，其宜桑之園不可以藝楊，藝之多楊甲之蟲。"《沈氏农书》说："种芋，岁一易土，则蛴螬不生。"再者烧草木灰，一来可肥田，二来可治虫，王祯撰《王祯农书》记载："蔬宜畦種，瓜宜區種，……先種數日，鏟起宿土；雜以蒿草燎之，以絕蟲種，並得為糞。"宋代陈旉撰《农书》记载："种蘿蔔、菘菜，燒灰以糞之，……雜之以石灰，蟲不能蝕。"古人还注意到播种和收获的最佳时期，泳衣防止害虫的危害。北魏贾思勰撰《齐民要术》中提道："種麥得時則無蟲"，"宿麥早種則蟲"。秦朝吕不韦撰《吕氏春秋·审时篇》记载："得時之麻，不蝗""得時之菽，不蟲""得時之麥，不蚼蛆"等。收获后、贮藏前防虫处理，汉代王充撰《论衡》记载："藏宿麥之種，烈日幹曝，投之燥器，則蟲不生。"《齐民要术》也有类似记载："剷麥，倒刈，薄布，順風放火，火既著，即以掃帚撲滅，仍打之，如此者經夏不生蟲"。又："窖麥法必須日曝令幹，及熱埋之"，"曬麥之法，宜烈日之中，乘熱而收"。上述古籍中，种种防虫措施都是劳动人民在长期农业生产中获得的经验和知识。

（3）化学药剂防除法。杀虫药剂的应用在我国有着悠久的历史。早期用砒霜拌种，防止地下害虫的危害，明代徐光启的《农政全书》曾提到，明代宋应星的《天工开物》也曾记载："陕洛之間，憂蟲蠋者，或以砒霜拌種子"。此外还应用硫黄、红丹等防虫。最早最多用的是草木灰和石灰等，早在先秦时期的《周礼·秋官》已提道："以蜃炭攻之"，"以灰灑毒之"，又："以莽草熏之"，"嘉草熏之"等。说明 3000 年以前，我国劳动人民就已经用石灰、草木灰和植物性杀虫剂来防虫、治虫。经周尧考证，莽草就是毒八角（*Illicium*），嘉草就是襄荷（*Zingiber*）。还有《神农本草经》中黎芦（*Veratrum*）、牛扁（*Aconitum lycoctorum*）用之治疥癣、牛虱及小虫，芫花（*Daphne*）治虫。《齐民要术》以松针及艾蒿叶治理仓库害虫。北宋沈括撰《梦溪笔谈》以榠栌（*Chaenomelas sinensis*）治衣鱼。北宋苏轼撰《物类相感志》以浮萍（*Spirodela*）、麻叶、荆叶驱蚊，皂角（*Cledischia*）治蚂蚁，草乌（*Aconitum fischeri*）杀酱缸中蛆虫，并广泛应用油来杀各种害虫。宋代陆佃撰《埤雅》以艾叶熏蚊子。宋代周密撰《澄怀录》以藁本（*Ligusticum sinense*）神所驱蝇，以大黄（*Rheum*）叫治臭虫，角蒿（*Incarvilea sinensis*）治衣鱼，以芸香（*Ruta*）治衣鱼、蚤、虱。元·司农司撰《农桑辑要》以江子仁（即巴豆）（*Creton*）治桑天牛。宋代赵时庚撰《金漳兰谱·奥法》以大蒜治蚜虫。元代鲁明善撰《农桑衣食撮要》以黄蒿（*Artimisia scoparia*）治衣鱼。明代俞贞木撰《种树书》以百部（*Stemona*）治果树蛀虫，以苍耳（*Xanthrum*）治麦蛾。明代李时珍撰《本草纲目》以苦楝（*Celastrus*）治蚤、虱。明代徐光启撰《农政全书》以蒲母草治天牛及介壳虫。清代赵学敏撰《本草纲目拾遗》以虱建草治虱。《大清户部条例》用麻油喷洒于稻麦米驱避蝗虫。《浏阳县志》记载，道光年间（1821—1850 年），群众用烟茎插入稻田防治螟虫。《花镜》一书应用硫黄、钟乳、密陀僧、甘草、杉木钉、龟甲、猪首汁、鳗鱼汁、米泔水和旧竹灯来防治各种花木的害虫。最后，周尧总结了我国古籍记载化学防除及植物杀虫后指出："查欧美杀虫药剂的应用，是从 1763 年开始的，到现在只是 250 年的历史。但从上面的记载，我国在 3000 年前已经利用石灰和草木灰防治害虫，2200 年前已经知道应用砷剂、汞剂和黎芦来杀害虫，在 1000 年前已经使用硫黄、铜、铝、油类、肥皂及各种有毒植物作为杀虫药剂；并且除喷洒、涂抹作为胃毒剂和接触剂外，还应用了熏蒸的方法。利用白砒拌种杀地下害虫至少有 400 年的历史，而插烟茎除螟的方法也至少有 100 多年了。"由此可见，我国古代劳动人民对应用化学药剂和有毒植物开展农业害虫的治理走在世人的前面。

（4）生物防除法。生物防除就是利用自然界生物链中彼此间的相关性而开展的以虫治虫或以菌治虫。一个物种的存在，必须依靠另一个物种为食，但与之同时，它又是其他物种取食的对象。古语中常说："螳螂扑蝉，黄雀在后"，充分表明了这种关系。古人在从事农业实践中观察到自然界的这种关系，随后慢慢地在研究中加以利用。汉代王充撰《论衡·物势篇》："蜘蛛吐絲網蟲，螳螂張臂捕蟬，守宫食蠆，蠅虎捕蠅。"唐代段成式撰《酉阳杂俎》："開元二十三年，榆關有好蚄蟲延入平州界，有群雀食之""開元中，具州蝗蟲食禾，有大白鳥數千，小白鳥數萬，盡食其蟲"。北宋沈括撰《梦溪笔谈》卷二四："元豐中，青州界生子方蟲，大為秋田之害。忽有一蟲生，如土中狗蝎，其喙有鉗，千萬蔽也。遇子方蟲則以鉗搏之，悉為兩段，旬日子方皆盡，歲以大稔，其蟲舊曾有之，土人謂之'旁不肯'"。北宋苏轼撰《东坡志林》："子方蟲為害甚於蝗，有小甲蟲見輒斷其腰而去，俗謂之'旁不肯'"。经周尧考证，所谓旁不肯属于鞘翅目步甲科的步甲虫。清代程岱葊撰《西吴菊略》："於五月見螳螂窠數枚，置菊左右，主秋前螳螂子出，跳躍菊上，不食菊葉，能驅蝴蝶，兼食諸蟲"。此外，古人深知青蛙能吃虫，食量大，效果好，所以主张保护青蛙。宋代彭乘撰《墨客挥犀》："浙人喜食蛙，沈文通在錢塘日切禁之。"南宋赵葵撰《行营杂录》："馬裕齋知虔州，禁民捕蛙。"在生物防除中，更值得一提的是公元304年前后，晋代嵇含在《南方草木状》中记载："人以席囊貯蟻鬻於市者，其窠如薄絮，囊皆連枝葉，蟻在其中，並窠同賣。蟻赤黃色，大於常蟻。南方柑橘若無此蟻，則其實皆為群蠹所傷，無複一完者矣。"这段记载是在1700多年前记录下来的，随后屡屡见于各朝的相关记载。唐代刘恂撰《岭表录异》卷下："嶺南蟻類極多，有席袋貯蟻子窠，鬻於市者。蟻窠如薄絮囊，皆連帶枝葉，蟻在其中，和窠而賣也。有黃色，大於常蟻而腳長者。雲：南中柑子樹無蟻者，實多蛀，故人就買之，以養柑子也。"宋代乐史撰《太平寰宇记》卷一六四："土諺雲：郡中柑桔多被黑蟻所食，人家買黃蟻投於樹上，因相鬥，黑蟻死，柑桔遂成。"明代李时珍撰《本草纲目》卷四〇："嶺南多蟻，其窠如薄絮囊，連帶枝葉，被人以布袋貯之，賣與養柑子者，以辟蠹蟲。"明代陶宗仪编《说郛》卷二七下："廣州可耕地少，民多種柑桔以圖利。嘗患小蟲損食其實，惟樹多蟻，則蟲不能生，故園戶之家買蟻放入，遂有收蟻而販者，用豬羊脬（音泡）。盛脂其中，張口置蟻穴傍，俟蟻入中，則持之而去，謂之養柑蟻。"清代屈大均撰《广东新语》卷二四下："大蟻，廣中蟻冬夏不絕，有黃赤大蟻，生山木中，其巢如土蜂窠，大容樹升。土人取大蟻飼之，種植家連窠買賣樹頭，以藤竹引度，使之樹樹相通，斯花果不為蟲蝕。柑桔、林檬之樹尤宜。益柑桔易蠹，其蟲化蜒胎子，還育於樹為孩蟲，必務探去之，樹乃不死。然人力嘗不如大蟻，故場師有養花先養蟻之說。向稱嶺南有樹蟻。"戴肇辰、苏佩训修，史澄、李光廷纂《广州府志·舆地略·物产·虫豸类》："養柑蟻，廣州人多種柑桔以圖利，嘗患小蟲，損害食其實。惟樹多蟻，則蟲不能生，故園戶之家買蟻於人。遂有收蟻而販者。用豬羊脬盛脂其中，張口置蟻穴旁。俟蟻入中，則持而去，謂之養柑蟻。"这种蚂蚁属膜翅目蚁科的黄猄蚁 *Oecophylla smaragdina*（Fabricius），古籍上有关记载很多，但是，这不是一般泛指某种天敌昆虫可以取食某种农业害虫的描述，而是我国劳动人民对黄猄蚁进行长期的观察和系统的研究，并全面掌握了其生物学特性。通过科学的方法，从甲地成窠地收集、贩卖到乙地放养，并用以防治乙地的农业害虫，这不就是近代生物防治学研究的目的吗？上述关于生物防除的种种记载，充分显示出我国劳动人民不仅开展了一系列以虫治虫、以蛙治虫等保护庄稼的防治措施，还深入研究了天敌昆虫的活动规律和生活习性，进而把它作为一种商品在市场上贩卖，用以防治异地的农业害虫。晋代时期，在生物防除上就已经有这样显赫的研究成果，并以文字记载下来，开创了世界生物防除的先河。

20世纪50年代初，近代昆虫学家刘崇乐深知我国历史上对生物防除工作的重要意义，他一方面为原昆虫研究所广泛收购有关昆虫学论述的古籍；另一方面招募研究人员和学生，在原昆虫研究所创建生物防除研究室，对瓢虫、小蜂等扑食性和寄生性昆虫进行广泛收集和研究，并且长期观察和研究了瓢虫对抑制农业害虫的作用。刘崇乐在出访欧洲时，亲自带回了苏芸菌杆菌，并与蔡邦华合作开展了以菌治理松毛虫的生物防除，有效地控制了松毛虫的猖獗。随后，他从昆虫资源出发，在昆虫资源普查中开展生物防除的研究，也取得了巨大成果。

　　我国古代害虫治理工作是多方面的，特别对农业主要害虫的治理，如蝗虫、黏虫和桑虫等，古籍中都有专门而系统的记载。其他害虫，如属于医学卫生昆虫范畴的蚊、蝇、蚤等的防除，也常有记载。其中有一事值得一提，就是"扑蚤器"（图6-1）。这是原来流传于中国古代民间防除跳蚤的器具，并传到了国外。1913年，艾塞尔（Eysell）在自己的著作中介绍了来自中国古时的扑蚤器，引起世人的关注。20世纪，柳支英在《中国动物志·蚤目》中提到此事，让后人领悟到我国古代劳动人民的聪明才智。扑蚤器制作很简单，是用竹管制成的，在竹管中部纵向劈成数条，再用大竹管的竹圈置于竹管的中部，并将其劈条撑开，随后再以涂满黏胶的中轴插入撑开的小竹管，便制成了扑蚤器。工艺虽然很简单，但很实用，将扑蚤器放于跳蚤常常出现的地方，或是卧室的墙角，或直接放到床铺上，利用跳蚤喜钻善跳的习性，必入扑蚤器，且触胶必粘。就是用这样简易的方法灭治跳蚤。

图6-1　中国古代民间的扑蚤器

　　在一般害虫的防治中，邹树文总结了我国古代劳动人民对害虫的防治，主要体现在三个方面：一是大田作物；二是园圃果木；三是人畜虫害。前两者指农业昆虫，后者则是指医学昆虫。古籍中相关文献很多，内容也十分丰富。"这些文献上的古老防治方法，如精耕细作兼收治虫之效，栽种避免虫害的品种，利用害虫的天敌制备专用的治虫工具，施用胃毒剂、接触剂、熏烟法以杀虫、除虫等，都可算是近代治虫方法的前驱"。

　　白蚁是一类农业上的害虫，它不但危害农林苗木，而且土白蚁类可蛀空江河及水库的堤坝，严重者可使之决堤垮坝，不仅毁坏农田，还时有推垮农舍和村庄的危险。因此，我国远古时期就已经注意到对于白蚁的防治，可追溯到战国以前，邹树文总结出以下两个方面：

　　（1）堤防上的防治法。白圭用塞穴的方法，其成效至于无水难。清·徐端撰《安澜纪要》（1807年）所述签堤检查之法：用三寸长尖细铁签，在堤的两侧下签，探得蚁穴，立即掘出白蚁，并填塞其巢。清代《荆州葛城堤续志》（1894年）引徐家干说，挖得蚁巢"中空如盘如盂，累累相属。大者竟如数担瓮，中悬蚁窝如蜂房，藏蚁至数担之多。挖毕即用三合土坚筑。"这些文字都可为白圭塞穴作注解。这些方法从战国以前就开始，一直延续到今天，探巢、标志、挖巢、填土或灌浆，先进的方法和步骤可能比远古复杂些，但原理都一样。

　　（2）房屋建筑防治白蚁。中国旧建筑处处有柱，柱下必有础。础的起源极早，先秦《墨子·备城门》："柱下傅舄"，意即"柱下加础"。清代钮树玉撰《说文新附考》以为础是舄之俗字。汉代刘安撰《淮南子·说林训》记载："山云蒸，柱礎润"，舄写础亦很久了。南宋罗愿撰《尔雅翼》以为柱础不高则白蚁生于柱中，可见础之为用是防白蚁的。先秦《周礼·秋官》记载："赤犮氏掌除墙屋，以蜃炭攻之，以灰洒毒之。"后人用炭、石灰防治白蚁，其法乃始于周代。明末方以智《物理小识》记载："青栀子实曬黄能消白蟻。为水湿活树，去皮顶鑿窍，注桐油，瞖置一二日，水盡去，以為欀柱，蟻不生。或用毒礬煮柱本，惟中柱不可煮，煮即井水黑。"又说："杉木受水易幹，故蟻不上。"

关于我国古代农业昆虫和其他害虫的治理，上述以一般防治记述为基础，介绍几类有效的方法，而古代农业昆虫治理的理念值得进一步阐述。古人在农业害虫防治中，注意到"保育"的问题。例如，在上述害虫治理中常用的一种方法是火攻，这在我国已经有 3000 多年的历史了。从《诗经》中就已经提道了用火治虫，随后各朝代都有具体记述，如用火消除蝗虫，也用火烧杀其他大田害虫。"火田"除了杀灭害虫外，还能增添肥力，所以火田已成为古代农业生产的重要步骤。但古人用"火田"的同时，强调要适时，特别火对一般大田害虫的防治，更是如此。火烧大田期间，一定要在昆虫入蛰之后，历史上很早就有这样的记载。汉代郑玄注，唐代孔颖达疏，陆德明音义《礼记注疏》卷一二记载："昆虫未蛰，不以火田。"宋代卫湜撰《礼记集说》卷二九记载："草木零落，然後入山林，昆蟲未蛰，不以火田。"清代高宗敕撰《礼记义疏》卷三四记载："火田，不於昆蟲未蛰之時。"清代秦蕙田撰《五礼通考》卷五六案记载："施火令，謂昆蟲既蛰以後，刑焚萊，謂春田火弊以後也。"这些古籍记载，从先秦开始，直到清代主张火田要适时。可见当时已经有了保育思想的萌动。

综上所说，我国古代劳动人民开展农业害虫和其他害虫的防治，看起来方法很简单很原始，如手打、火烧等，或应用农业上耕作技术，犁地、深耕、除草、播种、施肥、灌水、耙地等耕作措施来防除农业害虫的发生与为害，现在看起来这种防治理念不但有效，而且保护了环境，维护了生态条件的正常运转。赵紫华、欧阳芳等在《生境管理——保护性生物防治的发展方向》中指出："创造有利于天敌的环境条件，抑制害虫种群发生，达到减少环境污染，增强农业生态系统的控害保益功能，最终实现害虫种群控制的可持续性。"进一步表明了我国古人对害虫防治理念的先进性。另外，古人在生物防除上做了很多深入的观察、试验与研究，不仅揭示了哪些天敌可以防治哪些害虫的危害，还深入研究了昆虫天敌黄猄蚁，使它成为商品，入市叫卖，防治异乡柑橘害虫。凡此种种，充分显示出我国古代农业害虫防治理念——以控制害虫的危害为目的，使所谓害虫不危害农田的作物、果实就可以了，没有采取绝对消灭或所谓根除等。这种防治害虫的理念，和近代所提倡的综合治理的观念十分相似。

# 第五节　虎灾（虎祸）的记载与防治

## 一、虎灾（虎祸）的记载

依据古籍文献记载，脊椎动物为害有鼠、象、虎、豹、狼、豕等，其中以虎灾（虎祸）最为突出。虎灾在秦汉时期已相当严重。据晋·常璩《华阳国志》记载："秦昭襄王时，白虎为害，自黔、蜀、巴、汉患之。秦王乃重募国中：'有能射虎者邑万家，金帛称之'。于是夷朐忍廖仲药、何射虎、秦精等乃作白竹弩于高楼上，射虎，中头三节。白虎常从群虎，瞋恚，尽搏杀群虎，大呴而死。秦王嘉之曰：'虎历四郡，害千二百人。一朝患除，功莫大焉。'"汉代王充《论衡》卷十六《遭虎篇》、晋代陈涛《魏志》、明代陈继儒《虎荟》、清代彭遵泗《蜀碧》及黄百家《南雷集学箕初稿》卷二《歼虎记》以及诸多地方志书中均有详细的记述。据初步统计，自东周开始（公元前 770 年）至清末（1911 年），在长达 2681 年的时间跨度内，共发生虎灾 475 次。其基本趋势是，由先秦时期至五代十国，各朝代虎灾基本以"一位数"缓慢增长，至宋代则跃升为"二位数"增长，至明代虎灾则呈暴发式增长。这一趋势一直维持到清乾隆年间（公元 1736—1795 年），清代嘉庆后，虎灾则呈明显下降趋势（表 6-2）。

又据统计分析表明，虎灾与蝗灾和战乱无相关关系；虎灾与旱灾、饥荒、地震、水灾、疫病及入侵虎栖息地之间均有显著的正相关。历朝历代对虎灾（虎祸）的防治方法大体可以归纳为射杀，在虎出没之处设置陷阱，组织兵丁或猎人入虎穴围捕成虎及幼虎。自秦始皇修筑阿房宫始，历朝历代大建豪华宫殿、大肆砍伐林木；帝皇及贵族实行厚葬，耗费木材之钜，绝非后人虚构。唐代诗人杜牧在《阿房宫赋》中，以"六王毕，四海一，蜀山兀，阿房出"的诗句，生动刻画出修建阿房宫导致蜀地林木几乎被砍伐殆尽。砍伐林木直接毁坏虎、豹以及它们赖以生存的食物——鹿类等植食性动物的栖息地，导致虎与人类的矛盾日益激化。

**表 6-2　历朝历代虎灾发生次数**

| 朝代 | 东周—秦 | 汉代 | 三国—晋 | 南北朝 | 隋—唐 | 五代—后周 | 宋代 | 元代 | 明代 | 清代 | 总计 |
|---|---|---|---|---|---|---|---|---|---|---|---|
| 年份 | 公元前770—公元前206年 | 公元前206—公元220年 | 公元220—公元420年 | 公元420—公元589年 | 公元581—公元907年 | 公元907—公元960年 | 公元960—公元1279年 | 公元1206—公元1368年 | 公元1368—公元1644年 | 公元1616—公元1911年 | 2681年 |
| 发生次数（次） | 2 | 8 | 5 | 2 | 6 | 0 | 20 | 4 | 213 | 215 | 475 |

明代自建立至灭亡共 257 年，发生虎灾 213 次（表 6-3）。自洪武至天顺年间，虎患发生基本呈"一位数"增长，由成化至崇祯年间，基本呈"两位数"增长。但从明代整体来看，呈现暴发式增长，其诱发的原因值得我们进一步探讨。

**表 6-3　明代不同时期虎灾发生次数**

| 纪年 | 洪武—建文 | 永乐—洪熙 | 宣德 | 正统 | 景泰 | 天顺 | 成化 | 弘治 | 正德 | 嘉靖 | 隆庆 | 万历—泰昌 | 天启 | 崇祯 | 总计 |
|---|---|---|---|---|---|---|---|---|---|---|---|---|---|---|---|
| 年份 | 1368—1402年 | 1403—1425年 | 1426—1435年 | 1436—1449年 | 1450—1456年 | 1457—1464年 | 1465—1487年 | 1488—1505年 | 1506—1521年 | 1522—1566年 | 1567—1572年 | 1573—1620年 | 1621—1627年 | 1628—1615年 | 257年 |
| 发生次数（次） | 5 | 4 | 2 | 2 | 1 | 2 | 18 | 20 | 17 | 80 | 7 | 24 | 7 | 24 | 213 |

清代自顺治至灭亡共发生虎灾 215 次（表 6-4）。自顺治至乾隆年间，虎灾基本呈"两位

数"的高增长时期，而由嘉庆至咸丰的 60 余年，虎灾呈现明显的下降趋势，由"两位数"陡然呈现"一位数"，至同治、光绪年间，虎患又出现"两位数"增长，宣统统治时间十分短暂，此时清王朝正处于飘摇欲坠之际，由于缺乏相关信息的收集，其统计数据可能偏低。但从清代整体来看，虎患呈现出由暴发式增长，进而出现明显的下降趋势，其原因值得我们从清代帝王更迭、社会变迁及生产力的发展与自然环境变化（如森林覆盖度）等综合因素进行探讨。

表 6-4　清代不同时期虎灾发生次数统计

| 纪年 | 顺治 | 康熙 | 雍正 | 乾隆 | 嘉庆 | 道光 | 咸丰 | 同治 | 光绪 | 宣统 | 总计 |
|---|---|---|---|---|---|---|---|---|---|---|---|
| 年份 | 1644—1661 年 | 1662—1722 年 | 1723—1735 年 | 1736—1795 年 | 1796—1820 年 | 1821—1850 年 | 1851—1861 年 | 1862—1874 年 | 1875—1908 年 | 1909—1911 年 | 267 年 |
| 发生次数（次） | 57 | 58 | 15 | 42 | 9 | 6 | 7 | 10 | 11 | 0 | 215 |

### 二、虎灾（虎祸）的消弭

历朝历代对虎灾（虎祸）的防治方法大体可以归纳为以下几方面。

（1）设置陷阱。该法需预先侦知虎之行踪及其必经之路，唐代白居易原本、宋代孔传续撰《白孔六帖·陷阱》卷八十五记载："白《周礼》曰：冥氏为穽擭，以攻猛兽，以灵鼓敺之。又曰：凡害于国稼者，春秋为穽擭。秋塞穽，杜擭。《书》曰：杜乃擭，念乃穽。"又唐代张九龄等撰《唐六典》卷七记载："若虎豹豺狼之害，则不拘其听为槛阱，擭则赏之，大小有差。诸有猛兽处听为槛阱、射窝等，得即于官，每一赏绢四匹，杀豹及狼每一赏绢一匹，若在牧监内获豺，亦每一赏绢一匹，子各半匹。"

（2）射杀。在虎出没之处设射窝，用弓弩、火统等枪械射杀之。

（3）入虎穴围捕。组织兵丁或猎人，入虎穴围捕成虎及幼虎。

清代王辅之修、骆克良等纂《宣统徐闻县志·舆地志》卷一记载："光绪二十年来，县东山林浓密，虎患最烈，……近日壮丁联团体，执器械而环博之，每能入穴生擒，寝其皮而食其肉，尚武之效果，此见一斑矣。"

## 第六节　农林鼠灾及鼠疫的历史记载与防治

### 一、农林鼠灾及鼠疫的历史记载

古籍文献所记载的有害动物，在脊椎动物中，鼠类与人类的关系最为密切，它们个体虽小，但繁殖力很强，数量也很多，它们不但危害农作物及林木之幼体，造成农业歉收，甚至绝收，使大片林木枯萎、死亡，更为重要的是它们通过蚤类传播鼠疫等烈性传染疾病，导致大量人员死亡。

鼠类成灾的记载，最早出现于《诗经》，《诗经》曰："硕鼠硕鼠，無食我黍。三歲貫女，莫我肯顧。逝將去女，適彼樂土。樂土樂土，爰得我所。"古籍中记载鼠类危害最早的文献是在春秋时期，鼷鼠（即小家鼠，Mus musculus）啃食祭祀用的郊牛角。文献记载有明显鼠疫症状，且被近代医学公认为鼠疫的事例发生于1644年，据清代杨笃纂修《长治县志》卷八《大事记》记载："皇朝顺治元年，夏四月霜秋。七月大疫，病者先於腋下股間生核，或吐淡血即死，不受藥餌。雖親友不敢問，有闔門死絕，無人收葬者。"自公元前602年至公元1911年，据有关文献统计，共发生鼠灾253次，其中有确凿史料证明为鼠疫灾害者共计55次，其余均为农田鼠灾。

## 二、古代农田鼠灾的防治

（1）药物防治。据《山海经》记载可毒鼠的矿物有礜石；另有一种草本植物，其状如藁茇，其叶如葵而赤背，名曰无条，可以毒鼠。

（2）引诱剂或驱避剂。唐代段成式《酉阳杂俎》卷五《怪术》一书中介绍了一种"厌鼠法"，即一种驱避剂，其方法是："七日以鼠九枚置籠中，埋於地，秤九百斤土覆坎，深各二尺五寸，築之令堅固，雜五行書曰：'亭部地上土，'塗灶，水火盗賊不經；塗屋四角，鼠不食蠶；塗倉，鼠不食穀；以塞坎，百鼠種絕。"

明代方以智《物理小识》卷十《鸟兽类·制鼠法》一书中介绍，"七夕，籠九鼠重土深築之，或以荷葉梗、牛蒡子塞穴，鼠去。"《墨子》一书中介绍了一种引诱剂："取黑犬血塗蟹，三月三，夜半燒之，群鼠畢集。"但另一本书《广义》又称"黑狗血和蟹燒，諸鼠悉去"，与《墨子》所言相反，这两种说法必有一种是错误的。

## 三、古代鼠疫的防治

古人对鼠疫的认识似乎走了一段漫长的弯路，明代以前，已对鼠疫的病状有了一定的认识，但并未认识此病的传播动物。古人识此病，并称之为"恶核病"（今称腺鼠疫），其记载可以追溯至晋代葛洪《肘后备急方》卷五"恶核病者肉中忽有核，如梅李，小者如豆粒，皮中惨痛，左右走身中，壮热痙恶寒是也。此病卒然如起，有毒入腹杀人，南方多有此患。"隋代巢元方等撰《巢氏诸病源候总论》卷五十《恶核候》"恶核者，是风热毒气与血气相博结成核，生颈边，又遇风寒所折，遂不消不溃，名为恶核也。"至嘉庆八年（1803年）云南楚雄县志记载"八年夏，鼠死，大疫"，这可能是首次将"鼠"与"疫"联系在一起。至光绪年间，广东、云南、福建连年鼠疫流行，人们对大疫发生有了进一步认识，如我国现存最早的鼠疫专著——清代罗汝兰撰《鼠疫汇编》一书中就明确指出疫病与鼠的关系："光绪十六年冬，鼠疫盛行，鼠疫者，疫将作，则鼠先死，人感疫气，轧起瘰病，缓者三五日死，急者顷刻，医师束手。"清代余德埙撰《鼠疫抉微》中不仅指出大疫与鼠的关系，还指出滇、粤鼠疫传播之途径。最为可贵之处是，罗汝兰的著作中详细介绍"鼠疫原起""避法第一""医法第二"，已有"预防为主，治疗第二"的思想。该专著详尽介绍有关药物治疗鼠疫的方法，实践证明，中医药"疗效确切，有功于岭南生民者甚著"。

# 第七节  其他动物危害的记载与防治

在古籍文献中所记载的其他动物危害,主要有象、豹、狼、豕等。象害的记载见于《宋史·五行志》:"乾道七年,潮州野象数百食稼,农设阱田间。象不得食,率其群围行道车马,敛谷食之,乃去。"明代《崇祯廉州府志·历年纪》记载:"广西合浦县,大廉山群象践民稼,逐之不去。"狼灾的记载甚多,如南朝宋·范晔撰《后汉书》卷六记载:"永建六年冬十一月,甲申望都蒲阴狼杀女子九十七人"。梁·刘昭补并注《后汉书·五行志》"顺帝阳嘉元年十月中,望都蒲阴狼杀儿童九十七人。"其他兽害甚众,不一一列举。兽害防治最有效的办法,就是奖励猎得诸害兽送官者。宋代钱易撰《南部新书·开元今》记载:"诸有猛兽之处,听作槛阱、射窝等,得即送官,每一头赏绢四匹。捕杀豹及狼,每一头赏绢一匹。若在监牧内获者,各加一匹。其牧监内获豹,亦每一头赏得绢一疋,子各半之。信乎长安上林近南山,诸兽备矣。"

## 参考资料

[1] 吴·陆玑. 毛诗草木鸟兽虫鱼疏. 丛书集成初编[M]. 北京:中华书局,1985.

[2] 郭郛. 尔雅注证[M]. 北京:商务印书馆,2013.

[3] 郭郛. 山海经注证[M]. 北京:中国社会科学出版社,2004.

[4] 周·谷梁赤撰. 晋·范宁集解. 唐·杨士勋疏. 陆德明音义. 春秋谷梁传注疏. 四库. 145册[M]. 台北:台湾商务印书馆,1986.

[5] 周·管仲撰. 唐·房玄龄注. 管子. 四库全书. 729册[M]. 台北:台湾商务印书馆,1986.

[6] 周·韩非撰. 元·何犿注. 韩非子. 四库全书. 729册[M]. 台北:台湾商务印书馆,1986.

[7] 周·墨翟撰. 墨子. 四库全书. 848册[M]. 台北:台湾商务印书馆,1986.

[8] 周·左丘明撰. 晋·杜预注. 唐·孔颖达疏. 春秋左传注疏. 四库全书. 143册[M]. 台北:台湾商务印书馆,1986.

[9] 秦·吕不韦撰. 汉·高诱注. 吕氏春秋. 四库全书. 848册[M]. 台北:台湾商务印书馆,1986.

[10] 汉·班固撰. 唐·颜师古注. 清·齐召南等考证. 前汉书. 四库全书. 249册[M]. 台北:台湾商务印书馆,1986.

[11] 汉·刘安撰. 高诱注. 淮南鸿烈解. 四库全书. 848册[M]. 台北:台湾商务印书馆,1986.

[12] 汉·刘向撰. 说苑. 四库全书. 696册[M]. 台北:台湾商务印书馆,1986.

[13] 汉·刘珍等撰. 东观汉记. 四库全书. 370册[M]. 台北:台湾商务印书馆,1986.

[14] 汉·王充撰. 论衡. 四库全书. 862册[M]. 台北:台湾商务印书馆,1986.

[15] 汉·许慎撰. 宋·徐铉增释. 说文解字. 四库全书. 223册[M]. 台北:台湾商务印书馆,1986.

[16] 汉·郑玄注. 周礼. 四部丛刊初编·经部[M]. 上海:商务印书馆,1926.

[17] 汉·郑玄注. 唐·孔颖达疏. 陆德明音义. 礼记注疏. 四库全书. 115册[M]. 台北:台湾商务印书馆,1986.

[18] 魏·吴普等述. 清·孙星衍,孙冯翼同辑. 神农本草经[M]. 上海:商务印书馆,1937.

[19] 吴·陆玑撰. 毛诗草木鸟兽虫鱼疏. 四库全书. 70册[M]. 台北:台湾商务印书馆,1986.

［20］南朝宋·范晔撰. 唐·李贤注. 后汉书. 四库全书. 252 册［M］. 台北：台湾商务印书馆，1986.

［21］梁·沈约撰. 宋书. 四库全书. 257—258 册［M］. 台北：台湾商务印书馆，1986.

［22］晋·常璩撰. 华阳国志. 四库全书. 463 册［M］. 台北：台湾商务印书馆，1986.

［23］晋·葛洪撰. 抱朴子内外篇. 四库全书. 1059 册［M］. 台北：台湾商务印书馆，1986.

［24］晋·葛洪撰. 肘后备急方. 四库全书. 1059 册［M］. 台北：台湾商务印书馆，1986.

［25］晋·嵇含撰. 南方草木状. 四库全书. 589 册［M］. 台北：台湾商务印书馆，1986.

［26］北魏·贾思勰撰. 齐民要术. 四库全书. 730 册［M］. 台北：台湾商务印书馆，1986.

［27］后晋·刘昫等撰. 旧唐书. 四库全书. 268—271 册［M］. 台北：台湾商务印书馆，1986.

［28］隋·巢元方等撰. 巢氏诸病候总论. 四库全书. 734 册［M］. 台北：台湾商务印书馆，1986.

［29］唐·白居易原本. 宋·孔传续撰. 白孔六帖. 四库全书. 891 册［M］. 台北：台湾商务印书馆，1986.

［30］唐·段成式撰. 酉阳杂俎. 四库全书. 1047 册［M］. 台北：台湾商务印书馆，1986.

［31］唐·房玄龄等撰. 晋书. 四库全书. 255—256 册［M］. 台北：台湾商务印书馆，1986.

［32］唐·刘恂撰. 岭表录异. 四库全书. 589 册［M］. 台北：台湾商务印书馆，1986.

［33］唐·魏征等奉敕撰. 隋书. 四库全书. 264 册［M］. 台北：台湾商务印书馆，1986.

［34］唐·张九龄等撰. 李林甫等注. 唐六典. 四库全书. 595 册［M］. 台北：台湾商务印书馆，1986.

［35］宋·陈旉撰. 农书. 四库全书. 730 册［M］. 台北：台湾商务印书馆，1986.

［36］宋·乐史撰. 太平寰宇记. 四库全书. 469 册［M］. 台北：台湾商务印书馆，1986.

［37］宋·李昉等撰. 太平御览. 四库全书. 893 册［M］. 台北：台湾商务印书馆，1986.

［38］宋·陆佃撰. 埤雅. 四库全书. 222 册［M］. 台北：台湾商务印书馆，1986.

［39］宋·罗愿撰. 元·洪焱祖音释. 尔雅翼. 四库全书. 222 册［M］. 台北：台湾商务印书馆，1986.

［40］宋·彭乘撰. 墨客挥犀. 四库全书. 1037 册［M］. 台北：台湾商务印书馆，1986.

［41］宋·钱易撰. 南部新书. 四库全书. 1036 册［M］. 台北：台湾商务印书馆，1986.

［42］宋·沈括撰. 梦溪笔谈. 四库全书. 862 册［M］. 台北：台湾商务印书馆，1986.

［43］宋·苏轼撰. 东坡志林. 四库全书. 863 册［M］. 台北：台湾商务印书馆，1986.

［44］宋·苏轼撰. 物类相感志. 民国版丛书集成［M］. 上海：商务印书馆，1937.

［45］宋·卫湜撰. 礼记集说. 四库全书. 117 册［M］. 台北：台湾商务印书馆，1986.

［46］宋·周密撰. 澄怀录. 唐 宋史料笔记［M］. 邓子勉点校，北京：中华书局，2018.

［47］南宋·赵葵撰. 行营杂录. 北平图书馆善本书胶片.

［48］南宋·赵时庚撰. 金漳兰谱（三卷）. 浙江天一阁藏本.

［49］元·鲁明善撰. 农桑衣食撮要. 四库全书. 7309 册［M］. 台北：台湾商务印书馆，1986.

［50］元·司农司撰. 农桑辑要. 四库全书. 730 册［M］. 台北：台湾商务印书馆，1986.

［51］元·托克托等撰. 宋史. 四库全书. 280 册［M］. 台北：台湾商务印书馆，1986.

［52］元·托克托等撰. 金史. 四库全书. 290 册［M］. 台北：台湾商务印书馆，1986.

［53］元·王祯撰. 王祯农书. 四库全书. 730 册［M］. 台北：台湾商务印书馆，1986.

［54］明·陈继儒撰. 虎荟. 丛书集成初编（据宝颜堂秘笈本排印）. 上海：商务印书馆，1936.

［55］明·方以智撰. 物理小识. 四库全书. 867 册［M］. 台北：台湾商务印书馆，1986.

［56］明·李时珍撰. 本草纲目. 四库全书. 772—774 册［M］. 台北：台湾商务印书馆，1986.

［57］明·宋应星著. 天工开物. （大明崇祯十年初刊）［M］. 长沙：岳麓书社，2002.

［58］明·陶宗仪编. 说郛. 四库全书. 876—882 册［M］. 台北：台湾商务印书馆，1986.

［59］明·徐光启撰. 徐文定公集. 清光绪二十二年（1896 年）铅印本.

［60］明·徐光启撰. 农政全书. 四库全书. 731 册［M］. 台北：台湾商务印书馆，1986.

［61］明·沈氏撰. 沈氏农书. 见：游修龄. 农史研究文集［M］. 北京：中国农业出版社，1999.

［62］明·俞贞木撰. 种树书.（注释本）［M］. 北京：农业出版社，1962.

［63］明·张自烈撰. 清·廖文英续. 正字通. 续修四库全书. 234—235 册［M］. 上海：上海古籍出版社，

2002.

[64] 明·张国经纂修. 廉州府志. 稀见中国地方志汇刊（影印本）. 中国科学院图书馆选编. 北京：中国书店，
1992.

[65] 清·陈淏子辑. 伊钦恒校注. 花镜（修订版）[M]. 北京：农业出版社，1962.

[66] 清·方旭撰. 虫荟. 续修四库全书. 1120 册 [M]. 上海：上海古籍出版社，2002.

[67] 清·高宗敕撰. 礼记义疏. 四库全书. 124-126 [M]. 台北：台湾商务印书馆，1986.

[68] 清·罗汝兰撰. 鼠疫汇编 [M]. 广州：广东科技出版社，2008.

[69] 清·蒲松龄撰. 农桑经（手抄本）. 存于山东省文物管理处1册. 见：李长年校注. 农桑经校注 [M]. 北京：
农业出版社，1992.

[70] 清·秦蕙田撰. 五礼通考. 四库全书. 137 册 [M]. 台北：台湾商务印书馆，1986.

[71] 清·屈大均撰. 广东新语. 续修四库全书. 734 册 [M]. 上海：上海古籍出版社，2002.

[72] 清·吴震方撰. 岭南杂记. 摘自吴震方编辑. 说铃. 笔记小说. 上海：商务印书馆，1936.

[73] 清·余德埙撰. 鼠疫抉微. 见：续修四库全书. 上海：上海古籍出版社，2008.

[74] 清·赵学敏辑. 本草纲目拾遗. 续修四库全书. 995 册 [M]. 上海：上海古籍出版社，2002.

[75] 清·陈璚修. 王棻纂. 浙江府县志辑·民国杭州府志. 中国地方志集成 [M]. 上海：上海书店出版社，
2000.

[76] 清·戴肇辰等修. 史澄等纂. 广东府县志辑·光绪广州府志. 中国地方志集成 [M]. 上海：上海书店出版
社，2013.

[77] 清·倪文蔚，蒋铭勋修. 顾嘉蘅，李廷钺纂. 湖北府县志辑·光绪荆州府志. 中国地方志集成 [M]. 南京：
凤凰出版社，2013.

[78] 清·王辅之修. 骆克良等纂. 广东府县志辑·宣统徐闻县志. 中国地方志集 [M]. 上海：上海书店出版社，
2013.

[79] 清·徐景熹修. 鲁曾煜，施廷枢等纂. 福建府县志辑·乾隆福州府志. 中国地方志集成 [M]. 上海：上海
书店出版社，2012.

[80] 邹树文. 中国昆虫学史 [M]. 北京：科学出版社，1982.

[81] 周尧. 中国昆虫学史 [M]. 西安：天则出版社，1988.

[82] 赵紫华，欧阳芳，等. 生境管理——保护性生物防治的发展方向 [J]. 应用昆虫学报，2014（51）：597-
605.

[83] 吕国强，刘金良. 河南蝗虫灾害史 [M]. 郑州：河南科学技术出版社，2014.

[84] 刘举鹏. 中国蝗虫学史 [M]. 昆明：云南教育出版社，2016.

[85] 王祖望，冯祚建撰. 虎在中国由盛极而濒临灭绝的历史原因分析. 见：王祖望，冯祚建，黄复生主编，中
国古代动物学研究 [M]. 北京：科学出版社，2019：405-415.

# 第七章 动物对古代社会人文的影响

从猿人进化到人类，从渔猎逐渐步入农耕，人类在进化过程中始终伴随着对动物的认识的加深，累积对动物的了解，从简单的猎杀到利用自然工具（树枝、石头等），进而到制造工具（石刀、石斧、骨矛、木矛等），这是一个从猿到人的升华。人类在对动物更多认识的基础上，更加充分利用动物，从而发展了人类自身。自始至终，人类文明的萌芽及发展的各个方面、各个阶段，均与对动物的认知和利用有着密不可分的关系。在人类历史上的各个时期、各个方面，动物均有着极其重要的作用，影响着人类的历史进程。

## 第一节 远古氏族社会与图腾动物

人类在与自然抗争中得到进化，在不同地域、不同的自然环境中形成了氏族群体。"人们把那些能经常为自己提供物质来源的动植物，或时时威胁自身安全和生命的动植物，都与人类的生命联系在一起加以崇拜。于是，在人们的思想中产生了一种联想或幻想，以为本氏族部落和某种动（植）物之间有亲缘关系，人类自身来源于某种动物或植物。"于是出现了图腾崇拜现象。由于各地域与自然环境不同、物种的差异，图腾崇拜的对象也各自不同。"这在古代传说中保留了不少，大体是：西北高原的各氏族部落，多以熊、貔貅、虎、羊、狗、葫芦为图腾；中原地区则多以鱼、蛇、蛙、鳖、泥鳅为图腾；东夷多以鸟为图腾；南方氏族多以蛇为图腾。"除自然物（日、月、星辰、高山、大河等）及个别植物外，大多以动物作为图腾的崇拜对象。"这种认识不仅广泛流传于古代，还广泛流传于当今各民族之间。例如傈僳族以虎、蜂、鼠、熊、猴、羊、竹、荞麦等为图腾；黎族认为自己来源于猫；苗族、瑶族、畲族认为自己来源于狗；高山族认为自己来源于蛇；等等。"这种原始的图腾崇拜现象，是蒙昧时期人类对自然及自身认识的产物，也是人类对动物认识的初级阶段。

为了提高对图腾动物崇拜的权威性，人们自觉或不自觉地不断神话及夸大图腾动物的神秘性，因此出现了与现实并不一致、异于常态的动物形象——瑞兽。最典型的就是综合了各种动物以及臆想的形象，创造了我国流传数千年的瑞兽——龙及其九子、凤凰、麒麟……而这些瑞兽不但出现在古老的神话传说中，而且遍及我国数千年文学、艺术、服饰、建筑等各领域。

# 第二节 历法中的动物——十二生肖

生肖本是纪年的一套符号，为古代天文历法的一部分，后来逐渐成为人们认同的生肖历法。古代中国盛行"天人合一"哲学，因此十二生肖被阴阳五行浸染，为民间宗教信仰的一部分。生肖中的动物也与"天干、地支"中的地支相对应（表7–1）。

表7–1 十二生肖地支的对应

| 地支 | 子 | 丑 | 寅 | 卯 | 辰 | 巳 | 午 | 未 | 申 | 酉 | 戌 | 亥 |
|---|---|---|---|---|---|---|---|---|---|---|---|---|
| 生肖 | 鼠 | 牛 | 虎 | 兔 | 龙 | 蛇 | 马 | 羊 | 猴 | 鸡 | 狗 | 猪 |

依据农历，每年岁首更换一次生肖，十二年为一个轮次。数千年来人们已习以为常，但以生肖定年源起何时？众说纷纭，莫衷一是。

1975年，湖北云梦睡虎地发掘出两批秦代竹简，其中《日书》中对生肖有两种记载。1986年甘肃天水放马滩秦代墓葬中也出土甲、乙两种《日书》竹简，该记录中生肖与地支的对应与今日十二生肖基本相同，唯"辰虫""巳鸡"与今相异。最早记载与现今十二生肖一致的传世文献当为东汉王充的《论衡》。

为何生肖定为十二？何人？何时所定？各有所论。如"二八星宿说""岁星说""外来说"等。中国农历以月盈亏为据，轮回一周为一月，十二个月为一年；木星中国古代名为"岁星"，绕行一周为十二年，与"地支"吻合，而后又有每日为十二个时辰（地支）、人有十二经脉、古乐有十二律、饮食有十二食、衣有十二服等以十二为数的诸多计数习俗。十二生肖起源与动物崇拜有关，人们对与自己有密切关系的动物（提供生活所需或威胁安全的动物），联系自身生命予以崇拜（图腾崇拜），这或许就是十二生肖的缘由。

从十二生肖的组成来看，除瑞兽龙外，其余均为常见动物，更以人们驯养的动物为主，如牛、马、羊、狗、猪、鸡；兔则是驯养与野生相间；野生的仅为虎、蛇、猴、鼠。

我国为多民族国家，许多少数民族，如蒙古族、壮族以及部分彝族，其十二生肖与汉族无区别，但由于生存环境有较大差别，有些地域的一些民族以最熟悉、最亲近的动物代替了个别生肖，如哀牢山彝族以穿山甲代替了龙；新疆柯尔克孜族以鱼代替了龙，以狐代替了猴；海南黎族以十二肖记日，其次序以鸡为首，以猴殿后；西双版纳傣族则以象代替了猪。

在世界上，除欧洲诸国以十二星座为十二生肖外，其他国家则以当地熟悉的动物入选十二生肖。如越南以猫代兔；印度以狮代虎，金丝雀代鸡；埃及和希腊基本相同，有鳄、狮、红鹤、鹰、驴、蟹等；墨西哥保留了虎、兔、龙、猴、狗、猪，其他则为特有动物。

至今，除了中国及邻近国家认可了十二生肖纪年，世界上有一些国家在中国春节前后与中国一样，印发生肖纪念邮票。这说明以动物十二生肖纪年得到了广泛认同。

有关动物的诗作不胜枚举，但将十二生肖聚于一诗，首推南北朝沈炯的《十二属诗》。诗云：

鼠迹生尘案，牛羊暮下来。

虎啸坐空谷，兔月向窗开。

龙隰远青翠，蛇柳近徘徊。

马兰方远摘，羊负始春栽。

猴栗羞芳果，鸡跖引清杯。

狗其怀物外，猪蠢窘悠哉。

其后，尚有宋代朱熹的《十二生肖诗》，元代刘因的《十二生肖属相诗》及明代胡俨的《十二生肖诗》等，均聚十二生肖动物于一诗。不但将生肖动物之生性有所描述，且寓诗中一些典故，为生肖动物在人们中的熟识起到了增润的作用。

清乾隆时期，以红铜铸像十二生肖兽首置于圆明园。1860年英法联军攻入北京，火烧圆明园，掠走大量珍宝，十二生肖兽首也在其中，从而流落国外。近年虽有部分回归，但尚未完整聚首，乃一大憾事。

# 第三节　动物驯养、家化为人类文明进展奠基

人类的进化历经了数十万年的漫长历史。从渔猎最初阶段的盲目掠取到将部分猎取的动物驯养、家化，部分植物种植；从简单的猎取、采集，到人为地把野生动植物再生产；从渔猎向农耕畜牧的过渡，这是新石器时期人类文化发展史上的一个重要里程碑——由盲目的掠夺性猎取、采集到驯养、家化野生动植物的再生产，极大保障了人类食物生产的可靠性。因此可以推断：人类初始文明起源于食物生产的"革命"。

恩格斯曾言："农业是整个古代世界的决定性的生产部门"，广泛的农业包括农、林、牧、副、渔，农业是人类的生活之源，基本的生活（衣、食、住、行）有赖于农业，而后人口的增殖、氏族的形成与扩大、祭祀、战争、工具制造等均出自农业。因而中国早在西周时期《周礼·天官冢宰》所记九职中的前四项即三农、园圃、虞衡、薮牧，均属于广义的农业范围。成书于战国或两汉之间的《尔雅》特列有《释畜》一章，表明当时已有了一定规模的畜牧业。

动植物的驯养与家化，从盲目到辨识，经历了从不自觉到自觉的认识过程，是自然形成的人工选择，当然这需要对动植物的分类、生态有一定的认识，这就是原始的动植物学的萌芽。

作为狩猎的帮手，狗可能是最早被驯化的动物。河南舞阳贾湖遗址发现狗的骨骼，河北武安的磁山、河南的裴李岗以及浙江河姆渡遗址都曾发现狗骨。同时，野猪是我国分布普遍的兽类，也在此时被驯化、家化。从河南新郑裴李岗及浙江河姆渡新石器遗址中发现的陶猪及陶器上的绘图（图7-1）均可见到，说明野猪的驯养、家化已较为广泛与普遍。

从所得资料来看，中国人对犬、马、羊、水牛、黄牛、鸡、猪、家蚕（桑蚕）、柞蚕、中华蜜蜂、白蜡虫、五倍子、紫胶虫，以及青鱼、草鱼、鲢鱼、鳙鱼、鲤鱼及其变种金鱼，还有水獭、大象、鸬鹚、鹅、鸭、鹿、麋、麝等大型或中小型动物的家化发挥了重要作用，如

图 7-1　野猪（引自《浙江七千年》）

马、羊、骆驼、驴、骡等动物的家化和引进工作，中国北方少数民族和西北新疆居住的少数民族起了较大作用；牦牛的家化归功于藏族；狗的家化和引进可能古代北方的猃狁、东胡、狄、戎的人民起到一定的作用。

中国人既家化出几十种优良动物，又培育出众多的家畜品种，如猪的品种 60 余个，牛 40 余个，马、驴 40 余个，羊 40 余个，骆驼、兔及特种经济动物近 20 个，家禽 50 余个，蚕品种超过 100 个。这些都是中国畜禽品种资源基因库的基础。

这些驯养、家化动物在中国几千年的历史上起到的重要作用不言而喻。家畜、家禽、鱼品是不可或缺的食材，家畜、家禽的皮、革、绒、羽等是御寒、服饰的原料，而马、牛、驴、骡、骆驼等又是农耕、运输、军事的重要组成部分。这些驯养、家化动物在历史上的各个时期都是无可替代的资源。同时，使人们更加重视对野生动物的认识。在驯养动物过程中，也加深了解剖、生理、生态、分类、遗传等方面知识的积累，对动物学起到了推动作用。

"蚕"的家化是中华民族对世界文明的一个伟大贡献，开创了陆上与海上的多条"丝绸之路"，在沟通东西方文化、贸易、政治、经济等方面都是浓墨重彩的一笔，经历数千年的兴衰，而今仍然有着极强的生命力。

另一个家化动物——马，在历史上也是影响巨大的一种动物。马除在农耕中有着重要作用外，马的运用在军事上曾作为决定因素之一。自秦朝始，已有马拉战车、骑兵，汉武帝时期、唐代从西域大量引进良马，均为当时的强盛起到了重要作用。另外，蒙古骑兵横扫亚欧大陆，所向披靡，建立过横跨亚欧大陆历史上超大的帝国。骑兵在军事上的重要作用一直延续到第二次世界大战。如今，马在体育、娱乐、运输等方面仍有一席之地，赛马、马术、马球等仍是受人欢迎的重要体育项目。

在动物驯养、家化方面，有许多相关古籍，例如：春秋时期范蠡的《范蠡养鱼经》；战国末期荀子的《蚕赋》；隋朝诸葛颖的《相马经》；唐代李石的《安骥集》；宋代贾似道的《促织经》、李石的《续博物志》（论述了金鱼的盆养与家化，青、草、鲢、鳙鱼的混养等）；明代黄省曾的《蚕经》；清代张万钟的《鸽经》。

# 第四节　膳食文化中动物的特殊地位

"民以食为天"，食不果腹，何以言它。人类文明始自渔猎，在不同环境中，存在着不同的猎物，得之则食。随着渔猎工具的改进与发明，在历经多年经验积累中，人们逐渐对动物有了较深的认识，也有了选择性的猎取。之后猎物不但可以满足一时之需，而且有所遗存，使驯养家化成为可能。在驯养家化的过程中，更加深了人们对动物的认识：从分类、生态，进而对解剖、生理、遗传等方面有了新的认知。可以说，由于"食"使人类对动物的了解更加直观、真实，膳食文化对推动动物学的发展起到了关键作用。

已知现存于世的动物可达数百万种，而作为食材的仅是其中很小的一部分。这是因为，作为食材需具备几个条件：首先是有较多数量，能够较易猎取；其次是无毒、无害；最后还要美味可口，可充饥果腹。历经数十万年的探索，人们在食材的选择上有了更加明确的目的性。这与人们在实践中对动物的分类、生态、生理、解剖等方面积累了丰富的动物学知识有关，人们从而知道何种动物可食，何种动物美味，如何加工，何时取用……并形成了一系列有关的膳食文化。

从古至今，人们不但学会了选定食材，而且驯养了颇受欢迎的种类，并对品种进行改良，甚至把一些有毒的动物通过加工处理，使之成为珍馐美味，极大丰富了人类的食材，也积累了猎取、驯化、改良品种、加工、保存、烹饪等方面的丰富知识。

在动物食材的选用上，除常见的家畜、家禽外，各民族因地域、习俗不同，食材的种类可以说是琳琅满目：从最低等的刺胞动物——海蜇（水母）、鱿鱼、乌贼以及各种贝类、螺类（软体动物），节肢动物（虾、蟹、蝎子等）到两栖动物的蛙类、爬行动物的龟、鳖等。

除食材的取用广泛外，食材的加工、烹饪技术也享誉世界。在膳食文化中，这方面较早的专著可推元代忽思慧的《饮膳正要》（1330 年），其中记叙了 7 种动物的烹调法。

在食物加工方面，因加工手法不同，分为煎、炒、烹、炸、炖、烩、炝、烧、烤、烘、烙、煲、焖、焗、扒、焙、煨、熘、爆、酱、卤、醉、腌、拌等。以家禽鸡为例，就有红烧鸡、黄焖鸡、白斩鸡、香酥鸡、盐焗鸡、香辣鸡、汽锅鸡、竹筒鸡、叫花鸡、扒鸡、烧鸡、卤鸡、醉鸡等，以及以鸡为主材搭配其他辅料的各种名菜，可以说是变幻无穷。

中国人在食材的利用上可称达到极致。以最常使用的家畜猪为例，除猪毛及内脏中的污物外，无不列入食物之中，常见的有猪头肉、扒猪脸、炖肘子、酱猪蹄、红烧排骨、酱猪心、熘腰花、熘肥肠、熘肝尖等。

上述举例足以说明中国在膳食文化方面，对动物食材的运用博大精深，同时对食材的充分利用，对动物解剖及一些生理特性做出了积极贡献。

# 第五节　宠物文化对动物学的推动作用

人类与动物的关系，从最初的渔猎为食，到其后的驯养、家化，除作为食材和用于农耕、运输、交通、军事等方面外，有些动物还成了人们的伙伴——宠物。古代的宠物大致可分为观赏类，如鹤类、天鹅、锦鸡、鸳鸯、兔、金鱼等；玩赏类，如鸽、鹦鹉、松鼠、笼养鸟（鸣禽）等；娱乐类，如熊、猴、鸡、鹌鹑、蟋蟀、蝈蝈等。更有一类作为伴人动物，最典型的就是狗与猫。最初为个人、家庭的行为，之后宫廷与权贵则扩大了范围，兴起了较大规模的鹿园、虎园等，圈养动物的形式成为近代动物园的雏形。

由于可以近距离接触动物，因此人们对动物的形态、生理、遗传等方面有了更深的认识，但滥捕、滥猎现象日益显现，对物种的保护形成威胁。当人们意识到这一点时，野生动物园、国家公园、自然保护区等相继产生，人们对物种保护的意识也逐步增强。

宠物文化的发展，也促进了另一种文化的发展：与动物相关的选美、马戏表演、马术比赛等娱乐项目相继出现，更令人担忧的是以动物相残的斗牛、斗鸡、斗鹌鹑、斗蟋蟀、斗马、斗犬等赌博业的发展。因此，宠物文化既促进了人们对动物的认识，但也引起人们在现实中对动物保护的反思。

# 第六节　动物——农耕社会的重要物候

在工业革命之前人类处于以农耕为主的社会，自然环境与一年四季的变化对农业生产有重要的影响。古人以日月变迁为依据，创立了二十四节气与七十二候，对农业生产具有重要的指导意义，普通百姓对二十四节气的理解大多通过与气候变化有关的物候来认识。

中国古代疆域以中原为主，延及四周主要为黄河中下游地区，二十四节气气候物候主要以区域为主，但节气的整体框架属于天文历法系统，并不局限于地域，因此能得到广泛应用，只是不同地域物候有所不同而已。

自然界中最易感知的物候当推动植物的季节性变化，春华秋实，夏盛冬衰，给百姓指明了季节性变化。根据我国古农史专家的研究推断，古籍《夏小正》可能是根据夏代时期农业政事记述的著作（注：夏纬英《夏小正经文注释》。历史学家杨向奎认为，夏的这种推断"不远于史实"，并做了进一步的补充说明）。书中记载了不少生物物候方面的知识。

牟重行在《人与自然的一门学问——二十四节气》中根据《逸周书·时训部》及元·吴澄撰《月令七十二候集解》等古籍，给出了新订"新七十二候集解"（表7-2）。由于有些鸟类有迁徙习性，又有随季节变化在不同时期繁殖的特性，易与气候变化相对应，因此在二十四节气与七十二候中，多有鸟类的出现及习性的变化作为物候的指标。

表7-2　二十四节气与七十二候物候中的动物"新七十二候集解"

| 序号 | 节气 | 节气后八日的动物形象 | 节气后十日的动物形象 |
|---|---|---|---|
| 1 | 立春之日东风解冻 | 又五日蛰虫始振 | 又五日鱼上冰 |
| 2 | 雨水之日獭祭鱼 | 又五日鸿雁来 | 又五日草木萌动 |
| 3 | 惊蛰之日桃始华 | 又五日仓庚①鸣 | 又五日鹰化为鸠 |
| 4 | 春分之日玄鸟②至 | 又五日雷乃发声 | 又五日始电 |

| 序号 | 节气 | 节气后八日的动物形象 | 节气后十日的动物形象 |
|---|---|---|---|
| 5 | 清明之日桐始华 | 又五日田鼠化为鴽③ | 又五日虹始见 |
| 6 | 谷雨之日萍始生 | 又五日鸣鸠④拂其羽 | 又五日戴胜降于桑 |
| 7 | 立夏之日蝼蝈鸣 | 又五日蚯蚓出 | 又五日王瓜生 |
| 8 | 小满之日苦菜秀 | 又五日靡草死 | 又五日小暑至 |
| 9 | 芒种之日螳螂生 | 又五日鵙⑤始鸣 | 又五日反舌⑥无声 |
| 10 | 夏至之日鹿角解 | 又五日蜩始鸣 | 又五日半夏生 |
| 11 | 小暑之日温风至 | 又五日蟋蟀居壁 | 又五日鹰乃学习 |
| 12 | 大暑之日腐草化为萤 | 又五日土润溽暑 | 又五日大雨时行 |
| 13 | 立秋之日凉风至 | 又五日白露降 | 又五日寒蝉鸣 |
| 14 | 处暑之日鹰乃祭鸟 | 又五日天地始肃 | 又五日禾乃登 |
| 15 | 白露之日鸿雁来 | 又五日玄鸟归 | 又五日群鸟养羞 |
| 16 | 秋分之日雷始收声 | 又五日蛰虫培户 | 又五日水始涸 |
| 17 | 寒露之日鸿雁来宾 | 又五日爵⑦入水化为蛤 | 又五日菊为黄花 |
| 18 | 霜降之日豺乃祭兽 | 又五日草木黄落 | 又五日蛰虫咸附 |
| 19 | 立冬之日水始冰 | 又五日地始冻 | 又五日雉入大水化为蜃 |
| 20 | 小雪之日虹藏视 | 又五日天气上腾地气下降 | 又五日闭塞而成冬 |
| 21 | 大雪之日鹖鸟不鸣 | 又五日虎始交 | 又五日苏挺生 |
| 22 | 冬至之日蚯蚓结 | 又五日麋角解 | 又五日水泉动 |
| 23 | 小寒之日雁北飞 | 又五日鹊⑧始巢 | 又五日雉始雊 |
| 24 | 大寒之日鸡始乳 | 又五日鸷鸟⑨厉 | 又五日水泽腹坚 |

①仓庚——黄鹂 Oriolus chinensis；②玄鸟——燕 Hirundinidae；③鴽——鹌鹑 Coturnix coturnix；④鸣鸠——四声杜鹃 Cuculus micropterus；⑤鵙——伯劳 Laniidae；⑥反舌——乌鸫 Turdus merula；⑦爵——雀 Passeriformes；⑧鹊——喜鹊 Pica pica；⑨鸷鸟——鹰隼类 Falconifomes。

由于地域的不同，自南沙群岛至黑龙江省漠河，南北纬度约 50° 之差，因此二十四节气的标识多以当地物候为准，而中原地区自古就有相应的七十二候的记叙，从《夏小正》及《人与自然的一门学问——二十四节气》两部书可见动物在物候学中的重要作用。

# 第七节　融入人类生活、生产中的动物

随着人类的进化，动物除了为人类提供必不可少的食材外，在人们生活的方方面面均有不同程度的存在。明代已有以动物为标识的官服，至清代的法定朝服，补服设定文官九品均为鸟类标志，武官九品均为兽类标志（表 7-3）。而最尊贵的瑞兽——龙则为皇帝所专用，凤

表 7-3　明代至清代九品文官、武官的补服

| 文官 | 武官 |
| --- | --- |
| 一品文官仙鹤补子 | 一品武职麒麟补服 |
| 二品文官锦鸡补服 | 二品武职狮子补服 |
| 三品文官孔雀补服 | 三品武职豹补服 |
| 四品文官鸳鸯补服 | 四品武职虎补服 |
| 五品文官白鹇补服 | 五品武职熊罴补服 |
| 六品文官鹭鸶补服 | 六品武职彪补服 |
| 七品文官鸂鶒补服 | 七品武职犀牛补服 |
| 八品文官鹌鹑补服 | 八品武职犀牛补服 |
| 九品文官蓝雀补服 | 九品武职海马补服 |

则为后妃等后宫专用。

　　在古建筑方面，不论宫廷，还是王公贵族的府邸、寺庙、陵寝，甚至富裕百姓民宅的雕塑、绘画均可见到动物的图形，只是繁复、精细与粗陋之别。龙凤当为其首，再就是龙的九子，狮、虎、麒麟、马、牛等也较常见，鸟类则以鹤、孔雀、天鹅等最常见，更有一些具有谐音或寓意的动物，如蝙蝠（福）、鹿（禄）、寿（鹤、龟）、鱼（余）、喜鹊（喜）、马（马到成功）、蝉（一鸣惊人），不但以物寓意，而且传有众多佳话故事。

　　古代的交通、运输与通信也完全依赖动物来完成。中原地区大量使用的如马、牛、驴、骡，而边远地域则是牦牛、骆驼等。应运而生的马帮、驼队也成为当时生产中的重要工具，促进了商贸、文化的交流。家鸽是古代传递信息的一种方式，尤其在军事信息的传递方面起到了重要作用。

# 第八节　"活"在汉字、文学及艺术等领域中的动物

　　中国的汉字，是从象形文字历经数千年演化而成的象形、绘意、形声且具有多重功能的文字，为世界文字所独有，而且在表达某种动物的同时，尚有一定的分类意义。例如：以"犭""豸"为偏旁的狼、狮、猫、猿、猴、豺、豹、貘等字多为兽类（哺乳类）。在百余以"犭"为偏旁的汉字中，还有一些例外，如鳄（鳄鳞）为鳄而非兽，猸为一座山的名字，猇为一地名，再有古代几个少数民族如猩鳙狄、猃狁等以"犭"旁为名。此外，还有一些借用"犭"旁以兽的形象加深印象的词，如猖狂、凶猛、狰狞等。以"豸"为偏旁之字计有 10 余字，除豸本字为无脚虫外，余可定种（类）的共 11 种（类）。其中仅一种貘为非食肉目，其余 10 种（类）均为食肉目兽类（两种为古代传说中的猛兽）。鸟字旁的字有 300 余字（其中有些是繁体字与简体字的重复），能定种（类）的字均为鸟纲所属。值得一提的是，长久以来，古籍中多有将翼手目兽类误归于鸟类，但蝙蝠在字形上并未将鸟字入其偏旁。另有一些鸟类以"隹"为其组字成分（汉·许慎在《说文解字》中将鸟分为"隹"与"鸟"两个类

群），如隼、雉等约 50 多种（类）。还有人们习见的种类，如燕、百灵、八哥、戴胜等，以人们通常习用的名称谓之，而与"鸟"和"隹"字无关。这部分仅为中国有记录的鸟类 1244 种，不足 0.5%。

鱼旁诸字也达 300 多个，大部分为鱼类（但古人把大部分水生动物也归为鱼类，故鱼旁诸字不能全视为鱼类所属，如鲸、鲵、鳖、鲍等）；而虫旁诸字也有 300 多个，绝大部分为昆虫纲所属（但也有谬误，如蜘蛛、蛞蝓、蝙蝠、蛙等）。以犭、豸、鸟、鱼、虫等为偏旁之字，在识字的同时，亦可知晓其分类地位，这是汉文化为其他任何文字所难以具备的特色。更为突出的如鹿、麂、麋、麝、麞等均为鹿科动物，以字就可以定种到科，可以说这是文字学及分类学上的奇观（以上仅据《现代汉语词典》商务印书馆第五版所供，如以《康熙字典》为据，则远不止如此）。相关的动物偏旁的汉字见表 7-4。

表 7-4 《说文解字》中相关动物偏旁的汉字统计

| 笔画 | 鸟 | 鱼 | 马 | 犬 | 豕 | 豸 | 牛 | 鼠 | 鹿 | 羊 | 合计 |
|---|---|---|---|---|---|---|---|---|---|---|---|
| 本字 | 1 | 1 | 1 | 1 | 1 | 1 | 1 | 1 | 1 | 1 | 10 |
| 一 |  |  | 1 | 1 | 1 |  |  |  |  | 1 | 4 |
| 二 | 1 | 1 | 2 | 1 |  |  | 2 |  | 1 | 1 | 9 |
| 三 | 2 | 1 | 5 | 1 |  | 3 | 3 | 1 |  | 3 | 19 |
| 四 | 9 | 7 | 8 | 8 | 2 |  | 3 | 2 | 1 | 4 | 44 |
| 五 | 13 | 15 | 14 | 10 | 1 | 3 | 5 | 6 | 2 | 2 | 71 |
| 六 | 13 | 12 | 14 | 8 | 4 | 3 | 3 | 2 | 4 | 3 | 66 |
| 七 | 7 | 9 | 9 | 4 | 1 |  | 5 | 1 | 2 | 2 | 45 |
| 八 | 7 | 10 | 10 | 11 | 1 |  | 7 |  | 4 | 2 | 52 |
| 九 | 11 | 9 | 11 | 8 | 1 | 2 |  | 2 | 4 | 4 | 52 |
| 十 | 9 | 9 | 13 | 2 | 3 | 2 | 5 | 4 | 1 |  | 48 |
| 十一 | 14 |  | 8 | 4 | 2 | 2 |  |  | 1 | 3 | 42 |
| 十二 | 10 | 8 | 5 | 7 | 2 | 1 |  | 1 | 2 | 1 | 37 |
| 十三 | 8 | 6 | 6 | 7 |  |  | 3 |  | 2 | 1 | 33 |
| 十四 | 2 | 1 | 1 | 2 |  |  |  |  |  |  | 6 |
| 十五 | 3 | 1 |  | 1 |  |  | 3 |  |  |  | 8 |
| 十六 | 2 | 1 | 3 | 3 |  |  | 3 |  |  |  | 12 |
| 十七 | 2 |  |  |  |  |  |  |  | 1 |  | 8 |
| 十八 |  | 1 |  | 1 |  |  |  |  |  |  | 2 |
| 十九 | 1 | 1 | 1 |  |  |  | 1 |  |  |  | 4 |
| 二十 |  |  |  |  | 1 |  |  |  | 1 |  | 2 |

续表

| 笔画 | 鸟 | 鱼 | 马 | 犬 | 豕 | 豸 | 牛 | 鼠 | 鹿 | 羊 | 合计 |
|------|-----|-----|-----|-----|-----|-----|-----|-----|-----|-----|------|
| 二一 | | | | | | | | | | | |
| 二二 | | 2 | | | | | | | | | 2 |
| 合计 | 115 | 102 | 115 | 83 | 22 | 20 | 45 | 20 | 26 | 28 | 576 |

　　中国古籍中第一部按部首编排的字典是汉朝许慎所编《说文解字》，其中与动物有关的部首有 10 个，共计 244 个字。更重要的是，一些部首有着分类学的萌芽，如鸟部首中的鸟均为鸟纲动物，犬、豕、豸、牛、鹿、羊、马均为哺乳类动物，鼠为啮齿类动物，这是任何文字都没有的功能。

　　汉字除作为文字外，还有艺术层面的意义，这也是其他文字所不具备的。汉字有多种形体，常知的有行、草、隶、篆、楷以及艺术化的变形等，书法成为一种独特的艺术形式，在与世界文化交流中占有一席之地。一笔虎、一笔龙等均可作为书法中动物形象的代表作。

　　自秦始皇统一文字以后，"成语"成为文学及语言中独有的一种形式，文字简洁、寓意深刻。在这些成语中，引用了大量动物作为成语的组成，更加突出了直观性与形象性。在《中华成语典故》中，共采用了具有典故的成语 2000 例，其中以动物为依托的有 128 例，例如左丘明在《左传》中的"馬首是瞻"，南朝宋·刘义庆《世说新语》的"凤毛麟角"等。另外，"一丘之貉""狡兔三窟""如虎添翼""蛇蝎心肠""鼠目寸光"等成语中的动物是人们熟悉的，并对其生物学特性有较深刻认识的种类，因此在成语的流传过程中，使更多的人加深了对这些物种的认识。

　　在叙述一种事物或形容一个人的外貌及品德、行为方面，也常用一些动物作为形象化的描述。如众所熟知的鼠辈、倔驴、憨牛、鸭步等词语，以及"黄鼠狼给鸡拜年""为虎作伥""狐假虎威""虎背熊腰""龙行虎步"等歇后语和成语。这些动物寓意、寓人的词句，不但叙述简约，而且更加形象地说明了事物，起到了事半功倍的效果，同时也阐明了一些动物的特点。

　　文字及口头传述，记载了历史，也记录了当时人们日常的生活状态。在秦汉以前，已有大量的诗歌传颂，如孔子的《诗经》实为该时期各地民间的诗歌精撰，其后不断发展，形成诗、词、歌、赋、曲、文、颂、祭、铭等文学品类。在这些品类中以动物为主体流传于世、脍炙人口的作品浩如烟海，此处略举一二。

　　《诗经》是我国最早的诗歌总集，诗歌产生的地域大体包括陕南、晋南、冀、鲁、豫及苏、皖、鄂北部一些地区，其中记叙的动物大体能反映出这些动物在中原地区的分布。《诗经》中涉及动植物 250 余种，其中动物 100 多种，常见的鸟类 77 种（类）、昆虫 20 多种（类）以及鱼类若干种（类），广为流传的有"关关雎鸠，在河之洲""鹤鸣九皋，声闻于野"等。

　　《诗经》局限于中原地区，未包括我国南方的种类。屈原的《楚辞》弥补了这一缺憾。虽然《楚辞》不是民歌，也不是史诗，它是文人抒情言志的作品，因而写实性要逊于民间流传的"诗"，但里面一些生物知识，尤其是中原没有的物种在其中得以记载。《楚辞》中提道的动物包罗甚广，其中鸟类 20 多种，如鸠、白雉、鸿、鹤、鹊、鸟等。最为可贵的是，其中记有南方特产的绿孔雀，并提道其"盈园"，说明当时已养殖并供观赏。兽类则有麋、鹿、麇、虎、豹、熊等，更有象、猨（长臂猿）、穿山甲等南方特有种类，此外还有南方众多的鳌、鳖、虺、蛇等。

历史上有关动物的名句不胜枚举，仅以受人瞩目的鹤类为例：经马国良整理的《鹤韵》，自《诗经》至明清时期，颂鹤流传名诗 200 余首。著名诗人李白、杜甫、白居易、杜牧、欧阳修、苏轼、陆游等均有名作流传于世，仅白居易一人就有 10 余篇。其他动物如虎、马、雁、天鹅、鸳鸯、莺、蝉、蝶等也有诸多诗作遍及各朝。

仍以鹤为例，在历代咏鹤的诸多名句中，白居易的"低头乍恐丹砂落，曬羽常疑白雪消"；杜牧的"丹砂西施颊，霜毛四皓须"；谢晋的"丹砂作顶耀朝日，白玉为羽明衣裳"，基本突出了丹顶鹤的特征，且赋予了这些特征的诗意。鲍照的"舞鹤赋"中更是以"叠霜毛而弄影，振玉羽而临霞""入卫国而乘轩，出吴都而倾市"等名句，不但描述了鹤舞的美姿，更记叙了鹤的一些历史典故。《诗经》中指"鶴鳴九皋，聲聞於野。鶴鳴九皋，聲聞於天"，其后又有唐·孟郊之"應吹天上律，不使塵中尋"，明·于谦之"清響微雲霄，萬籟悉以屏"等名句，记叙了鹤鸣高亢之实。诸多鸟类有迁徙之习，鹤亦然。而颂及迁徙之诗，如"翱翔一萬里，來去幾千年""東遊扶桑略西極，不上九天僅咫尺""匝日域以回鶖，窮天步而高尋""蒼波萬里茫茫去，駕風鞭霆卷雲霧"……难以胜数、尽举。

《诗经》为孔子所编纂，经汉武帝罢黜百家、独尊儒教之后，《诗经》的地位受到后人的高度重视，几千年来研究、训诂、注释等著作层出不穷，但最早且影响最大的应为陆玑所著《毛诗草木鸟兽虫鱼疏》。由于孔丘的提倡（当年孔丘曾说："詩可以興，可以觀，可以群，可以怨。邇之事父，遠之事君，多識於鳥獸草木之名。"），历代学者对《诗经》中的生物知识一直非常重视。陆玑在其著作中独辟蹊径，首次将《诗经》中所载的动植物分门别类地列举出来，并加以描述。记述植物 100 余种，动物 174 种。对各种动植物不仅记其名、别名，更记述了形态、生态、产地、分布及经济用途等。

在动物方面，《毛诗草木鸟兽虫鱼疏》"鹤鸣于九皋"中对鹤的记载："鶴形狀大如鵝，長腳青翅，高三尺餘，赤頂赤目，喙長四寸餘。多純白，亦有蒼色者，今人謂之赤頰。常夜半鳴，故淮南子曰：雞知將旦，鶴知夜半，其鳴高亮，聞八九裡。雌者聲差下。今吳人園圃中及士大夫家皆養之，雞鳴時亦鳴。"陆玑对鹤的形态做了正确的描述，并指出鹤有纯白和苍色两种。在《毛诗草木鸟兽虫鱼疏》"鹳鸣于垤"中，陆玑写道："鸛，鸛雀也。似鴻而大。長頸赤喙，白身，黑尾翅。樹上做巢大如車輪，卵如三升杯。望見人按其子，令伏徑舍去。一名負釜，一名黑尻，一名背灶，一名皂裙。陰雨則鳴。"这里所描述的显然是白鹳（*Ciconia cicinia* L）。皂，黑色。鹳之背白，飞羽黑色，停息时下垂如裙，所以有黑尻、皂裙等异名。白鹳现在国内已很少见，但从陆玑的记述使我们推想到，在三国时我国有大量的白鹳，各地还有不同的名称。关于白鹭，陆玑在《毛诗草木鸟兽虫鱼疏》"值其鹭羽"中写道："鷺，水鳥也。好而潔白，故汶陽謂之白鳥。齊魯之間謂之春鉏，遼東樂浪吳陽人皆謂之白鷺。大小如鳩，青腳高七八寸，尾如鷹尾，喙長三寸許。頭上有長毛十數枚，長尺餘，氂氂然與眾毛異，甚好。欲將取魚時，則弭之。今吳人亦養焉，好群飛鳴。"白鹭头背生有长毛，氂氂然。鹭在浅水中步行觅食时，头颈一低一昂，如春如锄，故称春锄。锄，古亦作鉏。

相对来说，陆玑对兽类动物的描述则比较简略。在《毛诗草木鸟兽虫鱼疏》"献其貔皮"中记貔："貔似虎或曰似熊，一名执夷，一名白狐，其子为穀，遼東人謂之白羆。"据周建人研究，貔即是当今闻名于世的我国特产大熊猫。

关于鱼类，在《毛诗草木鸟兽虫鱼疏》"维鲂及屿"中记述了鲂与屿："鲂今伊洛濟潁鲂魚也。廣而肥薄，恬而少力，細鱗魚之美者，故鯉魚曰：綱魚得噢，不如啖茹。其頭尤大而肥者，徐州人謂之鯚或謂之鯿，幽州人謂之鸦鸦，或謂之胡鯿。"这里提道的是产于我国许多地方的鲂鱼和鯿鱼。鲂鱼宽而扁味美，鯿鱼似鲂而头大味差。在《毛诗草木鸟兽虫鱼疏》"鱼丽于罶"中记黄颡鱼："鳠，一名黄扬，今黄颡鱼是也。似燕头鱼身，形厚而长大，颊骨正黄。鱼之大而有力解飞者，徐州人谓之扬黄颊，通语也。今江东呼黄鱼，亦名黄颊鱼。"黄颊鱼之名沿用至今，属鮠科鱼类。

在虫类方面，《毛诗草木鸟兽虫鱼疏》"蟋蟀在堂"中，陆玑说："蟋蟀似蝗而小，正黑有光澤如漆，有魚翅。一名蛬，一名蜻蛚，楚人謂之王孫，幽州人謂之趣織，趣謂督促之言也，裡語曰趣織鳴，懶婦警是也。"陆玑认为蟋蟀似蝗虫，并用正黑如漆来形容蟋蟀的体色，是很贴切的。又在《毛诗草木鸟兽虫鱼疏》"去其螟螣，及其蟊賊"中，陆玑写道："螟似螣而頭不赤。螣，蝗也。賊似桃李中蠹蟲，赤頭身長而細耳。或雲蟊，蟪蛄食苗心為人害。……舊有説雲：螟螣蟊賊，一種蟲也。犍為文學曰：此四種蟲皆蝗蟲也。實不同，故分別釋之。"在陆玑之前，许多解释《诗经》的人都将诗中提道的"螟螣蟊賊"认为是一种虫。陆玑根据虫体形态、颜色以及危害作物的部位，认为这是四种不同种类的农作物害虫，这对后人研究中国古代农业虫害及其历史发展有重要意义。

在《毛诗草木鸟兽虫鱼疏》"鼉鼓逢逢"中对中国特产的鼉做了较详细的描述。鼉就是现在的扬子鳄（*Alligator sinensis*）。鼉皮较厚，所以两三千年前人们已经剥取鼉皮用来幪鼓。鼉鼓声响逢逢，所以会有"鼉鼓逢逢"的诗句。在古籍中最早提道鼉的是后汉许慎的《说文解字》，但很简单，只是说鼉似蜥蜴、长大，而陆玑则进一步指出鼉体长丈余、卵大如鹅卵、身甲坚厚等。

陆玑在《毛诗草木鸟兽虫鱼疏》中对动植物的描述，主要是通过观察而得，在一定程度上体现了实事求是的精神，所以颇得后人称赞。《四库提要》认为陆书"讲多识之学者固当以此为最古"。又说，其书"去古未远，于诗人所咏诸物，今昔异名者尚能得其梗概，故孔颖达《毛诗正义》全据此书。陈启源《毛诗稽古编》亦多据以考证诸物"。陆玑所记动植物的分布区域遍及全国，甚至涉及现在的朝鲜和越南，可见其视野之广阔。《毛诗草木鸟兽虫鱼疏》对后人研究《诗经》中的动植物有很大的启发，并对后来本草学的发展也有很大的影响。明代毛晋正是在陆玑工作的基础上，又编纂了《陆氏诗疏广要》一书。后来日本学者研究《诗经》中的动植物，如稻若水的《毛诗小识》、冈元凤的《毛诗品物图考》等，无一不受陆玑的影响。

举一反三，仅以鹤为例，可见诗歌不但在文学上给人抒情识意之享，更对一些动物的形态、生态、分布等加深了认识，也起到了传播、普及的作用。

有关各种动物的专著，在驯养、家化一节中已列举多种，如荀子的《蚕赋》、贾似道的《促织经》、诸葛颖的《相马经》等。在各种文献典籍中，记载了各类动物的史实，为动物知识的积累提供了确切的记录。各地方志、历史记事、祭文、铭文、散文以及小说等文字史料，为后人审视动物方方面面的历史、地理分布等给予了丰富信息。例如，唐代韩愈的《祭鳄鱼文》享誉朝野，由之证实当年闽粤沿海实有马来鳄（或湾鳄）的分布，危及人畜，始自韩愈的治理，后已然灭绝。当地百姓深感其恩，历经多年改恶溪为韩江，还有韩堤、韩文公祠、景韩亭、昌黎路等，直到 1980 年还新建有祭鳄鱼台，成为潮州数千年来纪念韩愈为民造福的佳话。

又如：唐代柳宗元所著《永州八记》中之"捕蛇者说"记录了当地产有毒蛇的形态及其药用。"永州之野產異蛇：黑質而白章，觸草木盡死；以齧人，無禦之者。然得而臘之以為餌，可以已大風、攣踠、瘻癘，去死肌，殺三蟲。其始太醫以王命聚之，歲賦其二。募有能捕之者，當其租入。永之人爭奔走焉。"此文正是当地盛产毒蛇（疑为银环蛇）及其药用价值与给百姓带来的困扰。

《陆氏诗疏广要》卷下之上（释鸟）："今北方有白雁，似鴻而小，色白。秋深乃來，來則霜降。河北為之霜信，蓋曰：霜降五日而鴻雁來，寒露五日而候雁來，候雁之來在霜降前十日，所以謂之霜信也。古者執贄雖用鴻雁，然當亦通用此小者。故春秋曹伯陽好田弋，曹鄙人公孫彊獲白雁，獻之漢武帝，太子昏得白雁于上林，以為贄即此物也。【略】按鴻雁非二物，羅氏辯之甚悉，元恪豈亦以為然，故前篇釋鴻，此篇止釋鳧，不又釋雁耶，但云純白似鶴，似別一種，意即所謂霜信。杜子美詩云：故國霜前白雁，來者是也。"一文，及至清代的《畿辅通志》卷五五："《爾雅翼》：北方有白雁，似鴻而小，色白。秋深乃來，來則霜降。"历代有多部古籍均有雪雁 Anser caerulescens（白雁、霜信）的记叙，说明雪雁在我国古代是较常见的候鸟，而今已是极为罕见的迷鸟。动物随历史演替而变迁，此即为一明证。

人们熟知的警世名句："鹬蚌相争，渔翁得利"即出自《战国策·燕策二》："趙且伐燕，蘇代為燕謂'趙'，惠王曰：今者臣來，過易水。蚌方出曝，而鷸啄其肉，蚌合而拑其喙。鷸曰：'今日不雨，明日不雨，即有死蚌。'蚌亦謂鷸曰：'近日不出，明日不出，即見死鷸。'兩者不肯相舍，漁者得而擒之。"

其后，唐代郗昂的《蚌鹬相持赋》更加渲染了此一警示："水濱父老以漁弋為事，常持釣繙，荷矰繳，且浮瀍澗，晚泝伊洛，亂平潊之磷磷，步清流之鑒鑒。匪畋魚以為務，將釣國而為託，異戕忽而害生，時自斃而方搏。亦猶守兔者目注於盧犬，挾彈者志在於黃雀，斬長鯨而四海宴，如得巨魚而千里羼。若夫一舉而擒兩，固功全而利博。是翔禽翼迅體輕，或依岸而開合，或遵渚以飛鳴。既相遇於茲地，亦相殘於此生。鷸以利嘴為鉆鍔，蚌以外骨為堅城，鷸以蚌為腐肉可取，蚌以鷸為微禽可營，鷸曰今日不雨必割蚌之腹，蚌曰明日不出必喪鷸之精。並相持而坎難，俱莫知其困並。彼漁父聞而造曰：危哉，二蟲吾見爾命之將絕，吾知爾力之已窮，胡不潛泳於深水？胡不乘高於大風？何故枯骸於波際？何故落翮于沙中？乃攜以俱歸。釋此雙疾，利其美用取其形質，鷸有羽兮彩映華冠，蚌有珠兮光照巨室，雖假物類以為用，誠亦辯說之良術。莊生寓語於前古，是用廣之於今日。"

四大名著《水浒传》中，武松在景阳冈打虎和李逵为母杀虎的故事广为人知，说明当年齐鲁大地上虎的分布还是较广的，但现今虎在我国已经很少了。

中国画自古以来就有多个类别，如工笔、写意、水墨、彩墨，以作画对象类别的区分则有山水、人物、花鸟、佛像等。花鸟画不仅以鸟类为主，还囊括了其他动物。仅以《中国花鸟名画鉴赏》为例，经统计，此画册总计收画 477 幅，有动物入画的近半数，可见动物在绘画（花鸟画）中的重要地位（表 7-5）。

表 7-5 《中国花鸟名画鉴赏》中的动物入画情况

| 时代 | 画数 | 动物入画数 |
| --- | --- | --- |
| 汉、唐、五代 | 6 | 5 |
| 宋、金、元 | 84 | 46 |
| 明 | 115 | 48 |
| 清 | 247 | 110 |
| 现代 * | 25 | 7 |
| 总计 | 477 | 216 |

* 齐白石以前。

在此画册中，入画动物以鸟类最多，约 114 幅，鱼类 12 幅，兽类 33 幅，爬行类 3 幅，两栖类 3 幅，蟹、虾 5 幅，昆虫 20 幅。鸟类可确定至种的约 30 种。最常入画的有丹顶鹤、鸳鸯、红嘴蓝鹊、喜鹊、绿孔雀、八哥、寒鸦、绶带等，能鉴别类别的有鹰、隼、雁、鸭、鹭、鸽、雉等。兽类则以家畜、牛、羊、犬、猫、兔为主，尚有鹿、猿、鼠、蝠等。鱼则以鲤最常用，尚有鲫鱼、金鱼、鳜鱼、翘嘴鲌等。昆虫以蝶与蝉最常见，尚有蝗、额蝗、蚱蜢、蟋蟀、螳螂、蜻蜓、豆娘、天牛等。从上列所述，动物画不但种类繁多，更有些画作对入画之种别特征显示得惟妙惟肖，如丹顶鹤 *Grus japonensis*、八哥 *Acridotheres cristatellus* 及红嘴蓝鹊 *Vrocissa erythrorhyrcha* 等，说明一些画师深入观察，以实物为据，为后世鉴别种类留下可贵依据。也有画作类别明确，但大多未据实物，依文字记述或摹他人画作而为，因而有些只可识别到类，难以明确到种。中国画追求神似，以艺术为先，细节上往往不求严谨，为鉴别物种带来一定困难。

在中国古籍中，也有一些动物插图，还有一些以动物为主体的画作，如《毛诗名物图说》《尔雅音图》《三才图会》《足本山海经图赞》《本草纲目》以及《清宫海错图》《清宫兽谱》等。这些画作大多依文或传说所做，故与实物有较大差距，或是臆想之作（如《山海经》），参考价值不大。唯《吴友如画宝》及《故宫鸟谱》对物种鉴定有较大价值。

《故宫鸟谱》原为清代康熙时期大学士蒋廷锡所绘"设色本蒋廷锡画鸟谱十二册"，藏于清重华宫，深受乾隆皇帝的喜爱。乾隆庚午年（1750 年）敕画院供奉余省、张为邦摹绘，并命傅恒、刘统勋、兆惠、阿里衮、刘伦、舒赫德、阿桂、于敏中八大臣用满、汉文图说。傅恒等参阅《尔雅》《诗经》《禽经》等有关鸟类的古籍，详勘整正，历时 11 年于乾隆辛巳年（1761 年）完成。一直深藏宫内，在"石渠宝笈"续编著录，题为"余省、张为邦合摹蒋廷锡鸟谱"，为皇家宫廷藏书，从未公之于世。

1949 年国民党撤退至台湾，带走故宫大批文物，其中包括《故宫鸟谱》1～4 册。台北故宫博物院于 1997 年重印出版了《故宫鸟谱》1～4 册，使这一不为人知的瑰宝（部分）在隐于尘世多年之后辉显人世。

中国古今不乏花鸟名画佳作，但多为艺术品，供诗情画意的美学欣赏，而《清宫鸟谱》有别于一般花鸟画，其以鸟为主题，花木景象仅为陪衬，禽鸟均以写实手法表现，极具生态记录价值。更为可贵的是，如于敏中所言："兹谱所录，凡云飞，水宿之属，各以类聚。"实与当今的分类阶元有极多的吻合，加以图说，与图相得益彰，为确认种类提供了有力依据。《故宫鸟谱》和《清宫鸟谱》共12册，361幅图，除去凤凰等神话虚构鸟、家禽（鸡、鸭、鹅、鸽等）以及个别的雌雄、成幼、冬夏羽的重复，实有285种（1～4册95种，5～12册190种），为鸟类种类的确定贡献了极其珍贵的资料。

经多方努力，《清宫鸟谱》（5～12册）除保留原图、原貌外，经反复审核、鉴定，将每种鸟类的画名、古名、今名、英文名、拉丁学名一一厘定。《清宫鸟谱》已于2014年10月由故宫出版社正式出版发行，使此一深藏宫内243年的瑰宝全貌呈现人间。对鸟类学者及爱好者研习、鉴定提供了极大的方便，也为对外交流疏通了渠道。

在文字出现之前，人类就以岩画、岩刻以及陶器等表达对动物的认知。原始社会沿袭下来的祭祀、图腾、先人的礼仪，随着生产力的发展，由最原始的活人、活动物作为祭品，演变为陶器、玉器、青铜器等以动物为原型或装饰的日常用品及祭祀用品。见图7-2。

雕塑艺术除了建筑行业的楼、堂、馆、所、桥、亭等外，较小型的尚有室内摆件、首饰等工艺品，而且材质多样，因材而异，许多造型以追求艺术化或神似为主，细节不求严谨（有的材质硬度很高，难求细致，如玉、玛瑙等），更有不少图腾化的倾向（如守门兽雕、石狮、屋脊兽等）。以动物产物为原料的工艺品也层出不穷，自古以来，骨雕、角雕在日常生活中较常见，名贵材料也不乏见到，如象牙、犀角、虎骨、珊瑚、翠羽、珍珠等，但这些给动物带来的是极大的灾难，如不加以保护，甚至有灭绝的危险。

# 第九节　中国的鱼文化

原始社会畔水而居的氏族，渔猎是其生存的根本，而绝大部分食物也来源于鱼。三国时期，魏国《周易注疏》有着生动的记载："無魚起凶，無魚則是無民之義也，起凶者起動也"；宋代《鸡肋篇》也有记叙："有水無魚，有人無義，裡俗頗以為難，言及無魚則怒而欲事"。考古出土的殷商时期甲骨文中已有"鱼"字的出现，更有"贞其鱼，在圃鱼"的记载，说明在殷商时代已经有了池塘养鱼的存在。

公元前473年，范蠡助越灭吴之后，曾为越国国相，后辞官定居于陶（今山东定陶县），自号"陶朱公"。因其提倡养鱼致富，颇见成效，民间流传其"养鱼法"，后人托其名写成《范蠡养鱼经》。以不甚长的篇幅，丰富的内容，总结了我国古代池塘养鱼的经验，反映出当时人们对鱼类生态、生理及习性等方面的认识，是我国古代养鱼科学的宝贵遗产。汉朝以后，养鱼逐步扩大为大水面养殖；唐代之后转为多鱼种混养；明清时期，黄省曾的《鱼经》、徐光启的《农政全书》进一步记叙了养鱼理论及技术的发展，范蠡之后有关养鱼的诸多著述，均以《范蠡养鱼经》为其基础。

随着生产力的发展，人们的食材日益丰厚，选择性增加，一些味美肉鲜的鱼类成为食材的上选。如隋炀帝称松江鲈（*Trachidermas fasciatus*）"金斋玉脍，东南佳味"；范蠡有诗云："江上往来人，但爱鲈鱼美"；等等。自古以来，因地域不同、民族各异，盛传的名鱼佳品众多，如海产鱼中的佳品鲥鱼（*Hilsa reevesii* 与 *H. sinesis*）、鳓鱼（*Ilisha elongta*）、鳜鱼、黄花鱼、银鲳（*Parapus argenteus*）、中华鲳（*P. chinensis*）、鳗鲡（*Anguilla*）等。

西周玉鸱鹠
（《中国古玩收藏与鉴赏全书》）

新石器时代彩陶盆绘鹳鱼石斧图
（明·王圻、王义辑《三才图会》卷
一《鸟类·鹳》）

鸠秋
（宋·吕大临《考古图》卷
三苘询之所收）

旧端石浮鹅砚正面图　　旧端石浮鹅砚背面图
（清·于敏中等《西清砚谱》卷十七）

汉鸠车　　　六朝鸠车
（宋·王黼《重修宣和博古图》卷二十七）

汉鸠尊一　　汉鸠尊二　　汉鸠首匜壶　　汉鸠车尊　　唐鸠车　　汉鸠首杖头

（清·梁诗正等《西清古鉴》卷二）

汉凫壶　　　周凫尊　　　汉凫首壶　　　汉凫首镳斗

（宋·王黼撰《重修宣和博古图》）

图7-2　以动物为原型或装饰的物品

鲤鱼（*Cyprinus carpio*）虽非极品，却是我国分布最广、产量最大、养殖历史最悠久、亚种及品种甚多、最为人们所熟知的鱼。鲤科鱼类为鱼类中最大的一科，有 200 多个属，2000 多个种。我国鲤科鱼类居世界之首，有 10 个亚科、400 余种，其中多种鱼类为渔业的重要产品，如青鱼、草鱼、鲢鱼、鳙鱼、鲤鱼、鲫鱼、鳊鱼、鲂鱼等。淡水鱼类中尚有名鱼，如鲟（*Acipenser*）、鳇（*Huso*）（闻名于世的珍品"鱼子酱"即此鱼之卵）、黄鳝（*Monopterus*）、大马哈鱼（*Oncorhynchus*）、哲罗鱼（*Hucho*）、银鱼（*Salanx*）等，均为餐桌上之佳品。

随着生产力的发展，渔产日益丰盛，贮藏与加工提上了日程。古时尚无冷库和冰箱，最原始的加工就是晒干、熏干、盐腌等，逐步演变到腊、卤、糟等更加细致、美味的贮藏手段。而在烹饪方面，各时期、各地域方式众多。

由于"鱼"与"余"之谐音，为求吉利，常用作"富贵有余""年年有余"等吉祥用语。年画、贺词中常以"鱼"代"余"，在年夜饭、盛宴、亲朋聚餐中，鱼是不可或缺的一道主菜。

古传佳话有"鱼雁传书"，实为用绵帛写信置于鱼腹，异地传递信息。汉代蔡邕《饮马长城窟行》诗云："客从远方来，遗我双鲤鱼。呼儿烹鲤鱼，中有尺素书。"据台湾政治大学文学院院长周惠民考证，有一种似鲤鱼形状的装书匣（俗称鲤鱼匣），匣中之信叫"烹鲤鱼"。

中国汉字有形、声、义等诸多功能表达。"鲜"字就以鱼与羊相伴组成，说明自古以来，鱼是众口一致的佳品。

除作为食材外，一些鱼也成了抒情怡志的宠物。金鱼（金鲫鱼、盆鱼、朱砂鱼、三尾鱼、赤鳞鱼等）可谓观赏鱼中之"国鱼"。由野生的金鲫（*Carassius aurates*）培育而成。梁·任昉撰《述异记》记有："晋桓公遊庐山，见湖中有赤鳞鱼，即此也"。经上千年的培育，现已有草种、龙种、文种、蛋种四大类，300 多个品种。世界上已有多个国家培育，成为观赏鱼家族的重要一员。

金鱼因色彩艳丽，形态美异，种类繁多，深受人们的喜爱，又有象征吉祥、富贵、和平等寓意，为馈赠亲朋友人之佳品。1954 年，为祝贺印度总理尼赫鲁 65 岁寿辰，周恩来总理特选 200 多条名贵金鱼赠予，至今仍被两国人民传为佳话。

钓鱼是一项集娱乐与运动、休闲为一身的项目，能修身养性、培育耐心，达到"天人合一"、悠然自得的心态。《史记·齐太公世家》记有："吕盖常穷困，年老矣，以鱼钓奸（地名）"。此外，屈原、范蠡、李白、柳宗元等均为著名的钓客。钓鱼是古代文人舞文弄墨之外的另一爱好，并留有不少诗词佳作。例如：唐·柳宗元《江雪》："千山鳥飛絕，萬徑人蹤滅。孤舟蓑笠翁，獨釣寒江雪。"唐·张致和之词《渔歌子》："西塞山前白鷺飛，桃花流水鱖魚肥。青箬笠，綠蓑衣，斜風細雨不須歸。"

而今，钓鱼是观赏休闲渔业的重要组成部分，并可为国民经济取得可观的效益。以美国为例，据资料显示，该国约有 3520 万成年人为钓客，消费达 378 亿美元。我国的钓客也日益增长，并举办过多次全国性的钓鱼大赛。

鱼类保护。古籍中，我国在鱼类保护方面记载很多，周文王提出的"不骛泽"；管子提出的"江海虽广，池泽虽博，鱼鳖虽多，网罟必有时"；孔子的"竭泽而渔，则蛟龙不合阴阳"；孟子的"鱼鳖不满尺不得食"等都反映了祖先在两千多年以前就有了保护鱼类的思想。近代，特别是近二三十年，我国《环境保护法》《渔业法》的制定及相关措施，使我国渔业飞速发展，自 1990 年起已成为世界第一渔业大国，国内渔业总产值占全国农业总产值的 10% 以上。

综上所述，我国鱼文化源远流长，在动物学科中有极其重要的地位。

# 第十节　中国的鸟文化

在自然历史的演变中，适者生存是不变的法则，经过漫长的生物演化，在生存竞争中，众多动物，尤其是中、大型动物，为避免危险或被猎取，多在夜间活动。而绝大部分鸟类因翱翔于空中，减少了被捕食的危险，多在白天活动。这就使鸟类与人类较其他动物有更多的接触，因此在人类的古代生活中，无论是作为猎物、食材、服饰、物候标识、传信工具，还是作为宠物等，鸟类在人类文明史中具有重要作用。

**（一）古籍中的鸟类**

自远古以来，鸟类就是人类进化过程中重要的组成部分。从考古发现到甲骨文记载，均证实了这一事实，而后在各种古籍中鸟类的记叙极为丰富。

早在春秋时期，孔子的《诗经》开篇之作即为："关关雎鸠，在河之洲，窈窕淑女，君子好逑。……"（雎鸠，即鹗 *Pandion haliaetus*）。在 61 首诗中，提道鸟类 71 次。

《书经》首次记载了鸟鼠同穴的共生现象。

《说文解字》中涉及鸟类文字 188 个，鸟名 115 个，并提出雌雄二字：为鸟母、鸟父。对鸟羽也设定了一些专门名称，如羽——鸟之长毛也，翮——羽基也，翼——翼也……对鸣叫、飞翔、成幼等也有记叙。

《山海经》（五藏山经）共记有十八经，为西汉以前各地相传的记事，后经刘歆整理记撰，因此其中夸张、伪识、谬传甚多。在十八经中，以秦疆域为主的五经南山经、西山经、北山经、东山经及中山经较为可信。此五经总计记有鸟类 89 种（类），可识别其大类，但鹰、隼、鸮、雉、鹳等难以定种，却仍不失为我国动物地理分布记叙之开篇。

《尔雅》中将动物分为虫、鱼、鸟、兽四大类，首次提出"二足而羽謂之禽，四足而毛謂之獸"。虽简约但精辟的鸟兽论，至今仍不失为科学之论。书中有记叙动物的五篇：《释虫》《释鱼》《释鸟》《释兽》《释畜》。在《释鸟》篇中，除蝙蝠、鼯鼠等兽类外，共记叙鸟类约 70 种（类）。由于叙述的十分简略，故能直接确定至种的仅为少数。除种类鉴别外，还提出早成雏、晚成雏的现象，"生哺鷇，生哺雏"，以及不同鸟类飞翔的姿态，鸟鼠同穴等鸟类生态学方面的记叙。

之后各个年代，在《尔雅》的基础上出现了多个增补、注释、雅学之作。流传于后最为完整、被引用最多的当数晋代郭璞注疏的《尔雅音图》。其后，宋代陆佃著有《埤雅》《尔雅新义》、罗愿的《尔雅翼》、郑樵的《尔雅注》，明代方以智的《通雅》，清代刘玉麐的《尔雅校议》等多部著作，虽诸卷各有增删，但大部分为郭璞注之重复。比较而言，诸书中以清代郝懿行撰《尔雅义疏》较为完备。

雅学历经各朝千余年的积累，逐渐发展成为丛书，如宋代李昉等辑的《太平御览》（公元977 年）共 1000 卷，自第 899 篇至末篇均记叙动植物，可作为考察古籍之借鉴。

在中国古籍中，《禽经》可谓唯一鸟类学之专著，最早见于宋代陆佃《埤雅》的征引，依托春秋时期师旷所著，晋代张华注。《禽经》共记叙鸟类 50 余种（类），有些种类有较为详细的形态、羽色记叙。

《本草纲目》为明代李时珍撰。他考察了长江流域和黄河流域广大地区的山野、森林，收集了众多标本资料，同时查阅了有关书籍 800 余种，用 27 年写成了这部巨著，但此书在其逝世后三年（1596 年）方才问世。此书为中医药典，但其未采用《神农本草经》将药物分为上中下三品的分类法，而是采用了动植物的分类法。其中，将动物分为虫部、鳞部、介部、禽部、兽部、人部六个部，与近代的分类几近吻合。在禽部中，以生态类群将鸟类分为水禽 23 种、林禽 17 种和山禽 13 种（此处尚未将能飞的兽类排除），除少数难以确认的记叙，大部分可以与当代的分类种或类群相对应。可谓当时世界鸟类分类学之先驱，流传甚广，17 世纪传入日本及朝鲜、琉球、越南等地，欧洲于 18 世纪已有法、德、俄、英及拉丁文字的译本。

由于医药是人们不可或缺的生活所需，故本草类书籍各朝均有较多著录，自各丛书整理出医家本草典籍共有 275 种之多，其中不乏鸟类学的记叙。

随着生产力的发展，鸟类的驯化、畜养日益繁盛，与鸟类有关的史籍不胜枚举。例如《隋书·经籍志》中，淮南八公的《相鹄经》、浮丘公的《相鹤经》《相鸭经》《相鸡经》《相鹅经》；《新唐书·艺文志》；王立豹的《鹰鹘候诀》；陈钧的《画眉笔谈》；陈西麟的《鹌鹑谱》；赵尔巽的《清史稿》；郝懿行《燕子春秋》等。区域性著作有唐·段公路的《北户录》；刘恂的《岭表录异》；宋代宋祁的《益部方物略记》；宋代范成大的《桂海虞衡志》；清代张万钟的《鸽经》；清代金文锦的《鹌鹑论》《画眉谱》；无名氏的《鸡谱》等。此外，还有《虫荟》《蠕范》《钦定盛京通志》《台湾县志》《毛诗草木鸟兽虫鱼疏》《黑龙江外记》等诸多地方志书，在很大程度上反映了当时的动物地理状况与鸟类分布。

古籍中除文字记叙鸟类外，尚有不少绘画、图志等也给鸟类确定种类提供了重要信息，例如《尔雅音图》《三才图会》《本草纲目》《吴友如画宝·中外百兽图》等，但这些画集以写意为主，与实物有一定差距，故可确定类别、定种较难。唯有《故宫鸟谱》和《清宫鸟谱》中的 361 幅彩色图以写实为主，除个别差误之外均翔实如真，加以满汉文字图解甚详。经有关专家详鉴，除凤凰等神话虚构及家禽（鸡、鸭、鹅、鸽等诸品种）外，以及个别种的雌雄、成幼、冬羽、夏羽的重复，实有 285 种可以确认，实为鸟类学之巨作。更有可贵之处，如于敏中云："兹谱所录，凡云飞、水宿之属各以类聚"，实与现代分类阶元有较多的吻合。

**（二）古时鸟类的驯化**

鸟类的家化与驯养大致可以分为三类：一类以食用（肉卵）、防寒、装饰为主，另一类为狩猎与捕鱼的辅助工具，第三类为观赏或作为宠物。

我国考古研究中发现，鸡、鸭、鹅的家化均可推至新石器时代。如河北武安古龙的鸭鹅（公元前 5405—公元前 5285 年）、西安半坡遗址（公元前 4209 年）等多处遗址中可见鸭与鹅，还有福建武平出土的陶鸭、河南安阳殷墟出土的玉鸭、山东济阳出土的玉鹅等。在古籍《周礼》《管子》《吴地记》《尔雅》以及大量的农书中，对鸟类的畜养也多有记叙。

在鸟类的家化过程中，各地品种的分化十分普及和广泛。例如我国的家鸡品种可达 40～50 个，家鸭的品种也有 20 余种，家鹅的品种较少，主要为灰、白两大类。作为食材，家化种类还有鸽（*Colurrba*）、雉（*Phasianus*）、鹧鸪（*Francdinus*）、山鹑（*Pardix*）、石鸡（*Alectoris*）等。

冷兵器时代，世界不少地域均有驯养鹰隼类作为狩猎助手的习俗。我国古籍中最早见于

《诗经·大雅·大明》,《左传》曾云:"见无礼于其君者,诛之,如鹰鹯之逐鸟雀也。"其后,汉代的《西京杂记》《后汉书》《魏书》《北齐书》,晋代的《鹰赋》,唐代的《酉阳杂俎》,宋代的《梦溪笔谈》《尔雅翼》等书均有大量记载驯养鹰隼的记叙。驯养的雕(Aquila)、鹰(Accipiter)、隼(Falcon)中最有名的有金雕(Aquila chrysaetos)、苍鹰(Accipiter getilis)、雀鹰(A. nisus)、游隼(Falco peregrinas)、猎隼(F. cherruy)等。至今尚有不少地域及少数民族保有这种习俗。由于满人喜驯鹰狩猎,康熙对西方人如何养鹰兴趣浓厚,遂敕意大利传教士利类思(Ludovicus Buglio, 1606—1682年)撰写《进呈鹰论》,书中介绍了一些不同种类的鹰的外形、性情、饲养和训练方法等,全书共55节。此书后被收入《古今图书集成》博物汇编《禽虫典》第12卷《鹰部》。

鸬鹚科(Phalcroracidae)广泛分布于亚洲、欧洲、非洲和澳洲。我国出土的新石器时代文物中有很多鸬鹚形象的器物。《春秋左传注疏》已有鸬鹚的记叙,东汉墓石棺刻有人驱鸬鹚捕鱼图等,可推测人工驯养鸬鹚捕鱼已遍及各地。我国驯养的鸬鹚为普通鸬鹚(Phalocrocorax carbo)。

另一类驯养为供观赏、把玩以及用其绚丽的羽毛作为装饰品的鸟类。最出名的有鹤(Grus)、天鹅(Cygnus)、长尾雉(Syrmaticus)、红腹锦鸡(Chrysolophus pigrus)、孔雀(Paro)及鹦鹉(Psitacula)等。还有一些作为笼养的小型鸟类,如画眉(Garrulax carorus)、百灵(Melarocorypha mongolica)、八哥(Acridotheres cristatellus)、鹩哥(Gracula carorus)、黄雀(Carduelis spinus)、红点颏(Luscinia calliope)、蓝点颏(L. svecica)、朱顶雀(Carduelis)、蜡嘴雀(Coccothraustes)以及各种山雀(Parus)等。

鸽(Columba)既可作为观赏鸟类,又是食材,更为特殊的是利用其千里归巢的特性,驯养为通信工具,在古代军事上起到了重要作用。

### (三)一年四季与物候

在工业革命之前,人类处于农耕为主的社会,自然环境与一年四季的变化对农业生产具有重要的影响。我国古人以多年认识积累为基础,以日月变迁为依据,创立了二十四节气又七十二候的一门学问,对数千年来的农业生产具有极为重要的指导意义。普通百姓并不具备全面的天文知识,对二十四节气的理解大多通过与气候变化有关的物候来认识。

中国古代疆域以中原为主,延及四周主要为黄河中下游地区,二十四节气气候物候均以区域为主,但节气的整体框架属于天文历法系统,并不局限于地域,因此能得到广泛应用,只是不同地域物候有所不同而已。

自然界中最易感知的物候当推动植物的季节性变化,春华秋实,夏盛冬衰,给百姓指明了季节性变化。经数千年的认知积累,古籍中多有记叙。牟重行在《人与自然的一门学问——二十四节气》一书中据《逸周书·时训部》及元·吴澄撰《月令七十二候集解》等古籍给出了新订"新七十二候集解"。因鸟类多有迁徙习性,又有随季节变化在不同时期繁殖的特性,易与气候变化相对应,因此在二十四节气与七十二候中多有鸟类的出现及习性的变化作为物候的指标。

### (四)鸟语与古人生活

由于鸟类在人们生活、生产中是不可或缺的一个重要因素,因此在不同历史时期、不同地域、不同习俗的文学艺术方面有着丰富的历史记叙。这些在前文有关鸟类的记叙已多有列举,此处不再重复。需补充的一点是,鸟羽因绚丽多彩,久不褪色,受到人们的喜爱,在古代被不少民族奉为图腾。从古至今，多有在服饰上以鸟羽作为饰材，更有甚者以鸟皮为裘，去其长羽，留绒毛作裘，如各种兀鹫、雕等。还有以孔雀翎为材，织成衣物，以显华贵。在我国名著《红楼梦》第五十二回"俏平儿情掩虾须镯，勇晴雯病补雀金裘"中就有详细记载。另有雉类之尾羽，鹰雕类的飞羽、尾羽，天鹅、雁鸭类的飞羽、尾羽，以及雁鸭类之镜羽，翠鸟类之羽等作为工艺品、羽扇等原料沿袭至今。

我国藏族有天葬的习俗。白马藏族还用鸟翎标识妇女的婚姻状况——头上插二翎为未婚，插三翎则为已婚。人们还把精英比作"人中龙凤""鹤立鸡群"，明清时还有以鸟为官阶的标识。可见鸟在人们心目中的位置。

# 第十一节　中国的兽文化

兽文化，是指兽类动物在人类生活中的作用及其形成的诸文化现象。兽类动物种类很多，其体形大小不同，生态行为各异，小者如小鼠，大者如大象，文雅者白兔，凶残者有灰狼，它们在人类生活中所起的作用及产生的文化现象各不相同。当现有的动物不能满足人们生活的需要，古人便依照自己的认识和需要创造一些神化或半神化的动物，这些动物的体色、特征比现实的动物更完美漂亮，具有超自然的神力；或对现有的一些动物，如狮、虎、象等赋以神力，使它们成为半神化动物，形态变化较少，但具神力；能上天且长生不死，成为菩萨们的坐骑，因菩萨永生，它们也自然永生；或使一些动物妖化，如狐狸、黄鼬等。这些都是古代社会有名的文化动物。

古人提出的一些比较著名的文化动物组有：

（1）福禄寿星：福（蝙蝠）、禄（花鹿）、寿（仙鹤）；

（2）四方神兽：东青龙、西白虎、南朱雀、北玄武；

（3）五大瑞兽：龙、凤、麒麟、龟、貔貅（或谓四灵，不含貔貅）；

（4）十二生肖：子鼠、丑牛、寅虎、卯兔、辰龙、巳蛇、午马、未羊、申猴、酉鸡、戌狗、亥猪；

（5）二十八宿：东——角木蛟、亢金龙、氐土貉、房日兔、心月狐、尾火虎、箕水豹；南——井木犴、鬼金羊、柳土獐、星日马、张月鹿、翼火蛇、轸水蚓；西——奎木狼、娄金狗、胃土雉、昴日鸡、毕月乌、觜火猴、参水猿；北——斗木獬、牛金牛、女土蝠、虚日鼠、危月燕、室火猪、壁水貐。

从上述所提可见，古人提出的著名文化动物多数为兽类。明代程登吉的《幼学琼林·鸟兽》记载："麟乃毛虫之长，虎为兽中之王。"麒麟，原名麠或麐，后说麒为牡，麟为牝。古人认为麒麟是兽类动物之首，仁兽也。"有毛之虫三百六十，而麒麟为之长。"（《大戴礼记·易本命》）。世称五大瑞兽之一。吴国陆玑的《毛诗草木鸟兽虫鱼疏》对其记载较细，其形态特征是："麇身，牛尾，马足，黄色，圆蹄，一角，角端有肉。"其生态行为是："音中钟吕；行中规矩，游必择地，详而后处；不履生虫，不践生草；不群居，不侣行，不入陷阱，不罹罗网。王者至仁则出。"这些记述被后人多次引用，并多次美化，由于谁也没有亲眼见过真正的麒麟，多数补充添加的特征并未被后人认同，如《尔雅翼》说"有翼能飞"，清代颐和园大殿前的铜麒麟（今还在）和 1761 年完成的《清宫兽谱》中麒麟彩图都没有翼。史籍上曾多次记载"获麟""见麟"，包括孔子、汉武帝等，连陆玑也说："并州界有麟，大小如鹿，非瑞麟也。"自秦至明，外国多次送来"麒麟"讨皇帝喜欢，实皆长颈鹿也。

麟，最早出于《诗经》（甲骨文也有麟字）。《诗经·周南·麟之趾》诗曰：

> 麟之趾。振振公子，于嗟麟兮！
> 麟之定。振振公姓，於嗟麟兮！
> 麟之角。振振公族，於嗟麟兮！

注曰：三公是指周文王氏族。宋代严粲《诗辑》曰："有足者宜踶（踢），唯麟之足可以踶而不踶，是其仁也；有额者宜抵，唯麟之额可以抵而不抵；有角者宜触，唯麟之角可以触而不触。"显然，这是借麟以谀美周德，自然麟也成为仁兽了。或曰灵兽，或曰瑞应兽，古籍中多有记述。《资治通鉴外纪》记载："黄帝时麒麟游于苑囿。"《路史》记载："帝尧在位七年，麒麟游於薮泽。"《新序》记载："舜为天子，……麟凤在郊。"《吴越春秋》记载："禹时，麒麟步於庭。"等等。可见，历代帝王都希望"见麟""获麟"，以扬其德。麒麟的文化内涵，除上述者外，还有：善良仁爱，如"不履生虫，不折生草"；避灾患，如"不犯陷阱，不罹罗网"；太平安宁，"王者至仁则见，盖太平之符也"。

麒麟作为一种虚拟的动物，是古人对我国动物的一项伟大创造。虽然在自然界中并不存在，但数千年来在我国传统文化中一直盛传不衰，且被推为毛物之长，这与它作为民族文化的一个特种载体不无关系。

虎（*Panthera tigris*）是大型猛兽，为亚洲特有物种。起源于我国黄河中游流域，但随着进化扩散，其分布区东至东海，南至爪哇岛等，西至里海沿岸，北至西伯利亚南部和黑龙江流域。历史上，虎在我国分布很普遍，各省都有，数量也多，因此在人们的社会生活中形成了比较丰富的虎文化。我国古代的虎文化包括：濮阳古墓的"天下第一虎"；虎图腾崇拜；瑞兽也，白虎吉祥；神兽也，镇邪祛灾；宗教中的虎文化；文学中的虎文化；艺术中的虎文化；健身事业的虎文化；虎文化的传播等。

我国虎文化历史悠久。1975 年，在河南濮阳西水坡仰韶文化遗址一座古墓（M45）中，发现一具男性老年人骨架，身高 1.8m，仰身直肢葬，位于墓室正中，头南足北，骨架左右两侧用蚌壳摆塑龙虎图案。骨架右侧为龙图案，头朝北，背朝西，昂头，曲颈，弓身，长尾，前爪爬，后爪蹬，似腾飞状，体长 1.78m，高 0.67m；骨架左侧为虎图案，头朝北，背朝东，体长 1.39m，高 0.63m，头微低，圜目圆睁，张口露齿，虎尾下垂，四肢交替，如行走状，形似下山之猛虎。这是我国发现最早的龙虎图像，被称为"中华第一龙虎""天下第一虎"。据考证，墓主即伏羲氏。濮阳古墓的事实证明：①早在 6500 年前虎文化就已存在；②龙虎崇拜的文化并存，在我国经历了一个很长的历史时期，直到黄帝战胜蚩尤以后仍然维持；③虎文化应先于龙文化，因为渔猎文化先于农耕文化，只是后来龙被帝王专宠，进入皇宫，虎文化才走入民间。"大概从东汉时期，虎神从神坛上下来后，便成为广泛的民俗文化。"（曹振峰，1998）

一般认为，我国虎文化的原始是崇虎的古羌人、古戎狄原始部族，甘肃陇东和陕西西部是他们长期聚居地区（这里也是我国虎的起源地），随着历史的发展，它们陆续东迁。历史上几次较大的战乱移民对我国虎文化的流传影响很大，如西汉末年王莽之乱、西晋永嘉之乱、唐代安史之乱、北宋汴京陷落等，在这些大的动乱中，民众大量东迁和南迁，遍布江、浙、闽、赣、粤、桂、云等地，特别是元末之乱和明代靖难之役，造成中原赤地千里，民不聊生，纷纷南逃，但这也促使虎文化在全国流传。

虎是我国著名的文化动物之一，历代典籍不乏记载，还有一些专著刊出，如明代王穉登的《虎苑》（二卷）、明代陈继儒的《虎荟》（六卷）、清代赵彪昭的《谈虎》（一卷）。

# 第十二节　中国的虫文化

随着社会的发展和进步，人们对自然的认识也逐步提高，人与昆虫的关系更加密切，除了可吃、可穿、可用外，许多昆虫还可供人玩耍观赏。有关这方面的古籍甚多，本文仅就以下几个方面稍加介绍。

（1）蟋蟀。由于发音优雅、清澈而被人宠养听唱。电影《汉武大帝》中不少镜头介绍宫女捕捉蟋蟀供皇太后玩弄听音，所以玩蟋蟀听鸣声最早可能始于汉朝。五代时期王仁裕撰《开元天宝遗事》记载："宫中秋興，妃妾輩皆以小金籠貯蟋蟀，置於枕函畔，夜聽其聲。庶民之家皆效之也。"与之同时，也就有了斗蟋蟀。宋代顾文荐的《负曝述记》记载："父老傳聞，門蚤亦始于天寶間，長安富人鏤象牙為籠而畜之，以萬金之資，付之一啄，其來遠矣。"到了宋元时期，斗蟋蟀的风气大为兴盛。斗蟋蟀是一种娱乐，但古时常作为一种赌注。周尧（1988年）介绍《宋史》记载了南宋度宗时（1265年），金兵围襄樊急，宰相贾似道"日肆淫樂，與群妾據地門蟋蟀，所押客戲之曰'此軍國重事耶？'自是累月不朝。"作为朝中重臣，国家被围困之际，仍在淫乐据地斗蟋蟀，虽是咄咄怪事，但从另一个侧面表明斗蟋蟀至迷，可误国误民。

历史上有关蟋蟀采获、饲养有很多著作，如宋代贾似道的《促织经》、明代刘侗的《促织志》、清代方旭的《促织谱》等对蟋蟀种类选择、食饵配置、伤病治疗、逗玩方法以及蟋蟀的生活习性和活动规律等都有详细的观察与研究。周尧（1988年）考证，主要种类有善斗的蟋蟀 *Scapsipedus aspersus*，还有油葫芦 *Gryllus teslaceus*、梆头 *Bruchytrupes portentosus*、金钟儿 *Homoeogryllus japonica* 以及以上蟋蟀科的种、亚种，也包括蠡斯科的聒聒儿 *Mecopoda elongata* 等。

（2）萤。萤的名称很多，有夜光、宵烛、秋萤、景天、夜焰等，一般多称萤火虫，由于萤能发光，常引起人们的兴趣。罗愿《尔雅翼》称："螢，夜飛之蟲，腹下有火……。季夏之月，腐草為螢。又謂之丹鳥。"他在此文中又举了三个事例：

> 後漢張讓、段珪劫少帝及陳留王，走小平津。帝與王夜步，逐螢火光行數裡。
> 隋煬帝幸景華宮，求螢火，得數斛，夜出遊山而放之，光遍岩穀。
> 晉車武子好學，家貧不常得油，夏習則練囊盛數十螢火，以夜繼日焉。

这些例子说明古时借萤火夜行取乐，通常人们随漂浮萤火互相追逐，而对于穷苦学子则借萤火勤奋夜读。

这些萤火虫均属于鞘翅目萤科昆虫，主要种类有中华黄萤 *Luciala chinesis* 和黄萤 *L. terminata*。

（3）蝉。由于鸣声洪亮，夏日常受人喜爱，或以蛛网粘捕为乐。周尧（1988 年）："在晋、汉时代饲养作娱乐用。陶谷《清异录》（公元 964—公元 968 年）记唐代（公元 614—公元 907 年）长安有赛蝉的风俗，聚蝉较鸣，以久暂为高低，称为仙虫社。"

4. 以艳丽的昆虫为首饰或装饰物，如金龟子、吉丁虫或龟甲等。明代张自烈《正字通》记载："山有金花蟲，文采如金，形似龜。……金蟲體如蜂，綠色，光若泥金，皆謂其綠甲有泥金，今為簪釵飾。"唐·段公路《北户录》卷二记载："金龜子，甲蟲也。五六月生於草蔓上，大如榆荚，細視之，真帖金龜子，行則成雙，類壁龜耳。……金光蟲大如斑苗，形色文采全是龜。餘偶得之，養玩彌日。"主要种类有星斑梳龟甲 *Aspidomorpha miliaris*、金梳龟甲 *A. sanctaecrucis*、丽金龟 *Anomala* sp.。

（5）天然的观赏昆虫，主要类群有蜻蜓和蝴蝶等。游山玩水时常伴随身旁，常引起游人的兴致。"穿花蛱蝶深深见，点水蜻蜓款款飞""满耳蝉声，静无人语""闻蟋蟀之流声""见螳螂之抱影"等，都是古人在自然中游逛时所得到的精神意境。观赏昆虫甚多，但主要有蜻蜓目的春蜓科 Gonphidae、蜻科 libellulidae 等，蝶类主要是凤蝶科 Papilionidae 及其他种类。

（6）收藏。许多昆虫作为玩物或绘画摹本而被收集珍藏。宋代著名的《晴春蝶戏图》，以及诸多有关昆虫名画，若无广泛收藏昆虫标本、潜志观察研究不同类昆虫的形态特征，怎能有如此生动而确实的画面。《晴春蝶戏图》画面上有 15 只蝴蝶和 1 只蜂，后人可以根据精确的画面，无误地鉴定出当今分类学上物种的名称。钱选绘《草虫图》画内有栩栩如生的蜻蜓、甲虫、蜂、蝗类等，目前珍藏于美国底特律美术馆。这些名画无疑建筑在广泛收藏昆虫标本的基础上完成的。

# 参考资料

［1］吴·陆玑. 毛诗草木鸟兽虫鱼疏. 丛书集成初编［M］. 北京：中华书局，1985.

［2］郭郛. 尔雅注证［M］. 北京：商务印书馆，2013.

［3］周·管仲撰. 唐·房玄龄注. 管子. 四库全书. 729 册［M］. 台北：台湾商务印书馆，1986.

［4］周·师旷撰. 晋·张华注. 禽经. 四库全书. 847 册［M］. 台北：台湾商务印书馆，1986.

［5］周·左丘明撰. 晋·杜预注. 唐·孔颖达疏. 春秋左传注疏. 四库全书. 143 册［M］. 台北：台湾商务印书馆，1986.

［6］春秋·范蠡撰. 养鱼经. 见：清·马国翰辑. 玉函山房辑佚书［M］. 上海：上海古籍出版社，1990.

［7］汉·戴德撰. 北周·卢辩注. 大戴礼记. 第47篇. 夏小正. 四库全书.128 册［M］. 台北：台湾商务印书馆，1986.

［8］汉·高诱注. 宋·姚宏续注. 战国策. 四库全书. 406 册［M］. 台北：台湾商务印书馆，1986.

［9］汉·刘向撰. 新序. 四库全书. 696 册［M］. 台北：台湾商务印书馆，1986.

［10］汉·刘歆撰. 晋·葛洪辑. 西京杂记. 续修四库全书. 1035 册［M］. 上海：上海古籍出版社，2002.

［11］汉·司马迁撰. 南朝宋·裴骃集解. 史记. 四库全书. 243 册［M］. 台北：台湾商务印书馆，1986.

［12］汉·王充撰. 论衡. 四库全书. 862 册［M］. 台北：台湾商务印书馆，1986.

［13］汉·王逸撰. 楚辞章句. 四库全书. 1062 册［M］. 台北：台湾商务印书馆，1986.

［14］汉·许慎撰. 宋·徐铉增释. 说文解字. 四库全书. 223 册［M］. 台北：台湾商务印书馆，1986.

［15］汉·郑玄注. 周礼. 四部丛刊初编·经部［M］. 上海：商务印书馆，1926.

［16］汉·赵煜撰. 元·徐天佑注. 吴越春秋. 四库全书. 463 册［M］. 台北：台湾商务印书馆，1986.

［17］魏·王弼. 晋·韩康伯注. 唐·陆德明音义. 孔颖达疏. 周易注疏. 四库全书. 7 册［M］. 台北：台湾商务印书馆，1986.

［18］魏·吴普等述. 清·孙星衍，孙冯翼同辑. 神农本草经［M］. 上海：商务印书馆，1937.

［19］吴·陆玑撰. 毛诗草木鸟兽虫鱼疏. 四库全书. 70 册［M］. 台北：台湾商务印书馆，1986.

［20］吴·陆玑撰. 明·毛晋广要. 陆氏诗疏广要. 四库全书. 70 册［M］. 台北：台湾商务印书馆，1986.

［21］晋·郭璞著. 尔雅音图. 北京市中国书店（据光绪十年上海同文书局本影印），1985.

［22］晋·郭璞著. 张宗祥校录. 足本山海经图赞［M］. 上海：古典文学出版社，1958.

［23］晋·孔晁注. 逸周书. 四库全书. 370 册［M］. 台北：台湾商务印书馆，1986.

［24］南朝宋·刘义庆撰. 南朝梁·刘孝标注. 世说新语. 四库全书. 1035 册［M］. 台北：台湾商务印书馆，1986.

［25］梁·任昉撰. 述异记. 四库全书. 1047 册［M］. 台北：台湾商务印书馆，1986.

［26］五代·王仁裕撰. 开元天宝遗事. 四库全书. ［M］. 台北：台湾商务印书馆，1986.

［27］北齐·魏收撰. 魏书. 四库全书. 261—264 册［M］. 台北：台湾商务印书馆，1986.

［28］隋·李百药撰. 北齐书. 四库全书. 263 册［M］. 台北：台湾商务印书馆，1986.

［29］唐·段成式撰. 酉阳杂俎. 四库全书. 1047 册［M］. 台北：台湾商务印书馆，1986.

［30］唐·段公路撰. 龟图注. 北户录. 四库全书. 589 册［M］. 台北：台湾商务印书馆，1986.

［31］唐·韩愈撰. 宋·魏仲举编. 五百家注昌黎文集·祭鳄鱼文. 四库全书. 1074 册［M］. 台北：台湾商务印书馆，1986.

［32］唐·孔颖达奉敕所编. 五经正义·毛诗正义. 见：中华书局编辑部. 唐宋注疏十三经（全四册）［M］. 北京：中华书局，1998.

［33］唐·李贤注. 梁·刘昭注志. 后汉书. 四库全书. 253 册［M］. 台北：台湾商务印书馆，1986.

［34］唐·刘恂撰. 岭表录异. 四库全书. 589 册［M］. 台北：台湾商务印书馆，1986.

［35］唐·柳宗元撰. 宋·韩醇诂训. 柳河东集. 四库全书. 1076 册［M］. 台北：台湾商务印书馆，1986.

［36］唐·陆广微撰. 吴地记. 四库全书. 587 册［M］. 台北：台湾商务印书馆，1986.

［37］唐·魏征等奉敕撰. 隋书. 四库全书. 264 册［M］. 台北：台湾商务印书馆，1986.

［38］宋·范成大撰. 桂海虞衡志. 四库全书. 589 册［M］. 台北：台湾商务印书馆，1986.

［39］宋·黄省曾著. 鱼经. 丛书集成初编. 王云五主编. 上海：商务印书馆，1936.

［40］宋·贾似道编. 明·周履靖续增. 促织经. 见：王世襄纂辑. 蟋蟀谱集成［M］. 上海：上海文化出版社，1993.

［41］宋·李昉等撰. 太平御览. 四库全书. 893 册［M］. 台北：台湾商务印书馆，1986.

［42］宋·刘恕撰. 资治通鉴外纪. 四库全书. 312 册［M］. 台北：台湾商务印书馆，1986.

［43］宋·陆佃撰. 埤雅. 四库全书. 222 册［M］. 台北：台湾商务印书馆，1986.

［44］宋·陆佃撰. 尔雅新义. 续修四库全书. 185 册［M］. 上海：上海古籍出版社，2002.

［45］宋·罗泌撰. 路史. 四库全书. 383 册［M］. 台北：台湾商务印书馆，1986.

［46］宋·罗愿撰. 元·洪焱祖音释. 尔雅翼. 四库全书. 222 册［M］. 台北：台湾商务印书馆，1986.

［47］宋·沈括撰. 梦溪笔谈. 四库全书. 862 册［M］. 台北：台湾商务印书馆，1986.

［48］宋·宋祁撰. 益部方物略记. 四库全书. 589 册［M］. 台北：台湾商务印书馆，1986.

［49］宋·陶谷撰. 清异录. 四库全书. 1047 册［M］. 台北：台湾商务印书馆，1986.

［50］宋·郑樵撰. 尔雅注. 四库全书. 221 册［M］. 台北：台湾商务印书馆，1986.

［51］宋·庄绰撰. 鸡肋篇. 四库全书. 1039 册［M］. 台北：台湾商务印书馆，1986.

［52］元·忽思慧撰. 饮膳正要［M］. 北京：中国中医药出版社，2009.

［53］元·吴澄撰. 月令七十二候集解［M］. 济南：齐鲁书社，1997.

［54］元末明初·施耐庵撰. 水浒传［M］. 长春：吉林人民出版社，2006.

［55］明·陈继儒撰. 虎荟. 丛书集成初编（据宝颜堂秘笈本排印）. 上海：商务印书馆，1936.

［56］明·方以智撰. 通雅. 四库全书. 857 册［M］. 台北：台湾商务印书馆，1986.

［57］明·李时珍撰. 本草纲目. 四库全书. 772—774 册［M］. 台北：台湾商务印书馆，1986.

［58］明·刘侗撰. 促织志. 见：王世襄纂辑. 蟋蟀谱集成［M］. 上海：上海文化出版社，1993.

［59］明·王穉登撰. 虎苑. 广州大典第十一辑. 翠琅玕馆丛书第一册［M］. 广州：广州出版社，2015.

［60］明·王圻，王思义辑. 三才图会. 续修四库全书. 1235 册［M］. 上海：上海古籍出版社，2002.

［61］明·徐光启撰. 农政全书. 四库全书. 731 册［M］. 台北：台湾商务印书馆，1986.

［62］明·张溥辑. 汉魏六朝百三家集题辞注. 卷一百四［M］. 北京：中华书局，2007.

［63］明·张自烈撰. 清·廖文英续. 正字通. 续修四库全书. 234—235 册［M］. 上海：上海古籍出版社，2002.

［64］清·曹雪芹撰. 红楼梦［M］. 北京：作家出版社，1953.

［65］清·陈启源撰. 毛诗稽古编. 四库全书. 85 册［M］. 台北：台湾商务印书馆，1986.

［66］清·方旭撰. 虫荟. 续修四库全书. 1120 册［M］. 上海：上海古籍出版社，2002.

［67］清·方旭撰. 促织谱. 见：王世襄纂辑. 蟋蟀谱集成［M］. 上海：上海文化出版社，1993.

［68］清·（日）冈元凤纂辑. 毛诗品物图考［M］. 北京：中国书店，1985.

［69］清·郝懿行撰. 尔雅义疏［M］. 上海：上海古籍出版社，1983.

［70］清·金文锦撰. 四生谱四种——鹌鹑论. 清康熙五十四年（1715 年）经纶堂刊本.

［71］清·金文锦撰. 四生谱四种——画眉解. 清康熙五十五年（1716 年）序刊本.

［72］清·（意）利类思撰. 进呈鹰论. 古今图书集成 – 博物汇编 – 禽虫典［M］. 中华书局，巴蜀书社，1984.

［73］清·李元撰. 蠕范. 丛书集成初编. 王云五主编［M］. 上海：商务印书馆，1937.

［74］清·刘玉麐撰. 尔雅校议. 续修四库全书. 185 册［M］. 上海：上海古籍出版社，2002.

［75］清·王武. 中国花鸟名画鉴赏［M］. 北京：九州出版社，2006.

［76］清·吴友如绘. 吴友如画宝·中外百兽图. 上海壁画珍藏，1912–1948.

［77］清·徐鼎撰. 毛诗名物图说. 续修四库全书. 62 册［M］. 上海：上海古籍出版社，2002.

［78］清·张万钟撰. 鸽经. 续修四库全书. 1119 册［M］. 上海：上海古籍出版社，2002.

［79］清·张玉书 陈廷敬等纂. 康熙字典. 四库全书. 229—231 册，台北：台湾商务印书馆，1986.

［80］清·赵彪诏辑. 谈虎. 见：清·张潮辑. 昭代丛书合刻［M］. 扬州：广陵书社，2016.

［81］清·唐执玉，李卫等监修. 田易等纂. 畿辅通志. 四库全书. 504—506 册［M］. 台北：台湾商务印书馆，1986.

［82］清·阿桂，刘瑾之等撰. 钦定盛京通志. 四库全书. 501—503 册［M］. 台北：台湾商务印书馆，1986.

［83］清·鲁鼎梅修. 王必昌纂. 台湾府县志辑·乾隆重修台湾县志. 中国地方志集成.

［84］清·西清纂. 萧穆等重辑. 黑龙江外记. 续修四库全书. 731 册［M］. 上海：上海古籍出版社，2002.

［85］清·故宫鸟谱. 1—4 册，台北：故宫博物院，1997.

［86］清·清宫鸟谱. 5—12 册，北京：故宫出版社，2014.

［87］清·清宫兽谱. 北京：故宫出版社，2014.

［88］清·清宫海错图. 北京：故宫出版社，2014.

［89］夏纬英. 夏小正经文注释［M］. 北京：农业出版社，1981：80.

［90］杨向奎，等. 中国屯垦史（上册）［M］. 北京：农业出版社，1990：21–23.

［91］晁继周等编. 现代汉语词典（第五版）［M］. 北京：商务印书馆，1999.

［92］郑作新. 中国鸟类种和亚种分类记录大全［M］. 北京：科学出版社，2000.

［93］齐豫生，夏子全，唐麒. 中华藏典　中华成语典故（第一卷）［M］. 长春：吉林摄影出版社，2002.

［94］马国良整理. 鹤韵［M］. 哈尔滨：黑龙江出版社，2011.

［95］牟重行. 人与自然的一门学问——二十四节气［M］. 深圳：海天出版社，2014.

# 第二篇

# 中国近代动物学的发展

# 第八章　西方近代动物学的传入

所谓西方近代动物学是指 18 世纪初期（1735 年）瑞典植物学家卡尔·冯·林奈（Carl von Linné）所著《自然系统》（*Systema Naturae*）的出版（把自然界的植物、动物分成纲、目、属、种，首先实现了植物与动物分类范畴的统一，其后又使用了国际化的双名制）到 19 世纪中期（1859 年）达尔文《物种起源》的出版（提出进化论）。在这一历史时期，西方在生物学领域所取得的突飞猛进的发展称为近代生物学，其中也包括近代动物学。

## 第一节　传教士成为西方近代动物学传入的首批媒介

由西方传教士将西方自然科学知识传入中国，应追溯到 16 世纪中期，即明末清初时期。当时一些欧洲耶稣会传教士如意大利人罗明坚（Michel Ruggiert,1543—1607）和利玛窦（Mathieu Ricci,1552—1610）相继来华，他们带来了西方自然科学，例如：利马窦在中国 27 年，创办了 300 多个教会，并撰写了《几何原本》等中文译文多达 20 余种，他是第一个将西欧文化传入中国的西方神职人员。继他而来的传教士一批又一批，他们一边执着地传播圣玛丽亚和耶稣的福音，一边孜孜不倦地传授西方的自然科学，其实基督教或天主教与近代自然科学并无必然的联系，但他们发现在传教的同时，又传播自然科学，会收到事半功倍的效果，这样一来，西方传教士就把传播自然科学当作传教的一种手段来加以利用。现按时间顺序，将以传教士为媒介，传播西方动物学知识的情况简介如下（表 8-1，表 8-2）。

利玛窦于 1595 年撰写了《西国记法》，全书分六篇，在首篇《原本篇》中介绍了一些生理学的知识，主要论述了脑是记忆中枢的观点。指出"记含有所，在脑囊。盖颅后，枕骨下，为记含之室。"又指出记忆的机制"盖凡记识，必自目耳口鼻四体传入，当其人也，物必有物之象，事必有事之象，均似以印脑"等观点，这比当时中国传统的"心主记忆"的说法更有说服力。

继利玛窦之后，意大利籍传教士罗明坚用汉语写作了《无极天主正教真传实录》（简称《天主实录》），该书虽属宗教书籍，但其中有当时欧洲生物学的介绍，内容包括各种动植物特征、习性、繁殖等。

意大利传教士艾儒略（Jules Aleni，1582—1649），于 1623 年出版《职方外纪》五卷，此书是继利玛窦的《坤舆万国全图》之后详细介绍世界地理的文献，成为 19 世纪以前中国人学习欧洲地理的重要书籍。该书亦有西方各种生物的介绍。

清康熙十七年（1678 年），葡萄牙试图进入中国内地开展贸易活动，他们得到比利时传教士南怀仁（Ferdnand Verbiest，1623—1688）的指点和帮助，拟向清廷进贡非洲狮子以谋取商业利益。为此，传教士利类思特撰写《狮子说》一卷，于 1678 年刊于北京。《狮子说》被认为是第一篇从动物学知识的角度介绍产于非洲的"百兽之王"的汉文文献。由于《狮子说》参考了亚利士多德（Aristotle，公元前 384—公元前 322 年，古希腊哲学家）的名著《动物志》（Historiae animalium）和亚特洛望地（Aldrovandi，1522—1607）的巨著《生物学》，并大量引用这两本书的有关章节，有学者认为《狮子说》一书主要参考亚特洛望地的巨著《动物志》中的相关内容。故被认为是一部欧洲"狮文化"的简明百科全书。狮子是一种"外来物种"，但输入中国后却成为中华民俗中堪与龙凤并列的又一灵兽。《狮子说》分序言、狮子形体、狮子性情、狮不忘恩、狮体治病、借狮箴儆、解惑等，序言后有一幅狮子图。该书涉及狮子的自然属性，如形体描述基本上是按照实体，据实直书；"狮子性情"一节既有实际观察的记载与推测，也有不少拟人化的描写，如狮子"百兽中，最宽大，易饶恕，蹲伏其前者，即不伤"；狮不忘恩等；"借狮箴儆"一节，是作者引用西方典籍中一些与狮子有关的警语、典故、谚语、寓言等，宣扬西方的狮子文化。

由于满人喜欢养鹰狩猎，康熙皇帝对西方人如何养鹰也有浓厚的兴趣，意籍传教士利类思遂奉命撰写《进呈鹰论》，详细描述了各种不同类型的鹰，全书共 55 节，分论鹰、佳鹰形象、性情、养鹰饮食、教习生鹰（该节内容尤为详尽，教习鹰认识司习者之声音、教习勇敢、教习认识栖木、教习攫鹊、教习鹰飞向上、教习鹰攫水鸭、教习肥懒之鹰、鹰远飞呼回等）。该书对产于他地的鹰亦有详细的介绍，如对神鹰、人面发见觉鹰[①]、山鹰、椭子鹰的外形、性情等均做了扼要介绍。尤为可贵的是，该书还对鹰致病的原因、治疗方法，甚至鹰的寄生虫病的治疗均有颇为实用的介绍。该书的最后一章特别介绍了鹬子的形象、性情、教鹬攫鸟的方法。全书从头到尾贯穿了"实用"的思想，深受满族狩猎者的喜爱，曾破例收入《古今图书集成·博物汇编·禽虫典》十二卷《鹰部》。

1623 年，意大利籍传教士艾儒略在《性学觕述》一书中借用中国传统思想"性学"这一词汇，来表达欧洲传统思想中灵魂学说的内容。艾儒略这一高明的借用，有利于基督教在中国的传播。在《性学觕述》中，作者讲述了人和动物的生长，感觉器官目、耳、鼻、口的功能等，在宣扬造物主神的奇妙的同时，客观上也传播了人和动物身体结构的一些粗浅的科学知识。

除上述涉及动物的专著外，在当时从西方传入的医学、人体生理及解剖方面的书籍较多，影响也比较大。如意大利籍耶稣会传教士毕方济（Francesco Sambiaso，1582—1649）的《灵言蠡勺》主要介绍血液的功能。汤若望（Johann Adam Schall von Bell，1592—1666）的《主制群征》则介绍人的骨骼、心脏、脑、神经等。德籍传教士邓玉函（Johann Schreck，1576—1630）所著《泰西人身说概》（以下简称《说概》）和《人身图说》（以下简称《图说》）于 1643 年刊行，主要介绍西方的解剖学，被认为是最早在中国介绍西方解剖学的著作。《说概》共二卷。卷上包括骨部、脆骨部、肯筋部、肉块筋部、皮部、亚特诺斯部、膏油部、肉细筋部、外面皮部、肉部、肉块部、血部（补）；卷下包括总觉司、附录利西泰记法五则、目司、耳司、鼻司、舌司、四体觉司、行动、言语。但令人不解的是，该书缺少内脏部分的内容，

---

① "人面发见觉鹰"是满文，大意是指此类鹰极为美观、挺立，有感仪，令人悦视。

而这部分是解剖学不可或缺的。由此推断，《说概》不是一本完整的解剖学著作。《图说》虽介绍了内脏的解剖，但缺少胸部局部图。这两部书虽然存在上述瑕疵，但仍可视为一部较为全面介绍西方解剖学知识的读本，基本反映了 16 世纪西方解剖学的概貌。

比利时传教士南怀仁于 1674 年在北京出版（刊行）《坤舆图说》，该书分上下两卷，下卷末附异物图，有动物（鸟、兽、鱼、虫等）23 种。南怀仁又于 1676 年在北京刊行《坤舆格致略说》一卷，述及世界上各种奇闻，其中亦涉及动物与植物，但较简略，多已见于《坤舆图说》或《职方外纪》等书。

法籍传教士巴多明（Dominique Parrenin，1663—1741）凭借其语言天赋、外交才能与广博的科学知识，博得了康熙的青睐，得以常侍其侧。1693 年，康熙患疟疾，法国传教士张诚（Joannes Franciscus Gerbillon，1654—不详）、白晋（Joachim Bouvot，1656—1730）等献上从法国带来的奎宁，使他很快恢复了健康。从此，康熙对西方医学的兴趣就更浓厚了。他令法国传教士巴多明把法国皮理著的《人体剖学》翻译成满文。为了学习西方医学，康熙令在清廷供职的法国传教士白晋及宫廷画家等人专门画了一些解剖图像，希冀"造（福）于社会"，挽救"人之生命"。巴多明奉命将《人体解剖学》译成满文（该书原名为《按血液循环理论及戴尼新发现而编成的人体解剖学》），仅限于宫廷内查阅，禁止公开传播，所以实际影响很小。比利时传教士南怀仁所著《目视图说》，仅有少量手抄本。

以上所述西方传教士在中国传播西方动物学及解剖学等知识均发生在明末清初，即 1840 年鸦片战争之前。当时清廷统治者对西方科学技术基本持比较开明的态度，对西方传教士中学识渊博，又有良好的汉语造诣者均给予较高的礼遇，对他们的学识和在科技方面做出的贡献也给予了客观的评价。但自 1840 年鸦片战争后，清廷被迫被动接受西方科学技术，西方生物学包括动物学随着传教士的进入而再度被传入中国。不过，此时西方生物学在经过 18 世纪的收集、整理资料的阶段后，已进入一个新的发展时期。在这一历史时期，西方传入的途径主要由西方传教士主持翻译西方著作和兴办教育。为了满足日益增长的翻译科技书籍的需要，1843 年英国传教士麦都思（W.H.Medhurst）在上海开办了西方人在华的最早出版机构——墨海书馆。与先前传入的书籍不同的是，这次以医学为传入先导。例如：1851 年，由墨海书馆出版了英国传教士合信（Benjamin Hobsen，1816—1873）和国人陈修堂合译的《全体新论》（3.5 万字，附图 271 幅）。此书产生很大影响，并于 1857 年传到日本，在日本被翻印达 10 次之多。1855 年，墨海书馆还出版了合信编译的《博物新编》一书，该书是一种介绍自然科学的科普读物，全书共分三集，其中第三集有《鸟兽略论》，介绍一些西方近代动物分类方面的知识，如动物通常可以分为胎生类、卵生类、鳞介类和昆虫类等，还指出："天下昆虫类禽兽种类甚多，人知其名而识其性者计得三十万种。其有脊骨之属，一为胎生，二为卵生，三为鱼类，四为介类。四类之中，以胎生为最灵。西方分其类为八类族，一曰韦族，如犀象豕马是也；二曰脂族，如江豚海马鲸鲵是也；三为反刍族，如牛羊驼鹿之类；四为食蚁族，如穿山甲之类；五为错齿族，如貂之类；六为啖肉族，如猫、狮、虎獭豺熊之类；七为飞鼠族，如蝙蝠之类；八为禺族，如猿猴之类。"这就是西方动物分类方法最初传入我国的记述。传教士译书之风盛行，尤其是进入 19 世纪 60 年代，以李鸿章等人为首的洋务派面对民族危机，发起"富国强兵"的洋务运动，也促使西方大批译著问世。由于洋务运动遵循的是"中体西用"原则，注重的是技术引进，因此尽管与明末清初时期相比，译书范围扩大，数量增多，但以国防、制器为本，生物学除属医学范围的解剖生理学外，基本上不受国人重视，有关知识主要由传教士介绍、翻译。当时为了满足西式学堂做教材的"入门书"，1886年，由总税务司署刻印的《格致启蒙十六种》中有《植物学启蒙》《动物学启蒙》等入门书。《动物学启蒙》是一部比较系统介绍西方动物学知识的教科书，该书由英国人艾约瑟（Joseph Edkins，1823—1905）在海关总署（任翻译）工作期间，根据英国麦克米兰出版公司的科学入门系列丛书原本翻译而成。该套书出版后，曾被多次再版，是当时比较有影响的丛书之一。在此期间，英籍传教士韦廉臣（Alexander Williamson，1829—1890）撰《格物探原》一书，由广学会刊印。该书以动物身体结构与其生活习性和栖息环境高度协调一致等奇妙之处，来宣扬上帝之万能，如在《格物探原·论形体》一节中指出"兽有蹄与陆宜，鱼有翅（鳍）与水宜，鸟有翼与气宜，人皆知之。尤有奇者三两，足悟其中有美意焉。鸟之骨，皆无髓而空，假令其骨与兽同等，羽毛虽丰，不可以高飞，其皮肤内复有如许极小风胞，亦便于空起，再如鸟之生育，或为兽之胎生，亦复不便，故上帝别具一创造法，令其生卵。"该书的《论皮相》《论首》《论咽喉胃肠》均在论述动物身体结构与其生活习性和所处环境高度协调一致时宣扬上帝的功德。

此外，在光绪年间曾出版过一些由外国人和国人合作翻译，或由中国人编译自日语教材。其中比较重要的动物学教材有美籍长老会传教士范约翰（John Marshall Willoughby Farnham，1829—1917）著《百兽集说图考》，并由国人吴子翔译述，于光绪二十五年（1899年）由上海美华书馆摆印。该书为首次参照近代动物分类系统，将猿猴称为"四手类"；将蝙蝠类动物称为"手为翅类"；将刺猬等称为"食虫类"；将熊、犬、狼、虎、豹等称为"食肉类"；将产于澳洲的袋鼠称为"袋兽类"；将鼠、兔、箭猪等称为"龈物类"；将犰狳、食蚁兽等称为"无齿类"；将象、犀牛、河马、马、野猪等称为"厚皮类"；将驼、鹿、麝、麋、羊、牛等称为"反刍类"；将海狗、海豹、海马、鲸鱼等称为"泅水类"。该书图文并茂，是一部介绍西方兽类学的专著。

在这一时期，特别值得一提的是，清光绪二十二年（1896年），梁启超为了介绍西学，提倡维新变法，他在《时务报》上刊登《西学书目表》，著录译书约300种。其中涉及动物学方面的译书和图有以下几种。

**动植物学：**《动物学新编》，潘雅丽（Alice. S. Parker），益智书会，一本；《百鸟图说》，韦道门，益智书会，一本；《百兽图说》，韦道门，益智书会，一本；《虫学论略》，傅兰雅（John Fryer，1839—1928），格致汇编，一本。

**格致总：**《西学启蒙》，艾约瑟，税务司本，已将尤要数种散见各类；《格物探原》，韦廉臣，广学会本，四本；《博物新编》，合信，广州刻本，一本。

**西学书目表附卷：**《动物形性附图》，韦氏，益智书会，未印。

《西学书目表》书后附《读西学书法》，介绍各书之长短及某书宜先读、某书宜缓读等读书方法，以指导治学门径。《西学书目表》中介绍的图书和编制这一目录的方法，在当时都有积极的意义。该书出版后在学术界引起很大反响，继作者不断。梁启超的这一行动，不仅为当时的西学东渐之风起了推波助澜的作用，实际上也反映了当时一批士大夫阶层的知识分子开始自觉学习西方科学知识的具体表现。可惜这种向西方学习的自觉性与当时的日本相比来得太晚。

表 8-1　1840 年以前西方传教士传入中国的动物学书籍

| 年代 | 传教士 | 国别 | 编撰或翻译动物学书名 | 传播情况 |
|---|---|---|---|---|
| 16 世纪中期 | 利玛窦 | 意大利 | 1595 年撰写《西国记法》的《原本篇》 | 介绍脑是记忆中枢的观点 |
| 16 世纪中期 | 罗明坚 | 意大利 | 《天主实录》 | 介绍欧洲各种动植物特征、习性、繁殖等 |
| 17 世纪初期 | 艾儒略 | 意大利 | 《职方外纪》五卷 | 成为 19 世纪以前中国人学习欧洲地理的重要书籍。该书有西方各种生物的介绍 |
| 17 世纪初期 | 艾儒略 | 意大利 | 《性学觕述》 | 讲述了人和动物的生长，感觉器官目、耳、鼻、口的功能等，在宣扬造物主神的奇妙的同时，客观上也传播了人和动物身体结构的一些粗浅的科学知识 |
| 17 世纪初期 | 毕方济 | 意大利 | 《灵言蠡勺》 | 介绍血液的功能 |
| 17 世纪初期 | 汤若望 | 德国 | 《主制群征》 | 介绍人的骨骼、心脏、脑、神经等 |
| 17 世纪初期 | 邓玉函 | 德国 | 《泰西人身说概》 | 共二卷。卷上包括骨部、脆骨部、肯筋部、肉块筋部、皮部、亚特诺斯部、膏油部、肉细筋部、外面皮部、肉部、肉块部、血部；卷下包括总觉部、附录利西泰记法五则、目司、耳司、鼻司、舌司、四体觉司、行动、言语等 |
| 17 世纪中期 | 利类思 | 意大利 | 《狮子说》 | 该书是第一篇从动物学知识的角度介绍产于非洲的"百兽之王"的汉文文献 |
| 17 世纪晚期 | 利类思 | 意大利 | 《进呈鹰论》 | 此书曾破例收入《古今图书集成·博物汇编·禽虫典》十二卷《鹰部》 |
| 17 世纪晚期 | 南怀仁 | 比利时 | 《坤舆图说》 | 该书分上下两卷，下卷末附异物图，有动物（鸟、兽、鱼、虫等）23 种 |
| 17 世纪晚期 | 南怀仁 | 比利时 | 《坤舆格致略说》 | 其中涉及动物与植物，但较简略，多已见于《坤舆图说》或《职方外纪》等书 |
| 17 世纪晚期 | 南怀仁 | 比利时 | 《目视图说》 | 仅有少量手抄本流传 |

表 8-2　1840 年以后西方传教士传入中国的动物学书籍

| 时间（年） | 传教士 | 国别 | 创办机构或编撰、翻译动物学书名 | 传播情况 |
|---|---|---|---|---|
| 1843 | 麦都思 | 英国 | 在上海开办了西方人在华的最早出版机构——墨海书馆 | 刊印大量西方科技图书，影响巨大 |
| 1851 | 合信 | 英国 | 合信和国人陈修堂合译《全体新论》 | 此书全面介绍人体解剖与生理学知识，不但在中国产生很大影响，并于 1857 年传到日本，先后在日本被翻印达 10 次 |
| 1855 | 合信 | 英国 | 《博物新编》 | 该书是一种介绍自然科学的科普读物，共分三集，其中第三集有《鸟兽略论》，介绍西方有关动物学的分类知识 |
| 1886 | 艾约瑟 | 英国 | 《动物学启蒙》 | 是一部比较系统介绍西方动物学知识的教科书，曾被多次再版 |

续表

| 时间（年） | 传教士 | 国别 | 创办机构或编撰、翻译动物学书名 | 传播情况 |
|---|---|---|---|---|
| 1878 或 1880 | 韦廉臣 | 英国 | 《格物探原》 | 该书以动物身体结构与其生活习性和栖息环境高度协调一致等奇妙之处宣扬上帝之万能 |
| 1899 | 范约翰 | 美国 | 传教士范约翰与国人吴子翔合作的《百兽集说图考》 | 该书首次介绍西方兽类分类，是图文并茂的科普读物 |
| | 潘雅丽 | | 《动物学新编》 | |
| | 韦道门 | | 《百鸟图说》 | 清光绪八年（1882年）由益智书会刊出 |
| | 韦道门 | | 《百兽图说》 | 清光绪八年（1882年）由益智书会刊出 |
| | 傅兰雅 | 英国 | 《虫学论略》 | |

# 第二节　西方基督教会在中国兴办教会学校

19 世纪晚期，一些西方教会开始在中国创办各种教会学校，截至 1911 年，国内已有教会创办的包括幼儿园、小学、中学、大学及职业学校达 350 所之多。其中大多为小学，或相当于小学程度的洋式"私塾"，1877 年以后，有一定数量的中学出现。在这一历史时期，欧美一些教会也开始在中国创办大学或学院。据文献记载，在 1911 年前由教会创办的大学或学院有 13 所，各校普遍开设西学课程，其中有动物学、植物学、人体解剖知识等。如 1884 年基督教美以美教会创办的镇江女塾，在其十二年一贯制（小学至中学）的课程设置中，即有生物学知识，第三年有"植物、动物浅说"；第四年有"植物口传""动物浅说"；第五年有"植物图说""动物新编"；第六年有"植物图说""动物新编"；第七年有"植物学""动物（百兽图说）"；第八年有"植物学""动物"。由此可见，在当时教会办的相当于中学程度的洋学堂中，生物学教育已受到重视，并占有一定的比例。

1911 年以前，由教会创办的大学还不多，据文献记载，1890—1911 年，由教会创办的大学有汇文大学（1890 年，北京）、东吴大学（1901 年，苏州）、岭南学堂（1903 年，广州）、震旦大学（1903 年，上海）、华北协和大学（1904 年，通州）、华北协和女子大学（1904 年，北京）、华北协和神学院（1904 年，北京）、圣约翰大学（1905 年，上海）、雅礼大学（1906 年，长沙）、华北协和女子医学院（1908 年，济南）、文华大学（1909 年，武昌）、金陵大学（1910 年，南京）、华西协合大学（1910 年，成都）共 13 所。民国时期（1912—1949），欧美各教会办的大学又有了一次较大的调整和发展。其中由多个教会（派）各自创办的学堂或学院合并，形成资金雄厚、师资力量强大的综合性大学，如燕京大学（Yenching University）就是由北京汇文大学、华北协和大学、华北协和女子大学三所由美国和英国基督教教会创办的大学合并，于 1916 年在北京创办的大学，曾被称为近代中国规模最大、质量最好、环境最美的大学，在国内外名声大振。又如之江大学（Hangchou Christian College）前身是宁波崇信义塾（Boys Boarding Scool），1910 年，由基督教美北长老会和美南长老会合作共组校董会，在杭州联合创办的一所教会大学，1914 年改名为之江大学，由美国传教士王令赓（E L Mattox）任校长。在民国时期，经过合并、重组后的教会大学大多学科齐全，设备优良，教学质量较高，在国内外比较著名的教会大学有 13 所，这些教会大学虽然数量不多，但起点很高，几乎在兴办之初就在理学院或农学院开设动植物学、解剖学和生理学的有关课程。在 20 世纪 30 年代，上述教会大学几乎都已设置生物系，师资力量比较雄厚，其教学方法比较灵活多样，注重生物观察与实验，并带领学生接触大自然，学习动植物标本的采集和制作，建立规模不等的动植物标本室。在当时的历史条件下，特别是在 20 世纪 20 年代以后，教会大学在中国教育近代化过程中起着某种程度的示范与导向作用。因为它在体制、机构、计划、课程、方法乃至规章制度诸多方面更为直接地引进西方近代教育模式，从而在教育界和社会上产生颇为深刻的影响。下面以成立时间为序，重点介绍几所有代表性的教会大学动物学的课程设置及人才培养情况。

苏州东吴大学（Soochow University，1900—1952）于 1900 年建校，据文献记载该校是最早设立独立生物学科者。1912 年，美国学者祁天锡（Gee Nathaniel，Gist，1876—1937）曾担任生物学科主任直至 20 世纪 20 年代，由于学校的重视和祁天锡的努力，该校生物系曾有"吴门生物之繁，甲于天下"的美誉。我国著名昆虫学家胡经甫、钦俊德，著名鱼类分类学家朱元鼎等均为该校毕业生。

福建协和大学（Fukien Christian University，1915—1951）创建于 1915 年，1916 年聘美国学者克立鹄（C.R.Kellogg）主持生物学教习，著名鸟类学家郑作新即该校毕业生。

金陵大学（University of Nanking，1888—1952）是美国基督教会美以美会在南京创办的教会大学。1928 年向国民政府教育部呈请立案，是第一个向中国政府请求立案并获批准的教会大学。金陵大学于 1914 年在农科内设置生物学科，聘请史迪蔚（A.N.Steward）在该校任教，我国著名动物遗传学家陈桢就是该校 1918 年毕业生。

燕京大学（Yenching University，1916—1952）是 20 世纪初由四所美国及英国基督教教会联合，于 1916 年在北京开办的大学。是近代中国规模最大、质量最好、环境最优美的教会大学，司徒雷登任校长，曾与美国哈佛大学合作成立哈佛—燕京学社。当时在燕京大学生物系任教的外籍教师有博爱理（A. Boring，美籍，1923 年来华），他曾先后从事遗传学和动物分类学研究；威尔逊（S. D. Wilson）和窦维廉（W. H. Adolph，1890—1950，美籍）从事生物化学研究。

之江大学（Hangchow Christian College，1845—1952）是基督教美北长老会和美南长老会于 1914 年在中国杭州联合创办的一所教会大学。现依据浙江省档案馆馆藏民国档案资料，其中有一份之江大学生物学系在 20 世纪 30 年代的课程设置，包括普通生物学、无脊椎动物学、有脊椎动物学、生物学技术、普通植物学、普通昆虫学、实用昆虫学、普通胚胎学、动物组织学、生理学、微菌学、生物学史与学说、遗传学、寄生动物学、比较解剖学、哺乳动物胚胎学、生物学书报报告和生物学专题研究共 18 门课，是当时教会大学中生物学课程设置最完备的学校。1934 年夏，一头巨鲸在钱塘江岸边搁浅死亡，在之江大学执教的美国人、生物系主任马尔济教授马上请来助手一起搬回，并用这条死鲸做了一套完整的巨鲸骨架，以供教学用。

岭南大学（Lingnan University，1888—1952）最初由美国基督教会创办，之后收归中国人自办的私立大学。其前身为格致书院，创办于光绪十四年（1888 年），1918 年定名岭南大学，主要设立文理科，由美国人任学校监督（校长），中国人任副监督和教务长。1927 年 7 月经广东政府批准，学校收归中国人自办，并正式改名私立岭南大学，成立岭南大学董事会，任命钟荣光为校长。学校不再以传教为目的，致力于实用学科设置，把教学科研与社会应用结合起来，成为广东经济社会发展服务新的办学目标。办学成绩最突出的是农学，当时岭南大学和南京金陵大学的农业研究工作是中国高等学校中最出色的。如蚕桑学中，采用科学技术进行蚕种培育，把生产出来的免疫蚕种在珠江三角洲地区推广，并建立了 10 个蚕种推广站。农学院还引进日本、美国的新式缫丝设备和日本先进的缫丝技术，进行缫丝技术改良试验，试验成功后，学校把新式设备和技术向顺德、南海一带的丝厂推广。岭南大学从 1928 年开始在农学院设植物病理学系，从事华南地区植物病研究工作，是广东最早进行植物病研究的机构。著名海洋生物学家曾呈奎（1909—2005）、著名植物生理学家娄成后（1911—2009）、著名系统真菌学家郑儒永（1931—　　）等均为该校毕业生。

震旦大学（Aurora University）是法国天主教耶稣会在中国上海创办的著名教会大学，是中国近代著名高校之一。由中国神父马相伯于 1903 年 2 月 27 日在徐家汇天文台旧址创办，所设学科有语文、象数、格物、致知 4 个。震旦是印度对中国的旧称，英文、法文校名分别为 Aurora 和 L'Aurore。

圣约翰大学（St. John's University，1879—1952）创建于 1879 年，是由美国圣公会上海主教施约瑟（S. J. Sekoresehewsky）将原来的两所圣公会学校培雅书院和度恩书院合并而成，1892 年起学校正式开设大学课程。1896 年学校形成文理科、医科、神学科及预科的教学格局，为沪上唯一高等学府，对东南地区高等教育的改革产生深远影响。1905 年，学校成为正式大学，并在美国华盛顿州注册，大学设文学院、理学院、医学院、神学院四所大学学院以及一所附属预科学校，成为获得美国政府认可的在华教会学校。1913 年，圣约翰大学又开始招收研究生，1936 年开始招收女生，后来发展成为一所拥有 5 个学院（原来的 4 所加上后来的农学院）16 个系的综合性教会大学，是当时上海乃至全中国优秀的大学之一，读者多是政商名流的后代或富家子弟，而且拥有很浓厚的教会背景。学校直到 1947 年才向国民政府注册。我国著名学者周有光，著名革命家乔石，外交家顾维钧、宋子文，金融家荣毅仁，新闻出版家邹韬奋，文家家林语堂、张爱玲均为该校校友。建筑大师贝聿铭等毕业于该校附属中学。著名鱼类学家朱元鼎曾在该校任教。

创办华西协合大学（West China Union University，1910—1952）。1905 年清廷废除科举，四川基督教各差会决定联合在成都创办一所规模宏大、科学完备的高等学府，学校的组织管理按"协合"的原则，仿照牛津大学、剑桥大学的体制，实行"学舍制"，即每个差会建立和资助自己的学院，管理自己的资金和设备；学校则提出教学大纲，制定录取、考试标准，使集中化与个性化相结合。这个创造性的体制既解决了各教会提供资金、设备和相互的协调工作，也反映了现代大学的特点，保证了学校在人才培养方面拥有独立的办学自主权。当时国内一批著名学者李培甫、庞石帚、魏时珍、周太玄、毕天民、沈嗣庄、李思纯、朱少滨等纷纷来到华西协合大学。数年后，一些来到大后方的学者，诸如陈寅恪、蒙文通、顾颉刚、钱穆、徐中舒、何鲁之等人也在张凌高的邀请下来到华西协合大学任教。

齐鲁大学［Shantung Christian University（cheeloo），1904—1952］创办于 1904 年，由来自美国、英国以及加拿大的 14 个基督教教会组织联合开办，设物理系、化学系、生物系、文学院、理学院、医学院、神学院、社会教育科、国学研究所，是当年外国教会在中国创办的十三所教会大学之一。齐鲁大学曾颇具盛名，与当时的燕京大学有"南齐北燕"之美誉。毕业于美国哈佛大学的刘世传出任该校校长。著名作家老舍，著名历史学家钱穆，著名史学家、民俗学家顾颉刚，甲骨文研究大家胡厚宣均曾在此任教。20 世纪 30 年代，创办了齐鲁大学国学研究所。先后有老舍、顾颉刚、钱穆、严耕望、郝立权、余天麻、王敦化、范迪瑞等知名学者在所研究，齐鲁大学一时成为全国国学研究的重地。

金陵女子大学（Ginling College，1913—1952）创办于 1913 年，由美国教会美北长老会、美以美会、监理会、美北浸礼会和基督会在长江流域联合创办的一所女子大学，11 月 13 日组成校董会，选定南京为校址所在地。1915 年，金陵女子大学在南京东南绣花巷李鸿章花园旧址开学。首任校长是德本康夫人（Mrs Laurence Thurston）。1927 年后，校务由美国人转交中国人。1928 年，徐亦蓁女士被推选为董事会长，吴贻芳女士担任校长。1930 年在国民政府教育部立案，更名为金陵女子文理学院。金陵女子大学办学中设置过 16 个四年级学科，包括中文、英语、历史、社会、音乐、体育、化学、生物、家政以及医学专科等，在国内外享有盛誉。从 1919 年到 1951 年，毕业人数为 999 人，人称 999 朵玫瑰。

创办华中大学（Huachung University）。1871 年，美国圣公会在湖北武昌城内昙华林创办了文华书院（Boone Memorial School）。1885 年，英国循道会也在武昌开办博文书院（Bowen College）。加上英国伦敦会在汉口创办的博学书院，并称为武汉地区的三大教会学校。20 世纪初，三校各自开设了大学课程。1906 年，美国耶鲁大学雅礼会在湖南长沙开办了雅礼大学。美国复初会在岳阳也开办了湖滨大学。这些学校中，以美国圣公会在武昌开办的文华书院规模较大，早期建筑中圣诞堂至今保存完好。20 世纪初，又陆续建造了教学楼、文华公书林（图书馆）、翟雅各健身所、多玛室、博约室、颜母室等建筑。1924 年，文华书院改名为华中大学。1924 年汉口博学书院大学部、武昌博文书院大学部并入。1929 年，岳阳滨湖书院大学部、长沙雅礼书院大学部并入。1926 年，两湖地区受到排外运动的严重冲击，上述学校一度被迫关闭。后来在武昌的文华校园内联合办学，校名为华中大学。

沪江大学（Shanghai University，1906—1952）创办于 1906 年，原名上海浸会大学，是一所教会大学，最初的校长是美国人柏高德博士（Dr. J. T. Procter）。另设浸会神学院，由美国人万应远博士任院长。校址位于黄浦江畔的杨树浦军工路，是一所黄浦江畔绿茵遍地、风景幽雅的美丽校园。1914 年中文校名定为沪江大学，并确定校训为"信、义、勤、爱"。1917 年由美国弗吉尼亚州颁发学位。1928 年 1 月，经过改组的沪江大学聘请毕业于美国哥伦比亚大学哲学系、年仅 31 岁的刘湛恩博士为校长，这是沪江大学历史上首任华人校长。刘湛恩就任校长后，主张沪江大学"更为中国化"。在华各基督教大学中，沪江大学是最早开展社会工作的学校。1913 年在杨树浦眉州路创设沪东公社，这是一个以宣传基督教教义为主，同时兼办社会福利的教育机构。刘湛恩就任校长后，沪东公社有了进一步的发展，除了为工人区儿童创办幼儿园和中小学，还开办了医院和诊所，免费为周围工人及附近农民施医送药，受到社会的欢迎。1929 年，沪江大学向中国政府立案，英文校名也改为 University of Shanghai。1932 年，刘湛恩校长在圆明园路真光大楼创办了沪江商学院，这是沪江大学最负盛名的学院，院长为朱博泉。沪江商学院是当时办得较好并卓有成效的一所夜大学。刘湛恩校长不仅是一位著名的教育家，更是一位坚定不移的爱国者。1937 年，他被推举担任上海各界人民救亡协会理事、上海各大学抗日联合会负责人、中国基督教难民救济委员会主席以及太平洋国际学会和国际俱乐部创始人之一。他为宣传抗日、支援前线、救济难民、安抚流亡学生做了大量工作。1937年4月7日，刘湛恩上班之际，惨遭日伪特务暗杀，以身殉国。消息传出，震惊中外，引发全国人民极大的愤慨和悲痛，社会各界3000余人为这位杰出的爱国教育家举行了隆重的葬礼。

华南女子文理学院（Hwa Nan College，1908—1951）是基督教美以美会（1939年以后称卫理公会）在中国福州创办的一所教会女子大学。1933年6月，教育部准许华南女子文理学院临时立案，承认了中文、外语、教育、家政、数理、化学、生物7个系。1934年6月，华南女子文理学院获教育部批准永久立案。同年9月21日又得到美国纽约州立大学董事会正式承认具有文学士与理学士两个学位的授予权。1935年，余宝笙到美国约翰斯·霍普金斯大学攻读博士学位，获得生物化学博士学位后，辞谢导师、著名生物化学家、维生素A、维生素B、维生素C的发明者麦卡伦教授的挽留，于1937年8月毅然离美国回到华南学院，继续担任化学系系主任。嗣后，吴芝兰、刘永和、陈佩兰、邓锦屏、魏非比、魏秀莹等在美国获得博士、硕士学位，也相继回国到山城南平为母校服务。周贞英博士于1946年从美国返校担任生物系系主任。除传授动植物学基本知识外，在一些外国教会办的医科学校如北京协和医学院、湖南长沙湘雅医学院、齐鲁大学医学院、上海同济大学医学院、震旦大学医学院等开设了解剖、生理、生化等属于实验动物学方面的课程，并开展相关领域的研究和学术交流，培养了中国第一代实验动物学家，如生理学家林可胜、生物化学家吴宪等。

# 第三节　自主翻译动物学教科书及自编讲义

光绪年间，为了满足日益增多的新学堂的需求，一些在日本的留学人员学成回国后，将当时日本引自西方的动物学教科书从日文转译为中文，其中比较有影响的教科书和讲义有以下三本。

（1）日本丘浅治郎著《动物学教科书》，由西师意译，国人许家惺校阅，再由英籍传教士、清代游学进士窦乐安（John Darroch，1865—1941）"博采西籍，增附精图，并辑名表，慎为比属，精细完备"，约于光绪三十一年（1905年）付梓。该书吸取18—19世纪西方在近代生物学领域取得的成果，如在第一章动物分类中，采用林奈的"门、纲、目、科、属、种"的分类系统，动物物种采用"属名""种名"的双名法，将动物分为七个门。第二章到第十五章按动物所属门、纲、目、科、属、种，具有代表性动物的形态、习性与身体构造特征分别介绍。最后一章简明扼要介绍达尔文的进化论。书末附录包括：①解剖动物体须备之器械、采集昆虫而为标本者，其应用之器具；②动物学中西名表。

（2）日本箕作佳吉著、柯璜译编《博物学讲义动物篇》，为山西大学堂预科博物学动物篇讲义。本书不仅介绍了西方18—19世纪分类学的成果和达尔文进化论的要义，还在第二篇"动物通论"中将当时的动物解剖、组织学、生殖发生、生长等生理学知识和涉及动物地理分布、古生物学、生态学及有害动物防治、有益动物的合理利用等知识作了简明扼要的介绍。在此，还要特别指出本书第三篇结论部分，分别介绍了自然界之平均和进化论之大义。其中提道"自然界之平均"，实际上是指自然界的生态平衡，在19世纪末能有此见解，实属难能可贵。

（3）早期留日回国教师汪鸾翔自编《动物学讲义》，于1907年由湖南中学堂出版。编者根据1903年清廷颁布的《癸卯学制》，规定中学堂的博物学科包含植物、动物、生理、卫生和矿物五方面的课程。在五年制中学中，前四年都设有博物学课程，第一、第二学年开设植物和动物课，每周两个小时。按照《癸卯学制》的要求，"其动物当讲形体构造，生理习性特质，分类功用"。汪鸾翔正是根据《癸卯学制》对动物学课程的要求而编写该讲义的。全书约两万余字，分两编：第一编"各论"，在"绪论"中讲授动物学的分支和学习的意义；其余12章按动物系统分类的门、纲、目、科、属、种进行讲授。每章都以1～2种动物为实例，介绍各纲动物的形态、构造、生理功能等特征。第二编"通论"，分别讲授动物之分类、动物之构造、动物之生殖、动物之发生、动物之自立、动物与外界之关系、动物之竞争、动物之进化等。值得注意的是，该讲义第二编后三章的内容都与达尔文的进化论有关，例如生存竞争、生物遗传和变异、自然选择、人工选择，拉马克"用进废退"的理论等。由此可见，当时在新学堂中已开始讲授进化论。此外，该讲义的最后介绍"昆虫标本的制作法"，向学生传授制作标本的重要性，认为"博物之学以标本为最要，如能自行制作，利便殊多"。此外，在20世纪初，著名翻译家樊炳清曾将日本五岛清太郎著《普通动物学》和日本兽医学士驹藤太郎著《寄生虫学》翻译成中文，作为中等学校的教材；另一位学者罗振常将日本松村松年著《日本昆虫学》译为中文，作为农科学校的教材。

# 第四节　外国传教士或国人创办与动物学有关的科技刊物

进入19世纪以来，随着科学技术的进步，16—18世纪科学家之间那种邮递式通信、图书形式的传统交流和沟通方式已远远落后于科技发展的新形势，如何以准确、完整、快捷的方式来传播"新思想、新理论和新发明"便成为19世纪世界科技传播的新课题，西方当时已产生了"定期的、专业化的、表述规范化"的学术性刊物，但中国当时科学技术的传播还处于落后地位（表8-3）。

1876年，由英国传教士傅兰雅（John Fryer，1839—1928）主持，与中国学者徐寿合作，在上海创办了中国第一个中文科学期刊《格致汇编》，由上海格致书院发行，最初为月刊，后改为季刊，连续出版了7年，是一份以介绍科学知识为中心内容的综合性科学刊物，内容涉及数、理、化、天、地、生、工、商等学科的理论、技术及应用。差不多每一期都有动植物方面的内容。如第一卷的4、8、9期分别刊载了哺乳鸵鸟、论牙齿、害虫防除方法和昆虫行为学方面的论文；第10期则刊登了《论动物学》专文，内容涉及动物的行为特点、类别、形态分类、组织构造等，并附有绘制的多种动物形态图；另有专文《西国养蜂法》，比较详细地介绍了西方科学养蜂的方法。《格致汇编》所载文章多译自英国的一些科普读物。

1897年，严复和王修植、夏曾佑等在天津创办了《国闻汇编》的《幼学格致》，以普及科技知识为主，被认为是中国诞生的最早的自然科学期刊。1897年12月，严复翻译的《天演论》在《国闻汇编》上连载刊出，宣传"物竞天择，适者生存"的观点，在全国产生了巨大社会反响。

1897年，农学会主办《农学报》，该刊最初为半月刊，1899年改为旬刊，连续出版了近10年。在《农学报》上发表的文章主要是译文，与动物学有关的如《论益虫》《普通动物学》《日本昆虫学》等。到 1905 年 12 月停刊，共出版了 315 期，为中国最早的农学刊物，也是戊戌期间发行的报刊中寿命最长的一个刊物。该刊是晚清时期经由期刊传播西方农学的专业刊物。

1898 年，朱志尧在上海创办《格致新报》，主要刊载物理学、生物学等科学著作，其目的是为"启维新之机"。该刊物随"戊戌变法"失败而夭折。

1900 年，杜亚泉在上海创办《亚泉杂志》，该刊先后出版了 10 期，载文 40 篇，以化学为主，涉及动物方面的文章仅两篇，均为养蚕方面的内容。

1903 年，上海科学仪器馆钟观光等创办《科学世界》，该刊先后由虞和钦、王本祥主编，重视普及西方自然科学知识，其第 1 期开卷便刊载有《洪积期之人骨》《诸动物胎儿之比较图》，列举了人、牛、兔、鱼、龟、鸟等胚胎图片。第 2 期则发表王本祥所著《论动物学之效用》，作者从工业、渔业、医术及卫生三个方面概述了动物学的效用。《说蚤》一文则详细介绍了蚤的危害、形态、行为、繁殖和防治。虞辉祖所著《人类与猿之比较》一文，从运动方法、耳壳与耳筋、脑力、言语及颜面角五方面进行了比较和分析。第 3 期介绍了日本动物学家鸟羽源藏的《昆虫标本制作法》。第 10 期则发表了日本学者茂源筑江意译、王本祥润辞的科幻小说《蝴蝶书生漫游记》，该文语言生动，想象力丰富，寓意深刻，涉及昆虫变态、动植物起源、适者生存以及飞行器、无线电、航空探险等知识。该刊是当时发表动物学文章较多的刊物，所载动物科学内容新颖，为最早见诸国人自办的科学期刊的动物学专文。尤其值得一提的是，1902 年 8 月，清廷颁布了《钦定中学堂章程》，规定中学堂应开设博物学、物理、化学、图画、中外舆地等课程。《科学世界》编者有鉴于此，在该刊物中很注意登载供中小学教学所用的参考文章。其中在第 5 期连载《中学博物示教》一文，内容与生物学和矿物学有关，图文并茂，叙述清楚，生动有趣。

1906 年，由上海弘文馆薛执龙等创办的《理学杂志》是继《科学世界》后介绍动物学知识比较多的一份科普性刊物，如 1906 年第 1 期刊载了《说蚊》；第 2 期刊载了《人猿同祖说》和《论动物之本能与其习性》；第 3 期刊载了《蚕性说》；第 4 期刊载了《动物之彩色观》；第 5 期连载《蚕体解剖学》；第 6 期连载《昆虫采集之预备》《生物之道德观》和《犬与狼及豹之关系》等文章。

表 8-3　1876—1907 年在国内发行的与动物学有关的科学期刊

| 期刊名称 | 创刊时间 | 地点 | 主持人或机构 | 刊物的主要内容 |
| --- | --- | --- | --- | --- |
| 格致汇编 | 1876 年 | 上海 | 英国传教士傅兰雅主持，与中国学者徐寿合作 | 综合性科学刊物，内容涉及数、理、化、天、地、生、工、商等学科的理论、技术及应用。每期都有动植物方面的内容 |
| 国闻汇编 | 1897 年 | 天津 | 严复和王修植、夏曾佑等 | 以普及科技知识为主，被认为是中国诞生的最早的自然科学期刊。连载刊出严复翻译的《天演论》，宣传"物竞天择，适者生存"的观点 |
| 农学报 | 1897 年 | 上海 | 农学会主办 | 与动物学有关的内容如《论益虫》《普通动物学》《日本昆虫学》等 |
| 格致新报 | 1898 年 | 上海 | 朱志尧 | 主要刊载物理学、生物学等科学著作 |

| 期刊名称 | 创刊时间 | 地点 | 主持人或机构 | 刊物的主要内容 |
|---|---|---|---|---|
| 亚泉杂志 | 1900 年 | 上海 | 杜亚泉 | 以化学为主，兼有养蚕知识的介绍 |
| 科学世界 | 1903 年 | 上海 | 上海科学仪器馆钟观光等创办 | 重视普及西方自然科学知识，包括动物生长发育、生活史等知识 |
| 理学杂志 | 1906 年 | 上海 | 上海弘文馆薛执龙等创办 | 普及各种自然科学知识，包括动物进化等 |
| 震旦学报 | 1907 年 | 北京 | 北京作新社 | 设格知、心理学、数学等栏目 |

# 第五节　国人自发翻译达尔文的进化论及有关论著

16—19 世纪，西方传教士在我国传播西方动物学知识和翻译西方生物科学书籍等方面曾起到了积极的媒介作用，但进入 19 世纪中期和 20 世纪初，达尔文的进化论处于产生与传播的重要时期，由于这些理论与西方传教士信奉的教义相矛盾，他们对进化论采取不传播、回避或反对的态度。由于进化论具有强而有力的科学依据，人们开始对上帝分别创造万物的信仰发生动摇。迫于科学事实，原来一些持反对态度的教会人士也被迫改变他们的说法，一些宗教领袖和神职人员不再直接反对达尔文学说，而是采取歪曲的手法，宣称达尔文学说与《圣经》教义无矛盾，美籍传教士丁韪良（W.A.P.Martin）在《西学考略》一书中，已不再坚持世界万物是由上帝分别突然创造的说法，但他并未放弃神创论的基本立场。鉴于当时的现实情况，在中国主动传播达尔文进化论者大多为国人，他们积极翻译达尔文等人的进化论原著及有关学者对进化论基本观点的理解和诠释，这对当时处于封闭、落后的中国和大部分国民对外部世界所发生的巨大变革尚处于朦胧无知的情况下，进化论在中国的传播，无疑起了巨大的震撼作用。

1898 年，严复将英国生物学家赫胥黎（Thomas Henry Huxley，1825—1895）《进化论与伦理学及其他论文》（*Evolution and Ethics and other Essays*）一书中的"导论"和"进化论与伦理学"两部分编译成中文，取名《天演论》，首次在中国介绍了进化论的主要内容。从此，中国人开始知道自然界有"物竞天择"这样的客观规律。"物竞天择"为核心的进化论思想一旦传入中国，使各界大为震动。据统计，《天演论》出版后十多年间，曾发行了 30 多种不同版本。上海商务印书馆有一个版本，从 1905 年到 1927 年，曾再版了 24 次，在我国出版史上实为罕见。

1902—1903 年，马君武（1882—1936）翻译达尔文《物种起源》第 3、第 4 章，并以《达尔文物竞篇》和《达尔文天择篇》出版。

1903 年，国民丛书社从日本生物学家石川千代（1880—1935）根据美国动物学家莫尔斯（E.S.Morse，1837—1925）于 1877 年在东京大学讲演进化论的讲义整理而成，翻译出版《动物进化论》一书，该书专门论述了人猿同祖论，是中国 20 世纪初阐述进化论原理最详细的一本著作。

1907 年，东文译书社翻译出版了日本学者寺田宽二的《人与猿》，这是 20 世纪初讨论人类起源问题最完备的一本中文书。

1907 年，鲁迅在《河南》杂志上发表的《人之历史》一文，着重介绍生物种系理论，阐明了从原始单细胞动物到人类的整个系统发育历史，首次将德国的达尔文主义者海克尔学说介绍到中国。

# 第六节　晚清时期教育改革与近代动物学课程的引入

## 一、洋务运动与百日维新时期的教育改革

晚清时期统治阶层中的洋务派在维护封建统治的前提下，试图效仿西方，开展一些枝节性的改革。他们首先感到缺乏精通外语，通晓"洋务"的管理人才，缺乏能制造火轮机器、兵器、火炮的专业人才。他们在"中学为体，西学为用"的思想指导下，提倡"西学"，认为旧的传统教育是"所用非所学，人才何由而出"。他们强烈提倡"新教育"，培养洋务人才，并认为这"实为中国自强之本，当务之急"。

（一）建立外国语学校

为了应付外交的迫切需要，清廷先后在北京建立了京师同文馆、上海广方言馆、广州同文馆、湖北自强学堂等外语学校。重金聘请外籍教师，打破了中国 2000 多年封建传统教育模式，将西方近代科学技术知识列为正式课程，按京师同文馆的教学计划，代数、物理、几何、化学、机器制造、航海测算、天文测算、博物学等自然科学知识都是必修的教学内容。1872 年，京师同文馆开设了生理学讲座，由英国医生德贞（John H.Dudgeon，1837—1901）任首任教习。此外，在京师同文馆任教的美国人丁韪良根据教学的需要，曾编《格物入门》，其中第六卷第四章的"论生物之体质"涉及一些动植物知识。按照京师同文馆的教学计划，外国语学习与翻译西方书籍和外交文件紧密结合。为此，京师同文馆设译书局，增纂修官，其译书范围很广，包括经济学、万国公法、地理、化学、解剖、医药、生理等方面。

19 世纪末，外国列强加剧瓜分中国，面对国家危亡之际，一部分开明官僚和忧国忧民的上层知识分子强烈要求改革，挽救国家危亡，这种爱国思潮逐步发展成维新变法运动。这场运动的倡导者认为，中国贫困的原因在于教育不发达，科学技术落后，所以他们将兴办教育、传播"西学"、培养各种专门人才视为救国之道。

（二）创办学堂

1. 格致书院

1874 年，由英国驻沪领事麦华陀（Walter Henry Menry Medhurst）倡议，我国杰出科学家、近代化学启蒙者徐寿在创办中做出了重要贡献。该书院虽有外国人参与，但徐寿在原章程中补充六条，明确规定书院活动不涉及宗教。1876 年正式开院，该书院兼有学校、学会、图书馆、博物馆多种机构的性质，是我国近代科学、教育史上的一个创举。其教育方式是有计划引进西方科学技术知识，注重教育青年一辈，"办院重点在于启发新知，使人了解西方科学进步状况，也符合中国当时谋求富强的愿望。"据《格致书院会讲西学课程》规定，分矿务、电务、测绘、工程、汽车、制造六门课程。可以学全课，也可以学专课，相当于现在工

业专科学校或职业学校的性质。

**2. 万木草堂**

1891 年，康有为在广州长兴里创办万木草堂，学生由 20 多名发展到百余人。办学宗旨在于"激励气节，发扬精神，广求智慧，以培养维新变法人才"。该学堂不仅讲解孔学、佛学、周秦诸子学、宋明理学，还传授西洋哲学、社会学、政治原理学以及中外史学、中外语言文字学、地理学、数学、格致学，其课外学科有演讲、体操、音乐、图画、射击等。万木草堂教学方法新颖，除讲授外，主要靠学生自己读书、写笔记并互相传阅。学生除读书外，还要参加编书，如维新变法的重要理论著作《新学伪经考》《孔子改制考》等都是由学生积极参加，分任编检、校勘而完成的。

**3. 自强学堂**

1893 年由张之洞于湖北武昌设立，内分方言（外国语）、算学、格致、商务四科。格致科内有物理、化学、动物和植物等课程。这是我国在学校内开设动、植物课，讲授生物科学知识的开端。

**4. 通艺学堂**

1897 年 2 月，由改良派张元济和京官陈昭常、张荫棠、何藻翔等 6 人呈文总理各国事务衙门，请予提倡通艺学堂，"专讲泰西诸种实学"，培养维新人才。总理各国事务衙门官员张荫桓热心赞助，曾写信向各省督抚募捐，张之洞、王文韶等都有资助。学堂初名"西学堂"，于同月开馆。校址在北京宣武门，租赁民房为校舍。招收学生四五十名，聘请教习两人，分别执教。所设课程，先习英文及天算、舆地，待学生英文精熟以后，再各就性质所近，专习兵、农、商、矿、格致、制造等。张元济主办通艺学堂卓有成效，得到清廷支持变法大臣的保荐，受到光绪皇帝的召见和赞扬，是年冬，总理各国事务衙门据张元济等呈请，奏准俟三年期满，援案可对学堂教习酌加奖叙；其成业学生，准仿照广方言馆学生例，可由同文馆调考录取。戊戌变法时期，光绪皇帝召见张元济，曾询问通艺学堂情况，勉励张元济"要学生好好地学，将来可以替国家做点事。"不久，戊戌变法失败，张元济被革职，通艺学堂被迫停办。张元济把通艺学堂的全部校产造册移交给京师大学堂。

**5. 浙江杭州蚕学馆（后定名为蚕学馆）**

1897 年 5 月成立，设正科、别科两种。正科修业两年，第一年有动物、植物、蚕体生理、物理、化学等 11 门课程；第二年有栽桑、养蚕、制种、制丝、气象学等 12 门课程。

**6. 时务学堂**

1897 年，谭嗣同、江标、陈宝箴等在长沙设时务学堂，聘请梁启超为总教习，唐才常为助教。梁启超拟定了《湖南时务学堂学约》。其目的在于使学者成为既具有维新变法的坚强意志，又通晓中外古今知识并能够治理国家的专门人才。其学习内容中西并重，分经学、子学、史学和西学几类，本着经世致用的精神，进行教学工作。

**7. 浏阳算学馆**

1897 年，谭嗣同、欧阳中鹄、唐才常等人认为"中国要富强，就必须'变通'；要'变通'就必须'育人才'；要'育人才'就必须'自算学始'"。为此，他们筹划兴办湖南近代第一所兼学西方自然科学知识的学校——浏阳算学馆，同时还设立了算艺学堂，用以推动维新变法运动。算学馆主要是培养"诣极精微"的数学人才。馆内配备了各种社会科学和自然科方面的"西书"，还订有《申报》《万国公报》等报刊，更重要的是在教学方法方面，浏阳算学馆新旧参错，十分重视对道德品行的教育。1898年9月，戊戌变法失败，学堂被迫关闭。

除上述学堂外，1898年，建立了湖北农务学堂；1901年，建立了江宁农务工艺学堂和江南蚕桑学堂；1902年，建立了直隶农务学堂、南通师范学校农科和山西农务学堂。

## 二、清末废科举，建立新学制

（一）废科举

科举在我国前后经历1300余年，成为世界上延续时间最长的选拔人才的办法。对包括中国在内的汉文化圈诸多国家，以及西欧国家启蒙影响深远。科举废除经历了三个步骤：

（1）改革科举内容。甲午战争失败后，科举制度遭到强烈的批评，中国资产阶级改良派认为"八股无用，改科举莫急于废八股"。梁启超等人"公车上书"，强烈要求立即"停止八股试帖，推行经济六科"。1901年，清廷第二次明令废除八股，改试策试。

（2）1901年，张之洞等提出"递减科举取士名额，以学堂生员补充"的建议。

（3）停止科举。清廷迫于形势，于1905年废除科举。全此，中国封建时代的旧教育制度在形式上已经结束。

（二）新学制的建立

1. 壬寅学制

1902年，管学大臣张百熙拟定《钦定学堂章程》，包括《京师大学堂章程》《考选入学章程》《高等学堂章程》《中等学堂章程》《小学堂章程》及《蒙学堂章程》等，从形式上看，确实是比较完备的学校体系，是中国近代教育史上第一个法定学校系统。由于公布的时间是壬寅年，故称"壬寅学制"，但该学制并未真正实施，于1903年被"癸卯学制"所取代。

2. 癸卯学制

由于"壬寅学制"颁布后未实行，1903年，张百熙、张之洞、荣庆重新拟定了《奏定学堂章程》。该章程对学校系统、课程设置、学校管理等都做了具体规定。这是比较完整，并经法令正式公布在全国实行的学校体系，因公布时间是癸卯年，所以称为"癸卯学制"。这个学制规定，初高等小学都设有格致课，学习粗浅的物理、化学和博物知识。中学设有博物课，内容有动物、植物和矿物。大学本科设有格致科，内分六门，全为自然科学，其中一门为动植物。从表面看，"癸卯学制"公布后全国从小学到大学连贯讲授动、植物课程，但实际上，大多数人还是重视科举。一些地方虽然成立了新学堂，但师资和教材均得不到满足。该学制自1903年公布起，一直沿用到1911年，对旧中国的学校制度影响很大。

3. 筹办京师大学堂

1898年6月11日，光绪颁布《明定国是》诏书，宣布变法维新，史称"戊戌变法"，其中涉及教育方面，归纳为"广设学堂，提倡西学；废除八股，改革科举制度。"为此，下令筹办京师大学堂，"以其人才辈出，共济时艰"。总理各国事务衙门委托梁启超草拟京师大学堂章程上报，令孙家鼐为官学大臣，聘请美国人丁韪良为总教习。学堂章程八章五十二节，对办学总纲、课程、入学条件、学成出身、聘用教习、经费等都有详细规定。特别值得注意的是，在课程设置自然科学中均包括动物学和植物学。此外，京师大学堂的任务不仅为实行教育的机关，同时也是全国最高教育行政机关，各省大学堂均属京师大学堂管辖。

4. 创办中国高等学校

我国培养生物学人才首先从师范学校开始，例如，1902 年，京师大学堂师范馆创立于北京，标志着中国高等师范教育正式开端。当时的师范学校没有单独的培养生物学人才的教育机构，生物学教育是同地质学、矿物学混杂在一起，放在"第四类"（博物类）中进行的。其培养目标是"造就各处中学堂的教员"。1904 年师范馆改为优级师范科，1907 年原师范馆学生 104 人毕业，其中学习"第四类"的 24 人，这批毕业生是国内第一批学习过生物学的高校毕业生。优级师范科于 1904 年招生 200 余人，分科和课程设置与师范馆相似，1908 年 206 名学生毕业。1908 年，京师大学堂的优级师范科改为京师优级师范学堂，这是我国高等师范独立设置的开始。自此，许多省也仿效建立优级师范学堂（以下简称优师）。优师的分科分成四类，第四类的主课为植物学、动物学、生理学、矿物学和农学，但授课时数不是平均分配的，生物学所占的比重较大，其各年级的授课时数为矿物学的 2.75 ~ 5 倍，为农学的 3.7 ~ 4 倍。1910 年，京师大学堂下设分科大学（相当于现在的学院）正式开学，格致科大学（相当于现在的理学院）下设 6 门（相当于现代的系），其中包括动植物门，但由于师资及生源等问题，迟迟没有建立。京师大学堂只在 1907 年办过一期博物实习科简易班，主要由日本教习桑野久任与矢部吉桢讲课，培训内容包括学习动植物标本的制作等。1910 年，该班学员 37 人毕业。这大概是晚清时期所培养的最后一批有关生物学的专门人才。

## 三、派遣留学生，造就中国第一代近代动物学学科领军人

自鸦片战争后，面对西方帝国主义的"船坚炮利"和发达的科学技术，清廷的一些开明官僚和有远见卓识的知识分子开始思考、寻求民族富强之路，他们认识到，要挽救大清，唯一的出路就是向西方学习，学习西方先进的科学技术和强国固本的军事工业。当时以曾国藩、李鸿章为代表，以"自强"为目的的"洋务运动"，也因人才的匮乏而陷于困境。在此情况下，早期毕业于美国耶鲁大学的容闳，于 1870 年游说曾国藩、李鸿章向清廷上《奏选派幼童赴美肄业办理章程折》，陈述派遣留学生之必要，清廷批准《挑选幼童赴美肄业章程》，该章程对选拔幼童的年龄、出国学习年限（15 年）、学习科目及生活等均做了严格的规定。1872—1876 年，共四批 120 名幼童先后到达美国。这是 19 世纪后期清廷做出的一次最大胆的人才培养实践，可惜由于一些顽固派借口留美幼童"沐浴欧风美雨，思想必然发生变化""适异忘本，目无师长"，主张撤回留美幼童。虽经美国总统格兰德和李鸿章等从中周旋，但清廷仍于 1881 年夏将留美幼童全部撤回。这批留美学生返回后虽然境况不佳，大多学非所用，但这批人中可谓"人才济济，能者辈出"，中国唯一一条无外援的京张铁路就是当年留美幼童詹天佑作为总设计师设计的。此后，又选派留欧学生，大多学习水陆军械技艺、驾驶军舰及制造。在此还需重点提及的是，自幼童留美行夭折后，清廷官派留美较为冷落，而派遣留学日本及欧洲的人数逐渐增加。美方考虑到其未来的商业和政治利益，于 1907 年由美国总统西奥多·罗斯福宣布将《辛丑条约》中向美国赔款余额归还给中国，作为中国向美国派遣留学生的经费。1909 年、1910 年和 1911 年，清政府举行三次"庚款"留美学生考试，共录取学生 183 名。其中学习自然科学的比例最大，几乎占留学生总数的 83% ~ 87%。

中国近代动物学奠基者秉志是 1909 年清政府举行首次"庚款"留美学生考试被录取者。他于 1909 年进入康奈尔大学农学院昆虫学系，1913 年获理学学士学位，由于学习优异，他继

续留校深造，师从著名昆虫学家尼达姆（Needham）教授，1918 年获博士学位，成为在美国以昆虫论文获得博士学位的第一位中国人。后来他在美国费城的韦斯特解剖学与生物学研究所跟随著名神经学家唐纳森（H.H.Donaldson）教授从事神经学的研究，历时两年半。在美期间，秉志时刻关心国内的时局变化，1914 年他与留美同学任鸿隽、赵元任等共同发起、组织"中国科学社"，这是我国最早的民办学术团体。1915 年正式成立于美国伊萨卡，推举任鸿隽任社长，秉志为五董事之一，并集资在上海出版我国最早的学术刊物——《科学》。继秉志之后，早期利用"庚款"留美，学成归国，成为我国生物学各领域第一代领军人物者有胡先骕（植物分类学家）、钱崇澍（植物分类学家）、陈桢（动物遗传学家）、刘崇乐（昆虫学家）、吴宪（生物化学家）、张锡钧（生理学家）、张景钺（植物形态学家）、戴芳澜（真菌学家、植物病理学家）、胡经甫（昆虫学家）、李继侗（地植物学、植物生态学家）、汤佩松（植物生理学家）、沈寯淇（生理学家）、赵以炳等（生理学家）。

清政府派遣学生赴欧洲留学始于 1875 年，以沈葆桢派遣福建船厂学生随法国人日意格赴法学习为最早。1876 年，李鸿章遣卞长胜、朱耀彩等 7 人同赴德国学习陆军，以三年为期。此为中国学生去法、德两国之始，但这些派遣均为官方所为，且以习军事为主。

# 参考资料

[1] 罗桂环，汪子春. 中国科学技术史·生物学卷·第六章近代生物学的传入 [M]. 北京：科学出版社，2005.

[2] 刘学礼. 西方生物学的传入与中国近代生物学的萌芽 [J]，自然辩证法通讯，1991，13（6）：43-52.

[3] 曹育. 08.4 生物学. 见：董光璧. 中国近现代科学技术史（中卷）[M]. 长沙：湖南教育出版社，1997.

[4] 沈福伟. 中西文化交流史 [M]. 上海：人民出版社，1985.

[5] 方豪. 中西交通史（下册）[M]. 上海：人民出版社，2008.

[6] 陈梦雷. 古今图书集成（博物汇编·禽虫典·鹰部）[M]. 上海：中华书局，1934.

[7] 艾儒略. 性学觕述 [A]. 上海：慈母堂重刊，1887.

[8] 南怀仁. 坤舆图说（康熙甲寅年初刻）（上下两册，内府藏本）. 北京，1674.

[9] 霍有光. 从《四库全书总目提要》看乾隆时期官方对西方科学技术的态度 [J]. 自然辩证法通讯，1997，19（5）：56-65.

[10] [日] 实藤惠秀. 中国人留学日本史 [M]. 北京：生活、读书、新知三联书店，1983.

[11] 舒新城. 近代中国留学史 [M]. 上海：世纪出版股份有限公司、上海书店出版社，2011.

[12] [英] 艾约瑟. 动物学启蒙 [M]. 上海：总税务司署印.

[13] 胡道静. 墨海书馆 [J]. 中国科技史料，1982，3（2）：57-59.

[14] 范约翰著. 吴子翔译述. 百兽集说图考 [M]. 上海：美华书馆，1899.

[15] 薛攀皋. 我国大学生物学系的早期发展概况 [J]，中国科技史料，1990，11（2）：59-65.

[16] 丘浅治郎著. 许家惺，窦乐安审定. 动物学教科书 [M]. 西师意译，上海：山西大学堂编译馆印.

[17] 箕作佳吉著. 柯璜译编. 博物学讲义动物篇 [M]. 上海：山西大学堂编译馆印.

[18] 汪鸾翔. 动物学讲义 [M]. 长沙：湖南中学堂出版，1907.

[19] 金秋. 我国本世纪初的一本生物学教科书——《动物学讲义》[J]. 中国科技史料，1988，9（1）：41-43.

[20] 邹振环. 康熙朝贡狮与利类思的《狮子说》[J]. 安徽大学学报，2013（6）：1-11.

[21] 赖毓芝. 图像、知识与帝国：清宫的食火鸡图绘 [J]. 故宫学术期刊，2011，29（2）：1-76.

[22] 董少新. 从艾儒略《性学觕述》看明末清初西医入华与影响模式 [J]. 自然科学史研究，2007，26（1）：

64-76.

[23] 牛亚华.《泰西人身说概》与《人身图说》研究［J］. 自然科学史研究，2006，25（1）：50-65.

[24] 韦廉臣. 格物探原［M］. 上海：法国天主教堂刻印，1878-1880.

[25] 梁启超. 西学书目表［J］. 时务报，清光绪二十二年（1896）.

[26] 曲士培，方光伟. 04.5 留学和教会大学的科技教育. 见：董光璧. 中国近现代科学技术史（中卷）［M］. 长沙：湖南教育出版社，1997.

[27] ［美］丁韪良. 西学考略［M］. 北京：同文馆，1884.

[28] 傅兰雅，徐寿主编. 格致汇编［J］. 光绪二年（1876年）正月.

[29] 严复. 天演论［J］. 国闻汇编，1897，12.

[30] 王治浩，杨根. 格致书院与《格致汇编》——纪念徐寿逝世一百周年［J］. 中国科技史料，1984，5（2）：59-64.

[31] 曲士培，刘兰平. 04.2 洋务运动与科技教育的兴起. 见：董光璧. 中国近现代科学技术史（上卷）［M］. 长沙：湖南教育出版社，1997.

[32] 翟启慧，胡宗刚. 秉志传略. 见：翟启慧、胡宗刚. 秉志文存第一卷［M］. 北京：北京大学出版社，2006.

[33] 马立民. 癸卯学制对中国教育近代化的作用［J］. 陕西理工学院学报（社会科学版），2007，25（2）：77-81.

[34] 曲士培，刘兰平. 04.3 维新变法与科技教育合法化. 见：董光璧. 中国近现代科学技术史（上卷）［M］. 长沙：湖南教育出版社，1997.

[35] 杨直民. 11. 学校教育的基础作用. 见：董光璧. 中国近现代科学技术史（上卷）［M］. 长沙：湖南教育出版社，1997.

# 第九章 外国人士在中国进行的
# 动植物资源考察与标本采集

本章所谓的"外国人士"是一个十分庞杂的人群,其中有商人、外交官、传教士、探险家、现役军人、海关官员、标本商、博物学家、动植物学家、地理学家等。这些人群都有一个共同的特点,普遍对中国独特的、世界罕见的生物物种有迷恋和占有的强烈欲望。在这些人群中,有完全受商业利益所驱使的,如英国的东印度公司的商人,以及那些与商业关系十分密切的外交官、海关官员、传教士等;还有一些现役军人,他们受本国政府及军事机关派遣,怀着殖民主义侵略和扩张的企图,通常配备武器,进行武装综合考察,除采集大量动植物标本外,还包括对道路、自然地貌、山川湖泊、天文气象、地质矿产、军事设施、民族宗教、风俗民情等方面的了解和刺探。当然,在这些人群中也确实有一些著名的动植物专家,其中还有一些是在华教会办的大学生物系任教的外籍教师,如燕京大学的博爱理、苏州东吴大学的祁天锡、金陵大学的史迪蔚、金陵女子大学的里夫斯、岭南大学的贺辅民、福建协和大学的克立鹄等。他们考察生物资源并采集动植物标本的目的是从追求学术的建树出发,其积累的标本资料,在客观上有利于后人继续探讨和教书育人。

## 第一节 鸦片战争前外国人在中国的
## 动植物考察与标本采集活动

据史料记载,外国人在中国的动物学考察与标本采集活动应追溯到明代末年,那时就有外国传教士在华传教的同时进行一些动植物的采集活动。例如德国传教士邓玉函,1618 年来华传教途中,就曾沿途采集"各种植物、矿石、动物、鱼类、爬虫,并图其形",后著《Plinius indicus》两册。又如波兰籍传教士卜弥格(Michel Boym,1612—1659),在清顺治和康熙年间在中国传教,他通过对中国动、植物标本的观察,用拉丁文撰写了《中国植物志》(Flora Sinensis),1656 年在维也纳出版,此书收录中国名花和珍奇动物若干种,标有中国名称,并附有 23 幅插图,是在欧洲发表的第一部关于远东和东南亚大自然的著作。有些学者认为,卜弥格是第一个采用"植物志"这个名称的科学家。它对中国的植物、动物的介绍和其中的插图,却是欧洲将近一百年来人们所知道的关于中国动植物的仅有的一份资料,而且它的内容涉及面很广,《中国植物志》所介绍植物和动物多有其药效介绍,也可以说是开辟了药用植物学的新领域。此外,在当时进行动植物考察和采集活动的外国传教士还有意大利籍卫匡国（Martino Martini，1614—1661）、李明（Ludovious Le Comte）、巴多明、汤执中（Petrus d' Incar ville）等，他们先后在华采集标本，并有著述。即使在雍正禁教后，也有少数来华的外国商人通过到澳门、广州、浙江舟山、福建厦门等允许外国商船停泊之地进行贸易的同时顺便采集一些植物种苗和小动物标本。

17 世纪后期至 18 世纪早期，有几位外国人虽非专业人士，但有计划地在华进行动植物考察和标本采集活动，他们中居首者是英国东印度公司的一名外科医生肯宁海（James Cuninghame）。他于 1698 年到厦门，并在此处获得 800 种均注明名称及用途的植物彩色图谱，采得多种植物与种子以及贝壳与昆虫标本，并寄给英国植物学家彼帖佛（James Petiver），上述标本及种子均保藏于彼帖佛博物馆（Petiver Museum）。1700 年肯宁海再度来华，在舟山居住两年，采集约 600 种植物标本并寄回英国，茶花的种苗及种茶法均由他首次传入欧洲。法国传教士唐加维尔（Pierre Nicolas le che'non d'Incar ville，1706—1757）于 1740 年来华，此时正值乾隆皇帝利用传教士的技能修葺圆明园，唐加维尔受命负责引进西洋花木，于是他借此机会交换中国花木品种，在北京、澳门等地收集近 300 种植物标本陆续寄回巴黎，并将部分植物引种到法国、英国等地栽培。另外，还有一些外国人随事队、使团来华采集动植物标本。1792 年，为了促进中英之间的贸易，英国派出了以玛嘎尔尼（E.Macartney）为首的外交使团来华，该使团组织庞大，有科学界专家参与，他们途经广州、舟山、定海、烟台、天津大沽、北京、承德等地，由使团中会说中文的随员斯当东（G.L.Stauton）等人负责生物收集，包括沿途所见粮食和经济作物，此行他们共采集到 400 号植物标本及一些昆虫标本。其中昆虫标本由博物学家多诺万（E.Donovan）鉴定后，收录在他于 1798 年出版的《中国昆虫博物志》一书中。值得一提的是，在这一历史时期，产于我国南方的两种著名雉类白鹇（*Lophura nycthemera*）和红腹锦鸡（*Chrysolophus pictus*）被引入欧洲养殖，1738 年，英国人撰写的《鸟类自然史》（*Natural History of Birds*）中，已记载这两种产自中国的鸟类。在后来林奈的《自然系统》中，对这两种鸟做了规范的学术描述。

1720—1727 年，有几位德国人受俄国彼得大帝邀请，曾参加由俄国政府组织的科学探险队，如梅塞施米德（D.G.Messerschmidt，1685—1730）曾于 1724 年穿越外贝加尔地区，到达我国东北的呼伦湖考察，收集大量的生物标本和矿物标本及人文地理学和考古学方面的资料。同年他还到过黑龙江上游的音果河，在那里采集过虾类标本。此行他还发现了蒙古野驴（*Equus hemionus*）。

总之，鸦片战争前外国人在中国的生物学考察和采集活动在明末时期（约 1618 年）已经开始，绵延近 200 多年，但这些活动有很大的局限性，即只限于东南沿海如广州、澳门、厦门、舟山和北京等地区，在采集数量方面也十分有限，而且大多集中于植物中的栽培品种和一些药用植物，如大黄和一些经济植物等，野生动植物很少被采集。外国人对中国生物资源的研究也相对比较薄弱。在 18 世纪 20—30 年代，英国和俄国曾分别到我国西藏、内蒙古和黑龙江地区进行过规模较小的考察和标本采集活动。相关情况见表 9-1。

表 9-1　鸦片战争前西方人士来我国考察、采集动植物及标本情况

| 时间（年） | 国家 | 考察人 | 职业 | 考察地点 | 考察、采集动植物种类 |
|---|---|---|---|---|---|
| 1656 | 波兰 | 卜弥格（Michel Boym） | 传教士 | 海南岛 | 1656 年编写《中国植物志》，其中记载了一些动物资料，如豹子、凤凰、野鸡、绿毛龟、松鼠、蛇 |
| 1687 | 法国 | 张诚（J.F.Gerbillon） | 传教士 | 北京，南苑 | 观察麋鹿，错把脱角的麋鹿误认为野骡 |
| 1714 | 意大利 | 利国安（P.Jean Laureat） | 传教士 | 考察地点不详 | 提道动物有金鱼、猴、鹿、山羊、熊、鹰、野鸡、蝮蛇、蝴蝶等 |
| 1720 | 英国 | 斯隆（H. Sloane） | 医生，植物爱好者 | 中国南方 | 白鹇（Lophura nychemera）、红腹锦鸡（Chrysolophus pictus） |
| 1723 | 法国 | 巴多明（D.Parennin） | 传教士、法兰西科学院驻华通讯院士 | 不详 | 首次向法国介绍冬虫夏草和三七两种名贵的中国特产中草药 |
| 1720—1724 | 俄国 | 普鲁士人梅塞施米德（D.G.Messerschmidt） | 博物学家 | 蒙古北部及东北呼伦湖 | 收集大量生物标本，在黑龙江上游采集虾类标本，发现蒙古野驴（Equus hemionus） |
| 1733 | 俄国 | 白令（V.Bering）为首的大北方探险队 | 科学家 | 阿尔泰山 | 猎获盘羊（羱羊，Ovis ammon） |
| 1768 | 俄国 | 普鲁士人帕拉斯（P.S.Pallas） | 动物学家 | 阿尔泰山及黑龙江上游 | 蓝马鸡（Crossoptilon auritum） |
| 1792 | 英国 | 比尔（Th.Beale） | 商人 | 中国南方 | 白冠长尾雉（Syrmaticus reevesii） |
| 1812 | 英国 | 穆克罗夫特（T.Mooreroft） | 英国东印度公司雇员 | 雅鲁藏布江源的玛法木错（今玛旁雍错）和康仁波齐山一带 | 雁、云雀、朱顶雀、乌鸦、鹰等 |
| 1832 | 英国 | 雷维斯（J.Reeves）父子 | 英国东印度公司雇员 | 广东 | 大规模采集、收集当地动物标本，其中鱼类 340 号。兽类标本有狼、貉（Nyctereutes procyonoides）、獾（Arctonyx collaris）、水獭（Lutra lutra）、灵猫、豹猫（狸猫、金钱猫）、华南兔（山兔）、竹鼠、松鼠等 |
| 1838 | 英国 | 霍奇森（B.Hodgson） | 博物学家 | 西藏 | 命名产于四川的珍禽藏马鸡（Crossoptilon crossoptilon） |

# 第二节　鸦片战争后到辛亥革命时期外国人在中国的动植物考察与标本采集活动

　　鸦片战争后，西方列强以坚船利炮打开了中国的大门，西方传教士、外交官、商人、探险家在华有更大的行动自由权。他们利用各地的领事馆、传教活动据点，内外接应，如入无人之地，深入我国腹地，以掠夺的方式开展大规模的生物学考察和采集活动。以英国、法国和俄国最为活跃，美国后来居上。现将上述四国来华考察及标本采集情况分别简述如下（表9-2）。

## 一、英国

　　1840—1911年，英国先后有外交官、海关关员、商人、博物学家、动物学家、地质学家、猎手等32次进入中国，涉足浙江、福建、东南沿海诸岛、长江流域、广东、海南岛、四川、云南、西藏、青海、陕西、山西、内蒙古、新疆等地考察并采集大量动植物标本。其考查、采集的热点地区为福建（挂墩）、云南（中缅交界、腾冲、大理、丽江等）、西藏、新疆和四川（峨眉山、川西打箭炉、松潘等）。

## 二、俄国

　　1842—1911年，俄国有组织、有计划地派遣学者和军人进入中国进行生物学考察与采集活动多达27次。他们与英国的考察活动有很大的不同，组织严密，一般均由俄国科学院或地理学会派遣，有明确的目的，参与考察的人员大多为专业人员，并有现役军人参加，如普热瓦尔斯基、谢苗诺夫、科兹洛夫等，他们配备武器，实施武装考察，曾数次与中国当地居民发生冲突。他们的考察活动最初局限于我国东北、内蒙古、新疆与俄国交界的边境地区，自18世纪末到19世纪中期，逐步深入我国腹地，其考察热点地区包括：东北地区（当时属于中国领土的外兴安岭，以及黑龙江和乌苏里江流域）；西北地区（新疆天山地区、罗布泊、内蒙古鄂尔多斯、青海黄河上游、柴达木盆地、长江源头）。1879—1880年，他们进行第三次探险活动，在越过唐古拉山口，进入距拉萨260千米的邦扎山附近时，由于当地藏族同胞的强烈反对，俄国人最终未能进入西藏拉萨地区。在这一历史时期，以普热瓦尔斯基为首的俄国考察人员先后四次进入甘肃、青海、新疆、西藏等地，进行了所谓"亚洲中部探险"，积极为沙俄的领土扩张政策效力。在考察过程中，俄国考察人员采集了大量的动植物标本，他们尤其注重采集大型兽类标本，如野牦牛、野马、野驴等，并发表了一系列很有学术价值的考察报告和专著。另据罗洛报道，普热瓦尔斯基在四次探险活动中采集了大量动植物标本，其中大型和中型哺乳动物115种，303号；小型哺乳动物标本404号；鸟类425种，5000号；鸟卵400号；两栖、爬行动物50种，1200号；鱼类75种，800号；软体动物20种，400号。植物标本1700种，15-16000号。此外，还有许多昆虫标本。

## 三、法国

1844 年，法国与中国签订了《黄埔条约》，该条约是法国侵华的第一个不平等条约，它迫使清廷允许法国天主教在通商口岸自由传教，修建坟地，清代地方政府负责保护教堂和坟地。这个条约也为外国侵略者利用传教权力进行公开的侵华活动埋下了伏笔。此后，法国人传教士成为在华进行生物学考查与标本采集活动的骨干力量，并活跃在各传教点。其中，谭卫道（Amand David，1826—1900）是传教士中最出色的动物考察与标本收集者。在他的背后，不仅有法国强大的政治和军事力量，还有法国当时著名的学者如动物学家爱德华（A.Milne-Edwards）、植物学家布朗夏尔（E.Blanchand）等在学术上的指点。谭卫道自 1862 年首次来华，到 1874 年离开中国，在华长达 12 年之久，组织了三次较长时间的考察与采集旅行，其足迹遍及北京、河北、内蒙古、江西九江、四川穆坪、青藏高原边缘山区、陕西、山西、河南、浙江、福建武夷山挂墩等地。他获得的动植物标本不但数量丰厚，而且质量很高，如当时西方博物学家梦寐以求的一些观赏和学术价值很高的动物标本麋鹿、梅花鹿、大熊猫、金丝猴、虹雉、红腹角雉、血雉等，令法国巴黎自然博物馆的生物学家们欣喜不已。他们根据谭卫道和其他传教士寄回的标本，撰写了一系列动物学的专著和论文，如 1877 年，谭卫道等编著《中国的鸟类》（*Les Oiseaux de la China*）一书，成为当时研究中国鸟类的经典著作。1884—1888 年，出版了《谭卫道所采植物志》（*Plantae David'iana*）1 ~ 2 卷。此外，还有一些法国传教士如韩伯禄（Pierre Heude，1836—1902），1869—1884 年在长江下游及中游一带采集鱼类、爬行类（主要为龟类）及介壳类标本，曾发表《南京地区河产贝类志》（*Conchylliaogiie Fluviatale de la Provincee de Nanking*）。

## 四、美国

美国在华的贸易、生物考察和采集活动比较晚，在整个 19 世纪，他们在华只开展过一些零星的采集活动。其中比较重要的是传教士出身的美国外交官卫三畏（S.W.Williams）和海关官员唐涛（E.C.Taintor）、传教士麦加缔（D.B. Mc-Cartee）等，他们比较关注中国的一些经济植物，如油料作物、生漆、竹子、椰子、棕榈、柞蚕的饲料植物等。1870—1873 年，美国密执安大学动物学教授斯迪尔（J.Steere），在我国的台湾、汕头、香港以及我国沿海地区收集动植物标本，主要采集地点在台湾的基隆、淡水、台湾府（台中）和打狗（高雄）。他采集的鸟类标本经郇和（R.Swinhoe）研究，发现黄胸薮（sou）鹛（*Liocichla steerii*）等新种。进入 20 世纪后，美国在华进行了比较有规模的动植物考察和采集活动，获得的成效较大，首推哈佛大学比较动物学博物馆在华的考察收集，在 1907—1909 年，威尔逊（E.H.Wilson）及其助手查培（W.R.Zappey）在四川和湖北就为哈佛大学比较动物学博物馆收集大量的动物标本，威尔逊在他所著《一个博物学家在华西》一书中，记述了他在那里采集的鸡形目的主要种类，书中列举了环颈雉、白冠长尾雉、红腹锦鸡（金鸡）、白腹锦鸡（*Chrysolophus amherstiae*）、角雉（*Tragopan sp.*）、红腹角雉（*T.temminckii*）、绿尾虹雉、血雉、勺鸡（*Pucrasia macrolopha*）、藏马鸡、蓝马鸡等，并提出四川西部地区是雉科动物分布中心的观点；他的另一个发现是，川西山区是热带鸟类鹦鹉的一些种类。威尔逊及其助手查培发现，除华南外，分布纬度最高的地方也有鹦鹉的分布，如大绯胸鹦鹉、短尾鹦鹉等。通过两年的考察和采集，他们共收集到 370 张兽类的皮，3135 只鸟类标本，以及各种爬行动物和鱼类标本，大大丰富了哈佛大学比较动物学博物馆的收藏。此后，在 1908 年 9 月，美国国家自然博物馆派出克拉克（R.S.Clark）探险队来华采集动物标本，他们到过山西中部的太原、陕西北部的榆林、延安和中部的西安，后又西进到达甘肃的兰州。他们在沿途进行地理测绘、气象观测和采集动物标本，在一年多的时间里，他们共获得兽类标本 250 个，其中含 34 个种和亚种，有数个新种。这批兽类标本包括鹿、野猪、虎鼬、野兔和多种啮齿动物。此外，还获得一些两栖和爬行动物标本，并出版了本次考察的专著《穿越陕甘　1908—1909 年克拉克考察队华北行纪》。

表 9-2　鸦片战争后到辛亥革命时期西方人士来我国考察、采集动植物及标本情况

| 时间（年） | 国家 | 考察人 | 职业 | 考察地点 | 考察、采集情况 |
|---|---|---|---|---|---|
| 1844 | 英国 | 福琼（Robert Fortune） | 园艺学会成员 | 浙江、福建等地 | 采集大量昆虫标本、蝙蝠新种 |
| 1853 | 法国 | 蒙蒂尼（L.C.N.M.Montigny） | 外交官 | 不详 | 高原牦牛（*Bos mutus*）、丹顶鹤（*Grus nigricollus*）以及一些栽培植物 |
| 1853—1854 | 俄国 | 波塔宁（G.N.Potanin） | 军人 | 在我国西北地区进行广泛考察，并在华北的山西和川西北进行大规模动植物采集 | 收集动植物标本及地学资料 |
| 1853—1860 | 俄国 | 俄科学院院士，德裔动物学家施伦克（L.von.Schrenck） | 动物学家 | 黑龙江流域和乌苏里江流域 | 收集大量动物学、地理学和人类学资料，1958—1895 年先后发表四卷《1854—1856 在阿穆尔地区研究的旅行和研究》（Reisen und Forschungen im Amurland），书中包含大量的动物学和人类学资料 |
| 1855 | 俄国 | 马克（R.Maack） | 职员、中学博物学教师 | 率领考察队在黑龙江流域和兴凯湖等地考察 | 收集动植物标本，进行地理学考察，并调查民族学资料、人口分布和植被、动物分布，绘制航线和地图。采集各类动物标本如蝙蝠（*Myotis* sp.）、大仓鼠、貂、狐狸、野猪（*Sus scrofa*）、野羊（*Naemorhedus goral*）等。鸟类标本如绿头鸭、潜鸭、罗纹鸭、赤颈鸭、鸳鸯、鹭、黑琴鸡、松鸡、猫头鹰、林鹬、骨顶鸡、灰喜鹊、黄鹡鸰、草鹀、林鹞、北朱雀、柳莺、翡翠鸟等。爬行动物唯一分布到该地区的龟鳖类——鳖（*Pelodisus sinensis*）以及该地区常见种游蛇（*Coluber* sp.）。该地区最为丰富的鱼类资源如鲤科鱼类鲤鱼、东北鲟（*Acipencer schrencki*）、雅罗鱼、哲罗鱼、江鳕、鳇鱼（*Huso dauricus*）等 |

续表

| 时间（年） | 国家 | 考察人 | 职业 | 考察地点 | 考察、采集情况 |
|---|---|---|---|---|---|
| 1855—1858 | 俄国 | 德裔俄人拉德（G.Radd） | 雇员 | 为彼得堡科学院动物标本馆收集动物标本先到塔里池，再从黑龙江上游沿江而下直到乌苏里江江口地区 | 在塔里池收集到蒙古野驴（Equushemionus）和貉、刺猬、青羊 |
| 1855—1860 | 英国 | 郇和（Robert Swinhoe） | 外交官 | 厦门、宁波、海南岛等地 | 大量收集各地植物标本 |
| 1857 | 英国 | 霍奇森（B.H.Hodgson） | 外交官 | 西藏南部 | 采集原羚（Procapra picticaudata）、藏羚（Pantholops hodgsoni）等许多动物标本 |
| 1857 | 俄国 | 谢苗诺夫（P.P.Semenov） | 军人 | 受俄国皇家地理学会委派至我国新疆地区考察，在外伊犁山脉、经阿克苏河上游至天山地区 | 采集动物标本虎、昆虫。采集不少岩石和古生物标本。晚年写成《天山游记》 |
| 1857 | 法国 | 童文献（P.Perny） | 传教士 | 贵州 | 采集食蚁兽穿山甲（Manis pentadactyla）、松鼠、绿啄木鸟等，收集蚕种和饲料植物 |
| 1861—1864 | 英国 | 郇和（Robert Swinhoe） | 外交官 | 台湾地区、广东 | 考察台湾特产蓝鹇（Lopura swinhoii）、反嘴鸟、红翅绿鸠、红嘴绿鸠。1863年，在广东购得活蜂猴（Nycticebu scoucang）。获得台湾产水鹿、梅花鹿和鹿，考察当地熊标本 |
| 1862 | 法国 | 谭卫道（Armand David） | 传教士 | 结识法国科学院著名动物学家爱德华、植物学家布朗夏尔，并受他们委托进行采集。第一次采集地点在北京、承德 | 收集梅花鹿（Cervus nippon），偷看麋鹿，采集东陵高纬度地区的猕猴（M.Mulatta）、褐马鸡；采集承德的狗獾、麝鼬、泥鳅等 |
| 1864—1867 | 俄国 | 谢维尔佐夫（N.A.Severtzov） | 军人 | 1864年随同一支考察队到我国天山山脉考察，1867年到伊塞克湖南面的那伦河、喀什噶尔河一带考察 | 采集鸟类标本263种，兽类标本30种，以及岩石标本 |
| 1866—1868 | 英国 | 郇和（Robert Swinhoe） | 外交官 | 福州、海南岛 | 豪猪（福州）、黑长臂猿、水鹿、只分布于海南岛的坡鹿（泽鹿，Cervus eldi）、灵猫、海南大松鼠、橙胸绿鸠等，描述海南鸟类172种 |

续表

| 时间（年） | 国家 | 考察人 | 职业 | 考察地点 | 考察、采集情况 |
|---|---|---|---|---|---|
| 1866—1872 | 法国 | 谭卫道（Armand David） | 传教士 | 1866年3月到内蒙古狩猎，历时7个月；1868—1870年到中国中西部采集，先后到过天津、上海、镇江、九江、庐山、四川、重庆、穆坪、青藏高原；1872年10月从北京出发至河北、河南、西安、秦岭山地、江西、福建武夷山，在挂墩的小山村住下传教 | 1866年3月，以行贿手段在南海子（南苑）获得2张麋鹿皮和3只活麋，并立即送到巴黎自然博物馆；收集豆雁、天鹅、白鹇；调查干旱地区的啮齿动物如跳鼠、地松鼠，天鹅、野鸭等。在穆坪地处青藏高原边缘的横断山脉采集到大量鸟类、兽类及昆虫标本，并获得大熊猫皮，一只大熊猫幼体及一只大熊猫成体。沿途采集当地特产动植物标本，重点采集秦岭、武夷山地区的鸟兽、两栖爬行动物及昆虫标本。采集鸟类达470种，1877年法国博物学家出版的《中国的鸟类》（Les Oiseaux de la Chine）中描绘了772种谭卫道见过的鸟类，其中有58种新种。谭卫道根据自己的观察和俄国普热瓦尔斯基等人收集的资料，认为中国有807种鸟。兽类有63个种被认为是新种 |
| 1867 | | 普热瓦尔斯基（H.M. Przewalski） | 军人 | 乌苏里江地区 | 采集到一只熊、300多号鸟类标本，以及两栖动物、爬行动物、昆虫及蜘蛛等节肢动物标本。1870年出版《旅行在乌苏里地区》，后来长期在我国西北地区考察 |
| 1868—1875 | 英国 | 安德生（J.Anderson） | 博物学家 | 从缅甸八莫进入云南曼允、腾越（腾冲） | 获得兽类67种、鸟类234种、爬行动物55种、两栖动物18种、软体动物93种、各类昆虫248种，以及甲壳动物多种。在《解剖学和动物学研究》一书中还介绍了八莫附近的克立钦山河云南西部的灵长目动物白眉长臂猿（Hylobateshoolook）、猕猴、熊猴；食虫目的树鼩；啮齿目的长尾攀鼠、鼯鼠；食肉目的小爪水獭、水獭、猪獾、熊、虎、狐狸；长鼻目的大象；奇蹄目的双角犀；鸟类的环颈雉（滇南亚种）；爬行类的地龟（Geoemyda） |
| 1869 | 英国 | 弗赛斯（T.D.Forsyth） | 官员 | 新疆叶尔羌地区 | 采集高等植物400余种，藻类80种 |
| 1870 | 俄国 | 普热瓦尔斯基（H.M. Przewalski） | 军人 | 经库仑（乌兰巴托）、张家口至北京，再到鄂尔多斯高原、阿拉善、贺兰山等地 | 沿途测绘，收集动物标本，包括毛腿沙鸡、百灵鸟、鼠兔、黄羊等食草兽类。获得马鹿（Cervus elaphus）、麝（Moschus moschiferus）、岩羊（Pseudois nayaur）和一些雉鸡标本。此行获得1000只鸟类标本，以及狼、狐狸、马鹿（Cervus elaphus）、麝、麅（Capreolus capreolus）、盘羊（Ovis ammon）、北山羊（Capra ibex）和兔子等 |

续表

| 时间（年） | 国家 | 考察人 | 职业 | 考察地点 | 考察、采集情况 |
|---|---|---|---|---|---|
| 1871—1876 | 英国 | 郇和（Robert Swinhoe） | 外交官 | 浙江、福建 | 白颈长尾雉（*Symaticus ellioti*）、黑线姬鼠和毛冠鹿等鸟兽 |
| 1872 | 法国 | 1.福威勒（A.A.Fauve） | 海关官员 | 山东烟台等地 | 福威勒是第一个研究我国扬子鳄的西方学者，发表了《中国鳄鱼》（*Alligators in China*），曾任上海自然博物馆名誉馆长 |
| 1873 | 英国 | 施托里克茨卡（F.Stoliczca） | 地质学家 | 新疆 | 收集较多兽、鸟、爬行动物、鱼类、昆虫标本 |
| 1872—1873 | 俄国 | 普热瓦尔斯基（H.M. Przewalski） | 军人 | 先到定远营，然后进入甘肃大靖，到大通河畔的天堂寺，随后到大通河流域和托莱南山，最后到达青海湖，由此进入柴达木盆地 | 收集数十种鸟类标本，10种兽类标本，数百种植物［对大黄（*Rheum officinale*）尤为重视］，以及鱼类标本。在青海湖收集鳇鱼标本。猎得野牦牛（*Bos mutus*）、野驴、岩羊、羚羊（鹅喉羚，*Grzzela Subgutturosa*）、熊、白狼、狐狸等。1873年，到达长江上源木鲁乌苏河，发现河流两岸大型野生兽类极多，有野牦牛、原羚、野驴、白唇鹿、棕熊、狼、狐狸、旱獭等。此次获得兽类42种，兽皮130张（无新种）；鸟类238种，约1000只；数百个鸟蛋，包括20个新种，其中有黑颈鹤（*Grus nigricollus*）和大石鸡等；爬行动物10种，70个标本；鱼11种；昆虫标本3000多个 |
| 1876 | 俄国 | 波塔宁（G.N.Potanin） | 军人 | 率领俄国地理学会组织的探险队从斋桑泊出发，到布伦托海（福海）-阿尔泰山脉-准噶尔盆地-天山山脉-渡扎布汗河-乌里亚苏台-可布多城返回俄国 | 收集人种学标本和动植物标本 |
| 1879 | 俄国 | 波塔宁（G.N.Potanin） | 军人 | 率领探险队到乌布苏诺尔湖考察 | 在收集动植物标本，其中植物标本1450号，还有一些矿物、动植物化石标本 |
| 1879—1880 | 俄国 | 普热瓦尔斯基（H.M. Przewalski） | 军人 | 先后到达准噶尔沙漠、柴达木盆地和木鲁乌苏河。由于枪杀藏民，当地藏族同胞拒绝其继续考察，无奈中止考察并返回柴达木。后由西宁出发考察了黄河上游，并再次考察青海湖 | ①在准噶尔盆地获得一个野马（*Equus przewalskii*）标本；②共获得600余号鸟兽标本，含兽类40多种，鸟类200余种。此外，还采集了不少爬行动物和鱼类标本；③收集野牦牛、野驴（*E.kiang*）、岩羊、藏羚羊（*Pantholops hodgsoni*）等动物标本；④猎得一些鸟类新种 |

续表

| 时间（年） | 国家 | 考察人 | 职业 | 考察地点 | 考察、采集情况 |
|---|---|---|---|---|---|
| 1881 | 英国 | 谢立山（A.Hosie） | 外交官 | 四川 | 白腊虫、鹿茸、麝香、蚕丝 |
| 1884 | 俄国 | 波塔宁（G.N.Potanin） | 军人 | 率领地形测绘者和博物学家到我国青藏高原东部地区考察 | 由北京至兰州，兵分两路：①贝雷佐夫斯基（M.Berezovski）到达野生动物资源丰富的成县和两当县，重点采集鸟兽标本；②波塔宁继续下西南至青海循化、民和回族土族自治县、西宁、贵德、拉卜楞寺至卓尼，在那里与贝雷佐夫斯基会合。共采集软体动物、昆虫标本、植物标本12000号，含400种 |
| 1884—1887 | 英国 | 斯特扬（F.W.Styan） | 博物学家 | 长江下游和福建北部 | 采集大量鸟类、兽类标本。1891年发表《长江下游盆地的鸟类》（Birds of the lower Yangtze basin）一书，记载汉口至东海之间长江盆地的鸟类359种 |
| 1887 | 英国 | 普拉特（A.E.Pratt） | 博物学家 | 长江流域九江、庐山 | 获得鳞翅目昆虫、爬行动物，蛇1新种；鳜鱼（Siniperca chuatsi）、锦鸡（Chrysolophus pictus）、鬣羚（Capricornis smatraensis）、鼯鼠、江豚（Neomeris phocienoides）的标本。将白鲟（Psephurus gladius）及江豚活体送回英国 |
| 1888 | 俄国 | 普热瓦尔斯基（H.M.Przewalski）率领的西藏考察团，由于普热瓦尔斯基暴死于伊塞克湖边，改由俄军官彼夫佐夫（M. V. Pevtsov）带队 | 军官 | 天山、昆仑山等地 | 采集生物标本并进行地学测量。收集到兽类标本60种，头骨、皮张200件。鸟类220种，标本1200号。鱼11种，标本100号。两栖爬行动物20种，标本80号。昆虫200种 |
| 1889 | 英国 | 普拉特（A.E.Pratt）及德国助手科里哲朵夫（Klicheldorff） | 博物学家 | 汉口、宜昌 | 采集大量爬行动物、鹿、野猪、鸟类标本及活雉类标本 |
| 1889 | 法国 | 亨利（Henri d' Orleans）王室成员 | 旅行家 | 从新疆库尔勒、罗布泊至青藏高原，再到四川打箭炉等地 | 沿途收集大量鸟兽标本及人类学资料。兽类中有藏野驴、藏牦牛、藏羚羊等，这些标本都被送到巴黎自然博物馆 |
| 1889—1890 | 俄国 | 格鲁姆—格日迈洛（G.Y.Grum-Grjimailo） | 军人 | 天山东部和甘肃的走廊南山高地一带及准噶尔盆地。此后又进入青海湖，至新疆乌鲁木齐、玛纳斯到伊宁 | 射杀4个野马标本，包括4张完好的毛皮、一副完整的骨骼和3个头骨，均收藏于彼得堡博物馆。获得植物标本500号，代表218种，有数新种。获得很多动物标本，包括兽皮153张，鸟类标本1048号，爬行动物120只，鱼90条，以及许多昆虫标本 |

续表

| 时间（年） | 国家 | 考察人 | 职业 | 考察地点 | 考察、采集情况 |
|---|---|---|---|---|---|
| 1890 | 英国 | 普拉特（A.E.Pratt）及德国助手科里哲朵夫（Klicheldorff） | 博物学家 | 四川峨眉山、打箭炉 | 猎杀角雉（*Tragopan* sp），收集许多著名雉类标本，如虹雉（*Laphophorus* spp.）和马鸡（*Crossoptilon* spp.）等。采集冬虫夏草，收集大量活雉鸡、活熊崽送往英国，在该地发现一蝙蝠新种。经鉴定鸟类76种，包括藏马鸡（C.crossoptilon）、绿尾虹雉（L.lhuysii）等名贵种类 |
| 1891 | 英国 | 包沃（H.Bower） | 军人 | 青藏高原北部 | 白唇鹿 |
| 1891 | 俄国 | 普提亚塔（P.V.Putiata）、波罗多夫斯基（L.L.Borodovski） | 军人 | 考察我国华北山区，曾深入皇家围场考察动植物 | 采集不少动植物标本，其中植物标本经鉴定为284种，包含数个新种 |
| 1892 | 俄国 | 波塔宁（G.N.Potanin） | 军人 | 率领考察队到中国西南西藏东部和四川西北的高山地区 | 在西藏雅砻江和巴塘附近收集了900号植物标本、1029只昆虫及一些鱼类、爬行类标本。此次共采集10000号植物标本，代表1000种，并收集大量动物标本、植物种子及药材。此外，贝雷佐夫斯基单独采集大型兽类毛皮96张，小型兽类毛皮76张，头骨98个。采集到大熊猫、扭角羚、金丝猴、赤斑羚（青羊，*Naemorhedus cranbrooki & goral*）的两个种。收集鸟类标本267种，包括黑额山噪鹛（*Garrulax sukatschewi*）、灰冠鸦雀（*Paradoxornis*） |
| 1893 | 英国 | 李特莱达尔（G.R.Littledale） | 旅行家 | 经喀什噶尔、阿克苏、南疆的库车、库尔勒至罗布泊、青海湖 | 沿途采集生物标本 |
| 1893 | 俄国 | 罗波罗夫斯基（V. I. Roborovski） | 军人 | 伊犁河、裕勒都斯河水系、吐鲁番盆地、哈密、罗布泊 | 共获得兽类骨架30具，兽皮250张。鸟1200只，含200多种。爬行类和鱼类450条。昆虫标本30000只；植物约1300种，标本25000号 |
| 1893—1895 | 英国 | 拉陶齐（J.de La Touche） | 海关官员 | 福建武夷山挂墩、上海、秦皇岛、台湾 | 大量采集昆虫、鸟类、兽类、两栖和爬行类、翼手类、啮齿类标本 |
| 1896—1897 | 英国 | 斯特扬（F.W.Styan） | 博物学家 | 武夷山挂墩、福建古田水口镇、浙江、四川 | 采集高山短羽莺、栗头鹟莺、黄胸柳莺等鸟类，以及管鼻蝠和各种松鼠等啮齿动物标本；采集鱼狗、斑胸鸦雀、凤头鹃、白鹇、蓝鹇、雀鹛、鹟莺、竹鸡、树雀、太阳鸟（*Aethopyga siparaja*）等；在浙江采集到黑麂（*Muntiacus crinifrons*）、毛冠鹿、蝙蝠、松树、鼯鼠等，在四川采集到大熊猫、金丝猴和小熊猫等珍稀动物 |

续表

| 时间<br>（年） | 国家 | 考察人 | 职业 | 考察地点 | 考察、采集情况 |
|---|---|---|---|---|---|
| 1899 | 英国 | 怀特海<br>（J.Whitehead） | 传教士 | 海南 | 收集鸟类、兽类、爬行类的标本，鸟类中有白鹇、灰蓝鹊（Urocissa whiteheadi） |
| 1899 | 俄国 | 科兹洛夫 | 军人 | 1899年7月进入蒙古，考察阿尔泰山西部山区。后进入甘肃北部、武威、兰州、青海湖、柴达木盆地以及扎陵湖、鄂陵湖 | 在科布获得很有地域特色的河狸（Castor fiber）的标本。在柴达木盆地等地区收集到飞鼠等啮齿动物、食草动物标本。在扎陵湖、鄂陵湖地区收集到罕见的藏雀，以及棕草鹛（Babax koslowi）和藏鹀（Emberiza koslowi）两种十分少见的鸟类新种。共收集植物标本30000号；动物标本3000多号，其中鸟类和昆虫标本各1000多号，其余主要是兽类和鱼类标本 |
| 1900—1902 | 英国 | 瓦尔<br>（F.Wall） | 官员 | 香港、上海 | 收集动物标本 |
| 1902—1906 | 俄国 | 阿尔谢尼耶夫<br>（V.K.Arseniev） | 军官 | 率侦查队进入兴凯湖、海参崴之间被俄国占领的领土进行调查，后又进入乌苏里江以东地区考察 | 采集各种动物、植物标本 |
| 1903—1909 | 英国 | 威莱曼<br>（A.E.Wileman） | 驻台领事 | 台湾 | 收集大量昆虫标本，其中包括许多蝴蝶新种 |
| 1903—1907 | 英国 | 布朗<br>（Messrs Brown） | 成都领事 | 四川 | 收集鬣羚等兽类标本 |
| 1904 | 英国 | 白里<br>（F.M.Bailey） | 军人 | 西藏、川西打箭炉 | 收集鸟类和啮齿动物标本 |
| 1904 | 美国 | 安德森<br>（M.P.Anderson） | 受雇于英国自然博物馆兽类部 | 新疆伊犁 | 收集马、鹿标本 |
| 1904—1914 | 美国 | 格拉函<br>（J.Graham） | 传教士 | 云南 | 给英国自然历史博物馆送去大量淡水鱼类标本，经该馆鱼类专家瑞甘（C.T.Regan）鉴定，共有26个种，至少有15个新种 |
| 1905 | 英国 | 不详 | 商人 | 中国西南 | 给英国自然历史博物馆购得两只马来熊（Helarctos malayanus） |
| 1906—1921 | 英国 | 斯坦利<br>（A.Stanley） | 医生、亚洲文会自然博物馆负责人 | 武夷山挂墩 | 收集大量爬行类标本，包括钝头蛇和方花蛇等数个新种 |

续表

| 时间<br>（年） | 国家 | 考察人 | 职业 | 考察地点 | 考察、采集情况 |
|---|---|---|---|---|---|
| 1907—1909 | 俄国 | 科兹洛夫（P. K. Kozlov） | 军人 | 1908年进入内蒙古弱水（额济纳河流域）；1908年来到喀拉浩特（西夏黑城）；1908年7月底到西宁，又再次到青海湖地区考察；1909年2月到达甘南拉卜楞寺 | 考察了荒漠地区分布的黑尾地鸦、岭雀、伯劳、毛腿沙鸡等，以及一些候鸟，如大雁、野鸭。采集到小鸮、沙莺、伯劳、百灵、黄羊、野猫、鼬、鼠类和沙蜥等。在额济纳河及嘎顺淖尔、顺苏古诺尔（即西居延海）考察了灰雁、黑头鸥、翘鼻麻鸭、鹭、白尾海雕、赤颈潜鸭、斑头秋沙鸭、针尾鸭、凤头䴙䴘、白骨顶、鸬鹚、黑鹳、天鹅等大量的水鸟，以及鸦、喜鹊、小嘴乌鸦、寒鸦、渡鸦、麻雀、红尾鸲等鸟类。收集了一些鸟类标本和鲫鱼标本。采集了黑尾地鸦（Podoses hendersoni）。在黑城外沙丘上收到了少见的三趾心颅跳鼠（Salpingotu skozlov），在黑城中收集到沙蟒等爬行动物 |
| 1907—1909 | 美国 | 威尔逊（E.H.Wilson） | 动物学家 | 四川、湖北 | 采集了大量雉科鸟类标本，获得兽皮370张，3135只鸟，爬行动物和鱼类标本 |
| 1907—1911 | 英国 | 斯特华（E. H. Wilson）、弗格生（W. N. Fergusson） | 博物学家 | 西藏 | 收集动物标本。弗格生在1911年到四川考察扭角羚的迁徙，并将金丝猴标本送到英国自然历史博物馆 |
| 1907—1911 | 英国 | 瓦德（F.Kingdon Ward）、史密斯（J.A.C.Smith） | 雇员 | ①秦岭、峨眉山<br>②云南西部和四川 | ①发现老鼠和鼩鼱的新种<br>②发现长尾鼩鼱、旱獭、大林姬鼠、姬鼠、田鼠、鼠兔等9种小型兽类，其中两种田鼠被认为是新种 |
| 1908 | 英国 | 穆耐（Malcolm M'Neill） | 猎手 | 四川西部打箭炉和北部松潘 | 收集大量兽类标本，包括扭角羚、黑熊、马鹿、白唇鹿、盘羊、鬣羚，这些标本被送到英国自然历史博物馆 |
| 1908 | 英国 | 布鲁克（J.W.Brooke）、米尔斯（C.H.Mears）、黎塞姆（A.E.Leatham）、斯肯纳（A.H.Skinner） | 猎手 | 岷江上游 | 采集鬣羚、扭角羚等标本，并将一张大熊猫皮、中国特产毛冠鹿及白海豚标本送到英国自然历史博物馆 |
| 1908—1909 | 美国 | 克拉克（R.S.Clark）探险队 | 探险家 | 在我国山西、陕西、甘肃三地采集 | 获各种兽类标本220件，无脊椎动物标本以及两栖类、爬行类、鱼类和鸟类标本近百件，还获得蚤类三个新种 |

续表

| 时间<br>（年） | 国家 | 考察人 | 职业 | 考察地点 | 考察、采集情况 |
|---|---|---|---|---|---|
| 1909—<br>1912 | 英国 | 索尔比<br>（A.C.Sowerby） | 标本采集者 | 山西西北部山区、内蒙古南部 | 获 270 件兽类标本，经博物馆专家鉴定，有 45 个种和亚种，其中大部分为啮齿动物，此外还有豹、獾、狼、狐、麝、鹿、黄羊、盘羊等 |

# 第三节　民国时期外国人在中国的考察与标本采集活动

民国时期外国人在华的动物学考察和采集活动，从考察的次数、规模和所获得的成果来看，首推美国。在这一历史时期，美国先后有四批考察队在华活动，他们分别是：① 1913—1938 年，华盛顿自然博物馆曾先后数次到我国东北地区、河北、陕西、浙江、福建、四川、云南、甘肃、青藏高原边缘地区进行动物学考察和采集；② 1916—1935 年，纽约自然博物馆亚洲考察队在福建、云南、内蒙古、新疆、四川、陕西、山西、河北、安徽、湖南、海南等地进行了规模较大、延续时间较长的动物学考察和采集活动；③ 1928—1929 年，美国芝加哥博物馆派出一支考察队，重点在我国西南及其毗邻地区进行动物学考察和采集活动；④ 1931—1935 年，美国费城自然科学院自然博物馆和宾夕法尼亚大学考古学与人类学博物馆派出以杜兰（B.Dolan）为首的考察队，到我国西南考察和收集动物标本。该考察队中还有德国鸟类学着魏戈尔德（H.Weigold）、德国柏林博物馆的舍费尔（E.Schaefer）和宾夕法尼亚大学的一名人类学家。除上述有组织、有计划专程来华进行动物学考察和采集外，在中国各教会学校任教的美国生物学教师也长期在华进行动物标本的采集和研究，他们当中比较著名的学者有：祁天锡，苏州东吴大学生物系教授，重点研究我国动植物区系，长江下游的鸟类以及中国的蚂蚁、蜘蛛和蚯蚓等；里夫斯（C.D.Reeves），他在金陵女子大学任教时曾长期研究我国的鱼类，1927 年曾发表《中国东北部和朝鲜的鱼类目录》，1931 年出版《中国脊椎动物手册》；燕京大学的博爱理（A.M.Boring），研究我国两栖类动物，曾和刘承钊合作发表《华北两栖爬行类手册》，1945 年发表《中国的两栖类》；福建协和大学任教的克立鸫长期研究福建农作物害虫，如水稻螟虫、寄生蜂、荔枝蝽象等，还研究过蚕种改良的问题；在厦门大学任教的赖特（S.F.Light）曾先后研究过我国的白蚁和文昌鱼等动物；在华西大学任教的格拉罕（D.C.Graham）曾为美国国家自然历史博物馆等研究机构收集四川峨眉山、灌县和云南等地的动物标本。此外，美国在华的传教士，如万卓志（G.D.Wilder）等在河北承德木兰围场猎获青羊、梅花鹿、豹猫、白冠长尾雉等大量兽类、鸟类标本；在福建传教的柯志仁（H.R.Caldwell）父子收集大量兽类（包括华南虎等）、鸟类、两栖爬行类、鱼类及昆虫标本，送到美国各大博物馆。

民国时期，除美国外，德国梅尔（R.Mell）于 1916—1921 年在广东进行小型兽类、爬虫类、昆虫等动物的考察和标本的采集活动；德国驻成都领事魏斯（H.Weiss）于 1912—1913年，在四川汶川收集到 5 张大熊猫皮，送到柏林自然博物馆；1916 年，德国鸟类学家魏戈尔德（H.Weigold）等在河北东陵、鄂西、川西南、川北的瓦山、巴塘、汶川、松潘一带收集动植物标本，获得大量珍稀的兽类和鸟类标本；1938 年，德国动物学家舍费尔（E.Schaefer）率一支德国考察队到我国喜马拉雅山东部及临近地区考察，获得一扭角羚新亚种（*Budorcas taxicolor*）。此外，比较著名的是瑞典探险家斯文赫定（Sven A.Hedin）于 1926 年再次率队来华探险，后来与我国学者联合组成"西北联合考察团"，他们曾在西北地区考察和采集黄羊、野驴、藏羚羊等兽类标本和一些鸟类标本。具体情况见表 9-3。

表 9-3　民国时期西方人士来我国考察、采集情况

| 时间（年） | 国家 | 考察人 | 职业 | 考察地点 | 考察、采集情况 |
|---|---|---|---|---|---|
| 1908—1911 | 英国 | 安德森（M.P.Anderson） | 受雇于英国自然博物馆兽类部主任托马斯（O.Thomas） | 山西、陕西、内蒙古毛乌素沙漠；秦岭山区；陇南、四川北部的松潘等地 | 采集到兽类 32 个种和亚种，包括狼、麂、黄羊等大量兽类、鸟类及爬行动物标本。1910 年在秦岭山区获得白扭角羚（金牛羚亚种）、岩羊（*Pseudois nayur*）和麂及一些小型兽类的新种。收集鼩鼱、马蹄蝠、松鼠、林姬鼠、田鼠等小型兽标本 |
| 1912 | 英国 | 沃拉斯顿（A.F.R.Wollaston） | | 西藏的喜马拉雅山区 | 考察熊猴、岩羊、藏羚、盘羊、鹿、藏野驴、红狐、鼠兔、旱獭等大型兽和各种啮齿动物的分布，同时考察鸟类种类以及爬行动物沙蜥的分布与习性 |
| 1913 | 英国 | 索尔比（A.C.Sowerby） | 标本采集者 | 吉林朝阳城（今通化地区）、辉发河与松花江汇合处、鸭绿江、黑龙江一面坡林区 | 获得一些兽类、鱼类标本，其中凹尾黄拟鲿金融学（*Psseudobagrus emarginatus*）为新种，对前人采集的兽类等标本进行了核实 |
| 1913 | 英国 | 瓦德（F.Kingdon Ward） | 雇员 | 云南腾越、大理、丽江、中甸、白马山、澜沧江和怒江之间的察瓦龙谷地 | 观察鳞翅目、鞘翅目昆虫，考察高原分布的两种雉鸡、小型鸟类和野兔及短尾猴等动物。他发现怒江和澜沧江是动物分布的重要分界线 |
| 1916 | 美国 | 安得思（R.C.Andrews）、海勒（E.Heller）、克立鸽（C.R.Kellogg）协助 | 标本采集员 | 云南西部 | 收集大量标本，其中兽类标本 2100 号，鸟类标本 800 号，爬行类、无尾两栖类标本 200 号。兽类标本有黄长臂猿、白眉长臂猿、长尾灰叶猴、熊猴、猕猴等灵长类动物，以及青羊、麂、鬣羚、水鹿、香猫、云豹、黑熊、鼩鼱、鼹鼠和大量鼠的标本。鸟类有原鸡、白鹇、绿孔雀、红喉山鹧鸪等 |

续表

| 时间（年） | 国家 | 考察人 | 职业 | 考察地点 | 考察、采集情况 |
|---|---|---|---|---|---|
| 1919 | 英国 | 拉陶齐（J.de.La Touche） | 海关官员 | 上海、秦皇岛、长江各口岸 | 1919年发表湖北长阳鸟类的论文，记述173种和亚种。在秦皇岛采集犬吻蝠，以其名字作为种名，未被认可 |
| 1919 | 美国 | 安得思（R.C.Andrews） | 标本采集员 | 内蒙古东部、中部及毗邻地区 | 获得北山羊、盘羊、野驴、鼷、鼠兔、野兔、仓鼠、松鼠等啮齿动物标本 |
| 1921 | 英国 | 索尔比（A.C.Sowerby） | 标本采集者 | 长江流域、上海附近、浙江钱塘江口、福建 | 在福建考察后认为，福建地理位置特殊，一些山系海拔较高，造成那里的动物区系带有古北界与东洋界过渡区的特色 |
| 1921—1922 | 美国 | 纽约自然博物馆组建中亚调查团，如奥士朋（H. F. Osborn，人类学家）、葛兰格（W. Granger，古生物学家）、查平（J. P. Chapin，鸟类学家）等 | 科学家 | 内蒙古、新疆、四川、陕西太白山、山西北部、河北东陵、安徽、福建、湖南、海南等地 | 在内蒙古收集到各种动物标本，挖掘出恐龙和恐龙蛋及许多古生物化石。在河北收集到沈括曾记述的两头蛇及元宝鲳等鱼类标本。1922年，中亚调查团成员蒲伯（Clifford H.Pope）在湖南洞庭湖采到白鳍豚（Lipotes vexillifer），在安徽芜湖采到扬子鳄（Alligato rsinensis），在海南岛收集到海南特有的坡鹿、灵猫、穿山甲、野猪、赤麂、水鹿、帚尾豪猪、树鼩、蝙蝠、红腹松鼠、海南飞鼠、海南绒鼠、家鼠等900号标本 |
| 1922 | 英国 | 史祕斯（M.A.Smith） | 使馆医生 | 海南 | 采集的两栖类中有2新种：细刺蛙（Ranaspimulosa）和小岩蛙；爬行类中有3新种，包括斯氏壁虎等 |
| 1923—1926 | 苏联 | 科兹洛夫（P.K.Kozlov） | 军人 | 蒙古肯特山和杭爱山等地区 | 采集动植物标本，在蒙古土谢图汗部诺颜山下挖掘古墓、获得大量动植物标本及珍贵文物与丝绸 |
| 1924 | 英国 | 史密司（F.T.Smith） | 标本商人 | 归化、大青山、西北地区 | 猎取盘羊、鹿类、羚羊等大型兽类 |
| 1925 | 苏联 | 斯克沃尔佐夫（B.W.Skvortzow） | 东省文化研究会 | 东北地区 | 研究我国东北地区动植物 |
| 1925 | 美国 | 蒲伯（Clifford H.Pope） | 动物学家 | 武夷山挂墩 | 获得猕猴、熊、獴、蝙蝠、香猫、野猫、獾、狐狸、猫鼬、鹿等，还采得大批的蛇、蜥蜴、蟾蜍和青蛙及大量鱼类标本。收集到罕见的肥螈、眼镜蛇、环蛇等 |

续表

| 时间（年） | 国家 | 考察人 | 职业 | 考察地点 | 考察、采集情况 |
|---|---|---|---|---|---|
| 1926 | 英国 | 史密司（F.T.Smith） | 标本商人 | 武夷山挂墩 | 采得兽类、鸟类和两栖动物、爬行动物标本280号。其中兽类包括2只猪鼻獾（Arctonyx collaris）、短尾猴、猕猴、金猫、狸猫、竹鼠及一些有较高学术价值的啮齿类、鸟类、罕见的蛇蛙标本 |
| 1927—1933 | 瑞典 | 斯文赫定（Sven Hedin）率领的中瑞西北科学考察团 | 地质学家 | 内蒙古、新疆、阿拉善高原和天山山脉的博格达山等地 | 共采得2500号植物标本和一些植物种子，约70种鸟类标本和许多昆虫标本 |
| 1928 | 美国 | 库利哲（H.Coolidge）率领一部分芝加哥自然历史博物馆考察队 | 哈佛大学比较动物学博物馆馆长助理 | 中南半岛、北部湾、四川 | 为该馆收集云南、广西的叶猴等动物 |
| 1928 | 美国 | 罗斯福兄弟（T.&K. Roosevel）率领一部分芝加哥自然历史博物馆考察队 | 狩猎爱好者 | 云南腾越、川西穆平 | 收集大熊猫、金丝猴标本 |
| 1928 | 美国 | 史蒂文斯（H.Stevens）率领一部分芝加哥自然历史博物馆考察队 | 狩猎爱好者 | 云南、四川 | 收集小型兽类和鸟类标本，为该博物馆采集鼠兔、帚尾豪猪等2400多件生物标本 |
| 1930 | 英国 | 马丁（A.J.Martin） | 福州领事 | 福建 | 观察候鸟迁徙并收集鸟类标本及猫科动物标本，如虎、豹、豹猫 |
| 1930 | 英国 | 索尔比（A.C.Sowerby） | 标本采集者 | 福州 | 收集钩盲蛇 |
| 1931 | 美国 | 伍尔逊（F.R.Wulsin）为首的华中探险队 | 探险家、动物学者 | 河北、山西、内蒙古、甘肃和长江中下游流域等地 | 获得大量鸟类和其他动物标本。兽类标本中有在山西采集的鼢鼠和内蒙古阿拉善采集的长尾跳鼠及采于我国北方各地的麝鼹、钩牙鼯鼠、獾、黑熊等。在长江流域收集兽类、产于宁波的獐以及江豚等，上述标本被送到美国哈佛大学比较动物学博物馆 |
| 1931 | 美国 | 费城自然科学院自然博物馆和宾夕法尼亚大学考古学与人类学博物馆展出的以杜兰（B.Dolan）为首的考察队 | 人类学家、鸟类学家等 | 川藏边境，打箭炉西北一带 | 获得3只大熊猫和金丝猴，以及大量鸟类、兽类标本。1932年携带大批标本返回美国 |

| 时间<br>（年） | 国家 | 考察人 | 职业 | 考察地点 | 考察、采集情况 |
|---|---|---|---|---|---|
| 1931—<br>1934 | 英国 | 史密司<br>（F.T.Smith） | 标本商人 | 中国西南部<br>四川一带 | 收集大量珍稀标本，如大熊猫、小熊猫、金丝猴、扭角羚、马鹿、麝、鹿、鬣羚、北山羊、盘羊等。1934年在四川西部收集到岩羊、新种鸟类 |
| 1934 | 美国 | 塞齐（D.Sage）、卡特（T.D.Carter）等（美国自然历史博物馆派出的考察队） | 动物学家、博物学家、探险家等 | 四川汶川、岷江一带 | 获得2000只小型兽、400支鸟类和少量两栖动物、爬行动物标本。兽类包括3只大熊猫、金丝猴、扭角羚、青羊、岩羊、鬣羚、野猪、小熊猫、黑熊、獐、獾、毛冠鹿和黄喉貂。鸟类包括虹雉、角雉、血雉等具有川藏高山区特征的一些雉鸡 |
| 1934—<br>1935 | 美国 | 杜兰（B.Dolan）、舍费尔<br>（E.Schaefer）等 | 人类学家、鸟类学家 | 川西北的松潘、青海阿尼玛卿山区、柴达木盆地、长江、黄河源头 | 获得大量鸟类和兽类标本，其中有野牦牛、藏野驴、扭角羚、白唇鹿、毛冠鹿、麝、鹅喉羚、藏羚、盘羊、岩羊等。1935年，他们带着150只大型兽类的头骨和皮，3000多只鸟类标本返回美国 |
| 1935 | 美国 | 卡廷（S.Cutting） | 纽约自然博物馆科学家 | 西南高原 | 采集动物标本 |
| 1935—<br>1936 | 美国 | 哈克尼斯<br>（W.H.Harkness）（纽约布隆克斯动物园派出） | 猎手 | 川西 | 拟购得活大熊猫回国展出，去世后由他的遗孀在杨昆定、杨杰克兄弟帮助下，获得一只大熊猫崽并带到美国，这是大熊猫活体首次从我国带出 |
| 1936 | 英国 | 史密司<br>（F.T.Smith） | 标本商人 | 安徽等地 | 购买3条活扬子鳄运往美国华盛顿动物园 |
| 1936 | 美国 | 库利哲<br>（H.Coolidge）率领 | 哈佛大学比较动物博物馆学者 | 北部湾和云南等地 | 收集金丝猴标本 |
| 1936—<br>1938 | 英国 | 史密司<br>（F.T.Smith） | 标本商人 | 不详 | 1936年，多次将在川西汶川等地收购的大熊猫活体运往英国。1938年，将6只活的大熊猫、金丝猴、一些盘羊、鬣羚和竹鼠及一些罕见的雉鸡运回伦敦 |
| 1938 | 美国 | 由美国人塞齐出资与京陵大学合作 | 动物学家 | 考察峨眉山和澜沧江流域 | 除鸟兽、两栖、爬行标本外，获得30000号昆虫标本 |
| 1938 | 美国 | 罗赛福<br>（Q.Roosevelt） | 动物爱好者 | 云南大理、丽江、川西巴塘 | 猎取金丝猴等动物标本，对西南地区的民族学感兴趣 |

## 第四节 外国人在华考察与采集对西方及
中国动物学发展的影响

从 18 世纪初到 20 世纪中期，外国人在华进行频繁的动植物资源考察和标本采集活动，其时间延续之长，考察范围之广，进入腹地（包括一些生物分布的关键地区）之深，各国参与的著名动植物学者之多，实属举世罕见。现将这一活动对中国和世界动物学学科发展的影响简述于下。

（1）刺激了中国学者对本土动物资源的重视。在 20 世纪 10—30 年代，先后有英国、美国、德国、俄国、法国、奥地利、瑞典等国家的研究机构、大学、自然博物馆，甚至一些军事情报部门，纷纷派人来华考察和采集动物标本。他们无视中国的主权，随意采集或猎取一些珍稀的动物标本，致使中国大量模式标本散落于世界各地，给日后中国开展本土动物资源研究带来很多困难。这种状况引起一些从海外学成归国生物学者的重视，我国动植物学的奠基人秉志、胡先骕在向中国科学社提出建立生物研究所的建议时就指出："海通以迄，外人竞遣远征队深入国土以采集生物，虽曰志于学术，而借以探察形势，图有所不利于吾国者亦颇有其人。传曰，货恶其弃于地也，而况慢藏海盗，启强暴觊觎之心。则生物学之研究，不容或缓焉。"秉志还进一步指出："缘吾国地大物博，生物多具地方性，引诱学者多趋于此途，且易得新颖之贡献也。他国之学者，羡吾国生物种类之繁富。不远万里而来，梯山班海，沙渡绳行，糜巨费，冒万险，汗漫岁月，以求新奇之品汇，增益学者之见闻，籍以促斯学之进步。他国人士犹如此，况吾国之专家，生于斯长于斯，目睹本国之品汇，有极大之研究价值，有不动心者乎？"我国两栖、爬行动物学的主要奠基人刘承钊曾到欧美各大博物馆查阅有关动物标本，看到来自中国的两栖、爬行动物标本竟然全部由外国人鉴定、命名，有关模式标本全部留在国外，这些事实让他感到羞辱。这些刻骨铭心的感悟，激发了我国生物学者迅速开展"本土动植物资源"研究的强烈愿望。秉志、胡先骕等人首先于 1922 年建立中国科学社生物研究所，继而于 1928 年成立北平静生生物调查所；1929 年，中央研究院动物研究所的前身——中央研究院自然历史博物馆成立；同年，国立北平研究院动物研究所也宣告成立，并立即开展本土动植物资源调查。他们于 1922—1937 年，迅速对我国广袤的国土进行考察活动，采集了大量标本。考察动物种类之繁多，考察地区之辽阔，标本收集之丰富，可谓史无前例。依据文献资料的统计，在该历史时期（1921—1949），生物学者考察涉足的地域包括桂、粤、琼、滇、黔、川、鄂、皖、赣、苏、浙、闽、鲁、晋、豫、冀、京、津、内蒙古、陕、甘、青、西康等地；经粗略统计，中国科学社生物研究所、中央研究院自然历史博物馆、北平静生生物调查所、北平研究院动物研究所四个研究机构所采集的动物标本达 15 万~20 万号；建立规模不等的标本馆 4 个，发表动物分类学论文近百篇。这些均为推动中国本土动物分类学研究奠定了坚实的基础。

（2）西方对中国动植物资源的采集、引种，为他们带去了大量的生物资源，通过对这些标本的研究整理，对世界生物学起到了一定的推动作用；同时对中国的生物学也具有一定的正面影响。自 19 世纪中晚期到 20 世纪中期，西方各大自然历史博物馆及一些著名大学的动物学家在长达百余年在华考察、采集动物标本的基础上，对我国的兽类、鸟类、两栖爬行动物、鱼类、昆虫及其他低等动物均开展了深入研究，出版了一批有一定学术价值的专著或专论，这些研究成果为中国动物学家在更高的起点上开展不同类群动物分类及系统演化、动物地理学、动物生态学、动物保护生物学及动物为害及其防治等方面的研究提供了重要的基础文献。现依据罗桂环的《近代西方识华生物史》、罗洛的《罗洛文集·科学论著卷》以及《科学》《中国科学社生物研究丛刊》《自然界》等刊载的有关史料，并以动物学主要分支学科为序，将有关专著、专论或重要的专题论文汇总如下。

## 一、兽类学

早在 18 世纪中期，西方一些动物学家就开始研究中国的兽类，其中比较重要的有瑞典植物学家林奈，在他的著作中列举了一些中国兽类名称。19 世纪 20 年代，瑞典动物学家根据奥斯贝克（P.Osbeck）的记载，以表格的方式罗列了 15 种中国产的兽类，其中有野猪、马鹿等。1876 年德国柏林自然博物馆的动物学家彼得（W.Peters）根据大青山的标本，对我国华北、内蒙古的盘羊做过一些研究。20 世纪前期，瑞典动物学家隆伯格（E.Lonnberg）曾研究过中国的熊猫、一些猫科动物以及啮齿动物豪猪属等。

18 世纪，俄国对我国西北地区的兽类开展调查，尤其是在 19 世纪中晚期，俄国军人普热瓦尔斯基在我国的华北和西北地区收集到 702 张兽皮，其中包括许多大型野兽皮和头骨，并指出我国西北干旱和半干旱地区是土拨鼠、蹄兔、马、骆驼和一些羚羊的分布中心，其研究结果发表在《普热瓦尔斯基从事中亚旅行之科学成果》（*Wissenschafiliche Resultate der von N.M.Przewalski nach Central-Asien unternommenen Reisen*）（卷一）等文献中。

19 世纪晚期，由法国巴黎大学动物学家爱德华（A.Milne-Edwards）等人合作，于 1868—1874 年出版了《对于哺乳动物的博物学探索》（*Recherches pour servir al'Histoire naturelle des mammiferes*），该书记载了法国传教士谭卫道等人在中国北京、河北、内蒙古、川西宝兴、陕西秦岭和闽北武夷山等地采集的兽类标本，其中包括兽类新种 60 个，许多西方人前所未闻的珍稀兽类如麋鹿、大熊猫、金丝猴、扭角羚和猪尾巴老鼠，以及短尾鼩、鼩鼹、鼷麝鼩、麝鼱等食虫目新属。他们的研究，使西方人对中国兽类的认识上了一个新台阶，在当时被认为是做了研究中国兽类空前出色的工作。

英国博物馆兽类室主任托马斯（O.Thomas）是继法国爱德华之后，研究中国兽类成绩卓越的学者之一。他从 19 世纪 80 年代到 20 世纪的 20 年代，在长达 45 年中，先后在《伦敦动物学会进展》等刊物上发表了数十篇有关中国兽类的研究报告或论文。其中涉及山东半岛、陕西、山西、甘肃、四川、云南、新疆等地区兽类的定名和分布，大大增加了西方人对中国兽类的区系情况及有关知识。

美国对中国兽类的研究始于 20 世纪，但后来者居上，在 20 世纪 20 年代，美国动物学家哈维尔（A.B.Howell）研究了伍尔逊（F.R.Wulsin）在中国采集的大量动物标本，发表了《伍尔逊收集的亚洲新兽类》（*New Asiatie mammals collected by F.R.Wulsin*）。另外，他还发表了具有总结性的专著《美国国家博物馆所收集的中国兽类》（*Mammals from China in the Collections of the United States National Museum* )。美国动物学家米勒（G.S.Miller,Jr），从 19 世纪末到 20 世纪 20 年代，对产自中国的兽类开展了长期研究，其中包括克拉克（R.S.Clark）探险队收集的兽类。在美国对中国兽类的研究中，所取得最重要的成果当数哈佛大学的艾伦（G.M.Allen），他以中亚探险队所采集的标本为基础进行研究，在此基础上撰写了具有总结性的著作《中国和蒙古的兽类》（*The Mammals of China and Mongolia*）。该书介绍了中国的动物区系划分，亚洲和北美动物区系的关系，并分 11 个目介绍中蒙的兽类 500 余个种和亚种。其中第一部分包括食虫目动物 61 种，翼手目 81 种，灵长目 13 种，食肉目 60 种，鳍足目 2 种，鲸目 7 种，鲮甲目 3 种，啮齿目重门齿亚目（今兔形目）31 种，计 258 种；第二部分包括啮齿目 210 种，偶蹄目 43 种，奇蹄目 2 种，海牛目 1 种。限于当时的历史条件和艾伦本人未到过中国，对我国的疆域、动物区系及各种兽类的实际栖息环境及生活习性缺乏了解，在该书中存在物种定名的牵强和主观臆断等缺陷。

## 二、鸟类学

鸟类是西方学者在中国研究最早、最多的动物类群。其研究成果如下：

1735 年，产于我国的珍禽——白鹇和锦鸡就被送到欧洲展出和圈养，这两种雉在林奈的《自然系统》一书中均有描述。

18 世纪晚期，英国开始收集我国鸟类的标本，如英国外交官郇和（R.Swinhoe）长期研究中国鸟类，他是首次进入台湾的鸟类学研究者，发现在台湾的鸟类 144 种。此外，郇和还在海南、华东以及中国其他地区采集过大量鸟类标本，获得大量第一手资料。1863 年，基于长期的积累，他发表了近代中国第一部《中国鸟类名录》（*Birds of China*），列有中国鸟类 454 种。1871 年，他又对该名录进行了增订，所列鸟类达 675 种。郇和是早期研究中国鸟类最重要的人物之一。

19 世纪中期，俄国普热瓦尔斯基在我国东北等地采集鸟类标本，1888—1894 年，发表于《普氏成果》第二卷中，其中包括鸟类的分类描述、地理分布和生活习性。

19 世纪，法国传教士谭卫道与巴黎自然博物馆的乌斯塔莱（E.M.Oustalet）合作，于 1877 年在巴黎出版了《中国的鸟类》（*Les Oiseaux de la Chine*）。全书分为两卷，第一卷为文字说明，罗列见于我国 64 个科、807 种鸟类，包括分类学名、命名日期、鸟的外形大小的测量资料，以及相关的分类学说明及分布地点；第二卷为图谱。该书被认为是 19 世纪研究中国鸟类最出众的成果。

20 世纪，英国鸟类学家拉陶齐（J.deLa Touche）在发表有关中国东部地区鸟类论文的基础上，发表了《中国东部的鸟类手册》（*A Handbook of Birds of Eastern China*，1925—1934）。该书主要记述我国河北、山东、江苏、浙江、福建和广东等沿海省份的鸟类 750 种和亚种，被西方学者认为是继谭卫道和乌斯塔莱《中国的鸟类》之后，关于中国鸟类学方面较好的一部专著。

美国在 20 世纪初派出一些动物探险队到中国采集动物标本，其中获得的鸟类标本分别由纽约自然博物馆和芝加哥自然博物馆保存，并由哈佛大学比较动物学博物馆的鸟类学家班各斯（O.Bangs）进行整理并发表相关论文。华盛顿国家自然博物馆的雷莱（J.H.Riley）和其同事李奇蒙德（C.W.Richmond）于 1922 年编写了《中国鸟类学部分索引》，含 700 多条文献标题。1913 年，在东吴大学任教的祁天锡与慕维德（L.I.Moffett）合作发表了《长江下游鸟类检索表》(*Check list of Birds of the Lower Yangtze Valley*)；1926—1927 年，他们再次合作出版了《中国的鸟类尝试目录》(A Tentative list of Chinese Birds)，该书用中英文两种文字写作，共记载鸟类约 1028 种，外加 440 种亚种和变形。1931 年进行修订，修订后的名录记鸟 1032 种。由于受历史条件的限制，此名录存在较大的缺陷。1931 年，在福建传教的柯志仁（H.R.Caldwell）父子编写《华南的鸟类》，描述了约 440 种鸟，并附有鸟巢和鸟卵的照片资料。在北京和保定传教的美国传教士万卓志（G.D.Wilder）、胡炳德（H.W.Hubbard）曾合作发表《中国东北部的鸟类》(*Birds of Northeastern China*)一书，该书比较系统地记述了 300 种鸟类。

## 三、两栖类、爬行类

西方人士研究我国的两栖类、爬行类动物较迟，其正式的研究工作始于 19 世纪。

比较著名的学者是英国自然博物馆的冈瑟（A.Gunther），他在《英属印度爬行动物》一书中就包括大量产于中国的物种。冈瑟之后，英籍学者包兰格（G.A.Boulenger）研究了采自中国湖北、川西、台湾、厦门、海南、西藏等地区的两栖类、爬行类动物标本，并由他进行分类鉴定和描述。

俄国普热瓦尔斯基在华考察共获得两栖类、爬行类标本 1200 号，其中爬行类动物中主要是蜥蜴。1898 年，俄国出版《普氏成果》第三卷，第一部分就是两栖类。此后，叶梅利亚若夫（A.A.Emelianov）根据他在东北铁路沿线旅行收集的标本及研究结果，于 1929 年发表了《远东的蛇》，其中包括大量我国北方的蛇种。

法国动物学家布朗夏尔（E.Blanchand）依据传教士谭卫道、韩伯禄在中国收集的两栖类、爬行类动物标本，鉴定并发表大鲵（娃娃鱼）、蝾螈等两栖类动物。法国动物爱好者福威勒（A.A.Fauvel）是第一个科学描述扬子鳄的人。

20 世纪二三十年代，瑞典地质学家斯文赫定（Sven Hedin）参加中国西北科学考察团，在中国进行大范围地理学考察，收集了许多两栖类、爬行类动物标本，均由斯德哥尔摩自然博物馆爬行动物学主任伦德尔等人进行研究并发表。德籍学者梅尔（A.Mell）利用 20 世纪初期在华收集的爬行动物标本，发表了数个新种。1922 年，在梅尔发表的《记南部中国的脊椎动物》中，记载了两栖类、爬行类动物。1929 年，梅尔出版了《中国广东及邻近区的爬行动物》(*Grundzuge einer Okologie der chinesischen Reptilien*)。梅尔的研究包括分类、习性、生态和地理分布。

美国学者研究我国的两栖类、爬行类动物较迟，始于 20 世纪，但后来者居上，其中比较著名的学者有哈佛大学的斯太耐格（L.H.Stejneger），他于 1907 年出版了《日本及临近地区爬行动物学》(*Herpetology of Japan and Adjacent Territories*)。在这本著作中也包括我国东北地区所见的两栖类、爬行类动物。另一位美国著名学者蒲伯（C.H.Pope）是来华广泛考察、采集两栖类和爬行类动物标本后，依据自己亲身采集积累的丰富标本和资料，并查看了华盛顿自然博物馆以及伦敦、巴黎、柏林、维也纳等地的自然博物馆的标本，于 1935 年发表了《中国的爬行动物》(*The Reptiles of China*)，该书被认为是集各国爬行动物研究之大成者，是当时中国爬行动物方面最全面的专著，记载了产于中国的龟鳖类动物 22 种，鳄鱼 1 种，蛇类 130 种，蜥蜴 66 种。燕京大学教授博爱理（A.M.Boring）于 1940 年与蒲伯合作，共同发表了《中国两栖类调查》（*A Survey of Chinese Amphibia*），该论文涉及有尾两栖类 15 种，无尾两栖类 75 种。

## 四、鱼类

西方很早就注意中国的鱼类资源，据我国著名鱼类学家伍献文报道，1655 年，西方就有中国鱼类的记载，但严格科学性的报道始于 19 世纪初期。

英国自然博物馆馆长格雷（J.E.Gray）定名了中华鲟（*Acipenser sinensis*）。1845 年，英籍学者理查德逊（J.Richardson）根据采自中国的鱼类标本，发表了《中国和日本海鱼类学报告》（*Report on the ichthyology of the Seas of China and Japan*），其中包括我国沿海著名的洄游名贵鱼类鲥鱼（*Hilsa reevesii*）。

俄国较早就注意我国东北地区的鱼类资源，1855 年，巴西列夫斯基（S.Basilewsky）发表了《中国北方鱼类志》（*Ichthyographia Cinae Borealie*），该书大量记述了我国华北、东北的鱼类，我国特产鳜鱼（*Siniperca chuatsi*）就是由他命名的。1876 年，鱼类学家凯斯勒（K.T.Kessler）描述了普热瓦尔斯基在内蒙古和青海收集的鱼类。1898 年，《普氏成果》第三卷第二部分记述了由普热瓦尔斯基等人在我国东北地区采集的鱼类标本，对其分类、形态和地理分布进行了描述。此外，俄国彼得堡科学院的鱼类学家贝尔格（L.S.Berg）于 1909 年发表了《阿穆尔鱼类学》（*Ichthyologia Amurensis*）一书，对黑龙江、松花江和乌苏里江等支流的鱼类做了较详细的叙述。

荷兰人布里克（P.Bleeker）自 1858 年起，侧重研究我国鲤科鱼类，并于 1871 年发表了《中国的鲤科鱼类论文集》。1872 年，法国驻华外交官梯也尔桑特（D.de Thiersant）根据在华获得的资料，出版了《中国渔业志》。此外，在 19 世纪晚期，一些欧洲学者根据他们在华采集的标本，做过一些零星的研究，并发表过一些论文。

19 世纪末，美国学者对中国鱼类开展了大量研究，曾发表过一些论文，涉及天津海河、大连旅顺、上海、香港等地的鱼类标本。至 20 世纪初期，美国对华鱼类研究取得了引人瞩目的进展，例如，1927 年，美国旧金山加利福尼亚科学院艾夫芒（B.W.Evermann）与我国学者寿振黄合作撰写了《华东鱼类志》（*Fishes from eastern China*）。此外，最引人注目的研究成果，是美国著名鱼类学家尼可尔斯（J.T.Nichols），他曾全面研究了美国纽约自然博物馆中亚考察队收集的中国淡水鱼类标本，并在此基础上参考了以往的研究文献，于 1943 年出版了《中国淡水鱼类》（*The Fresh-water Fishes of China*），由于该书受当时历史条件的限制，未包括东北三省和台湾地区的相关内容，也不包括蒙古的淡水鱼类。该书收录的淡水鱼类计 25 科，143 属，近 600 种，是一本集淡水鱼研究之大成的著作，也是一本对中国日后淡水鱼研究产生过重要影响的著作。书中介绍了中国各地分布的淡水鱼类，同时根据中外学者研究结果，指出鲤科和鳅科鱼类在中国淡水鱼类中占有很大比例，中国当时鲤科鱼类的分化和分布中心，可能是现代分布中心。其主要依据是：①中国淡水鱼中的鲤科鱼类不但数量多，种类多，而且变种也比其他地区多；②与其他地区的鲤科鱼类相比，其进化程度高很多；③各类型的分化也深刻得多。书中概要地介绍了中国淡水鱼类区系成分特点。当然，这本书也存在一些缺陷，我国著名鱼类学家伍献文曾于 1948 年在《科学》上发表的《三十年来之中国鱼类学》一文中，对该书做了十分中肯的批评。

## 五、昆虫和其他低等动物

英国是研究我国昆虫最早的国家之一，早在 18 世纪，一些西方学者通过商人收集到有关我国昆虫的绘图资料和作为商品出售的昆虫（主要是蝴蝶和甲虫）来进行一些粗浅的研究。1798 年，英国博物学家多诺万（E.Donovan）发表了《中国昆虫博物志》（*Natural History of the Insects of China*），该书主要根据在广州及其附近地区以商品收购方式，对收集到的标本进行分类鉴定和描述而成。该书于 1842 年订正后，全书收录鞘翅目、直翅目、脉翅目（书中所描述的实为今蜻蜓目）、鳞翅目、半翅目（包括今同翅目的蝉科）的 220 种昆虫的描述和一些精美的插图，其中还有一些非昆虫的动物，如螃蟹、虾蛄、蜘蛛、蜈蚣等。自 19 世纪中期开始，西方学者对我国的昆虫学研究逐步增加，并取得丰硕的成果。英国昆虫学家李彻（J.H.Leech）对中国鳞翅目昆虫做过较多的研究，1894 年出版了专著《中国、日本及朝鲜之蝶类》；英国昆虫学家科芍（J.G.Kershaw）出版了《香港及华东南的蝴蝶》（*Butterflies of Hongkong and Southeast China*）；20 世纪 20 年代，英国昆虫学家瓦特金斯（H.T.G.Watkins）发表了《云南西北部的蝴蝶》（*Butterflies from N.W.Yunnan*）；1911 年末，英国学者贾顿（K.Jordan）等研究发表过不少我国的蚤目昆虫新种。

俄国学者研究我国昆虫也比较早，俄籍昆虫学家法尔德曼（M.Falderman）根据宾奇（A.V.Bunge）在华北、内蒙古和阿尔泰山等地区采集的甲虫标本进行研究，于 1835 年发表了《鞘翅目图说、宾奇在华北、内蒙古和阿尔泰的收集描述》（*Coleopterorum ab illustr. Bunge in China boreali, Mongolia Et montibus Altaicis collectorun descriptio*）。从 1853 年起，俄籍昆虫学者布雷莫（O.Bremor）和格里（W.Grey）研究采自北京和内蒙古的鳞翅目昆虫，布雷莫曾发表《华北鳞翅目昆虫的分布》一文。

1924 年，查播林（W.Chamberlain）在《新的美国和中国蜘蛛记述》（*Descriptions of New American and Chinese Spiders*）一文中记载了我国多种蜘蛛新种。1927 年，美国康奈尔大学昆虫学家尼达姆（J.G.Needham）由中华文化基金会资助，在华工作一年。在此期间，他根据我国和在华工作的外国昆虫学家收集的标本，加上他本人在华收集的标本，对我国的蜻蜓目昆虫进行了较全面和系统的研究。1930 年，尼达姆出版了专著《中国蜻蜓手册》（*A Manual of the Dragonflies of China*），共记载产于我国的蜻蜓 5 科、89 属、266 种，其中有新种 58 个，并涉及中国蜻蜓的源流和参考文献。在燕京大学农学系任教的查播林曾在苏州、南京和福建的闽侯及福州附近的鼓山等地收集蜘蛛标本。1935 年，斯成科尔（E.Schenkel）对天津北疆博物院收藏的蛛形纲动物进行了研究，出版了《天津北疆博物院的中国蛛形纲动物》（*Chineseche Arachnoidea aus Museum Hoangho-Peiho in Tientsin*）。在岭南大学任教的美籍生物学教授贺辅民（W.E.Hoffman）于 1935 年发表了《中国盾蝽总科简明录》（*An Abridged Catalogue of Scutelleroidea*）；1938 年，他又发表《广东和海南岛之鞘翅目与膜翅目昆虫志》，记载这两个目的昆虫计 34 科、206 种。另一位在岭南大学任教的美籍教授格雷斯特（J.L.Gressitt）从 20 世纪 30 年代开始研究中国的鞘翅目昆虫，曾发表《中国的铁甲虫》《中国的龟甲虫》等总结性专著，前书记载了 23 属、115 种和亚种；后书记载了 15 属、92 种和亚种。此外，格雷斯特还发表专著《中国之天牛》，记载天牛 1923 种，其中分布在我国的天牛有 1796 种，隶属 6 亚科、396 属，此书是鉴定我国天牛科昆虫的重要参考文献。20 世纪 30—40 年代，我国昆虫学家胡经甫编写了《中国昆虫名录》（*Catalogus Insectorum Sinensium*），收藏当时我国已被命名分属 24 目、392 科、4968 属、20069 种的昆虫，其中绝大部分由外国学者命名发表。

据罗桂环报道，外国生物学者对我国的一些软体动物、水蛭等也做过一些零星的研究，如美国自然博物馆的莫尔（P.J.Moore）曾研究过中国的水蛭。美籍学者葛利普（A.W.Grabau）曾对我国渤海湾的贝类做过研究，曾发表《北戴河的贝类》（*Shells of Peitaiho*）。1935 年，又发表《腹足纲研究》（*Studies of Gestroppda*）。除昆虫外，西方学者对我国其他节肢动物门的动物也做过一些研究，如 1937 年，瑞典人赫梅尔（D.Hummel）根据斯文赫定率领的中瑞西北联合考察队所得标本进行整理研究，出版了《中国西北的节肢动物》（*Zur Arthropodenwelt Nordwest-Chinas*）。

据《中央研究院自然历史博物馆二十年度概况》记载："我国动植物受世人之欢迎及注意已久，每年各国常派人员来华调查，事前既不请求我国政府之许可，随来随往如入无人之境，事后又将采得的标本悉数运往国外，至吾国学者欲研究本国动植物非至外国不可，国际声誉及学术前途两有妨碍，该馆自成立以来即筹思限制之法。"促使中国政府依据国际惯例，制定外国人来华考察，采集标本必须遵守的"规矩"，维护国家主权和尊严。后由自然历史博物馆会同国民政府教育部并转咨外交部及驻外使领馆，经多次磋商、修改，制定了限制规定若干条，现摘录如下：

（1）不得采集或携带与我国文化历史及古迹有关之物品出国；所得采集标本及物品，均需一律先运至本馆，经本院选聘专家审查后方得运出国外。

（2）在中国境内所摄之照片及活动影片，凡有关我国风土人情者须先送经本馆审查核准后方得运出国外或公开展览或在报章杂志刊布。

（3）本馆得派采集员一人或数人参加采集。

（4）标本及物品经专家审查后，凡遇有与学术研究有关者须留存复本一全份在中国，若无复本则正本是否准予运出国外由本院酌定之。

（5）调查员或其所属之机关如有违背上列条件情形，中国政府得严加制裁，并永远取消以后该调查员或所属机关在中国调查采集之权利。

另据 1929 年《北华捷报》报道，中央研究院、国防部、内政部和外交部审议了外国在华考察事宜，其中包括外国派人员在华采集的动植物标本应将其一半交中国政府，单一种类的标本应该交给中国政府，应该允许中国的官员或被提名人随同考察。总之，这些举措对文物和生物标本的流失起到了一定的遏制作用。

关于珍稀野生动物大熊猫的保护问题，可以追溯到 1939 年 4 月，民国政府外交部致函中央研究院咨询大熊猫的保护问题，这也是首次由中国政府部门主动向学术部门征求保护野生珍稀动物的具体建议，弥足珍贵。在该函件中提道："汶川县所产之白熊 giant panda（大熊猫）为熊类中最珍异之一种，其存在之地只汶川及西康等地之高山中有之，数极稀少。外邦人士往往不惜重价收买，奖励土人猎捕射杀，若不加以禁止，终必使之绝种。拟请通令保护，并请主管部会禁止外邦人士潜赴区内收买及猎捕等情。除通令查禁及保护外，相应咨请查照通告外邦人士，禁止潜赴区内收买及猎捕等由。查近来外人来川采捕白熊者日多，究竟应否查禁保护，并通知驻华各使馆？事涉动物保存问题，与贵院职掌有关。相应函请查核见复。以便办理为荷。"中央研究院对外交部的来函甚表赞同，当即向政府报告四川大熊猫由于外国的滥捕，数量已越来越少，如不及时禁止，势必导致该物种灭绝。这一回复，终于促成政府通令"各省当局严厉禁止一切伤害及装运此珍稀动物之行为。"并通告"各国驻华外交团，此后外国团体无限制地猎捕我国著名之大熊猫（giant panda）将遭禁止"，有效地阻止了外邦人士持续不断前来捕杀这种珍稀动物，使大熊猫躲过了一场可能灭绝的浩劫。

## 参考资料

［1］罗桂环. 近代西方识华生物史［M］. 济南：山东教育出版社，2005.

［2］罗桂环. 民国时期对西方人在华生物采集的限制［J］. 自然科学史研究，2011，30（4）：450-459.

［3］曹育. 08.4 生物学，见：董光璧. 中国近现代科学技术史（中卷）［M］. 长沙：湖南教育出版社，1997.

［4］罗洛. 沙俄在我国边疆地区的考察活动［M］. 见：罗洛文集，科学论著卷，643-690. 上海：社会科学院出版社，1999.

［5］罗桂环，汪子春. 中国科学技术史·生物学卷·第六章近代生物学的传人［M］. 北京：科学出版社，2005.

［6］中国科学院动物研究所所史编撰委员会编. 中国科学院动物研究所简史［M］. 北京：科学出版社，2008.

［7］罗伯特·斯特林·克拉克，阿瑟·德·卡尔·索尔比著. C.H.切普梅尔编. 穿越陕甘　1908—1909 年克拉克考察队华北行纪［M］. 上海：上海科学技术文献出版社，2010.

［8］伍献文. 三十来年之中国鱼类学［J］. 科学，1948，30（9）：261-266.

［9］胡经甫. 中国昆虫名录［M］. 中华文化教育基金资助出版，1941.

［10］中国第二历史档案馆（南京）. 中央研究院为教育年鉴编造中央研究院概况 1932—1947 年，摘抄内容：国立中央研究院自然历史博物馆二十年度概况. 全宗号：393（2），案卷号：80.

［11］中国第二历史档案馆（南京）. 国立中央研究院二十二年度总报告：十一. 国立中央研究院自然历史博物馆报告，第 163-170 页.

# 第十章　近代动物学在中国的创立

中国近代动物学的学科思想不是直接来自古代学者有关动物方面的诸多发现或记载，而是来自西方自然科学体系中有关生物学领域中的一个重要分支——动物学的部分，它是西方整个科学体系中涉及生命科学的重要组成部分。虽然近代动物学来自西方，但它仍然与中国古代学者涉及动物的诸多发现密切相关，使中国近代动物学烙上了挥之不去的中国烙印。

本章主要记述从 20 世纪初期至中期，近代动物学在中国创立时期所取得的成绩和遭遇的挫折。

## 第一节　建立民办和官办的动物学研究机构及自然历史博物馆

20 世纪 10—20 年代，一批早期留学美国，学有所成的爱国青年学者如任鸿隽、杨铨、胡明复、赵元任、周仁、秉志等人，抱着"科学救国"的理念，于 1915 年 10 月 25 日在美国伊萨卡（Ithaca）成立了中国科学社（The Science Society Of China），这是一个由国人自办、自管的综合性学术团体，其目的在于倡导科学，致力学术，以科学技术拯救中国。中国科学社创办人之一、中国近代动物学的奠基者秉志曾在该社创办的《科学》杂志上大声疾呼："吾国贫弱，至今已极，谈救国者，不能不诉诸科学""观于列强之对吾国，其过去、现在及将来，令人骨颤心悸者也！故吾国今日最急切不容稍缓之务，唯有发展科学以图自救"。中国科学社原拟办三个研究所，但限于经费、设备和人才等诸多因素，只办了一个生物研究所。当时的现实状况是，外国研究机构正一窝蜂似的在中国各地考察动植物资源，他们无视中国的主权和国际惯例，如入无人之境，大肆采集包括一些珍稀物种在内的动植物标本，这在客观上也刺激了中国学者，促使他们尽快成立相应的研究机构，开展本土动植物资源的研究。在主客观形势的主导下，1922 年 8 月，中国第一个近代生物学研究机构——中国科学社生物研究所（The Biological Laboratory of the Science Society of China）在南京市成贤街宣告成立。秉志任该所所长，下分动物和植物两部，分别由秉志和著名植物学家胡先骕主持。该所初建之时，工作分为两个方面，一方面收集国内动植物标本，分类陈列，以备众人观览；另一方面选择生物学中重要问题，开始研究，以期于此中有所贡献。从 1927 年开始，生物研究所因"感于本国生物品种调查之不容或缓，略则重于分类学"。另一个重要原因是，此时该所已得到中华文化基金会的补充，经费较宽裕，故有能力开展较大规模的采集活动。动物部常年注意南京及其附近动物的调查与收集，还经常派人到长江上下游及浙江、福建等处从事水产及海产动物的收集。1930 年，为了与日本科学远征队竞争，该所加紧了长江上游、尤其是鱼类的调查研究。1934 年，该所还与北平静生生物调查所、中央研究院自然历史博物馆、山东大学、北京大学、清华大学等单位合作，组成"海南生物采集团"，在海南岛进行较大规模的调查，采集到大量珍贵的热带和亚热带动物标本。1935 年，该所还应江西省经济委员会和实业厅的邀请，前往调查鄱阳湖鱼类，顺便采集了其他动物。由于该所有了比较丰富的动植物标本，以此为基础进一步推动了动植物分类学研究。据有关文献记载，当时参与动物分类学研究的人员如下。

（1）无脊椎动物：有研究原生动物（包括淡水、海洋和寄生）的王家楫、倪达书等；研究水母的徐锡藩；研究蝎类的伍献文；研究蜘蛛的何锡瑞；研究蚯蚓的陈义；研究蚌类的秉志。

（2）脊椎动物：有研究鱼类的张春霖、伍献文、方炳文、王以康、苗久、秉志等；研究两栖类和爬行类的孙宗彭、张宗汉、伍献文、徐锡藩、方炳文、张孟闻等；研究四川鸣禽的王希成和研究长江下游鸟类的常麟定等。

中国科学社生物研究所除分类学研究外，另一项重要的研究任务是动物形态学、解剖学和组织学的研究。以鲸鱼、老虎、小白鼠、蜥蜴、蛙、鱼类、水母、蚂蟥等动物为材料，进行某一系统或某一器官的解剖学、形态学、组织和胚胎学的研究。

除了上述描述性动物学研究外，中国科学社生物研究所在 20 世纪 20 年代后期至 40 年代初期，已经开始重视实验性动物学的研究，生理学研究主要集中在神经系统生理学，如中枢神经系统组织的呼吸代谢，神经系统对水代谢的作用，磷脂类、盐类对脑脊髓呼吸的影响（张宗汉），兔子大脑运动区及白鼠大脑皮层损伤对呼吸的影响等。

中国科学社生物研究所正式发行的英文学术刊物《中国科学社生物研究所丛刊》（ *Contributions from the Biological Laboratory, of the Science Society of China* ）自 1925 年创刊至 1942 年停刊，共出版 12 卷 3 期，发表论文 112 篇（交国内外其他刊物发表者不计），其分配为：分类学 66 篇（58.9%）、解剖组织学 22 篇（19.6%）、生理学 15 篇（13.4%）、营养学 9 篇（8%）。此外，植物学方面的论文共计百余篇，全部是分类学著作。由上述统计结果来看，中国科学社生物研究所限于当时的历史条件，该所动物部分以分类学为主，但在抗日战争（简称抗战）爆发前已开始重视实验动物学的研究，由于战乱及政局等因素，秉志等一批第一代动物学领军人的计划未能得以实现。

在 20 世纪 20 年代后期，以中国科学社生物研究所成员为骨干，于 1928 年衍生出生物研究所的姊妹机构——北平静生生物调查所（Fan Memorial Institute of Biology），该所由尚志学会和中华教育文化基金董事会为纪念范源濂（字静生）而创立，首任所长由秉志兼任，1932 年由胡先骕继任，抗战时期由杨惟义研究员代理所长。该所主要研究人员有专任研究员秉志（兼首任所长）、胡先骕（继任所长）；研究技师杨惟义、寿振黄、张春霖、喻兆琦、沈嘉瑞、李庆良、唐进。该所从本土动植物调查入手，深入开展动植物分类学研究，是中国近代颇有影响的生物学研究机构。1931 年，该所派团到云南进行长期生物调查采集，1938 年，静生生物调查所与云南省教育厅合办云南农林植物研究所，所长由胡先骕兼任。

1928 年，国民政府决定建立中央研究院，并特任蔡元培为院长。确定该院为中华民国学术研究最高机关，直隶国民政府。当时设立天文、气象、物理、化学、工程、地质、历史语言、社会科学等研究机构。该院的成立，标志着中国近代有系统的科学研究事业的开端。1929 年 1 月，中央研究院着手组织自然历史博物馆筹备委员会，聘请李四光、秉志、钱崇澍、严复礼、李济、过探先、钱天鹤7人为筹备委员，以钱天鹤为常务委员，主持筹备事宜。1930年1月，中央研究院自然历史博物馆正式成立，聘请钱天鹤为该馆主任，李四光、秉志、钱崇澍、李济、王家楫5人为顾问。后因研究范围扩大，于1934年7月改名为动植物研究所，王家楫任所长（1934—1944），抗战时期迁往四川北碚。1944年5月，动植物研究所分别设立动物研究所和植物研究所。动物研究所所长仍由王家楫担任（1944—1949）。抗战胜利后迁至上海。该所的主要研究工作有：①鱼类生物学方面，对鳝鱼的辅助呼吸器官的形体与生理、循环系统的解剖、胚胎皮浆腺与孵化的关系、幼年器官的功用等做了详细研究，发现鳝鱼幼时全为雌性，产卵后逆转为雄性；又发现旁皮鱼的胚动现象。②昆虫学方面，侧重于粉虱科、果蝇科及金花科的分类，尤其注意对危害农作物的种类的研究。③寄生虫学方面，对野生脊椎动物和家禽、家畜寄生原虫及鱼类寄生虫进行调查研究。④原生动物学方面，侧重于双鞭毛虫和纤毛虫的研究。⑤实验动物学方面，对蜈蚣马氏管尿酸的分泌、斗鱼与鳗鲡的渗透压调节及氧化物分泌细胞、两栖类胚轴及其感应作用等进行了研究。⑥对渤海及山东半岛的海洋物理性、化学性及浮游生物等进行了调查研究。动物研究所的主要研究人员有专任研究员王家楫、伍献文、陈世骧、倪达书、史若兰（Nora G.Sproston，英籍）、陈则湉、朱树屏7人；兼任研究员童第周、贝时璋2人；通信研究员秉志、胡经甫、陈桢、李约瑟（英籍）4人。

　　1929年，南京国民政府批准成立国立北平研究院，下设物理学、镭学、化学、药物学、生理学、动物学、植物学、地质学、史学9个研究所，与中央研究院并称南北两大研究机构。动物学研究所的研究范围包括鸟类、鱼类、两栖类、爬行类、软体动物、棘皮动物、腔肠动物等。在抗战前侧重海洋动物的采集和研究，如张玺（1897—1967）对胶州湾两种肠鳃类的研究，大鲸鲛的畸形鳃的研究和软体动物分类及食用种类的研究；陆鼎恒（1903—1940）对胶州湾海蜘蛛及其新变种的研究；张玺、陆鼎恒、顾光中对胶州湾文昌鱼新变种及烟台发现的文昌鱼幼体的研究；沈嘉瑞、张玺、刘永彬对华北蟹类的新记录及胶州湾探得蟹类的研究；顾光中编制了烟台鱼类志。其中以对胶州湾肠鳃类及文昌鱼新种的发现为动物学界的要事。在对陆上动物研究方面，陆鼎恒、李象元调查了中国北部的鹤科和鸦科以及北平附近的益鸟等。除上述动物调查、标本采集及分类研究外，于1935年增设细胞学及实验发生学研究室，聘请朱洗为兼任研究员。同年春，在烟台设渤海海洋生物研究室，由张修吉、常川驻烟工作。又与青岛市政府合作，开展了胶州湾海产生物调查，其内容包括海水的理化性质、海流潮汐以及海产动物种类与分布状况，食用海产动物（虾、蟹、章鱼、海参等）的产量及其繁殖时期，鱼群迁徙的因子（pH、温度、食料等）等。抗战爆发后于1938年内迁昆明，与云南建设厅合作，成立云南水产试验所，由张玺任所长，侧重云南省滇池等湖泊及渔业资源的调查。张玺做了青鱼人工受精孵化的实验，繁殖云南名产青鱼，极为成功。抗战胜利后增加昆虫学研究，由朱弘复研究员主持，重点研究农业害虫棉蚜、北平锯蜂和北平浮尘子。实验动物学方面，沈嘉瑞研究了幼虾的色素细胞及其在各种实验状况下的反应，进而探求此种色素细胞的伸缩管制中心。其主要研究人员有专任研究员陆鼎恒（兼任所长）、张玺（继任所长）、沈嘉瑞、朱弘复；兼任研究员朱洗、汪德耀；特约研究员周太玄；通信研究员童第周、陈桢；助理研究员成庆泰；助理员张修吉、张凤瀛、顾光中、齐钟彦、夏武平、刘瑞玉、邓国藩；技术员马绣同；练习技术员王林瑶。

1929 年，北平研究院成立，设有生物学研究所，1934 年改为生理研究所，其重点主要在实验生物学、细胞学、生理学和药学方面，如经利彬、张玺等对脊椎动物脑的比重及水分含量的研究；经利彬等对茵陈、黄连、柴胡等中药利胆作用的研究；中国北方食物与血中磷、钙质含量关系的研究。朱洗主持该所工作后，着重进行细胞生理、生殖生理和发育生理的研究。

1930 年 9 月，中国实业家卢作孚以"研究实用科学，辅助中国西部经济文化事业之发展"为宗旨，在四川巴县北碚（今重庆自然博物馆北碚陈列馆）成立中国西部科学院，1931 年成立生物研究所。该所自成立以来，常年坚持野外采集，搜集西南、西北地区特有珍稀动植物标本，春季外出，秋季归来整理，为研究这一地区的动植物资源状况积累了大量第一手资料，并多有著述，如《四川嘉陵江下游鱼类之调查》《四川鸣禽之研究》《四川省雷马屏峨调查记》等。其中，《四川省雷马屏峨调查记》一文详细介绍了当地的自然环境、土壤、气候、植被和风土民情，是当时唯一研究彝族状况的著作。1931—1935 年，较大规模的调查就有二十余次，足迹遍布西康、宝兴、西昌、峨边、马边、南川以及贵州、青海、云南等地，并多次组织与静生生物研究所、中国科学社、地质调查所等机构的联合考察。还与瑞典人郝满尔、美国人苏密斯、瑞典植物学家司密斯等合作考察青海昆虫、宝兴动物（重点是大熊猫）以及西康动植物。这些合作提高了西部科学院的研究水平，提升了其学术地位，繁荣了西部地区的对外交流与合作。该所在川内及西部各省采集植物标本 1.2 万多号，昆虫及其他动物标本 2.3 万多号，并与国内外有关单位进行了交换。

1947 年，天则昆虫研究所在陕西武功成立，周尧任所长。

19 世纪末，已有外籍人士在我国开办规模不大的博物馆，其管理及研究人员均为外国人。震旦博物院是 1868 年由法国天主教耶稣会传教士韩伯禄创建的。地址在上海徐家汇，主要收藏动植物标本。这家博物院在徐家汇时的中文名是"徐家汇博物院"，英文名"Museum of Natural History"。1930 年由于院舍不敷应用，在震旦大学内另建新院舍，并由学院管理，改名为法文"Musee Heude"，以纪念创建人韩伯禄，中文为"震旦博物院"。该院藏品历年增加，除原有的动植物标本外，又增加了古物部，包括铜器、兵器、货币、玉器、陶器等，共3500 件。另有研究室、试验室、图书室、摄影室、植物园。震旦博物院于 1933 年冬正式开放，另有标本供学者研究。每年来院研究的各国科学家很多。该院还经常选择标本中有特色者分寄世界各处，以供专家考定。此外，1874 年由皇家亚洲协会创办上海博物馆主要收藏鸟类、蛇类和蝾螈类标本，其中以鸟类标本最丰富。民国时期，由国人自建的自然博物馆，除上述中央研究院自然历史博物馆外，尚有浙江省立西湖博物馆（今浙江省自然博物馆），该馆于民国十年（1921 年）创建于杭州旧行宫，藏有大量动植物标本。1929 年，浙江省立西湖博物馆曾邀请中山大学生物系参加该馆举办的第一届西湖博览会，展出广西大瑶山鸟兽动物标本2300 余件。民国三年（1914 年），法国神甫、动物学博士黎桑（Paul Emile Licent，1876—1952，中文名桑志华）在天津创办北疆博物院（Musee Hoangho Paiho），该馆以收藏华北、内蒙古、新疆、西藏等地的兽类和鸟类标本为主。1928 年 5 月，北疆博物院陈列馆正式向公众开放，展出植物标本 2 万种，动物标本 3.5 万种，岩石与矿物标本 7000 种，动物骸骨化石 1.8万千克，各种地理、山川、河流、土壤和动植物分布地图 133 幅，照片 3000 余张，以及关于人类学、工农业的调查报告，结合展览还举办了有关科学知识讲座。黎桑还特别撰写了一套出版物，专门介绍该博物院的宝贵藏品。黎桑在华考察期间，发现了四个古动物群点：甘肃庆阳三趾马动物群、内蒙古萨拉乌苏的更新世哺乳动物和石器、河北阳原泥河湾和山西榆社的上新世哺乳动物群，各种标本都在该博物院中保存并展出。

除上述民办或官办的研究院所外，还有一些与动物学有关的（如农业昆虫防治、医学昆虫及鼠疫防治、渔业、蚕业、生物标本制作与销售等）机构，如实业部中央农业实验所（南京）、广东建设厅蚕桑局（广州）、广东建设厅渔业试验所（广州）、河北省昆虫局（天津）、江苏省昆虫局（1922年成立于南京）、浙江省昆虫局（1924年成立于杭州）、广东省昆虫局（广州）、湖南省昆虫局（1930年成立于长沙）、河北省昆虫局（1931年成立于保定）、北平国立中央防疫处（北平）、北平公众卫生处（北平）、南京公众卫生处（南京）、私立东吴大学生物材料处（苏州）、私立厦门大学海产生物材料处（厦门）。其中比较重要的机构如各省的昆虫局对重要农业害虫（如蝗虫、螟虫、地老虎、卷叶蛾等）的生活史及防治对策等方面起到了重要的预测和防治指导作用。

# 第二节　各大学建立生物学（动物学）系并开展动物学研究

民国初期（1911—1920年），我国的生物学（包括动物学、植物学）教育主要在高等师范学堂的博物部和农业专科，以及各教会大学的理科内进行。当时的国立和省立大学大多无力开设生物学方面的课程。

## 一、高等师范的博物部和农业专修科

在这一历史时期，建立于晚清的优师均改为高等师范学校（以下简称高师）。其主要的变化是：①将优师的公共科、分类科和加习科分别改为高师的预科、本科和研究科；②本科由优师的4类改为高师的6部。原优师的第四类改为博物部，另外5部分别是国文部、英文部、历史地理部、数学物理部和物理化学部。博物部的主要课程有植物学、动物学、生理及卫生学、矿物及地质学。根据当时教育部公布的本科博物部课程标准，生物学仍然占较大比重，每星期生物学与矿物、地质学授课总时数之比，第一学年每个学期为9：2，第二学年为8：2，第三学年为8：1。

民国初期，全国共有国立高师7所，省立高师6所，均设博物部。其中比较有影响的是北京高师和武昌高师的博物部，以及南京高师的农业专修科。

（1）北京高等师范学校的理科第三部和博物部。北京高师即现今的北京师范大学前身。1912年成立时，将优师第四类改为理科第三部，次年又改称博物部。学校聘请了从日本、欧美回国的留学生任教，教师阵容比清末时期的师范馆、优级师范科和优师好得多，生物学方面先后有彭世芳、蒋维乔、吴续祖、张永朴等到校任教。北京高师博物部在1914—1921年先后有5届90名学生毕业。这些毕业生多数在中学和师范任教，有的后来成为著名的生物学家，如雍克昌、孔宪武、张作人、陈兼善等。1922年5月以后，博物部先后改为博物系和生物地质系。1923年7月，北京高师改为北京师范大学，生物地质系改为生物系，但原博物部（系）

期间招收的学生仍按原制学习，到1926年有3个班学生毕业，共计51人。

（2）武昌高等师范学校的博物部、博物地学部。该校1913年成立时只设英语部和数学物理学部。1914年，留学日本的植物学家张珽到校任教后才增设博物部。1918年，博物部改为博物地学部，此时在校任教的生物学教师有王其澍、王海铸、薛德焴等。1918年开始有学生毕业，毕业生中多数在中学和师范学校任教。我国著名生物学家何定杰、辛树帜分别是该校第一届和第三届毕业生。

（3）武昌高等师范学校的农业专修科。1915年该校开学时，本科只有文史地理学部和数理化学部，另设教育、体育等专修科。1917年，为了培养各种中等职业学校的师资，又开办了农、工、商等专修科。农业专修科由留美的农学家邹秉文任主任。该校农业专修科第一班学生24人，第二班学生21人，分别于1920年、1921年毕业，他们中很多人后来成为著名的农学家（如金善宝、冯泽芳等）和生物学家（如王家楫、伍献文、寿振黄、严楚江等）。1921年，南京高师农业专修科改为东南大学农科，分为六个系：生物学系、农艺系、园艺系、畜牧系、病虫害系和农业化学系。生物系主任为秉志，设动物、植物两组。这是我国学者自办的第一个生物学系，在当时是最有影响的。胡先骕、秉志、钱崇澍、陈焕镛（1934—1942）、陈桢、胡经甫、戴芳澜、张景钺等都在这里执教过，培养了很多生物学人才。例如生物学家王家楫、寿振黄、张春霖、张孟闻、方炳文、喻兆琦、沈嘉瑞、耿以礼、方文培、张肇骞、陈封怀、汪发瓒、唐熠、李鸣岗、张宗汉、崔之兰、欧阳翥、刘咸、郑集等，他们都是东南大学改组为中央大学前先后从该系毕业的。

## 二、普通大学的理科生物学门（系）

民国成立初期，改格致科为理科。理科下设9门，原来的动植物门一分为二，改为动物学门和植物学门，并对这两门的课程做了新的规定。1912年，京师大学堂改为北京大学。1919年，北京大学改门为系。1918年，蔡元培聘请钟观光为北京大学副教授，筹建生物学系和标本馆。钟观光对蔡元培说："愿行万里路，欲登千重山，采集有志，尽善完成君之托也。"此后，历时十载，在全国采集并制成蜡叶标本16000多种，共15万号；动物500多种，木材、果实、根茎、竹类300余种。1924年，北京大学以此为基础，建立了我国第一个生物标本室。1925年9月，北京大学生物学系建立。谭熙鸿为第一任系主任，两年后由经利彬接替。1932年，张景钺从欧洲回国，出任生物学系第三任系主任。北京大学生物系初建时只设有一年级课程，所设专业课及其授课教师为：生物学通论李石曾、植物学谭熙鸿、植物学实习钟观光、动物学经利彬和生物化学王祖榘等。

1922年12月，国民政府教育部公布了仿效美国学制的《学校系统改革案》，规定高等师范应在一定时间内提高程度，改为师范大学。1923年以后，各高等师范纷纷升格，多数改成普通大学，如北京高师升格为北京师范大学（1923年）；武昌高师扩充后升格为武汉大学（1928年）；南京高师升格为东南大学（1921年），后又改为中央大学；广东高师与其他专门学校合并，进一步扩充后升格为中山大学（1926年）；成都高师与其他学校合并，最终改为四川大学（1931年），原设的博物部改为生物系。沈阳高师并入东北大学（1923年）。这些升格为综合性大学的高校和原有的公立、私立大学总计达到32所，其中理科设生物系或植物学系、动物学系的也达到32所（表10-1）。

1921 年前，由国人自办的公立、私立大学还不到 10 所（不包括高师），而由外国教会创办的大学却多达 16 所。这些学校多数设有理科，设置生物系的时间相对较早，苏州东吴大学、福建协和学院（后改为福建协和大学）、金陵大学、岭南大学、燕京大学、辅仁大学、沪江大学、金陵女子大学、之江文理学院、齐鲁大学、华中大学、圣约翰大学、同济大学、震旦大学、华南文理女子学院 15 所教会大学均在 20 世纪 20 年代建立了有较强的教师力量和教学设备的生物学科或生物系。例如，苏州东吴大学成立于 1901 年，据文献记载，该校是教会大学中最早设立独立生物学科者。1912 年，美国学者祁天锡受聘担任该校生物学科主任，直到 20 年代才离职。著名生物学家胡经甫（昆虫学）、朱元鼎（鱼类学）、潘铭紫（人体解剖学）、王志稼（藻类学）、钦俊德（昆虫生理）等就是该校生物系 1917—1940 年的毕业生。

在上述国立、私立大学（包括教会办的大学）中，也开展了动物学的研究，如东吴大学的胡经甫在昆虫学方面的工作最出色，他花了 12 年的时间，走访了世界许多博物馆，收集了大量文献资料，编写了《中国昆虫名录》（*Catalogus insectorum Sinensium*），全书 6 卷，包括我国当时有报道的昆虫 392 科、4968 属、20069 种，堪称里程碑式的著作。在昆虫学方面做了大量研究工作的还有东南大学的邹钟琳、吴福桢，浙江大学的蔡邦华等。此外，震旦大学的朱元鼎等在鱼类学方面也有出色的工作，他所著的《中国鱼类索引》，列有国产鱼类 1497 种，是研究中国鱼类分类必备的参考资料。在生理学方面，自 1926 年以后，以中枢神经系统和消化系统两部分为研究重点，其他如肌肉神经、新陈代谢、营养、蛋白质化学、血液、内分泌等方面亦大有成就，而普通生理学、感官、呼吸、排泄和生殖等则研究的比较少。协和医学院的林可胜、冯德培、吴宪等在胃液分泌机制、循环生理、肌肉神经以及蛋白质变性、免疫化学、血液化学和营养学等方面都做出了不少成就。上海医学院的蔡翘、东南大学的孙宗彭在内分泌、循环生理方面也取得了一些成果。在遗传学方面，清华大学生物系的陈桢用现代遗传学理论，对我国观赏动物金鱼的培育形成规律做了系统的探讨与研究，受到中外学术界的瞩目。燕京大学的李汝祺、厦门大学的陈子英也做了一些实验性的研究。

表 10-1　1921—1949 年我国部分大学生物系的建立及师资情况

| 大学名称 | 生物系建立时间 | 创建人或首任系主任 | 教师人数或主要授课人 |
|---|---|---|---|
| 国立中央大学（其前身为南京高等师范学校，次年改为东南大学） | 1921 年 | 创建人：秉志；改为中央大学时植物学系系主任为金树章；动物学系主任为蔡堡 | 秉志、胡先骕、陈桢、钱崇澍。改名中央大学时，动物学系、植物学系各有教师 4 人 |
| 私立厦门大学 | 1922 年 | 植物学系：段续川；动物学系：陈子英 | 陈子英、段续川、秉志（兼职）、伍献文 |
| 私立南开大学 | 1922 年 | 李继侗 | 李继侗、戴立生、熊大仕、肖采喻 |
| 国立河南大学 | 1923 年 | 曾慎 | — |
| 私立燕京大学 | 1923 年 | 胡经甫 | 李汝祺、波琳（Alice M. Boring，美籍）、陈子英等 |
| 国立北京师范大学 | 1923—1924 年 | 李顺卿 | — |

续表

| 大学名称 | 生物系建立时间 | 创建人或首任系主任 | 教师人数或主要授课人 |
|---|---|---|---|
| 国立中山大学 | 1924 年已设动物学系和植物学系，1928 年成立生物学系 | 费鸿年 | 辛树帜、费鸿年、罗宗洛、任国荣、董爽秋、张作人、朱洗 |
| 国立武汉大学 | 1928 年 | 张珽 | 8 名教师 |
| 私立华西大学 | 1924 年 | — | 钱崇澍、周太玄、方文培 |
| 国立北京大学 | 1925 年 | 雍克昌 | 主要教师有陈桢、李汝祺、李继侗、吴韫珍、胡经甫、钟观光等 8 人 |
| 国立清华大学 | 1926 年 | 钱崇澍 | 教师 10 人 |
| 私立复旦大学 | 1926 年 | 许逢熙 | 蔡翘、蔡堡、李汝祺 |
| 国立浙江大学 | 1929 年 | 贝时璋 | 贝时璋、谈家桢、罗宗洛、朱壬葆等 |
| 私立中法大学 | 1930 年前 | 陆鼎恒 | |
| 私立齐鲁大学 | 1930 年前 | 贾珂 | 有教师 4 人 |
| 私立岭南大学 | 1930 年前 | 贺辅民 | 8 名教师 |
| 国立山东大学 | 1930 年 | 曾省 | 曾省、童第周、曾呈奎、王祖农 |
| 私立金陵女子大学 | 1930 年 | 邬静娴 | 有教师 3 人 |
| 私立沪江大学 | 1930 年 | 郑章成 | 有教师 4 人 |
| 私立之江大学 | 1930 年 | 马尔济 | 有教师 5 人 |
| 私立华中大学 | 1930 年 | — | 有教师 1 人 |
| 国立四川大学 | 1931 年 | 周太玄 | 11 名教师 |
| 国立西北大学 | 1924 年开设动物学课程，1937 年设立生物系 | — | — |
| 国立云南大学 | 1937 年设植物系，1938 年改为生物系 | | |
| 私立金陵大学农学院 | 1941 年在农科内设置生物学课程 | 陈纳逊 史德蔚 | 动物学系：有教师 6 人 植物学系：有教师 3 人 |
| 国立兰州大学 | 1946 年建动物系、植物系，1951 年合并成立生物系 | — | — |
| 国立山西大学 | 1949 年 | 何锡瑞 | |

注：本表主要依据薛攀皋《我国大学生物学系的早期发展概况》一文，并做部分补充。

　　20 世纪 20—40 年代，国内动物学研究除两所民办和两所官办研究机构外，当时一些设有生物系的大学如北京大学、东南大学、清华大学、武汉大学、南开大学、北京师范大学、四川大学、东吴大学、金陵大学、金陵女子大学、岭南大学、厦门大学、福建协和大学、山东大学、中山大学、燕京大学、东北大学（1931 年前）均开展了一些描述性的生物学（动物学）研究，其中设有研究所的大学有东南大学、清华大学、中山大学、燕京大学等。尤其是一些外国教会办的大学，凭借其在中国积累的动物标本和野外考察的资料以及经费方面的优势，在国外学术刊物上发表了一些研究水平较高的论文。此外，一些大学的医学院和农学院还开展了与动物学有关的实验性生物学研究和应用性研究，如生理学、生物化学、动物遗传、营养学、害虫防治等方面的研究。从事基础医学研究的医学院有国立北平大学医学院（北平）、私立协和医学院（北平）、私立中法大学医学院（北平）、国立中央大学医学院（南京）、国立中山大学医学院（广州）、私立齐鲁大学医学院（济南）、私立圣约翰大学医学院（上海）、私立同济大学医学院（上海）、私立震旦大学医学院（上海）、私立华西大学医学院（成都）、私立岭南大学医学院（广州）、国立上海医学院（上海）、私立湘雅医学院（长沙）、私立同德医学院（上海）、私立东南医学院（上海）、私立光华医学院（广州）；从事动物遗传、营养学、害虫防治等方面研究的农学院有国立清华大学农学院（北平）、国立中央大学农学院（北平）、私立金陵大学农学院（南京）、私立岭南大学农学院（广州）、国立西北农学院（陕西）。

## 第三节　利用庚款派遣留学人员培养第二、第三代学科领军人

1925 年，英国国会正式通过退还赔款案，1931 年成立由中英双方组成的管理中英庚款董事会。该款用于派遣留英学生，其中不乏赴英学习生物的学者，如朱壬葆于 1936 年到英国爱丁堡大学学习动物生理学，回国后长期从事放射生物学和实验血液学研究；王应睐于 1938 年到英国剑桥大学学习生物化学，从事维生素研究，是我国生物化学的奠基人。

除了庚款资助赴英留学外，还有中美双方成员组成的"中华教育文化基金董事会"（简称中基会）资助赴英留学，如沈家瑞于 1932 年赴英国伦敦大学动物系研究甲壳类，1935 年回国，曾先后在北京大学、西南联合大学、云南大学、国立北平研究院动物研究所任教授和研究员。

赴法"勤工俭学"的号召始于民国元年（1912 年），在民国八、九年间（1919 年、1920 年）颇为盛行，并得到有识之士吴稚晖、李石曾、张浦泉、张静江等人的赞成和大力支持，各地亦有"赴英俭学会""赴法俭学会"等组织。至民国四年（1915 年）组织"勤工俭学会"，提出"勤于作工，俭以求学"的号召。当年这一留学途径，既吸引了一批寻求救国之途的革命青年，也吸引了一些"科学救国"的知识青年。前者有周恩来、聂荣臻、陈毅、邓小平等一批治国人才，后者中有朱洗等，他们在各工厂打工，业余补习法文，积蓄求学的资金，然后进入法国大学，但仅靠半工半读得以完成学业者寥寥无几，其中佼佼者如朱洗等人师从法国著名生物学家，中途虽两次由于无经济来源而濒临辍学，但在导师的帮助下终于完成学业，获得博士学位，得以实现"科学救国"的夙愿。当时，大部分赴欧留学者依靠国家提供的"官费"资助或庚款基金所提供的经费资助顺利完成学业。在这批学者中，有汪德耀（1925 年获法国里昂大学硕士学位，1926 年转到法国巴黎大学，1931 年获得理学博士学位）、伍献文（1932 年获法国巴黎大学理学博士学位，主要攻读鱼类学）、陈世骧（法国巴黎大学，昆虫学，

博士）、童第周（比利时布鲁塞尔大学，胚胎发育，博士）、张春霖（法国巴黎大学，鱼类学，博士）等。抗战期间和抗战胜利后赴欧美等国留学的有朱弘复（1941年清华大学公费留美，1942—1945年在美国依利诺大学研究生院攻读昆虫学，先后获硕士、博士学位）、张香桐（1943—1946年在美国耶鲁大学医学院生理系攻读研究生，获哲学博士学位）、刘建康（1946—1948年在加拿大麦基尔大学攻读博士学位，1947年秋通过论文答辩获得博士学位）、钦俊德（1947—1951年在荷兰阿姆斯特丹大学攻读动物学和昆虫生理学，获理科博士学位）、张致一（1947—1957年在美国爱荷华大学学习并获硕士、博士学位，并在该校任副教授，1957年回国）、马世骏（1948—1951年在美国犹他州立大学攻读昆虫生态学并获硕士学位，在明尼苏达大学研究生院获博士学位）、邱式邦（1949—1951年在剑桥大学动物系从事蝗虫生理学研究）。总之，民国时期利用庚款及中华教育文化基金等资源派遣留学人员，为我国培养了近现代动物学第二、第三代领军人，对近、现代动物学在中国的创立和发展奠定了基础，具有重要的战略意义。

## 第四节 1918—1936 年开展本土动物资源调查，建立博物馆和标本馆

　　民国时期，外国人在华的考察活动虽有所收敛，但仍然无视中国的主权和尊严，这无疑强烈刺激了中国生物学家抓紧开展本土生物资源调查的紧迫感。从1918—1936年，民办、官办研究机构与各大学生物系相继建立，至1937年抗战爆发前，四所民办和官办主要研究机构及有关大学的生物学家们曾开展了30余次动植物标本采集活动，采集地点遍及华北、华东、华南、西南（包括川藏）及东北的吉林等地区，其中规模较大、持续时间较长的考察和标本采集活动有15次（包括海洋生物调查3次）。

　　自1918年起，时任北京大学副教授钟观光带领数人历时四载，足迹遍及福建、广东等11个省区，历尽艰辛，采集植物标本1600多种，共155号；动物标本500余种；木材、果实、根茎、竹类300余种；建立了北京大学生物系植物标本室。

　　1928年4月，中央研究院组织广西科学调查团赴广西采集动植物标本，历时6个月，于当年12月返回南京。秦仁昌、唐瑞金负责植物采集，方炳文、常麟定、郑章成负责动物采集。他们从柳州出发，向西行经九万山、十万大山等地，再折向东至猺山等地，以三江为终点，全程1800千米，采集成绩甚佳：获得兽类标本40余种，290余号；鸟类标本330种，1400余号；两栖类标本30余种，330余号；爬行类标本50余种，200余号；鱼类标本110种，800余号；无脊椎动物标本700余种，6000余号。此次调查不仅获得了丰富的动植物标本，也为建立中央研究院动植物研究所的前身——自然历史博物馆奠定了基础。

　　1928年5—11月，中山大学生物系组成广西大瑶山采集队，由该校生物系主任、动物学家辛树帜主持，采集队成员有石声汉（兽类）、任国荣（鸟类）、黄季庄（助教）、蔡国良等人。本次采集获得动植物标本3.4万件，计有植物近千种，标本3万份；哺乳类10余种，标本100余份；鸟类110余种，标本1000余份；爬虫类40余种，标本500余份；两栖类20余种，标本300余份；昆虫600余种，标本2000余份。

1929 年，北平静生生物调查所秉志、寿振黄、沈嘉瑞等分别参加京西、东陵、天津、山西、河北、河南、山东等地动植物资源调查，所获甚丰。

1929 年 4—6 月，中山大学生物系派标本采集队第三次到广西大瑶山采集动植物标本，获得哺乳类动物百余号，20 余种；鸟类 1150 号，170 余种；爬虫类（蛇）280 号，35 种；两栖类 140 号，30 余种；昆虫类种类甚多，计 1500 余号，尤以天牛、蛾类居多。同年 5 月，辛树帜率生物系采集队赴香港、澳门、中山县采集标本，共获标本 600 余号，100 余种。

1930 年 4 月，中央研究院自然历史博物馆组织贵州自然科学调查团赴贵州省考察并采集动植物标本。该团动物组由常麟定、唐开品、唐瑞金、房子廉 4 人组成。1931 年 5 月考察结束，共获得脊椎动物标本 530 余种，7000 余号。其中，兽类 26 种，300 余号；鸟类 280 种，3000 余号；爬行类 30 余种，300 号；两栖类 35 种，400 号；鱼类 160 种，3000 号。无脊椎动物 700 余种，6000 余号。

1930 年，中国科学社生物研究所为了与日本科学远征队竞争，加紧了长江上游，尤其是鱼类的调查研究。他们还几度到山东、浙江、福建、广东沿海调查海产和陆生动物，所得标本颇丰。

1930 年 4 月，北平静生生物调查所派科技人员到河北、山东沿海一带及渤海湾、辽东湾采集海产动物。7 月赴东陵采集鸟类、昆虫标本。

1931 年，北平静生生物调查所再次派科技人员赴东陵及河北各地采集鸟兽标本。同年又派科技人员赴山东半岛采集，经胶州湾、成山角、烟台、威海卫、荣成等处，更进至辽东半岛采集，历时三个月，获两栖类、爬行类、鱼类、甲壳类标本甚丰。

1932 年，北平静生生物调查所组织云南生物采集团，由该所最年轻的科研人员蔡希陶带领，进行了长达 20 年的采集活动，是我国近代生物史上历时最长的一次采集活动。同年，该所又派常麟定等经四川进入云南，后至昆明、建水、石屏等地采集鱼类、两栖类、爬行类、鸟类、兽类标本，所获甚丰。

1932 年 5 月，北平静生生物调查所寿振黄、唐善康等与清华大学生物系助教杜增瑞合作赴白洋淀采集，8—9 月又赴西陵、塘沽、唐山等地采集；7 月派科技人员赴厦门、福州、挂墩等地采集兽类、鸟类、爬行类、两栖类标本，所获甚丰。其间，南开大学教授熊大仕赴江西代为本所采集昆虫、鱼类、两栖类标本。

1933 年，北平静生生物调查所兵分三路，唐善康等在夏秋两季在河北西部和南部采集，共获脊椎动物标本 800 余号；何琦赴浙江、青岛、济南采集，获得昆虫标本甚多；阎敦建等 5 月出发至浙江镇海、宁波、定海、象山、南田、玉环、温州、瑞安、平阳、金乡、炎亭以及浙江与福建交界处采集软体动物标本，后转赴广东、香港、澳门、江门及广州湾等处采集，于 10 月返回，所获甚丰。

1933 年 5 月，中央研究院自然历史博物馆组织云南动植物调查团，派该馆科技人员常麟定、蒋英、唐瑞金、林应时及陈绍清 5 人，经法属安南前往云南采集动植物标本，以为分类研究之用。中央研究院院长蔡元培为此亲笔致函外交部申请填发护照；致函财政部要求调查人员返回时准予免税验放；致函云南省主席龙云及云南教育厅厅长龚自知，恳请调查团在滇期间给予关照。此次调查历时两年（1933—1935），共获动物标本 4400 号。

1934 年，中国科学社生物研究所秉志发起由中央研究院动植物研究所、北平静生生物调查所、国立山东大学、北京大学、清华大学等6个单位共同组织海南岛生物采集团,制订了详细的组织和采集计划,本次考察经费由6个单位分摊,中央研究院动植物研究所、中国科学社生物研究所、北平静生生物调查所均出资2000元,山东大学出资1000元,北京大学、清华大学各出资500元。设总事务处,由6个单位代表公决方式集中处理采集团一切事务,总事务处设在中国科学社生物研究所内,由秉志主持,如秉志离宁,则由王家楫代理执行诸事。规定在海南采集时间至少一年,分海路(由王以康领队,后由伍献文替换)和陆路(由左景烈和何琦领队)两队,采取"动植物并举,海陆并进"的方式开展工作。这次考察不仅获得了丰厚的标本(珊瑚、棘皮动物、环节动物、贝类、节肢动物、鱼类、两栖类、爬行类等标本9000余号,菌类等植物标本4000余号),并在考察、采集活动结束后,在较短时间内完成了全部标本的鉴定与分类工作,实属难能可贵。

1935年,北平静生生物调查所虽未组织大规模的动物采集活动,但该所的研究主力寿振黄、张春霖、喻兆琦、那华彦及技术骨干唐善康等在京津塘地区采集了鸟类、鱼类、软体动物、甲壳类、寄生桡足类等标本。

1935—1936年,中央研究院动植物研究所和北平研究院动物研究所集中开展了海洋生物的调查和采集,其重要活动有以下三项。

(1)1935年1—11月,中央研究院动植物研究所借用海军部第三舰队"定海号"军舰,开展了渤海湾海洋渔业调查,一行10余人,由伍献文任团长,唐世风、常继先、任珍文等任技术员,另有练习生8人。调查工作分为海洋学、渔业及海产生物三方面,考察地点在渤海湾和山东分站,全部工作于1935年6月开始,11月结束。调查路线自威海出发,经养马岛、烟台、蓬莱、龙口的近岸各处入莱州湾,北上绕黄河、白河口、大清河口诸地至秦皇岛附近;南下穿庙岛海峡而东,直达东经124°处,折向东南至胶州湾口;傍山东南岸东北行,绕石岛成山角返抵威海。总计途经31个站。每月每站工作一次,总计在海上工作约20天,航程平均每月约1441海里(1海里=1852米)。海洋物理学及化学两方面的记录由专任研究员伍献文、助理员唐世风整理。渔业部分由伍献文先鉴别在渤海湾所得海产鱼的种类,然后分析其分布迁徙的情形,以及各处产量的多少。对于食用鱼类尤为注意。海面所采的浮游生物由专任研究员王家楫整理。其他海产生物如海藻、环节动物、棘皮动物、贝类、甲壳类等由该所研究员、助理研究员研究,或请国内外专家研究,在1~2年内将研究结果陆续发表。这是我国海洋生物科学史上的一项重大调查活动。

(2)1935年4月,中央研究院动植物研究所首次开展东沙岛珊瑚礁调查,委派专门从事珊瑚研究的学者马廷英、唐瑞金等人,搭乘海军部差轮前往东沙岛采集珊瑚标本及考察珊瑚礁情况。开展了6个月的野外作业,共获珊瑚标本100余种,3000余号。马廷英等还对东沙岛四周海底的深浅、海水的温度亦加以测试,将所得标本加以整理,记载其各种特性、分布、产量及其环境等状况。

(3)1935—1936年,北平研究院动物学研究所与青岛市政府合作,开展了胶州湾海产生物调查,调查内容涉及海洋学和海洋生物两方面,海洋学方面包括海洋的性质、海水的深度、海水的成分、海水的温度、盐度、酸碱度(pH)、色泽、透光度、密度以及海流、潮汐等;海洋生物方面包括海产动物种类及其分布状况,食用海产动物(虾、蟹、章鱼、海参等)产量及其繁殖时期;鱼群迁徙的因子(pH、温度、食料等);浮游生物的种类及其对鱼类饵料的关系；海水理化性质与浮游生物的关系；底栖动物种类及其分布情形等。该计划为期两年，分 4 期完成，每年进行两次。该调查团由北平研究院动物研究所所长、专任研究员张玺总负责，团员有张凤瀛、顾光中等。在此期间，除对山东半岛南北两岸海洋的理化性质及其各区动物的分布、习性等开展调查外，还在黄岛西岸沙滩中发掘到肠鳃类的一种柱头虫，获得棘皮动物 20 余种，其中海参类 8 种、海星类 4 种、海胆类 5 种、蛇尾类 5 种及海洋齿 1 种，内有新种、新属。在青岛沿海沙底中发现文昌鱼的新变种。本次调查共采集动物标本 1600 号。其中以软体动物最多，计 500 号；其次为节肢动物，以蟹类最多，计 300 余号；鱼类标本 200 号；其他动物标本 600 号。

# 第五节　建立动物学会及其相关的学术组织

## 一、中国动物学会

20 世纪 20—30 年代，国内已拥有一定数量的动物学专业人才队伍，他们大多在各省的中学和大专院校任教，亦有少数在国立或民办研究机构从事科研工作。他们各自为谋，彼此很少联系。这一弊端无疑会阻碍尚处于起步阶段的中国动物学的发展。有感于此，动物学界一些有识之士遂于 1934 年在《科学》杂志上发表了《中国动物学会缘起》一文，指出："近年以来，国内习动物学者不乏其人矣，而散于四方，彼此莫知，山河阻绝，音讯疏阔；或累年瞑索，或平生未展，江湖廖落，雁影参差，潜脩所得，既苦于偏苑；精心所作，又失之重叠。且以幅员之广袤，物藏之宏多，不有信会，何以博洽。"他们以移山填海之志，发起成立中国动物学会，发起者共 30 人，其中海外归来的学子达 95% 以上。同时，还发表了《中国动物学会简章草案》。1934 年 8 月 23 日，中国动物学会在江西庐山莲花谷宣告成立，会议通过了学会章程，选举产生了首届理事：伍献文、武兆发、孙宗彭、辛树帜、经利彬。秉志当选为中国动物学会首届会长，胡经甫为副会长，王家楫任书记，陈纳逊任会计。会址暂设在国立中央研究院动植物研究所内，联系人为王家楫。8 月 24 日上午，在庐山召开第一次理事会，决定创办动物学会刊物《动物学杂志》(*Chinese Journal of Zoology*)，推举秉志为总编辑。该刊专载国内有关动物学的创作性及评论性专题论文，并酌登研究简报。1949 年以前共刊行 4 卷，每卷 1 期。在 1949 年以前动物学会共有六任理事长（会长），先后由秉志、胡经甫、辛树帜、陈桢、王家楫、朱元鼎担任。

1934—1949 年，动物学会会员人数由成立时的 50 余人，增至 1936 年的 185 人，1943 年为 212 人，至 1949 年中华人民共和国成立前夕已增至 348 人。学术活动比较活跃，在这一历史时期，先后举行了 6 次全国性年会，有的是与其他学术团体联合举办的，第二、第三、第四届年会的论文篇数均占联合年会中各学术团体的首位。

## 二、中国生物科学学会

该会于 1924 年由留学法国学生物专业的周太玄、刘慎谔、汪德耀、张玺、林镕、刘厚等 40 余人在里昂成立，1928 年移回国内，并出版相关的生物学期刊。

## 三、中国生理学会

该会于 1926 年由生理学家林可胜和生化学家吴宪等在北平发起成立，随即出版《中国生理学杂志》（ *The Chinese Journal of Physiology* ），1927 年出版了创刊号。这是一本高质量的生理学期刊，在 1949 年中华人民共和国成立前夕发行到第 17 卷第 2 期，在国际上有一定的影响。该学会对会员要求很严格，有论文才允许参加，后来有会员百余人。

## 四、六足学会

该会于 1928 年由张巨伯、吴福桢、柳支英、程淦藩、李凤荪等人发起，同年成立于南京。学会的名称是由吴福桢和柳支英根据昆虫的形态特征而拟定的。张巨伯任会长，参加者多为江苏省昆虫局的科技人员和东南大学、金陵大学昆虫专业的师生。该会设正副会长、文书、会计各一人，均由全体会员选举产生。张巨伯任会长，尤其伟任文书，杨惟义任会计。会员每半年交纳一次会费，有职业者每次交 1 元，全年交纳两次，共计 2 元，学生交 5 角。经费不足部分由张巨伯从他私人的薪金中贴补。该会自成立以来开展了一系列学术活动，如每周举行一次演讲会，由会员轮流主讲，内容有张巨伯的《昆虫局改组后之工作与将来进行之计划》、王樨升的《三化螟之特性与驱除之关系》、祝汝佐的《白蚕生活史及其驱除法》、吴宏吉的《南京昆虫之概况》、柳支英的《广西两种大瓢虫的研究》、李凤荪的《蜻蜓目之初步研究》、程淦藩的《蝉的初步分类》等。他们的演讲均有独到的见解，对推动我国近代昆虫学起到了一定的作用。每次演讲后，还要就报告中涉及的问题进行讨论，学术上民主气氛较浓。除演讲外，每周还轮流派一人为书报述义员，扼要介绍各昆虫书刊的重要内容，拓宽会员的视野。据统计，从 1928 年成立，到 1930 年 12 月，共举行演讲会 20 次，书报述义 19 次。此外，每年春秋两季组织会员赴野外采集标本一次。这些活动深受会员欢迎。由于六足学会既无政府的资助，又无其他经费来源，历时四年后被迫停止了活动。

## 五、中华海产生物学会

该会于 1930 年在厦门大学成立，由时任厦门大学校长林文庆（1869—1957）和该校动物系主任陈子英发起，主要目的是利用暑假期间对中国沿海生物资源进行调查研究。第一届董事会由郑章成、陈子英（厦门大学）、哈达盟（E.Hartmen, 广州岭南大学）、黄庆（上海暨南大学）、刘崇乐（东北大学）、秉志（中国科学社生物研究所）、辛树帜（中山大学）、武兆发（苏州东吴大学）、胡经甫（燕京大学）9 人组成，会长先后由胡经甫、陈纳逊、王家楫等担任。该会于 1935 年归入中国动物学会。

## 六、中国昆虫学会

1937 年 6 月，南京昆虫学家陈世骧、吴福桢、冯敦业、刘淦芝、李凤荪等发起组织中国昆虫学会，网罗全国昆虫学家，共同从事昆虫学的研究，并致函各省市昆虫学家征求意见，昆虫学家胡经甫、杨惟义等均复函表示赞同，拟在中国科学社在杭州召开年会时举行成立大会。但正值抗战爆发前夕，致使这一计划被迫延后。

1944 年，张巨伯、邹树文、吴福桢、邹钟琳、刘崇乐、陈世骧、冯学棠、忻介六等 30 余人联名向国民政府社会部申请，筹建中国昆虫学会，经批准后于同年 10 月 6 日在重庆召开筹备会议，推选邹钟琳、何琦、黄至溥、钱念曾、于菊生等人组成筹委会，通过会章草案及理事会、监事会选举程序。1944 年 10 月 12 日，在重庆枣子岚垭中华农学会礼堂举行中国昆虫学会成立大会。大会通过了学会章程，批准第一批会员名单，确定理事会、监事会候选人名单，并决定创办《中国昆虫学会通讯》，同时举行第一届年会，由蔡邦华、何琦分别做了《五倍子蚜虫生活史研究》和《中华疟蚊与微小疟蚊越冬观察》报告，开启了年会宣读论文的先例。

　　1945 年 1 月 25 日，经会员通信选举，产生了首届理事会，邹钟琳、吴福桢、于菊生、蔡邦华、冯学棠、忻介六、陈世骧、柳支英、曾省、李凤荪、何琦 11 人当选为理事；张巨伯、邹树文、刘崇乐 3 人为监事。同年 2 月 25 日，在监事会、理事联席会议上，选举吴福桢、邹钟琳、忻介六为常务理事，吴福桢为理事长，邹树文任常务监事。

## 第六节　创办动物学学术刊物，促进国内外学术交流

　　随着官办、民办动物学研究机构及大学生物系的建立，涌现了一批以报道中国动物学家研究成果的学术刊物，一些综合性的科技刊物也开始重视并发表某些动物学方面的论文和科普文章。其中最有影响的学术刊物有以下几种。

　　（1）《中国科学社生物研究所丛刊》（*Contributions from the Biological Laboratory, of the Science Society of China*），为英文刊物，于 1925 年创刊，是我国最早的生物学学术丛刊。1925—1929 年，共发表动植物论文 5 卷，每卷 5 号，一般以一篇报告为一号。自 1930 年第 6 卷起，分动物组（zoological series）和植物组（botanical series），每组每卷不限于 5 号。至 1942 年刊出 12 卷 3 期后停刊，先后发表了研究论文数百篇。其中许多论文在我国生物学研究发展过程中具有重要的历史意义。例如，该丛刊第 1 卷第 1 号（1925 年）上刊登的陈桢的《金鱼之变异》是我国学者最早的动物遗传学研究论文。该丛刊的出版发行，促进了国内外学术交流，并与国内外百余处学术机构建立了刊物交换关系。通过该刊，世界各国相关研究机构均知晓在中国存在这样一个研究机构。另据陈胜崑（1990）对中国科学社自成立以来发表的论文数量进行统计，得出如下结果：1922 年至 1942 年，动物学部共刊行论文 112 篇（不包括提交国内外其他刊物发表的论文），其中分类学 66 篇、解剖组织学 22 篇、生理学 15 篇，营养学 9 篇；植物学部共刊行论文百余篇，几乎都为分类学著作。

　　（2）*SINENSIA*，原为中央研究院自然历史博物馆以外文发表植物分类学研究成果的学术刊物，中文刊名为《国立中央研究院自然历史博物馆丛刊》，创刊于 1929 年 9 月，初为不定期刊，出满 12 号为 1 卷。1931 年起每年出版 1 卷。随着机构的演变，该刊中文刊名几度更换，而外文刊名一直未变。1934 年，自然历史博物馆改组成动植物研究所，*SINENSIA* 的中文刊名改为《国立中央研究院动植物研究所丛刊》，卷号顺延不变。1944 年 3 月，动植物研究所分成动物和植物两个研究所。中央研究院植物研究所于 1947 年另行创办《国立中央研究院植物研究所汇报》和《年报》，与 *SINENSIA* 脱钩。中央研究院动物研究所则续办 *SINENSIA*，改中文刊名为《国立中央研究院动物研究所丛刊》，直到 1949 年，共出版 19 卷。中央研究院动物研究所成立后，研究工作从单一的分类学扩展到鱼类生物学、昆虫学、寄生虫学、原生动物学、

海洋湖沼学与实验动物学，丛刊内容也随之扩展。太平洋战争爆发后，民办的中国科学社生物研究所和静生生物调查所经费困难，刊物停办，《北平研究院动物学研究所丛刊》自抗战爆发后停刊，直到 1948 年才复刊，只有 *SINENSIA* 正常出版，直到中华人民共和国成立，是当时中国最重要的动物学术刊物。

（3）国立北平研究院动物研究所创办了两份学术刊物：①《国立北平研究院动物学研究所中文报告汇刊》，自 1929 年至 1948 年，共发行 19 卷；②《国立北平研究院动物研究所丛刊》（*Contributions from the Institute of Zoology, National Academy of Peiping*），以英文形式刊出，自 1930 年至 1948 年，共发行 18 卷。

（4）北平静生生物调查所于 1930 年创办了《北平静生生物调查所汇报》（*Bulletin of the Fan Memorial Institute of Biology*），以英文形式刊出。1931—1941 年共刊发论文 269 篇，其中动物方面论文 133 篇。

（5）《中国动物学杂志》（*The Chinese Journal of Zoology*），是中国动物学会于 1935 年创办的英文刊物，年刊，1949 年以前仅出版了 3 卷，第 1 卷于 1935 年出版，发表论文 11 篇，计 133 页；第 2 卷于 1936 年出版，发表论文 15 篇，计 201 页；第 3 卷由于抗战时期时局动荡，印刷经费无着落，延至 1949 年 3 月出版，发表论文 8 篇，计 68 页。

（6）自然科学综合性刊物两个：①《科学》，由中国科学社主办，1915 年创刊于上海。1914 年 6 月 10 日，胡明复、赵元任、周仁、秉志、章元善、过探先、金邦正、任鸿隽、杨铨在美国康奈尔大学创建科学社。其最初目标是集股创刊《科学》，将他们在美国学到的科学知识传输给国内。当时上海已成为中国最大的城市，多功能经济中心与文化中心，科学社选择上海作为《科学》的诞生地，商务印书馆为出版发行机构。②《自然界》，由商务印书馆主办，1926 年创刊于上海。主编周建人。1932 年"一·二八"事变后停刊。《自然界》的宗旨是实现"科学的中国化"，它提出要发掘中华五千余年的科学瑰宝。

（7）科普性刊物两个：①《科学画报》，于 1933 年 8 月由中国科学社创办，是我国历史最悠久的一本综合性科普期刊。创刊之初，由中国科学社的杨孝述任总编，知名科学家曹惠群、周仁、卢于道等担任常务编辑，知名科学家秉志、竺可桢、任鸿隽、赵元任、裘维裕、茅以升、汪胡桢、伍献文、柳大纲等作为该画报的特约撰稿人。②《博物学会杂志》，创刊于 1918 年，是我国最早的生物学期刊之一，传播了大量生物学（包括动物学）知识，发表中国学者撰写的生物学研究调查报告 15 篇，规范了生物学名词术语，深化生物进化论的传播，推进了从博物学到生物学的学科演变。

上述刊物均由专门的生物学或动物学研究机构或学会主办，学术水平较高，基本能反映当时中国动物学学术水平，它们同时承担着与国际相关研究机构进行交换的任务。

在上述刊物中，中国科学社创办的《科学》是一份延续时间最长、刊登动物学论文较多的刊物。《自然界》也是一份科学普及刊物，虽然办刊时间只有 6 年，但发表了一些颇有分量的动物学方面的文章，如辛树帜的《西藏鸟兽谈》，慨士根据 E.H.Wilson 的调查撰写了《中国西部常见的鸟兽》。此外，慨士还摘译了 E.H.Wilson 的《中国西部的食肉动物》等论文，许心芸撰写了《蝙蝠的生活及蝙蝠塔》。《自然界》还以"生物学工作"为题，连载了美国克拉克探险队《穿越陕甘　1908—1909 年克拉克考察队华北行纪》的考察报告。一些著名的大学还自办类似于"学报"的综合性学术刊物，不时刊登有关生物学（动物学）的研究论文，但由于战乱等原因，能按时、延续出版者寥寥无几。迫于客观原因，当时动物学者的一些重要研究成果，尤其是一些实验性研究论文，往往要寄到国外有关刊物发表。

# 第七节 动物学研究在抗战时期的巨大损失与发展

20世纪20—30年代，中国动物学家利用短暂的和平时期，在动物学研究机构的建立、本土动物资源调查、动物学专业人才培养、学会和学术期刊的创办、动物学知识的普及等方面开展了开创性的工作，这是中国动物学发展的第一个黄金时期。1937年7月7日，日本悍然制造卢沟桥事变，全面抗战爆发，这对正在蓬勃发展的中国动物学来说，无疑是一次沉重的打击。国民政府为了保存实力，有计划地从南京、上海、苏州、浙江、北平、天津等文化教育、科学研究较发达地区，将人员、仪器设备，图书资料等通过各种交通渠道，采用多种交通工具（包括徒步），迅速撤迁到川、黔、滇大后方。尽管抗战时期工作和生活条件十分艰苦，动物学者们因陋就简，以顽强的意志积极开展应用动物学和"纯粹科学"的研究，以丰硕的研究成果赢得了艰苦卓绝的抗战胜利。

## 一、损失巨大

抗战爆发，京（南京）沪、苏浙、平津等政治、文化、经济、科技重镇首当其冲，身处南京的科学社生物研究所和国立中央研究院动植物研究所及身处抗日前线的国立北平研究院动物研究所奉命分别以不同路线内迁。中央研究院动植物研究所于1937年8月下旬自南京迁往湖南衡阳南岳。同年年底，由南岳迁徙至广西阳朔，在阳朔停留一年，于1938年年底自桂入川，并在重庆北碚建所址，作为抗战时期的工作地点。中国科学社生物研究所在南京的所址及未搬出的设施、标本全部毁于日军的狂轰滥炸。该所职员在钱崇澍带领下迁往重庆北碚，借用中国西部科学院的部分房舍继续开展工作（秉志因夫人病重，留在上海未随所西迁）。地处北平的国立北平研究院动物研究所自北平沦陷即随院迁滇，抵滇后在西山之麓、滇池之滨的苏家村租借小学一部分校舍并自盖茅屋数间作为研究室。该所在北平的研究所原址被日军所侵占，研究室、标本室及水塔被毁。该所在烟台附近设有渤海海洋生物实验室，其一切设备荡然无存。与该所同在北平的静生生物调查所在"九一八"事变后也曾有南迁的想法，但被侥幸心理所支配，多数人认为"该所是美国退回庚子赔款组成的中华教育文化基金会资助兴办的民间生物学研究机构，与民国政府无涉，可以依靠美国在华势力，得以生存"但现实却冷酷无情，"1941年12月，太平洋战争爆发，受美国势力保护的教育文化机构均被日军视为美国在中国之财产，被日军强行占领，燕京大学、协和医学院、北京图书馆、北平静生生物调查所等皆在此例。是年，12月8日，日军篠田部封闭了北平静生生物调查所，所中员工皆被驱逐，全部图书及动植物标本概未救出，只有模式标本照片之底版，野外采集所用各省陆军测量地图等少量珍贵材料被提前寄存到大陆银行"。当时在江西的胡先骕得知静生生物调查所遭日军侵占的消息后，非常痛心，曾有"此事始谋，不至于陷入如此窘境"的内疚言论。

抗战时期一些著名学府遭到日军破坏，天津南开大学首当其冲，其原因是"九一八"事变后，南开大学校长张伯苓不仅担任天津中等以上学校抗日救国联合会主席，并以南开大学师生为依托，组织学界成立慰问团体，支援抗日前线将士。他的义举赢得了全国人民的支持，但也激怒了日本侵略者。据史料记载，当时日军从骚扰、挑衅、威胁、置放炸弹，直至1937年7月对南开大学狂轰滥炸，之后，南开大学校园又被日军占领长达9年之久。美国记者爱泼斯坦记下了这一罪证，"夜里两点钟，天津市内战争开始，……郊区的南开大学遭受猛烈轰炸，几乎夷为平地，……他们的飞机一队队飞到南开的上空，飞得很低，简直是把炸弹放在校园。那座辉煌的图书馆和内部藏书，连同其建筑毁于一旦。"

在艰苦卓绝的抗战中，南开大学成为中国第一所罹难的高等学府。初步统计财产损失300万元（法币），占当时全国高等学校全部战争损失的十分之一。1938年，清华大学、北京大学、南开大学在昆明组成国立西南联合大学，由梅贻琦、张梦麟、张伯苓三位常委联合治校，梅贻琦主持校务，他以温文尔雅、公正无私的办事风格，将三所风格各异的大学奇妙融合，致使"抗战十四年，物质极度贫乏，每日承受生死考验的西南联大却在烽火中创造了弦歌不辍，为中华民族培养了众多大师级的优秀人才。"（《先生》，中信出版社，2012年）

## 二、成绩斐然

抗战时期，动物学学科在逆境中继续得到发展，主要表现在以下几个方面。

（一）应用动物学研究获得重要进展

（1）北平研究院动物研究所从北平内迁至昆明后，因地制宜，迅速从擅长海洋生物学研究转向淡水生物的研究。"除一面作纯粹科学之探讨外，并注意应用动物学之研究"，与云南省建设厅合作，组建云南水产试验所，由张玺兼任所长。首先调查当地湖川的形质，继而调查当地水生动物的种类，并在西山昆明湖畔设立养鱼池，试图深入研究。该所在抗战期间共完成了13项与地方合作的项目：①昆明湖水质的理化性质及其主要生物；②滇池食用软体动物的研究；③抚仙湖渔业调查与改进的建议；④鱼类人工繁殖及其品种改良的研究；⑤云南虾蟹类的调查；⑥滇池鱼类天然食料的调查；⑦滇池鱼类产卵期的调查；⑧养鱼池与滇池水温的比较及其对鱼类生长的关系；⑨渔具的调查及改进；⑩鱼病及敌害的研究；⑪云南杨宗海产青鱼人工授精孵化的实验；⑫滇池的鸭业；⑬疟蚊与疟原虫。

上述项目促进了云南省水产事业的发展，其各项研究结果均以论文、报告等形式于1935—1945年发表在《中法文化》《云南建设》《西南边疆》《旅行》《旅行杂志西南学术专号》《科学》及《国立北平研究院动物研究所中文报告汇刊》上。

（2）中央研究院动植物研究所（1944年改为动物研究所）自1938年迁抵四川北碚后，该所重要图书、仪器及模式标本等幸无损失，研究工作得以延续。中央研究院自1935年丁文江任总干事后，主张以解决国家实际急需问题为主要使命。他认为动植物研究所不应专作分类工作，而必须同时注意研究育种与病虫害及其他真正与农业生产有关的工作。中央研究院评议会第四次会议于1939年3月在昆明召开，讨论如何联络国内各研究机关，制订战时工作计划，以求于抗战前途有所贡献。据史料记载，该所于1938年内迁途中，在广西阳朔县就积极参与当地数乡仓库害虫的防治。抵北碚后，动植物研究所积极参与当地农业、林业病虫害的调查与防治和与人饮食有关的鱼类增殖的研究。该所在抗战时期承担的研究项目有：①四川省柑橘害虫及中国守瓜虫的研究；②四川省一般农作物害虫的种类及为害情况调查；③四川省油桐病害的研究；④ 湘江、漓江的鱼产调查；⑤ 四川省食用鱼天然食料的调查；⑥ 嘉陵江鲤鱼产卵场水质的分析；⑦ 嘉陵江食用鱼鱼苗的食物及其生长率；⑧ 嘉陵江中天然鱼苗的蓄养；⑨ 鲤鱼鱼草的直接暴晒对于鱼卵孵化率及鱼苗死亡率的关系；⑩ 鲤鱼鱼苗的增产试验；⑪ 经济鱼苗的识别与选择；⑫ 脑下腺素对鱼类产卵的试验；⑬ 蚊虫的天敌及自然防治的研究。

另据有关文献报道，"在抗战期间，我国沿海渔场，渐次被敌人侵占，通海之大江巨川，亦多沦陷。故利用内地湖沼发展淡水渔业，对于国计民生，两有裨益"。中央研究院动物研究所根据当地、当时的实际情况，调整研究方向，做好应用研究项目，取得了良好的研究结果，对提高滇川地区水产养殖农业病虫害防治水平，改善抗战时期食品匮乏状况，促进大后方科技知识的普及起到了积极的作用。

（3）北平静生生物调查所在抗战时期主要做了以下两方面的应用研究：一是该所植物部于 1939 年秋与经济部工业试验研究所在四川乐山合办木材试验研究室，其目的是解决抗战时期国防、交通、电信等部门对木材的紧迫需求；二是动物部杨惟义在江西泰和开展以除虫菊制作各种杀虫剂及蚊香的研究，探讨除虫菊栽培方法，并获得成功。自 1942 年秋及翌年春，先后开辟荒地 40 亩，以种植除虫菊。此外，该所还研究了多种杀虫植物，均有一定的成效。

（二）动物分类与形态学研究在抗战时期取得重要进展

（1）1937 年，中央研究院动植物研究所在迁途中，王家楫在南岳等处发现纤毛虫新种 7 个，并考察了温度对纤毛虫的影响。1940 年，刘建康记载了产自淡水的两种弹涂鱼。一种定名为伍氏弹涂鱼（*Ctenogbius wui*）；另一种采自广西瑶山的溪流中，定名为四川弹涂鱼（*Gobius szechuanensis*）。陈世骧在 1942 年先后发现叶甲新种 83 种，在叶甲分类方面享有国际声誉。伍献文完成了《漓江的鱼类》一文，其中描述了发现于漓江的 11 个新种。

（2）时任燕京大学教授的胡经甫，1938 年发表了《中国襀翅目昆虫志》，当时被认为是世界权威之作。1941 年，他又发表了《中国昆虫名录》一书，共六卷，是他从 1929 年开始，至 1933 年完成初稿，然后又赴世界各自然博物馆进行核对查验，终于在 1941 年完成出版。该书是我国首次以现代生物科学理论，对中国昆虫作了系统、全面的整理，记载了见于我国的昆虫 25 目、392 科、4968 属、20059 种。

（三）实验鱼类学研究得到发展

从 1940 年到 1947 年，伍献文及鱼类学家刘建康、张孝威等人，连续发表了多篇有关黄鳝气呼吸机理的研究报告，比较详尽地从形态学、组织学及生理学的角度探讨黄鳝的气呼吸器官的结构与功能。例如：1937 年，伍献文与刘建康发现鳝鱼的鳃极不完备，且在冬季蛰居于土中得不到充分水分，经他们细致的观察，并通过对口腔各部组织的研究，发现鳝鱼的表皮具有呼吸功能，否定了德国学者 Volz 认为鳝鱼肠的末端有呼吸的作用；1940 年，他们进行了纹胸鮡的吸着器的组织学、鲤鲫鱼杂交实验、鳛鲅鱼的胚动现象等有关鱼类生理学和功能形态学的研究工作。这一大批科学文献，既象征了我国早年鱼类学家们的艰辛历史，也显示出我国鱼类学研究的一个新的进步。

（四）实验性动物学（实验胚胎学、动物生理学、细胞学等）获得初步发展

北平研究院动物研究所和中央研究院心理研究所、动物研究所均在抗战时期建立了实验动物的研究室，有以下史料为证：1937 年 7 月 7 日，抗日战争爆发。8 月，张香桐离开南京，为护送仪器设备辗转于长沙、桂林、阳朔、柳州北的丹洲、良丰等地，在颠沛流离中仍不忘

记科研，他撰写的论文《刺猬中脑下叠体之下行通路》发表于《中央研究院生理研究专刊》1937 年第 10 号上。1937 年，朱洗接受北平研究院院长李石曾的建议，到上海筹建了一个生物研究所。当时条件简陋，人手缺少，经费困难，但他依然利用食盐配制生理盐水，做出了几项出色的成果。如用人工改变渗透压的方法促使蛙卵巢体外排卵和成熟，利用氰化钾离释分析蚕卵分裂节奏的研究等，在 1937—1945 年，共发表论文 6 篇。童第周及其助手在抗战时期利用比较容易获得的蛙和金鱼卵为材料，继续开展"卵中胚因的分析、造型潜力分析和蛙胎氍毛极性决定"等方面的研究，1940—1945 年发表论文 8 篇。

尽管在这一时期，研究上有诸多困难，然而凭借以往的基础与学者的努力，研究工作仍然开展得有声有色，论文报告的发表总数也没有明显的变化。李约瑟在 1941—1946 年曾任中英科学合作馆主持人，在他撰写的《战时中国之科学》一书中有如下叙述："刚到中国时，昆明物价已经上涨了 103 倍，大学教授不得温饱，谈到器材，更是贫乏得可怜。做组织切片，没有染色剂；做人体解剖，没有福尔马林，只好趁尸体还没有腐臭，赶紧下刀。实验室往往是间草房，或是借来的破庙。没有载玻片，就把空袭震破的玻璃割下来用，如果连这也没有，就用土产的云母片！在要什么没什么的情况下，中国生物学家的表现让人刮目相看。到了昆明的西南联大，看到联大的生物学家已完成了一部云南植物志及其检索表；云南蝶蛾幼虫的检索表也差不多快做出来了！到了北碚的中央研究院动植物研究所，感觉它具有世界上最好实验室所具有的真正研究气氛。"走访了无数的实验室，李约瑟的综合印象是"他们做出最好的工作""他们因他们的工作而自豪。"

战时纸张缺乏，印刷质量不佳，论文没有地方发表，太平洋战争爆发后，国际通信受阻，送到国外发表的机会也断绝了。李约瑟走访大后方各个研究机构及大学，将他们的研究成果转递到英美各著名期刊，在转递的 138 篇论文中，只有 3 篇"不拟立即发表"。编者在回信中经常有这样的语句："一项优异的工作。""知道中国在现在这时候还能进行这种性质的研究，我真是高兴。""一项最辛苦，最仔细的工作。"

# 参考资料

[1] 秉志. 科学与民族复兴［J］. 科学 1935，19（3）：317–322.

[2] 罗桂环，汪子春. 中国科学技术史·生物学卷·第六章　近代生物学的传人［M］. 北京：科学出版社，2005.

[3] 曹育. 08.4 生物学. 见董光璧. 中国近现代科学技术史（中卷）［M］，长沙：湖南科学技术出版社，1997.

[4] 中国科学社. 中国科学社生物研究丛刊（目录，1925—1939）. 中国科学社出版，1940.

[5] 中国科学社. 中国科学社生物研究丛刊（目录续编，1938—1940）. 中国科学社出版，1940–1942.

[6] 中国第二历史档案馆（南京）. 北平静生生物调查所创办缘起. 全宗号：609，案卷号：1.

[7] 中国第二历史档案馆（南京）. 北平静生生物调查所职员录及一览表，北平静生生物调查所概况. 全宗号：609，案卷号：4.

[8] 胡宗刚. 北平静生生物调查所史稿［M］. 济南：山东教育出版社，2005.

[9] 中国第二历史档案馆（南京）. 中央研究院工作报告. 全宗号：393，案卷号：66.

[10] 中国第二历史档案馆（南京）. 中央研究院为教育年鉴编造"中央研究院概况"1932–1947 年. 国立中央研究院自然历史博物馆二十年度概况（1931）. 全宗号：393（2），案卷号：80.

[11] 中国第二历史档案馆（南京）. 北平研究院概况（1929 年 9 月—1948 年 8 月）. 全宗号：394，案卷号：001.

［12］王思明，周尧.中国近代昆虫学史［M］.西安：陕西科学技术出版社，1995.

［13］章楷.近代我国作物虫害防治事业述略［J］.中国科技史料，1986，7（5）：28-35.

［14］林文照.07.2 中央研究院的建立与发展.见：董光璧.中国近现代科学技术史（中卷）［M］，长沙：湖南科学技术出版社，1997.

［15］林文照.07.3 北平研究院的建立与发展.见：董光璧.中国近现代科学技术史（中卷）［M］，长沙：湖南科学技术出版社，1997.

［16］薛攀皋.我国大学生物学系的早期发展概况［J］.中国科技史料，1990，11（2）：59-65.

［17］薛攀皋.北京大学生物系是何时建立的［J］.中国科技史料，1989，10（2）：77-79.

［18］肖超然，等.北京大学校史（1898—1949）（增订本）［M］，北京：北京大学出版社，1988.

［19］郑作新.中国动物学会五十年［J］.中国科技史料，1985，6（3）：44-50.

［20］科学新闻.陈世骧等发起成立昆虫学会［J］.科学，1937，21（6）：493.

［21］吴容."六足"学会始末［J］.中国科技史料，1988，9（1）：59-87.

［22］中国科学院动物研究所所史编撰委员会编.中国科学院动物研究所简史［M］.北京：科学出版社，2008.

［23］汪前进.05.3 科技学会的成长发育时期.见：董光璧.中国近现代科学技术史（上卷）［M］.长沙：湖南科学技术出版社，1997.

［24］曲士培，刘兰平.04.4 辛亥革命与科技教育制度化.见董光璧.中国近现代科学技术史（上卷）［M］，长沙：湖南科学技术出版社，1997.

［25］中国第二历史档案馆（南京）.科学调查团动植物工作报告.全宗号：394，案卷号：2147.

［26］科学新闻：广西科学调查团成绩之一斑［J］.科学，1928，13（9）：1264-1265.

［27］科学新闻：北平静生生物调查所概况［J］.科学，1933，17（7）：1127-1128.

［28］中国第二历史档案馆（南京）.北平静生生物调查所工作报告.全宗号：609，案卷号：7.

［29］中国第二历史档案馆（南京）.国立中央研究院工作报告.全宗号：393，案卷号：66.

［30］中国第二历史档案馆（南京）.云南自然科学考察团.1933 全宗号：393，案卷号：299.

［31］中国第二历史档案馆（南京）.云南自然科学考察团.1934.全宗号：393，案卷号：163.

［32］中国第二历史档案馆（南京）.海南生物采集团.全宗号：393，案卷号：251.

［33］科学新闻：海南生物采集团已出发［J］.科学，1934，18（2）：284.

［34］中国第二历史档案馆（南京）.东沙岛采珊瑚标本案.全宗号：393，案卷号：58.

［35］李楠，姚远.《博物学会杂志》与其生物学知识传播［J］.中国科学期刊研究，2011，22（6）：991-993.

［36］胡宗刚.静生生物调查所史稿［M］.济南：山东教育出版社，2005.

［37］中国昆虫学的奠基人之一——胡经甫.见中国科学技术专家传略·理学篇［M］.北京：中国科学技术出版社，1996.

［38］李约瑟.战时中国之科学［M］.徐贤恭，刘建康，译，上海：上海中华书局，1947.

［39］辛树帜.西藏鸟兽谈［J］.自然界，1926，1（5）：413-423.

［40］慨士.中国西部的食肉动物［J］.自然界，1927，2（2）：134-147.

［41］慨士.中国西部常见的鸟兽［J］.自然界，1927，2（10）：888-895.

［42］吴襄.三十年来国内生理学者之贡献［J］.科学，1948，30（10）：295-313.

# 第十一章　近代动物学的奠基者及其研究群体和分支学科的建立

## 第一节　中国近代动物学奠基者及其研究群体的形成

从中国近代动物学发展的轨迹来看，秉志是我国第一个综合性自然科学刊物《科学》的创办人之一，中国第一个科学社团——中国科学社团的发起人之一，也是中国高等学校创办生物系的第一人。他于20世纪20年代受中国科学社重托，与胡先骕等创建了中国历史上第一个以近代科学体系为基础的生物研究所，他不仅是该所的创办者，也是该研究所的组织者和实践者。总之，秉志是一位在中国近代动物学史中独具战略眼光的第一代领军人物，中国近代动物学当之无愧的奠基者。

早在20世纪20—30年代，以秉志、胡先骕为核心，以中国科学社生物研究所为摇篮，形成了一个研究群体，这个群体的成员主要来自清末或民国初期派遣出国留学的人员，他们经历了艰辛的学习与研究实践，切身对比了中西政治、经济、文化的差异而进一步感悟到只有发展科学技术才能救中国。他们在学成归国后，成为在各自专业领域中生物学知识的传播者、生物科学研究的先行者，但苦于当时国内的现实情况和条件，他们往往难以施展抱负，中国科学社生物研究所所倡导的开放式管理和纯粹科学的研究模式无疑具有极大的吸引力，加之秉志渊博的知识、高尚的治学待人品格，以及勇于克服困难、坚韧不拔的精神，使中国科学社生物研究所成为中国生物学人才的摇篮和孵化器。

据史料记载，在中国科学社生物研究所先后学习或研究的人员有：张春霖（鱼类学家）、陈焕镛（植物分类学家）、张孟闻（两栖、爬行动物学家）、王家楫（原生动物学家）、倪达书（原生动物学家）、张景钺（植物学家）、钱崇澍（植物学家）、陈桢（动物遗传学家）、戴芳澜（真菌学家）、崔之兰（组织胚胎学家）、张宗汉（生理学家）、何锡瑞（兽类学家）、郑集（生物化学家、营养学家）、方文培（植物学家）、吴仲伦（林学家）等。在该所做过专职研究的人员有：常麟定（鸟类学家）、孙宗澎（生理学家）、曾省（昆虫学家）、苗久稝（昆虫学家）、戴立生（原生动物学家）、喻兆琦（甲壳动物学家）、伍献文（鱼类学家）、方炳文（鱼类学家）、王以康（鱼类学家）、徐锡藩（寄生虫学家）、孙雄才（植物分类学家）、王志稼（藻类学家）、汪振儒、杨衔晋（植物学家）、曲仲湘（植物生态学家）等。还有一些学者虽然在该所只当过研究客员或兼职研究客员，但同样受到该所的培养和严格的训练，如欧阳翥（神经组织学家）、吴襄（生理学家）、徐凤早（细胞学家）、陈义（无脊椎动物学家）、傅桐生（鸟类学家）、李斌京（解剖学家）、严楚江（植物形态学家）、秦仁昌（蕨类学家）、陈邦杰（苔藓学家）、沈其益（植物病理学家）、朱树屏（浮游生物学家）等。

蔡元培曾对该所做过这样的评价："中国科学社生物研究所特别值得一提，它没有辜负创办人的期望，做了许多极其令人满意的工作。在中国当代著名生物学家中，十有八九以这样或那样的方式与这个研究所发生联系。"胡适也在 1935 年盛赞该所，认为："在秉志和胡先骕两大领袖的领导下，植物学和动物学同时发展，在此 20 年中，为文化开出一条新路，造就了许多人才，要算是中国学术上最得意的一件事。"

这个研究群体的总人数大约 49 人，其中动物学方面的学者有 28 人，这些学者日后均成为中央研究院自然历史博物馆（1930—1934）、中央研究院动植物研究所（1934—1944）、中央研究院动物研究所（1944—1949）、北平研究院动物研究所（1929—1949）以及中国科学社生物研究所衍生机构——北平静生生物调查所（1928—1941）及一些大学的骨干力量、动物学各个分支学科的奠基者或领军人，为中国近现代动物学的发展做出了不可磨灭的贡献。

# 第二节　近代动物学各分支学科的建立

## 一、昆虫学

一些外国人士来华采集昆虫标本，大体可追索到 17 世纪晚期至 18 世纪，并发表一些有关我国昆虫种类的著作。这些情况已在前面有详尽的记叙，在此不再赘述。我国近代昆虫学的成就主要反映在害虫防治和昆虫学基础性研究两个方面。

（一）害虫防治方面

在清末或民国初期，一批有志于科学救国的留学生赴国外深造之时，选择学习昆虫及虫害防治，如我国第一代昆虫学领军人邹树文、张巨伯、张景欧、杨惟义、邹钟琳、吴福桢、尤其伟、刘崇乐、蔡邦华等。他们学成归国后一方面在大学教书育人，另一方面投身害虫防治领域，长期从事植保工作。因此，我国近代昆虫学肇始于虫害的防治应合乎情理。据文献记载，19 世纪末，我国开始引进外国的近代科学技术来改进我国的农业生产，其中包括运用近代科学方法防治作物病虫害。1907 年，清廷利用北京西直门外三贝子花园开办的农事试验场设立了病虫科。1911 年，在北平中央农事试验场成立了病虫害科。1917 年，在江苏省成立治螟考察团。20 年代，国内少数高等农业学校进一步设立病虫系，其中以南京的东南大学农科为最早。1922—1924 年，在江苏和浙江两省成立昆虫局。1924 年以后，在江西、湖南、广东、四川等省相继成立了专门机构，从事昆虫的实验研究、害虫防除工作。

江苏昆虫局是我国最早成立的害虫防治研究机构，他们开展的工作有：①设棉虫研究所于上海，设蝗虫研究所于徐州，并于 1923 年在徐州、淮阴、东海三处设置捕蝗分所；②分别设螟虫研究所于昆山，设桑虫研究所于无锡。这些研究所在昆虫学理论和虫害防治方面取得一定的成绩。当时南京城内荒地甚多，蚊蝇滋生，在昆虫局的带动下，联合组成"南京扑灭蚊蝇团"，每天在蚊蝇滋生之地施洒杀虫药物，并举办演讲会、展览会等宣传活动，动员大家齐动手扑灭蚊蝇。经过一段时间的努力，南京蚊蝇大为减少。苏州、上海市亦起而仿效，并由江苏昆虫局派技术员前往协助。这是我国第一次有组织地用近代科学方法扑灭蚊蝇。

1924 年，嘉兴、嘉善、海盐等地发生螟灾，尤以海盐最烈。浙江昆虫局派技术员长驻海盐，指导农民防治，结果海盐县秋收较邻近各县高出三成。事实证明，用近代科学方法治螟确有成效，从而增强了群众治螟的信心。浙江昆虫局开展的工作有：设稻虫研究所于嘉兴，设桑虫研究所于湖州，设棉虫研究所于平湖县的乍浦，设果虫研究所于黄岩，设杀虫、菌药剂研究室。1931 年，稻虫研究所在嘉兴建筑规模较大的寄生蜂保护试验室，从事以虫治虫的研究。

1928 年，江西昆虫局成立，拟重点防治螟、浮尘子及柑橘害虫。同年，河北成立昆虫局；1933 年，湖南成立昆虫局，但均因经费困难或抗战爆发而被撤销。江苏昆虫局和浙江昆虫局在辉煌了一阵后，也因抗战、经费拮据等原因而被裁并或撤销。

1932—1933 年，国民政府实业部成立中央农业实验所，这是一个面向全国的农业科研单位，所内设 6 个系，其中一系即植物病虫害系。该所植保部门对当时农业生产的贡献主要在治虫药械的研制等方面。

江苏昆虫局和浙江昆虫局在撤销前的 10 余年内，在螟虫、棉虫、蝗虫防治方面应用近代科学技术已取得较好的成效。例如，江苏昆虫局曾派员在徐淮一带对蝗虫的习性进行观察研究，掌握其发生播迁规律，并试用以下各种防治方法：①利用鸡、鸭啄食蝗蝻；②用白砒、饴糖、麦麸混合，制成毒饵，效果显著；③喷洒砒酸铅、石灰混合物于蝗虫食物上或喷氰化钠于蝗蝻身体上，效果虽好，但这些药物需从国外进口，且费用太高；④ 1928 年，江苏昆虫局在江浦及沪宁线的下蜀等地，用石油洒于河中，蝗蝻涉水过河，均被窒息而死，收到很好的效果。1926 年，江苏的徐州、东海一带蝗虫盛发，由于江苏省昆虫局对此已有研究，防治得法，致未成灾。1928 年和 1929 年，蝗虫蔽天遮日，蔓延于江苏许多地方。亦因江苏昆虫局专司防治，使当年收成未蒙受重大损失。

棉蚜为我国华北地区棉作物最大害虫之一，在 20 世纪 30 年代全国所受棉蚜之害损失可达 1 亿国币[①]。1934 年中央棉产改进所成立之时，即组织技术人员开展棉蚜防治研究，并获得一种化学药剂，1936 年曾在河北省蠡县向棉农推广，获得成功。该所派虫害系主任吴福桢率技术人员亲临现场考察，确认为农业界的一大成功，并获得美国洛氏基金会的资助。国民政府于 1937 年 1 月在河南开封召开全国植棉人员传授治蚜技术，华北四省的植棉人员在蚜虫发生期间全体动员担任治蚜工作，并外筹专款 4 万元，特为治蚜经费，此种大规模农业推广在当时尚属创举。

从 20 世纪 20 年代开始，我国亦采用药剂来灭杀大田作物及棉花害虫的防治，最初使用的药剂主要是我国生产的原料配制的，但有些原料当时在我国不能生产，需从国外购买，价格昂贵，不适于大面积推广使用。为此，我国农业害虫防治专家采用以下措施，取得了较好的效果。

（1）参考外国成法，改进药剂的配制方法，其中乳剂的制备取得明显成效。我国最早用

---

① 旧时中国政府规定的银币本位货币。宣统二年（1910 年）度支部奏定的《币制则例》规定"国币单位，定名曰'圆'"。1914 年，北洋政府曾颁布《国币条例》。1935 年，国民党政府停止银本位币，采用法币，仍沿称国币。引自《辞海》，上海辞书出版社，1976 年，第 767 页。

的油类乳剂为石油乳剂，当时石油都从外国进口，价格较贵。1929 年，江苏昆虫局棉虫研究所用棉油和石碱制成棉油石碱乳剂，用于棉虫的治疗。1934 年，中央棉产改进所对棉油乳剂配制方法又作了改进。用棉油乳剂喷治棉蚜效果良好，以种棉花的副产品棉油制成治棉虫的药剂，产于棉而用于棉，可谓用得其宜。此外，用烟茎水治蚜虫，烟茎在农村较易取得，制作方法简单，成效显著。1929 年，江苏昆虫局桑虫研究所将巴豆仁研末，与肥皂水混合制成巴豆乳剂，以灭杀危害桑叶的白蚕，效果颇佳。这是抗战时期用国产原料制成杀虫剂的首例成功实例。

（2）自制农药，挽回利权。20 世纪 30 年代，我国自制的农药主要是砷酸铅和砷酸钙。这两种砷化合物是常用的胃毒剂农药。1935 年，中央棉产改进所及中央农业实验所开始研制砷化合物的农药，1938 年用石灰及湖南等省蕴藏丰富的红砷为原料，试制成功品质优良的"中农砷酸钙"，成本仅为舶来品的一半。从 1939—1943 年，中央农业实验所病虫药械制造实验厂制造砷酸钙 76000 千克，在川、陕、湘、豫等省用于防治棉虫及菜虫。1940 年，中央农业实验所又制成"中农砷酸铅"，用以防治棉花等作物的害虫。1938 年，金陵大学化学系受四川省委托，试制碳酸铜。1938 年起，四川省农业改进所和中央农业实验所在成都用金陵大学的方法，大量生产碳酸铜。1938—1943 年共生产碳酸铜 5000 多千克。1941 年，该所还制成波多尔液，用于防治棉病。从 20 世纪 40 年代起，滴滴涕和六六六在农业上应用渐广，40 年代中期，清华大学、中央大学、中央卫生实验院、中央农业实验所病虫药械制造实验厂等先后试制滴滴涕成功。六六六引进到我国比滴滴涕略晚。

（3）挖掘中国民间的传统杀虫药物。我国农民早就利用有毒植物杀虫，主要用于防治蔬菜害虫。农民用的传统有毒植物，如果能用科学方法提取其有效成分并加以精制，就能更好地用于防治害虫。浙江省病虫害防治所和中央农业实验所很注意这方面的调查研究，当时已对烟草、巴豆、百部（又名婆妇草）、鱼藤、雷公藤、除虫菊等有毒植物开展研究，证明上述有毒植物经简单处理后均有防治害虫的功效，如用烟茎治螟，用烟茎水治棉蚜，用巴豆仁制成巴豆剂治桑虫，用百部块根的浸出液喷洒桑树以治桑螨。中央农业实验所则用百部制成百部肥皂液、百部酒精浸出液等，以提高其杀虫效力。雷公藤在浙江、湖南、广东等省均有出产。农民取其皮，晒干捣成粉末，混合在草木灰中，撒在蔬菜上，以防治害虫，效果很好。1934 年，中央农业实验所曾派科技人员去浙江调查，采回栽种，并将其浸出液加肥皂水制成雷公藤肥皂液，以增强其杀虫效果。在 16 世纪，欧洲已用除虫菊杀虫。20 世纪初，从日本引进至我国。1917 年，上海化学工业社在沪西开辟农场栽种，此为我国大面积种植除虫菊之始。1938 年，中央农业实验所在成都设立除虫菊农场，一边进行除虫菊的各项实验研究，一边繁殖种子，抗战时期曾在四川、贵州、广西、湖南、湖北、陕西等 29 省（自治区、直辖市）推广。除虫菊最初用以防除蚊蝇。1935 年起，中央农业实验所及中央棉产改进所将其制成除虫菊酒精浸出液、除虫菊石油乳剂、除虫菊皂液以及除虫硫黄合剂、除虫菊淀粉合剂、除虫菊草木灰合剂等粉剂，用于农业害虫的防治。

20 世纪 20—40 年代，国内一批从事害虫防治的昆虫学家，除在害虫防治实践中做出重大贡献外，在害虫防治理论方面也取得了显著进展。

（1）蔡邦华（1902—1983）：早年留学日本，就读鹿儿岛国立农林学校，1924 年再度赴日，在东京帝国大学农学部研究蝗虫分类。1928 年回国，任浙江省昆虫局高级技师，不久转入浙江大学农学院任教。1930 年受学校选派赴德国进修，在柏林德意志昆虫研究所和柏林博物馆研究昆虫学，并在国立农林生物科学院学习昆虫生态学，随后在慕尼黑大学应用昆虫研究院开展实验生态学研究。回国后于 1937 年先后任浙江省昆虫局局长、浙江大学农学院院长，在 1930—1936 年发表论文十余篇，其中《螟虫研究与防治之现状》被当时教育部指定为农学院参考教本。这些研究成果不但具有重要的学术价值，而且在此基础上创建了一套害虫测报制度，为防治螟虫危害在理论与实践方面做出了贡献。他还研究了中国蝗虫发生与气候的关系，发表了《中国蝗虫之预测》及《竹蝗与蟲螽之猖獗由于不同气候所影响之例证》等论文，其观点得到国际同行的重视和引用。

（2）邹钟琳（1897—1983）：1929 年由江苏省昆虫局资助赴美国明尼苏达州大学昆虫系进修，1931 年获硕士学位，后入康内尔大学继续深造。1932 年回国，任中央大学农学院副教授、江苏省昆虫局技术训练部主任。在此期间，他发现东亚飞蝗因种群密度不同而发生变形现象，掌握了蝗虫的生态特点，提出了预防蝗害的有效方法。他尤其重视中国飞蝗的分布与气候、地理及其发生地的环境关系，1935 年在《中央农业实验所研究报告》第 8 期发表了《中国飞蝗之分布与气候地理之关系及其发生地环境》等论文。他在当时能将蝗虫与其环境相结合的研究思路，为他日后撰写《昆虫生态学》奠定了基础。此后，他又进一步研究蝗虫、白背飞虱等水稻害虫的生长规律和防治方法。1933 年，在他担任中央大学农学院教授期间，他亲自收集资料，编写出《农业病虫害防治法》《普通昆虫学》《经济昆虫学》《昆虫生态学》《中国果树害虫学》等教材。这些教材也为其他高等农业院校所采用。抗战期间，中央大学内迁重庆，他在川东农村发现螟害与水稻品种、栽培时间存在着密切关系，在国内首次提出改良水稻品种，合理安排栽培时间，避开螟害高峰的理论。1941 年，他在《科学》上发表了《水稻抗螟试验》的论文，为抗战时期川东地区水稻抗螟害做出了重要贡献。抗战胜利后，他收集沦陷区蝗灾发生的资料，撰写了《中国最近十年内（1937—1947）迁移蝗发生状况及防治之结果》一文，报道了抗战期间沦陷区蝗灾发生的状况以及战后国民政府自 1946 年起继续开展蝗灾的治理，并用大量氟矽酸钠制成毒饵，效力极大，且为农民所乐用。往昔所用的掘沟除蝻方法，农民仍继续采用，并取得了较好的防治效果。1947 年，中央农业实验所植物病虫害系主持试验若干种杀虫剂如滴滴涕及六六六对于杀蝗的效果。

（3）杨惟义（1897—1972）：1925 年毕业于东南大学农学院，1931 年赴法国留学，回国后在北平静生生物调查所任技师，后代理胡先骕主持该所工作直至 1941 年太平洋战争爆发。抗战时期任江西农学院教授及院长等职务。他于 1949 年提出治蝗方策，总结了中国数千年来蝗虫为患的历史教训，提出："飞蝗之卵，喜产于苏北半干湿之荒地中，垦其地，即去其巢。而苏北荒地之成因，乃由于常有水灾，稍窪之地，常受水潭而不能种植，以致荒芜，故欲垦荒，必先治水。若无水灾，则其荒地不难开垦。如此，虽不直接扑杀蝗虫，而蝗患自然根绝，胜于奔走蝗区，用药械等驱除之治标方法远甚矣。水利兴，荒地垦，蝗患息，苏北农产则可以大量增加，人民富庶，地方繁荣，可以媲美于江南。"他提出的这套治蝗方策被后来的实践证明是完全正确的。

（二）昆虫学基础性研究方面

以下昆虫学家在昆虫学基础性研究方面取得了显著进展。

（1）秉志（1886—1965）：1909 年进入美国康奈尔大学农学院昆虫系学习，1913 年获理学学士学位。1915年，秉志发表虫瘿昆虫论文《加拿大金杆草上虫瘿内的昆虫》，刊登在加拿大《昆虫学与动物学》杂志上。1918年获博士学位，其博士论文题目是《一种咸水蝇（*Ephydra subopaca* Loew）生物学的研究》，成为在美国以昆虫学论文获得博士学位的第一位中国人。

（2）胡经甫（1896—1972）：1917年毕业于东吴大学生物系，获理学学士学位，1919年获硕士学位，1922年获美国康奈尔大学哲学博士学位。1926年回国后，胡经甫对中国襀翅目昆虫进行调查研究，1938年出版了《中国襀翅目昆虫志》一书，系统总结了中国学者在该类群昆虫的研究成果，描述了襀翅目昆虫5科、4亚科、32属和3亚属的139种。这不仅是中国襀翅目昆虫研究的里程碑，也是襀翅目昆虫研究的世界权威之作。他从1929年开始编著《中国昆虫名录》，1933年完成初稿，1941年全部文稿（6卷4286页）陆续出版，历经12个春秋。其间他用一年时间，踏遍美国、英国、法国、德国、意大利、比利时与瑞士等国家的博物馆，查对标本与资料。该书首次以现代生物科学分类学的理论对中国昆虫作了系统、全面的整理，记载了见于我国的昆虫25目、392科、4968属、20069种及其有关文献资料。后来胡经甫又参加主编了我国第一部《中国重要医学动物鉴定手册》，为填补我国医学昆虫学的某些空白领域做出了贡献。

（3）刘崇乐（1901—1969）：1920年毕业于清华学校，赴美国康奈尔大学攻读昆虫学。1922年获康奈尔大学农学学士学位，1922—1926年在康奈尔大学攻读昆虫学并获得博士学位。1926年回国后，出任清华大学生物系教授兼系主任，创办附属昆虫研究所并任所长，兼任北平静生生物研究所研究员、东北大学生物学系系主任、国立北平师范大学生物学系教授兼系主任等职，培养了一批昆虫学研究人才。1935年他再度赴美国进修。1937年，他被英国皇家昆虫学会接纳为会员。1946年，他被聘为国立清华大学农学院昆虫学系主任、教授。1947年10月，他第三次赴美国进修、考察。刘崇乐是中国害虫生物防治研究的倡导者和先驱者。早在20世纪20年代，他就开始了橘叶蛾的生物学、环境因子及寄生现象的研究。30年代，他准备编纂世界性的研究天敌昆虫的文献目录，后因加拿大人汤姆孙的有关著作于1943年问世，他才放弃了这项工作。但在40年代以后，他仍致力于害虫的种类与防治的研究。他早年从事过中国膜翅目胡蜂总科昆虫分类工作和文献目录工作，后又从事文献资料比较多的鞘翅目瓢虫科昆虫的形态分类及生物学等诸方面的研究。他为中国瓢虫科昆虫系统分类研究奠定了科学基础。刘崇乐还是中国资源昆虫学发展的提倡者和开创者。他将资源昆虫学的内涵大大拓宽，这是他在学术研究上的重要贡献之一。特别值得一提的是他关于紫胶虫和紫胶资源的开发利用研究。以他为首的科技人员，为中国紫胶虫的人工放养、产区的扩大、产量的提高做出了卓有成效的贡献。由于刘崇乐洞悉世界科技的发展状况和动态，赋有科学的预见性和创造性，因而他经常给青年们指出本学科的前沿领域和热点问题。他所倡导的生物防除、资源昆虫、天敌昆虫、遗传基因、昆虫病原微生物等方面的研究、开发和利用，都为日后的实践证明其研究方向是正确的。

（4）蔡邦华（1902—1983）：在20世纪20—40年代，他在一些重要害虫的分类学、生态学方面做出了重要贡献。例如1929年，他在日本帝国大学农学院刊物上发表了《中国蝗科三新种及中国蝗虫名录》，这是20世纪在蝗虫研究上中国人发表的最早的论文。20世纪30年代，他在德国慕尼黑大学应用动物研究院进修期间，发表了《谷象产卵受温度影响之实验》，该文证明繁殖最多是真正促使害虫猖獗的主导因素，解决了学术界争论不休的难题。1946年，他和唐觉在英国伦敦皇家昆虫学会会报上发表了《贵州湄潭五倍子蚜虫的分类附三新属和六新种的描述》，对我国蚜虫分类学研究做出了重要贡献。

（5）陈世骧（1905—1988）：1928年毕业于复旦大学生物系，同年去法国巴黎大学留学。1933年发表首篇论文《中国跳斧类昆虫志附国外数新种》。1934年获巴黎大学博士学位，其博士论文《中国和越南北部叶甲亚科的系统研究》获法国昆虫学会1935年巴赛奖金。1934年8月回国后，先后任中央研究院动植物研究所、动物研究所研究员。1935年，完成《云南及安属东京跳斧昆虫志》等分类学论著。据统计，在抗战前，陈世骧共发表鞘翅目昆虫分类学论文37篇；抗战时期发表论文32篇，其代表性论文有采自广西跳斧类甲虫的研究，发现分布于阳朔、修仁、瑶山等处的跳斧共计73种，内有22新种，中国新记录20种。他于1940年发表《金花虫之分类》，到1942年，先后发现的叶甲新种有83种，在叶甲分类方面享有国际声誉。陈世骧毕生从事昆虫分类研究，而以鞘翅目叶甲总科为主要对象，包括叶甲、跳甲、萤叶甲、肖叶甲、隐头叶甲、铁甲、龟甲等类群。此外，在双翅目方面，如实蝇、眼蝇、甲蝇、牛虻等，他也做了不少研究工作。他的研究还涉及昆虫行为、昆虫进化、古昆虫、生物的界级分类、物种问题、分类原理、进化论等。

## 二、无脊椎动物学

人们从古代就知道一些无脊椎动物的食用和医用价值，同时也注意到这些动物对人类的危害。18—20世纪，国外学者对我国无脊椎动物的标本采集与考察比其他动物类群少，只对一些经济价值较大的昆虫（蚕、蜜蜂、白蜡虫、胭脂虫、医用昆虫等）、软体动物（食用贝类、珍珠贝等）等开展过研究。在该领域大量的开创性研究均为中国学者所为。

（一）原生动物学

原生动物学与动物学的其他分支学科相比，即使在科技发达的国家也比较滞后。据史料记载，该学科以1903年美国哥伦比亚大学聘请高耿斯（Galkins）为教授，专授原生动物学，并在该校设立该项科目为起点，此即是原生动物学肇始之时。我国将原生动物学作为一门学科始于20世纪20年代后期，即第一代原生动物学领军人才王家楫、张作人、戴立生、倪达书、陈则湍、高尚荫等从国外学成返回后开始建立。在原生动物方面做研究的，还有浙江杭州之江大学的何学伟、南京金陵大学的范德盛、南京经济委员会的祝海、广东中山大学的张作人、山东济南齐鲁大学的张奎、天津南开大学的熊大仕，以及北平辅仁大学的韩朝佑等，他们或研究纯粹原生动物学，或研究寄生病害原生动物学，各有贡献。经20世纪30—40年代的不懈努力，近代原生动物学在中国已取得可观的成绩，现分述如下。

1. 淡水及海产原生动物的调查

我国淡水原生动物的调查始于20世纪20年代后期，由戴立生、王家楫在北平和南京两地分别进行。调查工作大部分集中于纤毛虫、肉质虫及鞭毛虫，时有新属、新种的发现。戴立生调查北平的淡水纤毛类，发表在《清华科学报告》上。参与新属、新种鉴定的有王家楫、倪达书、高尚荫、张奎、朱树屏等。王家楫、倪达书还研究了非洲团藻虫的生殖。我国海产原生动物的调查由倪达书、王家楫等分别进行，调查区域主要有厦门、渤海湾、海南岛三处。在厦门的调查包括所有种类。在渤海湾及海南岛的调查主要集中在双鞭毛虫（Dinoflagellata）

与沙壳纤毛虫（Tintinnoinea）两类。海南岛的双鞭毛虫，经倪达书多年的研究，记载最为精致，不仅发表许多新种、稀有种，且校正了前人的不少错误。

2. 寄生原生动物的调查

（1）赤痢变形虫：20 世纪 20—40 年代，在北平（1924、1939）、贵阳（1937）、上海（1935）、武汉（1921）、福州（1929）、广州（1934—1935）、沈阳（1934）、北碚（1941）等地均有赤痢病发生的记载。尤其在抗战时期赤痢病发生明显增加。

（2）寄生纤毛虫：家畜寄生原生动物的调查，以熊大仕的贡献最多，他首次在马的大肠内发现许多新种纤毛虫及两种新种住吸虫 [1]。随后，他将所有寄生于马大肠内已知的原生动物归纳在一起，著成专刊。此外，他又将对中国羊瘤胃内的原生动物写成专题报告，其中有一新种纤毛虫，他对该新种的大细胞核、伸缩泡及内骨的原始板、隆脊板、盾板、背板皆有详细记载。他还调查了南京蛙类肠内的寄生纤毛虫，先后发表十余新种，其中尤以东方产氏虫（Zelleriella orientalis）的发现最为重要。

（3）疟原虫：疟原虫有性世代一般在疟蚊体内度过，孢子体侵入人体红细胞后，只能进行裂殖生殖，虽迭经变迁，终不脱于无性世代。约在 20 世纪 30 年代，洪式间在杭州患三日疟的患者外周血中观察到许多雌性生殖细胞及其他若干有性时期，由此可知疟原虫在人体内进行有性生殖，虽事属反常，但并非绝不可能。洪式间又于抗战期间在北碚患者红细胞中发现一种类似泰勒属（Theileria）的原虫，该虫的环状型、杆状型、卵圆型、颗粒型均已检得，但 Theileria 是否能寄生于人体，实为一疑问。此外，陈则澶也对鸟类疟原虫的研究做出了许多贡献。

（4）黑热病虫：黑热病由一种鞭毛虫纲、锥体虫科、黑热病原虫（Leishmania donovania）引起，流行于我国江苏、安徽北部等 10 个省。在 20 世纪 30—40 年代，姚永政等曾探讨该病的传播途径，已推测到白蛉子、蚋等昆虫有可能为中间传媒，但限于证据不足，未作定论，至 40—50 年代，我国学者吴征鉴开展白蛉（Phelebotomus）生活史调查研究，并寻找治疗药物锑剂取得成功。50 年代后，基本上消灭此病。

（5）家蚕微粒子病的研究：家蚕微粒子病最早于 1845 年发生在法国，后来传播至意大利、西班牙、叙利亚及罗马尼亚等国。1870 年巴斯德查明病原是微粒子原虫，本病的传染是通过蚕卵或蚕食下微孢子而致病。我国在清末已发现此类病害，黄湄西等翻译的《蚕业丛书》第七编《蚕体病理论》中对该病的名称、形状、繁殖、传播途径、病原、病症、预防方法等均有简略介绍，是我国最早介绍该种蚕病的文献。

3. 原生动物形态及生理的研究

双鞭毛虫上下壳骨板的数目、形态及其排列各异，十分复杂，我国原生动物学家在国外学者研究的基础上，在研究方法上有所创新，如戴立生研究翅鞭毛虫（Dinophysoidae）时，将原有固定在 2% 或 4% 福尔马林溶液中的标本移入 5% 的次亚氯酸钠内，经过 4 ~ 12 小时，使壳内所含有机质尽量分化，组成壳包的骨板甚易分解脱离，便于详细观察。倘若骨板上合缝有不清楚者，再用 1% 台盼蓝（trypan blue）染色，合缝处即显深蓝痕迹，极易辨别。戴立生即借此法，分析翅鞭毛虫的骨板，成效显著。

---

[1] 血吸虫属扁形动物。此处的新种住吸虫是寄生的吸管亚纲（Suctoria）寄生纤毛虫。

在 20 世纪 30 年代，倪达书也利用戴立生的方法，分析许多双鞭毛虫壳包骨板的构造，并发表不少研究报告。其主要贡献是阐明腹区骨板的构造，腹区在上下壳及腰带之间，为鞭毛穿出之处，面积颇小。腹区的存在虽早已为学者所公认，但亦由数块骨板镶嵌而成，只是前人从未注意。据倪达书分析，在多甲藻属（*Peridinium*）、翼藻属（*Diplopsalis*）、金鞘蛾属（*Goniodoma*）、*Sinodinium* 等，腹区皆由六块小骨板镶合而成，依其排列的位置分别命名为左前板、右前板、左鞭毛孔板、右鞭毛孔板、连接板及后围板。六块骨板的大小形态及排列方法在各亚目、各科各属间皆不相同，亦可作为分类的依据。倪达书参阅前人有关双鞭毛虫的文献，发现亦有因骨板归属的错误，而另创立新属、新种，现在皆有改正的必要。

双鞭毛虫有许多种类，变异甚大，几乎无两个个体完全相同者，厘定种类确非易事。为了确定此种变异是否受环境的影响所致，戴立生曾进行了若干培养实验。根据戴立生的实验，电灯光比日光更佳，电光越强，繁殖越快，但以 100W 光度最适宜。温度在 10 ~ 25℃，繁殖率的高低并无分别。结果表明，在实验室培养液中，双鞭毛虫确能产生变异。

张作人曾对一种纤毛虫（*Anoplophrya brasili*）的形态进行详尽的研究，发现一般纤毛虫于纤毛的基部皆有支持身体的网状构造，但着生纤毛的部分网状结构往往不易见到。这种纤毛虫的前端因运动时多处摩擦，失去纤毛，导致此处网状结构特别显著，前人乃误认此处为口器，实则系纤维网本身。于一两例外标本中身体他部亦有纤毛已经脱落，网状构造显然可见者，此种纤毛虫能形成胞囊，亦为张作人所发现。此外，高尚荫等人曾研究草履虫伸缩泡的功用，贡献颇大。

4. 原生动物生殖的研究

国外学者于 1914 年在茧草履虫（*Paramecium aureli*）内发现内结合（Erdmann）现象。国内学者张作人也于 20 世纪 30 年代在复毛目纤毛虫的腹柱虫（*Gastrostyla*）和棘尾虫（*Stylonychia*）两属发现内结合。张作人还采用细菌诱导法，促成茧草履虫的内结合，并获得成功。彭光钦观察了有尾草履虫配偶时细胞的变迁，表明第一次先配子分裂系减数分裂，分裂的中期与后期相当明显，但染色体数目尚无从计算。在这一时期，陈则溳还观察了三个甚至四个绿色草履虫（*Paramecium bursaria*）同时配侣的过程，丰富了国人对原生动物生殖状态的了解。陈则溳还利用俄国 Ru22 族绿色草履虫的培养液，培养英国 EnI 族绿色草履虫，可立即促其配偶。

5. 原生动物细胞遗传的研究

陈则溳在该领域的研究贡献最多。他用绿色草履虫作为材料，发现其染色体往往呈多元体（Polyploidy）现象。种族不同的绿色草履虫往往不能互相配偶，即使配偶，也会发生种种反常或不规则现象。推究其原因，或因细胞质内有特殊物质存在，适合一族而有害于他族，一经配偶，即由此传达于彼，发生剧变。陈则溳还纠正了外国学者麦达卡夫在寄生于蛙类肠内的蛋白石纤毛虫（Opalina）细胞分裂中产生所谓大染色体和小染色体的错误观点。

6. 原生动物环境的研究

王家楫在该领域的研究贡献颇多。他曾研究淡水池原生动物四季的分布情形，以物理的环境而论，温度对于原生动物的分布关系最深，一些适于高温下生存的种类，夏季数量最多，冬季几乎绝迹；反之，一些喜欢低温的种类，则在冬季数量最多，夏季高温时难觅其踪迹。王家楫认为："原生动物在地球上出现的年代，应远较其他动物为早，彼时地球上种种物理化学及生物环境，必与此时大不相同，经悠久演化的历史，对于环境的适应，似胜过其他动物，因此，大多数种类，能以四海为家，到处可以觅得，以其比较的不易受环境之限止也"。

（二）腔肠动物学

1924 年，伍献文发表了《一个在中国发现的新种水母》；1927 年，伍献文发表了《幼水母之感觉器》；1928 年，徐锡藩发表了《水母之新种》。

（三）扁形动物学

扁形动物在动物演化史上具有重要地位，其他动物类群都是在此基础上发展而来的，然而它们中有许多种类是严重危害人类和其他动物健康的寄生虫，如日本血吸虫、姜片虫、中华肝蛭、肺蛭、绦虫等。

日本血吸虫在我国于 1905 年由 Logan 首次在湖南常德人粪中检出。此病分布甚广，主要在长江以南，尤以长江下游太湖周围、鄱阳湖及洞庭湖周围等地感染最严重。从德国学成归来的李赋京博士，曾研究日本住吸血虫中间宿主的解剖及其胎后发育。

姜片虫在我国发现较早，由外籍学者 Kerr 氏于 1873 年首次发现，流行严重地区为浙江绍兴与萧山。据洪式闾 1929 年调查，萧山地区小学儿童感染率达 80%。

中华肝蛭在我国于 1908 年首次发现，分布甚广，北至沈阳（1934 例），中部武汉（1908 例），南部潮州（1908 例）、香港（1910 例），以广州一带最为严重。其第一中间宿主为螺丝，第二中间宿主为池塘养殖的鱼类（草鱼、胖头鱼、鲳鱼等），因广东人爱吃生鱼粥，故感染最严重。

肺蛭以肺为寄生器官，在我国于 1880 年由外籍学者 Manson 氏在患者血痰中发现虫卵。此病散存于我国各地，以福建、广东、浙江有流行现象。

在我国首次发现绦虫者为外籍学者 Mills（1924），常见者有两种：①猪带绦虫，亦称有钩绦虫，多分布于我国南方；②牛带绦虫，又称无钩绦虫，多分布于我国北方。凡爱食牛肉之人，易感染牛带绦虫；爱食猪肉之人，易感染猪带绦虫。此后累有报告，截至 1940 年，共计 41 例，其中有 2 例系眼囊虫，17 例合并为脑囊虫，出现严重的脑部症状。

（四）线形动物学

据洪式闾报道，作为我国人体寄生虫原者，仅线虫纲中的鞭虫、蛔虫、蛲虫、肠原虫、钩虫、毛线虫、眼线虫及丝状虫等数种。他对上述寄生虫在我国的发现、寄生人体的部位、可能引起的并发症和生活史及在中国的分布状况等均做了深入考察。

（五）环节动物学

目前已知的环节动物约有 13000 种。常见环节动物有蚯蚓、蚂蟥（又称水蛭）、沙蚕等。我国古代很早就认识并命名该类动物，如战国末期的《荀子》，战国或两汉之间的《尔雅》，东汉的《说文解字》及明代的《本草纲目》等古籍中均有记载。近代对该类动物的研究始于 20 世纪 20 年代，如张凤瀛的《沙蚕的养殖增产和繁殖保护问题》。陈义自 20 世纪 30—40 年代对我国陆栖、水栖寡毛类（蚯蚓）进行了较系统的研究，发表了一系列论文，如《南京一些蚯蚓新种》（1930）、《对一些陆地寡毛类新种的描述》（1931）、《长江下游蚯蚓的初步调查》（1933）、《厦门两种寡毛类新种》（1935）、《香港蚯蚓的调查》（1935）、《四川陆地寡毛类的系列调查》（1936—1937）、《广东海南寡毛类》（1938）。自 40 年代开始，陈义将在国内开展的调查资料加以系统化，从分类与区系的关系加以总结和分析，并开展了一些胃和肠的组织学研究。1946 年，陈义在《科学》上发表了《从发现美国几种水栖寡毛类新种后感想》。基于他的研究成果，其被国内外学者公认为在该领域最具权威的学者之一。

（六）甲壳动物学

沈嘉瑞于 1932 年前往英国伦敦大学研究院，在著名胚胎学家麦克布来德（E.W.MacBride）博士的指导下进行甲壳动物形态学的研究。他对真软甲类的平衡器官做了比较研究，特别是对长尾类中的一些种进行了较详尽的记述。他研究了蟹类后期幼体发育及第二性征的变化，还研究了虾类的幼体发育，并发现幼体的变化对追溯十足甲壳类的系统发育是十分有力的佐证。20 世纪 20 年代，中国蟹类分类完全是空白。沈嘉瑞即着手对华北沿海的蟹类进行调查研究，采集了几千号标本，于 1932 年出版了《华北蟹类志》。该书概括了中国北方主要的种类，描述详尽，插图精确，同时附有整体图片，是中国的第一本蟹类专著，也是印度西太平洋区蟹类研究划时代的作品。他在北京大学任教期间，进一步调查研究，补充了北方沿海蟹类的种类 90 余种，包括 20 余个新种，基本完成了华北蟹类的区系组成，迄今没有太多补充。后来，他又相继发表了华南蟹类研究多篇，总计报道 200 余种，包括不少新种。单就香港一处的蟹，便记有 180 余种之多，其中包括淡水蟹新种，为中国蟹类研究做出了重大贡献。从 20 世纪 30 年代起，他不仅对蟹类有全面、系统的研究，还对鱼的寄生甲壳类、虾类、等足类、端足类、鳃足类等均有一定的研究，曾先后发表了《云南的鱼虱新种》《昆明的"鱼怪"以及西南的米虾新种》《幼虾色素细胞之实验研究》《云南之甲壳类动物》等多篇论文。30—40 年代，沈嘉瑞在国内外学术刊物上发表论文 12 篇（英文），专著一部。他不但研究范围广泛，而且结合实际，是我国甲壳动物学研究的奠基人。

喻兆琦于 1922 年在国立东南大学生物系毕业，后留校任教。1929 年考取江苏省官费留学生，被派往法国巴黎博物馆甲壳动物研究所从事虾类分类学的研究。1933 年秋，由巴黎博物馆转柏林大学研究院继续深造。次年，因母亲病危回国，不久任山东大学生物系教授，1934年夏，应北平静生生物调查所所长胡先骕邀请，担任该所动物部技师，承担虾类的分类研究工作。他实地考察了长江流域，华北、华东、华南地区及海南岛的数百种对虾、女虾、米虾、蜇虾、沼虾、蛛虾、赤虾、奴虾、弯虾等科、属、种，系统地进行了全面分类和研究。在此基础上，用中文、英文、法文在中国科学社生物研究所《生物研究所论文集》和静生生物调查所《动物学汇报》等刊物上发表论文近 30 篇，如《管鞭虾之一新种》及《狭腹虫属之寄生桡足类》等，填补了该学科在国内的空白，在国际上也产生了一定的影响。

寿振黄在静生生物调查所任职期间，也曾涉足海产桡足类的研究，并于 1938 年在《静生生物调查所研究汇报》（动物组）上发表了文章《一种海产桡足类生活史之观察》。此种桡足类生产于美国太平洋沿岸的小岛上，自卵发育至成长，经过十次蜕变。

抗战期间，国立北平研究院动物研究所陆鼎恒曾于 1939 年发表文章《洱海冬季之枝角类》，刊登在《国立北平研究院动物研究所中文报告汇刊》上；张玺、易伯鲁于 1945 年发表文章《滇池枝角类及桡足类的研究》，刊登在《国立北平研究院动物研究所中文报告汇刊》上。

（七）贝类学

贝类学又称软体动物学（Malacology,Conchology），是一门研究软体动物分类、形态、生理和生态的学科。贝类是动物界第二大门，约有 115000 余种，种类多，分布广，与人类关系极为密切，很多种类可供食用、药用、工业用、工艺用，但也有一些种类对人体有害，可以传播疾病、危害港湾的木石建筑及船只，以及堵塞沿海、河、湖的工厂冷却水管等。早在17世纪就建立了贝类学这一专门学科。贝类包括七个纲，即无板纲（Aplacophora）、多板纲（Polyplacophora）、单板纲（Monoplacophora）、双壳纲（Bivalvia）、掘足纲（Scaphopoda）、腹足纲（Gastropoda）、头足纲（Cephalopoda）。18—19世纪，有一些外国学者在我国进行贝类学的调查、研究，相继发表了一些零星的专著和论文。例如当时在北京大学任教的葛利普（A.W.Grabau）曾对我国渤海湾的水质、贝类的种类和大小进行过探讨，同时与相邻的水域有关情况做了比较。他还与金绍基合作，发表了《北戴河的贝类》（Shells of Peitaiho）。1935年，葛利普又发表了《腹足纲研究》（Studies of Gestropoda）。此外，英国自然博物馆软体动物室的罗伯森（G.C.Robson）、莱斯本（M.J.Rathbun）也研究过我国的一些软体动物。张玺是我国贝类学的奠基人，早在20世纪20年代留学法国，从事贝类研究，1929年参加第一届国际海洋学会议，并发表论文《普娄旺萨沿岸后鳃类的研究》。1931年回国后到北平研究院动物研究所工作，并于1935—1936年参加该所与青岛市政府的合作，开展了胶州湾的海洋生物调查，发表了《胶州湾海产动物采集团采集报告》《青岛沿岸后鳃类的研究》《胶州湾及其附近海产食用软体动物报告》等论文。1933—1937年，张玺及其助手先后发表了《青岛食用软体动物之初步研究》《胶州湾及其附近海产食用软体动物之研究》《中国海岸几种牡蛎》，这些成果为我国海洋学、海洋动物及海洋贝类的研究奠定了良好的基础。

抗战时期，张玺对云南昆明滇池的环境和动物进行了调查，发表了《云南昆明湖的性质及动物的研究》，并对云南省一些湖泊如洱海、杨宗海、异龙湖等进行了调查，采集了大量贝类标本，发表了一些论著，特别是对仅分布于我国云南湖泊中的田螺科一个特有属——螺蛳属（Margarya）进行了专题研究，对其分类、形态、繁殖、生长、栖息环境、产量和捕捞方法做了调查、研究，发现螺蛳属在云南各大湖中个体甚多，形态变异甚大，过去学者因所得个体较少，常以同种中螺壳的变化定为新变种，亦有以甲种的个体定为乙种的变种者。他根据云南各湖的螺蛳个体壳形及舌齿的研究，分离或合并前人所定的新种，并在杨宗海发现一新种，抚仙湖发现一新变种。另据张玺的学生夏武平回忆："我们沿滇池西岸乘小舟由苏家村到昆明，采集各种动物标本，而我则重点收集螺蛳，发现海口一带为牟氏螺蛳（M.monody），而倒石头 [①] 等地为螺蛳（M.melanoides），中间还有过渡类型，以生物统计法进行比较，由张玺先生领衔发表一文。"1945年，张玺、成庆泰还研究过滇池的食用螺蛳，并发表了论文刊登在《中法文化》上。

贝类形态学研究较少，仅见李赋京于1932年发表的关于中国日本住吸血虫中间宿主的解剖方面的研究，1935年发表的关于田螺的解剖方面的研究。另有日本人泷庸于1940年发表的关于田螺科及椎实螺的解剖结果的研究。

（八）棘皮动物学

据《自然界》杂志第二卷披露，早在20世纪20年代，秉志在厦门大学任兼职教授时，曾采集棘皮动物若干种，送往英国不列颠博物馆自然史部鉴定，经该馆的斯密司及华盛顿某博物馆的克拉克帮助，鉴别了有关种类，其中有一新种，经秉志要求以时任厦门大学校长林文庆之名命名，即林氏海燕（Asterina limboonkengi G. A. Smith）。除秉志在厦门及福建其他地

---

① 倒石头：昆明滇池西岸一地名。

区采集标本并请外国专家代为鉴定外，国人研究棘皮动物者当首推张凤瀛，他曾对我国沿海和浅海棘皮动物分类及分布以及食用海参和刺参的人工授精进行过广泛的研究。其主要论著有《中国的海胆》《中国的海参》《海参类续志》《青岛棘皮动物志》《我国西沙群岛的食用海参》《中国沿岸之海参类》《中国沿岸海参类续志》《胶州湾及其附近之棘皮动物分布概况》《国立北平研究院动物研究所海参类标本目录》等。

## 三、鱼类学

近代鱼类学研究于 20 世纪 20—30 年代在我国发展迅速，30—40 年代已初具规模，到 40 年代后期，其研究的广度与深度均有长足进步。对我国近代鱼类学做出卓越贡献的专家有寿振黄、伍献文、朱元鼎、方炳文、张春霖、刘建康、王以康等。现按鱼类学的不同分支领域简述如下。

### （一）鱼类分类学

1927 年，寿振黄与美国鱼类学家 Evermann B.W 合作，发表了《华东鱼类志》，此文发表后至 1937 年抗战爆发前，是中国鱼类分类学研究的鼎盛期，不仅发表的论著数量多，研究者人数也最多，代表人物有朱元鼎、方炳文、林书颜、张春霖、伦德尔（H.Rendahl）、尼可尔斯（Nichols）等。朱元鼎在这一历史时期的代表作有《中国鱼类索引》，共记载 1497 种，为研究中国鱼类分类必备的文献之一。

方炳文早年曾致力于平鳍鳅类的研究，并取得卓越成就。他对我国西南诸省所产此类鱼的形体以适应急流而特化，其演化的途径等均有详细的研究，故对该种鱼的种属厘定有充足的形态学依据。他于 1930 年发表了《中国平鳍鳅类之新种属》，他在平鳍鳅类的研究成果也被国外分类学同行所采用，如霍拉氏（S.L.Hora）曾将平鳍鳅类分为 2 科，其形态上的依据均属方炳文研究的结果。1930 年，方炳文发表了《四川爬岩鱼之一新种》。1930 年，他与王以康共同发表《石虎属鱼类全志》。1932 年，他与王以康共同发表《山东鲨鱼志》。

1928 年，张春霖发表了《南京鱼类之调查》。1929 年，他在法国杂志上发表的《中国鲤科鱼类二新种》是中国鱼类学家独自发表有关中国鱼类新种描述的第一篇论文。1930 年，他在巴黎大学发表的《长江鲤科鱼类分类、解剖及生态之研究》是中国第一位获得博士学位的鱼类学家的论文，其中不仅有鱼类外部形态的比较研究，还有现在鱼类学家很重视的内部解剖特征等内容。1933 年，他发表的《中国鲤类志（一）》是中国鱼类学家第一部关于鲤类鱼的学术专著，书中记述了鱼类 117 种及亚种。张春霖是中国淡水鱼类分布学的开拓者。他在鱼类地理分布方面将中国划分为东南区（广东、广西及福建）、西南区（云南、贵州及四川）、长江区（湖南、湖北、安徽、江西、江苏及浙江）、东北区（山东、河南、河北、山西、陕西及满洲）和西北区（绥远、甘肃、新疆等），图版中有 18 种鱼的口型及 18 种鱼的下咽骨和下咽齿，这些至今仍是难能可贵的科学资料。1933 年，张春霖在中国地质学会学志上发表的《山西鲫鱼化石之记载》是中国鱼类学家发表的第一篇关于化石鱼类的论文，证明上新世太古已有鲫鱼。1934 年，张春霖和周汉藩合著的《河北习见鱼类图说》一书，介绍了 80 多种鱼，除有精绘的图及中文描述外，中文名下尚有很多古文献中的名字，是参看很多古书后写成的颇具价值的研究成果。1936 年，张春霖与杨钟健合著的论文《山东省山旺鱼类化石的研究》，证明中新世山旺地区已有中新世雅罗鱼（*Leuciscus miocenicus* Young et Tchang）、临朐鲤

（*Barbus linchuensis* Toung et Tchang）、斯氏鲤（*B.scotti* Young et Tchang，因背鳍与臀鳍前缘最后一硬刺后缘锯齿状，现应归鲤属）和大头麦穗鱼（*Pseudorasbora macrocephalus* Young et Tchang）存在，很有科学意义。张春霖对鱼类的比较、解剖及演化很重视。1937年七七事变后，鱼类调查工作被迫停止。在当时战乱的情况下，他曾对青鱼（*Mylopharyngodon piceus*）的脑以及红鳍鲌（*Culter erythropterus*）和草鱼（*Ctenopharyngodon idellus*）的骨骼等做过解剖观察研究。

1929—1932年，伍献文先后发表了《厦门鱼类之调查》（第一卷）（1929）、《长江上游数种鱼类之研究》（1930）、《福州海鱼之一新种》（1930）、《福州鱼类之调查》（1931）。伍献文还与王以康发表了《长江上游鱼类小志》（1931）、《烟台四新种鱼》（1932）。

林书颜研究广东的鲤科鱼类，也兼顾他省所产同科之鱼。他在文献的整理过程中，对亚科、属、种均附有检索表，便于初步鉴定之用。在这一时期，外籍学者对我国鱼类分类学也多有贡献。代表人物有20世纪20年代瑞典斯德哥尔摩自然博物馆的伦德尔（H.Rendahl），他利用馆藏的中国鱼类标本进行研究，写出了不少颇有价值的鱼类学论文。40年代，美国著名鱼类学家尼可尔斯（J.T.Nichols）于1943年出版了《中国淡水鱼类》（*The Fresh-water Fishes of China*），该书收录的淡水鱼类计25科、143属、近600种，可谓集大成之作。在学术上比较重要的是，他指出鲤科和鳅科鱼类在中国淡水鱼类中占有很大比例，认为中国是鲤科鱼类的分化和分布中心，并可能是现代分布中心。另一位外籍学者是金陵女子大学任教的里夫斯（C.D.Reeves）女士，她热心于研究中国的鱼类。1927年，她发表了《中国东北部和朝鲜的鱼类目录》（*A Catalogue of the Fishes of Northeastern China and Korea*），该书收集了鱼类计192科、1068种，又补遗河鱼179种、海鱼22种。1931年，她出版了《中国脊椎动物手册》（*Manual of Vertebrate Animals*），此书鱼类部分缺憾较多，在此不详叙。

总之，中国鱼类分类学在此时期已初具规模，据伍献文报道，"尤以淡水产者为然。海产鱼类以王以康氏研究所及为最多，然亦不及全量之十一。吾国邻近各处，如日本、苏领太平洋沿岸，菲立宾近处，印澳各岛，均有专书论其所产之鱼类。中国海产鱼类，较易作初步之整理。然严格言之，有待于吾人解决之问题尚多"。例如："研究各种鱼类之生命史，或人工杂交，或比较一类鱼类之各系统，对于分类上，可能均有特殊之发展。"

（二）鱼类的形态、解剖、遗传与生理

鱼类骨骼与某些特定器官形态的研究对鱼类的分类颇为重要，很早就引起了学者的关注。1928年，方炳文发表了《鳙鲢鳃棘之解剖》。随后，伍献文、王以康于1932年发表了《平胸扁鱼唇部之观察》。

陈桢在20世纪20年代就开始以金鱼为对象，从遗传学的角度研究其体外形态及变异，进而研究金鱼与鲫鱼杂交等问题。上述成果于1925年，以《金鱼之变异》为题，发表于《中国科学社生物研究所丛刊》上。此后，国内学者以金鱼为研究材料者颇多，如戴立生发表了《有关金鱼反光性物质的产生》（1931）的论文，沈同发表了《金鱼在饥饿及冬眠状态时对各器官之比重的影响》（1934）的论文，薛芬发表了《金鱼头颅之解剖及发生》（1934）的论文。

关于鱼类雌雄问题的研究一直是该领域颇受关注的热点问题，刘建康、伍献文在抗战时期对黄鳝的雌雄逆转的研究成果被认为是该领域中最有价值的发现。刘建康解剖了四川北碚所产的黄鳝，计659条，凡体长在10cm以下者，都为雌性；在52cm以上者都为雄性；体长

36～38cm 者，雌雄个体大体相等；体长 34～40cm 者，其生殖腺有雌雄同体的现象。是以雌鳝在产卵之后，乃有雌雄逆转之事，以雄性终其生。此种事实，在低等脊椎动物中尚无先例，而于性的决定问题提供一个新事实，这在理论上也是十分重要的。该项研究成果于 1940 年在 *Sinensia* 上发表，Boullough W.S 在国际顶尖学术刊物 *Nature* 上对该项成果给予很高的评价。国内鱼类学研究者在 20 世纪 30—40 年代已注意到鱼类的产卵习性及生命史的研究，涉及的鱼种有罗汉鱼、鳉鲅鱼、黄鳝、鲩鱼、鲢鱼、鲥鱼（1938）等。张孝威与伍献文还注意到鳉鲅鱼产卵孵化过程中的胚动或胚转现象，朱洗与雍克昌对此也进行了研讨。对于幼鱼孵化过程中如何破壳而出，蒲腾（J.Bourdin）在研究鲫鱼及其他海产鱼幼鱼的孵化中，认为幼鱼之出卵壳，多借一种蛋白分解酶之力以消化卵壳，致成薄衣。此酶存在于胎外液体中，由鱼胎外皮的一种皮浆腺分泌而来。汪德耀研究后认为沙鱼（属板鳃类）即隶属于此。伍献文等研究黄鳝的幼鱼，亦具皮浆腺，多聚于心腔的外表。童第周、叶毓芬常取金鱼的受精卵及发生的早期，施行割切及拼合等手术，认为金鱼卵与两栖类的卵相似，在分割之前后即有组织胚胎的物质，此物质演变成背唇。凡卵之断片含有此物质者，即能发达相当完整。但此物质究竟存于何处？经童第周夫妇及张致一的研究，他们认为组织胚胎的物质初时位于胚盘之外，恰在第一次分割前后，此种物质存于卵子赤道线之下，渐向上升，待分割至四卵细胞时或以后，已进入胚盘。

　　鱼类与陆生动物相比，其皮肤外表的构造差别甚大，前者多具黏液细胞，而后者以具有角质化细胞层为特点。但也有某些鱼类在一特殊地域，也可具有角质化细胞而行使一特殊功能者，如鲤科鱼类在生殖时期往往在头的两则，尤其是在吻部长出一小型的角质化细胞构成的瘤，称之为"珠器官"。有些底层鲤科鱼类，其两颚的前缘具有硬唇者，此亦为其细胞角质化的特征，并以此硬唇刮取岩石上的食物。此外，栖息在急流中的平鳍鳅和鲶鱼类的文胸鱼，其身体与岩石接触之面也有角质化细胞层发现。海产鱼类具有角质化细胞者较少，但常见有骨片，小口比目鱼（*Kareius bicoloratus*）是极为明显的实例。该鱼的眼面有小型的骨片，在头部者形小，而躯干部者形大，且常呈直行列，近背部者尤大。

　　开展鱼类解剖研究的人员甚多，他们或研究鱼类的特殊器官，或研究与鱼的习性有密切关联者，并取得了颇有价值的研究结果。例如鲢、鳙鳃上的螺形器官为一特殊的滤器，黄鳝的侧线系统因鱼的穴居习性而退化（1947 年，中央研究院动物研究所易伯鲁）。伍献文与张孝威于 1946 年发表了论文《乌鳢之鳃部血管系统因与其气呼吸习性有关》，认为黄鳝的血管系统与其体形及气呼吸等有很大关系。1944 年，伍献文、张孝威发现池沼中的泥鳅在夏日水量减少时头部常常伸出水面呼吸空气，已经吸入的空气暂时停滞于肠管内，以营呼吸作用，然后由肛门疏散于外。他们以国产泥鳅为材料，专门研究其肠呼吸，从解剖学与组织学观察其肠管的构造，并在不同的环境下考察其呼吸情形，揭示了国产泥鳅肠呼吸的特点。

　　1939 年，中央研究院动植物研究所在内迁途中，伍献文曾考察广西阳朔及重庆北碚食用鱼的畸形，包括歪口、色素缺乏、脊椎弯曲、脊椎愈合等，他认为这些畸形现象反映了鱼类胚胎发育时有障碍或后天环境不良。为此，伍献文指出，应重视鱼类比较形体的研究，因为这类研究除形体学本身的价值外，还与分类学有着密切关系。朱元鼎 1935 年曾在圣约翰大学学术刊物上发表了《鲤科鱼类之咽齿与鳞片》的论文，该文不仅具有形体学上的价值，于分类学上也有诸多新发现的事实。此外，张孝威、方炳文于 1945 年发表的《平鳍鳅之骨骼》，张孝威于 1947 年发表的《平鳍鳅之肌肉》，刘建康于 1939 年和 1940 年发表的《鲤科鱼的气鳔及头圈之结构的报告》，以及伍献文 1932 年对比目鱼的骨骼、血管、假鳃、肠管的回旋等研究的结果，均有分类学上的价值。

1941 年，刘建康用斗鱼为实验材料，在其栖息的水中逐日加少量食盐，使水中盐分逐渐与海水相似。此时斗鱼的鳃叶面上可见大型的氯化物分泌细胞，而原在淡水中的斗鱼完全没有，由此可知人为环境可促生氯化物分泌细胞。进而，刘建康用同一方法以硫酸钠代替氯化钠（食盐），结果此种分泌细胞亦能发达。这项研究还否定了"二价盐类不能从鳃叶中排出"的理论。该项研究成果于 1944 年在国际著名学术刊物 Nature 上发表，其中文标题是《硫酸钠引致斗鱼"氯化物分泌细胞"发生之试验》。

1937 年，伍献文与刘建康研究了鳝鱼的呼吸系统，发现鳝鱼的鳃极不完备，冬季蛰居土中得不到充足的水分，故有辅助呼吸器官补救之，他们发现鳝鱼口腔内的表皮具有呼吸功能，并非如德国学者 Volz 认为的鳝鱼肠的末端有呼吸作用。

## 四、两栖、爬行动物

我国近代两栖、爬行动物研究始于 19 世纪中期，由欧洲和美国有关自然博物馆及大学的两栖、爬行类学者根据在我国各地采集的两栖、爬行动物标本进行分类鉴定，并撰写了一批论文和专著（前面已有叙述）。在此主要介绍国人在 20 世纪 20—40 年代在建立近代两栖、爬行动物方面的卓越贡献，有关文献及数据主要依据《中国科学社生物研究丛刊目录》及赵尔宓、赵蕙编著《中国两栖爬行动物学文献——目录及索引》中有关文献并加以统计。涉及西方人士对我国两栖爬行动物的采集与研究主要依据罗桂环的《近代西方识华生物史》。

20 世纪 20—40 年代，是近代两栖、爬行动物学学科在我国建立的黄金时期。之所以称为黄金时期，原因有三：

一是一批在国内经过严格选拔和考核，在国外跟随名师学习并取得博士学位的留学生学成归国，成为我国第一代两栖、爬行动物学的学科领军人。这批人中有张孟闻、刘承钊、方炳文、丁汉波以及一批从事其他分支学科，但也涉及两栖、爬行类动物的专家，如秉志、伍献文、寿振黄、张春霖、陆鼎恒、张玺、傅桐生等。

二是在 20—30 年代，利用抗战爆发前短暂的十余年时间，大力开展本土两栖、爬行类动物资源调查，获得一批标本，开展了分类学的研究，建立了一批标本馆和博物馆，对本土的相关动物资源及其分布和应用前景有了进一步的了解。

三是在 20—40 年代，国内的两栖、爬行动物专家已获得一批独自完成的研究成果，在国内外学术刊物上发表了 117 篇论文及少量专著和科普文章，这些论文反映了我国两栖、爬行类动物学学科近代化的历程及其特色。在这 117 篇论文中，发表于抗战前的有 64 篇，约占论文总数的 54.7%；发表于抗战时期的有 38 篇，约占 32.5%；发表于抗战胜利后的有 15 篇，约占 12.8%。按论文性质来划分，系统分类与进化 53 篇（约占 45.3%），形态解剖 25 篇（约占 21.4%）、习性及生命史 24 篇（约占 20.5%）、组织胚胎 8 篇（约占 6.8%）、细胞 2 篇（约占 1.7%）、行为 3 篇（约占 2.6%）、遗传 2 篇（约占 1.7%）。从上述统计结果来看，发表论文的时期以抗战前发表论文数最多；从所发表论文的性质来看，以系统分类与进化最多，其次是形态解剖和习性及生命史。值得注意的是，该分支学科已注意到组织胚胎、细胞学和遗传方面的研究。这其中尚未包括朱洗和童第周利用蛙卵为材料所开展的一系列实验胚胎学研究的成果。

## 五、鸟类学

外国人对我国鸟类的研究在前面已有叙述，在此不再重复。我国学者以近代科学方法研究中国鸟类者，始于 20 世纪 20 年代一些从海外学成归来的动物学者，如任国荣、辛树帜、寿振黄、郑作新、傅桐生等。任国荣于 1926 年毕业于广东大学（中山大学前身），在辛树帜到校后组织去广西大瑶山考察，他负责采集鸟类标本。从 1928 年起，他在广东、广西、云南、贵州考察，发表论文 20 余篇，出版了《广西大瑶山鸟类之研究》；1930 年 1 月 6 日，其著作《中国鸟类丛书（第二集）——广西鸟类之研究（瑶山之部）》和《中国鸟类丛书（第三集）——广西瑶山鸟类之研究续集》被翻译成德文，这是德国人首次翻译中国人的科学论文。1932 年命名金额雀鹛（*Alcippe variegaticeps*）新种，这是第一个由中国人命名的物种。1929 年 4 月 23 日，任国荣将从大瑶山采集到的一份鸟类标本寄给柏林博物馆鸟类部主任、著名东方鸟类学家 Stresemann 博士订正，根据 Stresemann 博士的回函，证明其中有 7 个新种。1929 年，任国荣被公费派遣赴法国巴黎博物馆进行鸟类研究。1930 年，中山大学生物系先后与德国柏林博物馆鸟类学部主任 Streasemann 博士和法国鸟学会会长、巴黎国家博物馆著名鸟类学者 J.Delecour 开展学术交流，这是我国鸟类学界开展国际专业性学术交流最早的大学。通过上述交流，J.Delecour 认为，中山大学生物学系大瑶山标本采集队在古陈采集到的 Arborophila 为一个新种，Cissao 为一个新种或者是一个新的亚种。J.Delecour 认为，"此种完全由中国人组织之采集队，经百难而始得此异彩。采集结果中，尤以鸟类最为超越"。通过本次交流，双方互赠标本，为今后的进一步交流与合作奠定了良好的基础。同年，德国柏林博物馆鸟学会会长 E.S.Streasmann 推荐生物学系主任辛树帜为下届国际鸟学会委员会的中国代表，参加该学会国际会议。但辛树帜认为此事关系学术前途，推荐正在法国进行鸟类研究的生物学系助教任国荣前往参加。学校专门资助了任国荣 300 元德国马克作为参加会议的旅费。1933 年，任国荣结束在欧洲的鸟类学研究工作，回到中山大学生物学系，被聘为教授。1934 年，中山大学理学院规定，生物学系鸟类学课目暂定为生物学系四年级学生必修课目，这在国内大学尚属首例。

据钱燕文报道，"自 1927—1949 年共发表鸟类学论文 84 篇，其中发表论文最多的是任国荣，自 1928—1941 年共发表论文 26 篇，他除了进行分类及区系研究外，还对鹟科中的莺亚科莺属（*Silvia*）、画眉亚科的雀鹛属（*Alcippe*）和鸦雀属（*Paradoxornis*）进行系统研究；他于 1932—1934 年还对法国巴黎自然历史博物馆鸟类研究室收藏的中国鸟类标本进行了地理分布研究，是中国鸟类系统分类研究和地理分布研究的开创者。"留学欧洲的老一辈动物学家辛树帜曾将他在英国留学期间在大英博物馆将 H.E.Dresser 所著《欧洲鸟类史》中涉及中国的鸟类及其地理分布抄录汇总成《中国鸟类目录》，于 1925 年和 1927 年在《科学》杂志上连载。当时正值我国近代鸟类学起步阶段，文献甚为匮乏，辛树帜的文章对当时中国的鸟类学者无疑提供了帮助。寿振黄于 1927—1940 年共发表鸟类方面的论文 19 篇，主要涉及分类和区系研究，他于 1927 年在《科学》杂志上发表了《福建鸟类之记录》，这是中国人发表的第一篇鸟类学论文。此后，他于 1936 年发表了《河北鸟类志》

（英文）上下两卷，被誉为"我国动物学家自己写的第一部鸟类志，也是我国以'志'的形式出版的第一部地域性动物专著，被视为我国地方动物志的重要典范，并被视为我国脊椎动物区系分类研究的开端"。在该专著中还首次应用统计学方法测量各种鸟类的雌雄、成幼的量度，并分别进行统计，使之成为精确分类的依据。郑作新于 1934 — 1949 年共发表论文 17 篇，主要集中于福建省的鸟类研究。他于 1947 年发表了《中国鸟类名录》，记录中国鸟类 1475 种，另有 388 亚种，共计 1999 种和亚种。在该历史时期，开展鸟类学研究者，尚有常麟定、傅桐生、王希成、陆鼎恒、李象元、黄震、陈子英、章德龄、汤独新等，他们分别发表过 1 ~ 4 篇论文不等。

## 六、兽类学

我国近代兽类学研究始于外国学者，在该历史时期，国人由于人才和经费的限制，依靠自己的力量开展兽类学研究者甚少，与同时期的动物学其他分支学科相比明显滞后，只是开展了一些零星的野外种类调查，并开展一些特定兽类的局部大体解剖、形态学及生活习性观察等基础性工作。此外，国民政府外交部曾向中央研究院咨询当时"外邦人士不惜重价收买，奖励当地猎人猎捕射杀大熊猫"之行为，认为"若不加以禁止，终必使之绝种"。中央研究院当即向政府部门报告："四川汶川大熊猫由于外国的滥捕，数量已越来越少，如不及时禁止，势必导致该物种之灭绝。"并支持国民政府"除通令查禁及保护外，通告外邦人士，禁止潜赴区内收买及猎捕，并通令各省当局严厉禁止一切伤害及装运此珍稀动物之行为"。上述措施表明，民国时期政府已经开始重视一些珍稀濒危物种的保护与本土动物资源的调查。

中央研究院于 1928 年组织广西科学调查团赴广西采集动植物标本，历时 6 个月，秦仁昌、唐瑞金负责植物标本的采集，方炳文、常麟定、郑章成负责动物标本的采集。两组自柳州出发，行程 1800 千米。采集成绩甚佳，其中获兽类 40 余种，标本 290 余号。另捕获活动物如猴、豹、豪猪等 29 余头，圈养在自然历史博物馆动物园内，以供展出。

1928 年，中山大学生物系主任辛树帜组织广西大瑶山动植物采集，石声汉负责广西大瑶山哺乳动物和爬虫类动物的研究。此后，由他主持编写了《中国兽学丛书》（第一集），1928 年由广州中山大学出版；《中国哺乳类学丛书》（第二集），1928 年由广州中山大学出版；《中国哺乳类学丛书》（第三集），1930 年由广州中山大学出版；《湘南之哺乳类》，1930 年由广州中山大学出版；《续记广东北江瑶山哺乳类》，1931 年由广州中山大学出版。

20 世纪 20 — 30 年代，中国科学社生物研究所秉志、何锡瑞及静生生物调查所寿振黄等人也开展了一些兽类学研究，如秉志侧重虎及海兽解剖学的研究；何锡瑞侧重啮齿动物的分类研究；卢于道开展了哺乳类动物脑神经的解剖与一些生理学研究；秉志除对海兽作解剖学研究外，还和他的弟子们开展了哺乳类大脑皮质功用及家兔大脑动作区在正常与受损情况下的差别，以及哺乳类动物在大脑受损情况下对气体代谢的影响。从《中国科学社生物研究所丛刊》（1925 — 1942 年）、《科学》及《静生生物调查所研究丛刊》上发表的 27 篇兽类学论文基本能反映出这一历史时期兽类学的研究动态及其进展（表 11-1）。

表 11-1　1925—1948 年中国科学社生物研究所、静生生物调查所等研究
机构发表的兽类学论文

| 时间（年） | 作者 | 论文题目 | 发表的刊物、卷、期数 |
|---|---|---|---|
| 1925 | 秉志 | 鲸鱼骨骼之研究 | 《中国科学社生物研究丛刊》1 卷 4 期 |
| 1926 | 秉志 | 虎骨之研究 | 《中国科学社生物研究丛刊》2 卷 1 期 |
| 1927 | 秉志 | 白鲸舌之观察 | 《中国科学社生物研究丛刊》3 卷 3 期 |
| 1930 | 张春霖 | 白鼠之生活史 | 《中国科学社生物研究丛刊》6 卷 7 期 |
| 1931 | 秉志 | 南京动物志略 | 《中国科学社生物研究丛刊》7 卷 4 期 |
| 1932 | 沈同 | 蝙蝠泄殖系统之解剖 | 《科学》16 卷 9 期 |
| 1933 | 何锡瑞 | 南京附近兽类之研究 | 《中国科学社生物研究丛刊》9 卷 4、5 期 |
| 1935 | 傅桐生 | 嵩山及其邻近地区的松鼠 | 《静生生物调查所研究丛刊》6 卷 |
| 1935 | 何锡瑞 | 芜湖之一羚 | 《科学》19 卷 1 期 |
| 1935 | 何锡瑞 | 搬藏鼠之一新亚种 | 《科学》19 卷 9 期 |
| 1935 | 寿振黄 | 黄喉貂之皮肤斑纹 | 不详 |
| 1936 | 何锡瑞 | 四川数种兽类之研究 | 《中国科学社生物研究丛刊》11 卷 5 期 |
| 1936—1938 | 吴襄 | 白鼠性腺阉割对其大脑皮层代谢作用之影响 | 《中国科学社生物研究丛刊》12 卷 2 期 |
| 1936—1938 | 何锡瑞 | 华南数种小兽 | 《中国科学社生物研究丛刊》12 卷 4 期 |
| 1936—1938 | 秉志 | 关于哺乳类大脑皮层功用之数则 | 《中国科学社生物研究丛刊》12 卷 7 期 |
| 1937 | 何锡瑞 | 中国兽形类动物群之研究 | 《科学》21 卷 3 期 |
| 1937 | 刘承钊 | 刺猬的食物之研究 | Journ.Mamm. 18 卷 |
| 1938 | 秉志 | 家兔大脑动作区正常及受伤后之测定 | 《中国科学社生物研究丛刊》13 卷 4 期 |
| 1938 | 吴云瑞、裘作霖、秉志 | 白鼠大脑皮层损伤后呼吸现象所受之影响 | 《中国科学社生物研究丛刊》13 卷 9 期 |
| 1938 | 寿振黄 | 江豚之头骨研究 | 《静生生物调查所研究丛刊》8 卷 5 期 |
| 1940—1941 | 卢于道 | 哺乳类动物之端脑 I. 隔脑 | 《中国科学社生物研究丛刊》15 卷 3 期 |
| 1940—1941 | 卢于道 | 哺乳类动物的大脑之副脑上腺 | 《中国科学社生物研究丛刊》15 卷 4 期 |
| 1941—1942 | 卢于道 | 哺乳类动物端脑之杏纹丛 | 《中国科学社生物研究丛刊》16 卷 1 期 |
| 1941—1942 | 吴云瑞、裘作霖、秉志 | 正常气体代谢与大脑皮层一部分损伤后情形比较之研究 | 《中国科学社生物研究丛刊》16 卷 4 期 |
| 1941—1942 | 吴云瑞、裘作霖、秉志 | 基本代谢受大脑损伤之影响 | 《中国科学社生物研究丛刊》16 卷 5 期 |
| 1941 | 冼维逊 | 粤南鼠疫考略 | 《科学》25 卷 12 期 |
| 1948 | 成庆泰 | 鹿角生长及其畸形之观察 | 《科学》30 卷 5 期 |

除上述由专门研究机构发表的有关兽类学的论文或报告外，当时一些学者还综述并翻译了国外人士发表的涉及我国兽类的一些重要文献。

辛树帜的《西藏鸟兽谈》发表在 1926 年《自然界》第 1 卷第 5、6、7 期（连载）上。他根据英国著名生物学家霍奇森（B.Hodgson）及阿贝尔（C.Abel）博士于 19 世纪后期在我国西藏采集动植物标本并相继在 *Gleanings in Science*、*Philosophical Magazin* 以及 *The Proceeding of the Zoological Society* 等刊物上发表的论文加以综述。《西藏鸟兽谈》涉及西藏的兽类主要有牦牛（Bos grunnisns）、羚羊（藏羚羊，Pantholops Hodgsoni）、西藏小羚羊（Gazella picticaudata Hodgs）、西藏犬（Tibet dog）、鼠兔（Pika，Ochotona sp.）、土拨属（Marmot）6 种，对其外形、地理分布、生活习性、畜养或利用等方面做了介绍。

慨士的《中国西部的食肉动物》一文发表在 1926 年《自然界》第 2 卷第 2 期上。他根据 E.H.Wilson 的原著内容节译，共涉及我国西部食肉类动物中的豹（Leopard）、雪豹（Ounce）、云豹（Fdlis nebulosa）、山猫（Lynx）中的一些种类，如普通西藏山猫（Felis lynxisabellina）、中国大理石猫（Felis seripta）、亚洲虎猫（Felis tristis）、豹猫（Felis bengalensis）及金猫（Felis temmincki）、白熊（大熊猫）、熊猫（小熊猫）、黑熊、狼、狐、獾以及一些非食肉性动物如啮齿动物和灵长类动物等。

慨士的《生物学的工作》一文译自罗伯特·斯特林·克拉克等著的《穿越陕甘 1908—1909 年克拉克考察队华北行纪》一书，他以连载的形式发表于 1926 年《自然界》第 2 卷第 3、4、5 期上，介绍该考察队在我国陕甘地区考察、采集生物标本（包括小型哺乳动物、鸟类、爬行动物、无尾两栖类、鱼类及无脊椎动物）以及实地考察并收集地质学、气象等方面的资料。

许心芸的《蝙蝠的生活及蝙蝠塔》一文发表在 1926 年《自然界》第 2 卷第 6 期上。他根据美国学者堪培尔（Charles A.R.Campbell）博士对蝙蝠生活习性研究的结果，从蝙蝠与蚊虫的关系、蝙蝠的自然栖息地、蝙蝠的飞翔和休息、蝙蝠的感觉（重点介绍蝙蝠视觉与听觉）、蝙蝠的冬眠、蝙蝠的寿命、蝙蝠的天敌等方面简述其生活习性特点。为了消灭蚊子提倡保护蝙蝠并使之增殖，他提出建立人工坲或蝙蝠塔，一是起保护作用，二是收集蝙蝠粪便用作肥料。

## 七、实验动物学和细胞生物学

从 19 世纪中期起，西方科技发达国家的生物学研究已逐渐由表及里，向理解生命现象的内在规律，探索生命过程的运行机理深入。单纯的形态解剖、观察描述已不能满足需要。19 世纪中期到 20 世纪中期，多是使用各种仪器工具，通过实验过程来探索生命活动的内在规律。例如：1864 年法国的巴斯德发明热灭菌法（巴斯德消毒法），1865 年奥地利的孟德尔发表论文《植物杂交实验》，1888—1904 年俄国的巴甫洛夫研究高级神经生理活动，1926 年美国的摩尔根出版《基因论》，1928 年英国的弗莱明发现青霉素，1942 年赫胥黎和杜布赞斯基提出现代综合进化论，1944 年美国埃弗里证明 DNA 是遗传信息的载体，1966 年德国的海克尔和施佩曼研究动物胚胎发育。在这一历史时期，由于显微镜技术的发展，包括电子显微镜的出现等，使人们能清楚地看到细胞和细胞器的精细结构，越来越多的化学分析和物理检测手段被运用到生物学实验中。通过实验的严格设计和精心安排，对生命活动的运行规律的认识已可精细到分子水平，由此衍生出生理学、生物化学、生物物理学等新的交叉分支学科。我国一些在西方接受近代生物学教育并取得博士学位的生物学家已认识到这一大发展趋势，如从欧洲学成归来的我国实验动物学家贝时璋、朱洗、童第周等。从 20 世纪 20 年代起，贝时璋就致力于实验动物学的探讨，发表的关于鳗形线虫（Anguillua aceti）、臂尾轮虫（Brachionus pala）、干吻虫（Stylaria fassularis）的再生、细胞分裂与细胞常数等论文，均为中国实验动物学的首创性研究工作，后又致力于南京丰年虫（Chirocephalus nankinensis）的中间性与性转变问题。1931 年，朱洗发表了《无尾类杂交的细胞学研究》，后来又开展了两栖类、鱼类、家蚕等动物卵成熟、授精和单性生殖等研究。"他与陈兆熙、张果一起，花费很长久的时间，竟使两只单性生殖的雌性小蛙（Rana nigromaculata）养到成长时代；其中一只活到七年零几个月，打破世界上过去已有的单性生殖蛙类的记录。"20 世纪 30—40 年代，童第周及其合作者共发表实验胚胎学论文 12 篇，其中在抗战时期发表的论文多达 8 篇，主要涉及卵中胚因的分析、造型潜力的分析、蛙胎氈毛极性的决定等方面的研究。

在此值得一提的是 20 世纪 30—40 年代庄孝僡和沈世昌在"机构者（organiser）的分析和有效物质的探讨"（即动物胚胎组织的诱导和分化）这一开创领域中的贡献。庄孝僡的贡献是他用实验证明中胚叶、神经系统和头部知觉器官的发生均受若干种不同化学物质的影响。沈世昌的贡献更为彻底，他深入纯化学领域，证明各种器官的发生必须有某种特殊的刺激物。

此外，在移植和再生方面也有一些进展，如陈纶裘在德国留学期间通过异种蝾螈大腿骨的移接来观察其再生状态。他的实验证明，异属的骨组织可以移植，不但能促进发育，而且有被同化的可能。

经利彬和章韫曾观察过金鱼的鳞片、鳍和鳃盖的再生现象。他们证明无论哪一种鳍，即使割去一部分，后来都能再生。但尾鳍的基部，如果连鳍剖去，即失去再生的能力。任何部位的鳞片去除后，都会重新发现，色彩与形状与原有的完全相同。此外，他们还研究过金鱼鳃盖的再生。

20 世纪 30—40 年代，在组织培养方面已有少数人开展了研究，并取得一些成绩，如蔡堡和蒋天鹤，他们曾将 7 天的鸡胚中的各种组织（如脑垂体、生殖腺、心室、心耳和头骨膜）放在鸡胚的血清（加胚汁）中或生理盐水中培养，比较其生长的结果。他们发现，结缔组织在血清中生长力较好，其他组织较差，生理盐水中更少助长能力。可惜该实验的培养时间只有三天，很难获得更有说服力的结论。

## 八、动物生理学

生理学研究方面，我国在 20 世纪 20 年代初才开始有生理学论文在国内杂志上发表，大约比西方国家滞后 300 年。北京协和医学院的林可胜在 20 年代即进行过胃的组织学和胃液分泌的研究，特别对胃液分泌机制的研究有重要贡献，最突出的成果是脂肪可抑制胃液分泌和胃蠕动，由此发现并提出一个假想的激素——肠抑胃素，这是中国人发现的第一个激素，被全世界认为是一项经典性工作。30—40 年代，徐丰彦等进行了离体兔小肠的各段对数种药品的感应性（兴奋性和运动性）的研究，发表了十余篇论文。代谢研究在我国也开展得较早，沈寯淇、林国镐曾研究太监的氮代谢，发现太监们的氮排泄量与常人无异，其尿中亦不含有肌酸。"继而沈氏为证明肌酸排泄究竟与睾丸是否有关，复以犬鼠为试验，结果表明，幼年阉割的动物，待其长大后，尿中的肌酸亦均减少，与正常者并无殊异"。他们用实验的方法予以证实，改正了前人的观点。林可胜系统调查了中国人的基础代谢。蔡翘在30年代对肝的碳水化合物代谢有重要贡献，他证明猫的肝糖原的来源主要为非碳水化合物。

呼吸生理学方面，蔡翘在30年代对大学生及高中生肺活量做了调查。赵以炳在40年代开始对冬眠动物刺猬进行系列研究，对刺猬的呼吸类型做过分析。

血液生理学方面，20世纪20年代，就有血液生理常数的报告和少数临床血液的观察。30年代末，吴襄等开展了生理常数（红细胞、白细胞、血红蛋白、ABO血型等）的调查。40年代，易见龙等进行了Rh血型和M-N血型的调查。

循环生理学方面，20世纪20年代，林可胜观察了植物神经对胃部血管活动的影响，于1927年发表的《活体灌输胃之血管舒缩反应》是我国生理学杂志上有关循环生理学的第一篇论文。

神经、肌肉和神经肌肉接头生理学方面，侯宗濂于20世纪20年代开始研究神经的兴奋性，批判了著名的Lapicque时值学说，并提出自己的标准时值学说。冯德培于1930年发现神经的结缔组织鞘为有效的弥散障碍物，而后对神经产热和神经传导中胆碱酯酶活动的研究都取得了出色的成果。史图博和梁之彦于1928年发表了《肌肉在各种不同的强直状态其重屈折所引起之变化的研究》，这是我国学者最早的肌肉生理研究。30年代，冯德培发现肌肉因拉长而增加代谢的新现象，被称之为"冯氏效应"。在同一时期，冯德培开辟了神经肌肉接头的研究，国际上公认他是神经肌肉接头研究的一位先驱者。

中枢神经生理学方面，汪敬熙是研究皮肤电反射的先驱者，这项研究始于20世纪初。

内分泌与生殖生理学方面，20世纪20年代末，在林可胜发现肠抑胃素的同时，张锡均等首次提出"迷走神经垂体后叶加压反射"，受到国际上的重视。30—40年代，胎盘乙酰胆碱的研究（张锡均），甲状腺、垂体、性腺之间的相互关系研究（朱壬葆等）都取得了许多重要成果。此外，在20年代，对神经内分泌的功能就有所发现（朱鹤年、张锡均、吕运明、程治平）。

比较生理学方面，无脊椎动物生理学的研究对象十分广泛，很多门类都有涉及，主要有草履虫的生殖和生长繁殖、四膜虫的生长繁殖（陈阅增、张作人、曹同庚等），蜚蠊感受器电反应（陈德明等），昆虫复眼的结构和功能。

鱼类生理学方面，伍献文在20世纪30年代对鱼的生殖、呼吸、代谢和渗透压等均开展了许多研究。

哺乳动物生理学研究方面，20世纪40年代，由赵以炳开始的哺乳动物冬眠生理学研究被认为是该领域的经典工作。

# 参考资料

［1］曹育.08.4生物学.见：董光璧.中国近现代科学技术史（中卷）［M］.长沙：湖南科学技术出版社，1997.
［2］薛攀皋.中国科学社生物研究所——中国最早的生物研究机构［J］.中国科技史料.1992，13（2）：53.
［3］罗桂环，汪子春.中国科学技术史·生物学卷·第六章近代生物学的传人［M］.北京：科学出版社，2005.
［4］中国科学院动物研究所所史编撰委员会.中国科学院动物研究所简史［M］.北京：科学出版社，2008.
［5］蔡元培.蔡元培论科学技术［M］.石家庄：河北科学技术出版社，1985.
［6］王思明，周尧.中国近代昆虫学史［M］.西安：陕西科学技术出版社，1995.

［7］张孟闻.回忆业师秉志先生［J］.中国科学技术史料，1981（2）：39-43.

［8］章楷.近代我国作物虫害防治事业述略［J］.中国科技史料，1986，7（5）：28-35.

［9］邹钟琳.最近江苏省水稻螟害状况［J］.科学，1925，10（6）：713-717.

［10］邹钟琳.江苏省水稻害虫录［J］.科学，1925，10（10）：1289-1300.

［11］张景欧.蝗患［J］.科学，1923，8（8）：861-887.

［12］张景欧.蝗患（续）［J］.科学，1923，8（9）：935-956.

［13］陈家安主编.蔡邦华院士诞辰110周年纪念文集［J］.杭州：浙江大学出版社，2012.

［14］邹钟琳.水稻抗螟试验［J］.科学，1941，25（7、8）：220-227.

［15］邹钟琳.中国最近十年内（1937—1947）迁移蝗发生状况及防治之结果［J］.科学，1949，31（2）：35-36.

［16］杨惟义.治蝗方策［J］.科学，1949，31（9）：267-272.

［17］翟启慧等.秉志传略.见：翟启慧，胡宗刚编.秉志文存［M］.北京：北京大学出版社，2006.

［18］中国昆虫学的奠基人之一——胡经甫.见中国科学技术专家传略·理学篇［M］.北京：光明日报报业集团.

［19］中国科学院动物研究所编.德学双馨、风范永存——陈世骧院士诞辰100周年纪念文集.（内部印刷），2005.

［20］王家楫.原生动物学在中国［J］.科学，1947，29（7）：195-199.

［21］洪式闾.三十年来中国人体寄生虫之鸟瞰［J］.科学，29（6）：165-188.

［22］黄湄西.蚕业丛书·第七编 蚕体病理论［M］.上海：新学会社印行，1906.

［23］伍献文.一个在中国发现的新种水母［J］.科学，1924，9（1）.

［24］喻兆琦.管鞭虾之一新种［J］.科学，1938，22（5、6）：251.

［25］张玺，相里矩.胶州湾及其附近海产食用软体动物之研究［J］.国立北平研究院动物学研究所，中文报告汇刊，1936年，第16号.

［26］张玺，马绣同.胶州湾海产动物采集第二期及第三期采集报告［J］.国立北平研究院动物学研究所，中文报告汇刊，1936，17号.

［27］Chen Y. On some new Earthworm from Nanking, China. Sci Rpts Cent Univ Nanking Ser B, 1930, 1（1）：11-40.

［28］Chen Y. Miscellaneous notes on zoo logy from my collecting trips to Chekiang and Kiangsu Provinces. Wissen und Wissenschaft, 1931, Ⅱ（4）：1-16.

［29］Chen Y. On the terrestrial Oligochaeta from Szechuan I. With descriptions of some new forms. Contr Biol Lab Sci Soc, China, Zool ser, 1931, Ⅶ（3）：117-171.

［30］Chen Y. A preliminary survey of the Earthworms of the Lower Yangtze Valley. Ibid Zool ser, 1933, Ⅸ（6）：177-296.

［31］Chen Y. On a small collection of Earthworm from Hongkong. Bull Fan Mem Iust Biol Zool ser, 1935, Ⅵ（2）：33-59.

［32］Chen Y. On the terrestrial Oligochaeta from Szechuan Ⅱ. With the notes of Gates types. Contr Biol Sci Soc, China, Zool ser, 1936, Ⅺ（8）：269-306.

［33］Chen Y. Oligochaeta from Hainan, Kwangtung. Contr Biol Lab Sci Soc, China, Zool ser, 1938, Ⅻ（10）：375-427.

［34］Chen Y. Taxonomy and faunal relations of the limnitic Oligochaeta of China. Ibid Zool ser, 1940, XⅢ（10）：1-131.

［35］陈义.从发现美国几种水栖寡毛类新种后感想［J］.科学，1946，28（5）：239-246.

［36］Shen C J. The Brachyura Crustacea of North China. Zoologis Sinica, 1932, 9（1）：1-300.

［37］Shen C J. Additions to the Fauna of Brachyura Crustacea of North China. Contr. Inst.Zool., Nat. Acad. Peiping, 1936, 3（3）：59-76.

［38］Shen C J. The Brachyura Fauna of Hong Kong. J. Hong Kong Fisher. Resear. Stat, 1940, 1（2）：211-242.

［39］Shen C J. On Six Land and Freshwater Isopod Crustacea from Yunnan, China. Contr.Inst. Zool., Nat. Acad. Peiping, 1949, 5（2）：49-66.

［40］Shen C J. On the Collections of Crabs of South China. Bull. Fan Mem. Inst. Biol., Zool. ser. 10z, 1940：69-104.

［41］张玺，易伯鲁.滇池枝角类及桡足类的研究［C］.国立北平研究院动物学研究所中文报告汇刊，1945（22）：1-11.

［42］张玺，成庆泰.滇池的食用螺蛳［J］.中法文化，1945，1（4）：1-6.

［43］陆鼎恒.洱海冬季之枝角类［J］，国立北平研究院动物研究所中文报告汇刊，1939（20）：1-16.

［44］李赋京.中国日本住吸血虫中间宿主之解剖［J］.科学，1932，16（4）：566-582.

［45］李赋京.中国日本住吸血虫中间宿主之胎后发育［J］.科学，1932，16（4）：583-591.

［46］科学琐闻：中国的棘皮动物［J］.自然界，1927，2（1）：763-764.

［47］张凤瀛.中国沿岸之海参类［J］.国立北平研究院动物研究所丛刊（英文版），1934，2（1）：1-52.

［48］张凤瀛.中国沿岸海参类续志［J］.国立北平研究院动物研究所丛刊（英文版），1935，2（3）：1-18；

［49］张凤瀛.胶州湾及其附近之棘皮动物分布概况［J］.国立北平研究院动物研究所中文报告汇刊，1935年，第12号.

［50］张凤瀛.国立北平研究院动物研究所海参类标本目录［J］.国立北平研究院动物研究所中文报告汇刊，1934，第8号.

［51］伍献文.三十年来之中国鱼类学［J］.科学，1948，30（9）：261-266.

［52］朱弘复，宋振能主编.中国科学技术专家传略［M］.北京：中国科学技术出版社，2001.

［53］陈桢.金鱼之变异［J］.中国科学社生物研究丛刊（英文版），1925，1（1）：1-75.

［54］罗桂环.近代西方识华生物史［M］.济南：山东教育出版社，2005.

［55］伍献文.幼水母之感觉器［J］.中国科学社生物研究丛刊（英文版），1927，3（3）：1-5.

［56］徐锡藩.水母之新种［J］.中国科学社生物研究丛刊（英文版），1928，4（3）：1-7.

［57］方炳文.鳡鲦鳃棘之解剖［J］.中国科学社生物研究丛刊（英文版），1928，4（5）：1-35.

［58］方炳文.中国平鳍鳅类之新种属［J］.中国科学社生物研究丛刊（英文版），1930，6（4）：25-43.

［59］方炳文.四川爬岩鱼之一新种［J］.中国科学社生物研究丛刊（英文版），1930，6（9）：99-109.

［60］伍献文，王以康.平胸扁鱼唇部之观察.中国科学社生物研究丛刊（英文版），1932，8（10）：387-392.

［61］方炳文，王以康.石虎属鱼类全志［J］.中国科学社生物研究丛刊（英文版），1930，7（9）：289-304.

［62］方炳文，王以康.山东鲨鱼志［J］.中国科学社生物研究丛刊（英文版），1932，8（8）：213-284.

［63］中国科学社编.中国科学社生物研究丛刊（英文版）目录（1925—1939）.

［64］中国科学社编.中国科学社生物研究丛刊（英文版）目录续编（1940—1942）.

［65］赵尔宓，赵蕙.中国两栖爬行动物学文献——目录及索引［M］.成都：成都科技大学出版社，1994.

［66］钱燕文.中国鸟类学史.见：郭郛，钱燕文，马建章主编.中国动物学发展史［M］.哈尔滨：东北林业大学出版社，2004.

［67］辛树帜.中国鸟类目录［J］.科学，1925，10（6）：745-757.

［68］辛树帜.中国鸟类目录（续）［J］.科学，1927，12（6）：809-833.

［69］寿振黄.福建鸟类之记录［J］.科学，1927，12（9）：1289-1296.

［70］胡宗刚.静生生物调查所史稿［M］.济南：山东教育出版社，2005.

［71］李象元.水雉之记录及其分布之扩充［J］.国立北平研究院动物学研究所中文报告汇刊，1930，第1号.

［72］李象元.河北省乌鸦科略志［J］.国立北平研究院动物学研究所中文报告汇刊，1931，第2、3号.

［73］李象元.中国普通之鱼狗［J］.国立北平研究院动物学研究所中文报告汇刊，1932，第5号.

［74］朱洗.三十年来中国的实验生物学［J］.科学，1949，31（7）：197-208.

［75］钱迎倩，王亚辉主编.20世纪中国学术大典 生物学［M］.福州：福建教育出版社，2004.

［76］吴襄.三十年来国内生理学者之贡献［J］.科学，1948，30（10）：295-313.

［77］吴襄.国内生理学［J］.科学，1948，30（1）：27.

［78］萧信生，吴馥梅.生理学.见：钱迎倩，王亚辉主编.20世纪中国学术大典 生物学［M］.福州：福建教育出版社，2004.

［79］吴振钟.我国棉蚜问题之解决［J］.科学，1938，22（7、8）：300-302.

［80］孙承晟.葛利普与北京博物学会［J］.自然科学史研究，2015，34（2）：182-200.

［81］李赋京.田螺之解剖（英文）.中国动物学杂志.1935，1（1）：1-18.

# 第十二章　影响近代动物学学科在中国较快发展的重要因素

## 第一节　中国近代动物学学科领军人的卓越贡献

源自西方的近代动物学，在辛亥革命后至抗战爆发前在中国得以创立和发展，这都归功于一批具有强烈家国情怀，满怀科学救国志向，在海外著名大学接受过严格专业训练的动物学家。我们将他们划分为第一代、第二代、第三代动物学学科领军人（见附录）。第一代动物学学科领军人有秉志、陈桢、胡经甫等；第二代动物学学科领军人有朱洗、伍献文、陈世骧等；第三代学科领军人有张香桐、马世骏、钦俊德、邱式邦。第一、第二代学科领军人是中国近代动物学及各分支学科的开创者；第三代学科领军人及一批中华人民共和国成立后培养的动物学人才（包括 20 世纪留学苏联等社会主义国家及 60 年代中期派往欧洲等国的留学人员）及第一代、第二代的健在者成为中华人民共和国早期（1949—1966 年）现代动物学的开拓者。

## 第二节　中国近代动物学学风的形成与影响

所谓"学风"，最早源于《礼记·中庸》，即"广泛地加以学习，详细地加以求教，谨慎地加以思考，踏实地加以实践"。在《现代汉语词典》中对"学风"有如下解释："学校的，学术界的，或一般学术方面的风气。"对于学贯中西的秉志和胡先骕而言，他们深知生物学要在中国获得发展，必先建立良好的学风，他们当时所倡导的学风主要表现在以下几方面。

### 一、专业化精神

秉志认为："生物学在最近数年中，发达迅疾，已臻长熟。许多生物学者，以其纯粹为学之热忱，不杂丝毫之功利观念，以诱迪后进，各大学于是遂有较为完备之生物学课程，以启发青年。夫教学者奉身于其所学，矢志无懈，视为终身事业，则受其熏迪者，终必感慕敬戴，其所教授之课程，亦终必为全校之楷模无疑。……故今日国内之教授生物学者，其与学生之关系，非仅传业解惑，抑且淬厉品格，为道德上之琢磨，其前途盖极重大辉煌。"他又进一步指出："最可为中国生物科学庆幸着，为国内之生物学家，大都俱是纯粹学者，彼等立志于此学之研究。以其自身之意趣是归，初不措意于世俗之物质享受。具此坚毅卓拔之意志，但问耕耘，不计收获，筚路蓝缕，以启山林，故能不避艰阻，为中国生物学界，奠设元基。生物学在国内学术界独能于此短时间中有尔许成绩，则此等学者之纯洁之努力，当为其主要原因也。"秉志进一步分析认为："虽值国家多难，政事纷扰，干戈飞扬，济助窘涩之枯槁环境，独能挟其高尚之志，持以坚毅，不使其研究工作有所中断，卒有今日之成绩，生物各学科都有相当之研究成果，暴白于世，为国内学术界，放呈异采，至足多已。著者比年奔走南北，亲接学者之光辉，其敝屣厚禄高位，愿以艰涩之薪给以自存，而奉身于科学者，盖大有其人。回想欧美先进诸国，生物科学之所以能粲奂至如今日者，实有赖于不避艰苦纯志洁身之前贤，则是今时国内学术界诸贤哲之造福于将来，宁待蓍龟？吁，可以风矣。"

## 二、本土化精神

所谓本土化精神，张之杰有一个解释，他认为："本土化就是以乡土之爱为动力，化洋为土，使科学在本土生根。从另一个角度看，本土化正是专业化的基础"。对此，张之杰又做了进一步解释，他认为："不想为本土效力，又如何会在本土上坚持专业精神"。据伍献文、王家楫等人回忆："秉志常说'一个学生在美国那种环境下做出成绩是可以预期的，但更可贵的是在国外受了训练之后，回到中国来，在我们这种比较困难的环境下做出成绩来，使中国的科学向前推进一步。'"据王家楫回忆，秉志毕生以身作则，1920年回国后，他到南京高等师范学校创办了国内第一个生物系，仅用了两三年时间，就把一个生物系从无到有建立了起来，不少实验用的工具是用土产品改装的。学校所有实验或研究用的标本，都是他利用暑假带领学生分赴浙江和山东半岛沿海采集得来的。在大学动物学课程的教学上，秉志反对照搬外国的教材、教具，提倡结合中国的实际，以中国具有代表性动物作为教材，以中国本土所产的动物为教具，以提高学生的学习兴趣和爱国情操。另据张孟闻回忆，1930年初夏，正是"九一八"事变前夕，日本人岸上镰吉率领一批人向川蜀进发，主要为调查我国内地的动物资源而来。他们路过南京时，前往生物研究所参观。秉志觉得他们另有图谋，当时生物研究所经济困窘，但他决意派人赶上前去，急起直追，进入四川赶作采集，得到民生公司总经理卢作孚和四川爱国人士的大力协助，很快丰收而归，随即分派给所内外青年整理，还将长江上下游与我国南北沿海的主要动物种类做了报道。而岸上镰吉却因困难重重，步步落后，最后死在四川。以秉志为代表的老一辈动物学家及其研究群体，正是以这种本土化精神，将他们在国外获得的全部"洋知识"与本土密切结合，创造出种种令人感佩的成果。

## 三、献身于科学的精神

在20世纪20—40年代，正值中国近代科学初创之际，献身于地质学和生物科学的学者，往往较其他学科面对更多的挑战，因为他们必须投身大自然的怀抱，深入人迹罕至的地区，面对种种难以估测的危险。胡先骕于1934年在《科学》上发表了《中国科学发达之展望》一文，披露了先辈们感人至深的事迹，他说："中国科学研究最大之希望，尤在青年科学家之努力与成就，其不避艰苦，公以忘身之精神，每每非人所及知，如地质调查所之赵亚曾先生，竟以珍护研究材料致以身殉，使葛利普先生认为中国之莫大损失，他如何琦先生之深入海南五指岭瘴疠之区，以研究瘴蚊之生活史，几丧其生，则社会上几无人知之，而王启无先生迄今仍在滇南瘴乡，借 Plasmoquinine（扑疟喹啉，一种治疗疟疾的药）以与疟蚊为性命之相搏，以图深入不毛，采得大宗珍异之植物标本焉。至于青年科学家之成就，则各学会之先进皆能觇缕，无庸列举，要之此辈青年皆天资颖异，卓有契而不舍之精神，著手既高，成绩自见，苟能长此自强不息，则平视东邻，仰追欧美殆非难事矣。"

## 四、"开放式"办所精神

作为中国科学社生物研究所所长，秉志以博大的胸怀和海纳百川的精神，将这个"肇始之初，经济枯竭，事业无从进行，徒具虚名而已"的研究所，经十年的不懈努力，"最近之研究成绩，则已斐然可观。"为何能在短短十年取得如此成绩？秉志的回答是："此研究所为公开机关，国内学者，苟愿从事于生物学之研究，而自信其学力足以赴之者，得请求入所研究，所中且予以种种便利。盖主持者极愿借所内设备之利便，以惠益学人，以公诸社会。愿能用此供应，使研究者得窥生物科学各门之径奥，以应国内大学之需求"。当时生物研究所主要面对两部分人开放，一是已具有相当学历的研究员，但尚未在国内大学觅得合适岗位者。秉志认为应首先为大学培养合格的生物学研究者，并能担当大学生物系的主持者的人才。他认为"凡从事研究者，若起初即专治一门，则褊狭之见，固所难免，而学历浅仄，知识隘陋，殊不足以应大学之宠邀，以主持学系。"所以，他认为"初入该所之研究员，必先使其经习各方面之学识，然后就性所近，自为选择，以专攻一学。研究员在所内既获得相当经验之后，往往得留学异邦，就欧美名家观摩切磋之机会。其人既在国内精治所专之学，基础湛深，故在欧美研究机关从事研讨，亦复驾轻就熟，易致精妙。生物研究所自身之工作，则按照向来规划，进行不息。过去五六年间，所中正式人员，以其大部时力，为中国动植物品种之调查，尤致意于扬子江流域及滨海各省。在此区域内之生物标本，大都已收藏于该所中矣。"二是面对大学和中学生物学教师，秉志说："中国科学社生物研究所内之书籍仪器及其他各项设备，大体已具，常愿以此利便公诸各学校之教师。研究所所址，密迩中央大学，故前时国立东南大学之教授与导师常莅临该所，作课余之研究。南京各高中之教师，也常于课务之暇，或冬夏假日，来所作长期之研讨。无锡、常州、上海、杭州、宁波等处之高中教员，亦尝来所攻读，以消度炎热之长夏。生物研究所虽其性质不类其他教育机关，未尝开设学程以教授后进之学子，顾常愿善助向学之人，使彼等俱有机会，创作有永久价值之科学研究，故来所之各校教员，即无暇作长期研究，而以常与研究者交遊，浸润既久，见闻遂广，向学之心，勃然以兴，于其归去，辄挟为学之热忱以俱行，转以薰育其生徒，寖假而邻省诸校。好生物学者日益增多。"秉志不仅在南京的生物研究所有如此广博之胸怀，他所主持的北平静生生物调查所"其顾利助所外之学者，与此正复相同。国立北京大学及北平师范大学之生物系四年级生，其有志于生物学者，常于课余至所研读。北平各中学之教授生物学者，颇有其人，彼等苟不以其所蓄自满欲有自求进益者，静生生物调查所深愿给以便利，共作科学之讨研。"他还进一步做出如下许诺："静生生物调查所，最近于北海国立图书馆之邻，新建巨厦。此屋落成，可容许多学者，潜心作湛深之研究。主持所事者，固甚愿以该所公诸社会，顾不知社会中果有几人愿借斯便利耳。"

### 五、继承发扬中国传统之文化

秉志、胡先骕等老一辈生物学家在赴欧美等发达国家留学前，已饱读"四书五经"，对中国传统文化中之精粹了然于胸。他们在汲取西方文明的同时，尚不忘进一步弘扬祖国传统文化，使之中西结合，发扬光大。秉志在分析中国生物学十年（1922—1932）间发达的原因时，有一段讲话值得我们深思："苟吾齐（齐）廻念前碛，一览往古典籍，即能体悟畴昔贤哲观察于天地造物者，实至精微。诗三百篇，草木鸟兽虫鱼之名，既极繁博；而众生之生态居处，亦复详细叙述。继是而兴为文籍典则者，为屈原之离骚。美人芳草，情词悱艳，字行间生物学之名词，亦极繁多。《庄子》一书，蕴意精玄，陈词华瞻。细绎引申，实涵演化之说。孔子圣者，以博物致知，为世称颂，古籍所载，于其所止，常受时人咨询，以定罕见事物之名称。外此传世名著，于生物界现象，若同栖（commensalism）、共生（symbiosis）、演化（evolution）等亦常有所称说。晋张华著《博物志》，徧历宇内，纵观万物，故其所著，遂以恢宏，富瞻华丽，含衍万象，凡植物学、动物学、地质学、考古学、人种学等俱有论记。虽其观察，有失粗浅，或其论断陷于谬误，要其精研坚奋，淬志于学，有足适者。况其所言，固有足以徵信；即核之新说，不尽妄诞乎。而此名著之行世，盖已千年于兹，抚今追昔，能不震惊？距张华不久而有郭璞。郭注释《山海经》，描绘远海名山，动植品物，奇离恢怪，妖丽莫名，有若神话，虽其所语不经，未合事理，要足以示其人之于生物科学，具有深厚之热情也。前乎孔子，亦已有动植物名彙矣，《尔雅》是已。作者不著姓氏，距世既远，微考无从。此书所记不广，大抵仅录远古庶人所识诸物之名而已。自乎今世，当明中后期有李时珍著《本草纲目》，记载明确，叙述请（清）详，较前诸人文籍，弥可珍贵。即今时研求国内动植物分类，李氏此书，尚为要典焉。其他尚有几多名著，大概仅及植物，皆数百年前昔贤所作，若《群芳谱》《菊谱》《兰谱》等俱是。此中最有价值之不朽著作，当推清吴其濬之《中国植物名实图考》及其《长篇》。盖自来贤哲，学士文人，俱深好自然界，于生物学尤三致意焉。此或可为国内生物学所以发达之第二因原也"。读了秉志对古代贤哲、学士、文人在生物学领域贡献的评价，对比我们对自己先人的遗产态度，令人汗颜。

## 第三节　外国基金组织对中国近代动物学的帮助

中国的近代生物学是从西方移植而来，在其早期的发展过程中受到西方的影响，尤其是受到科学发达的欧美等国家的影响，这是不应回避，并须做出客观评价的。前面已对西方近代动物学在中国的传播，西方人士在中国考察、采集动物标本并开展区系及分类学研究，西方宗教团体在中国创办大学等方面均做了较全面的论述，在此不再重复。本节将集中介绍20世纪初期，欧美等国利用退回庚款及私人基金，对中国近代动物学学科创立的具体帮助。

### 一、培养中国近代动物学领军人才

据董光璧《中国近现代科学技术史》有关章节中披露，中国生物学各学科领域的主要创始人（第一代学者）都经过外国学校的培养训练，由第一代中国学者培养出来的第二、第三代学者也有许多出国留学深造。事实上，1949 年以前中国生物学的骨干力量大部分都有出国留学、工作的经历。以中国科学院生物学部情况为例，1981 年以前当选为学部委员的共 118人，曾有留学经历者 106 人（其中除 2 人系 1956 年以后留苏者外，其余均是 1949 年以前在西方国家留学者），占总数的近 90%。

　　为培养第一、第二代动物学领军人才提供的资金，主要来源于美国、英国的庚子退款，其中以美国的退款为最早，退款数额最多，其影响也最大。中国近代生物学奠基人秉志、胡先骕、钱崇澍、吴宪、张锡钧、张景钺、戴芳澜、胡经甫、李继侗、汤佩松、沈嶲淇、赵以炳等均为早期庚款留美生。用美国庚款建立的清华大学（其前身清华学堂、清华留美预备学校），从该校毕业或考取该校公费留美的生物学家不乏其人，如著名动物遗传学家陈桢 1918年在金陵大学农科生物系毕业后，1919 年考取清华公费留美。在英国庚款方面，1925 年英国国会正式通过退还赔款案，1931 年成立由中英双方组成的管理中英庚款董事会。该董事会制订的计划第 4 条即派遣留英学生。在公派留英学生中不乏赴英国学习生物学者，如朱壬葆 1936 年赴英国学习动物生理学，王应睐 1938 年赴英国学习生物化学，均获英国庚款的资助。

## 二、资助生物学研究机构和一批大学生物系、农业研究机构及医学院校

　　（1）美国庚款：该款的后批退款组成"中华教育文化基金董事会"（简称中基会），对促进中国科学、文化、教育事业的发展起到了积极的作用。1934 年，胡先骕在《中国科学发达之展望》一文中，对当时的国民政府当局不重视科学研究颇有微词："今日政府当局虽号称提倡科学，然徵诸事实尚未能以充分财力以兴办维持各种科学研究事业，国立中央研究院为吾国科学研究最高机关，然以研究所林立，至研究经费甚感不足，且时赖庚款机关补助，北平研究院之经费尤为支绌，地质调查所以研究成绩蜚声于世，而庚款机关之补助费竟两倍于主管机关所给予之经费，……"。中基会资助了当时经费十分拮据的中央研究院有关研究所、中国科学社生物研究所和北平静生生物调查所，使这些研究所有能力聘任专职的研究技术人员，添置图书仪器，进行基本建设，组织远途标本采集活动等。同时，中基会还用一大半经费资助大学的科学研究，其中与生物有关的有中央大学农学院、医学院，南开大学生物系，岭南大学农学院，复旦大学生物系，武汉大学，同济大学医学院，金陵大学农学院，东吴大学生物材料处，中山大学农学院，上海医学院，湘雅医学院等。此外，中基会还设立科学研究教授席和科学研究补助金。前者是为有研究成就的著名学者而设，一般任期长，但名额很少，先后获得此席位者仅 8 人，其中生物学有秉志、陈焕镛、胡先骕 3 人。在获得科学研究补助金的 759人（次）中，生物学受补助的人次约占总补助金的 39.5%，其中金额最少（500 元/年）的丙种补助以生物学占绝大多数。在对生物学研究补助中，对描述性生物学的补助为 67.3%，对实验性生物学补助占 32.7%。

　　（2）英国庚款：该款计划用于发展国内科学事业，主要有：①设置讲座于中央大学、中山大学、武汉大学、浙江大学、北洋工学院及中央卫生实验处；②补助中央研究院 11 个研究机构的设备费；③补助中央博物馆等 6 机构的建筑费；④派遣留英学生。

　　（3）日本庚款：此项赔款实际上并未退还中国，而是被日本政府作为其在华所办文化事

业的费用，如1925年日本在北平成立了东方文化事业中华总委员会，负责此款的具体使用。1931年在上海岳阳路设立自然科学研究所，该所设理学和医学二部，前者分为物理、化学、生物（动物、植物）、地质四学科；后者分为病理、细菌、生药三学科，以中国资源和国情为主要研究对象。该所由日本人主持研究，也聘用少数中国学者作为研究助理。由于该所出版的研究刊物在国内外公开发行，其研究成果对中国生物学尚有一定的学术价值，但日本庚款在人才培养方面乏善可陈。

### 三、美国洛克菲勒基金会对中国实验性生物学的资助

中国的实验性生物学，尤其是生理学的发展曾受到美国洛克菲勒基金的资助，该基金会对中国的投资主要是发展现代医疗卫生事业，即建设一个高标准的协和医学院和其附属协和医院。同时，还拨专款用于加强中国大学的医学预科教育，受其资助的有清华大学、燕京大学、齐鲁大学、东吴大学、沪江大学、圣约翰大学、中央大学、金陵大学、福建协和大学等13所大学。1917—1928年，对上述学校的拨款已达1286763美元，这对当时资金缺乏的中国大学而言，无疑是一笔巨款。这些资助主要用于系科建设、购买仪器、扩充实验室、理科教师的工薪，研究补助等。作为现代医学基础的生物学，由于得到洛克菲勒基金的资助，中国生理学、生物化学、药理学、解剖学等生物基础学科得到快速发展，并取得了一批重要研究成果，培养了一批专门人才。

毋庸讳言，欧美教会在中国创办的大学，美国、英国等退还的庚款以及美国洛克菲勒基金会对处于初创时期的中国近代动物学在领军人才培养和科学研究等方面起到了积极的推进作用，使得近代动物学在抗战时期极其困难的条件下得以快速创立和发展。

# 第四节　国民政府对近代动物学在中国创立的贡献

1912年1月，孙中山就任临时大总统。他在《临时大总统就职宣言》中指出，政府职责是"尽扫专制之流毒，确立共和，普利民生，以达革命之宗旨。"为此，开始了政治、经济、文化教育、科技等一系列改革。孙中山任命蔡元培为教育总长。1929年，蔡元培任中华教育文化基金董事会董事长，主持以退还庚款促进中国科学事业，主导教育及学术体制改革。他在国内矛盾重重、十分困难的境遇下，依靠一批海外学成归国的知识精英，成功地办成了以下几件大事。

（1）大力推行学习西方的教育与科技体制，改革旧的教育体系，迅速建立起一批按照近代西方模式的大学和科技体系。"据1912至1913年统计，全国大专院校（包括公立、私立）115所，其中大学4所（指设有文科、理科的综合性大学），专科学校111所。"另据薛攀皋报道，"1921年，以'生物系'为名的大学生物学教学机构首先在东南大学农科内诞生。随后，很多大学都设立了生物学系，到1930年，经教育部核准立案的普通大学中，已有32所建立了生物学系。"

（2）1928年，国立中央研究院成立，特任蔡元培为院长。中央研究院被设定为"中华民国最高学术研究机关"。其任务是"实行科学研究，并指导、联络、奖励全国研究事业。"其

主要工作大纲有四个方面：第一，常规或永久性质的研究；第二，应用科学的注重；第三，纯粹科学、人文及社会科学的研究；第四，学术自由原则。中央研究院的业务，以所属各研究所进行科学研究为其工作的中心。自然科学方面，对各研究所均确定其研究方向和具体的任务，例如物理研究所、化学研究所、地质研究所、天文研究所等，其中涉及动、植物研究所的工作中心，则有如下介绍："动、植物研究所致力鱼类学、昆虫学、寄生虫学、原生动物学、实验动物学等，植物部分在于高等植物分类，兼及藻类、真菌等项研究。心理所从事生物心理及神经解剖等项研究。"1929 年，国民政府批准成立北平研究院，任命李石曾为院长，李石曾与蔡元培同是国民党元老，同是留法勤工俭学的负责人，在当时学术界也有很大的影响。他在筹建北平研究院的过程中延揽人才，精心组织，先后建立了物理学、镭学、化学、药物学、生理学、动物学、植物学、地质学、史学 9 个研究所。所以，1928—1929 年，国立中央研究院、国立北平研究院的相继成立，可称为在国民政府主导下，中国科学研究体制化的一个重要里程碑。

（3）大力吸引海外留学人员中学有专长、年富力强的中青年学者归国服务，并给予较优厚待遇，协助政府出谋划策。在蔡元培任民国政府教育总长、北京大学校长、中央研究院院长及中华教育文化基金会董事长期间，他大力提倡"科学与民主"，主张"兼容并包，百家争鸣"，为当时吸引、任用、鼓励各类人才创造了一个宽松、和谐的氛围，使民国时期成为中国科技发展史上一个少有的黄金时期。

（4）在抗战时期，国民政府有组织地将浙江、上海、南京、北平、天津等地的一批宝贵的科技人才及重要研究机构和大学撤退到大后方，为中华民族保存了一批文化、科学技术精英。为日后的抗战、胜利复原及中华人民共和国成立后提供了急需的文化、科技人才。

（5）充分发挥中华教育文化基金董事会的作用，在蔡元培的主持下，开展了 6 项工作：①该会支出的经费，大部分用来补充学校、学术团体，以及教育文化团体发展科学事业。②设置科学教授席。为改良科学教育，该会在中央大学、武汉大学、中山大学、北平师范大学、东北大学、四川大学等校设置物理、化学、动植物、心理学等科学教授席，平均每年约有 21 人。1926—1936 年，发科学教授薪俸、出国研究、增补设备费用共约 106.1 万国币，5.2 万多美元。曾任此项科学教授的有吴有训、周太玄、刘崇乐、朱扬华等 10 人。③设置科学研究教授席。为发展科学研究，自 1930 年起，先后聘请翁文灏、秉志、庄长恭、陈焕镛等人为科学研究教授。1930—1937 年，发放科学研究教授的薪俸、设备等费用 23.1 万元国币。④设立科学研究补助金及奖励金。为提倡并奖励科学研究，设置甲种、乙种、特种科学研究补助金及奖励金。曾领过科学研究补助金的有吴大猷、华罗庚、严济慈、戈定邦等人。⑤设立科学教育顾问委员会。为改良科学教科书，改善实验设备的供给，聘请李四光、竺可桢、胡先骕、姜立夫等人为委员，审查当时中等以上学校数学、物理、化学、生物等教科书，并编定实验教授要目。⑥编译自然科学著作。该会编译委员会自然科学组曾约专家编译了一些自然科学中涉及数理化方面的专著。此外，该基金会还与尚志学会合办静生生物调查所，该基金会每年分担经费约 9 万元国币。

总之，利用美国、英国退回庚款，扶植了一批处于经费拮据的文化教育和科技研究机关及大学，尤其对处于起步阶段的生物学（包括动物学）研究和教育事业起到了雪中送炭的作用。

# 参考资料

［1］ 秉志.国内生物科学近年来之进展［J］.东方杂志,1932,28(13):99–110.

［2］ 胡先骕.中国科学发达之展望［J］.科学,1934,20(10):790–793.

［3］ 陈桢.中国生物学研究的萌芽［J］.东方杂志,1932,28(14):52–55.

［4］ 张之杰.民国十一年至三十八年的生物学［J］.科学月刊,1981,12(2):12–19.

［5］ 卢于道.二十年来之中国动物学［J］.科学,1936,20(1):41–48.

［6］ 罗桂环,汪子春.中国科学技术史·生物学卷·第六章近代生物学的传人［M］.北京:科学出版社,2005.

［7］ 中国科学院动物研究所所史编撰委员会编.中国科学院动物研究所简史［M］.北京:科学出版社,2006.

［8］ 王家楫.回忆业师秉志［J］.中国科技史料,1986,7(1):20–26.

［9］ 张孟闻.回忆业师秉志先生［J］.中国科学技术史料,1981,2(2):39–43.

［10］曹育.08.4生物学.见:董光璧.中国近现代科学技术史(中卷)［M］.长沙:湖南科学技术出版社,1997.

［11］曲士培.04.4辛亥革命与科技教育制度化.见:董光璧.中国近现代科学技术史(中卷)［M］.长沙:湖南科学技术出版社,1997.

［12］林文照.07.科学研究的体制化.见:董光璧.中国近现代科学技术史(中卷)［M］.长沙:湖南科学技术出版社,1997.

［13］薛攀皋.我国大学生物学系的早期发展概况［J］.中国科技史料,1990,11(2):59–65.

# 第三篇

# 中国现代动物学的发展

# 第十三章 脊椎动物学

## 第一节 兽类学

兽类被科学地描述和分类的工作最早从欧洲开始。1758 年，瑞典植物学家林奈出版了《自然系统》第 10 版。该书提出了完整的动植物命名规则，即双名法。从此，分类学得到了飞速发展。1904 年，在尼泊尔召开的第六届国际动物学会议通过了"国际动物命名法规"（1905年在法国巴黎以法文发表），进一步确立了物种命名的规范和规则，其中最重要的就是"优先法则"。1859 年，英国博物学家达尔文出版了《物种起源》，首次系统阐述了"以自然选择为核心的物种进化论"，即"物种是在环境的压力下不断进化而适应环境"的观点。进化论的提出对动物分类学的发展发挥了重要的推动作用。19 世纪以来，兽类分类与系统发育研究的中心包括美国、英国和俄罗斯。最被人熟知的成就是系列专著的出版。1938—1940 年，美国科学家 Allen 出版了涉及中国哺乳类的权威著作《中国和蒙古的哺乳类》。1951 年，英国科学家 Ellerman 和 Morrison-Scott 出版了《古北界和印度哺乳类》。苏联科学家 Ognev 从 1928 年开始，陆续出版了《欧洲东部及亚洲北部哺乳类》《苏联及邻近地区哺乳类》（第 1~7 卷，后来被 Hoffmann 翻译成英文）。1964—1975 年，美国科学家 Walker 出版了《世界兽类》（第 1~3 版）。1986—1999 年，他的继承者 Nowak 等陆续出版了《Walker's 世界兽类》（第 4~6 版）。1978—1992 年，英国科学家 Corbet 及合作者陆续出版了《古北界兽类》《世界兽类名录》《印度—马来区兽类》。美国科学家 Honacki 等 1982 年出版了《世界兽类物种》。苏联科学家 Gromov 于1963—1981 年陆续出版了《苏联兽类区系》（多卷，后来也被 Hoffmann 翻译成英文）。美国科学家 Wilson 及其合作者于 1993—2005 年，出版了《世界兽类物种——分类与分布》（第2~3 版）。上述著作均是世界级巨著，对全世界兽类的分类与系统学研究起到了巨大的推动作用。另外，美国早期兽类学家 Miller 是第一个系统整理（1896）全世界田鼠类的科学家，并在蝙蝠类的研究中具有开创性的工作。英国科学家 Hinton 在田鼠类研究中也做出了巨大贡献。美国科学家 Tate 在仓鼠类研究中在全世界具有奠基者作用。20 世纪 60 年代闻名世界的美国科学家 Hoffmann 教授在食虫类、兔形目等研究中具有世界影响力，他翻译了大量苏联科学家的哺乳类著作，并在与中国的长期合作中推动了中国兽类学研究的进步。

在研究方法上，美国和欧洲的兽类学家也是一直走在世界前沿。从最早的经典形态学、到阴茎形态学、核型学、蛋白免疫学、酶学、指纹图谱、分子系统学等均是他们率先运用到兽类的分类与系统发育研究中，使得兽类分类与区系的研究紧跟世界科学发展的步伐，朝着更加科学、更加真实地反映兽类进化的原本方向发展。

## 一、中国兽类学的发展历程及主要成果

我国的兽类学研究和其他学科一样，在古代，我国文明虽然领先西方很多，但对兽类的研究只是一些朴素的认识和描记，没有系统的兽类学研究和科学的整理。在近代，我国封闭落后，没有意识也没有能力开展兽类学的分类与系统发育研究。所以，现代分类学意义上的我国兽类学研究全部被外国人垄断，我国科学家在近代中国兽类学研究中没有发言权。19世纪中期至20世纪30年代，是我国兽类被科学分类的主要时期，绝大多数现有物种是在这个时期用双名法被命名的。截至2015年，我国兽类种数有673种，而中国科学家命名的只有28种，仅占4.2%，且这28个新种全部是中华人民共和国成立后描述的。95.8%的物种命名者是欧洲和美洲人，包括英国、法国、美国、德国和俄国的传教士、探险者和科学考察者。前三个国家的探险者和科学考察者主要在中国南方活动，后两个国家的探险者主要在我国北方活动。我国兽类的最早科学记录是1735年，Du Hald在我国记录了蒙原羚和海南长臂猿；1771年Peter Osbeck记录了中国哺乳类15种，包括野猪（Sus scrofa）及几种鹿科动物等。John R. Reeves将1829年到1834年在广东采集的标本运至大英博物馆，使西方世界第一次在博物馆见到来自中国的兽类标本，如狼（Canis lupus）、小灵猫（Viverricula indica）、中华竹鼠（Rhizomys sinensis）和华南兔（Lepus sinensis）等。我国兽类更多地被外国科学家采集和描记是1900年到1935年。在这个时期，我国科学家仅有零星工作，石声汉、秉志、何锡瑞、郑作新、寿振黄等科学家是我国兽类研究的先驱，如秉志1924年发表了《浙江沿海的动物学采集之旅》（英文），1929年发表了《厦门及其附近地区的动物学记录》（英文）；1930年，石汉声发表了《广西瑶山哺乳动物调查》；1931年，秉志发表了《南京哺乳动物区系研究》；1932年和1934年，何锡瑞分别发表了《中国大仓鼠1新亚种》及《四川兽类研究》（英文），前一篇文章描述了我国科学家第一个新科学分类单元（后来被作为同物异名），后者记述四川兽类27种，并配有精美图片；1938年，寿振黄发表了《江豚头骨的研究》（英文）；1942年，郑作新发表了《福建江豚纪要》。这些工作是我国科学家在兽类学研究领域的开山之作。

我国现代兽类学是在中华人民共和国成立后才逐渐发展起来的。大概分为三个时期：1949—1966年是奠基时期；1967—1976年是停滞时期；1977年至今是恢复和发展时期。最后一个时期又分3个阶段：恢复阶段（1977—1979）、快速发展阶段（1980—1999）、研究力量萎缩阶段（2000年至今）。

1. 奠基时期（1949—1966）

中华人民共和国成立后，国家对兽类学研究高度重视，并于1949年11月1日成立了中国科学院。在张孟闻等动物学家的呼吁下，在原静生生物调查所的基础上，接受震旦大学博物院和北平研究院动物学研究所的部分资料、标本和设备，于1950年成立了中国科学院昆虫研究室和动物标本管理委员会（现在中国科学院动物研究所还收藏了不少震旦博物馆的标本）；1951年5月，动物标本管理委员会改称"动物标本工作委员会"；1953年年初，将"动物标本工作委员会"调整扩充为"中国科学院动物研究室"；1957年5月，由中国科学院动物研究室扩建为"中国科学院动物研究所"；1962年，中国科学院昆虫研究所和动物研究所合并为中国科学院动物研究所，中国科学院动物研究所的成立使我国的兽类学研究有了专门的机构。从人才队伍建设来看，在兽类学研究方向确立之初，动物学家寿振黄担起了创建和发展哺乳

动物学学科的任务。他于 1950—1952 年任中国科学院动物标本管理委员会、动物标本工作委员会副主任委员。动物研究室成立后，他任兽类研究组组长，动物研究所成立后又任副所长。他是中国兽类研究的奠基者和引路人，后来全国的兽类学研究基本上都发端于寿振黄及中国科学院动物研究所。

这一时期，兽类分类学的主要工作是不同区域的兽类多样性编目、区系调查和标本积累。在寿振黄的领导下，上述工作于 1953 年首先在我国东北地区开展，调查覆盖了黑龙江、吉林、辽宁和内蒙古东部的大部分地区。野外考察组的成员都是中国科学院动物研究所兽类研究组的科学工作者，包括彭鸿绶、杨荷芳、朱靖，汪松、张洁和李学仁、江智华、李思华、叶宗耀、郑国瑞、胡振浙、唐兆铭等人。考察东北之后，中国科学院的考察范围逐步扩展到全国，包括西南、西北、华东和华南地区。

该时期的工作除中国科学院的资源调查工作外，我国不同省区也开展了不同程度的兽类调查工作。如 1959—1961 年，由中国科学院、四川省和云南省的相关专家组成的中国西部地区南水北调综合考察队对四川西南部和云南西北部的兽类进行了调查；1959—1965 年，四川省卫生防疫站组织科技人员，对四川省自然疫源性疾病的宿主——鼠类和食虫类的物种组成、分布、季节消长等进行了调查；1964—1966 年，南充师范学院（今西华师范大学）组织专家开展了"四川东部地区动物区划考察"。在海南，1956—1957 年，由武汉大学、复旦大学、华中师范学院及河南新乡师范学院组成的调查队对海南陆生脊椎动物开展了调查，其中的重点之一是兽类；1960—1964 年，广东昆虫研究所和中山大学再次开展了海南的鸟类和兽类调查。在云南，1956 年，云南省流行病防治研究所在大理和德宏傣族景颇族自治州开展了鼠蚤宿主动物（小型兽类）的调查；1956 年，中苏云南热带生物联合考察队的张荣祖、杨安峰等对红河地区开展了兽类区系和动物地理调查；1956—1958 年，云南大学生物系的潘清华等对西双版纳地区的兽类进行了调查；1958—1962 年，中国科学院昆明动物研究所的彭鸿绶、杨余光等对西双版纳孟仑地区开展了调查；1960 年，中国科学院昆明动物研究所的彭鸿绶、潘清华等联合北京大学、云南大学、武汉大学及北京自然博物馆等单位对西双版纳、临沧、德宏傣族景颇族自治州再次开展了调查；1964 年，中国科学院昆明动物研究所的彭鸿绶、李致祥等对无量山地区开展了科学考察。在青海和甘肃，1958—1960 年，中国科学院动物研究所联合北京大学、兰州大学等单位对青海和甘肃开展了兽类多样性调查。在新疆，1958 年，新疆流行病学研究所的王思博对新疆的啮齿类开展了调查；1958—1960 年，中国科学院的钱燕文、张洁、沈孝宙等会同新疆分院一些科学家对新疆南部开展了兽类多样性调查。在北京，1958—1960 年，北京大学对北京地区的动物开展了调查。在陕西，1958 年，陕西师范大学的王廷正等对秦巴山区和关中平原的啮齿类进行了调查；1956—1963 年，西北大学的陈服官、闵芝兰等对秦巴山区的兽类区系进行了研究；1961—1964 年，王廷正等对陕北及宁夏东北部的兽类区系进行了调查。在安徽，1959—1963 年，安徽师范大学的王岐山、皖南大学的陈璧辉等对安徽省的兽类进行了调查。在江苏，1959—1964 年，复旦大学的黄文几、温业新等对江苏省的兽类资源和区系开展了调查。

这一时期的另外一个重大成就是人才培养。由于寿振黄的卓越工作，使中国科学院动物研究所成为中国兽类研究的中心。大批高等院校的年轻同行被派往动物研究所，在寿振黄的指导下学习兽类学的相关知识。另外，1957—1958 年，苏联著名动物学家库加金教授应中国政府邀请，在东北师范大学生物系开设动物生态学研究班，为中国培养了一批动物学家。加上北京大学、复旦大学、四川大学等培养的兽类学方面的人才，奠定了我国兽类学研究的人才基础。

这一时期在兽类学研究上也是成果丰硕。据不完全统计，1950—1966年，公开发表的兽类分类与区系文章105篇（大会摘要除外），专著8部。代表性的著作主要有：1958年，由寿振黄、夏武平、汪松、罗泽珣、彭鸿绶等联合出版的《东北兽类调查报告》，该书记述兽类77种，分属6目、20科，被认为是中国兽类学早期研究的里程碑；1962年，由寿振黄、夏武平、汪松、朱靖、何鸿恩、罗泽珣等18人联合著述的《中国经济动物志·兽类》，记述我国兽类390余种，这是我国科学家第一次系统描述和整理的我国兽类的专著；1964年，由夏武平、汪松、高耀亭、冯祚建等近20位科学家联合编著的《中国动物图谱·兽类》，该书描述并绘制了199种兽类；1964年，由张荣祖、张洁、王心娥、杨安峰等联合编著的《青海甘肃兽类调查报告》，该书记述兽类74种，分属5目、18科；1964年，北京大学生物系编写的《北京动物调查》，记述北京市哺乳类兽类5目、16科、30种；1965年，由钱燕文、张洁、汪松等编著的《新疆南部的鸟兽》，记述兽类73种，分属6目、18科。这些都是由中国兽类学工作者集体编著出版的早期的兽类分类及区系的著作。此外，1952年郑作新编著的《脊椎动物分类学》，1965年郑作新翻译的《动物分类学的方法和原理》等对推动我国兽类的分类学研究均有很大的指导意义。1964年7月，在北京召开的中国动物学会三十周年学术研讨会对这一时期的兽类分类与区系研究进行了总结，出版《中国动物学会三十周年学术讨论会论文摘要汇编》，发表兽类有关摘要80余篇，其中很多是兽类多样性编目有关的文章。该大会和论文集的出版也推动了我国兽类学的发展。

在论文方面，发表的100多篇文章中，兽类多样性调查研究最多，最早的一篇文章是寿振黄1955年的《大兴安岭的鸟兽》。此外，1957年和1958年，寿振黄分别发表了《黑龙江省西北部麝鼠的调查》和《大足鼠的初步调查》；罗泽珣等于1959发表了《大兴安岭伊图里河小型兽类调查报告》；禹瀚于1958年分别发表了《青海农牧害兽初步调查报告》《陕北农田害兽初步调查与防治》及《秦岭兽类：1.10种农林害兽》；汪松等于1959发表了《东北兽类补遗》；高耀亭1960年发表了《我国沿海的海兽及其经济意义》；王岐山1960发表了《肥西县啮齿动物的初步调查》；高耀亭等于1962年发表了《云南西双版纳兽类调查报告》；彭鸿绶等于1962发表了《四川西南和云南西北部兽类的分类研究》；王岐山1962年发表了《合肥市鼠类初步调查》；汪松于1962年发表了《广西西南部兽类的研究》；王廷正等于1963年发表了《西安地区啮齿兽类调查报告》；陈廷熹于1965年发表了《陕西毛乌素沙漠地带啮齿动物调查》；黄文几等于1965年发表了《江苏省哺乳动物调查报告》；李家坤等于1965年发表了《甘肃啮齿动物分布》；陆长坤等于1965年发表了《云南西部临沧地区兽类的研究》；寿振黄等于1966发表了《海南岛的兽类调查》。该时期发现了不少我国兽类新记录、新种和新亚种，例如：寿振黄1955年在东北发现了麝鼠（*Ondatra zibethica*）；寿振黄于1957年在云南发现了中国兽类新记录5种，包括长舌果蝠（*Eongcteria spelala*）、狞猫（*Felis caracal*）、蓝腹松鼠（*Callosciurus pygerthus*）、线松鼠（即侧纹岩松鼠）（*Menetes berdmorel*）和大竹鼠（*Rhizomys symatrensis*）；寿振黄及其合作者1958年先后在东北记述了林旅鼠（*Myopus schisticolor*），在西双版纳首次记录了野牛（*Bos gaurus*），在北部湾发现了儒艮（*Dugong*

*dugong*)的分布，在西双版纳发现了黑长臂猿（*Hylobaes concolor*）和亚洲象（*Elephas maximus*）；寿振黄 1959 年在云南发现了白颊长臂猿（*Hylobates leucogenys*）；寿振黄和潘清华 1959 年在云南发现了熊灵猫（现称熊狸：*Arctictis binturong*）；寿振黄和汪松 1959 年在海南发现了我国食虫类一新属新种——新毛猬属及海南新毛猬（*Neohylomys hainanensis*），是我国科学家命名的第一个兽类新属和第一个新种；高耀亭等 1962 年在云南西双版纳发现了我国兽类新记录豚尾猴（*Macaca nemestrina*）和拉佳鼠（*Rattus rajah*）（现称王鼠：*Maxomys rajah*）；王宗伟 1962 年在青海发现了大狐蝠（*Pteropus giganteus*）；马勇 1964 年描述了我国大耳猬属（*Hemiechinus*）一新种——林猬（现调整到林猬属：*Mesechinus sylvaticus*），是我国科学家描述并被承认的兽类第二个新种；汪松 1964 年根据采自新疆的标本，发现了我国兽类 1 新种——郑氏沙鼠（*Meriones chengi*）（现作为子午沙鼠的同物异名）及 4 个兽类新亚种；夏武平 1964 年在内蒙古记述了五趾心颅跳鼠（*Cardiocranius paradorus*）；夏武平和方喜业 1964 年描述了巨泡五趾跳鼠一新亚种——阿里坤巨泡五趾跳鼠（*Allactaga bullata balikunensis*）；马勇 1965 年描述了狭颅田鼠一新亚种——谢尔塔拉狭颅田鼠（*Microtus gregalis sirtalaensis*）；陆长坤等 1965 年在云南发现了小臭鼩（*Suncus etuuscus*）和锡金小鼠（*Mus pahari*）；王思博和杨赣源 1965 年在新疆发现了我国啮齿类新记录——大耳高山䶄（*Alticola macrotis*）；周开亚 1965 年证实我国东海大海豚（现中文名为瓶鼻海豚：*Tursiops truncatus*）的确切分布；寿振黄、汪松等 1966 年发表新种——五指山小麝鼩（*Crocidura wuchihensis*）（原文是南小麝鼩海南亚种）及 2 新亚种——锡兰伏翼东方亚种（*Pipistrillus ceylonicus tognfangensis*）和黑白飞鼠尖峰岭亚种（*Hylopetes alboniger chianfengensis*）；王酉之等 1966 年记述了四川省几种中小型兽类新记录并描述了一新亚种——沟牙鼯鼠四川亚种（*Aeretes melanopterus szechuanensis*）。此外，赵肯堂 1959 年在甘肃发现了金丝猴（*Rhinopithecus roxellana*）；郑光美和徐平宇 1964 年在秦岭发现了大熊猫（*Ailuropoda melanoleuca*），是我国兽类的两次重要发现。兽类的分类订正方面，高耀亭等 1963 年开展了中国麝类的分类研究；高耀亭和冯祚建 1964 年开展了灰尾兔亚种分类研究；罗泽洵和范志勤 1965 年对白腹鼠和社鼠的种间差异进行了对比。区系研究方面，最早的一篇文章是夏武平 1957 发表的《东北老采伐迹地类型及鼠类区系的初步研究》，此外，寿振黄 1959 年发表了《小兴安岭林区不同采伐基地上的鼠类区系初步观察》；张洁等分别在 1959 年、1962 年、1963 年发表了《新疆天山南麓兽类区系初步了解》《青海湟水河谷的鸟兽区系》及《青海的兽类区系》；沈孝宙 1963 年发表了《西藏哺乳动物区系特征及形成历史》；盛和林 1963 年发表了《皖南陆生哺乳动物的区系组成及其经济意义》；汪松 1964 年发表了《桂西南缘兽类区系概貌》；唐蟾株等 1965 年发表了《山西省中条山地区的鸟兽区系》。

这一时期，还有一个重要贡献是标本收集，在此期间，中国科学院动物研究所收集了兽类标本近 2 万号。中国科学院西南动物研究所、中国科学院西北高原生物研究所、中国科学院中南昆虫研究所也搜集了不少标本，还有一些大学也积累了一些标本。这些积累为我国兽类学的分类与系统发育研究打下了坚实的基础。

在此时期，1935 年创刊的《动物学报》继续发挥其平台作用；1957 年创刊的《动物学杂志》、1964 年创刊的《动物分类学报》也成为这一时期兽类分类与系统发育研究的重要平台；1950 年创刊的《科学通报》、1952 年创刊的《生物学通报》也刊登了不少兽类学研究方面的文章。它们大大推动了我国兽类学的发展与进步。

总体来看，这个时期虽然是我国兽类研究的起步时期，但成就卓著，是我国兽类研究史上最辉煌的时期之一。该时期还有一个特点，就是思想很解放，学术气氛浓厚，学界充满了朝气蓬勃、干劲十足、自由豪迈的气息。在对区系调查的方法、目标、目的等问题上也是各抒各见。

2. 停滞时期（1967—1976）

1967—1976年"文化大革命"阻碍了中国各个领域的发展。和其他许多领域一样，哺乳分类学研究工作也全面停滞，科学期刊和书籍的出版几乎全面暂停，如动物学报1966年仅出版2期（以前都是4期），停刊了6年，1973年开始恢复；《生物学通报》也一样，停刊了6年；动物学杂志停刊了7年，1974年才恢复；《动物分类学报》停刊了13年，1979年才恢复；《科学通报》停刊了14年，1980年才恢复。

庆幸的是，"文化大革命"后期，一些科学研究开始重新启动，例如启动青藏高原综合科学考察，启动我国珍稀动物调查，启动中国动物志和植物志的编写。《中国动物志》当时计划出版100余卷，其中9卷是兽类。虽然目前的兽类志书仅出版了2卷，但作为那个时代启动的工作，对兽类分类与系统发育研究仍然有重要意义。

"文化大革命"期间的兽类学研究工作非常少，开展的少量工作总体也比较肤浅，以应用研究为主。这10年兽类分类学研究的文章仅17篇，专著仅1部。该时期也开展了有一定影响的调查工作，例如：1966年，中国科学院的钱燕文、冯祚建与北京大学的马莱龄组成西藏科学考察队，对聂拉木县、定日县的兽类进行了考察；1972年，在夏武平倡议下，中国科学院西北高原生物研究所组织西藏唐古拉山考察队，对安多县兽类进行了调查；1973—1976年，更大规模的中国科学院青藏高原综合考察队成立，参加人员包括中国科学院动物研究所和中国科学院西北高原生物研究所的冯祚建、郑昌林、蔡桂全、李德浩等，他们先后对林芝地区、阿里地区、珠穆朗玛峰地区、昌都地区、藏北高原、拉萨地区进行了全方位的兽类学调查，取得丰硕成果。1972年，在中央支持下，国家农林部主持的"重点省市自治区珍贵动物资源保护、调查"工作正式启动。1973年10月，在北京召开了由农林部主持，国家计委、外交部、外贸部、商业部、新华社、中国科技情报所、四川省、云南省、山西省、陕西省、黑龙江省等15个重点省份和机构参加的"重点省市自治区珍贵动物资源保护、调查"座谈会。随后的3年时间内，15个重点省份和机构均组成了珍贵动物资源调查队，开展了各省的珍贵动物调查，得到了丰富的第一手资料，其中四川省的"珍贵动物调查报告"被国务院转发全国各省市学习参考。遗憾的是，很多资料（包括四川）均是内部资料，没有公开发表。

其他的零星调查在部分省有一定开展，如1970—1974年，中国科学院动物研究所会同有关单位对东北边境传染源动物，尤其是啮齿动物进行了调查；1971年，昆明动物研究所的彭鸿绶、李致祥等对云南绿春和江城的哺乳类动物进行了调查；1973—1975年，彭鸿绶、李致祥、王应祥等对高黎贡山的哺乳类动物进行了调查；1974—1980年，贵阳师范学院的罗蓉、谢家骅、黎道洪等对贵州哺乳类动物开展了系统调查；广东昆虫研究所的徐龙辉、中山大学的周宇垣等于1974年对海南岛的兽类再次进行了调查和采集。

在人才培养上，作为野生动物和自然保护的主管部门，20世纪70年代初，林业部在东北林学院（今东北林业大学）设立野生动物系，培养野生动物保护方面的专门人才，为我国野生动物保护事业做出了很大贡献。但这些人才中从事兽类分类与系统发育研究的较少。

　　该时期有关兽类的著述和发现均很贫乏，"文化大革命"期间，仅发表兽类分类与系统发育文章约 18 篇（部）。钱燕文等 1974 年出版的《珠峰地区鸟类和哺乳类的区系调查》是涉及哺乳类唯一的专著。发表的有较大影响力的文章有冯祚建（1973）的《珠穆朗玛峰地区鼠兔属一新种的记述》，汪松等人（1973）的《中国仓鼠亚科小志》，冯祚建等人（1974）的《藏鼠兔及其近似种的分类研究——包括一新亚种》，裴文中（1974）的《大熊猫发展简史》，王将克（1974）的《关于大熊猫种的划分、地史分布契机演化历史的探讨》，朱靖（1974）的《关于大熊猫分类地位的讨论》，孙崇烁和高耀亭（1976）的《我国猫科新记录——云猫》。

　　3. 恢复阶段（1977—1979）

　　这一阶段共发表论文 29 篇，专著 3 部。代表性的专著及论文包括：陈万青 1978 年出版的《海兽检索手册》；青海省生物研究所出版的《西藏阿里地区动植物考察报告》；王香亭等 1977 年发表的《宁夏地区脊椎动物调查报告》；周开亚 1977 年发表的《白鳍豚的分布调查》；黄文几等 1978 年发表的《安徽省哺乳动物调查与地理区划》；郭倬甫等 1978 年描述梅花鹿 1 新亚种——四川梅花鹿（*Cervus nippon sichuanicus*）；杨光荣等 1978 年发表的《我国啮齿类二新记录（小泡灰鼠 *Rattus manipulus* 和大泡灰鼠 *R. berdmorei*）》；詹绍琛等 1978 年发表的《福建的啮齿动物》；赵肯堂 1978 年发表的《内蒙古啮齿动物及其区系划分》；马勇等 1979 年描述长耳跳鼠 1 新亚种——长耳跳鼠伊吾亚种（*Euchoreutes naso yiwuensis*）；秦耀亮 1979 年发表的《广东省啮齿动物的地理分布与区划》；王丕烈 1979 年发表的《黄渤海产中小型齿鲸类调查》。

　　4. 快速发展阶段（1980—1999）

　　1980 年，中国动物学会兽类学分会（对外称中国兽类学会）成立，夏武平被推举为理事长，古生物学家、中国科学院古脊椎动物与古人类研究所所长周明镇被推举为副理事长，同时还有黄文几、彭鸿绶和汪松为副理事长。1981 年，《兽类学报》创刊。兽类学会和《兽类学报》为我国兽类分类与系统发育研究的进步起到了非常重要的推动作用。

　　该阶段对我国兽类分类与系统发育研究有重大影响的工作包括全国性的一些志书的出版、各省兽类志或资源动物志的出版、大量涉及自然保护区的科学考察工作的开展及考察报告的出版、一些重要的系统发育研究的著作和读者见面。

　　这一阶段著述丰富，据不完全统计，1980—1999 年共发表兽类分类与系统发育的论文（著）280 多篇（部），其中专著 52 部之多。20 世纪 80 年代达到顶峰，发表的论文（著）超过 200 篇（部）。全国性的分类学专著有：《中国动物志 兽纲 第八卷 食肉目》，该书描述食肉类 7 科、55 种、126 亚种；《中国哺乳动物分布》，该书记述中国兽类 14 目、52 科、500 种；《哺乳动物分类目录》，该书罗列全世界兽类 4206 种，记述中国兽类 14 目、53 科、461 种、666 亚种；《中国啮齿类》，记述我国兔形目和啮齿目种类 10 科、210 种；《中国野生哺乳动物》（盛和林等，1999），记录兽类 14 目、45 科、430 种。另外，一些全国性的专著有《中国濒危动物红皮书·兽类》（汪松等，1998）、《中国野兔》（罗泽珣，1988）、《中国羚牛》（吴家炎等，1990）、《中国鹿类动物》（盛和林等，1992）、《中国鲸类》（王丕烈，1999）。区域性兽类专著有：《内蒙古啮齿动物》（赵肯堂，1981），记述 2 目、7 科、54 种；《甘肃啮齿动物》（郑涛，1982），记述甘肃有分布啮齿动物 11 科、61 种（包括兔形目 2 科）；《海南岛的鸟兽》（徐龙辉等，1983），记述 8 目、24 科、76 种；《新疆啮齿动物志》（王思博等，1983），记述兔形目和啮齿目 10 科、68 种;《四川资源动物志 第二卷 兽类》（胡锦矗等，1984），记述 9 目、29 科、140 种;《黑龙江省兽类志》（马逸清等，1986），记述 6 目、20 科、97 种;《西藏哺乳类》（冯祚建等，1986），记述 8 目、21 科、126 种;《新疆北部地区啮齿动物的分类与分布》（马勇等，1987），记录啮齿目和兔形目 10 科、53 种、65 亚种;《辽宁动物志》（肖增枯，1988）;《青海经济动物志》（李德浩，王祖祥，武云飞，郑昌林等，1989），记述兽类 103 种;《云南省志 动物志》（褚新洛、马世来、王应祥等，1989），记述兽类 10 目、35 科、274 种;《浙江动物志 兽类》（诸葛阳等，1989），记述兽类 99 种;《安徽兽类志》（王岐山等，1990），记录兽类 9 目、25 科、96 种。《宁夏脊椎动物志》（王香亭，1990）;《甘肃脊椎动物志》（王香亭，1991）;《台湾脊椎动物志》（于名振，1990）;《陕西啮齿动物志》（王廷正，1992），记述兔形目和啮齿目 11 科、55 种;《贵州兽类志》（罗蓉等，1993），记述 9 目、29 科、138 种;《中国西北地区珍稀濒危动物志》（郑生武等，1994），记述珍稀兽类 53 种;《西南武陵山地区动物资源和评价》（宋大祥等，1994），记述兽类 6 目、14 科、83 种;《湖北鸟兽多样性及其保护研究》（胡鸿兴等，1995），提及湖北有兽类 9 目、26 科、110 种;《内蒙古脊椎动物名录及分布》（杨贵生等，1998）;《中国东北地区珍稀濒危动物志》（赵正阶，1999），记录珍稀兽类 7 目、21 科、52 种。

这个阶段的另外一项重要工作是随着大量的自然保护区的建立而开展的综合科学考察。很多兽类学家都参与了该项工作，其中重要的内容之一是兽类的生物多样性编目。据不完全统计，1980 年以来，我国出版的有关自然保护区的专著超过 50 部，更多的是没有正式发表的调查，但仍然积累了大量资料，推动了我国兽类分类与系统发育研究工作的进步。正式出版的如《梵净山科学考察集》（贵州省环境保护局，1982）、《赤水桫椤自然保护区科学考察集》、《松山自然保护区考察专辑》（任宪威等，1990）、《海南岛尖峰岭》（中国林业科学研究院，1996）、《青海可可西里地区生物与人体高山生理》（冯祚建等，1996）、《浙江清凉峰自然保护区科学考察集》（宋朝枢等，1997）、《湖南后河自然保护区科学考察集》（宋朝枢等，1999）等均有很多兽类的记述。

该阶段的论文涉及我国兽类的所有类群，在此不一一列举。全国性或者重点区域的重要论著包括：冯祚建等人（1980）的《西藏东南部兽类的区系调查》；李致祥和马世来（1980）的《白头叶猴的分类订正》；王逢桂（1980）的《我国黑线仓鼠的亚种分类研究及一新亚种的描述》；郑昌琳和汪松（1980）的《白尾松田鼠分类志要》；蔡桂全和冯祚建（1981）的《喜马拉雅麝在我国的发现及麝属的分类探讨》；罗泽珣（1981）的《中国草兔的分类研究》；马逸清（1981）的《我国熊的分布》；全国强等人（1981）的《我国灵长类动物的分类与分布》；汪松和郑昌琳（1981）的《中国社鼠亚科小志》；蔡桂全和冯祚建（1982）的《高原兔（*Lepus oiostolus*）亚种补充研究——包括两个新亚种》；樊乃昌和施银柱（1982）的《中国鼢鼠（*Eospalax*）亚属的分类研究》；吴德林（1982）的《我国大家鼠的亚种分化》；夏武平（1984）的《中国姬鼠属的研究及与日本种类关系的探讨》；冯祚建和郑昌琳（1985）的《中国鼠兔属（*Ochotona*）的研究——分类与分布》；王应祥等人（1985）的《云南兔分类订正——附二新亚种的描述》；盛和林（1985）的《我国亚热带和热带地区的鹿科动物资源》；郑昌琳和汪松（1985）的《青藏高原的食虫类区系》；周开亚和钱伟娟（1985）的《宽吻海豚属在中国海的分布》；马世来等人（1986）的《麂属的分类及其系统发育研究》；马世来和王应祥（1986）的《中国南部长臂猿的分类与分布——附三个新亚种的描记》；周开亚（1986）的《中国沿岸漫游的环海豹及其他鳍脚类》；王应祥（1987）的《中国树鼩的分类研究》；马世来和王应祥（1988）的《中国现代灵长类的分布、现状》；徐龙辉等人（1988）的《中国麂属的种类及分布》；高行宜和谷景和（1989）的《马科在中国的分布与现状》；李保国和陈服官（1989）的《鼢鼠属凸颅亚属（*Eospalax*）的分类研究及一新亚种》；蒋学龙等人（1991）的《中国猕猴的分类和分布》；刘春生等人（1991）的《中国大陆东部地区黑线姬鼠亚种分化研究》；王丕烈（1991）的《中国海洋哺乳动物区系》；蒋学龙等人（1992）的《中国猕猴类（*Macaca*）的演化》；李健雄和王应祥（1992）的《中国橙腹长吻松鼠种下分类的探讨》；王丕烈（1992）的《中国江豚的分类》；于宁和郑昌琳（1992）的《黄河鼠兔（*Ochornna huangensis Matschi*，1907）的分类研究》；于宁等人（1992）的《中国鼠兔亚属（Subgenus Ochotona）种系发生的探讨》；姜建清和马勇（1993）的《中国棕背䶄亚种分化的研究》；蒋学龙等人（1993）的《中国熊猴分类整理》；于宁等人（1996）的《鼠兔属 5 个种的分子分类及进化》；于宁等人（1997）的《鼠兔线粒体基因的变化及系统学》（英文）等。此外，还发表了不少兽类新种和中国新记录。新种有黑麝（*Moschus fuscus*）（李致祥，1981）、安徽麝（*Moschus anhuiensis*）（王岐山等，1982）、景东树鼠（*Chiropodomys jingdongensis*）（吴德林等，1984）（现分类地位有争议）、毛尾睡鼠属（*Chaetocauda*）及四川毛尾睡鼠（*C. sichuanensis*）（王酉之，1985）、伊犁鼠兔（*Ochotona iliensis*）（李维东和马勇，1986）、云南壮鼠（*Hadromys yunnanensis*）（原文为休氏壮鼠云南亚种）（杨光荣和王应祥，1987）、贡山麂（*Muntiacus gongshanensis*）（马世来等，1990）、缺齿伶鼬（*Mustela aistoodonnivalis*）（吴家炎和高耀亭，1991）、高黎贡鼠兔（*Ochotona gaoligognensis*）（现认为是灰颈鼠兔的同物异名）（王应祥等，1998）等。新记录有草原䶄鼠（*Sicista subtilis*）（李思华和王逢桂，1981）、壮鼠属（*Hadromys*）（杨光荣等，1986）、缺齿鼠耳蝠（*Myotis annectans*）（罗一宁，1987）、倭蜂猴（*Nycticebus pygmaeus*）（全国强等，1987）、泰国狐蝠（*Pteropus lylei*）（何晓瑞和杨白伦，1991）。

5. 研究力量萎缩阶段（2000 年至今）

该阶段的主要标志是以分子生物学为辅助手段的分类与系统发育研究及系列新种的发现。在我国，该阶段随着一大批老兽类学家逐步退休，加上科研评价体系对传统学科的不利影响，从事分类和系统发育研究的中年和年轻一代科学家数量迅速下降。仅有屈指可数的几个团队坚持兽类的标本采集、分类鉴定和系统发育研究，虽然他们也发表了一系列被 SCI 收录的有关兽类分类与系统发育文章，但总体队伍堪忧，呈现青黄不接的局面。

截至 2015 年，发表的有关兽类分类与系统发育的论文（著）共计 115 篇（部），其中专著 13 部。代表性的专著有：《中国动物志 兽纲 第六卷 啮齿目 下册 仓鼠科》（罗泽珣等，2000），介绍仓鼠科 4 亚科、72 种、123 亚种；《世界哺乳动物名典》（汪松等，2001）；《北京兽类志》（陈卫等，2002）；《中国哺乳动物种和亚种分布大全》（王应祥，2003），记述中国兽类 13 目、55 科、607 种；《新疆哺乳动物的分类与分布》（阿布力米提，2003）；《中国物种红色名录》（汪松等，2004，第一卷：红色名录；2009，第二卷：脊椎动物）；《新疆脊椎动物种和亚种分类与分布名录》（高行宜，2005），记录新疆哺乳类 144 种、188 亚种；《西藏自治区志 动物志》（西藏动物志编撰领导小组，2005），记述西藏兽类 9 目、23 科、145 种；《中国哺乳动物彩色图鉴》（潘清华等，2007），记述中国兽类 645 种；《中国兽类野外手册》（Smith 和谢炎，2009），记述我国兽类556种；《秦岭兽类志》（郑生武等，2010）等。另外，还有一些保护区科学考察报告，例如：《白马雪山国家级自然保护区》（李宏伟等，2003）；《湖南壶瓶山国家级自然保护区科学考察报告集》（张国珍等，2004）；《四川唐家河、小河沟自然保护区综合科学考察报告》（胡锦矗等，2005）；《九寨沟自然保护区的生物多样性研究》（刘少英等，2007）；《西藏工布自然保护区生物多样性》（刘少英等，2011）。

这一阶段发表的有关兽类分类与系统发育的论文有一半以上是在国外发表的被SCI收录的论文。其中绝大多数出自中国科学院昆明动物研究所、四川省林业科学研究院、广州大学、中国科学院动物研究所、四川大学等，其他单位很少。可见，全国范围内从事兽类分类与系统发育的科学工作者数量严重萎缩，团队大大减少，一些传统的实力雄厚的单位面临后继无人的窘境。

论文方面，该阶段的一些重要论文包括：邓先余等人（2000）的《西南地区社鼠的亚种分化兼二新亚种描述》；蒋学龙和王应祥（2000）的《无量山姬鼠的分类——兼论长尾姬鼠（*Apodemus orestes*）的分类地位》；刘少英等人（2000）的《四川及重庆产5种姬鼠的阴茎形态学 I：软体结构的分类学探讨》；于宁等人（2000）的《基于线粒体基因的鼠兔属系统发育研究》（英文）；蒋学龙和Hoffmann（2001）的《中国南部长尾鼩属（*Crocidura*）动物分类评述》（英文）；刘少英等人（2001）的《三峡工程重庆库区翼手类研究》；牛屹东等人（2001）的《中国耗兔亚属分类现状与分布》；蒋学龙等人（2004）的《川鼩属系统分类和分布评述》（英文）；周才权等人（2003）的《从线粒体细胞色素*b*基因探讨矮岩羊物种地位的有效性》；牛屹东等人（2004）的《基于细胞色数*b*基因的鼠兔属分子系统学》（英文）；周泽全等人（2004）的《基于线粒体基因的鼩鼱亚科物种系统地位评述》（英文）；李松等人（2005）的《中国西南部明纹花鼠三个亚种的分化》；刘少英等人（2005）的《沟牙田鼠的形态特征及分类地位研究》；李松等人（2006）的《隐纹花鼠亚种形态分化及一新亚种描述》（英文）；吴攀文等人（2007）的《基于毛髓质指数探讨甘肃鼩鼱、高原鼩鼱、秦岭鼩鼱的分类地位》（英文）；吴华等人（2008）的《黑线姬鼠14个微卫星分离鉴定》（英文）；李松等人（2008）的《基于线粒体细胞色素*b*序列的5种长吻松鼠分子系统学》（英文）；周材权和周开亚（2008）的《基于线粒体细胞色素*b*基因的鼩鼱类不同种的有效性》（英文）；范正鑫等人（2009）的《基于线粒体基因的四川林跳鼠分子系统地位》（英文）；李松等人（2009）的《基于头骨形态和毛色的安氏白腹鼠地理变异及2新亚种》（英文）；吴毅等人（2009）的《云南菊头蝠的分类及泰国翼手类1新种描述》（英文）；陈伟才等人（2010）的《基于核基因和线粒体基因的沟牙田鼠属系统地位》（英文）；陈伟才等人（2010）的《第四纪冰期川西白腹鼠的系统地理学》（英文）；何锴等人（2010）的《基于多基因的蹼足鼩族系统学及古气候对其物种形成的影响分析》（英文）；李松等人（2010）的《基于形态分析的亚洲南部大陆长吻松鼠属（*Dremomys*）系统地位》（英文）；涂飞云等人（2010）的《6种鼩鼱科动物的阴茎形态学研究》（英文）；Chang等人（2011）的《基于母系，父系及双亲标记的隐纹花鼠属杂交分析——严重低估的物种多样性》（英文）；Engesser等人（2011）的《鼩猬属，毛猬属和新毛猬属牙齿和颅骨的比较研究》（英文）；郝海邦等人（2011）的《凉山沟牙田鼠线粒体基因组及相关种系分析》（英文）；刘江等人（2011）的《基于核基因和形态学的东北黑兔分类地位分析》（英文）；陈伟才等人（2011）的《基于核基因和线粒体基因的沟牙田鼠属系统发育分析》（英文）；陈顺德和刘少英等人（2012）关于川鼩属（*Blarinella*）的分子系统学研究（英文）；德燕和杨奇森等人（2012）的《基于毛色变异的几个兔科动物分类位的重新评价》（英文）；何锴和蒋学龙等人（2012）的《通过一种新的多重分析方法对猬科系统地位的重新评估》（英文）；何锴和蒋学龙等人（2012）的《叶猴属（*Trachypithecus*）的分子系统地位和分歧时间》（英文）；刘琦等人（2012）的《中国西南部分布的澜沧江姬鼠的系统地理学》（英文）；刘少英等人（2012）的《基于线粒体基因及形态学的绒鼠类系统发育研究》（英文）；徐琳等人（2012）的《基于线粒体基因组的树鼩分类地位评价——兼论对生物医学研究中用树鼩作为灵长类的替代实验动物的影响》（英文）；范正鑫等人（2012）的《青藏高原东南部热点地区及冰期避难所内龙姬鼠系统地理学》（英文）；李松等人（2013）《基于线粒体基因 ctyb 的鼯鼠属（*Petaurista*）的分子系统地位与地理分布》（英文）；许凌等人（2013）的《树鼩进化分类地位的分子证据》；万韬等人（2013）的《基于多基因的鼩鼹属分子系统学和隐存多样性及其在分类学和保护上的意义》（英文）；袁守立等人（2013）的《基于线粒体基因的东方水鼩鼱属分子系统学和生物地理及其在分类学和低纬度迁徙路径的推测》（英文）；曾涛等人（2013）的《基于新立体基因和形态数据的德钦绒鼠（*Eothenomys wardi*）分类地位》（英文）；陈顺德等人（2014）的《两种背纹鼩鼱的形态和毛色变异》（英文）；何锴等人（2014）的《鼹科动物的分子系统地位及隐存种》（英文）；何锴和蒋学龙（2014）的《线粒体基因揭示白腹鼠属隐存多样性》（英文）；李松和刘少英（2014）的《大耳姬鼠头骨和毛色的地理变异及 1 新亚种描述》。

该阶段还发表了不少关于兽类新种的文章，主要涉及的新种有：片马鼠兔（*Ochotona nigritia*）（龚正达等，2000）（是否成立有争议）、凉山沟牙田鼠（*Proedromys liangshanensis*）（刘少英等，2007）（英文）、北京宽耳蝠（*Barbastella beijingensis*）（张颈硕等，2007）、小扁颅蝠（*Tylonycteris pygmaeus*）（冯庆等，2008）、华南菊头蝠（*Rhinolophus huananus*）（吴毅等，2008）、黄胸管鼻蝠（*Murina bicolor*）、姬管鼻蝠（*Murina gracilis*）和隐姬管鼻蝠（*Murina recondite*）（Kuo 等，2009）、锲鞍菊头蝠（*Rhinolophus xinanzhongguoensis*）（周昭明，2009）、施氏菊头蝠（*Rhinolophus schnitleri*）（吴毅和 Thong，2011）、水埔管鼻蝠（*Murina shuipuensis*）、罗蕾莱管鼻蝠（*Murina lorelieae*）和金毛管鼻蝠（*Murina chrysochaetes*）（Eger & Lim，2011）、栗鼠耳蝠（*Myotis badius*）（Tiunov 等，2011）、林芝松田鼠（*Neodon linzhiensis*）（刘少英等，2012）以及等齿鼩鼹（*Uropsilus aequodonenia*）（刘洋等，2013）等。

另外，还发现了大量我国兽类新记录，如高鞍菊头蝠（*Rhinolophus paradoxolophus*）（赵辉华等，2002）、马氏菊头蝠（*Rhinolophus marshalli*）（吴毅等，2004）、小巨足鼠耳蝠（*Myotis hasseltii*）（张礼标等，2004）、小褐菊头蝠（*Rhinolophus stheno*）（张劲硕等，2005）、泰国无尾果蝠（*Megaerops niphanae*）和无尾果蝠（*Megaerops ecaudatus*）（冯庆等，2006）、大趾鼠耳蝠（*Myotis macrodactylus*）（江廷磊等，2008）、灰小蹄蝠（*Hipposideros cineraceus*）（谭敏等，2009）、哈氏管鼻蝠（*Murina harrisoni*）（吴毅等，2010）、马来假吸血蝠（*Megaderma spasma*）（张礼标等，2010）、高氏缺齿鼩（*Chodsigoa caovansunga*）（何锴等，2012）、缅甸金丝猴（*Rhinopithecus strykeri*）（龙勇诚等，2012）、泰坦尼亚彩蝠（*Kerivoula titania*）（吴毅等，2012）以及耐氏大鼠（*Leopoldamys neilli*）（陈鹏等，2014）。

## 二、我国兽类分类研究的现状与贡献

兽类类群复杂，种类繁多。由于 95% 以上的模式标本均在国外博物馆，给我国动物分类学家的研究造成了极大困难。虽然我国科学家努力地采集了很多兽类标本，尤其是地模标本的搜集对研究我国兽类的分类与系统发育提供了重要的实物材料。但遗憾的是，到目前为止，我国哺乳类，尤其是小型兽类的地模标本仍然没有采集完成。尽管如此，我国兽类的分类与系统发育研究在几代科学家的共同努力下，在短短的 65 年内仍然取得了辉煌成绩。

1. 标本搜集

经过 65 年的努力，我国兽类标本采集成果丰硕，全国总计有 16 万 ~18 万号兽类标本。其中，中国科学院昆明动物研究所大约有 5 万号；中国科学院动物研究所大约有 4.5 万号；四川省林业科学研究所有 2 万多号；中国科学院西北高原生物研究所大约有 1 万号；西华师范大学大概有 6 千号；陕西师范大学、四川省疾控中心（原四川省卫生防疫站）大概有 5 千号；华南濒危动物研究所（暨广东昆虫研究所）大概有 4 千号；广州大学、陕西省动物研究所、中国科学院新疆生态与地理研究所、贵州大学、上海自然博物馆（前震旦博物院和亚洲文会博物院，现为上海科技馆自然博物分馆）、复旦大学生命科学院、浙江大学生命科学院、新疆疾病预防控制中心、四川农业大学、东北林业大学、北京自然博物馆、黑龙江省博物馆、山东大学、贵州大学、贵阳师范学院等均有 3 千号左右的标本。

值得注意的是，我国兽类标本的管理存在较大问题。不少单位没有专门的人员，没有固定经费。如果这个单位从事兽类分类研究的主要人员退休，单位的标本往往处于无人管理状态，使我国本来不多的兽类标本进一步损失。另外，各标本馆的标本管理水平差异很大，一些标本馆的标本管理混乱，头骨和皮张无法一一对应；标签信息不全或者丢失；标本鉴定错误很多等。标本不仅是一个单位的财产，更是国家的重要资源，也是一个国家软实力的重要组成部分，它们还是全人类的自然遗产。这些问题需要国家从更高层面统筹进行制度安排才能得到解决。

2. 动物系统学的成就

我国究竟有多少兽类是一个长期困扰我国兽类学家的问题。一是标本原因，二是不同类群的研究深度不同，三是不同分类学家观点不一致。不过，经几代科学家的努力，目前，我国兽类总数基本达成了共识，到 2015 年年底，我国兽类综述是 12 目、55 科、673 种（该结论仍然存在争议）。

我国兽类种数从 1938 年的 314 种，增加到 2015 年的 673 种，增加了 359 种。这些数量变动主要源于四个方面：一是 Allen（1938，1940）对我国行政区划内的一些区域记述不全，如新疆的记录很少，西藏西部记述不全，青海西部涉及不够；二是发现了不少我国兽类新记录，大概 40 多种；三是发表了较多的我国兽类新种，总计 31 个；四是随着科学技术的进步和研究的深入，将原来的亚种和同物异名提升到了种级分类单元，这部分是我国兽类种数增加的主要原因。

3. 中华人民共和国成立以来我国兽类新种统计

1949 年以来，我国共发表有效的兽类新种 31 个，其中我国科学家发表 28 个。这是我国兽类分类与系统发育研究的重大进步。

4. 厘清了我国很多兽类类群的系统发育关系

2000 年以前，以形态学为主的研究厘清了我国很多兽类类群的系统发育关系。2000 年以后，随着分子系统学的兴起，我国兽类的系统发育研究上了一个更高的台阶，食虫类、翼手类、啮齿目的松鼠科、田鼠科、鼹形鼠科、鼠科部分类群以及兔形目鼠兔科等的系统发育研究取得长足进步，解决了很多年来一直争论不休的问题，很多物种的分类地位得以澄清，使我国科学家在世界兽类分类与系统发育研究领域取得一席之地，在我国兽类分类上拥有了较大的发言权。

## 三、中国兽类学研究不同区域及不同类群人才队伍

1. 我国兽类分类学三大中心及其奠基者

我国兽类研究在中华人民共和国成立初期是以秉志、张孟闻、寿振黄、郑作新、刘承钊等老一辈从欧美留学回国的科学家为奠基者，尤其是寿振黄直接领导和发展了中国现代兽类学研究并培养了大量人才。这些人才后来在全国各地成为兽类学研究的中坚力量。

中国科学院动物研究所作为中国兽类研究中心，群星璀璨，是我国兽类分类与系统发育研究的中流砥柱，所做的工作绝大多数是全国层面的。前面已经叙述，老一辈兽类学家除寿振黄外，还有汪松、马勇、冯祚建、高耀亭、钱燕文、罗泽珣、张荣祖、张洁、范志勤、沈孝宙、王逢桂、杨安峰等。中青年一代有杨奇森、陈卫等。

在西北，中国科学院西北高原生物研究所是我国兽类分类与系统发育的另一个研究中心和主要的力量，其中很多科学家都是从中国科学院动物研究所调派到该所工作的。代表性兽类学家有夏武平、郑昌琳、蔡桂全、樊乃昌、施银柱、李德浩等。此外，陕西、新疆、内蒙古、甘肃等省区也有一批兽类学家，禹瀚、王香亭、陈服官、张春生、刘迺发、王廷正、吴家炎、王思博、赵肯堂、陈延熹、杨赣源等都是那个时代的代表。中青年代表有李保国、蒋卫等。

中国科学院昆明动物研究所是我国兽类分类与系统发育研究的三大中心之一，和中国科学院西北高原生物研究所一样，很多科学家都来自中国科学院动物研究所。老一辈分类学家有彭鸿绶、潘清华、王应祥、马世来、吴德林、杨光荣、李致祥等。中青年一代分类学家有蒋学龙、李松等人。西南地区除中国科学院昆明动物研究所外，还有一大批从事兽类分类与系统发育研究的学者，老一代有胡锦矗、王酉之、罗蓉、刘务林等，中青年一代有刘少英、周材权等一批学者。

2. 不同类群的研究团队

纵观我国兽类分类与系统发育研究，从事啮齿目研究的科学工作者最多，研究也较深入。老一辈科学家有夏武平、马勇、汪松、冯祚建、郑昌琳、王应祥、杨安峰、王廷正、王酉之、王思博、王岐山、蔡桂全、罗泽珣、樊乃昌、施银柱、郭全保、洪震藩、侯兰新、宋世英、柳枢、吴德林、杨光荣、禹瀚、詹绍琛、赵肯堂、诸葛阳等。中青年有中国科学院动物研究所、中国科学院昆明动物研究所、四川省林业科学研究所、西华师范大学的一批学者。

兔形目的分类学家也较多，老一辈有冯祚建、郑昌琳、罗泽珣、蔡桂全、高耀亭，马勇等。目前中国科学院动物研究所和四川省林业科学研究所的中青年专家是我国兔形目研究的中坚力量，中国科学院昆明动物研究所也开展了兔形目的一些工作。

食虫类是一个挑战性最大的领域。早期，汪松做过食虫类方面的一些工作，但该时期中国食虫类的研究主要由美国Smithsonian研究院的著名科学家Hoffmann教授涉及。2000年以后，蒋学龙率先开展该领域的研究。近来，中国科学院昆明动物研究所、四川省林业科学研究所、四川师范大学、牡丹江师范学院的研究团队是该领域的主力。

翼手类方面，早期汪松有所涉猎，目前该领域的核心人物是吴毅及其团队，曾系统对翼手类染色体进行研究，报道中国蝙蝠核型30余种。目前该团队主要从事翼手类分类与系统演化方面的研究，发表了华南菊头蝠、施氏菊头蝠等3个新种，取得很大成绩。东北师范大学、贵州师范大学、中国科学院动物研究所、绵阳师范学院、广东省昆虫研究所及台湾地区都有一批研究翼手类的学者。

大型兽类方面，高耀亭出版了《中国兽类志 第八卷 食肉目》，是我国该领域分类与系统发育研究最权威的专著；盛和林、马逸清和胡锦矗也是该领域的著名科学家，郑永烈、王岐山等也涉猎过食肉类研究；胡锦矗、潘文石、魏辅文、吕植等是大熊猫研究领域的代表人物。偶蹄类方面，分类与系统发育研究的科学家有盛和林、吴家炎、王岐山、蒋志刚和宋延龄等。水生哺乳类研究的权威是周开亚、王丕烈、杨光等。灵长类的分类方面，老一代科学家有陆长坤、彭燕章、叶智彰等，李保国、蒋学龙、李明、龙勇诚、范鹏飞等是中青年灵长类研究领域的代表。

另一个不得不提的是我国化石哺乳类分类与系统发育研究的有关工作。该领域我国成绩斐然，在世界范围内都有巨大的影响力。老一代古生物科学家代表人物有裴文中、杨钟健、朱靖、周明镇、郑少华、王克将等，对我国化石兽类研究做出了杰出贡献。

## 四、展望

纵观世界和我国兽类分类与系统发育研究的历史，尽管我国科学家在该领域也取得了不少成绩，在世界范围内有一席之地，但我们必须清醒地认识到，从世界范围来看，无论在兽类科学分类理论和方法的创立，还是对兽类开展调查和分类的深度与广度，以及新科学技术在兽类学研究中的应用方面，我国科学家仅仅是一个跟随者，对我国兽类的分类没有太多的发言权。因此，我国科学家在该领域的责任重大且任重道远。未来的工作重点是继续开展更加深入和广泛的调查和采集，结合形态与分子系统学，进一步弄清我国兽类种类和分布，尤其喜马拉雅地区、横断山区、云南和贵州的边缘地区及东北地区是该项工作的重点区域。我们也要紧跟时代发展的步伐，以二代测序技术为标志，开展转录组、基因组级别的系统发育研究将成为热点，该技术将把兽类系统发育研究推向更高的层次。另外，以基因组数据为基础的兽类生物地理学研究也将是未来发展的重要方向。

# 第二节　鸟类学

## 一、国际发展简述

鸟类分类学（Avian Taxonomy）是脊椎动物分类学的一个重要组成部分。由于研究历史悠久，物种易于识别，鸟类也是整个脊椎动物类群中分类问题相对较清楚的一个类群。经典的鸟类分类应当追溯到瑞典的植物学家林奈，他利用所创立的双名法为鸟类命名。随后，达尔文于 19 世纪提出的生物进化理论对鸟类分类学的发展起到了重要的推动作用。但直到 20 世纪早期，鸟类分类工作依然以标本的收集和新模式物种的描述为主。自 20 世纪 60 年代起，生物化学和分子生物学技术的发展与应用为现代鸟类分类学带来了新的生机（杨岚等，2009）。该时期主要的代表性工作是查尔斯·西布利（Charles Sibley）等人根据蛋白电泳和 DNA 杂交方法提出的一个全新的世界现存鸟类分类系统（Sibley 等，1993）。

世界著名鸟类学家恩斯特·瓦尔特·迈尔（Ernst Walter Mayr）（1982）在《生物学思想发展的历史》一书中曾指出："分类并不是对生物的单独性状的分类，而是对作为整体的生物进行分类。把形态学的、行为学的以及各种分子性状的发现融合集成为单一的、最优化的分类，这将是未来综合的任务"。进入 21 世纪以来，结合形态学、遗传学、生态学、行为学等综合特征的鸟类分类研究成为主流。对许多新物种的发现和描述多是基于形态、分子、鸣声等多种特征的综合性研究。2003 年，加拿大圭尔夫大学分类学家保罗·赫伯特（Paul Hebert）教授首次提出了 DNA 条形码（DNA Barcoding）的概念，建议利用线粒体细胞色素 C 氧化酶亚单位 I（COI）的特定区段来做标准的 DNA 条形编码（Hebert 等，2003）。随后，一些鸟类学家于 2005 年 9 月成立了"鸟类 DNA 条形码计划项目"（All Birds Barcoding Initiative，ABBI），目的在于搜集全世界已知 10000 余种鸟类 DNA 条形码的标准遗传数据。随着 PCR 和 DNA 序列分析技术的发展，利用多基因来构建部分甚至全部鸟类的系统发育树的研究越来越多。尤其是近期基于全基因组的 48 个鸟类物种的高阶元系统发育研究以及正在开展的万种鸟类基因组计划，将对鸟类分类、进化、行为等多个领域产生深远影响（Zhang 等，2015）。

## 二、在中国的发展

中国鸟类的分类、区系与动物地理学研究大致可以分为起步时期（1949 年以前）、考察及宏观分类研究的总结整理时期（1950—1999 年）、宏观与微观相结合的发展研究时期（2000年以后）。郑作新院士出版的《中国鸟类分布名录》和《中国鸟类区系纲要》等专著，是中国鸟类宏观分类、区系和动物地理学研究较翔实的阶段性总结，为后续的深入研究奠定了坚实的基础（杨岚等，2009）。

中国现代鸟类学研究的起步源于以英国的施温霍（R. Swinhoe）、法国的大卫（A. David）、俄罗斯的普热瓦尔斯基、日本的黑田长礼等为代表的西方博物学家和外国传教士在我国境内的标本采集活动，并编写出版了有关中国鸟类的分类与物种名录。其中，施温霍于 1863 年在英国《伦敦动物学会会刊》（*Proceedings of the Zoological Society of London*）发表了《中国鸟类名录》，列有 454 种鸟类，为我国第一份鸟类名录。

20 世纪 20—40 年代，寿振黄、任国荣、常麟定、傅桐生、郑作新等老一辈动物学家奠定了中国鸟类学自主研究的基础。他们早期的研究主要是以标本采集分类和区系分析为主，例如寿振黄对福建、山东、四川、浙江、河北、青岛，任国荣对广东、广西、贵州和云南，李象元对华北，章德龄对南京，常麟定对广西、河南及安徽，郑作新对福建，傅桐生对河南等地区鸟类的研究报道。其中早期最具标志性的一项成果是 1932 年中山大学的任国荣从广西瑶山采集到一个鸟类新种，命名为金额雀鹛（*Alcippe variegaticeps*），这是我国鸟类学家命名的第一个新种。另一项重要成果是 1947 年郑作新在《中国科学社论文专刊》（*Transactions of*

the Chinese Association for the Advancement of Sciences）用英文编写出版的《中国鸟类名录》
（Checklist of Chinese Birds）。该名录共列出我国鸟类 388 属、1087 种，另有 912 亚种，共计
1999 种和亚种，是由中国鸟类学家编写的第一个系统性的全国鸟类名录。

中华人民共和国成立后，尤其是改革开放以来，我国鸟类分类学研究得到了快速发展，
从区系到生态，从宏观到微观，研究领域日趋多元化，研究方法不断创新，高水平的研究成
果不断涌现。我国现代鸟类分类学的发展主要取得了以下重要成就。

（一）鸟类区系调查

1949 年以后，国家开始重视自然资源的调查研究工作。20 世纪 50 年代，中国科学院成
立了"自然资源综合考察委员会"，组织了全国大规模、多学科、长时间的综合性资源考察。
例如自 1955 年起，中国科学院组织我国鸟类学工作者与苏联专家联合开展了云南大围山以及
西双版纳、腾冲、盈江等地的鸟类考察；1956—1959 年进行了新疆生物资源的综合考察；
1958 年开展了横断山地区鸟类考察；1959—1961 年在四川西部和云南西北部地区进行的南水
北调综合考察；1956—1967 年和 1963—1977 年的青藏高原的综合考察；1959—1977 的西藏
鸟类考察等；1981—1985 年的四川西部、云南西北部和西藏东南部横断山脉地区的综合考察
等。其他调查区域还包括秦巴山区（1956—1965）、新疆南部（1958—1960）、湖南、湖北
（1959—1961）、海南岛与附近岛屿（1960—1974）、三北防护林地区及乌梁素海（1970—
1972）等广大地区。1995—2000 年，国家林业局组织开展了第一次全国陆生野生动物资源调
查，其中包括鸟类资源调查。进入 21 世纪以来，我国鸟类区域性的区系调查和研究得到了长
足发展，出版了《长白山生物种类与分布（动物）》（高玮，2006）、《青藏高原鸟类分类与分布
名录》（刘迺发等，2013）、《新疆鸟类分布名录》（马鸣，2011）、《中国红树林区鸟类》（周放，
2010）等专著。

我国正在进行全国第二次陆生野生动物资源调查，其中包括多个鸟类调查专项。由我国
鸟类学家牵头组织的珠峰动物资源考察及重要类群资源评估等进展顺利，并相继涌现出一批
高水平成果。近年来，科技部设立科技基础性研究专项，支持我国科技人员对藏东南地区、
武陵山地区、罗霄山脉、新疆等地区的鸟类资源调查与多样性资源评估，目前已采集数以万
计的科研用凭证标本，为鸟类分类、区系及多样性研究与保护积累了丰富的第一手资料。这
些贵重的鸟类标本资源与数据主要保藏于中国科学院动物研究所、昆明动物研究所、西北高
原生物研究所等，以及中山大学、武汉大学、北京师范大学、兰州大学、四川大学、陕西师
范大学、四川农业大学等科研机构和院校的标本馆内。

这些鸟类区系调查工作，对摸清我国鸟类资源家底、了解鸟类区系组成以及掌握部分珍稀、
濒危物种的分布和资源量等基本信息具有重要意义，为编写我国的鸟类志书奠定了基础，也为
我国区域生态经济建设规划以及国家生物资源发展战略提供了鸟类资源信息和决策依据。

（二）鸟类专业志书和野外识别图鉴的编写

《中国动物志》的编研是首次摸清我国动物资源的一项系统工程，是反映我国动物分类区
系研究工作成果的系列专著。《中国动物志·鸟纲》由郑作新院士负责，国内诸多著名鸟类学
家共同编写，计划撰写 14 卷。该系列专著的宗旨是总结国内鸟类区系分类等最新研究成果，
加以全面而系统地综合研编。其中第 4 卷（鸡形目）于 1978 年出版，不仅是我国鸟类志的第
一部，也是《中国动物志》的首部。1979 年，我国鸟类志第 2 卷（雁形目）出版，1982 年出

版了第 13 卷（雀形目，山雀科－绣眼鸟科）。截至 2015 年年底，除隼形目外的 13 卷都已经出版。2001 年，赵正阶编著的《中国鸟类志》（上卷非雀形目，下卷雀形目）出版，成为了解我鸟类资源的重要参考书。

在前期区域调查的基础上，我国的地方性鸟类志书也陆续编撰出版，如《新疆南部的鸟兽》（钱燕文、张洁，1965）、《秦岭鸟类志》（郑作新等，1973）、《海南岛的鸟兽》（周宇垣等，1983）、《西藏鸟类志》（郑作新等，1985）、《贵州鸟类志》（吴至康等，1986）、《横断山区鸟类》（唐蟾珠等，1996）、《云南鸟类志》（杨岚、杨晓君，1995、2004）、《台湾鸟类志》（刘小如等，2010）等。此外，北京、辽宁、浙江、甘肃、宁夏、黑龙江、四川、香港、云南、天津、上海、新疆、内蒙古以及江苏等地鸟类志或类似专著也相继问世。

鸟类图谱对普及鸟类科学知识，推动观鸟活动具有重要作用。1959 年，郑作新主编的《中国动物图谱·鸟类》出版，列有鸟类 366 种。之后各地方性的鸟类彩色图谱逐渐问世，例如《台湾鸟类彩色图鉴》（张万福，1980）、《广东鸟类彩色图鉴》（华南濒危动物研究所，1991）、《内蒙古珍稀濒危动物图谱》（凤凌飞等，1991）、《四川鸟类原色图鉴》（李桂垣，1995）等。1995 年，钱燕文等主编的《中国鸟类图鉴》以及常家传等编著的《东北鸟类图鉴》，对我国鸟类野外考察和物种辨识起到了重要作用。1996 年，由颜重威、谭耀匡、赵正阶、许维枢、郑光美等鸟类学家共同编撰的《中国野鸟图鉴》和 2000 年约翰·马敬能等编写的《中国鸟类野外手册》，图文并茂，鉴别特征、分布、生境、行为等生物学特征一应俱全，标志着中国鸟类图鉴的编撰技术逐渐走向成熟。此后，北京、上海、四川、天津、深圳、香港及华南地区等一大批地区性的鸟类图鉴相继出版，提高了对全国鸟类野外的鉴定与识别效果，也推动了我国鸟类的科学普及和观鸟活动的快速发展。目前在国内快速发展的观鸟活动与地方观鸟会，促进了中国鸟类物种及其地理分布的新发现。近年来，利用照片来编写鸟类图鉴成为一种趋势，代表性的专著是曲利明主编的《中国鸟类图鉴》（2013 年）及其便携版。

（三）中国鸟类的系统分类、区系和动物地理学研究

1955 年和 1959 年分别出版的两册《中国鸟类分布名录》（郑作新著），对国内当时已知的雀形目和非雀形目鸟类进行了全面而系统的编目，并将鸟类的分布和迁徙资料加以汇总与整理，为我国鸟类分类学研究提供了比较完整的参考资料。1987 年，郑作新在《中国鸟类分布名录》（第二版）的基础上，主编出版的《中国鸟类区系纲要》（英文版）提出了我国已知的全部鸟类共计 2139 种和亚种，分隶于 389 属、81 科、21 目，首次对我国鸟类进行了全面完整而又系统的综合性总结，不仅为中国现代鸟类学研究打下了必要的基础，也向世界鸟类学家提供了认识中国鸟类的一套完整资料。英文版《中国鸟类区系纲要》是郑作新在其中文版《中国鸟类分布名录》第二版（1976）的基础上，对近十年的研究成果进行增补修订而成。这是中国学者用英文撰写的第一部全国性鸟类分类学专著，该书出版后受到国内外学者的高度评价。为表彰其在中国鸟类学研究方面取得的突出成就，1988 年美国国家野生动物联盟（National Wildlife Federation）将国际自然保护特殊成就奖颁发给郑作新。2005 年，由郑光美主编，科学出版社出版了《中国鸟类分类与分布名录》（第一版）。该书继承了郑作新所奠定的中国鸟类的分类系统，并吸收了国际上对鸟类分类系统研究的新进展，对有的目、科或亚科的分类地位做了合理的调整，收录中国鸟类 1332 种（2261 种和亚种）。2011 年，由郑光美主编、10 多位国内中青年鸟类学者参编的《中国鸟类分类与分布名录》（第二版）出版，全书

共收录中国鸟类 1371 种（2304 种及亚种）。2017 年，郑光美主编的《中国鸟类分类与分布名录》（第三版）问世，全书共收录中国鸟类 1445 种（2344 种及亚种），隶属于 26 目、109 科、497 属，是迄今我国有关鸟类资源的权威著作。

鸟类物种的正确分类与新物种的发现是鸟类系统学与区系及动物地理学研究的基础。在鸟类分类与新物种发现方面，1932 年任国荣发表了金额雀鹛（*Alcippe variegaticeps*）新种，此后很长一段时间，中国鸟类新种均被外国学者报道。1995 年，李桂垣报道了旋木雀一个亚种 *Certhia familiaris tianquanensis*，该亚种于 2000 年被确认为独立物种——四川旋木雀（*Certhia tianquanensis*）。进入 21 世纪以后，广西大学周放和蒋爱伍于 2008 年在美国著名鸟类学期刊 *Auk* 上发表了我国鸟类学者命名的第二个新种——弄岗穗鹛（*Stachyris nonggangensis*）。

在鸟类分类学理论方面，我国学者也曾提出过一些新观点。例如，通过对白鹇各个亚种形态学特征的比较研究，郑作新（1979）提出了著名的"排挤理论"，认为比较低等类型的亚种并不在这一种的起源地或分布中心，而是被排挤到这个物种分布范围的边缘地带。该理论与达尔文进化理论的优胜劣汰的核心思想相吻合，是对生物进化思想的补充论证。近二十年来，随着技术、方法的发展，分子生物学、支序分类、数值分类以及鸣声研究等综合性方法在鸟类分类中得到了应用，为我国鸟类分类与系统进化研究提出了新的方法和思路（杨南、梁爱萍，2004；张淑霞等，2004）。例如，利用鸟类的线粒体 DNA，向余劲攻等开展了对我国特有鸟种白腹锦鸡和红腹锦鸡的分类地位探讨（向余劲攻等，2000）；詹祥江等（2003）研究了虹雉属鸟类的分类地位和系统演化；刘迺发等（2004）报道了大石鸡亚种分化与新亚种的发现；屈延华等（2004，2005）对白斑翅雪雀青海亚种（*Montifringilla henrici*）以及白腰雪雀（*Onychostruthus taczanowskii*）分类地位进行了探讨；王宁等人利用多基因分子标记，重建了比较完善而系统的鸡形目鸟类系统发育关系（Wang 等，2013）。中国科学院动物研究所雷富民研究员及其合作者基于分子生物学研究，确认原来被称作"拟地鸦（*Pseudopdoces humilis*）"的一种鸟类应属于山雀科而不是鸦科，将其更名为地山雀（James 等，2003）。瑞典学者（Per Alström）和我国鸟类学者合作，结合分子系统发育、行为、栖息地生态以及独特的鸣声特征，以原来隶属于雀形目的丽星鹩鹛（*Spelaeornis formosus*）为模式种，建立了 1 个鸟类新属——鹩鹛属（*Elachura*）和 1 个新科——鹩鹛科（Elachuridae）（Alström 等，2014）。北京师范大学张正旺带领的研究团队结合线粒体和核基因内含子的分析结果，发现树鹧鸪（tree partridges）和山鹧鸪（hill partridges）分属于雉科系统发育中的两大进化支，两者亲缘关系非常远，因此建议树鹧鸪不应继续放在山鹧鸪属（*Arborophila*）内，而应单独成一属，即树鹧鸪属（*Tropicoperdix*）（Chen 等，2015）。2015 年，Per Alström 又以中国科学院学者身份与雷富民等人合作，基于整合分析方法再次发现了我国鸟类一新种——郑氏蝗莺（又称四川短翅莺）（*Locustella chengi*），并首次以中国学者的名字来命名，以纪念为中国鸟类分类区系研究做出过重大贡献的郑作新（Alström 等，2015）。该重要发现得到了英国《英国自然写真》以及美国杂志 *Science* 的新闻报道。这些工作均反映了我国鸟类分类学的水平在不断提升。

在分类与区系研究的基础上，以鸟类、兽类、两栖类爬行类等陆栖脊椎动物为对象，郑作新等（1959，1981）提出了动物地理的区划原则，为我国动物地理学领域的研究与发展奠定了基础。1876 年，英国学者华莱士把古北界与东洋界两个动物地理界的分界线定在我国南岭，南岭以南为东洋界，南岭以北为古北界。郑作新和张荣祖根据鸟、兽中的特有种、优势种等的分布特点，提出以秦岭为分界的观点，认为秦岭以南为东洋界，秦岭以北为古北界。这种划分在鸟、兽区划以及土壤、植被、气候等区划方面具有一致性。在此基础上，郑作新和张荣祖又把两个界进一步划分为 7 个一级区和 19 个二级区。该区划后经进一步修订和完善（张荣祖，1999），最后将我国动物地理区分为二界（古北界、东洋界）、三亚界（东亚亚界、中亚亚界、中印亚界）、7 区、19 亚区，一直沿用至今，得到了国内外学者的认可。

对鸟类化石的研究是探讨鸟类起源与进化的重要途径。由于不断有新化石出现，使我国在鸟类起源与进化研究方面达到国际先进水平。1984 年，侯连海等人在《中国科学》上发表的甘肃早白垩世陆相地层出现的"玉门甘肃鸟"（*Gansus yumenensis*，Hou & Liu，1984），拉开了中国研究中生代鸟类的序幕。进入 20 世纪 90 年代以来，我国的古生物研究者们相继在辽宁省发现了世界上迄今数量最多、种类最复杂的两个早期鸟类群——华夏鸟类群和孔子鸟类群。这两大类群的研究和建立，使鸟类起源和早期演化的探讨有了突破性进展，尤其是侯连海、周忠和等专家的研究填补了鸟类早期演化中的多项空白。进入 21 世纪，由中国科学院院士周忠和带领的"热河生物群"课题组通过多年的研究，不仅发现了轰动一时的"原始热河鸟"等一批珍贵化石，更在早期鸟类的形态特征、系统关系、辐射演化、飞行起源、生态环境、进化理论等多方面均取得了开创性的重要成果，为重新认识鸟类的起源、鸟类的演化机制等问题提供了重要依据，获得国际学术界的高度评价。

## 三、研究现状及对未来发展的展望

鸟类分类学是一个历史悠久的经典的学科分支，同时也是脊椎动物分类学中一个充满希望的基础研究领域。进入 21 世纪以来，地山雀、台湾画眉、海南孔雀雉、台湾竹鸡等一批鸟类的分类地位得到了重新确认，以青藏高原鸟类谱系地理学为代表的高水平研究成果在国际一流学术期刊发表了多篇研究论文（Lei 等，2014、2015）。鉴于中国幅员辽阔、生境多样、地形复杂，近十年来国内外鸟类学家在我国已经发现了多个鸟类新种，未来在我国的青藏高原、西南山地和华南一带等生物多样性的热点地区仍可能会有新的发现。以往主要依靠形态学特征对鸟类进行分类的时代已经成为历史，随着分子生物学技术和方法的不断进步，基于分子生物学技术的中国鸟类分类学和系统发育研究有望取得新的理论突破。在野生鸟类基因组学方面，雷富民教授的团队首次在国内对地山雀的基因组进行了测定和分析，揭示地山雀为适应青藏高原的特殊环境，产生了基本的生存适应策略演化。此外，我国鸟类学者面对国家重大需求，对迁徙鸟类与禽流感病毒（如 H5N1、H7N9）的传播关系进行了深入研究，为禽流感防控提供了重要指导，并产生了重要的国际影响（Liu 等，2005；Liu 等，2013）。未来的研究将有望更多地采取比较基因组学的方法，结合鸟类的形态和行为学特征，对重要鸟类类群的物种形成机理和生态适应机制开展深入研究。

除鸟类分类学研究之外，我国鸟类学家在濒危物种保护生物学、鸟类行为学、群落生态学等领域也进行了创新性研究，并在国际上产生了重要影响。例如，自 20 世纪 80 年代以来，我国鸟类学家在以珍稀濒危雉类和鹤类为代表的濒危鸟类方面开展了长期研究，为黄腹角雉、褐马鸡、斑尾榛鸡、白鹤、白头鹤、丹顶鹤等鸟类的保护提供了科学依据。此外，针对朱鹮、兰屿角鸮、中华凤头燕鸥、黑脸琵鹭、东方白鹳、大鸨、遗鸥、黑嘴鸥、栗斑腹鹀、蓝冠噪鹛等珍稀濒危鸟类的保护生物学研究工作也先后在各地开展。进入 21 世纪以来，行为生态学领域的学者们开始更多地关注一些鸟类的特殊行为，比如地山雀、长尾山雀等鸟类的合作繁殖行为，鸟类鸣声及其个体识别，杜鹃的巢寄生行为，一夫一妻制鸟类的婚配行为等，并通过实验的方法从理论层面探讨了鸟类上述行为的发生和进化机制。其中，武汉大学卢欣教授带领的团队通过对地山雀社会行为进行长期研究，发现雌性山雀的社会选择倾向，为进一步了解鸟类交配系统提供了重要资料。在鸟类群落方面，20 世纪 80 年代以后，我国学者开展了森林鸟类群落、湿地鸟类群落、高原草甸与草原鸟类群落、荒漠鸟类群落以及城市鸟类群落等大量研究。比较有特色的工作有东北师范大学高玮教授等人对长白山地区鸟类群落的长期研究、浙江大学丁平教授对千岛湖鸟类群落格局的系列研究等。近年来，学者们开始更多地关注鸟类群落聚群规律、物种多样性维持机制以及群落的稳定性等问题，进而探索群落的本质和群落与环境之间的关系。同时，随着我国城市化进程的加快、地貌改变和栖息地片段化的加剧，给鸟类的生存带来了巨大影响，有关城市化和栖息地片段化对鸟类群落影响的研究正在兴起。在鸟类迁徙研究方面，1982 年在中国林业科学院建立了全国鸟类环志中心，1983 年在青海湖鸟正式进行了我国首次鸟类环志试验。经过多年的发展，目前有 37 个环志站、103 个单位开展过鸟类环志，每年环志鸟类数量约 30 万只，累计环志鸟类 818 种、310 万只，回收鸟类 156 种、2377 只。除传统的环志外，近年来鸟类迁徙研究越来越多地开始采用卫星遥测、微型全球定位系统和地理定位仪等先进技术手段。其中采用卫星遥测的鸟类已经有斑头雁、鸬鹚、黑颈鹤、白头鹤、遗鸥、东方白鹳、中华秋沙鸭、苍鹰、猎隼、黄嘴白鹭等物种。在迁徙鸟类研究中，除对繁殖地和越冬地进行重点研究外，还对迁徙鸟类中途停歇地的利用及迁徙对策进行了较长期的定点研究，丰富了鸟类停歇地生态学理论。我国学者对东亚－澳大利西亚迁徙水鸟的研究不但为东部沿海地区生物多样性的保护提供了科技支撑，而且在国际上产生了重要影响。其中复旦大学马志军教授等人研究发现，过去的 20 年，中国"海岸长城"的长度增长了 3.4 倍，2010 年已经达到 1.1 万千米，超过了著名的万里长城，而大规模围海造堤将严重威胁滨海湿地的生物多样性。该项成果 2014 年发表在国际著名的杂志《科学》上（Ma 等，2014）。

长期以来，我国鸟类学家围绕科学前沿问题和国家需求，除每年主持数十项国家自然科学基金和各部委专项研究等项目外，还承担了探索重要理论前沿和服务国家重大需求方面的课题。例如：郑光美、刘迺发、雷富民等分别主持完成了基金委重点项目；卢欣、雷富民和张福成获得了国家杰出青年基金的支持；詹祥江获得了中组部青年千人计划项目和国家基金委优秀青年基金资助；雷富民、张正旺、杨晓君、丁长青等分别主持了科技部科技基础性工作重大专项、国家科技攻关项目及国家科技支撑课题等；孙悦华、雷富民、丁平主持了基金委重大国际合作项目；邹发生主持并完成了 NSFC-广东联合重点基金项目；2014 年，雷富民带领其研究团队入选国家高层次人才计划重点领域创新团队负责人，2005 年被推选为万人计划领军人才。未来，将有一批中青年鸟类学家脱颖而出，承担更多的国家级科研项目，并成长为我国鸟类学研究的中坚力量。中国鸟类学发展正在步入历史以来的最辉煌时期。

## 四、主要研究单位（包括重点实验室等）

长期以来，我国鸟类学的主要研究单位有中国科学院动物研究所、昆明动物研究所、西北高原生物研究所、新疆生态与地理研究所、生态环境研究中心，中国林业科学院林业研究所、全国鸟类环志中心以及华南濒危动物所、陕西动物所、黑龙江野生动物研究所以及环保部南京环境科学研究所等研究机构；北京师范大学、浙江大学、复旦大学、武汉大学、厦门大学、兰州大学、四川大学、中山大学、广西大学、安徽大学、北京林业大学、东北林业大学、西南林业大学、南京林业大学、辽宁大学、华东师范大学、南京师范大学、东北师范大学、辽宁师范大学、海南师范大学、陕西师范大学、河北师范大学、首都师范大学、湖南师范大学等高校；北京自然博物馆、上海科技馆、天津自然博物馆、浙江自然博物馆等博物馆；以及一些动物园、自然保护区等。其中，中国科学院动物进化与系统学重点实验室是我国鸟类分类学的重要支撑单位。

据不完全统计，目前能够招收鸟类学博士生的单位主要有安徽大学、北京林业大学、北京师范大学、东北林业大学、东北师范大学、复旦大学、海南师范大学、华东师范大学、兰州大学、南京林业大学、四川大学、武汉大学、厦门大学、浙江大学、中国科学院动物研究所、中国科学院昆明动物研究所、中国科学院生态环境中心等单位。2013 年 10 月，参加第十二届全国鸟类学大会的代表超过 500 人，其中研究生有 120 多人。尽管我国培养鸟类学人才的单位较多，但在鸟类分类学人才培养方面，我国面临着严峻的挑战。近年来，我国大陆鸟类学研究生的招生单位和招生人数不断增加，但多数学生选择研究鸟类的分子进化、行为或生态学，从事鸟类分类学研究的专业人员越来越少。因此，采取有针对性的措施，加强鸟类分类学的研究队伍建设，将是未来一个时期的一项重要工作。

## 五、鸟类学分会的建立与发展

1980 年 10 月，作为我国有关鸟类学研究的唯一学术组织，中国动物学会鸟类学分会（简称鸟类学分会）在大连成立。分会的基本宗旨是：发展中国的鸟类学研究、普及鸟类知识、促进濒危物种保护和鸟类学研究的国际合作。鸟类学分会成立以来，我国鸟类学的研究队伍不断壮大、研究领域不断丰富。鸟类学分会下设系统发育与演化、鸟类多样性与保护、迁徙与环志、行为与生活史进化、动物地理与分布格局、水鸟与湿地生态、饲养繁殖、鸟击防范、青年工作组和观鸟工作组 10 个专业（或工作）组。学会的最高决策机构为理事会，并由秘书处具体负责。挂靠单位为北京师范大学。

鸟类学分会定期组织召开全国鸟类学大会（过去每 4 年 1 次，自 2005 年以后改为每 2 年 1 次），同时不定期召开一些专题性的学术研讨会。自 1994 年开始，学会与台北野鸟学会、台北师范大学等单位联合举办海峡两岸鸟类学术研讨会，该会议每 2 年举办 1 次。2002 年 8 月，受国际鸟类学委员会委托，鸟类学分会在北京承办了"第 23 届国际鸟类学大会"，来自世界 50 多个国家的近 1000 位代表莅临参加。这次大会对推动我国鸟类学的国际学术交流与合作，提高中国鸟类学研究的影响力发挥了重要作用，堪称我国鸟类学发展史上的重要里程碑。2008 年 9 月 23—24 日，由鸟类学分会主办，长乐市委、市政府承办的"全国鸟类系统分类与演化学术研讨会暨郑作新院士逝世十周年纪念大会"在福建长乐召开。与会代表共提交论文 25 篇，大会报告交流 18 篇，就鸟类分类与演化、6 种白羽鹭科鸟类的系统归属、海南鸭的系统分类地位、褐鸦雀的种下分类、画眉科鸟类系统发育及分类地位、棕背伯劳与黑伯劳的分类关系、栗斑腹鹀及其繁殖区内鹀属鸟类亲缘关系、中国石鸡亚种的分子系统发生等方面进行了研讨、交流。台湾自然科学博物馆颜重威介绍了台湾鸟类多样性现状与研究状况，广西大学周放教授就鸟类经典分类学的地位和作用进行了论述。本次会议是我国在鸟类分类与演化方面召开的首次全国性研讨会,对推动我国鸟类学的发展具有重要意义。2012 年 6 月 21—23 日,由鸟类学分会、华南濒危动物研究所主办的"全国鸟类系统分类与演化学术沙龙"在广州召开。来自中国科学院动物所、北京师范大学、兰州大学、浙江大学等 21 个科研院校所的 40 位专家、学者代表参加了会议。与会代表共提交论文 9 篇,大会报告交流 15 篇,就鸟类分类与演化、鹭科鸟类的系统归属、白鹇与黑鹇杂交的分子证据、千岛湖鸟类岛屿生物地理学和群落生态学研究杂色山雀婚外配发生原因、黑喉噪鹛海南亚种的遗传分化、蓝马鸡种群遗传结构和系统进化的研究等方面进行了研讨、交流。

鸟类学分会还与北京林业大学联合,定期出版英文期刊 *Avian Research*(原名 *Chinese Birds*,2014 年改版)、《中国鸟类研究简讯》等刊物,并建立了学会网站(www.chinabird.org)。为了鼓励优秀青年人才的成长,学会设立了"郑作新鸟类科学青年奖励基金"和"中国鸟类学研究生学术新人奖",每年举办以培养鸟类学后备人才为主要目标的全国研究生鸟类学术会议——翠鸟论坛。为了加强对基础研究资料欠缺的鸟类的野外生态学研究,学会专门设立了"中国鸟类基础研究奖"。

为了系统保存中国鸟类学发展各个时期的珍贵历史资料,为中国鸟类学的研究和发展提供信息平台,鸟类学分会与浙江自然博物馆于 2013 年 1 月在杭州签署协议,建立了"中国鸟类学史料中心"。该中心系统收集、整理和保管中国鸟类学发展史料,包括研究文献、书籍、野外记录、手稿、照片、影像资料、标本和研究工具等。该中心于 2013 年 10 月建成开放,为鸟类学工作者和社会公众查阅中国鸟类学资料提供了便利。

## 六、我国著名的鸟类学家

郑作新(1906—1998),中国科学院动物研究所研究员,中国科学院院士,中国鸟类学的奠基人。1926 年毕业于福建协和大学生物系。1927 年和 1930 年分别获得美国密歇根大学硕士和科学博士学位。历任福建协和大学系主任兼教务长、理学院院长,中国科学院动物研究所研究员、室主任,中央大学、北京大学等大学教授,北京自然博物馆副馆长,中国动物学会、中国动物学会鸟类学分会理事长、世界雉类协会会长等职。他对中国鸟类进行了系统的考察和研究,曾发现中国鸟类 16 个新亚种,撰写了 1000 多万字的论文和专著。在理论方面提出"原始的类群被排挤到该种分布范围的边缘地区"的"排挤学说",从而估测种的起源地,以及通过画眉类研究提出"亚种分化平行理论",这些理论对生物进化论是有科学意义的补充论证。他还提出以秦岭为古北界和东洋界的分界线,为中外学术界所认同,对中国动物地理学研究做出了重要贡献,曾获 1978 年全国科学大会重大科学奖三项,1979 年和 1985 年中国科学院科学技术进步奖二等奖及 1986 年特等奖,1987 年中国科学院自然科学奖二等奖及 1989年一等奖,1989 年国家自然科学奖二等奖。此外,1981 年还获得美国密歇根大学科学荣誉奖,以及 1988 年美国国家野生动物联盟国际特殊科学成就奖。1989 年获中国科学院颁发的科学荣誉章。

郑光美(1932—  ),中国科学院院士。国家级教学名师。1954 年毕业于北京师范大学生物学系,1958 年东北师范大学动物生态学研究生毕业。1986 年任教授,1990 年任博士生导师。长期从事动物学教学和鸟类学研究,主编或合编《普通动物学》《脊椎动物比较解剖学》

《鸟类学》等多种高校教材以及《中国鸟类分类与分布名录》《中国濒危物种红皮书 鸟类卷》等专著多部。1991 年被评为全国优秀教师。1997 年获国家级优秀教学成果二等奖，为"普通动物学"国家级精品课主持人。现任国际鸟类学联合会资深委员，世界雉类协会理事长，国际生物多样性计划中国国家委员会科学咨询委员会委员，《生物学通报》《Avian Research》主编。长期从事鸟类学研究，在我国鸟类生态学、保护生物学等领域进行了开拓性工作，尤其在我国特产濒危雉类研究中成果显著。主持多项国家和省部级课题，发表研究论文 100 余篇，出版专著 10 多部。所主持的中国特产濒危雉类研究课题荣获 2000 年国家自然科学二等奖等多项国家和省部级奖励。

# 第三节　两栖爬行动物学

中国是世界上两栖爬行动物物种多样性较高的国家之一，区系跨古北、东洋两界，既有南亚和东南亚，亦有欧洲甚至北美物种的近亲。中国也是世界上最早有两栖爬行动物文字记载的国家之一，有近 3000 年可追溯的历史。《诗经》中有爬行动物作为食物、鳄皮制鼓、蟾蜍喻丑恶等阐述。《山海经》描述了中国很多地区的动植物，多处提及"人鱼"（即大鲵 *Andrias davidianus*）、"活师"（即蝌蚪）和"黾"（即蛙类），以及疑似现今的尖吻蝮 *Deinagkistrodon acutus*、短尾蝮 *Agkistrodon*（*Gloydius*）*brevicaudus* 和蟒蛇等两栖爬行动物。三国两晋时期，杨泉在《物理论》中首次提及蛇具有分叉的舌。唐代刘恂对现 *Calamaria* 属两头蛇的观察区别于公众，发现两头蛇头部仅一个，尾形似头部，做单向运动；刘恂在《岭表录异》中，将可能是蝾螈科的动物描述为具有长尾红腹的鱼。古人多关注两栖爬行动物在传统医药中作用。例如，《神农本草经》对蛙类、龟类的养生、蓄精、健体等药学意义做了较具体的介绍。《尔雅》把动物分为虫、鱼、鸟、兽 4 类；也有人将动物分为虫和兽两大类，两栖爬行动物被归为虫。更晚时期的学者对生物做了更细的分类。例如，唐代段成式的《酉阳杂俎》中用生态分类法将蛇类分为水生、草栖、树栖和穴居 4 类。明代李时珍在《本草纲目》中将动物分为虫、鳞、介、禽、兽 5 类，蛙类和绝大多数蝾螈归为虫，蜥蜴、蛇和大鲵归为鳞，龟鳖类归为介。李时珍不仅发现了蛇有分叉舌、耳聋、整体吞食、蜕皮等共性特征，还提供了蛇的名录、分布、习性、栖息地、药用和食用价值等。李时珍对许多物种做了详细且今天看来仍然是准确的描述。尽管包括扬子鳄（鼍）*Alligator sinensis* 在内的许多两栖爬行动物被中国人所熟知有逾千年的历史，但中国现代两栖爬行动物学的研究晚于西方，始于 20 世纪 20 年代。

在西方，林奈于 1758 年建立了分类等级体系界门纲目科属种和物种的双名法，首次采用两栖纲（Class Amphibia）名称，但其中包含的类群很混乱，包括现在所熟知的两栖动物、爬行动物和若干鱼类。该纲分为 3 目：①有四足的爬行目 Reptiles，包括陆龟属 *Testudo*、飞蜥属 *Draco*、蜥蜴属 *Lacerta*（含鳄、蜥蜴和鲵类等）、蛙属 *Rana* 等；②无足的蛇目 Serpentes，包括蛇、蛇蜥、蚓螈等；③有鳍、能游泳的无鳞目 Nantes，包括七鳃鳗、鲨、鳐、鲟、海龙、河鲀等。蛙类一般不容易与其他类群混淆，均被列入广义的蛙属；蝾螈类被列入蜥蜴属，都属于爬行目，蛇目包括蚓螈，从而与有四足的爬行目分开。Lyonnet（1745）最早采用 Reptiles，除蛇、龟、鳄外，还包括蛙和蟾。

Josephus N. Laurenti1768 年出版了《爬行纲提要》，学术界一般认为该书正式起用了爬行纲（Class Reptilia）名称。该纲也分为 3 目：①跳跃目 Salientia，包括无尾两栖类的负子蟾属 *Pipa*、蟾蜍属 *Bufo*、蛙属 *Rana*、雨蛙属 *Hyla* 以及有尾两栖类（如洞螈属 *Proteus*）；②步行目 Gradientia，包括蝾螈类［欧螈属 *Triton*（=*Triturus*），真螈属 *Salamandra*］、蜥蜴类（壁虎属 *Gekko*、避役属 *Chamaeleo*、美洲鬣蜥属 *Iguana*）和鳄类（鳄属 *Crocodylus*）；③蛇目 Serpentia，包括蚓螈（真蚓属 *Caecilia*）和蛇类（蚓蜥属 *Amphisbaena*、蛇蜥属 *Anguis*、游蛇属 *Natrix*、方花蛇属 *Coronella*、蚺属 *Boa*、游蛇属 *Coluber*、蝰属 *Vipera*）。Batsch（1788）提出"Batrachi"名称，其中包括负子蟾属、蟾蜍、蛙、雨蛙等属，实际上与 Laurenti（1768）的跳跃目 Salientia 一致，他仍将蝾螈类（salamanders）保留在蜥蜴类（lizards）中。Scopoli（1777）记载爬行纲 Reptilia 两个新目：即有尾目 Caudata（包括飞蜥属 *Draco*、蜥蜴属 *Lacerta*、鳗螈属 *Siren*、陆龟属 *Testudo*）和无尾目 Ecaudata。Brongniart（1800）的《爬行动物自然分类试论》以动物体内构造、繁殖方式及发育过程等把两栖爬行动物分为两部：第一部为爬行部 Reptiles，蚓螈类仍归入蛇目 Ophidii；第二部为跳跃部 Batrachia，其中仅有蛙黾目 Batraciens。Brongniart 首次将蝾螈类从蜥蜴类中分出，并把真螈属 *Salamandra*、蛙属 *Rana*、雨蛙属 *Hyla* 和蟾蜍属 *Bufo* 归并于蛙黾目，成为一个独立的目。Latreille（1804）进一步指出蛙黾目的特征是趾末端无爪，幼体有鳃，变态发育。Duméril（1806）提出两个法文术语：Anoures 和 Urodèles，分别指无尾和有尾两栖动物，这两个术语的拉丁拼音是 Anura 和 Urodela，分别对应现生两栖动物的无尾目和有尾目，Duméril 首次使这两个类群与爬行动物互不混淆。Oppel（1811）将爬行纲中无足的蚓螈类 Apoda 从蛇类中分出来，并与蝾螈类（即有尾类）和蛙类（即无尾类）合称为裸皮类 Nuda，是两栖纲现代 3 个目的雏形，从此将两栖类与有鳞甲的爬行类相区别。因 Apoda 被 Latreille（1804）文中一类鱼的名称 Apodas 先占用，故学者通常使用蚓螈目 Gymnophiona（Rafinesque–Schmaltz，1814）名称。此后的学者如 De Blainville（1816）、Gray（1825）、Wagler（1828，1830）、Fitzinger（1826，1843）、Günther（1858）一致持两栖纲与爬行纲分开的观点。Gegenbaur（1859）根据体形和解剖特征进一步确定两栖动物和爬行动物应为独立的两纲。Boulenger（1890）在《英属印度、锡兰和缅甸的动物区系》中明确将两类动物列为 Reptilia 和 Batrachia 纲，提出两栖纲是鱼纲和爬行纲的过渡类群。Anderson（1921）研究四足动物的系统发育，认为现生两栖动物与爬行动物是并系。

20 世纪 30 年代以前，主要是欧洲商人和罗马天主教教士在中国进行两栖爬行动物考察。林奈的学生、瑞典人 Pehr Osbeck 在其 1757 年出版的 *Dagbok Ofwer en Ostindisk Resa* 书中记载有采自广州黄埔的虎纹蛙 *Hoplobatrachus chinensis* 和原尾蜥虎 *Hemidactylus bowringii*。1758 年，林奈记载了 13 世纪由马可·波罗带到欧洲的中国两栖爬行动物。另一个早期访客是 John Reeves，中国若干常见爬行动物是以他的名字命名的，其子 John R. Reeves 也将采集到的标本送往伦敦博物馆，父子采集的大部分爬行动物由 John E. Gray 命名。Gray 在 1831—1873 年以中国标本作为模式标本描述命名的龟鳖类有黄缘闭壳龟 *Cuora flavomarginata*、黑颈乌龟 *Mauremys nigricans*、乌龟 *Mauremys reevesii*、花龟 *Mauremys sinensis*、平胸龟 *Platysternon megacephalum*、斑鳖 *Rafetus swinhoei*、眼斑水龟 *Sacalia bealei* 等。Gray 还描述和命名了不少来自英属印度并见于中国的其他物种。1831 年，Franz J. F. Meyen 在香港、澳门和广州等地采

集标本，后由德国人 Arend F. A. Wiegmann 整理，其中有若干新种，如虎纹蛙和中华鳖 *Pelodiscus sinensis*。Wiegmann 的老师 Hinrich Lichtenstein 在更早的时候描述了一些广泛分布于中亚并见于中国的爬行动物。

## 一、18 世纪至 1949 年外国学者对两栖爬行动物的研究

18 世纪至 19 世纪早期，西方博物学家根据邻近中国的中亚、印度、东南亚和日本的标本描述了许多也见于中国的物种。德国博物学家 Johann G. Schneider 和 Johann Gravenhorst 用商人、水手和旅行者从东南亚带回欧洲的标本描述了许多物种，如海陆蛙 *Fejervarya cancrivora*、亚洲壁虎 *Cosymbotus platyurus*、瘰鳞蛇 *Acrochordus granulatus*、金环蛇 *Bungarus fasciatus*、环纹海蛇 *Hydrophis fasciatus* 等。1820 年，荷兰人在爪哇、南亚、中国和日本采集标本，与中国物种有关的标本由奥地利人 Leopold Fitzinger 和瑞士人 Johann J. von Tschudi 定属名。前者定的属名有鱼螈属 *Ichthyophis*、侧褶蛙属 *Pelophylax*、大头蛙属 *Limnonectes* 等；后者定的属名有大鲵属 *Andrias*、小鲵属 *Hynobius*、爪鲵属 *Onychodactylus*、蝾螈属 *Cynops*、拟髭蟾属 *Leptobrachium*、水蛙属 *Hylarana*、泛树蛙属 *Polypedates*、溪树蛙属 *Buergeria*、棱皮树蛙属 *Theloderma*、姬蛙属 *Microhyla*、细狭口蛙属 *Kalophrynus*。两人所定的爬行类属名有玳瑁属 *Eretmochelys*、南蜥属 *Mabuya*、锦蛇属 *Elaphe* 等。以上各属两栖爬行动物在中国境内均有分布。在中亚，俄罗斯政府资助了一系列俄南部及邻近区域的军事和商业考察活动，这些活动中也收集了大量两栖爬行动物标本。Peter S. Pallas、Eduard Eversmann、Edouard Ménétriés 和其他学者对这些标本进行了描述，其中 Pallas 命名的沙蟒 *Eryx miliaris*、白条锦蛇 *Elaphe dione* 和 4 种分别属于麻蜥属 *Eremias* 和沙蜥属 *Phrynocephalus* 的蜥蜴在中国也有分布。

第一次鸦片战争后，英国、德国、俄罗斯、法国、奥地利、美国、日本、丹麦博物学家相继到中国搜集标本，其中不乏随军来到中国的，如丹麦博物学家 Theodore Cantor 作为军医随军到达香港、舟山等地。Cantor 在舟山采集标本，发现并命名的两栖爬行动物新种有中华蟾蜍 *Bufo gargarizans*、黄喉拟水龟 *Mauremys mutica*、中华鳖 *Pelodiscus sinensis*、玉斑锦蛇 *Euprepiophis mandarinus*、红点锦蛇 *Lycodon rufozonatus*、火赤链游蛇 *Oocatochus rufodorsatus*、乌梢蛇 *Ptyas dhumnades*、舟山眼镜蛇 *Naja atra*、多疣壁虎 *Gekko japonicus*、中国石龙子 *Plestiodon chinensis* 等。Cantor 根据印度和马来西亚的标本，定名了也见于中国的眼镜王蛇 *Ophiophagus hannah*。1854 年，英国人 Robert Swinhoe 到中国采集两栖爬行动物标本，标本或自己鉴定和发表，或送给 Edward Blyth、John E. Gray 和 Albert Günther 描述，发表新种数十种，他们描述的部分物种具有 swinhoana、swinhoei 或 swinhonis 的种名。1870 年，Swinhoe 发表了《海南岛的两栖爬行动物名录》和《中国各地的两栖爬行动物记录》。1860 年，Edward Hallowell 报道了 John Rogers 等到日本、琉球、香港、爪哇等地采集的标本，发表两栖爬行动物新种 47 种、新属 10 个，其中模式标本产地在中国的物种 10 种，两栖动物有 *Rana* (*Fejervarya*) *multistriata*（= 泽陆蛙 *Fejervarya multistriata*）、*Rana trivittata*（= 长趾纤蛙 *Hylarana macrodactyla*）、*Bufo griseus*（= 中华大蟾蜍 *Bufo gargarizans*）、*Engystoma pulchrum*（= 花姬蛙 *Microhyla pulchra*）、斑腿泛树蛙 *Polypedates megacephalus* 等 6 个新种标本采自香港。Hallowell 去世 1 年后，其论文由美国动物学家 Edward D. Cope 整理发表，Cope 后来还描述了一些新的中国类群。

　　Armand David 和韩伯禄是法国天主教牧师兼博物学家。1862 年，David 来到中国，在北京、河北、内蒙古、山西、陕西、浙江、福建、江西、湖北和四川等多地采集标本，并命名了 8 个两栖动物新种（其中 6 种有效），仅四川宝兴县就采集到 *Dermodactylus pinchonii*（＝山溪鲵 *Batrachuperus pinchonii*）、*Polypedates mantzorum*（＝四川湍蛙 *Amolops mantzorum*）、宝兴树蛙 *Polypedates dugritei* 3 种。他采集到的大鲵标本后由 Blanchard 描述并以 David 的名字命名为新种大鲵 *Sieboldia davidiana*（＝*Andrias davidianus*）。David 的另一些标本由法国人 Henri-émile Sauvage 描述和命名。1868 年，Heude 来到上海徐家汇，在那里建立了一个博物馆。1880 年，Heude 与耶稣会同事一起创办了中国首份自然历史杂志 *Mémoires concernant l'Histoire Naturelle de l'Empire Chinois*，首卷发表的鳖类专论描述了 9 个新属、13 个新种。虽然 Heude 的新属种迄今无一得到承认，但其专论仍然是鳖属 *Pelodiscus* 和斑鳖属 *Rafetus* 详细信息的有价值来源。1872 年，法国人 Albert-Auguste Fauvel（1851—1909）来到北京，随后去了烟台和上海，1879 年描述并正式命名了扬子鳄 *Alligator sinensis*。

　　19 世纪，西方人对中国进行了一系列以军事勘查为主要目的的考察活动，若干对中国两栖爬行动物学发展做出突出贡献的博物学家参与其中，其中有俄国人 Nikolai M. Przhevalsky。1867—1885 年，Przhevalsky 在黑龙江流域、新疆、甘肃、青海等地进行了 5 次考察。1888 年，其助手 Peter K. Kozlov 和 Vsevolod I. Roborovsky 又在中国进行了若干次考察。Przhevalsky 收集了大量动植物标本，并将其带回圣彼得堡，两栖爬行动物标本大约有 1200 多号，主要由 Jacques von Bedriaga 整理和研究，并发表 2 篇论文和 1 部专论。John Anderson 是第一个在中国考察两栖爬行动物的英国人，1864 年他以医官和博物学家身份参加了 Edward B. Sladen 组织的对中国的首次考察，1875 年他又参加了 Horace Browne 组织的第二次云南考察。Anderson 在云南西部和缅甸采集了大量标本，1871—1879 年发表多篇论著，描述了见于西南的两栖爬行动物新种约 14 种，报道了两栖类新属（疣螈属 *Tylototriton*）。1870 年和 1873 年，奥地利人 Ferdinand Stoliczka 以博物学家身份参加了对新疆莎车的两次军事和科学考察，其两栖爬行动物标本由 William T. Blanford 研究并于 1878—1891 年陆续发表。Blanford 发表了来自波斯和英属印度的大量两栖爬行动物，其中包括见于中国的物种。William Theobald 根据采自英属印度的标本描述了一些见于中国的物种。

　　1890—1949 年曾有许多外国博物学家到中国采集标本，如俄国人 Nikolai F. Kashchenko 及其学生 Alexander A. Emelianov。Emelianov 在阿尔泰和满洲里采集，命名了黑眉蝮 *Agkistrodon*（*Gloydius*）*saxatilis* 和乌苏里蝮 *Agkistrodon*（*Gloydius*）*ussuriensis*。Peter A. Pavlov 和 Anatoly A. Kostin 研究了东北两栖爬行动物，前者 1926 年首次报道了满洲里两栖爬行动物区系，后者发表了若干满洲里两栖爬行动物区系的研究结果。Frank Wall 基于印度、缅甸、锡兰（斯里兰卡）、阿萨姆邦标本描述了大量蛇，若干种也见于中国。1900—1902 年，Frank Wall 作为英国考察队员访问香港、上海等地并研究那里的蛇类标本，定名了温泉蛇 *Natrix*（*Thermophis*）*baileyi*。1907 年，Francis H. Stewart 赴西藏考察，次年报道了他的两栖动物标本。Arthur Stanley 报道了华南和华东的两栖爬行动物，其中蛇新种 2 个。与同期其他赴中国考察的英国人一样，Stanley 将部分标本送到伦敦大英博物馆供 George A. Boulenger（1858—1937）研究。1878—1920 年，Boulenger 研究了大量保存在英国博物馆的两栖爬行动物标本，这些标本是多位采集者从中国的东北、山东、福建、台湾、四川、云南，以及朝鲜、日本、越南、缅甸、印度、尼泊尔等国采集的，他还研究了东南亚其他国家以及欧洲、大洋洲和美洲的两栖爬行动物标本。据不完全统计，他发表了多达 60 多篇（部）与中国有关物种的论著，其中 *Catalogue of the Batrachia Salientia s. Ecaudata in the Collection of British Museum*（1882）、*A Revision of the Oriental Pelobatid Batrachians*（*Genus Megalophrys*）（1908）、*A Monograph of the South Asian，Papuan，Melanesian and Australian Frogs of the Genus Rana*（1920）等专著记述与中国有关的两栖爬行动物新种 60 种左右、新属 13 个，模式标本产地在中国的两栖动物新种 20 余种。1908—1922 年，Arthur de Carle Sowerby 在华北、华东、满洲里和福建等地采集，部分标本存于美国华盛顿博物馆，由 Leonhard H. Stejneger 鉴定，另一些则存于 Sowerby 任馆长的上海自然博物馆。Stejneger 曾发表多篇论著，如 1907 年出版的 *Herpetology of Japan and Adjacent Territory* 等，他还定名了青藏高原特有的新属——高山蛙属 *Altirana*（现并入倭蛙属 *Nanorana*）。1923 年，英国人 Malcolm A. Smith 赴海南岛考察并采集标本，发现了若干爬行动物和蛙新种。1931 年、1935 年、1943 年出版了 *Fauna of British India、including Ceylon and Burma. Reptilia and Amphibia*（Vol. Ⅰ、Ⅱ、Ⅲ），其中涉及若干中国物种。1906 年，慕尼黑博物学家 Erich Zugmayer 描述了鬣蜥科蜥蜴两个新种，迄今仅红尾沙蜥 *Phrynocephalus erythrurus* 仍被承认。1908 年，德国人 Rudolf Mell 来到中国，主要在广西和广东自费采集标本，他在广州和欧洲出版的杂志上发表了不少论文，描述了一些新种，1929 年出版了一部技术书籍 *Grundzüge einer ökologie der Chinesischen Reptilien*。Mell 的许多标本被送到柏林，在那里由他的同事 Ernst Ahl、Hans Kanberg、Walter Unterstein 和 Theodor Vogt 进行描述，Vogt 对 Mell 收集自华南、其他人收集自海南和台湾的标本进行了描述。Mell 的兴趣不仅涉及基础分类学，还涉及行为、生态和动物地理学，1955 年他出版了一部重点叙述华南两栖爬行动物的通俗读物。1906—1910 年，美国人 Joseph C. Thompson 在中国大陆沿海、中国台湾地区，朝鲜和日本采集两栖爬行动物，其中有不少由 Thompson 及其同事 John Van Denburgh 描述的新种，Van Denburgh 去世后，标本由 Joseph R. Slevin 进一步研究和发表。1916 年起，Roy Chapman Andrews 领导的美国中亚考察队对中国和蒙古国进行了若干次考察，历时 10 年，足迹几乎遍及中国，于 1923 年首次发现了恐龙蛋。Clifford H. Pope 是考察队中的两栖爬行动物学家，1921—1926 年对华南（尤其是福建和海南）以及湖南、安徽、山东、河北、山西等地进行了广泛的调查，采集了大量标本并收集了生态数据。Schmidt 于 1925—1940 年撰写了多篇论著，记载中国两栖类约 40 种，分属 11 属、7 科，并记述多个新种，如西藏山溪鲵 *Batrachuperus tibetanus* 和华西蟾蜍 *Bufo andrewsi* 等。Pope 的著作记载了中国两栖动物 2 目、9 科、18 属、67 种，对各物种的形态、生活史、生物学资料做了较详尽的记述。1932—1936 年，Judson L. Gressitt 采集了包括海南和台湾在内的华南两栖爬行动物，发表了不少论文并描述了若干新种。1934—1936 年，Thomas P. Maslin 在中国进行标本采集，发表了若干篇竹叶青属 *Trimeresurus* 蛇的论文。

19 世纪中期以来，中国的两栖爬行动物标本多数由欧洲学者带回自己的国家研究，少数由美国学者带回研究。然而，这些学者无一是专门研究中国的，而是 19 世纪描述世界自然历史整体工作的一部分。1857—1859 年，奥地利 Novara 舰环球航行曾短期停靠香港和上海，在那里采到的标本，以及 Swinhoe 和 Stoliczka 分别采自中国厦门和克什米尔的其他标本被带到维也纳自然博物馆，1867 年由 Franz Steindachner 做了描述。Steindachner 后来还描述了 1877—

1880 年采自上海（发表于 1896 年）、1912 年采自台湾地区的标本。Steindachner 的同事 Friedrich Siebenrock 描述了华南的龟类新种，奥地利人 Franz Werner 描述了包括采自广东、云南和湖南的新种。Novara 舰离开后 3 年，普鲁士 Thetis 舰访问中国大陆沿海和台湾地区，将标本带回柏林自然博物馆供 Wilhelm Peters 描述并命名新种，其他标本由汉堡的 Johann G, Fischer 描述。19 世纪 80—90 年代，很多外国人将采自我国湖北、安徽芜湖、浙江宁波、上海、香港、海南、广东、广西等地，以及邻近国家的两栖爬行动物标本送给了德国人 Oskar Boettger 研究，由他撰写了 10 余篇有关中国两栖爬行动物的论著，1885 年、1888 年、1894 年先后出版 *Mmaterialien zur Herpetologischen Fauna von China*（I、II、III），书中记述了 40 余种中国两栖动物以及若干两栖类新种。

在英国，Albert Günther 和 Georger A. Boulenger 研究了大量中国标本。Günther 于 1864 年出版了《英属印度的爬行动物》（*The Reptiles of British India*），内含见于中国的物种。Günther 还描述了 1887—1890 年 Antwerp E. Pratt 采自长江上游的标本，其中有新种尖吻蝮 *Halys*（*Deinagkistrodon*）*acutus*、中国小鲵 *Hynobius chinensis* 和棘腹蛙 *Rana boulengeri*（=*Qusipaa boulengeri*）。Günther 根据俄国人 Grigori N. Potanin 和 Mikhail M. Berezowski 在 1893—1894 年采自甘肃和四川的标本，命名了刺胸猫眼蟾 *Bufo mammatus*（=*Aelurophryne mammatus*）、倭蛙 *Nanorana pleskei*，建立新属倭蛙属。另外，英国学者 Gray 发表的新种有中国瘰螈 *Cynops*（*Paramesotriton*）*chinensis* 和花狭口蛙 *Kaloula pulchra*。

很多美国人也研究了中国标本，Leonhard H. Stejneger 描述了 1896—1897 年 Tsunasuke Tada 采自台湾的两栖爬行动物，还得到了四川、云南、福建、北京等地的标本。Thomas Barbour 从海南、四川和河北等地获得标本，描述了一些新种，如台湾的盘谷蟾蜍 *Bufo bankorensis* 和辽宁丹东的北方狭口蛙 *Kaloula borealis* 等。1934 年，Edward H. Taylor 报道了主要来自福建、海南和江苏的两栖爬行动物，由于大部分标本是 Light 在厦门期间提供的，故 Taylor 所定两栖类新种 *Rana lighti*（福建侧褶蛙 *Pelophylax fukiensis*）以采集人的名字来命名。

法国博物学家 Fernand Lataste 报道了由 Armand David 和 Victor Collin de Plancy 采集的标本，其中新种金线蛙 *Rana plancyi* 因 Plancy 姓氏定种名。法国人 François Mocquard 研究并报道了云南、新疆和甘肃两栖爬行动物标本，1913 年另一法国人 Raymond Despax 报道了四川两栖爬行动物标本。匈牙利人 Lajos Méhelÿ 报道了蒙古和华北的两栖爬行动物标本。瑞典人在 20 世纪 20 年代曾数次访问中国，采集了大量两栖爬行动物标本，结果由 Hialmar Rendahl 总结发表。

1900—1940 年，有一些日本人对中国标本进行了研究，Motokichi Namiye 于 1908—1909 年发表了关于中国台湾毒蛇的研究。Masamitsu ôshima 也研究了蛇类并于 1910 年编写了首个台湾蛇类名录；ôshima 后来发表了一些关于海蛇的论文，撰写了 1 篇中国台湾和琉球毒蛇的专论。Seiichi Takahashi 于 1922 年和 1930 年分别撰写了《日本毒蛇》和《日本陆生蛇》，还描述了几种来自中国台湾的蛇新种，迄今只有阿里山龟壳花 *Trimeresurus monticola makazayazaya* 仍获承认。Moichirô Maki1922 年发表的 *Notes on the Salamanders Found in the Island of Formosa* 记述了中国台湾 3 个有尾类新种；1931—1933 年发表了《日本蛇类专论》，其中包括中国台湾的物种，他描述了阿里山脊蛇 *Achalinus niger*、台北腹链蛇 *Amphiesma miyajimae*、阿里山钝头蛇 *Pareas komaii* 和圆斑蝰 *Vipera russellii* 等新种。日本生物学家 Tetsuo Inukai 发表了几篇两栖爬行动物区系的论文。日本博物学家 Tamezô Mori 描述了 2 种小鲵科蝾螈，1927 年发表了 *A Hand-list of the Manchurian and Eastern Mongolian Vertebrata*，*Amphibia* 和 *On a New Hynobius from South Manchuria*。

## 二、1949 年以前中国学者对两栖爬行动物的研究

秉志对两栖爬行动物的研究工作涉及化石龟类、海蛇和壁虎解剖，他带领学生和助手在华东、华南和四川开展了大量考察工作，调查并发现了不少新种。张孟闻、张作干、方炳文、徐锡藩、孙宗彭、伍献文等是当时较活跃的两栖爬行学家。方炳文创办的 *Sinensia* 杂志是发表两栖爬行动物研究成果的重要载体。张孟闻于 1936 年发表的博士学位论文首次对中国蝾螈做了系统的阐述。

刘承钊先后在沈阳、北平对我国北方两栖类进行了较多调查和研究，对北方蛙类的生活史和第二性征做了大量研究。1934 年，刘承钊在苏州、杭州和舟山群岛开展了两栖爬行动物调查。1938—1949 年，刘承钊在甘肃、四川、西康等地开展了大量的野外工作，与胡淑琴、李之珣、刘建康、赵尔宓等人发表了近 30 篇论文并进行了新种描述，其中开拓性的论文有1935 年发表的 *The Linea Masculina，a New Secondary Sex Character in Salientia*、*Types of Vacol Sac in Salientia* 等。刘承钊在对中国西部地区考察和研究的基础上发表的论文记述了约27 个两栖类新种和 1 个新属（髭蟾属 *Vibrissaphora*）。1950 年，刘承钊出版的专著 *Amphibians of West China* 记述了我国西部两栖类 74 种，是当时最杰出的两栖爬行类著作。

丁汉波对两栖爬行动物的研究始于 20 世纪 30 年代。他于 1938 年在《北京博物杂志》报道了黑斑蛙有雌雄同体现象；1939 年报道了雄性中华蟾蜍精巢前方有退化的卵巢结构、有性逆转的可能性，还报道黑斑蛙与中华蟾蜍的生殖腺有季节变异；1944 年出版了《武夷两栖类志》。丁汉波曾在 *Science*、*Journal of Experimental Zoology*、*Copeia* 等国际著名期刊发表了一系列有重要国际影响并广为引用的经典科学论文，是迄今为止唯一一位在 *Science* 上发表传统两栖爬行动物研究领域论文的中国科学家。丁汉波还与其在福建师范大学的同事开展了两栖类（尤其是蟾蜍）杂交、受精、核移植的研究。

## 三、1949 年以后中国学者对两栖爬行动物的研究

1949 年以后，中国的生物学研究迅速发展。区系研究是 1949 年至改革开放初期中国两栖爬行动物研究的主要内容。这一时期，国内许多单位的研究多聚焦于各自省份，但由刘承钊带领的成都团队的工作始终是面向全国的。该团队研究了多个类群，包括锄足蟾科Pelobatidae、树蛙科 Rhacophoridae、滑蜥属 *Scincella*、鳄蜥科 Shinisauridae 以及众多的爬行动物（尤其是蛇类）。台湾也在开展两栖爬行动物区系调查，台湾师范大学的吕光洋及其同事根据其野外工作建立了两栖爬行动物数据库，涉及每个物种的详细分布图和海拔数据，也发现了一些新种。此外，这一时期在各省区开展区系调查的代表性人物有安徽的陈壁辉、李炳华，北京的曹玉茹、黄祝坚、康景贵，重庆的郑光䭌，福建的蔡明章、丁汉波、郑辑，甘肃的常麟定、冯孝义、刘迺发、宋志明、王丕贤、杨若莉、姚崇勇、张孚允，广东的潘炯华、秦耀亮、邱逸光、徐龙辉、周宇恒，广西的林吕何、唐振杰、温业棠、张玉霞，等等。1959 年，刘承钊等人编著的《中国动物图谱：两栖动物》出版，该书记载了我国的两栖类 42 种，是我国第一部以图鉴形式出版的专著。1961 年，刘承钊和胡淑琴编著的《中国无尾两栖类》出版，

记载了我国当时已知的无尾类 120 种及亚种，全面系统地记述了中国无尾类各物种的分类地位、形态和生物学资料。1965 年，周本湘编著的《蛙体解剖》出版。1977 年，胡淑琴等人编著的《中国两栖动物系统检索》出版，记载了我国的两栖类 204 种，分别隶属 35 属、11 科、3 目，该书是当时记述我国两栖类物种最全的工具书，曾在我国两栖类资源调查和分类研究工作中起到重要作用。1978 年，杨大同等人出版了《高黎贡山地区两栖类、爬行类》，记载云南高黎贡山两栖类 27 种及亚种。20 世纪 70 年代我国全面开展两栖爬行动物资源调查，在全国各省（区）掀起了两栖爬行动物类的资源考察和全国以及各省（区）两栖爬行动物志的编写工作。

"文化大革命"后，除继续开展野外考察和分类区系研究外，还开展了生物化学、胚胎学、解剖学、细胞遗传学、组织学、生态学、鸣声、化石以及经济利用和保护生物学等方面的研究。

在生化研究方面，中国科学院发育生物学研究所研究了包括扬子鳄在内的若干爬行动物血液的季节变化，四川大学研究了蟾蜍属同工酶，徐州师范学院（现江苏师范大学）测定了一些麻蜥的生化指标，河北大学开展了蛙属输卵管生化研究，中国科学院成都生物研究所开展了一系列同工酶生化研究并对蛇毒蛋白进行电泳分析，西北师范大学和兰州大学开展了蛙类研究，等等。

胚胎学研究主要集中在两栖动物。河北大学、福建师范大学对蟾蜍属，北京大学、中国科学院上海细胞生物研究所、中国科学院上海实验生物研究所对蛙属，北京大学和成都生物研究所对狭口蛙属 *Kaloula*，兰州大学对齿突蟾属 *Scutiger* 的一些物种正常发育周期进行了研究。台北国防医学中心研究了蝌蚪变态发育。福建师范大学、成都生物研究所分别开展了小鲵属 *Hynobius* 和蝾螈属 *Cynops* 蝾螈的胚胎学研究。浙江医科大学（现浙江大学医学院）的黄美华开展了短尾蝮胚胎学研究。

成都生物研究所是骨骼和解剖学的研究中心之一，例如田婉淑的解剖学研究聚焦若干种蛙，费梁和叶昌媛的重点是齿突蟾属，张服基研究了有鳞类半阴茎、蜥蜴骨骼和蝾螈骨架，黄庆云研究了蜥蜴肌肉系统。全国其他单位的研究聚焦某些特定的类群，例如广西医学院（现广西大学医学院）的温业棠主要研究蚓螈属 *Ichthyophis*，北京师范大学的吴翠蘅主要研究隐鳃鲵属 *Andrias*，湖南师范大学的沈端文和沈猷慧主要研究肥螈属 *Pachytriton*，兰州医学院（现兰州大学医学院）的冯孝义主要研究雨蛙属 *Hyla* 和蟾蜍属 *Bufo*，华东师范大学的周本湘主要研究蛙属 *Rana*，东北师范大学的马克勤和夏辽苏主要研究沙蜥属 *Phrynocephalus* 和壁虎属 *Gekko*，西北师范大学的姚崇勇主要研究沙蟒属 *Eryx*，安徽大学的戴群力和王岐山主要研究尖吻蝮属 *Deinagkistrodon*，福建医学院（现福建医科大学）的吴瑞敏主要研究眼镜蛇属 *Naja*。

部分实验室用电子显微镜研究超微水平的细胞结构，例如福建医学院的洪怡莎研究了蝰属 *Vipera* 的视网膜，梁平等研究了尖吻蝮毒腺超微结构；陕西师范大学的方荣盛等研究了隐鳃鲵属的内脏器官；兰州医学院的 Ji-kang Pu 研究了蟾蜍属的耳后腺。东北师范大学的马克勤用扫描电镜研究了壁虎属体表鳞片，浙江医科大学的顾肃敏用扫描电镜研究了蝮蛇属和竹叶青属体表鳞片，台北国防医学中心的毛寿先用扫描电镜研究蛇舌的超微结构。中科院成都分院分析测试中心的岳奎元和郑中华用冷冻蚀刻技术开展了蛙属、蟾蜍属和攀蜥属 *Japalura* 的细胞形态学研究。

核型研究曾是 20 世纪 80—90 年代我国两栖爬行动物界的热门研究领域，其中大部分工作附属于系统学研究，中国科学院发育生物研究所的吴政安是国内此领域的先驱，他还研究了蛙染色体。四川大学当时开展了许多两栖爬行动物的染色体研究，其主要成员有陈文元、王喜中、王子淑、杨玉华。哈尔滨师范大学的方俊久、汤秀荣、王岫彬对东北雨蛙 *Hyla arborea*（*Hyla japonica*）和极北小鲵 *Salamandre keyserlingii* 的染色体做了专门研究。山西大学的马涛，浙江医科大学的黄美华、曲韵芳、谢兴福、杨友金主要针对蛇类染色体进行了研究。福建师范大学的吴美锡发表了水蛇属 *Enhydris* 和石龙子属 *Plestiodon*（*Eumeces*）的核型，她的同事高建民研究了蛙类和龟类核型。南京师范大学的陈俊才、彭先步、余多蔚研究了壁虎核型。中国科学院发育生物研究所的史赢仙侧重对短吻鳄的染色体研究。

在生态学研究方面，杭州龙驹坞中药种植场的戴效忠、杭州师范学院（现杭州师范大学）的顾辉清、浙江医科大学的胡步青对蝮蛇进行了详细的生态学研究，胡步青对其他毒蛇进行了生态学研究。兰州大学的刘迺发和北京师范大学的王炳辉开展了麻蜥属蜥蜴的生态学研究，兰州大学的宋志明聚焦沙蜥属蜥蜴，华东师范大学的王培潮、成都生物研究所的王跃招、杭州师范学院的计翔主要研究多种蜥蜴的生态学。徐州师范学院的邹寿昌研究了几种壁虎属物种的个体生态学和蟾蜍的生态学研究。台湾师范大学的吕光洋研究了岛屿小鲵属 *Hynobius* 蝾螈和树蛙的生态和行为，同校的杜铭章研究了兰屿岛扁尾海蛇属 *Laticauda* 的种群动态。台湾大学的梁润生、林曜松、王庆襄、杨懿如等人开展了若干种蛙的生态和行为研究。此时期我国两栖爬行动物学家的生态学研究多侧重不同类群的特定方面。例如，华南师范大学的苏炳芝研究蛙类食性；福建医学院的刘凌冰研究海蛇食性；中国科学院昆明分院生态实验室的李芳林、陈火结，以及华东师范大学的盛和林研究生物量、种群增长和群落生态；华东师范大学的王培潮研究蜥蜴和蛇的生理生态；福建医学院的吴瑞敏研究眼镜蛇属 *Naja*、徐州师范大学的邹寿昌研究蟾蜍属 *Bufo* 和壁虎属 *Gekko* 的越冬生理；江西大学的林光华、吉林生物研究所的马常夫、福建师范大学的张健研究蛙属物种的繁殖周期；成都生物研究所的牟勇聚焦蛙类繁殖期声学通信；兰州大学的耿欣莲研究蟾蜍属的精巢季节变化；浙江医科大学的蔡堡、曲韵芳研究东方蝾螈的繁殖生态；辽宁大学的杨明宪研究蛇岛蝮 *Agkistrodon*（*Gloydius*）*shedaoensis* 的性周期；台湾自然科学博物馆周文豪研究蛙的生活史，黄文山研究蜓蜥属 *Sphenomorphus* 和攀蜥属若干种的繁殖生物学。

两栖爬行动物体内的寄生虫（尤其是吸虫）曾是中国两栖爬行动物研究的主题内容之一。南开大学的顾昌栋开展了主要针对两栖动物的寄生虫学研究。厦门大学的唐仲璋、唐崇惕父女研究了爬行动物（尤其是海龟）的绦虫和吸虫。其他研究吸虫的专家有福建师范大学的汪溥钦，华南师范大学的张剑英，杭州师范学院的江浦珠和孙希达。

若干古生物学家研究了古代爬行动物，早在1935年杨钟健就出版了《中国的爬行动物化石》；叶祥奎于1963年出版了《中国的龟鳖类化石》、1994年出版了 *Fossil and Recent Turtles of China*；1961年，孙艾玲命名硅藻中新蛇 *Mionatrix diatomus*，这是中国最早命名的化石蛇类；孙艾玲等人于1992年出版 *The Chinese Fossil Reptiles and Their Kins*（包括两栖类、爬行类和鸟类共228属、328种）；李锦玲等人于2008年出版 *The Chinese Fossil Reptiles and Their Kin*（包括两栖类、爬行类和鸟类共416属、564种）。此外，三趾马林蛙 *Rana hipparionum*（Schlosser，1924）、黑龙江满洲龙 *Trachodon amurense*（Riabinin，1925）是中国最早命名的两栖类动物、淅川中国厚龟 *Sinohadrianus sichuanensis*（秉志，1929）、细小矢部龙

*Yabeinosaurus tenuis*（Endo and Shikama，1942）是中国最早命名的两栖爬行类动物。

20 世纪 80 年代，我国曾开展了一些专题研究，如中国科学院成都生物研究所的"蓝尾蝾螈生态学研究"（1980—1984）、"小鲵科的属、种分类研究"（1982—1985）、"树蛙科的分类研究"（1987），以及成都生物研究所与云南大学、重庆自然博物馆合作的"中国锄足蟾科属种分类及系统发育研究"（1986—1990）等。我国一些省（区）的地方志或工具书相继出版，如《台湾的两栖类》（吕光洋等，1982）、《中国两栖爬行动物鉴定手册》（田婉淑等，1986）、《中国有尾两栖动物的研究》（赵尔宓等，1984）、《贵州两栖类志》（伍律等，1987）、《西藏两栖爬行动物》（胡淑琴主编，1987）、《香港的两栖类和爬行类》（卡逊等，1988）等。

20 世纪 90 年代是我国两栖动物学研究取得丰硕成果的年代，在此期间进行了若干专题研究，如成都生物研究所的"蛙科动物属种的分类学""林蛙属物种分类学""镇海棘螈的繁殖生态学""臭蛙属物种分类学"等，中国科学院昆明动物研究所的"湍蛙群的系谱研究""蟾蜍科的分类学"等，中国科学院动物研究所的"舟山群岛蛙类生态学和生物地理学研究"，杭州师范大学的"爬行动物生理生态学研究""胚胎热生理研究"等，新疆师范大学的"新疆北鲵的人工养殖和保护"，湖南师范大学的"东方蝾螈的繁殖生态学"，毕节师范专科学校和六盘水师范专科学校的"贵州疣螈的繁殖生态学"。在此期间还出版了各类专著 21 部，其中全国性专著 10 部。

进入 21 世纪以后，我国两栖动物学研究队伍和机构迅速扩展，研究工作快速融入国际科学社群，系列综合性专著如《广西两栖动物》（张玉霞等，2000）、《四川两栖类原色图鉴》（费梁等，2001）、《中国两栖动物检索与图解》（费梁等，2005）、《中国蛇类》（赵尔宓等，2006）、《云南两栖爬行动物》（杨大同、饶定齐，2008）、《黑龙江省两栖爬行动物志》（赵文阁等，2008）、《中国两栖动物彩色图鉴》（费梁等，2010）、《西藏两栖爬行动物多样性》（李丕鹏等，2010）、《海南两栖爬行动物志》（史海涛等，2011）等陆续出版。中国科学院成都生物研究所、中国科学院动物研究所、中国科学院昆明动物研究所、安徽大学、北京师范大学、东北林业大学、福建师范大学等单位的学术带头人带领着团队成员在各自的领域开展工作，更年轻的一代迅速成长。近年来，两栖爬行学分会会员在 *Nature*、*Science*、*Current Biology* 等国际刊物上发表了大量标志性研究成果，特别是在两栖动物的谱系发育，爬行动物的生理生态、外来两栖爬行动物的入侵生态学和壶菌病传播和危害等领域在国际上取得了重要进展。此外，我国首次成功主办了第八届世界两栖爬行动物大会，李义明成为首位在世界两栖爬行动物学大会上做报告的中国人。

## 四、学会、学术会议和学术期刊

学术会议和学术期刊是学术交流的重要平台。1982 年 12 月，第一届全国两栖爬行动物研究学术讨论会在成都举办，并成立了中国动物学会两栖爬行学分会，胡淑琴当选为第一届理事长，丁汉波、赵尔宓当选为副理事长。自两栖爬行学分会成立以来，先后在成都、广州、南京、福州、大连等地召开学术会议。1992 年首届亚洲两栖爬行动物学会议在安徽黄山召开，2000 年和 2012 年在成都召开了第四届和第五届亚洲两栖爬行动物学会议。中国两栖爬行动物学工作者出席了 1989 年首届世界两栖爬行动物学大会以来的历届会议。丁汉波、赵尔宓、周开亚、计翔、傅金钟、唐业忠、车静、江建平先后担任过世界两栖爬行动物学大会的执委会委员或国际委员会委员。2020 年在新西兰达尼丁举行的世界两栖爬行动物学大会，是我国参加境外举办的此类会议人数最多的一次。

自 1972 年以来，有关我国两栖爬行动物的研究论文多发表在《两栖爬行动物研究资料》（1972—1978）、《两栖爬行动物学报》（1982—1988）、《中国蛇蛙研究》（1987—1989）等杂志上。1988 年以后，《两栖爬行动物学报》因故停刊。中国动物学会两栖爬行学分会自 1992 年起不定期出版《两栖爬行动物学研究》，到 2010 年共出版了 12 辑。2010 年，在美国发行的 *Asiatic Herpetological Research* 改由国内发行，刊名变更为 *Asian Herpetological Research*（简称 AHR），该刊于 2010 年被 SCI 收录，现被中国科学院文献情报中心列为二区期刊。

# 第四节　鱼类学

鱼类作为一种重要的自然资源，为人类提供了重要的动物蛋白来源。山东大汶口文化遗存距今已有五千年，遗存中有海产鱼骨和成堆的鱼鳞。经研究鉴定，其中包括鲻、黑鲷、梭鱼和鲅等，反映了那个时期当地人的生活和海洋捕鱼技术水平。从湖南长沙马王堆一号汉墓发现的随葬动物中有鲤、鲫、鳢、逆鱼、银鲴、鳜等鱼类骨骼，说明这些鱼在西汉末年可能已经成为当地人的重要食物。可以说，自古以来鱼在华夏民族的日常生活中占有重要的地位。除在日常生产、生活中与鱼类有越来越密切的联系外，人们也希望对鱼有更多、更广泛地了解和认识。例如，鱼有多少种，不同的鱼有什么不同，它们都分布在什么地方或在什么环境下生活等，人们从早期对鱼类分类的兴趣发展到后来就形成了一门专门的鱼类分类学学科。

## 一、中国古代对鱼类的研究、记载和贡献

商代殷墟出土的甲骨文中即有形如"鱼"的字出现，之后青铜铭文上出现了更多的"鱼"字，可以认为是鱼类分类的萌芽。殷墟甲骨刻辞说明："鱼"单体文"象形"，尾叉形，有鳍。复体字"渔"，从"水"和"鱼"，就给"鱼"下了一个明确的定义：鱼是水生动物。《诗经》曾记载了植物百余种，动物 200 多种。我国广大劳动人民在长期实践中正确识别了大量动物、植物名称。《诗经》记载的鱼名中就有鲤、鲦、鰋、鲂、鳣、鲨、鲔、鲿、鳢、鳟、鲟、鳏等，其中大部分鱼名一直沿用至今。有些还记载了鱼的生活习性和渔具、渔法等。汉代许慎著《说文解字》共 14 篇，收字 9353 个。首先给"鱼"字下了一个很好的定义："鱼"水虫也，鱼尾与燕尾相似，凡鱼之属皆从鱼。该书汇集了 112 个带"鱼"旁的复体，有些字用于不同发育时期的专有名词，例如"鲲"指怀鱼卵、鱼子而未生出者；"鲭"指仔鱼，初孵有鱼形者；"鮡"指稚鱼鳍褶分化为鳍条，但鳞片尚未齐全者；"鲡"指鳞片已生齐全的幼鱼。《山海经》中也有鱼类的记载，如鲑、虎鲛（虎鲨）、鳖鱼（鲬）、鳞、飞鱼（燕鳐）、鰧鱼（青鰧鱼）等。

我国现存最早的一本水产动物志《闽中海错疏》主要介绍了福建一带的海产种类，包括鳞介类 257 种。卷中"鳞部"有许多鱼类的名称、生活习性、产地等。例如"棘鬣，似鲫而大，其鬣如棘，色红紫"。这里"棘鬣"即我们现在所说的"真鲷"。再如"石首，鳈也，头大尾力，脑中具有两个小石如玉，鳔可为胶，鳞黄，璀璨可爱，一名金鳞，朱口厚肉，极清

爽不作腥，闽中呼为黄瓜鱼。""黄梅，石首之短小者，头大尾小，朱口细鳞，长五六寸，一名大头鱼，亦名小黄瓜鱼。"上述"石首""黄梅"都是石首鱼科黄鱼属和梅童鱼属的鱼类，均具发达的耳石。李时珍的《本草纲目》中，在其第十二卷"鳞部"记述无鳞鱼类就有鳢鱼（乌鳢）、鳝（鳗鲡）、泥鳅、黄鱼（鲟鳇鱼）、河豚（黄鳝，特征为体背青白色，有黄色条纹，无鳞、无鳃、无胆、腹白色）、鲛鱼（虎鲨，特征为眼青颊赤，背鳍有长刺，腹下有翅，皮有沙状斑纹）、海鹞鱼（鱝，特征为体盘状）、文鳐鱼（飞鱼）、海马、石首鱼、鲥鱼、嘉鱼（裂腹鱼属鱼类）、竹鱼（鲑鳟鱼或细鳞鱼，特征为鳞下夹红点），此外还有青鱼、草鱼、鲢鱼、鳙鱼四大家鱼及鲤鱼、鲫鱼、鲂鱼、鳜鱼、鲈鱼、金鱼等。同时，书中也记载了我国劳动人民掌握鱼类知识的生产经验："石首鱼每岁四月，来自海洋，绵亘数里，其鸣如雷，渔人以竹筒探水底，闻其声乃下网截流取之。""勒鱼出自东南海中，以四月至，渔人设网候之，听水有声，则鱼至矣。""鳢出江、淮、黄河、辽河深水处，……其居也在矶石激流之间。"书中对鱼类的形态、生活习性等描述细致，如说嘉鱼，有"蜀郡处处有之，状似鲤而鳞细如鳟，肉肥而美，大者五、六斤，食乳泉，出丙穴者，二、三月随水出穴，七、八月逆水入穴"的记载，足以证明我国古代已能根据鱼的形态特征鉴定种类。各处地方志记载鱼类就更为常见，如清代古籍《藏记概》印载有"青海有鱼似鲟鳇，甚多，皆无鳞甲"。《西宁府新志》卷4，地理山川部记有"十三志云，青海（即青海湖）在临羌县西……有鱼无鳞，背负黑点……"；卷8，地理物产部记有"贵德所渔产黄河，西宁东鳞止类有鱼三、四种而具无鳞……鱼产黄河"。《循化志》记有"黄河中鱼甚多，…有鲶鱼（即兰州鲇）、白鱼（当地人称"明江"，学名为黄河裸裂尻鱼）、鲤鱼（即黄河雅罗鱼），垢鱼口大翻唇无鳞（即厚唇裸重唇鱼）"。

## 二、中国近代鱼类分类学的萌芽时期（清代末年至1949年中华人民共和国成立）

17世纪末，我国人工培育的观赏金鱼由亚洲传入欧洲。林奈了解到此鱼的观赏价值，将其命名为 *Cyprinus auratus* Linnaeus。后来的研究将金鱼列入鲫属 *Carassius*，现在一般称为 *Carassius auratus*（Linnaeus）（陈桢，1959）。中国鲫鱼的拉丁学名就是林奈（1758）以中国金鱼作为模式命名的。林奈在《自然系统》中还记载有产自中国的花鳅 *Cobitis taenia*、真鲹 *Phoxinus phoxinus*、圆腹雅罗鱼 *Leuciscus idus* 等26种。

1860—1895年，西方的科学技术相继传入中国，国内掀起了废科举、兴学校、努力学习西方的热潮，中国鱼类学研究也开始起步。1903年，张謇首先在江苏通州创办了一个渔业公司，1905年又在上海创办了江浙渔业公司，并于当年从青岛购买了德制蒸汽机拖网渔轮一艘，定名为"福海"号。从此，嵊泗列岛的小黄鱼、带鱼和乌贼等水产资源得到进一步开发。此后，张謇又积极筹划以中国的渔业参加在意大利秘拉诺举办的博览会，取得了成功。1912年，张謇在上海成立了江苏省立水产学校（上海海洋大学前身）。

1921年，动物学家秉志在南京高等师范创建了我国第一个生物系；1922年，成立了中国第一个生物学研究所；1927年，秉志又和植物学家胡先骕在北京创办了静生生物调查所。他们带领工作人员开展了大量与生物资源有关的分类调查工作，收集了大批生物标本，出版了不少集刊和专著，使我国包括鱼类学研究在内的生物学研究有了很大发展。秉志和陈桢等不仅自己以双名法研究过中国鱼类及其他动物，还和一些教会学校，如东吴大学、燕京大学等一起培养出了一批中国早期优秀的动物学家，其中包括许多跨时代的优秀鱼类学家，如寿振黄、张春霖、伍献文、陈兼善、朱元鼎、林书颜、方炳文、王以康等，他们是我国鱼类学界的开拓者，推动并指导了中国近现代鱼类学和渔业的发展。

中华人民共和国成立前，我国从事鱼类分类学研究的学者主要有以下几位：

（1）寿振黄，中国科学院动物研究所动物生态室、脊椎动物室研究员。1925年毕业于东南大学生物系，同年赴美国加利福尼亚大学、斯坦福大学深造，曾在著名鱼类学家乔丹（DS Jordan）指导下从事鱼类分类学研究。寿振黄开创了中国鱼类、鸟类和兽类的研究工作，他是我国以国际分类学通用准则研究中国鱼类的第一位中国学者，1927年与美国鱼类学家BW Evermann合作发表论文《华东的鱼类及一些新种的描述研究》。

（2）张春霖，1922年考入南京大学农学系，1926年任中国科学社研究所助教。1928年发表《南京鱼类之调查》，这是中国人独自发表的第一篇鱼类学论文，开创了中国人独立研究鱼类学的历史。同年考取法国巴黎大学，1929年发表了《长江鱼类名录》。1930年获巴黎大学博士学位，博士论文为《长江流域鲤科鱼类形态学、生物学及分类学的研究报告》。1933年发表了《中国鲤科鱼类研究》，记述鲤科鱼类50属、99种。1934年发表《开封一鮡鱼新种（乌苏拟鲿）》，同年又与施怀仁合作发表了《嘉陵江的凹尾拟鲿》。1935年发表了《中国南方2种鮡类鱼》《关于几种中国鲳鱼的记述》等。1936年在《关于中国鮡类的研究》中报道了中国鮡类新记录广西龙州的西江鮡、云南的黄斑褶鮡，以及1941年海南、福建、河南、江西（1949）的鮡类记载。1938年在《中国某些鲱科鱼类》中记录了10种鲱类的形态特征及分布。1939年对中国舌虾虎鱼属 Glossogobius 进行了整理，报道中国多地产虾虎鱼5种，其中四川舌虾虎鱼为一新种。1940年在《板鳃类记述》中记述了30种，其中鲨类15种、鳐类14种、银鲛1种。1940—1941年，记述福州浦氏黏盲鳗。1949年发表的《江西鱼类名录》中记述了鲤科、鳅科、鳜科和鮡科及虾虎鱼类等。

（3）朱元鼎，1920年毕业于苏州东吴大学生物系，同年应聘圣约翰大学任教。1925年赴美国康奈尔大学留学，归国后任圣约翰大学副教授。1930年在燕京大学生物系季刊上发表了《中国鱼类学文献》，同年在《中国科学杂志》上发表了《燕虹一新种及中国鱼类图说I、II》。1931年发表我国第一部鱼类学专著《中国鱼类索引》，书中记载鱼类213科、1533种（包括附录43种），迄今仍闻名于国际鱼类学界，也是研究中国鱼类的基本参考资料。1932年发表了《西湖鱼类志》。1935年发表了《中国鲤科鱼类的鳞片、咽骨与牙齿的比较研究》，对95种鱼进行了逐一比较和描述，并对它们的系统发育关系进行了讨论。该著作是对鱼类学研究的巨大贡献，受到中外生物学界的重视，日本学者崇尚他的科研功绩，将鲤科鱼类咽骨命名为"元鼎骨"。

（4）伍献文，1918年就读于南京高等师范学校农业专修科，1921年毕业后到福建集美学校任教，后又转到厦门大学动物学系担任助教。1929年赴法国留学。他的第一篇研究论文《厦门鱼类之调查》发表于1929年，记述软骨鱼类10种，首次报道了我国中华鲟、鲱、狗母鱼、龙头鱼和鮡类5种。1930年发表了《长江上游峡谷采集的某些鱼类》等。1931年发表了《福州沿海和岷江鱼类记述》。同年与王以康合作发表《烟台鱼类4新种》，报道了我国狗母鱼科的新种，也是我国灯笼鱼目鱼类的首次报道。1932年留法毕业论文《比目鱼类形态学、生物学和系统学研究》，记载了分布于我国的5科、33属、65种比目鱼，增加11个新种和新记录，并对该类群的骨骼、血管、消化器官等做了详细描述，受到国际鱼类学界的推崇。1933 年回国后，即被推荐到南京中央研究院国立自然博物馆任动物学部主任，并从事生物资源调查。此间，曾发现许多动物新种，并与王以康合作发表《中国鲽形目鱼类的补充研究》，增加 2 种。1935 年，与唐世风合作发表了《海南比目鱼志记载》，增记长鳍短颌鲆和海南鳒鲆 2 种。1939 年发表《漓江鱼类志》，记录鮡类 8 种，提出剑尾鮡 Aorichthys 新属，并发现新种丝鳍吻虾虎鱼等 11 新种，后来新属名被印度鱼类学家 Jayaram（1971）采用。1935 年，伍献文组织渤海湾及山东半岛的海洋及海洋生物调查队，这是我国自行组织的第一次海洋科学综合调查，可惜许多工作因抗战爆发而中断。伍献文就将研究方向转移至实验室内，这个转变使得我国鱼类学研究出现了以鱼类生理和功能形态学为研究目标的新方向。1940—1947 年，伍献文和他的学生刘建康合作发表了《福建纹胸鮡"粘着器"结构的组织学研究》《黄鳝气呼吸机理及器官的结构功能》《鲤鲫杂交试验》《鳙鲅鱼的胚动现象》等多篇研究论文。

（5）林书颜，1931 年发表了《南中国之鲤鱼及似鲤鱼类之研究》，记述了分布在中国南部的鲤科鱼类 9 亚科、138 种。1932 年记录了广东香洲的胡子鲶。1934 年描记广东博乐罗浮山的白线纹胸鮡，同年又与 A.W. Herre 合作报道了钱塘江的鮡类 11 种。1932—1935 年，又以《广东及其毗邻省鲤科鱼类研究》对 1931 年的论文进行了修订和补充，将鲤科鱼类描述种类增加到 157 种。1935 年发表了《关于中国某些石首鱼类》，1936 年发表了《中国带鱼和鳗鱼之记录》，1938 年发表了《中国石首鱼科再记录》，1940 年发表了《南中国海的石首鱼（Roakers）》等，这些文章的发表对中国鱼类学发展有很大推动作用。

（6）陈兼善，1917 年考入北京高等师范学校博物部，1921 年毕业，1924 年任上海商务印书馆编辑，1927 年赴广东大学（后改为中山大学）教授动物学及组织学和进化论。1928 年随西沙群岛调查组采集群岛动物 170 余种，这次调查引起他对鱼类研究的兴趣。在中山大学期间，他曾到海南、香港、浙江、福建采集 1600 种鱼类标本。1929 年发表了《广东无腹鳍鱼类考察》，详细记述了广东鳗鲡目鱼类 6 科、17 属、39 种，包括 4 新种，是我国最早对鳗鲡目鱼类进行研究的记录。1930 年发表了《南中国的鳗鱼》。1931 年在巴黎大学鱼类研究所所长胡勒（Roule L.）指导下进行鱼类学研究，到 1934 年 5 月，每年都有研究论文发表。1935 年发表《中国 Lophobrachnchiate 鱼类评述》，是我国研究海龙目鱼类最早的著作。1936 年，他与费鸿年合编《鱼类学》，这也是我国第一本鱼类学专著；同年又发表《综述中国棘鱼目鱼类》。

（7）王以康，东南大学毕业，曾留学挪威并在欧洲自然历史博物馆及海牙渔业研究所从事研究。1933 年发表《浙江鱼类初志（板鳃鱼类）》，记录 34 种，其中鲨 15 种，鳐 18 种，银鲛 1 种。1933—1935 年发表了《山东沿海硬骨鱼类研究 I ~ III》。1936 年发表了《海南羊鱼科鱼类记述》。1941 年发表了《海南隆头鱼科鱼类（Laboroid）》。1936 年和王希成合作发表了《山东硬骨鱼类的研究（鲫鱼目）》《中国鲈鱼及其渔场》《中国黄花鱼之研究》等。

（8）方炳文，东南大学毕业，任中央研究院自然历史博物馆（动植物研究所前身）研究员，曾赴欧洲各国考察与中国鱼类学研究有关的博物馆、标本馆等。1930 年发表了《中国新的和不充分清楚的平鳍鳅鱼类》；同年，又报道长江上游的鳅鮀 Gobiobotia 新种和华平鳅属 Sinohomaloptera 新种，还报道了采自广西的新平鳍鳅鱼类。1931 年报道了我国平鳍鳅类的罕见种类和新种、四川华西鳅属 Sinogastromyzon 鱼类和采自四川的新平鳍鳅。1932 年发表了《中国爬岩鱼新稀种类志》；同年，与常麟定发表了《中国鳜鱼之研究》，与王以康发表了《山东沿海板鳃类》，记述 2 纲、5 目、9 科、14 属、30 种。1933 年报道了我国西部的鲤科鱼类泉水鱼新属 *Pseudogyrinocheilus* 和新种 *P. procheilus*、裸胸鳅鮀新种记述、某些中国平鳍鳅的记述等。1934 年发表了关于中国银鱼科鱼类的补充描述及鲢和鳙鳃耙及其有关结构的研究。1934 年发表了《中国银鱼之研究》《中国之胭脂鱼》《中国银鱼补志》等。1935 年发表关于中国缨口鳅鱼类的研究和关于间泥鳅属 *Mesemigurnus* 新属和副泥鳅属 *Paramisgurnus*、中国花鳅亚科鱼属概述和 3 个稀有种的描述。1936 年发表了《中国刺沙鳅二属之研究》《中国西部裂腹鲤亚科新志》《云南之丁氏鲤》等。此外，还发表了《长江上游新鳅类新种志》《四川中国鳘鳅新种志》《贵州缨口鳅属研究》《鳜鱼属志全》《中国平鳍鳅之新种属及其相关诸属系统之改正》《山东鲨鱼志》等。上述论著为后人研究鱼类奠定了基础。

（9）汤笃信（Tang D.S.），1933 年报道厦门团扇鳐属一新种，即林氏团扇鳐。1934 年发表了《厦门之板鳃类名录》，计 44 种，有 8 种为新记录。1937 年发表了中国石首鱼类的研究。1942 年发表了对贵阳鱼类与 2 新属 5 新种的描述等。

（10）傅桐生（Fu T.S.），1933 年起，先后发表了河南开封、百泉、信阳诸地区鱼类的调查报告，涉及若干鲤、鲇、鳅科鱼类。发表的论文有 1934 年的《百泉鱼类研究》、1935 年的《信阳鱼类研究》等。

（11）苗久棚，1934 年描记江苏镇江瓦氏黄颡鱼、黄颡鱼和光泽黄颡鱼等。

（12）刘发煊，1932 年发表了《中国北方之板鳃类》，记述 31 种，新记录 4 种，其中美鳐 *Raja pulchra* 发现于青岛。

（13）顾光中，1933 年发表了《烟台之板鳃类》，记有软骨鱼类 14 种，鲨 7 种，鳐 6 种，银鲛 1 种；增记沙梭鱼（＝长蛇鲻）1 种。

（14）王凤振，1933 年发表了《中国虾虎鱼之调查》，将"Gobioid fishes"命名为"虾虎鱼类"，全文记述该亚目 5 科、17 属、20 种，这些鱼采自青岛、烟台、北戴河、南京、温州、福州、厦门等地。

（15）郑思竞，1940 年发表了《关于某些中国石首鱼类鳞片、内骨骼、耳石及鳔囊的比较研究》，为朱元鼎 1963 年发表《中国石首鱼类分类系统的研究和新属新种的叙述》做了前期准备。

（16）刘建康，1940 年发现虾虎鱼 2 新种。1944 发表了《鳝鱼的始原雌雄同体现象》，通过对 659 尾大小不同体长鳝鱼的比较观察，得出鳝鱼的始原雌雄同体现象，得知雌性多为个体小者，体中型者雌雄兼备，而体长大者多为雄性。1945 年发表的《鲤鲫杂交之研究》，证实雄鲫与雌鲤杂交后代大多数均有细须，侧线鳞 32～35 片；雄鲤与雌鲫后代一概无须，侧线鳞 28～32 片。

（17）张孝威，1944 年发表了《川西康东鱼类志》，记述鱼类 98 种（包括 1 新属和 10 新种），隶属 68 属、19 科。其中，鲤科最多（59%），其次为平鳍鳅类（9%）、鳅类（8%）、鲅（6%），其他 15 科占 18%。该文指出本区各河流下游种类颇丰，逆流而上则次第减少，可见大多数鱼类不适于上游之湍急寒流。1945 年发表了《平鳍鳅科鱼类肩带腰带及毗邻构造之比较研究》，对 16 种平鳍鳅类骨骼做了详细比较，以探讨这些鱼类对激流生活的适应情况及其特殊功能。

（18）郑武飞，1948 年发表了《中国某些石首鱼类鱼鳔的比较研究》，补充了郑思竞 1940

年的研究报告，丰富了人们对石首鱼类鳔囊结构的认识。

（19）成庆泰，1949 年发表了《关于法国博物馆搜集的云南淡水鱼类》。

（20）夏武平，1949 年发表了《河北白洋淀的鱼类》，报道白洋淀鱼类 30 种，其中有 1 新种 *Acheilognathus macrodorsalis*，总种数超过张春霖及日本人森为三（Mori）的记述，但所记述的鲚 *Coilia nasus* 后人再无发现。

这一时期，除上述 20 位鱼类学家外，还有黄文澧，他在 1933 年和 1934 年发表了《鱼学略谈》，以鱼类学讲座的形式向读者介绍鱼类学基本知识，是中国最早的鱼类学教科书。

通过以上学者的研究可知，他们对我国海洋、内陆进行了较广泛的区系调查，不仅发现了许多新属、新种，采集了大批标本，还创建了中国人的博物馆、科学刊物和科学研究机构，大学也设立了生物系等，奠定了中国生物学和鱼类学的学习、研究基础。当时可接受鱼类分类学研究论文的刊物主要有《科学》《水产学报》（1931 年创刊，几年后因创刊人病故而中断）、《动物学杂志》（1934 年创刊，后改名为动物学报）、Sinensia（1931 年创刊，为水生生物学集刊前身）以及相关大学学报等，为我国鱼类学和渔业技术的发展奠定了基础。在此时期，中国鱼类分类学者主要以 Müllera 氏分类系统为基础，之后逐渐接受了经 Günther、Boulenger、Regan、Jordan 等人不断修正和补充，逐渐完善形成的乔敦分类系统。

## 三、中华人民共和国成立后鱼类学初步发展期（1950—1966）

中华人民共和国成立不久，党和政府号召人民加紧生产。在自然资源方面，要求广泛开展资源调查，注重资源保护，以维护国家长远利益；沿海和大江大湖区域的各省、市、县要根据当地具体情况和习惯，拟定水产资源保护办法和措施等。1955 年，国务院公布渤海、黄海、东海等拖网禁渔区，以保护沿海海洋生物资源。到 1957 年年底，我国渔业产量已达 311 万吨，跃居世界第 2 位。在鱼类分类学研究方面，王以康以自己多年教学实践并结合本人分类学研究，编写了《鱼类分类学》（1958），该书是一本内容翔实的中国产鱼类的分类学专著，书中首次向国人介绍了苏联鱼类学家贝尔格（Berg）的分类系统，在当时条件下该书为推动我国鱼类学教学和鱼类分类研究发挥了积极作用。此期中苏渔业文化交流、互派专家较多。苏联著名鱼类学家尼可里斯基和拉斯教授 1959 年到中国开展学术交流，他们并不墨守贝尔格系统，各自对其分类系统有所修改。

这一时期，国家也积极支持中国科学院、教育部、相关大专院校及出版部门的工作，倡导部门间协作交流、相互支持。由于鱼类学纳入国家科学研究计划，在短短十几年内就取得了比较明显的成就，研究目的明确、科研队伍快速壮大、计划性强，鱼类学应用研究和基础研究都得到了快速发展。

（1）鱼类资源调查：鱼类资源调查是鱼类分类学最重要的"应用性"体现。我国第一个五年计划期间（1953—1957 年）开展了多项与鱼类资源有关的渔业资源调查。

海洋鱼类方面，1953—1956 年，首先开展了烟台威海鲐鱼渔场调查。主要由当时的水产部黄海水产研究所、中国科学院海洋研究所和山东大学海洋系组织参加。同时，对多种经济鱼类的生物学也有较深入的调查研究。除继续进行资源普查外，科研单位和部分高校对我国北部海区的鲐鱼渔场，黄海、渤海鱼类区系，沿海重要经济鱼类，如小黄鱼、带鱼、真鲷（红鱼）和虾的生物学，以及内陆鱼类区系和生物学等方面都做了很有价值的调查研究工作。

南海诸岛渔业资源调查主要有 1955 年广东省西沙、南沙渔业考察队的全面调查工作；1956—1959 年，中国科学院动物研究所、海洋研究所与上海水产学院（现上海海洋大学）联合或单独做过多次调查。1965 年，北京自然博物馆也参加过南海海洋动物调查。

1958—1960 年，我国连续三年在黄海、东海和南海同时开展了全国性海洋普查和鱼类资源试捕研究。在黄海区，由于当时科研院所和大学等科学工作者人手不够，曾组织山东大学水产系、生物系、海洋系的学生轮流分批参加试捕工作。黄海区整个海洋生物调查由童第周任总指挥，曾呈奎、张玺、朱树屏、邹源林、张孝威等专家参加。东海区海洋普查自 1958 年冬开始至 1960 年春结束，为时一年半。由海军东海舰队舟山基地领导制订调查方案、每月调查计划（包括站位设定、出海时间、调查船的海上护卫、后勤保障）及协调各参加单位的协作等。调查队基地设在沈家门海军码头。调查项目中的海洋水文、物理、化学、生物等由部队调查船执行，鱼类资源试捕研究由东海水产研究所林新濯、王尧耕、伍汉霖及上海水产学院鱼类学专业学生参加，每月由上海渔业公司、烟台渔业公司派船定时在东海 10 余个固定站点进行拖网捕捞。南海区海洋普查由南海舰队负责实施和执行。

这些大规模的全国海洋普查对我国各海区的海洋生物、经济鱼类等资源状况有了一定程度的了解，积累了科学资料，对指导我国海洋渔业资源（包括鱼、虾、贝、藻等）的研究、生产、资源开发等都有重要意义。

内陆鱼类方面，包括黑龙江流域、长江中下游、青藏高原、新疆等地的综合科学考察也陆续开展。

1954 年，国家水产总局委派费鸿年等对青海湖水产资源进行了调查，当年即完成调查报告。1956 年，中国科学院水生生物研究所湖泊调查队在青海湖东部、南部及西部进行了一个月的调查。由黎尚豪领队，携蒋燮治、褚新洛、李光正、曹文宣、徐家铸等乘马车沿途考察。在上述野外考察工作的带动下，中国科学院各研究所纷纷成立野外工作站，对一些缺少资源调查或资源状况尚不清楚的水域开展调查，如中国科学院水生生物研究所建立了五里湖、菱湖、太湖工作站等，中国科学院动物研究所建立了白洋淀、三门峡、青海湖工作站等。

（2）随着国内外学术交流的加强，开辟科学新园的呼声高涨，学术刊物大量增加，是中华人民共和国成立后的另一个特点。

随着全国经济形势的发展和学术交流活动的加强，原有的学术刊物远不能满足科学论文发表的需要。1952 年前后，《生物学通报》《海洋与湖沼》《学艺》《淡水渔业》《中国水产》《动物学杂志》《海洋科学集刊》《动物分类学报》等纷纷创刊或复刊，与资源调查和研究相关的分类学文章发表数量急剧增加。

（3）鱼类学研究论文与专著发表的数量增加、质量提高。据统计，中华人民共和国成立至 1967 年共发表相关专著 16 部、论文 82 篇，其中海水鱼类专著 8 部、文章 34 篇，内陆鱼类专著 8 部、论文 48 篇。从这些资料可以看出，这一时期我国鱼类分类学研究工作取得不少成果，但是 1960 年以前主要的分类工作是区系调查、鱼类名录和种类记述。1961—1966 年已从种、属描述为主，进入鱼类区系和种群分析阶段。在这些著作中，《黄渤海鱼类调查报告》《东海鱼类志》《南海鱼类志》《中国鲤科鱼类志》《四川西部及其毗邻地区的裂腹鱼类》《四川鱼类区系的研究》《大黄鱼形态特征的地理变异与地理种群问题》《中国石首鱼类分类系统的研究和新属新种的叙述》等经常被引用。其中，《中国石首鱼类分类系统的研究和新属新种的叙述》一书不但记述了中国沿海重要经济鱼类石首鱼类 37 种，分隶于 13 属、7 亚科，其中包括 4 新亚科、2 新属和 4 新种的详细资料，而且对该科鱼类的演化和亲缘关系的表达十分清楚。该专著可以说是鱼类分类学研究的经典之作，达到了国际水平，至今仍被国内外从事相关研究的同行广泛参考、引用。

此外，1966 年以前还有许多重要译著或教科书出版，如《鱼类的洄游》（李思忠译，1958）、《鱼类与圆口类》（郑葆珊等译，1958）、《鱼类分类学》（王以康，1958）、《分门鱼类学》（缪学祖等译，1958）、《现代和化石鱼形动物及鱼类分类学》（成庆泰等译，1959）、《太平洋西部经济鱼类名称对照手册》（朱树屏等，1964）、《动物分类学的方法和原理》（郑作新译，1965）、《鱼类史》（邹源琳译，1966）等。这些著作对其后的鱼类学研究有重要的指导作用和参考价值。特别是最后两本著作，从不同角度介绍了进化分类学的种群概念和现代分类学方法，开拓了从事动物分类学研究的年轻工作者的思路，推动了包括鱼类分类学在内的整个动物分类学科的发展。

## 四、鱼类分类学研究遭受破坏的时期（1966—1976）

"文化大革命"开始后，运动矛头首先指向文化教育和科研部门，鱼类分类学研究也遭到灾难性影响，学科研究受到极大损失，分类工作难以开展，分类学论文少有发表，国际学术交流基本中断。直到"文化大革命"后期，鱼类分类学研究工作才得到一定恢复，动物志编研开始启动。

（1）《中国动物志》编研受挫。继 1973 年《中国动物志》全国编写会后，"中国动物志鱼类编写会议"于 1975 年 9 月底在青岛召开。这是鱼类志编写工作者首次聚会、交流经验、互相学习、互相促进、共同协商编写工作的会议。但由于当时"文化大革命"尚未结束，受其影响，编志工作很快告停。

（2）考察活动。"文化大革命"期间，全国科研单位及高等院校停止了生物基础研究项目，鱼类分类无法开展。但是中国科学院西北高原生物研究所却利用中草药调查的机会，连续多年开展了动植物分类学研究。中国科学院南海海洋研究所海洋生物研究室利用分类学知识对南海海洋药用生物进行调查，于 1978 年出版了《南海海洋药用生物》（鱼类为主）。

科研人员在经费极其困难的情况下，努力坚持野外考察和室内研究，并取得了一定成绩，积累了资料，保证了科研质量。

（3）学术思想与科学技术被禁锢与扭曲。"文化大革命"期间，学术思想和科学技术也被打上了"阶级烙印"，甚至有人提出更改或取消用"资产阶级学者"命名学名的建议。好在多数科学工作者顶住了这股逆流，把住了科学技术正确方向。当时在动物（包括鱼类）分类工作者中最畅销的两本书是《动物分类学的方法和原理》（*Methods and Principles of Systematic Zoology*）和《鱼类史》（*A History of Fishes*）。第一本书全面介绍了动物分类学概念、方法和论文写作与发表及有关数量分析方法和命名法规等，使分类从模式概念进入种群概念。第二本书是包括鱼类形态、分类、生理、生态及动物地理学等内容丰富的"鱼类学"完整概念；其中，鱼类分类的种群概念、亚种分化等精髓已被第一本书完全采纳。可以说，这两本著作成为当时动物分类工作者的指南、新技术与新方法的典范、鱼类分类工作者人人必备的参考书。

（4）科研成果。由于"文化大革命"时期全国科学研究和文化教育事业处于停滞状态，很少见到鱼类分类论文发表，仅有以下几篇著作。

海水鱼类方面：① 1973 年，张有为的《鳚亚目测线管结构及其分类上的应用》；② 1973 年，王鸿媛的《我国海产鱼类属种新记录》；③ 1974 年，烟台地区水产所的《黄渤海的叫姑鱼》；④ 1975 年，成庆泰等人的《中国东方鲀属鱼类分类研究》。

内陆鱼类方面：① 1973 年，李树森的《中国鱼类新记录》；② 1974 年，李思忠的《甘肃河西走廊鱼类新种及新亚种》；③ 1974 年，曹文宣的《珠穆朗玛峰地区的鱼类·珠穆朗玛峰地区科学考察报告》；④ 1975 年，青海生物研究所的《青海湖地区的鱼类区系和青海湖裸鲤的生物学》；⑤ 1976 年，湖北水生生物研究所的《长江鱼类》；⑥ 1976 年，李思忠的《采自云南澜沧江的我国鱼类新记录》；⑦ 1976 年，湖南省水产科学研究所的《湖南鱼类志》。

其中，代表性著作为《中国东方鲀属鱼类分类研究》和《青海湖地区的鱼类区系和青海湖裸鲤的生物学》中的"青海湖地区鱼类区系的研究"。两篇文章都是在多年积累的基础上完成的，也是深入生产现场的实际工作的结晶。它们都是通过测量大批鱼类、解剖和分析研究，找出许多形态特征、做出统计图表论证自己的学术观点，并结合地区鱼类分布讨论了区系起源、亚种分化或演化关系问题。两文同时获得了 1978 年全国科学大会优秀作品奖。

## 五、鱼类学大发展时期（1977—1996）

"文化大革命"结束后，我国渔业和鱼类学研究也进入了一个崭新的快速发展期。这一时期主要有以下几方面特点。

1. 科学考察向纵深发展

自中华人民共和国成立起就开始了内陆和海洋鱼类资源调查。一般来说，20 世纪 50 年代的调查任务注重在"点"上；60 年代则设立若干条"线"，科学考察从初步认识进入理论提升阶段；70 年代则是"面"上考察，"海、陆"均呈现出大发现阶段；80—90 年代则进入深化研究与国际合作的阶段。

内陆调查方面，主要有"1973—1978 西藏全境多学科综合性科学考察""80 年代横断山脉综合科学考察和新疆喀喇昆仑山与昆仑山综合考察"，1985 年"中日联合黄河源探险科学考察"，1989 年"中法联合喀喇昆仑科学考察"，1989—1990 年"青海可可西里地区综合考察"等。此外，还有各省市科研单位组织的区域科学考察。

海洋调查方面，主要有"1974—1976 西沙、中沙和南沙北部海域大洋性鱼类资源调查"，中国科学院南海研究所"实验号"调查船自"1977—1994 年连续对南海东北部、中部、南部南沙群岛海区的综合调查"，1993 年和 1994 年由中国科学院南海海洋研究所、中山大学、厦门大学等单位组织的两次南海岛礁海洋环境与生物调查。这些调查都有鱼类分类学工作者参加，并且取得了丰硕成果。

2. 大力提倡国际学术交流，使我国鱼类分类学研究跨入国际科学前沿，在基础理论上有新的突破

（1）历经 20 世纪 50—70 年代对青藏高原"点""线""面"的逐级扩展考察后，1980 年，中国科学院在北京召开了"第一次青藏高原国际科学讨论会"，这是"文化大革命"结束后中国首次举行的国际性学术会议。为迎接这次国际盛会，以曹文宣院士为第一作者撰写的报告《裂腹鱼类的起源和演化及其与青藏高原隆起的关系》（英文）被宣读后，引起了与会者们的

强烈兴趣。会后这篇文章获得了中国科学院特别奖励。

（2）1982年在德国汉堡召开的第四届欧洲鱼类学大会，是改革开放以来中国鱼类学者首次参加的国际学术会议，褚新洛和武云飞应邀参加。褚新洛的英文报告是《鮡鮡属鱼类（鲇形目鮡科）的系统发育及两新种的描述》，武云飞的英文报告是《关于中国裂腹鱼亚科鱼类的系统学研究》。罗马尼亚著名鱼类学者 P.M. Banarescu 会后主动找武云飞交换了资料和标本，中国科学院西北高原生物研究所标本室的西亚裂鲤鱼类 *Schizocypris brucei* Regang 等就是交换所得。褚新洛的论文引起许多研究鲶类学者的兴趣。两人的文章都采用了支序分析方法探讨鱼类的系统发育，在国际鱼类会议上也属领先。遗憾的是这届会议没有论文集，只有摘要发表，分别以 Sin-Luo Chu：Phylogeny of the genus *Pseudecheneis*（Siluriforms：Sisoridae），with descriptions of two new species 和 Wu, Yun-fei：Systematic studies on the fishes of the subfamily Schizoracinae from China 发表。由于国内刊物少，论文大量积压，《中国裂腹鱼亚科系统研究》全文直到1984年才发表在《高原生物集刊》上。

（3）第二届国际印度–太平洋地区鱼类研讨会1985年7月29日在日本东京国立自然博物馆召开，这次研讨会共有28个国家和地区的180多位专家学者参加，研讨会的主体包括虾虎鱼亚目鱼类的系统和进化、圆口类的系统及进化、鲨鳐类的系统及进化、礁岛鱼类繁殖生态及进化、稚鱼的形质及进化、鱼类的分布、大型洄游鱼类的系统及进化、鱼类染色体及进化8个方面。我国学者张弥曼的《中国晚中生代和新生代鱼类的地层和地理分布》引起了学者们的关注，她在总结我国晚中生代和新生代古鱼类研究的新收获时指出，这些鱼化石不仅在地层划分对比上有重要意义，它们还代表该地区特有的类群，在动物区系和系统演化上也有较大的研究价值。由于她的英语娴熟，学识渊博，演讲内容新颖，引起了与会者的极大兴趣。

（4）1985年，武云飞参加了在瑞典斯德哥尔摩举办的"第五届欧洲鱼类学会"。武云飞提交了两篇报告，一篇指定报告为《中国鲤科鱼类研究现状》，另一篇是自选，题目为《南迦巴瓦峰地区的鱼类区系调查》。第一篇报告总结了中华人民共和国成立以来中国鲤科鱼类研究工作的进展，并列举已发表的10篇论文（除武云飞本人的关于"青海湖裸鲤""皮鳞鱼属的讨论""裂腹鱼类的系统研究"等方面的文章外，还有伍献文等人的"鲤亚目鱼类分科系统"，陈湘粦等人的"鲤科的科下类群"，陈宜瑜的"泸沽湖裂腹鱼类的物种形成"，王幼槐的"中国鲤亚科鱼类分类"及褚新洛的"金线鲃亚种分化"等方面的文章）作为实例说明研究如何从调查、搜集标本、订正种属名称到鱼类种群、系统发育、起源演化和亚种分化的研究。当第二篇报告结束后，R. A. Travers 立即把他的《英国自然博物馆年鉴》送给武云飞。当时武云飞的报告很受大会重视，在来自38个国家、地区的代表275位中，大会论文集只选66篇文章，武云飞的两篇报告全被选中。虽然伍献文关于"鲤亚目"的著作已在1984年被 J.S. Nelson 在其著作《世界鱼类》引用，但由于当时中国学术期刊很少用英文全文发表研究成果，故西方世界很少了解中国鱼类分类学研究。通过这几次会议之后，国人与国外鱼类学者的交流增加了，中国鱼类研究成果得以传播。

（5）早在1979年，伍汉霖即与当时日本著名的虾虎鱼类学家明仁亲王就虾虎鱼类研究开始了交流、互相交换标本和研究报告。1989年，伍汉霖应明仁天皇的邀请，首次访问日本，在东京的赤坂御所做短期研究，共同讨论虾虎鱼类的分类问题。1992年，明仁天皇访问中国，再次与伍汉霖会面，并相互交换鱼类标本。1995年，伍汉霖再次被邀请访问日本，在天皇的生物学御研究所做短期研究。1999 年伍汉霖第三次应邀访问日本，在研究所除做短期研究和讨论虾虎鱼分类问题外，还与日本天皇交流了中国有毒鱼类的研究进展。2001 年 9 月及 2009 年 10 月，伍汉霖第四、第五次访问日本。明仁天皇还对伍汉霖主编的《中国动物志虾虎鱼亚目》一书给予很大的关照和支持，几年来先后赠送日本产虾虎鱼类标本 60 余种，提供大量文献资料，对我国虾虎鱼类研究工作提出了很好的建议。

（6）从 1994 年开始，日本九州大学、东京大学、宇都宫大学的鱼类学家邀请中国科学院水生生物研究所、上海水产大学、四川大学生物系的中国鱼类学家合作进行为期 10 年的"日本、中国大陆及朝鲜半岛鳈鲅亚科鱼类的系统分类和生物地理学的研究"，两年后水生生物研究所和四川大学生物系因故退出，上海水产大学鱼类研究室继续参与合作，10 年届满，取得了很好的成绩。

（7）新学术理念的引进与实践。20 世纪 70 年代，国际生物学的新进展，包括新的概念、思想、方法、技术和新的科研成果大量出现，引起周明镇、伍献文、陈世骧、郑作新、张广学等专家的重视。在鱼类学方面，伍献文在武汉召开"中国动物志鲤形目鱼类编写会议"，并做了《物种的基本概念和探讨系统发育的方法》的报告。中国鱼类学家在探索鲤形目鱼类系统发育时，开始应用支序系统学方法展开研究。同时，张广学等也在北京等地开展了《数值分类学》的研讨。不久，周明镇、张弥曼、于小波编译的《分支系统学译文集》和赵铁桥译、汪振儒校《数值分类学》出版，使国内生物学界对"三大学派"（进化系统学派、数值分类学派和支序系统学派）加深了了解和认识。《数值分类学》问世后若干论点引起争鸣，但其应用者为数不少。支序分类分析也风行一时，其理论与方法赞同者日众。1980 年，在西安召开的鱼类学会邀请世界著名鱼类学家格林伍德参加，会上他十分惊讶中国鱼类学家对分支分类学的热心与熟悉，因为他的研究当时还未能达到解决这些问题的阶段。1985 年，第五届欧洲鱼类学会的报告《中国鲤科鱼类研究现状》，介绍了多篇中国学者运用支序分类方法解决鲤形目不同类群鱼类系统发育关系的文章，引起与会学者们的兴趣和注意，纷纷前来交换资料。在数值分类学方面，动物分类学报刊载的《若儿羌条鳅的数值分类及种下分化》《白鱼属的数值分类包括二新种和一新亚种的描述》等文章，即属我国鱼类数值分类研究的先例。赵铁桥编著的《系统生物学的概念和方法》重点介绍了革新支序系统学格局分支理论和历史生物地理学（分替论），从一定意义上说，这是他多年从事鱼类学研究的心得和与国内外学者经验交流的总结。在鱼类地理学研究方面，除《青藏高原鱼类区系特征及其形成的地史原因分析》一文尚能以地史演进资料解释青藏高原鱼类区系形成不是起源中心跨阻线传布外，还十分缺乏对 Craizat 的"panbiogeography"论的充分理解和运用的文章。

此时期，在使用电子显微镜观察动物亚显微结构、染色体的组型和带型、蛋白质凝胶电泳等多种途径的科学探索风起云涌。诸如《石爬鳅和青鳅细胞核型的研究》《裂腹鱼亚科中的四倍体 - 六倍体相互关系》《西藏鱼类染色体多样性的研究》《中国淡水鱼类染色体》的出版，以及《鲶科八种鱼类同工酶和骨骼特征分析及系统演化的探讨》《中国鲴亚科鱼类同工酶和骨骼特征及系统演化的探讨》等，说明不少鱼类分类学家已从传统的经典分类跨入与生理、生化和细胞学相结合的研究领域。此时论文数量增加，远远超过学术期刊容纳量，论文投送数量使刊物学报应接不暇，充分说明宏观和微观的结合、交叉渗透是促进宏观动物学发展的重要途径。

（8）本阶段学术期刊大量增加，创历史新高，鱼类分类学的研究处于最活跃、发展最快的时期。此时鱼类系统发育与进化理论研究与国际先进水平相当。

1）1980 年以后，新增刊载与鱼类分类学研究相关成果的刊物有《自然杂志》《海洋科学》《热带海洋》《黄渤海海洋》《鱼类学论文集》《高原生物学集刊》《动物学研究》《生物多样性》及有关高校校刊和某些地方刊物等。鱼类分类论文和专著层出不穷，据初步统计，1977—1996 年出版的与鱼类分类有关的专著有 49 部，如《中国鲤科鱼类志（下）》《中国经济动物志——淡水鱼类》《新疆鱼类志》《图们江鱼类志》《南海诸岛海域鱼类志》《福建海洋经济鱼类》《广西淡水鱼类志》《香港淡水鱼类》《黑龙江鱼类》《河南鱼类志》《北京鱼类志》等，说明此时我国已基本上完成了地区性鱼类的调查和志书的编写及对所述鱼类分类混乱的澄清。

2）根据《动物学报》《动物学杂志》和《动物分类学报》三刊的鱼类分类文章统计，中华人民共和国成立后与鱼类分类学研究有关的论文发表数量明显增长：1935—1949 年发表动物分类论文 21 篇，鱼类分类文章为零；1950—1966 年发表鱼类分类学论文 32 篇，其中内陆鱼和海水鱼各 16 篇，平均每年每刊发表论文不足 0.7 篇；1967—1976 年发表鱼类分类学论文共 7 篇，其中内陆鱼 3 篇，海水鱼 4 篇，平均每年每刊 0.23 篇；1977—1983 年发表鱼类分类文章共计 50 篇，其中海水鱼 17 篇，内陆鱼 33 篇，平均每年每刊 2.38 篇。

3）根据《动物分类学报》（1964 年创刊）与鱼类分类学有关的论文统计，1964—2013年，共发表鱼类分类学论文 168 篇，11 新属 155 新种，其中包括内陆鱼文章 129 篇，9 新属121 新种；海水鱼 37 篇，2 新属 34 新种。1964—1983 年，共发表论文 32 篇，年均 1.6 篇。1984—2013 年共发表论文 136 篇，年均 4.53 篇。由此可以看出，《动物分类学报》1984—2013 年发表的论文平均数明显高于 1964—1983 年。也可以看出该刊海水鱼类文章较少，可能是许多分类文章发表在其他尚未统计的刊物中，如《生物学通报》《海洋与湖沼》和《海洋科学集刊》及各高校刊物等。值得注意的是，发现的新属新种多是非经济小型鱼类，说明我国鱼类多样性十分丰富。

4）1979 年，朱元鼎与孟庆闻合作出版了专著《中国软骨鱼类的侧线管系统以及罗伦瓮和罗伦管系统的研究》，对软骨鱼类这种高级器官的研究在鱼类进化理论方面是一个超越前人的突破，对于鱼类形态学、分类学以及进化理论方面都有广泛的影响，本研究在国内属首创，在国际上也是先进的，因而获得 1987 年国家自然科学奖三等奖，这是我国鱼类分类学家首次获得的最高奖励。1996 年 1 月，武云飞、曹文宣、吴翠珍、朱松泉和陈宜瑜合作的论文《青藏高原鱼类及有关类鱼》作为区域研究的综合成果获得国家自然科学奖四等奖。

（9）促进相关学科的发展。

1）古鱼类学研究的进展。我国化石鱼类的研究主要是在中华人民共和国成立以后才开始的，对泥盆纪、中生代的研究有许多新的收获。从发现的很多狼鳍鱼化石的研究可以表明它们都是上侏罗纪的化石，对地层分析有重要作用。《浙江中生代晚期鱼化石》一文指出，这些鱼化石不仅在地层划分和对比上有重要意义，并且由于它们代表某一地区特有的鱼群，在动物区系和系统演化上也有较大的研究价值。《西藏北部新第三纪的鲤科鱼类化石》记述了伦坡拉盆地的大头近裂腹鱼是中生代丁青组化石，被古鱼类学界认为是三十年来的研究成果之一，其出现层位确凿，应是现今裂腹鱼类最接近的类似祖先，这为进一步探讨裂腹鱼类演化与青藏高原隆起关系提供了有力佐证。

2）鱼类资源学。鱼类资源学在我国作为一门学科是在中华人民共和国成立后才开始形成的，取得的主要成果有：①海洋鱼类方面：为掌握渔业资源变动规律，首先进行了鲐鱼、小黄鱼、大黄鱼、带鱼等重要经济鱼类生物学和渔场环境调查；其次进行了地区性的海产鱼类资源分布和海产鱼类繁殖保护等调查研究，其中以小黄鱼、大黄鱼和带鱼的研究取得显著成果，已经积累了有关资源、洄游、索饵、渔场、渔汛期等生物学特性的大量资料，用于渔业预报和生产实践，起到了重要的作用。②内陆鱼类方面：进行了湖泊、水库和河流等大水面自然环境和鱼类生态学调查研究，完成了《长江鱼类》《湖泊调查基本知识》等专著。水库的利用是我国内陆渔业中的一个新课题，这方面工作主要有库湾养鱼、捕捞技术和提高水库生产力，以及水利枢纽的建设对鱼类资源和产卵场的影响等方面的研究。

3）鱼类养殖学。鱼类养殖学主要的成就可归纳为：①内陆鱼类养殖事业：青、草、鲢、鳙四大家鱼在池塘养殖条件下人工产卵孵化的成功，在我国养殖史上写下了光辉的一页。《中国淡水鱼类养殖学》的编著，从历史资料、自然条件到养鱼、捕鱼、治病、运输、加工等，初步总结了几千年来的历史经验。在鱼病学研究方面，提出了池塘养殖事业主要病害防治方法和若干流行病的控制办法。此外，为提高单位面积养鱼产量，在生产实践中总结出"水、种、饵、混、密、轮、防、管"八字精养法，在池塘养鱼技术上产生了深远影响。②海产鱼养殖事业：不仅在海水和咸淡水中进行了养殖，有些种类如梭鱼、鲻鱼、鲈鱼、真鲷、遮目鱼、牙鲆等养殖技术已经解决，同时还进行了国外良种引进、驯化，迅速建立起良种养殖的新模式和新产业，如罗非鱼和大菱鲆等产业被誉为"第四次浪潮"的海水鱼类养殖，受到全球的关注。

4）鱼类形态学的研究。我国鱼类形态学在过去研究的基础上不断发展，从单纯骨骼解剖发展到系统解剖与比较解剖，以及形态与机制研究方面，其中主要论著有《鲤鱼解剖》《白鲢的系统解剖》《鲫鱼、鲶鱼、泥鳅的骨骼比较解剖》《鲤鱼韦氏器官及其附近各骨的形态与生理》《鲤鱼的水静机制》等。其中，《鲤鱼解剖》对鲤鱼内外部形态上的特征做了详尽介绍，并对其生理、生态和演化做了简述，这是个体解剖研究的一个典范。

1958 年开始，孟庆闻等开展鱼类形态解剖研究，先后研究了白鲢、带鱼和梭鱼的形态构造，最后将白鲢的形态学研究整理出版了《白鲢的系统解剖》，以后又进一步研究鱼的某些器官构造，如鳞片、牙齿、骨骼、肌肉、消化器官、嗅觉器官及血管系统等，前后发表 20 篇鱼类形态学方面的论文。在此基础上，孟庆闻等以软骨鱼尖头斜齿鲨和硬骨鱼鲈为典型代表，完成了《鱼类比较解剖》，1987 年由科学出版社出版。1992 年，孟庆闻又出版了《鲨和鳐的解剖》。

5）鱼类生态学和生活史研究。殷名称率先在国内水产院校创建了鱼类生态学课程，内容包含鱼类的生活与环境、鱼类的年龄与生长、摄食、呼吸、繁殖、早期发育、感觉、行为和分布以及洄游等生命功能与环境的联系，还介绍了鱼类种群、群落和水域生态系统研究等内容，其1995 年出版的《鱼类生态学》，是国内第一本比较系统的关于鱼类生态学的专著，得到同行的广泛好评。20 世纪 80 年代，殷名称发表的《海洋鱼类仔鱼在早期发育和饥饿期的巡游速度》《北海鲱卵黄囊期仔鱼的摄食能力和生长》《江鲽在卵和卵黄囊期仔鱼发育阶段生化成分的变化》《鱼类仔鱼期的摄食和生长》等都是国内很有影响的研究鱼类早期生活史的文献。

此外，《鱼类早期发生的研究》《金鱼的家化与变异》等论文也相继发表。同时，还对某些海产鱼类如带鱼、条鳎、黑鲷、牙鲆、鲬、斑鰶、鲲鱼、青鳞鱼、大弹涂鱼等通过人工培苗，对它们早期发育阶段的形态特征做了较系统的研究，提供了基础资料。

6）鱼类生理学方面的研究。鱼类生理学是一门新学科，这方面的工作在我国开展不多，仅结合内陆鱼类养殖做过一些研究，相关文章有《青、草、鲢、鳙侧线及其相关器官组织生理学的研究》《白鲢、鲤鱼、草鱼的性腺及其相关器官在秋冬季的组织生理学资料》《草鱼、白鲢和花鲢的耗氧率》《海鱼趋光性的研究》等。

7）有毒和药用鱼类的研究。鱼类分类学的发展也促进了有毒和药用鱼类研究的开展，可以说有毒和药用鱼类研究是以鱼类分类学为基础衍生出来的。从李时珍的《本草纲目》到现今出版的众多药用动物（包括鱼类）的书籍中，由于作者是药物学家而不是分类学家，很多时候会把药用动物的种类错鉴或张冠李戴等，造成药用动物学名错误和混乱，或有把无害动物误鉴为有毒、把有毒者错认为无毒，造成死亡事故。我国每年因不识毒鱼误食致死者近百人。

20世纪70年代，上海海洋大学鱼类研究室以鱼类分类学为基础，开展了对有毒和药用鱼类的研究。1978年，伍汉霖等出版的《中国有毒鱼类和药用鱼类》引起国内外有关专家的重视，并于1999年由日本长崎大学毒物学家野口玉雄等对该书进行翻译，在恒星社厚生阁出版日文版。由伍汉霖主编，分别于2002年出版的《中国有毒和药用鱼类新志》，2005年出版的《有毒、药用及危险鱼类图鉴》，对我国382种有毒鱼类和药用鱼类的种类鉴别、毒性、中毒性状、治疗、预防、药用等方面做了详细叙述。《中国有毒和药用鱼类新志》是我国首部将有毒和药用鱼类以动物志形式写成的专著，其胆毒鱼类研究成果在学科理论上有新的突破和独到见解。例如在中国东南及南方各省，民间常有吞服鱼胆以治病的习俗，由于有些鱼类的胆汁有毒，误食后会造成中毒。我国鱼胆中毒在动物性自然毒的中毒案例中，其中毒人数及死亡率近年来一直居高不下。作者对许多鱼类的胆汁进行动物实验，结果发现不是所有鱼胆都有毒，从分类学看只有鲤科鱼类的胆汁含鲤醇毒素，尤以鲫鱼的胆汁为剧毒，用之灌喂，小鼠4小时后大批死亡，也从理论上阐明了胆毒鱼类源自鲤科鱼类，吞服任何鲤科鱼类的鱼胆都是危险的，从而修正了李时珍在《本草纲目》中所述青鱼和鲤鱼胆无毒可以治病的说法，对防治鱼胆中毒做出了贡献。《中国有毒和药用鱼类新志》在2003年获得第十一届全国优秀科技图书奖。

## 六、鱼类分类学的新发展期（1997年以后）

1997年以来，中国经济稳步增长，人民生活水平明显提高。国家大力支持科学研究，投入大量经费，引进先进技术、设备和人才、改扩建实验室等，为鱼类系统分类学向高新技术发展，走向分子生物学研究时代创造了良好条件。此时期，鱼类分类学研究主要集中在两大方面：①《中国动物志》（鱼类）有关卷册、区域性地方性志书陆续完成；②特殊生态环境鱼类的调查研究深入发展，如内陆的"溶洞鱼类"调查和深海的"热泉鱼类"调查。

1.《中国动物志》出版圆口纲、软骨鱼纲和硬骨鱼纲部分目卷

动物志是一个地区动物按国际动物命名法规定的分类阶元安排而做出物种完整、准确描述的典籍，一般由该地区分类学经验最丰富的专家编著，故其在学术上最有权威性。我国已出版的与鱼类分类有关的各卷如《圆口纲和软骨鱼纲》（朱元鼎，2001）《硬骨鱼纲－鲽形目》（李思忠，1995）《硬骨鱼纲－鲇形目》（褚新洛、郑葆珊、戴定远等，1999）《硬骨鱼纲－鲤形目》（中）（陈宜瑜等，1997）《硬骨鱼纲－鲤形目》（下）（乐佩琦等，2000）《硬骨鱼纲－鲟形目、海鲢目、鲱形目和鼠鱚目》（张世义，2001）《硬骨鱼纲－灯笼鱼目、鲸口鱼目和骨

舌鱼目》（陈素芝，2002）、《硬骨鱼纲－鲀形目、海蛾鱼目、喉盘鱼目和鮟鱇目》（苏锦祥、李春生，2002）、《硬骨鱼纲－鲉形目》（金鑫波，2006）、《硬骨鱼纲－鲈形目（五）虾虎鱼亚目》（伍汉霖、钟俊生等，2008）、《硬骨鱼纲－鳗鲡目、背棘鱼目》（张春光等，2010）、《硬骨鱼纲－银汉鱼目、鳉形目、颌针鱼目、蛇鳚目和鳕形目》（李思忠、张春光，2011）。

此外，还有朱松泉的《中国淡水鱼类检索》（1995），共记载中国内陆鱼类1010种，隶属268属、52科、19目（不包括补遗的2属13种），其中新增加新属9个，新种56个，新记录14属、56种，比《中国鱼类系统检索》记载的内陆鱼类增加了21%。对科研、教学以及渔业生产有重要参考价值。

祝茜的《中国海洋鱼类种类名录》（1998），共记载中国海洋鱼类288科、3029种，约占当时世界鱼类（21723种）的14%。

任慕莲等人的《伊犁河鱼类资源及渔业》（1998），通过对我国伊犁河流域长期渔业资源调查，共获得鱼类32种，隶属27属、7科。该文填补了国内研究空白，对认识我国伊犁河鱼类有重要贡献。

陈清潮等人的《南沙群岛至华南沿岸的鱼类》（1995）记述该海区鱼类564种，隶属301属、139科、26目；《珊瑚礁鱼类》（1994）记述南沙群岛鱼类244种，并介绍其观赏、食用和药用价值及资源保护的重要意义。

周解、张春光等人的《广西淡水鱼类志》（第二版）（2005）共描述290种鱼，比第一版增加了90个种和许多精美的彩色图片，有利于人们认识广西内陆鱼类的全貌，推动水产业的发展，对广西鱼类资源的合理利用与保护发挥了重要作用。

倪勇、伍汉霖的《江苏鱼类志》（2006），以启东吕四、连云港、太湖、洪泽湖、骆马湖和长江江苏段为重点进行了海洋、淡水鱼类的调查，共收录36目、144科、327属、476种，其中淡水鱼类105种，海洋鱼类371种。

伍汉霖等人的《拉汉世界鱼类名典》（1999），共收录有效及无效种名的鱼类5372属、29427种。其中，一些属名做了订正，详细记载了有效种名和异名，首次将全球鱼类的拉丁学名译成中文，使用查阅非常方便，为全球华人对鱼类中文名称的统一迈出重要一步。

伍汉霖等人的《拉汉世界鱼类系统名典》（2012），在《拉汉世界鱼类名典》的基础上，调查范围深入未曾探查的水域，加上DNA研究及鉴定方法的运用，发现更多的新种和隐蔽种。本书共收集31707个有效种及792个同种异名。

以上各鱼类专志的陆续出版，进一步丰富了人们对鱼类多样性的认识，满足了人们生产过程中的需要。各志书的编写也为鱼类生态学、生理学、生物地理和环境保护等学科提供了较系统和完整的基础资料。

2. 新方法和新技术的引入

随着形态学、分支系统学和分子系统学方面理论和方法的发展，不断有新的研究方法和技术被引入中国鱼类系统分类学研究中来。

余先觉等编著了《中国淡水鱼类染色体》（1989），该书详细总结了我国鱼类（主要是内陆鱼类）在细胞水平（染色体核型）的研究进展，并尝试用细胞分类学（Cytotaxonomy）或核型分类学（Karyotaxonomy）的方法研究鲤科的亚科划分和系统发育关系，是我国有关染色体组型在内陆鱼类研究方面最重要的代表性著作。

Tzeng 等（1990）首先利用线粒体 DNA 限制性内切酶分析，对台湾缨口鳅同物异名进行了验证，并于 1992 年在世界上首次发表了台湾缨口鳅 Crossostoma lacustre（= 缨口台鳅 Formosania lacustre）线粒体基因组全序列报告。罗静、张亚平、朱春玲等（1999）对鲫鱼遗传多样性进行了初步研究。赵凯等（2001 和 2005）分别对青海湖裸鲤与鲤鱼、鲫鱼、草鱼的随机扩增 DNA 多态和青海湖、黄河、柴达木水系特有的青海湖裸鲤、花斑裸鲤、斜口裸鲤的 Cytb 基因全序列等开展了相关研究分析。何德奎、陈毅锋、陈宜瑜等（2003）做了特化等级裂腹鱼类的分子系统发育与青藏高原隆起的研究分析。何舜平、刘焕章、陈宜瑜等（2004）开展了基于细胞色素 b 基因序列的鲤科鱼类系统发育研究。唐琼英等（2005）利用线粒体 DNA 控制区序列比较了沙鳅亚科 Botiinae3 个属 14 个代表种的序列结构，识别出沙鳅亚科中一系列的保守序列，并构建了沙鳅亚科、花鳅亚科 Cobitinae 和爬鳅科 Balitoridae 间的系统发育树。Johansson（2006）对分布于中国珠江水系西江流域的宽鳍鱲 Zacco platypus 和马口鱼 Opsariichthys bidens 的形态特征进行了比较，这一结果与遗传上将这两种分为不同种群的结果一致。Qi 等（2006）基于青藏高原黄河裸裂尻鱼 Schizopygopsis pylzovi 133 个标本的细胞色素 b 基因，分析了种群的核型并构建了系统发育树。赵新全等（2008）借助 Cytb 基因全序列分析，对我国裂腹鱼亚科鱼类不同分类体系进行了研究和讨论；借助系统发育树、分子钟和扩散 - 隔离分析，探讨了裸裂尻鱼属鱼类物种起源、分化、扩散等与青藏高原隆升和高原水系之间的关系，确定扩散或隔离事件在裸裂尻鱼属鱼类演化过程中的作用。Chen 等（2009）利用线粒体 D-loop 基因研究了马口鱼属 Opsariichthys 和鱲属 Zacco 间的系统发育关系，结果表明粗首鱲 Z. pachycephalus 与马口鱼属的亲缘关系要近于鱲属，因此将其更名为粗首马口鱼 O. pachycephalus；粗首马口鱼和新种高平马口鱼 O. kaopingensis 的线粒体基因遗传差异达 3.3%，表明这两个种的分化要早于末次冰期。

海水鱼类方面，高天翔等发表了不少海水鱼类形态分类与分子鉴定有关的论文，如《基于耳石形态的鳀属鱼类鉴别》《基于线粒体 DNA 序列探讨斑头鱼分类地位》等，说明海水鱼类分子分类研究同样发展很快。

3. "洞穴鱼类" 研究的进展

20 世纪 80 年代以前，我国仅有 1 种洞穴鱼类的报道（褚新洛、陈银瑞，1979）。进入 21 世纪后，洞穴鱼类研究有了很大进展。2011 年，我国报道洞穴鱼类种数已超过 100 种，种数远超其他国家和地区（Zhao 等，2011），成为世界上洞穴鱼类物种多样性最丰富的国家。金线鲃属 Sinocyclocheilus 是我国最具代表性的洞穴鱼类群。作为我国特有的洞穴生活的特殊类群，该类群的物种分化、分类地位、适应性演化等受到国内外鱼类学家的广泛关注。1977 年出版的《中国鲤科鱼类志（下）》记录该属仅有 3 种。1983 年，武云飞、吕克强将 Pellegrin（1931）报道的贵州裂腹鱼 Schizothorax multipunctatus Pellegrin 订正为 Sinocyclocheilus multipunctatus（Pellegrin）后，该属才包括 4 个有效种。此后，李维贤（1985）在多年采集标本的基础上发表了《云南金线鲃属鱼类四新种》，使该属种数成倍增加。褚新洛和崔桂华（1985）、陈景星等（1988）、陈银瑞等（1988、1994 和 1997）、陈景星和蓝家湖（1992）、李维贤（1992 和 1998）、王大忠（1996）、单乡红和乐佩琦（1994）、王大忠和陈宜瑜（2000）、肖衡和昝瑞光（2001）等均对该属新种或系统发育进行过研究。赵亚辉和张春光（2009）在前人研究的基础上，结合自己多年的实际调查研究，出版了《中国特有金线鲃属鱼类——物种多样性、洞穴适应、系统演化和动物地理》，书中整理记录了 52 个有效种，系统描述了每个物种的形态特征、地理分布、生活习性及野外工作、鱼类生活环境等，并对这一群鱼类的适应性进化、系统关系和动物地理等进行了深入探讨，这也是在世界范围内对洞穴鱼类研究比较深入的专著。

在现代鱼类系统分类学研究过程中，大量相关研究不仅关注单纯的物种鉴定这样的分类学本身问题，还同时对鱼类物种间或更高级分类阶元间的系统发育关系、个体和种群生物学、物种多样性的时空变化、形态性状的统计学分析、生物地理学和资源保护等多领域开展研究。根据对已有文献的统计，1980 年前仅以形态性状作为分类手段的传统分类学文献占全部文献总数的约 98%，结合生物学特性、种群生态学、动物地理学等其他研究领域的文献仅占 2%；进入 1980 年以后，单纯传统分类学研究下降至文献总数的 58%，结合系统发育、个体或种群生物学、物种多样性、形态测量学、动物地理学、保护生物学等其他领域的研究文献达到 42%。由此可见，现代系统分类学研究不只局限于传统分类学，已经向更广泛、更深入的研究领域发展。

## 七、鱼类标本和标本的保存

鱼类标本是鱼类分类学研究不可或缺的实物材料，特别是在当前天然鱼类不断减少，鱼类生境被严重破坏，致使以往一些较常见的野生鱼类越来越难见到，妥善保管好各研究机构保存的鱼类标本就显得尤为重要。目前，中国科学院动物研究所、中国科学院昆明动物研究所、中国科学院水生生物研究所、中国科学院海洋研究所、中国科学院南海海洋研究所、上海海洋大学等都有具有区域代表性的、规范的鱼类标本保存机构，这是几十年甚至近百年来我国近现代鱼类学研究发展的载体和反映。

## 八、中国鱼类学会的成立和学术活动

中国鱼类学会是隶属中国海洋湖沼学会和中国动物学会的二级学会，由著名鱼类分类学家伍献文、朱元鼎等倡议和发起，1979 年成立，它的成立是中国鱼类学发展史的里程碑。中国鱼类学会是由我国从事鱼类学基础理论研究、教学、应用研究等领域的专家、学者组成的一个全国性团体，其宗旨是团结组织我国鱼类学工作者，加强学术交流，介绍和推广国内外先进理论和技术，发展和繁荣我国鱼类学研究、教学、渔业生产等，对提高我国鱼类学科的研究水平起着重要作用。学会通常每 2 年召开一次学术年会。

鱼类学会自 1979 年成立以来，已举办了多次全国范围的学术会议，在最近的几次会议上，还有台湾大学、台湾清华大学、台湾中央研究院动物研究所、台湾海洋大学以及香港科技大学等院所的诸多学者专程前来参加。由学会组织编辑出版了 6 辑《鱼类学论文集》，与 20 多个国家和地区的几十个机构建立了文献互换关系，在国内外都有着广泛的影响。

## 参考资料

[ 1 ] Chen W C，Liu S Y，et al. Mitochondrail DNA genetic variation and phylogeography of the recently descibed vole species *Proedromys liangshanensis* Liu，Sun，Zeng and Zhao（Rodentia：Arvicolinae）[ J ]．Journal of Natural

History，2010，44（43）：2693-2697.

［2］ Corbet GB. The mammals of the Palaearctic region：a taxonomic review［M］. British Museum（Natural History），Cornell University Press，1978.

［3］ Corbet GB, Hill J E. World list of mammalian species. 2ed edition［M］. British Museum（Nature History），London，1986.

［4］ Corbet GB, Hill J E. The mammals of the Indomalayan region：a systematic review［M］. Oxford University Press，New York，1992.

［5］ Fan ZX, Liu SY, Yue BS. Molecular phylogeny and taxonomic reconsideration of the subfamily Zapodinae（Rodentia：Dipodidae），with an emphasis on Chinese species［J］. Molecular Phylogenetic and Evolution，2009，51（2009）447-453.

［6］ Ge D Y, Lissovsky A A, Xia L, et al. Reevaluation of several taxa of Chinese lagomorphs（Mammalia：Lagomorpha）described on the basis of pelage phenotype variation［J］. Mammalian Biology，2012，77（2012）113-123.

［7］ He K, Chen J H, Gould G C, et al. An Estimation of Erinaceidae Phylogeny：A Combined Analysis Approach［J］. PLoS One，2012，7（6）：e39304.

［8］ He K, Hu NQ, Orkin J O, et al. Molecular phylogeny and divergence time of Trachypithecus：with implications for the taxonomy of T. phayrei［J］. Zoological Research，2012，33（E5-6）：104-110.

［9］ He K, Shinohara A, Jiang XL, et al. Multilocus phylogeny of talpine moles（Talpini, Talpidae, Eulipotyphla）and its implications for systematics［J］. Molecular Phylogenetics and Evolution，2014，70：513-521.

［10］ Jiang XL, Hoffmann RS. A revision of the white-toothed shrews（*Crocidura*）in south China［J］. Journal of Mammalogy，2001，82（4）：1059-1079.

［11］ Liu SY, Liu Y, Guo P, et al. Phylogeny of Oriental voles（Rodentia：muridae：Arvicolinae）：Molecular and morphylogical evidences［J］. Zoological Science，2012，9（11）：610-622.

［12］ Liu SY, Sun ZY, Liu Y, et al. A new vole from Xizang, Chian and the molecular phylogeny of the genus *Neodon*（Cricetidae：Arvicolinae）［J］. Zootaxa，2012，3235（2012）：1-22.

［13］ Liu S Y, Sun ZY, Zeng ZY, et al. A new vole（Muridae：Arvicolinae）from the Liangshan Mountains of Sichuan Province，China［J］. Journal of Mammalogy，2007，88（5）：1170-1178.

［14］ Nowak R M, Paradiso J L. Walker's Mammals of the World. 4th ed［M］. The Johns Hopkins University Press，Baltimore and London，1983.

［15］ Nowak R M. Walker's mammals of the world. 6th ed［M］. The Johns Hopkins University press，Baltimore and London，1999.

［16］ Tu FY, Fan ZX, Liu SY, et al. The complete mitochondrial genome sequence of the Gracile shrew mole，*Uropsilus gracilis*（Soricomorpha：Talpidae）［J］. Mitochondrial DNA，2012，23（5）：382-384.

［17］ Vakurin1 AA, Korablev VP, Jiang XL, et al. The chromosomes of Tsing-Ling pika，*Ochotona huangensis* Matschie，1908（Lagomorpha，Ochotonidae）［J］. Comparative Cytogenetics，2012，6：347-358.

［18］ Wilson DE, DM Reede. Mammal species of the world：a taxonomic and geographic reference. 2nd. Ed［M］. Smithsonian Institution Press，Washington，D. C，1993.

［19］ Wilson DE, DM Reeder. Mammal species of the world：a taxonomic and geographic reference. 3rd. ed［M］. The Johns Hopkins Press，Baltimore，MD，2005.

［20］ Wu Y, et al. A New Species of the Horse shoe Bat of the Genus *Rhinolophus* from China（Chiroptera：Rhinolophidae）［J］. Zoological Science，2008，25：438-443.

［21］ Wu Y, et al. Karyotype of Harrison's tube-nosed bat *Murina harrisoni*（Chiroptera：Vespertilionidae：Murininae）based on the second specimen recorded from Haman Island，China［J］. Mammalstudy，2010，35：277-279.

［22］ Wu Y, et al. A New Species of *Rhinolophus*（Chiroptera：Rhinolophidae）from China［J］. Zoological Science，

2011，28（3）：235–241.

［23］ 鲍毅新，诸葛阳. 天目山自然保护区啮齿类研究［J］. 兽类学报，1984，4（3）：197–205.

［24］ 北京大学生物系. 北京动物调查［M］. 北京：北京出版社，1964.

［25］ 蔡桂全，冯祚建. 喜马拉雅麝在我国的发现及麝属的分类探讨［J］. 动物分类学报，1981. 6（1）：106–111.

［26］ 蔡桂全，冯祚建. 高原兔（*Lepus oiostolus*）亚种补充研究——包括两个新亚种［J］. 兽类学报，1982，2（2）：167–182.

［27］ 蔡桂全，刘永生，冯祚建，等. 青海省有关地区哺乳类考察报告——中美青海高原联合动物学考察成果之三［J］. 高原生物学集刊，1992（11）：63–90.

［28］ 蔡桂全，张乃治. 西球界蝠及橙腹长吻松鼠的新亚种记述［J］. 动物类学报，1980，5（4）：443–446.

［29］ 蔡桂全. 长江源头地区鸟、兽类考察报告［J］. 高原生物学丛刊，1992（1）：135–149.

［30］ 陈竟先. 陇东地区啮齿动物调查报告［J］. 动物学杂志，1986（5）：16–18.

［31］ 陈廷熹. 陕西毛乌素沙漠地带啮齿动物调查［J］. 动物学杂志，1965（5）：201–204.

［32］ 陈万青. 海兽检索手册［M］. 北京：科学出版社，1978.

［33］ 陈卫，等. 北京兽类志［M］. 北京：北京出版社，2002.

［34］ 陈延熹，黄文几，唐仕敏. 赣北翼手类区系调查［J］. 兽类学报，1987，7（1）：13–19.

［35］ 陈延熹，黄文几，唐子英. 赣南翼手类初步调查［J］. 兽类学报，1989，9（3）：226–227.

［36］ 陈延熹. 陕西定边白泥井地区的鼠类及鼠害［J］. 动物学杂志，1965（4）：63–65.

［37］ 陈延熹. 石貂在陕西定边的发现［J］. 动物学杂志，1965（4）：192.

［38］ 邓可，张利周，李权，等. 云南天池自然保护区兽类资源调查［J］. 四川动物，2013，33（3）：458–463.

［39］ 邓先余，冯庆，王应祥. 西南地区社鼠的亚种分化兼二新亚种描述［J］. 动物学研究，2000，21（5）：375–382.

［40］ 樊龙锁，刘焕金. 山西兽类［M］. 北京：中国林业出版社，1996.

［41］ 樊乃昌，施银柱. 中国鼢鼠（*Eospalax*）亚属的分类研究［J］. 兽类学报，1982，2（2）：188–197.

［42］ 冯祚建，蔡桂全，郑昌琳. 西藏哺乳类［M］. 北京：科学出版社，1986.

［43］ 冯祚建，蔡桂全，郑昌琳. 西藏哺乳类名录［J］. 兽类学报，1984，4（4）：341–358.

［44］ 冯祚建，高耀亭. 藏鼠兔及其近似种的分类研究［J］. 动物学报，1974，20（1）：76–78.

［45］ 冯祚建，郑昌琳，蔡桂全. 西藏东南部兽类的区系调查［J］. 动物学报，1980，26（1）：91–97.

［46］ 冯祚建，郑昌琳，吴家炎. 青藏高原大林姬鼠一新亚种［J］. 动物分类学报，1983，8（1）：108–111.

［47］ 冯祚建，郑昌琳. 中国鼠兔属（*Ochotona*）的研究——分类与分布［J］. 兽类学报，1985，5（4）：269–279.

［48］ 冯祚建. 珠穆娜玛峰地区鼠兔属—新种的论述［J］. 动物学报，1973，19（1）：67–75.

［49］ 符建荣，雷开明，孙志宇，等. 西藏小型兽类二新记录［J］. 四川动物，2012，31（1）：123–124.

［50］ 傅道言，丁钝明. 鄱阳湖地区兽类资源调查［J］. 动物学杂志，1991，26（2）：27–31.

［51］ 傅廷璋. 南岭兽类考察报告（湖南部分）［J］. 动物学杂志，1987（1）：36–38.

［52］ 高行宜，谷景和. 马科在中国的分布与现状［J］. 兽类学报，1989，9（4）：269–274.

［53］ 高行宜. 新疆脊椎动物中和亚种分类与分布大全［M］. 乌鲁木齐：新疆科学技术出版社，2005.

［54］ 高耀亭. 中国塔里木兔考察简报［J］. 兽类学报，1985，5（1）：77.

［55］ 高耀亭. 中国麝的分类［J］. 动物分类学报，1963，15（3）：479.

［56］ 高耀亭. 中国动物志 兽纲 第八卷 食肉目［M］. 北京：科学出版社，1987.

［57］ 高耀亭，等. 云南西双版纳兽类调查报告［J］. 动物学报，1962，14（2）：180–196.

［58］ 葛凤祥，李新民，张尚仁. 河南省啮齿动物调查报告［J］. 动物学杂志，1984（3）：45–46.

［59］ 龚正达，解宝琦. 高黎贡山的小型兽类调查［J］. 动物学杂志，1989，24（1）：28–32.

［60］ 龚正达，王应祥，李章鸿，等. 中国鼠兔一新种——片马黑鼠兔［J］. 动物学研究，2000，21（3）：204–209.

［61］ 巩会生. 佛坪国家级自然保护区兽类补遗［J］. 四川动物，1993，12（4）：31.

［62］广州昆虫研究所，中山大学．海南岛的鸟兽［M］．北京：科学出版社，1983．

［63］贵州省环境保护局．梵净山科学考察集［M］．北京：北京外文出版社，1982．

［64］贵州省环境保护局．赤水桫椤自然保护区科学考察集［M］．贵阳：贵州民族出版社，1990．

［65］贵州省林业厅．梵净山研究［M］．贵阳：贵州人民出版社，1990．

［66］贵州省林业厅．麻阳河黑叶猴自然保护区的科学考察集［M］．贵阳：贵州民族出版社，1994．

［67］贵州省黔东南苗族侗族自治州人民政府．雷公山自然保护区科学考察集［M］．贵阳：贵州人民出版社，1989．

［68］郭全宝，张志田．蓟县境内燕山区鼠类调查［J］．动物学杂志，1985（5）：6-9．

［69］郭全宝．天津市区鼠害调查［J］．兽类学报，1981，1（1）：109-110．

［70］郭倬甫，陈恩渝，王酉之．梅花鹿的一新亚种——四川梅花鹿［J］．动物学报，1978，24（2）：187-192．

［71］何锴，白明，万韬，等．白尾鼹（鼹科：哺乳纲）下颌骨几何形态测量分析及地理分化研究［J］．兽类学报，2013，33：7-17．

［72］何锴，邓可，蒋学龙．中国兽类鼩鼱科一新记录——高氏缺齿鼩［J］．动物学研究，2012，33（5）：542-544．

［73］何锴，王文智，李权，等．DNA条形码技术在小型兽类鉴定中的探索：以甘肃莲花山为例［J］．生物多样性，2013，21：19-205．

［74］何晓瑞，杨白伦．中国翼手类一新记录——泰国狐蝠［J］．兽类学报，1991，11（1）：41-47．

［75］洪朝长．福建啮齿动物的地理要分布和区划［J］．动物学报，1982，28（1）：87-89．

［76］洪震藩．东方田鼠一新亚种（*Microtus fortis fujianensis*）［J］．动物分类学报，1981，6（4）：444-445．

［77］洪震藩．武夷山自然保护区啮齿目和食虫目动物初步调查［J］．武夷科学，1981，（1）：173-176．

［78］洪震藩．武夷山自然保护区的鼠形动物（兔形目，啮齿目，食虫目）［J］．武夷科学，1986，6：229-237．

［79］洪朝长，袁高林，孙宝常．鹫峰山脉中段农业区的鼠类调查［J］．动物学杂志，1988，23（1）：24-26．

［80］侯碧清，等．湖南鄞县桃源洞自然保护区综合考察报告［M］．北京：国防科技大学出版社，1993．

［81］侯兰新，王思博．天山黄鼠一新亚种——尼勒克亚种［J］．西北民族学院自然科学学报，1989，10（1）：72-74．

［82］侯万儒，吴毅．阆中市翼手类初步调查［J］．四川动物，1993，12（2）：38-39．

［83］胡锦矗，王酉之．四川资源动物志（第二卷），兽类［M］．成都：四川科技出版社，1984．

［84］胡锦矗，吴毅．四川伏翼属3种蝙蝠新记录［J］．四川师范学院报，1993，14（3）：236-237．

［85］胡锦矗，等．四川唐家河、小河沟自然保护区综合科学考察报告［M］．成都：四川科技出版社，2005．

［86］黄威廉，等．贵州梵净山科学考察集［M］．北京：中国环境科学出版社，1986．

［87］黄文几，温业新，等．江苏省哺乳动物调查报告［J］．复旦大学学报，1965，10（4）：428-438．

［88］黄文几，温业新，等．江苏省哺乳动物区系的分布于地理区划［J］．复旦大学学报，1966，11（1）：77-92．

［89］黄文几，温业新，等．安徽省哺乳动物调查与地理区划［J］．复旦大学学报，1978，1：86-104．

［90］黄文几．长江下游地区若干动物的发现及其在动物地理学上的意义［J］．复旦大学自然科学学报，1959，.2：206-212．

［91］黄文几．我国东海糙齿海豚［J］．动物学报，1980，26（3）：280-286．

［92］黄文几，等．中国啮齿类［M］．上海：复旦大学出版社，1995．

［93］黄圯．江苏省吕泗港捕获的北海狮［J］．动物学杂志，1984，2（2）：40-41．

［94］姜建青，马勇．中国棕背鼠亚种分化的研究［J］．动物分类学报，1993，18（1）：114-122．

［95］蒋国福，等．宜川县北部啮齿动物的初步调查［J］．动物学杂志，1991，26（2）：25-27．

［96］蒋学龙，王应祥，马世来．中国猕猴的分类和分布［J］．动物学研究，1991，12（3）：241-247．

［97］蒋学龙，王应祥，马世来．中国猕猴类（*Macaca*）的演化［J］．人类学学报，1992，11（2）：184-191．

［98］蒋学龙，王应祥，马世来．中国熊猴分类整理［J］．动物学研究，1993，14（2）：110-117．

［99］蒋学龙，王应祥．无量山姬鼠的分类——兼论长尾姬鼠（*Apodemus orestes*）的分类地位［J］．动物学研究，2000，21（6）：473-478．

[100] 蒋自刚，等. 中国哺乳动物多样性及地理分布 [M]. 北京：科学出版社，2015.

[101] 金大雄，梁智明，李贵真. 贵阳鼠类调查 [J]. 动物学杂志，1958，2（2）：91-95.

[102] 黎德武，吴发清，何定富，等. 神农架及其附近地区兽类的研究 [J]. 华中师范学院学报，1982，3（3）：128-137.

[103] 李保国，陈服官. 鼢鼠属凸颅亚属（Eospalax）的分类研究及一新亚种 [J]. 动物学报，1989，35（4）：89-94.

[104] 李贵辉，等. 秦岭首次发现华南虎 [J]. 动物学杂志，1966（8）：48.

[105] 李桂垣. 斑林狸在四川的发现 [J]. 动物学杂志，1965（5）：238.

[106] 李家坤. 甘肃啮齿动物分布 [J]. 甘肃师范大学学报，1965，7（1）：5.

[107] 李健雄，王应祥. 中国橙腹长吻松鼠种下分类的探讨 [J]. 动物学研究，1992，11（3）：235-244.

[108] 李景熙. 牛母林自然保护区物种多样性兽类调查初报 [J]. 生物多样性，1994，2（4）：240-243.

[109] 李佩珣. 蝙蝠科二个种在黑龙江省的初步发现 [J]. 野生动物，1981（3）：51-52.

[110] 李树深，王应祥. 赤腹松鼠的一个新亚种 [J]. 动物学研究，1981，2（1）：71-76.

[111] 李思华. 1949—1988 年我国兽类新种、新亚种暨新记录 [J]. 兽类学报，1989，9（1）：71-77.

[112] 李松，冯庆，王应祥. 赤腹松鼠一新亚种 [J]. 动物分类学报，2006，31（3）：675-682.

[113] 李松，冯庆，杨君兴，等. 中国西南部明纹花鼠三个亚种的分化 [J]. 动物学研究，2005，26（4）：446-452.

[114] 李松，杨君兴，蒋学龙，等. 中国巨松鼠 Ratufa bicolor（Sciuridae：Ratufinae）头骨形态的地理学变异 [J]. 兽类学报，2008，28（2）：201-206.

[115] 李维东，马勇. 鼠兔属一新种 [J]. 动物学报，1986，32（4）375-378.

[116] 李维贤，刘海棠，潘风纯，等. 辽宁西部地区的啮齿 [J]. 物野生动物，1983（5）：14-16.

[117] 李维贤. 辽宁省啮齿动物的地理区划 [J]. 动物学报，1983，29（3）：28-30.

[118] 李锡璋，王琮麟，彭昌嘉，等. 甘肃省陇南、甘南啮齿类区系与分布 [J]. 动物学杂志，1991，26（4）：15-18.

[119] 李秀朋. 在图们江下游首次发现的海豹 [J]. 动物学杂志，1965（5）：238.

[120] 李致玉，林正玉. 云南灵长类的分类与分布 [J]. 动物学研究，1983，2（2）：111-119.

[121] 李致祥，马世来. 白头叶猴的分类订正 [J]. 动物分类学报，1980，5（4）：440-442.

[122] 李致祥. 中国麝一新种的记述 [J]. 动物学研究，1981，2（2）：157-161.

[123] 梁俊勋，张俊. 黄土高原东北缘的鼠类及其区划的研究 [J]. 兽类学报，198，5（4）：299-309.

[124] 梁智明. 贵州省猪尾鼠 [J]. 动物学杂志，1982（3）：33-36.

[125] 廖炎发. 青海雪豹地理分布的初步调查 [J]. 兽类学报，1985，5（3）：183-188.

[126] 廖子书. 贵州省贵定县鼠类调查报告 [J]. 动物学杂志，1964，6（5）：20-205.

[127] 刘春生，李传斌，吴万能，等. 安徽省啮齿动物区系分布的地理区划 [J]. 兽类学报，1985，5（2）：111-118.

[128] 刘春生，吴万能，郭世坤，等. 中国大陆东部地区黑线姬鼠亚种分化研究 [J]. 兽类学报，1991，11（4）：294-299.

[129] 刘春生，吴万能，俞正楚，等. 猪尾鼠在安徽的发现 [J]. 兽类学报，1984，4（4）：272.

[130] 刘春生，吴万能，俞正楚，等. 安徽省黄山啮齿类区系研究 [J]. 动物学杂志，1986（6）：18-21.

[131] 刘春生. 猪尾鼠在安徽的发现 [J]. 兽类学报，1984，3（4）：272.

[132] 刘迺发. 白水江自然保护区动物资源概况 [J]. 野生动物，1982（2）：3-6.

[133] 刘少英，章小平，曾宗永. 九寨沟自然保护区的生物多样性 [M]. 成都：四川科技出版社，2007.

[134] 刘少英，刘洋，孙治宇，等. 沟牙田鼠的形态特征及分类地位研究 [J]. 兽类学报，2005，25（4）：373-378.

[135] 刘少英，冉江红，林强，等. 三峡工程重庆库区翼手类研究 [J]. 兽类学报，2001，21（1）：123-131.

［136］刘少英，冉江洪，林强，等. 四川及重庆产 5 种姬鼠的阴茎形态学 I：软体结构的分类学探讨［J］. 兽类学报，2000，20（1）：48-58.

［137］刘少英，张明，孙治宇. 西藏公布自然保护区生物多样性［M］. 重庆：西南师范大学出版社，2011.

［138］刘少英，等. 四川溪洛渡水库库区雷波至金阳段翼手类调查［J］. 四川动物，2005（4）：602-603.

［139］刘洋，刘少英，孙治宇，等. 鼩鼹亚科（Talpidae：Uropsilinae）一新种［J］. 兽类学报，2013，33（2）：113 -122.

［140］刘洋，王昊，刘少英. 苔原鼩鼱在中国分部的首次证实［J］. 兽类学报，2010，30（4）：439-443.

［141］刘洋，刘建军. 马伍合，等. 四川螺髻山自然保护区兽类调查［J］. 四川林业科技，2010，31（6）：88-92.

［142］刘洋，刘少英，孙治宇，等. 四川省兽类一新记录——猪尾鼠［J］. 四川动物. 2007，（26）：662-663.

［143］刘洋，刘少英，孙治宇，等. 四川海子山自然保护区兽类资源调查初报［J］. 四川动物. 2007（4）：846-851.

［144］刘洋，冉江洪，郑志荣. 等. 四川美姑大风顶自然保护区兽类资源调查［J］. 四川林业科技，2004.（4）：11-15.

［145］刘洋，孙治宇，冉江洪，等. 四川黑竹沟自然保护区兽类资源调查［J］. 四川林业科技，2005（6）：38-42.

［146］刘洋，孙治宇，王昊，等. 西藏小型兽类五新记录［J］. 四川动物，2009，28（2）：278-279.

［147］刘洋，孙治宇，赵杰，等. 四川毛寨自然保护区兽类资源调查［J］. 四川动物，2007（3）：613-617.

［148］刘洋，孙治宇，赵杰，等. 四川若尔盖湿地国家级自然保护区兽类资源调查［J］. 四川动物. 2009,28（5）：768-771.

［149］刘振华，赵善贤，陈友光，等. 西沙群岛的鼠类［J］. 动物学杂志，1983（6）：40-42.

［150］柳枢. 山西北部农田鼠类调查［J］. 动物学杂志，1977（4）：38-41.

［151］龙志. 河北新安县城郊有关鼠类的一些资料［J］. 动物学杂志，1966（4）：175.

［152］卢浩泉. 山东省哺乳动物区系的初步研究［J］. 兽类学报，1984，4（2）：151-158.

［153］卢立仁. 广西翼手类调查［J］. 兽类学报，1987，7（7）：79-80.

［154］罗一宁. 我国兽类新记录一缺齿鼠耳蝠［J］. 兽类学报，1987，7（2）：159.

［155］罗泽珣，范志勤. 川西林区社鼠与白腹鼠的种间差异探讨［J］. 动物学报，1965，17（3）：334-342.

［156］罗泽珣，夏武平，寿振黄. 大兴安岭伊图里河小型兽类调查报告［J］. 动物学报，1959，11（1）54-59.

［157］罗泽珣. 中国野兔［M］. 北京：中国林业出版社，1988.

［158］罗泽珣. 中国草兔的分类研究［J］. 兽类学报，1981，1（2）：149-157.

［159］罗泽珣. 中国动物志（兽纲·第六卷，啮齿目下卷，仓鼠科）［M］. 北京：科学出版社，2000.

［160］罗泽珣. 冯祚建. 兔形动物的进化与分类学工作评述［J］. 动物学杂志，1981，2：74-77.

［161］罗志腾. 陕西发现的白腹巨鼠［J］. 动物学杂志，1964，6（3）：109.

［162］吕国强，陈文章. 河南省害鼠种类及地理分布［J］. 中国鼠类防制杂志，1989，5（2）：93-98.

［163］马国瑶. 白水江自然保护区兽类调查初报［J］. 动物学杂志，1988（5）：26-28.

［164］马世来，王应祥，施立明. 高黎贡山麂属一新种［J］. 动物学研究，1990，11（1）：47-54.

［165］马世来，王应祥，徐龙辉. 麂属的分类及其系统发育研究［J］. 兽类学报，1986，6（3）：191-209.

［166］马世来，王应祥. 中国现代灵长类的分布、现状［J］. 兽类学报，1988，8（4）：250-260.

［167］马世来，王应祥，C P Groves. 中国南部长臂猿的分类与分布——附三个新亚种的描记［J］. 动物学研究，1986，7（4）：393-410.

［168］马逸清，蔡桂全. 我国黑熊一亚种的新纪类［J］. 动物分类学报，1979，4（3）：300.

［169］马逸清. 黑龙江省兽类志［M］. 哈尔滨：黑龙江科学出版社，1986.

［170］马逸清. 延边兽类分布调查报告［J］. 延边生物学集刊，1962（1）：1-35.

［171］马逸清. 我国熊的分布［J］. 兽类学报，1981，1（2）：137-144.

［172］马勇，李思华. 长耳跳鼠一新亚种［J］. 动物分类学报，1979,. 4（3）：301-303.

［173］马勇，林永列，李思华. 我国内蒙古褐斑属兔——新亚种［J］. 动物分类学报，1980，5（2）：212-214.

[174] 马勇，王逢桂，金善科，等. 新疆北部地区啮齿动物的分类研究［J］. 兽类学报，1981，1（2）：177-188

[175] 马勇，王逢桂，金善科，等. 新疆北部地区啮齿动物的分类和分布［J］. 北京：科学出版社，1987.

[176] 马勇. 山西短棘刺猬属一新种（Hemiechinus sylavticus）［J］. 动物分类学报，1964，1（1）：31-34.

[177] 马勇. 内蒙狭颅田鼠一新亚种［J］. 动物分类学报，1965，2（3）：183-186.

[178] 闵芝兰，陈服官，黄洪富. 陕西省兽类新记录［J］. 动物学杂志，1966（8）54-55.

[179] 倪宏伟，等. 红河自然保护区生物多样性［J］. 哈尔滨：黑龙江科学技术出版社，1999.

[180] 倪新民. 甘肃省甘南藏族自治州珍贵动物资源调查［J］. 动物学杂志，1979（2）：36-38.

[181] 牛屹东，魏辅文，李明，等. 中国耗兔亚属分类现状与分布［J］. 动物分类学报，2001，26（3）：394-400.

[182] 彭鸿绶，高耀亭，等. 四川西南和云南西北部兽类的分类研究［J］. 动物学报，1962，14（增刊）：105-132.

[183] 彭鸿绶，王应祥. 高黎贡山的兽类新种和新亚种（一）［J］. 兽类学报，1981，1（2）：167.

[184] 钱文燕，冯祚建，马莱龄. 珠穆朗玛峰地区鸟类和哺乳类的区系调查，珠穆朗玛地区科学考察报告（1966—1968）. 生物与高山生理［J］. 北京：科学出版社，1974.

[185] 钱燕文，张洁，汪松，等. 新疆南部的鸟兽［M］. 北京：科学出版社，1965.

[186] 秦耀亮. 我国长江中下游以南地区啮齿动物的组成和分布［J］. 动物学杂志，1983（6）：10-13.

[187] 秦长育. 宁夏啮齿动物区系及动物地理区划［J］. 兽类学报，1991，11（2）：143-151.

[188] 邱明江，等. 青海省唐古拉山地区有蹄类数量的初步调查［J］. 四川动物，1987，6（2）：40-41.

[189] 全国强，靳景玉，黄金声，等. 我国灵长目一种的新记录［J］. 兽类学报，1987，7（2）：158.

[190] 全国强，汪松，张荣祖. 我国灵长类动物的分类与分布［J］. 野生动物，1981（3）：7-14.

[191] 任宪威，等. 松山自然保护区考察专辑［M］. 哈尔滨：东北林业大学出版社，1990.

[192] 上海市农林局. 上海野生动植物资源［M］. 上海：上海科学技术出版社，2004.

[193] 邵孟建，姚建初，陈兴汉. 西藏那曲地区兽类调查［J］. 动物学杂志，1991，26（6）：16-22.

[194] 邵孟明，禹瀚. 秦岭发现的鼯鼠［J］. 动物学杂志，1965（5）：240.

[195] 申蓝田，卢立仁，曾繁珍. 广西陆栖脊椎动物分布名录［M］. 桂林：广西师范大学出版社，1988.

[196] 沈孝宙. 西藏哺乳动物区系特征及形成历史［J］. 动物学报，1963，15（1）：139-150.

[197] 盛和林，陆厚基. 江西省的珍贵动物［J］. 野生动物，1982（4）：6-8.

[198] 盛和林，陆厚基. 我国亚热带和热带地区的鹿科动物资源［J］. 华东师范大学学报（自然科学版），1985（1）：96-103.

[199] 盛和林，吴光，李冬馥，等. 皖南陆生哺乳动物的区系组成及其经济意义［J］. 华东师范大学学报，1963（1）：93-100.

[200] 盛和林，吴天荣. 浙西山区的黑麂、小麂、毛冠鹿和梅花鹿资源［J］. 野生动物，1981（2）：33-34.

[201] 盛和林. 建阳邵武地区啮齿动物的初步调查［J］. 华东师范大学学报（自然科学），1960（1）：47-56.

[202] 盛和林. 舟山、嵊泗诸岛的毛皮兽［J］. 动物学杂志，1981（4）：45-48.

[203] 施银柱，蔡桂全，王学高，等. 宁夏南部山区啮齿动物初步调查［J］. 灭鼠和鼠类生物学研究报告，1981（4）：132-138.

[204] 石汉声. 广西瑶山哺乳动物初步报告［J］. 中山大学生物系丛刊，1930（4）：1-10.

[205] 史良才. 猪尾鼠在湖北的发现［J］. 动物学杂志，1985（5）：64.

[206] 寿振黄，蔡希陶. 云南西双版发现的野牛［J］. 科学通报，1958（4）：112-113.

[207] 寿振黄，汪松. 海南食虫目之一新属新种——海南新毛猬［J］. 动物学报，1959. 11（3）：422-428.

[208] 寿振黄. 广东北部湾所发现的儒艮［J］. 动物学杂志，1958，2（3）：146-152.

[209] 寿振黄. 森林旅鼠的发现［J］. 科学通报，1958（2）：54.

[210] 寿振黄. 小兴安岭林区不同采伐基地上的鼠类区系初步观察［J］. 动物学杂志，1959（1）：6-11.

［211］寿振黄. 中国经济动物志 兽类［M］. 北京：科学出版社，1962.

［212］寿振黄，等. 黑龙江呼玛县麝鼠分布的现况［J］. 动物学杂志，1957（2）：114–115.

［213］寿振黄，等. 黑龙江省西北部麝鼠的调查［J］. 中华畜牧学杂志，1957（2）：57.

［214］寿振黄，等. 大足鼠的初步调查［J］. 生物学通报，1958（2）：26.

［215］寿振黄，等. 东北兽类调查报告［M］. 北京：科学出版社，1959.

［216］寿振黄，等. 海南岛的兽类调查［J］. 动物分类学报，1966，3（3）：260–276.

［217］寿仲灿. 我国藏鼠兔一新种［J］. 兽类学报，1984，4（2）：151.

［218］宋朝枢，等. 太行山猕猴自然保护区科学考察集［M］. 北京：中国林业出版社，1996.

［219］宋朝枢，等. 浙江清凉峰自然保护区科学考察集［M］. 北京：中国林业出版社，1997.

［220］宋朝枢，等. 湖北后河自然保护区科学考察集［M］. 北京：中国林业出版社，1999.

［221］宋世英. 陕西陇山地区兽类的区系调查［J］. 动物学杂志，1984（5）：42–47.

［222］宋世英. 大仓鼠一新亚种——宁陕亚种［J］. 兽类学报，1985，5（2）：137–139.

［223］宋世英. 陕西省的猬类及其分布［J］. 动物学杂志，1985（1）：6–9.

［224］孙崇烁，高耀亭. 我国猫科动物新记录——云猫［J］. 动物学报，1967，22（3）：304.

［225］孙志宇，刘少英，等. 四川喇叭河自然保护区兽类资源［J］. 四川动物，2005，24（4）：603–607.

［226］孙志宇，刘少英，等. 四川省雪宝顶自然保护区的兽类［J］. 四川动物，2006，25（1）：96–98.

［227］孙志宇，刘少英，等. 九寨沟国家级自然保护区大中型兽类多样性［J］. 四川动物，2007，26（4）：852–858.

［228］孙志宇，刘少英，等. 二郎山小型兽类区系及分布格局［J］. 兽类学报，2013，33（1）：1–10.

［229］孙治宇，刘少英，刘洋，等. 海子山自然保护区大中型自然保护区兽类调查［J］. 兽类学报，2007，27（3）：274–279

［230］唐蟾珠，马勇，王家骏，等. 山西省中条山地区的鸟兽区系［J］. 动物学报，1965，7（1）：86–101.

［231］唐子英，李致勋. 海南岛脊椎动物调查简报［J］. 动物学杂志，1957（4）：246–249.

［232］汪松，郑昌琳. 中国仓鼠亚种小志［J］. 动物学报，1973，19（1）：61–68.

［233］汪松，郑昌琳. 中国社鼠亚科小志［J］. 动物学集刊，1981，1：1–7.

［234］汪松. 东北兽类补遗［J］. 动物学报，1959，11（1）：344–349.

［235］汪松. 桂西南缘兽类区系概貌［J］. 动物学杂志，1964（3）：197–201.

［236］汪松. 新疆兽类新种及新亚种记述［J］. 动物分类学报，1964，1（1）：6–18.

［237］汪松，等. 广西南部兽类的研究［J］. 动物学报，1962，14（4）：555–568.

［238］王定国. 额济纳旗和肃北马鬃北部边境地区啮齿动物调查［J］. 动物学杂志，1988，23（6）：21–23.

［239］王逢桂，马勇. 新疆社田鼠一新亚种——博格多社田鼠［J］. 动物分类学报，1982，7（1）：112–114.

［240］王逢桂. 新疆子午沙鼠一新亚种［J］. 动物分类学报，1981，6（1）104–105.

［241］王逢桂. 我国黑线仓鼠的亚种分类研究及一新亚种的描述［J］. 动物分类学报，1980，5（3）：315–319.

［242］王逢桂. 新疆子午抄鼠一新亚种［J］. 动物分类学报，1981，6（1）：104–105.

［243］王耕兴，罗大文，何晋候. 南滚河自然保护区内的小型动物［J］. 动物学杂志，1990，25（4）35–37.

［244］王国良，杨光荣，胡晓玲，等. 云南陇川地区啮齿类及食虫类动物调查报告［J］. 动物学杂志，1987，22（6）：31–32.

［245］王丕烈，孙建运. 儒艮在中国近海的分布［J］. 兽类学报，1986，6（3）：175–181.

［246］王丕烈，唐瑞荣. 中国东海沿海发现鳁鲸［J］. 动物学杂志，1981（3）：43–44.

［247］王丕烈. 灰鲸在中国近海的分布［J］. 兽类学，1984，4（1）：21–26.

［248］王丕烈. 黄渤海西太平洋斑海豹的分布、生态和保护［J］. 海洋学报，1985，7（2）：203–209.

［249］王丕烈. 抹香鲸在中国近海的分布［J］. 水产科学，1990，9（3）：28–32.

［250］王丕烈. 中国近海鲸类的分布［J］. 广西水产科技，1990（3）：1–6.

［251］王丕烈. 中国海洋哺乳动物区系［J］. 海洋学报，1991，13（3）：387–392.

[252] 王丕烈. 中国江豚的分类 [J]. 水产科学, 1992, 11 (6): 10-14.

[253] 王丕烈. 江豚的形态特征和亚种划分问题 [M]. 水产科学, 1992, 11 (11): 4-9.

[254] 王岐山, 陈璧辉, 梁仁济. 安徽兽类地理分布的初步研究 [J]. 动物学杂志, 1966, 8 (3): 101-106.

[255] 王岐山, 胡小龙, 颜于宏. 我国原麝一新亚种——安徽亚种 [J]. 兽类报, 1982, 2 (2): 133-138.

[256] 王岐山, 刘春生, 张大荣, 等. 安徽长江沿岸鼠类及其体外寄生虫初步研究 [J]. 安徽大学学报 (自然科学版), 1979 (1): 61-70.

[257] 王岐山. 肥西县啮齿动物的初步调查 [J]. 动物学杂志, 1960, 4 (1): 5-7.

[258] 王岐山. 合肥市鼠类初步调查 [J]. 安徽大学学报, 1962 (3): 19-24.

[259] 王岐山, 等. 安徽兽类志 [M]. 合肥: 安徽科学技术出版社, 1990.

[260] 王思博, 杨赣源. 新疆啮齿动物的国内一新记录 [J]. 动物分类学报, 1965, 6 (1): 112.

[261] 王思博, 杨赣源. 新疆啮齿动物志 [M]. 乌鲁木齐: 新疆人民出版社, 1983.

[262] 王思博. 新自治区啮齿动物名录 [J]. 鼠疫丛刊, 1958 (5): 27-29.

[263] 王廷正, 方荣盛. 秦岭大巴山地啮齿物的研究 [J]. 动物学杂志, 1983 (3): 45-38.

[264] 王廷正, 周希振, 张士特. 西安地区啮齿兽类调查报告 [J]. 动物学杂志, 1963 (2): 62-64.

[265] 王廷正. 秦岭大巴山地啮齿类的生态分布 [J]. 生态学杂志, 1983 (2): 11-14.

[266] 王廷正. 陕西省啮齿动物区系与区划 [J]. 兽类学报, 1990, 10 (2): 128-136.

[267] 王廷正, 等. 陕西啮齿动物志 [M]. 西安: 陕西师范大学出版社, 1993.

[268] 王香亭. 宁夏脊椎动物志 [M]. 银川: 宁夏人民出版社, 1990.

[269] 王香亭. 甘肃脊椎动物志 [M]. 兰州: 甘肃科学技术出版社, 1991.

[270] 王香亭, 秦长育, 贾万章, 等. 宁夏地区脊椎动物调查报告 [J]. 兰州大学学报 (自然科学版), 1977 (1): 110-128.

[271] 王香亭, 宋志明, 杨友桃, 等. 甘肃哺乳动物区系研究 [J]. 兰州大学学报, 1982 (2): 131-139.

[272] 王应祥, 龚正达, 段兴德. 高黎贡山鼠兔一新种 [J]. 动物学研究, 1998, 9 (2): 201-207.

[273] 王应祥, 李崇云. 鼩猬 (*Neotetracns sinensis Trouessart*) 新亚种 [J]. 动物学研究, 1982, 3 (4): 427-429.

[274] 王应祥, 李致祥, 冯祚建. 云南兔分类订正——附二新亚种的描述 [J]. 动物学研究, 1985, . 6 (1): 101-109.

[275] 王应祥, 李致祥. 我国食虫目兽类新记录 [J]. 动物学研究, 1980, 1 (4): 563-564.

[276] 王应祥, 徐龙辉. 椰子狸一亚种——海南椰子狸 [J]. 动物分类学报, 1981, 6 (4): 446-448.

[277] 王应祥. 我国两种伏翼的新亚种 [J]. 动物学研究, 1982, 3 (增刊): 343-348.

[278] 王应祥. 中国树鼩的分类研究 [J]. 动物学研究, 1987, 8 (3): 213-228.

[279] 王西之, 胡锦矗, 陈克. 鼠亚科一新种——显孔攀鼠 [J]. 动物学报, 1980, 26 (4): 393-396.

[280] 王西之. 睡鼠科一新属新种——四川毛尾睡鼠 [J]. 兽类学报, 1985, 5 (1): 67-73.

[281] 王西之. 我国锡金小鼠印支亚种的研究 [J]. 四川动物, 1982 (1): 14-16.

[282] 王西之, 等. 四川省发现的几种小型兽类及一新亚种描述 [J]. 动物分类学报, 1966, 3 (1): 85-89.

[283] 王自存, 陈家齐. 六盘山自然保护区啮齿动物及体外寄生蚤调查 [J]. 四川动物, 1989, 8 (3): 38.

[284] 王宗玮, 汪松. 青海发现的大狐蝠 [J]. 动物学报, 1962, 14 (4): 494.

[285] 温业新, 黄文几, 黄正一, 等. 浙江省翼手舞的初步调查 [J]. 兽类学报, 1981, 1 (1): 34-38.

[286] 吴德林, 邓向福. 中国树鼩属一新种 [J]. 兽类学报, 1984, 4 (3): 208-212.

[287] 吴德林, 王光焕. 中国猪尾鼠 (*Typhlomys cinereus*) 一新亚种 [J]. 兽类学报, 1984, 4 (3): 213-215.

[288] 吴德林. 碧罗雪山鼠形啮齿类的垂直分布 [J]. 动物学研究, 1980, 1 (2): 221-231.

[289] 吴德林. 我国大家鼠的亚种分化 [J]. 兽类学报, 1982, 2 (1): 105-112.

[290] 吴家炎, 李贵辉. 陕西省安康地区兽类调查报告 [J]. 动物学研究, 1982, 3 (1): 59-68.

[291] 吴家炎. 秦岭发现猪尾鼠 [J]. 动物学研究, 1990, 11 (2): 126.

[292] 吴名川. 广西灵长类动物的种类分布及数量估计 [J]. 兽类学报, 1983, 3 (1): 16.

［293］ 吴毅，胡锦矗，余成伟，等. 四川省兽类五新记录［J］. 四川师范学院学报，1993，9（2）：95-102.

［294］ 吴毅，胡锦矗，袁重桂，等. 卧龙自然保护区生态地理分布［J］. 四川动物，1992，11（4）：23-24.

［295］ 吴毅，魏辅文，袁重桂，等. 两种纹背鼩鼱鉴别特征的探讨［J］. 四川动物，1990，9（2）：95-102.

［296］ 吴毅，袁重桂，胡锦矗. 卧龙的食虫区系［J］. 贵州大学学报（自然科学版），1990，7（2）：55-59.

［297］ 吴毅，等. 广州市蝙蝠的多样性及在农业生态环境中的作用研究［J］. 华南农业大学学报，2006，27（4）47-51.

［298］ 伍律，董谦. 旅大市区及近郊鼠类的初步研究［J］. 动物学杂志，1958，2（4）：207-211.

［299］ 武素功，冯祚建，等. 青海可可西里地区生物与人体高山生理［M］. 北京：科学出版社，1996.

［300］ 西藏自治区地方志编纂委员会. 西藏自治区志 动物志［M］. 北京：中国藏学出版社，2005.

［301］ 夏武平，方喜业. 巨泡五趾跳鼠一新亚种［J］. 动物分类学报，1964，1（1）：16-18.

［302］ 夏武平. 东北老采伐迹地类型及鼠类区系的初步研究［J］. 动物学报，1957，9（4）：283-290.

［303］ 夏武平. 五趾心颅跳鼠在内蒙古的发现［J］. 动物学杂志，1964（4）：151.

［304］ 夏武平. 中国姬鼠属的研究及与日本种类关系的探讨［J］. 兽类学报，1984，4（2）：93-98.

［305］ 夏武平，等. 中国动物图谱 兽类［M］. 北京：科学出版社，1964.

［306］ 肖增枯. 辽宁动物志，兽类［M］. 沈阳：辽宁科学技术出版社，1988.

［307］ 肖增枯. 辽宁东部的兽类资源［J］. 野生动物，1985（6）：37-38.

［308］ 徐汉光，贾树林，李忠学，等. 黄海北部小鳁鲸的研究［J］. 动物学报，1983，29（1）：86-92.

［309］ 徐龙辉，吴家炎. 海南岛兽类一新亚种——海南青鼬［J］. 兽类学报，1981，1（2）：145-148.

［310］ 徐龙辉，余斯绵，马世来. 中国麂属的种类及分布［J］. 野生动物，1988（1）：15-17.

［311］ 徐龙辉，余斯绵. 小泡巨鼠一新亚种——海南小泡巨鼠［J］. 兽类学报，1985，5（2）：131-135.

［312］ 徐学良. 分布在黑龙江省的白鼬［J］. 动物学杂志，1975（3）：26-27.

［313］ 徐学良. 黑龙江的貂熊［J］. 动物学杂志，1983（1）：14-16.

［314］ 徐亚君，程炳功，方德安，等. 宽耳犬吻蝠在安徽的发现［J］. 兽类学报，1982，2（2）：200.

［315］ 徐亚君，程炳功，方德安，等. 安徽省徽州地区翼手类及其越冬生态的初步观察［J］. 兽类学报，1985，5（2）：87-93.

［316］ 许凌，范宇，蒋学龙，等. 树鼩进化分类地位的分子证据［J］. 动物学研究，2013，34（2）：70-76.

［317］ 许维岸，陈服官. 赤腹松鼠（*Callascrunus erythraeus*）的3个新亚种［J］. 兽类学报，1989，9（4）：289-302.

［318］ 杨安峰. 河北省兽类新记录——水鼩鼱［J］. 动物学杂志，1965（2）：62.

［319］ 杨德华，马德惠. 云南西南部的豚鹿［J］. 生物学通报，1965（5）：30-31.

［320］ 杨德华，等. 西双版纳动物志［M］. 昆明：云南大学出版社，1993.

［321］ 杨光荣，解宝琦，龚正达，等. 点苍山龙泉峰小形兽类垂直分布调查［J］. 四川动物，1982（4）：24-25.

［322］ 杨光荣，解定琦，龚正达，等. 鸡足山啮齿类及食虫类动物垂直分布初步调查［J］. 动物学研究，1982（增刊），367-368.

［323］ 杨光荣，王国良，王应祥. 我国啮齿目属的新记录［J］. 兽类学报，1985，5（3）：194.

［324］ 杨光荣，王应祥. 休氏壮鼠一新亚种［J］. 兽类学报，1987，7（1）：46-50.

［325］ 杨光荣，王应祥. 云南省啮齿动物名录及与疾病的关系［J］. 中国鼠类防治杂志，1989，5（4）：222-229.

［326］ 杨光荣，吴德林. 我国啮齿类两种新记录［J］. 动物分类学报，1978，4（6）：192-193.

［327］ 杨贵生，邢莲莲. 内蒙古脊椎动物名录及分布［M］. 呼和浩特，内蒙古大学出版社，1998.

［328］ 杨务一. 十万大山啮齿动物调查报告［J］. 动物学杂志，1964（4）：152-154.

［329］ 杨务一，等. 广东省雷北农作区鼠类的分布［J］. 动物学杂志，1966（4）：158-160.

［330］ 姚建初，江延安，郑永烈. 陕西省南郑县的猕猴资源［J］. 野生动物，1982（2）：14-15.

［331］ 尹秉高，刘务林. 西藏珍稀野生动物与保护［M］. 北京：中国林业出版社，1993.

［332］于名振. 台湾脊椎动物志（陈兼善著）（第二次增订）（下册，哺乳动物）［M］. 台北：台湾商务印书馆，1991.

［333］于宁，郑昌琳，冯祚建. 中国鼠兔亚属（Subgenus *Ochotona*）种系发生的探讨［J］. 兽类学报，1992，12（4）：255-266.

［334］于宁，郑昌琳. 黄河鼠兔（*Ochornna huangensis* Matschi，1907）的分类研究［J］. 兽类学报，1992，12（3）：175-182.

［335］于宁，郑昌琳. 努布拉鼠兔（*Ochotona nubrica* Thomas，1922）的分类订正［J］. 兽类学报，1992，12（2）：132-138.

［336］俞诗源，王丕贤，张婉荣. 陇东十三县（市）的哺乳动物［J］. 四川动物，1992，11（4）：29-30.

［337］禹瀚. 秦岭兽类：1.10 种农林害兽［J］. 西北农学院学报，1958（3）：67-82.

［338］禹瀚. 陕北鼢鼠初步调查报告［J］. 西北农学院学报，1958（4）：57-68.

［339］禹瀚. 陕北农田害兽初步调查与防治［J］. 西北农学院学报，1958（2）：15-28.

［340］禹瀚. 秦岭麝鹿（*Moschus moschiferus sifanicus*）的研究［J］. 动物学杂志，1958，2（3）：20-30.

［341］袁书钦，邱强. 河南省西部地区鼠类考察报告［J］. 动物学杂志，1989，24（6）：21-25.

［342］詹绍琛，郑智民. 福建的啮齿类动物［J］. 动物学杂志，1978（3）：19-21.

［343］詹绍琛. 武夷山区白腹巨鼠的初步观察［J］. 动物学杂志，1980（2）：31-32.

［344］詹绍琛. 福建棕鼯鼠的一些资料［J］. 动物学杂志，1981（2）：24-25.

［345］詹绍琛. 闽北建瓯食肉目动物调查［J］. 武夷科学，1981（1）：168-172.

［346］詹绍琛. 福建的卡氏小鼠［J］. 武夷科学，1983，1（3）：90-96.

［347］詹绍琛. 福建的食虫目动物［J］. 武夷科学，1993（10）：85-89.

［348］张词祖，盛和林，陆厚基. 我国西藏的菲氏鹿［J］. 兽类学报，1984，4（2）：88-106.

［349］张孚允. 毛冠鹿在甘肃省的发现［J］. 兰州大学学报（自然科学），1974（6）：152-155.

［350］张福群. 河北省啮齿类的区系［J］. 河北师范大学学报，1982（1）：139-142.

［351］张广登. 青海省海南地区的啮齿动物［J］. 兽类学报，1983，3（2）：195-196.

［352］张广登. 青海省海南地区兽类调查［J］. 动物学杂志，1985（4）：13-16.

［353］张国修，王雨平，钟肇敏，等. 王朗自然保护区小型兽类的调查［J］. 四川动物，1991，10（2）：41.

［354］张含藻，刘正宇，胡周强，等. 金佛山自然保护区首次发现白颊黑叶猴［J］. 四川动物，1992，11（4）：30.

［355］张洁，王宗玮，沈孝宙，等. 青海湟水河谷的鸟兽区系［J］. 动物学报，1962，14（1）：63-73.

［356］张洁. 新疆天山南麓兽类区系初步了解［J］. 动物学杂志，1959（7）：291-293.

［357］张洁，等. 青海的兽类区系［J］. 动物学报，1963，15（1）：125-138.

［358］张荣祖，杨安峰，张洁. 云南东南缘兽类动物地理学特征的初步考察［J］. 地理学报，1958，24（2）：423-430.

［359］张荣祖. 中国哺乳动物分布［M］. 北京：中国林业出版社，1997.

［360］张荣祖，等. 青海地区哺乳动物地理区划问题［J］. 动物学报，1964，16（2）：315.

［361］张荣祖，等. 关于中国《动物地里区划》的修改［J］. 动物学报，1978，24（2）：196.

［362］张荣祖，等. 中国自然地理——动物地理［M］. 北京：科学出版社，1979.

［363］张树棠. 五台山啮齿动物初步调查［J］. 兽类学报，1955，7（4）：309-310.

［364］张子郁，赵铭山. 社鼠一新亚种——闹牛社鼠［J］. 动物学报，1984，30（1）：99-102.

［365］赵国钦，张文广. 内蒙古九峰山地区的鼠类［J］. 四川动物，1991，10（2）：35-36.

［366］赵辉华，张树义，周江，等. 中国翼手类新记录——高鞍菊头蝠［J］. 兽类学报，2002，22（1）：74-76.

［367］赵肯堂. 金丝猴在甘肃的大量发现和初步驯养［J］. 动物学杂志，1959，3（8）：358.

［368］赵肯堂. 内蒙古的有蹄类［J］. 内蒙古大学学报，1960（1）：53-60.

［369］赵肯堂. 内蒙古啮齿动物及其区系划分［J］. 内蒙古大学学报，1978（1）：57.

［370］赵肯堂. 鄂尔多斯地区兽类初报［J］. 内蒙古大学学报（自然科学版），1982，13（1）：77-86.

［371］赵体恭. 哀牢山北段大中型兽类的初步观察. 云南哀牢山森林生态系统研究［M］. 昆明：云南科学技术

出版社，1983.

[372] 赵正阶. 中国东北地区珍稀濒危动物志 [M]. 北京：中国林业出版社，1999.

[373] 赵中石. 新疆旱獭的地理分布 [J]. 动物学杂志，1982（3）：23-25.

[374] 赵子允. 新疆的野骆驼 [J]. 野生动物，1985（3）：8-9.

[375] 郑昌琳，刘季科，皮南林. 青海玉树地区西藏鼠兔的一新亚种 [J]. 动物学报，1980，26（1）：98-100.

[376] 郑昌琳，汪松. 青藏高原的食虫类区系 [J]. 兽类学报，1985，5（1）：35-40.

[377] 郑昌琳，汪松. 白尾松田鼠分类志要 [J]. 动物分类学报，1980，5（1）：106-112.

[378] 郑昌琳. 科氏鼠兔在昆仑山重新发现 [J]. 兽类学报，1986，6（4）：285.

[379] 郑昌琳. 中国兽类之种数 [J]. 兽类学报，1986，6（1）：78-80.

[380] 郑光美. 秦岭南麓发现的大熊猫 [J]. 动物学杂志，1964（1）：3.

[381] 郑生武，李宝国. 中国西北地区脊椎动物系统检索与分布 [M]. 西安：西北大学出版社. 1999.

[382] 郑生武，等. 中国西北地区珍稀濒危动物志 [M]. 中国林业出版社，1994.

[383] 郑涛，张迎海. 甘肃省啮齿动物区系及地理区划研究 [J]. 兽类学报，1990，10（2）：137-144.

[384] 郑秀芸，唐兆清. 黑麂在福建的新发现 [J]. 武夷科学，1981（1）：177-179.

[385] 郑永烈，徐龙辉. 我国鼬獾的亚种分类及一新亚种的描述 [J]. 兽类学报，1983，3（2）：165~171.

[386] 郑永烈，姚建初，江廷安. 陕西省保护动物的种类及数量 [J]. 野生动物，1982（3）：26-28.

[387] 郑永烈，姚建初，王德兴. 陕北黄土高原的兽类区系 [J]. 动物世界，1988，2-3（3）：1-21.

[388] 郑永烈. 我国兽类新记录——缅甸鼬獾 [J]. 兽类学报，. 1981，1（2）：158.

[389] 郑永烈. 陕西省秦岭东段兽类区系 [J]. 动物学杂志，1982（2）：15-19.

[390] 郑中孚. 福建蝙蝠新记录 [J]. 动物学杂志，1989（3）：55.

[391] 郑作新，等. 脊椎动物分类学 [M]. 北京：农业出版社，1982.

[392] E. Mayr. 动物分类学的方法和原理 [M]. 郑作新，译. 北京：科学出版社，1965.

[393] 中国科学院登山科学考察队. 天山托木尔峰地区的生物 [M]. 乌鲁木齐：新疆人民出版社，1985.

[394] 中国科学院西北高原生物研究所. 青海经济动物志 [M]. 西宁：青海人民出版社，1989.

[395] 中国林业科学研究院. 中国自然保护区 海南岛尖峰岭 [M]. 北京：中国林业出版社，1996.

[396] 周家兴，郭田岱. 河南省哺乳动物目录 [J]. 新乡师范学院学报，1961（2）：45-52.

[397] 周嘉嫡，李思华，谷景和. 昆仑一阿尔金山盆地兽类初步考察 [J]. 兽类学报，1985，5（2）：160.

[398] 周开亚，李悦民，张柏林. 江苏省几种脊椎动物的新记录 [J]. 南京师范学院自然科学学报，1959（3）：1-20.

[399] 周开亚，钱伟娟，李悦民. 白鳖豚的分布调查 [J]. 动物学报，1977，23（1）：72-79.

[400] 周开亚，钱伟娟，杨平光，等. 江苏省啮齿类的调查 [J]. 动物学杂志，1981（3）：28-42.

[401] 周开亚，钱伟娟. 宽吻海豚属在中国海的分布 [J]. 水生哺乳动物，1985（1）：16-19.

[402] 周开亚. 在长江中下游发现的白鳖豚 [J]. 科学通报，1958（1）：21-22.

[403] 周开亚. 中国东部近海发现的大海豚 [J]. 动物学杂志，1965（1）：5-6.

[404] 周开亚. 中国沿岸漫游的环海豹及其他鳍脚类 [J]. 兽类学报，1986，6（2）：107-113.

[405] 周开亚. 白鳖豚及其保护 [J]. 动物学杂志，1989，24（2）：31-35.

[406] 周开亚. 中国近海的两种宽吻海豚 [J]. 兽类学报，1990，7（4）：246-254.

[407] 周永恒，王伦，谷景和，等. 新疆发现欧洲驼鹿——我国兽类一亚种新记录 [J]. 兽类学报，1994，14（3）：216.

[408] 周宇垣，蒋幼斋，秦耀亮. 广东省偶蹄类动物及其地事分布 [J]. 中山大学学报（自然科学），1962（3）：79-87.

[409] 周政贤，等. 茂兰卡斯特森林科学考察集 [M]. 贵阳：贵州人民出版社，1987.

[410] 朱成尧. 徐州市鼠类的初步调查 [J]. 动物学杂志，1960（7）：296-298.

[411] 朱军，谢重阳，贾志荣. 山西省偶蹄类动物及其地理分布 [J]. 野生动物，1989（2）：36-37.

［412］诸葛阳. 浙江动物志：兽类［M］. 杭州：浙江科学技术出版社，1989.

［413］诸葛阳，鲍毅新，邵晨. 浙江发现猪尾鼠［J］. 动物学杂志，1985，20（5）：44-45.

［414］诸葛阳. 杭州市郊区的鼠类调查［J］. 杭州大学学报，1962（1）：103-112.

［415］诸葛阳. 浙江兽类区系及其地理分布［J］. 兽类学报，1982，2（2）：157-166.

［416］祝龙彪，盛和林. 浙江天目山的啮齿动物［J］. 兽类学报，1983，3（1）：260-263.

［417］广东省昆虫研究所动物室，中山大学生物系. 海南岛的鸟兽［M］. 北京：科学出版社，1983.

［418］马鸣. 新疆鸟类名录［M］. 北京：科学出版社，2001.

［419］马建章. 黑龙江省鸟类志［M］. 北京：中国林业出版社，1992.

［420］王勇，张正旺，郑光美，等. 2012 鸟类学研究：过去二十年的回顾和对中国未来发展的建议［J］. 生物多样性，20（2）：119-137.

［421］尹琏，费佳伦，林超英. 香港及华南鸟类［M］. 香港：香港政府印务局，1994.

［422］约翰·马敬能，卡·菲利普斯，何芬奇. 中国鸟类野外手册［M］. 长沙：湖南教育出版社，2000.

［423］李桂垣. 四川鸟类原色图鉴［M］. 北京：中国林业出版社，1995.

［424］李桂垣. 四川旋木雀一新亚种——天全亚种［M］. 动物分类学报，20（3）：373-377.

［425］杨岚，杨晓君，等. 云南鸟类志（下卷雀形目）［M］. 昆明：云南科学技术出版社，2004.

［426］杨岚，雷富民. 鸟类宏观分类和区系地理学研究的概述［J］. 动物分类学报，2009，34（2）：316-328.

［427］杨岚. 云南鸟类志（上卷非雀形目）［M］. 昆明：云南科学技术出版社，1995.

［428］吴志康. 贵州鸟类志［M］. 贵阳：贵州人民出版社，1986.

［429］张荣祖. 中国动物地理［M］. 北京：科学出版社，1999.

［430］周放. 中国红树林区鸟类［M］. 北京：科学出版社，2010.

［431］郑光美，王岐山. 中国濒危动物红皮书（鸟类）［M］. 北京：科学出版社，1998.

［432］郑光美. 中国鸟类分类与分布名录（第二版）［M］. 北京：科学出版社，2011.

［433］郑作新. 1947 中国鸟类地理分布之初步研究［J］. 科学，1947，30：139.

［434］郑作新，李德浩，王祖祥，等. 西藏鸟类志［M］. 北京：科学出版社，1983.

［435］郑作新，钱燕文，谭耀匡，等. 秦岭鸟类志［M］. 北京：科学出版社，1973.

［436］郑作新，谭耀匡，卢太春，等. 中国动物志·鸟纲（第四卷鸡形目）［M］. 北京：科学出版社，1978.

［437］郑作新. 中国鸟类分布名录，第二版［M］. 北京：科学出版社，1976.

［438］郑作新，张荣祖，马世骏. 中国动物地理区划与中国昆虫地理区划［M］. 北京：科学出版社，1959.

［439］郑作新. 中国鸟类种和亚种分类名录大全［M］. 北京：科学出版社，1984.

［440］郑作新. 中国鸟类种和亚种分类名录大全（第二版）［M］. 北京：科学出版社，2000.

［441］赵正阶. 中国鸟类志（下卷·雀形目）［M］. 长春. 吉林科学技术出版社，2001.

［442］赵正阶. 中国鸟类志（上卷·非雀形目）［M］. 长春. 吉林科学技术出版社，2001.

［443］唐蟾珠. 横断山区鸟类［M］. 北京：科学出版社，1996.

［444］诸葛阳. 浙江动物志·鸟类［M］. 杭州：浙江科学技术出版社，1990.

［445］颜重威，赵正阶，郑光美，等. 中国野鸟图鉴［M］. 台北：台湾翠鸟文化事业有限公司，1996.

［446］张淑霞，杨岚，杨君兴. 近代鸟类分类与系统发育研究进展［J］. 动物分类学报，2004，29（4）：675-682.

# 第十四章　无脊椎动物学

## 第一节　原生动物学

### 一、学科发展

原生动物是最原始、最简单、最低等的单细胞动物。从形态上看，原生动物是单一的细胞，而从生理上看，它是很复杂的，它具有维持生命和延续后代所必需的一切功能，如行动、营养、呼吸、排泄、生殖等，这些功能是由细胞内特化的各种胞器来承担。因此，它是一个复杂的、高度集中的生命单位，是一个完整的有机体。通俗地说，是一个细胞，一条生命。

在人类历史上第一位看到原生动物的是荷兰科学家列文虎克（Antony von Leeuwenhoek，1632—1723）。他在1677年用自制的大约放大270倍的显微镜在池塘水中和青蛙肠道中看到自由生活的和寄生生活的原生动物（图14-1），后人尊称列文虎克为"原生动物学之父"。

18世纪时，人们把这微小生物称为"animalcula"（小动物）或"infusoria"（纤毛虫）。直到19世纪初，德国Goldfuss（1817）才首次应用"Protozoa"（原生动物）这一术语，但是他把腔肠动物也包括进去了。Siebold（1845）对原生动物下了正确的定义。当时把动物界看成有许多层鳞片覆盖的蛋，鳞片的层次表示出从最原始的动物演化为最高级的动物，而原生动物正是位于鳞片层的最底部。德国Bütschli（1848—1920）是第一个提出原生动物在单细胞模式基础上的分类系统，把原生动物门分为四大纲：鞭毛虫纲、肉足虫纲、孢子虫纲和纤毛虫纲。这一传统的分类系统一直沿用到20世纪50年代，甚至现在某些大学生物系中也仍在应用。由于发现的原生动物种类越来越多，于是就有了分工研究。研究放射虫的是J.Müller（1858）和Haeckel（1862），纤毛虫的是Perty（1852），鞭毛虫的是Cohn（1853）和Diesing（1865），吸管虫的是Claparède和Lachmann（1858）。编写纤毛虫专著的有Leidy（1879），编写肉足虫专著的有Bütschli（1880—1889）。

对寄生原生动物的研究是随着经济而发展起来的。18世纪初，在法国和意大利出现严重的蚕病，Pasteur（1870）第一个对该病的病原体——蚕微粒子虫（*Nosema bombycis*）有详细的研究，并提出有效的防治方法。Laveran（1880）首次在人血内发现了疟原虫小配子的形成。Dutton（1902）找到了非洲睡眠病的病原体——冈比亚锥虫（*Trypanosoma gambiense*）。Leishman和Donovan（1903）找到黑热病的病原体——杜氏利什曼虫（*Leishmania donovani*）。

随着光学显微镜分辨能力的提高（如油接物镜头的应用）和活体染色技术的改进，对各类原生动物的细微结构看得更加清楚，比较详细的分类学专著相继出现，如Penard（1902）关于法国根足虫（Rhizopoda）志的研究，Cash等人（1905—1921）关于英国淡

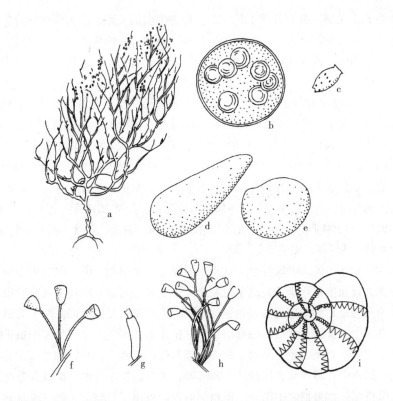

a. 植球花虫（*Anthophysis vegetans*）；b. 团藻虫（*Volvox*）；c. 板壳虫（*Coleps*）；
d. 蛙片虫（*Opalina*）；e. 肠袋虫（*Balantidium*）；f. 钟虫（*Vorticella*）；
g. 靴纤虫（*Cothurnia*）；h. 独缩虫（*Carchesium*）；i. 企虫（*Elphidium*）

图 14-1 列文虎克描绘的各种原生动物
（图注中的学名为后人所定）

水根足虫和太阳虫（Heliozoa）的研究，Kahl（1930—1935）包括全世界记录的纤毛虫
（Ciliata）的研究等。人们对原生动物的研究逐步从分类扩展到研究其生理、营养、生态、
遗传等方面。20 世纪 50 年代起，由于电子显微镜的应用，对原生动物进入亚显微和超微
结构的研究冲破了传统的原生动物分类系统概念，应用分子生物技术如核酸或蛋白质中氨
基酸序列的相似性来建立亲缘关系。

到 20 世纪末，原生动物学所属的研究领域有：①原生动物细胞生物学：纤毛和鞭毛的结
构与功能、细胞周期、细胞骨架、亚细胞小器的结构与功能、形态发生、内吞作用和胞吐作
用、信号和接受器及其信号输送和传递、变形体行为等；②原生动物分类学与系统进化：真
核细胞的起源、种类和品系的鉴定、原生动物进化的分子透视、分类学和命名、系统学；
③原生动物遗传学：基因表达的调控、基因组的组成、端粒的形成、字码子的使用、分子流
行病学、多样性；④原生动物生态学：厌氧原生动物、污染和毒物泛滥、原生动物在水生态
系中的作用、运动型的定向和行为、在食物链中原生动物的环节和混合营养、块状分布及地
方性、土壤原生动物生态、生物指示种、原生动物对环境压迫的反响与适应；⑤寄生原生动
物学：毒性和致病原因、免疫学寄主饮食及原生动物感染、贝类和鱼类中的寄生虫、机遇的

寄生原生动物和艾滋病、新的诊断工具、寄主和寄生虫的关系、后生动物作为非致病性原生动物的寄主、化疗与抗药性、寄生虫病如疟原虫、锥体虫、内变形虫、弓形虫、滴虫、隐孢子虫等；⑥古生物学：海洋微体古生物中的原生动物如有孔虫、放射虫、有壳鞭毛虫在不同地质时期的演化。

300多年来，原生动物学的研究如此广泛，从事研究的队伍也分布于世界各地。各国原生动物学家亟须联合起来，开展学术交流活动。1960年，国际原生动物学委员会（International Commission on Protozoology）成立，并在波兰召开了第一届国际原生动物学大会（International Congress of Protozoology，ICOP）。以后每四年召开一届国际原生动物学大会，每两年召开一次国际原生动物学委员会。新一届国际原生动物学大会的东道国担任主席，负责四年期间的一切活动，直至完成该届的会议并产生下一届东道国为止。截至2017年，已经召开了15届国际原生动物学大会。入会国家有中国、法国、德国、美国、波兰、印度、日本、比利时、丹麦、肯尼亚、意大利、俄罗斯、以色列等。

早在20世纪20年代，中国科学家就开始了原生动物学的研究，但直到中华人民共和国成立时，我国进行原生动物学研究的单位和个人依然屈指可数。中华人民共和国成立后，原生动物学作为一门理论性和应用性都很强的学科，取得了长足的发展。原生动物学家王家楫在分类、区系方面进行的大量艰苦细致的工作，张作人教授在原生动物细胞核质辩证关系方面的开拓性研究等，对我国原生动物学做出了奠基性的贡献。此外，著名原生动物学家倪达书、陈阅增、郑执中、郑守义、江静波、陈启鎏、史新柏、李英杰、沈韫芬等在原生动物学各领域的辛勤耕耘，都为推动中国原生动物学的发展做出了贡献。在老一辈科学家的亲授和影响下，中国原生动物学研究队伍逐渐壮大，一大批青年才俊献身原生动物学研究；研究范围明显扩大，其成果遍及国家经济建设的方方面面；研究水平大有提高，有的已经达到了国际领先水平。

## 二、我国著名的原生动物学家

王家楫，中国原生动物学的奠基人。1920年毕业于南京高等师范学校农学专业，1922—1924年在中国科学社生物研究所工作，师从我国生物学泰斗秉志教授。1925年1月—1927年6月在美国韦斯特生物研究所任访问学者。1924年获国立东南大学农学士学位，1925年首次在我国的刊物上发表了题为《南京原生动物之研究》的学术论文，记录了152种原生动物。1928年获美国宾夕法尼亚大学哲学博士学位，并受聘于美国耶鲁大学动物系的斯特林研究员。1929年回国后被聘为中国科学社生物研究所动物学部研究教授兼任中央大学生物系教授（南京）。1934年7月—1944年5月在中央研究院动植物研究所任研究员兼所长。1944年5月—1949年5月在中央研究院动物研究所任研究员兼所长。1948年选聘为中央研究院院士。1950—1959年在中国科学院水生生物研究所任研究员兼所长。1959—1961年任中国科学院武汉分院副院长兼水生生物研究所所长。1961—1976年任中国科学院中南分院副院长兼水生生物研究所所长。1955年当选为中国科学院学部委员。早年积极开展生物科学考察，获得中国原生动物、淡水轮虫分类及生态学研究的第一手资料，发现原生动物新种近百种。他发表的《珠穆朗玛峰地区的原生动物》《中国轮虫志》等论文在国际动物研究领域有重要影响。发表了原生动物分类学论文24篇，原生动物生理、生态、形态学论文5

篇。共发现原生动物 3 新属、58 新种、12 新亚种。1974 年、1977 年先后发现珠穆朗玛峰及西藏高原部分地区的原生动物 400 多种，远远超过前人对喜马拉雅山山脉原生动物区系的报道。1950 年，他发表的《褶劈累枝虫之纤维系统》，采用蛋白银染色法，最先发现缘毛类纤毛虫虽然体纤毛退化，但膜下纤维系统仍然存在，这对研究原生动物的系统发育有重要意义，为中国原生动物学的创建与发展做出了重要贡献。随着工农业的发展，大量的工业废水急待处理。他组织人员深入全国 30 多个废水处理厂进行现场调查，观察和分析了以原生动物为主的微型动物种类、数量和生长情况，提出了与水质净化有关的指示种类。1976 年出版了《废水生物处理微型动物图志》，深受环保人员的欢迎。

张作人，中国原生动物学会第一届理事会理事长及终身名誉理事长。1932 年，张作人在法国斯特拉斯堡大学以题为《培养液中的细菌对草履虫内生殖的影响》的论文获得自然科学博士学位。同年回国，主要从事原生动物细胞形态结构、纤毛虫的口器和膜下纤毛系统的形态发生方面的研究。在核质关系上，他带领学生创造性地用人工切割手术只干扰细胞质而不触动细胞核，使皮层"纤毛图式"起根本性变化，而且将此变化遗传后代，创造出镜象双体的骈体棘尾虫以及背联体棘尾虫。由此证明了在一定时期细胞质也有遗传作用。

沈韫芬，中国科学院水生生物研究所研究员，原生动物学家，毕生致力于原生动物分类学和生态学研究工作。1953 年毕业于南京大学生物学系，此后一直在中国科学院水生生物研究所工作。1956—1960 年留学苏联科学院动物研究所，并获副博士学位。1995 年当选为中国科学院院士。曾任中国动物学会副理事长，中国动物学会原生动物学分会第三届理事会理事长；国际原生动物学会理事，国际原生动物学家协会名誉会员；兼任华中科技大学环境科学与工程学院院长。沈韫芬主持了中国 22 个省、自治区的原生动物分类与区系，鉴定了近 2000 种，其中有 35 个新种。在《西藏水生无脊椎动物》一书中描述原生动物 458 种，80% 为新记录，包括新种、新亚种 12 种；首次探讨地理分布，得出了优势种随水平地带气候变迁而有更迭特点的结论。该书是中国第一部淡水原生动物地方志，被国内外同行誉为"原生动物领域的经典"。她还开展了中国从南到北不同温度带土壤原生动物调查，获得种类组成特点和季节变动规律，填补了中国土壤原生动物学研究领域的空白。通过 30 余年的长期观察，沈韫芬揭示了东湖富营养化过程中原生动物群落的结构与功能的演变过程。她通过对多种水体近 10 年的实践研究，在分类学和生态学的交接点上发展和建立了《水质—微型生物群落监测—PFU法》国家标准，拓展了生物监测新领域，该标准是中国生物监测领域的首项国家标准，得到美国、韩国、英国、德国等国家同行的高度赞赏，被国外同行誉为"建立微型生物群落评价的世界领导者之一"。共发表论文 219 篇，著有 7 部专著和 1 部译著。研究成果先后获得国家环保局科技进步奖一等奖等 5 项省部级奖励。获中国科学院"七五"重大科研任务先进工作者称号，中国科学院优秀研究生导师称号。

宋微波，原生动物学家，中国海洋大学教授，2015 年当选为中国科学院院士。1982 年毕业于中国海洋大学水产系，1985 年获该校硕士学位，1989 年获德国波恩大学博士学位。首届"杰出青年科学基金"获得者，教育部"长江学者奖励计划"特聘教授。目前任国际原生生物学家学会常务执委、亚洲原生动物学会主席、中国动物学会副理事长、中国动物学会原生动物学分会第四届理事会理事长，国际主流刊物《真核微生物学报》《欧洲原生生物学报》《系统学与生物多样性》等杂志编委。主要从事纤毛原生动物的分类学、系统学和细胞学研究。

从事纤毛虫学研究 30 年来，带领团队深入、系统地完成了我国沿海以及南极地区纤毛虫的分类与区系研究，填补了西太平洋及东亚海洋环境中纤毛虫多样性研究的空白，促进了全球海洋纤毛虫研究新格局的形成。在纤毛虫的细胞结构分化、模式构建领域开展了对腹毛类等重要类群的细胞发生学研究，揭示了大量新的细胞分化 – 去分化新现象，首次建立了凯毛虫等大量代表性种属的个体发育模式，构成了国际相关领域近 20 年来的核心成果。在纤毛虫分子系统发育领域，主持完成了对纤毛门内纲目级阶元的系统探讨和标记基因的测序工作，建立了全球最大、覆盖所有海洋类群的 DNA 库，成为国际纤毛虫分类学 – 系统学 – 基因组学等开展研究的重要档案库。在国际主流刊物发表论文 290 余篇，出版专著、专集 5 部。所主持完成的成果先后获 1 项国家自然科学成果二等奖、4 项教育部自然科学 / 科技进步成果一等奖以及 1 项国家海洋局科技进步成果一等奖。曾获国际原生生物学家学会 Foissner 基金奖和纤毛虫学 Cravat 奖。

## 三、研究进展

1980 年 5 月至 7 月，应华东师范大学张作人等学者邀请，美国著名原生动物学家柯里斯（J. Corliss）在上海举办了全国原生动物学学习班，使爱好原生动物学的人们走到一起，在丰富知识、开阔眼界的同时，也增强了他们从事原生动物学研究的信心，他们不仅成为中国原生动物学会的首批会员，还成为中国原生动物学各研究领域的中坚力量。柯里斯教授有感于中国原生动物学研究蓬勃发展的局面，在讲学期间介绍了国际原生动物学会的发展，并建议中国学者成立中国原生动物学学会。

中国科学院水生生物研究所的倪达书教授和北京大学陈阅增教授在寄生原生动物分类学、形态学、细胞生物学的研究方面都颇有建树，并为我国培养了一批优秀的原生动物学人才。

在前辈们的指引下，我国原生动物学发展迅猛，正在向国际水平靠拢，许多空白领域已被填补。

在原生动物细胞生物学方面，我国的原生动物细胞骨架研究也很有特色，尤其在皮层骨架、中间纤维、核纤层和核骨架方面的研究对探索真核生物的进化有重要意义。

在原生动物生态学方面，已建立了用原生动物群落中的结构和功能参数监测水质和预报化学品的安全浓度。1991 年，国家技术监督局、国家环境保护局发布了中华人民共和国国家标准（GB/T12990–91）《水质—微型生物群落监测—PFU 法》。

在寄生原生动物方面，对痢疾内变形虫（*Entamocba histolytica*）、杜氏利什曼虫（*Leishmania donovani*）、表吮贾第虫（*Giardia lamblia*）、阴道毛滴虫（*Trichomonas vaginalis*）、多种疟原虫（*Plasmodium* spp.）、鼠弓形虫（*Toxoplasma gondii*）、隐孢子虫（*Cryptosporidium*）、艾美球虫（*Eimeria*）、伊氏锥虫（*Trypanosoma evansi*）、肉孢子虫（*Sarcocystis*）等，不仅研究其超微结构、抗体、免疫学、酶化学、病理学、流行病学，还用分子生物技术研究其专性的表面蛋白，从 DNA 序列中克隆出片断作为专性引物用于诊断。

原生动物在地球上分布极为广泛。从海洋、江、河、湖、池、山泉、溪流、苔藓、沼泽、临时积水、冰山、雪山、盐池、土壤，到树叶上的水珠，只要有水的地方及其他动物的黏液、血液中都有原生动物。在空气中即使没有水滴，也有原生动物的孢囊。Farmer（1980）报道每立方米空气中约有 2 个肾形虫（一种纤毛虫）的孢囊。除空气传播外，水中、陆上的各种生物如昆虫、鱼、两栖动物、爬行动物、鸟类在活动时都能传布原生动物，可以说到处都有原生动物。

据 Cairns（1988）估计，现在地球上的生物种类有 500 万~3000 万种，目前已鉴定的种类仅有 170 万种。Corliss（1982）做了详细调查，全世界已报道的纯原生动物（不包括原生动物、藻类兼性以及原生动物、真菌兼性）种类为 63616 种。据估计，全世界已报道的纯原生动物种类为 6.8 万种，其中 50% 以上是化石，如有孔虫目（Foraminifera）、放射虫目（Radiolaria），这些化石群区系对确定地质年代、寻找石油资源十分有用；其余的 50% 为已知的现存种类（表 14-1）。

表 14-1　已知的现存原生动物种类

| 类群 | 自由生活 | 寄生生活 | 合计 |
|---|---|---|---|
| 鞭毛虫 | 5100 种 | 1800 种 | 6900 种 |
| 肉足虫 | 11300 种（其中有孔虫 4600 种） | 250 种 | 11550 种 |
| 孢子虫 |  | 5600 种 | 5600 种 |
| 纤毛虫 | 4700 种 | 2500 种 | 7200 种 |
| 合计 | 21100 种 | 10150 种 | 31250 种 |

估计在淡水中自由生活的原生动物为 5000~6000 种。Corliss 在该文中提出还有 50% 的隐性阶元（Cryptic taxa）尚未发现，最保守的估计地球上纯原生动物种类有 13.6 万种，其中淡水中自由生活的原生动物为 1 万~1.2 万种。由于环境的恶化，物种正在不断消失，每年约有 1.75 万动植物种类将永远消失，50 年后地球物种将会灭绝一半（Cairns，1988）。照此比例纯原生动物每年将有 700 种种类正在消失。

原生动物学自创立以来，为工业、农业、水产业、畜牧业、医学的进步做出了贡献。原生动物学的基础学科包含很多，如分类学、形态学、生理学、行为学、发生学、遗传学、生态学、寄生虫学等。由于原生动物是单细胞的生物，最简单的变形虫类，除了具有细胞核外，既没有高尔基体，又没有线粒体，而且体形还能随意变化，连非微管结构的细胞骨架也没有，因此在研究生命起源和进化中是十分重要的一个环节。

与生物学同步，原生动物学在 20 世纪也向微观与宏观两方面发展。借助于 X 射线衍射、电子显微镜、扫描显微镜、同位素追踪、分级离心等现代物理学技术，原生动物学在细胞生物学和分子生物学方面也取得了很大进展。分子生物学中划时代的核酶的发现就是在原生动物的四膜虫研究中做出的。宏观方面则随着环境问题日益突出，也从原生动物与综合环境因子（如温度、溶解氧、$H_2$、N、P 等）关系发展到研究原生动物群落与综合环境因子的关系。结合生态系统的多样性，研究原生动物群落多样性及其种类组成的规律。从生物群落出发，研究寄生原生动物和宿主之间的识别、相互关系和协同进化。原生动物学也已与数学、地学、环境科学等互相交叉。

## 四、学会和学术会议

1981 年 5 月 26—30 日，在张作人、倪达书、陈阅增、江静波、郑执中、史新柏等人的倡导下，中国原生动物学会成立大会暨中国原生动物学会第一次学术讨论会在武汉召开（图14-2），中国动物学会原生动物学分会正式成立。这次大会是中华人民共和国成立以来中国原生动物学界的首次盛会，大会选举产生了中国原生动物学会第一届理事会成员，推举张作人为理事长，倪达书、史新柏为副理事长，沈韫芬任秘书长。会议还讨论通过了中国原生动物学会章程。学会挂靠在中国科学院水生生物研究所。

图 14-2　中国原生动物学会成立大会代表合影（摄于 1981 年 5 月 27 日）

30 多年来，为了充分发挥凝聚各方学者、提高研究水平、促进学术进步、传播科学知识的作用，学会成立后一直注重从学术活动、科普活动、青少年活动、外事活动等多方面积极开拓，努力工作，扩大学会的影响。

学会特别重视改进学术工作，提高学术活动质量，通过召开学术讨论会、举办学术培训班、参加国际学术交流活动、出版论文集等形式，极大地促进了我国原生动物学的发展。学会每两年召开一次全国性学术讨论会，每四年召开一次会员代表大会，到 2019 年已举办 9 次代表大会（表 14-2），组织了 9 届理事会，召开了 20 次学术讨论会，参加人数共 3000 多人次。每次研讨会均组织学术专题和论文报告大会，会上会下，霜雪前辈与红颜后学互相磨砺，传统方法与现代技术充分碰撞，较成熟理论与突破性观点交相辉映，充分表现出我国原生动物学者们求真、求是、求实的科学态度和探索精神。

每次研讨会收到的科技论文，在进行充分交流研讨的同时，均编辑成《学术论文摘要汇编》并出版。学术讨论会所征集的论文以及大会的学术报告范围十分广泛，质量逐年提高，取得了不少高水平的研究成果，有些已达到国际先进水平。从历届论文涉及的范围看，我国原生动物学的研究包括原生动物区系分类学、生理生化、生态学、细胞遗传、形态发生学、医学、环境保护学和地学等，特别是 PFU 法已作为监测水体污染的国家标准颁布并得到了推广引用，分子生物学领域中如表面抗原复合基因的克隆与表达、分子系统发育学及遗传基因等方面取得了重大进展；居间纤维的研究，在功能和结构方面都有了重大发现；医学和鱼类寄生原生动物研究有了很大的突破；土壤原生动物研究填补了我国的空白等。这些充分显示了我国在原生动物学研究方面强大的科技队伍和雄厚的研究实力，反映出我国原生动物学科

表 14-2　中国动物学会原生动物学分会学术讨论会统计表（1981—2019）

| 时间 | 地点 | 会议主要内容 | 参会人数（人） | 论文摘要汇编 | 论文篇数（篇） |
|---|---|---|---|---|---|
| 第一次 | 1981 年 5 月 26—30 日 | 武汉 | 1. 学术讨论交流<br>2. 讨论、通过中国原生动物学会章程<br>3. 选举产生中国原生动物学会第一届理事会 | 77 | 《中国原生动物学学会第一次学术讨论会论文摘要汇编》 | 89 |
| 第二次 | 1983 年 8 月 13—17 日 | 哈尔滨 | 1. 学会两年工作报告<br>2. 专题学术报告<br>3. 学术讨论交流 | 70 | 《中国原生动物学学会第二次学术讨论会论文摘要汇编》 | 116 |
| 第三次 | 1985 年 7 月 10—15 日 | 临安 | 1. 学会工作报告<br>2. 补充、修改并通过了《中国动物学会原生动物学章程》<br>3. 召开第二次会员代表大会、选举产生第二届理事会<br>4. 学术讨论交流 | 97 | 《中国原生动物学学会第三次学术讨论会论文摘要汇编》 | 136 |
| 第四次 | 1987 年 11 月 10—15 日 | 广州 | 1. 学术讨论交流<br>2. 11 家科学仪器公司配合学术活动，并进行了产品的展销<br>3. 总结和展望 | 113 | 《中国原生动物学学会第四次学术讨论会论文摘要汇编》 | 181 |
| 第五次 | 1990 年 10 月 8—12 日 | 重庆 | 1. 修改、补充并通过了《中国原生动物学会章程》<br>2. 召开第三次会员代表大会、选举产生第三届理事会<br>3. 总结<br>4. 学术讨论交流 | 74 | 《中国原生动物学学会第五次学术讨论会论文摘要汇编》 | 195 |
| 第六次 | 1991 年 5 月 21—25 日 | 青岛 | 1. 学会工作报告<br>2. 就原生动物学研究的未来和青年原生动物学工作者的历史重任进行深入的讨论<br>3. 讨论编写《原生动物学》专著 | 56 | 《中国原生动物学学会第六次学会讨论会论文摘要汇编（青年学术讨论会专辑）》 | 63 |
| 第七次 | 1993 年 9 月 13—18 日 | 济南 | 1. 学会工作报告<br>2. 召开第四次会员代表大会、选举产生第四届理事会<br>3. 组织编写《原生动物学》专著<br>4. 学术讨论交流 | 59 | 《中国原生动物学学会第七次学术讨论会论文摘要汇编》 | 82 |
| 第八次 | 1995 年 5 月 8—11 日 | 上海 | 1. 学术讨论交流<br>2. 总结和讨论近期开展的工作 | 121 | 《中国原生动物学学会第八次学术讨论会论文摘要汇编》 | 99 |
| 第九次 | 1997 年 11 月 9—12 日 | 广州 | 1. 学会工作报告<br>2. 学术讨论交流<br>3. 召开第五次会员代表大会、选举产生第五届理事会 | 82 | 《中国原生动物学学会第九次学术讨论会论文摘要汇编》 | 67 |

续表

| | 时间 | 地点 | 会议主要内容 | 参会人数（人） | 论文摘要汇编 | 论文篇数（篇） |
|---|---|---|---|---|---|---|
| 第十次 | 1999年8月15—20日 | 太原 | 1. 完成了专著《原生动物学》<br>2. 总结<br>3. 学术讨论交流 | 68 | 《中国原生动物学会论第十次学术讨论会论文摘要汇编》 | 75 |
| 第十一次 | 2001年10月14—19日 | 武汉 | 1. 回顾<br>2. 总结<br>3. 学术讨论交流<br>4. 召开第六次会员代表大会，选举产生第六届理事会 | 82 | 《中国原生动物学会第十一次学术讨论会论文摘要汇编》 | 91 |
| 第十二次 | 2003年10月8—15日 | 成都 | 1. 介绍第十二届国际原生动物学大会筹备工作进展情况<br>2. 学术讨论交流<br>3. 召开第六届理事会第二次会议 | 82 | 《中国动物学会原生动物学分会第十二次学术讨论会论文摘要汇编》 | 98 |
| 第十三次 | 2005年7月10—15日 | 广州 | 1. 召开第十二届国际原生动物学大会<br>2. 学术讨论交流<br>3. 召开第七届理事会 | 240 | 《12th International Congress of Protozoology Abstract Book》 | 353 |
| 第十四次 | 2007年10月1—14日 | 昆明 | 1. 学术讨论交流<br>2. 总结和讨论近期开展的工作 | 106 | 《中国动物学会原生动物学分会第十四次学术讨论会论文摘要汇编》 | 125 |
| 第十五次 | 2009年7月13—15日 | 兰州 | 1. 学术讨论交流<br>2. 总结和讨论近期开展的工作<br>3. 召开第八次会员代表大会，选举产生第八届理事会 | 137 | 《中国动物学会原生动物学分会第十五次学术讨论会论文摘要汇编》 | 128 |
| 第十六次 | 2011年11月8—12日 | 杭州 | 1. 学术讨论交流<br>2. 总结和讨论近期开展的工作<br>3. 恳谈会、增选理事 | 192 | 《中国动物学会原生动物学分会第十六次学术讨论会论文摘要汇编》 | 157 |
| 第十七次 | 2013年8月19—24日 | 长春 | 1. 学术讨论交流<br>2. 总结和讨论近期开展的工作<br>3. 召开第九次会员代表大会，选举产生第九届理事会 | 240 | 《中国动物学会原生动物学分会第十七次学术讨论会论文摘要汇编》 | 172 |
| 第十八次 | 2015年8月24—27日 | 烟台 | 1. 学术讨论交流<br>2. 总结和讨论近期开展的工作<br>3. 恳谈会、增选理事 | 270 | 《中国动物学会原生动物学分会第十八次学术讨论会论文摘要汇编》 | 221 |
| 第十九次 | 2017年11月17—21日 | 广州 | 1. 学术讨论交流<br>2. 总结和讨论近期开展的工作<br>3. 召开第十次会员代表大会，选举产生第十届理事会 | 383 | 《中国动物学会原生动物学分会第十九次学术讨论会论文摘要汇编》 | 203 |
| 第二十次 | 2019年9月20—24日 | 哈尔滨 | 1. 学术讨论交流<br>2. 总结和讨论近期开展的工作<br>3. 召开第十届分会委员会议 | 272 | 《中国动物学会原生动物学分会第二十次学术讨论会论文摘要汇编》 | 173 |

学工作者把握国际最新发展动态，站在了学科领域前沿，作为一支重要的学术力量，为国际原生动物学的发展做出了应有的贡献。

参加国际性学术交流活动，展示中国原生动物学家的风貌，是中国原生动物学会的另一项重要任务。1960 年，国际原生动物学会第一届大会在波兰召开。1981 年，史新柏参加了在波兰召开的第六届国际原生动物学大会，这是我国首次有一名代表参加国际原生动物学大会。1985 年在肯尼亚召开第七届大会时，中国原生动物学会以团体会员国的身份加入国际原生动物学会，6 人参加了这次会议。以后的第八届（日本）、第九届（德国）、第十届（澳大利亚）、第十一届（奥地利）等国际会议，中国都派代表参加，通过活跃的学术交流活动，汲取新鲜养分的同时，也向世人展示中国原生动物研究的最新成果。

在 2001 年 7 月召开的第八届国际原生动物学大会上，在进行充分准备的基础上，经过与会的学会理事长沈韫芬、副理事长李明的全力争取，通过招标竞争演说、无记名投票等形式，中国原生动物学会获得了第十二届会议的主办权，并于 2005 年 7 月在广州市举行。此次大会的成功，既是世人对中国综合国力的极大肯定，更是国际原生动物学界对中国原生动物学研究所取得的成就的认可，同时也是对中国原生动物学会组织能力的充分信任。

中国原生动物学家们的工作得到了世界学术界的赞许。国际原生动物学家协会（the Society of Protozoologists）还先后授予张作人、倪达书、沈韫芬为名誉会员称号。北京大学陈阅增教授、中国科学院水生生物研究所沈韫芬院士、华东师范大学庞延斌教授、中国海洋大学宋微波教授、中国科学院水生生物研究所余育和研究员先后就任国际原生动物学会委员会（International Commission of Protozoology）委员。

近 40 年来，中国原生动物学会从无到有，从小到大，影响逐步增大，会员日益增多。其中大部分会员具有高级职称。会员集中了全国原生动物学界的所有老中青专家学者，特别是一大批中青年学者作为跨世纪人才崭露头角，他们的学术思想活跃新颖，研究起点高，采用的研究手段先进，展示了我国原生动物学的研究实力，是我国原生动物学研究的未来。

## 五、学术专著

寄托了中国原生动物学界几代人的希望，凝聚了中国原生动物学界 25 位专家心血的《原生动物学》，历时 6 年，于 1999 年 1 月由科学出版社出版。全书全面系统地总结了我国原生动物学领域 40 多年来的科研成果和从事有关研究的实践经验，反映了我国原生动物学领域的先进水平，为相关专业的科研人员和大专院校学生提供了一本很好的原生动物学工具书和基础教材。

中国科学院水生生物研究所陈启鎏等人编著的《中国动物志 粘体门 粘孢子纲（淡水）》（1998），华东师范大学庞延斌教授和邹士法教授编著的《拉汉原生动物名称》（1990），华东师范大学沈锡祺教授编著的《原生动物生物化学》（1990），华东师范大学庞延斌教授编著的《原生动物学实验技术》（1991），华东师范大学顾福康教授编著的《原生动物学概论》（1991），青岛海洋大学宋微波等人编著的《原生动物学专论》（1999），都是我国原生动物学研究中不可缺少的重要参考书。另外，学会组织编著的《原生动物学科普及丛书》已由广东高等教育出版社出版，为进行原生动物学的科普宣传打下了基础。

# 第二节　寄生蠕虫学

寄生蠕虫包括吸虫、绦虫、线虫和棘头虫，其中吸虫和绦虫隶属扁形动物门，线虫属于线虫动物门，棘头虫属于棘头动物门。因为它们都是寄生虫，因此在此一并介绍。

## 一、国外对寄生蠕虫学的研究

国外学者对寄生蠕虫的分类研究起步较早，从 18 世纪开始，已有许多学者开展蠕虫的分类研究，最主要的学者有 Andra、Froelich、Leske、Unzer 和 Goeze，他们发现和描述了大量的新种和新记录种。到了 19 世纪，蠕虫分类进入一个飞速发展的时期，Zeder 撰写了一篇长达 320 页的论文，把寄生蠕虫分为圆虫、钩虫、吸虫、扁虫和囊虫。Rudolphi 分别于 1810 年和 1819 年编写出版了两部蠕虫的专著，对蠕虫分类的成果进行了总结，扩大了蠕虫学的知识，是具有里程碑的著作。Rudolphi 首次应用 "trematode" 一词代替了 Zeder 的 "Sucking worms"，他的成就得到了广泛认可，被称为 "蠕虫学之父"。Dujardin（1945）出版了《肠道蠕虫的自然史》（*Histoire naturelle des Helminthes ou vers Intestinaux*），Desing 分别于 1850 年和 1851 年出版了《蠕虫学系统》I、II 卷（*Systema Helminthum I. II*），Schneider 编写了《线虫学专论》（*Monographie der Nematoden*），这些著作的出版，丰富了蠕虫分类学知识，为蠕虫的分类提供了宝贵资料。Looss 在吸虫和线虫的分类学研究方面做出了重要贡献，他不仅发现了大量的新种和新记录种，还在吸虫的系统学方面做出了重要贡献，建立了许多新科和新总科。20 世纪以来，蠕虫的分类研究得到了进一步发展，随着蠕虫种类描述的不断增加，对蠕虫的分类带来了困难，需要有一个检索表方便蠕虫的鉴定。1926 年，Yorke and Maplostone 编写了《脊椎动物寄生线虫》一书，对脊椎动物的寄生线虫进行了系统分类，可以方便地鉴定到属的阶元。日本学者 Yamaguti 一生从事寄生蠕虫的研究，在蠕虫分类学方面做出了突出贡献，他不仅描述发表了大量的蠕虫新种，还编辑出版了《蠕虫系统学》（*Systema Helminthum*）3 卷，对吸虫、绦虫和线虫进行了系统的分类。苏联学者 Skrjabin 及其领导的团队对蠕虫分类学研究做出了突出的贡献，他们不仅在蠕虫的区系分类方面做出了巨大成绩，还编辑出版了《基础线虫学》（*Osnovy Nematologü*）29 卷，《基础吸虫学》（*Osnovy Trematodologü*）26 卷，《基础绦虫学》（*Osnovy Cestodologü*）14 卷，这些著作的出版，为蠕虫分类提供了极为宝贵的资料。Anderson、Chabaud 和 Wilmott 从 20 世纪 70 年代开始组织世界各地的著名线虫分类学家对脊椎动物寄生线虫进行了重新整理，编写了《脊椎动物寄生线虫检索表》（*CIH Keys to the Nematode Parasites of Vertebrates*）1~10 分册，该分类系统已被全世界线虫分类学者所接受。捷克学者 Marovec 对鱼类寄生线虫的分类做了重要贡献，他描述了大量的线虫新种并建立了许多新属，出版了几本关于鱼类寄生线虫的专著，在毛细科和嗜子宫科线虫的研究方面做出了突出贡献。进入 21 世纪以来，蠕虫分类领域取得的一项重要成果就是 Gibson、Jones 和 Bray 组织专家编写了《吸虫检索表》（*Keys to the Trematoda*）1~3 卷。

## 二、我国对寄生蠕虫学的研究

我国对寄生蠕虫学的研究起步较晚，开始于 20 世纪 20 年代。对寄生蠕虫的分类可以分为三个时期，第一个时期是 20 世纪 20 年代开始到 1949 年中华人民共和国成立；第二个时期是 1949 年到 1978 年改革开放；第三个时期是 1978 年至今。在第一个时期，寄生蠕虫学处于起步阶段，这个时期开展寄生蠕虫分类的机构较少，包括 1928 年成立的北平静生生物研究所、福建协和大学、广东的岭南大学等。在蠕虫分类学方面做出重要贡献的有唐仲璋、陈心陶、伍献文、徐锡藩、李希杰等人。中华人民共和国成立后，寄生蠕虫学研究进入第二个时期，这个时期蠕虫分类研究得到了快速发展，中国科学院动物研究所成立了寄生虫学研究组，福建师范大学和厦门大学成立了寄生虫学研究室，还有许多大专院校开展了蠕虫的分类研究，在动物寄生蠕虫的区系和分类研究方面取得了许多成就。改革开放后，蠕虫分类研究也和其他学科一样得到了进一步发展，特别是我国启动了《中国动物志》的编研工作，促进了动物寄生蠕虫的区系调查研究，使蠕虫分类学取得了较大进展。为了加强寄生虫学研究成果的交流，促进寄生虫学研究的深入和寄生虫学人才的培养，在吴淑卿、唐仲璋、钟惠澜、孔繁瑶等老一辈寄生虫学专家倡导下，中国动物学会寄生虫学专业委员会于 1985 年 1 月 14 日在福建厦门鼓浪屿成立，并于 14 日至 18 日召开了第一届全国会员代表大会暨第一次全国寄生虫学学术会议。寄生虫学会的建立，为我国寄生虫学研究成果的交流提供了一个很好的平台，对寄生虫学的发展起到了良好的促进作用，截至 2016 年，该学会已经举办了十五次学术研讨会。在这个时期，我国寄生虫的研究主要集中在对重要人畜寄生虫的分子生物学和防治的研究，从事蠕虫分类的研究人员明显不足，而我国的动物资源丰富，还有许多寄生蠕虫需要分类鉴定，对蠕虫的资源家底还不清楚，蠕虫分类学工作还有待加强。

（一）吸虫的分类学研究

吸虫包括单殖吸虫、复殖吸虫和盾腹吸虫，过去都归属于吸虫纲，后来分子系统学分析表明单殖吸虫与绦虫的亲缘关系更近，因此单殖吸虫提升为一个单独的纲。我国的吸虫研究始于 1921 年，一些国外学者首先对日本血吸虫、姜片虫和华支睾吸虫等做了一些研究。随后，我国学者开始对部分动物的寄生吸虫进行了分类学研究。从 20 世纪 30 年代开始，陈心陶教授开始对我国南部地区的动物寄生吸虫进行了区系和分类研究，在并殖吸虫方面做了大量工作，1933 年发表了第一篇并殖吸虫的论文，1940 年出版了《怡乐村并殖吸虫》专著，至今仍然是公认的重要分类依据。中华人民共和国成立后，陈心陶等对广东地区的日本血吸虫分布和流行病学进行了研究，为血吸虫病的防治做出了突出贡献。在数十年的科研工作中，陈心陶发表了数十篇吸虫学方面的论文，并提出了我国的吸虫分类系统。1985 年，陈心陶等编写的《中国动物志 扁形动物门 吸虫纲 复殖目（一）》出版，该志记述了 14 科、21 亚科、93 属、381 种复殖吸虫。唐仲璋院士从 1936 年开始对福建地区的日本血吸虫进行研究，对血吸虫的生活史、流行病学等方面进行了深入的探讨，为血吸虫病的防治提供了重要资料，他对血吸虫幼虫的精细绘图至今为许多人引用。此外，唐仲璋院士带领的研究团队对我国动物寄生吸虫分类也做了大量工作，特别是对吸虫的分类系统学研究做出了突出贡献，他和 Faust 建立的盾腹亚纲依然被现在的吸虫分类学所应用。钟惠澜院士等对我国的肺吸虫的分类和分布进行了研究，发现了许多新种，为我国肺吸虫病的防治提供了重要依据。福建师范大学的汪溥钦教授对福建地区的动物寄生吸虫进行了报道，发表吸虫分类学论文 30 余篇，报道了大量新种和新记录种。顾昌栋等对我国鸟类和鱼类的吸虫进行了报道。邱兆祉等对我国海洋鱼类吸虫进行了区系和分类研究。中国科学院水生生物研究所对淡水鱼类的吸虫进行了研究，报道鱼类复殖吸虫 32 种。1984 年，潘金培等对我国淡水鱼类的寄生吸虫进行了调查，共报道吸虫 19 种，包括 11 新种，并建立 1 新科、1 新亚科、4 新属。通过全国各地寄生虫学者的努力，我国吸虫的区系和分类研究取得了重大进展，到 2016 年，复殖吸虫已报道了约 1500 种。

（二）单殖吸虫的分类学研究

我国学者最早对单殖吸虫进行分类研究的是尹文英（1948），大约 20 年后，张剑英（1966）对长江中游鱼类的单殖吸虫进行了研究。单殖吸虫的大量研究开始于 20 世纪 80 年代，张剑英、朗所、陈致和、丁雪娟等对单殖吸虫的分类做了大量的报道。张剑英等（2001）出版了《中国海洋鱼类单殖吸虫》的专著，描述我国单殖吸虫 198 种，包括 30 新种、1 新属和数十个新记录种。中国科学院水生生物研究所对湖北淡水鱼类的单殖吸虫进行调查，记录单殖吸虫 117 种。到 2016 年，我国的单殖吸虫已经发现约 1000 种，其中淡水鱼类寄生的有 580 种，海洋鱼类寄生的有 410 种，两栖动物寄生的有 16 种。

（三）绦虫的分类学研究

绦虫的分类研究最早见于 1933 年，曾省（1933）对部分鱼类寄生绦虫进行了报道，随后徐锡藩（1935）对我国的绦虫进行了分类，其后的 20 年我国绦虫的分类研究很少。1955 年叶亮盛报道鱼类绦虫一新种，命名为九江头槽绦虫 Bothriocephalus gowkongensis。厦门大学的林宇光对我国的动物寄生绦虫进行了研究，发表了数十篇有关绦虫的论文。中国科学院动物研究所的负莲也报道了我国的一些绦虫种类。中国科学院水生生物研究所对湖北淡水鱼类的绦虫进行了研究，报道鱼类寄生绦虫 10 种。程功煌（2004）出版了《中国绦虫研究》一书，记录我国绦虫 400 多种。

（四）线虫的分类学研究

我国学者最早开始对动物寄生线虫进行分类研究开始于 1927 年，伍献文在厦门的鲨鱼体内发现一线虫新种，命名为鲨鱼副细线虫 Paraleptus scyllü。在此后的十几年里，他和同事们发表了线虫分类学论文十几篇，报道线虫 30 多种，其中 15 种为新种。徐锡藩对我国的动物寄生线虫进行了分类研究，发表论文 17 篇，记录动物寄生线虫 46 种，包括 13 新种。李希杰对鸟类的寄生线虫进行了研究，报道鸟类寄生线虫 24 种，包括 7 新种。陈心陶对广东地区的人体和动物寄生线虫进行了调查，特别是他于 1935 年在老鼠体内发现一种线虫，命名为广州管圆线虫 Angiostrongylus cantonensis，该线虫的成虫寄生于老鼠的肺动脉和心脏，幼虫寄生于螺类体内。到 20 世纪 60 年代，人们才逐渐认识到这是一种广泛分布于世界各地并可引起人类疾病的寄生虫。近年来，由于食用螺类造成人类暴发广州管圆线虫病，因此该线虫已成为重要的人兽共患寄生虫病病原。

1949 年以后，我国线虫分类的研究进入一个新的历史阶段，全国各地的科研机构和大专院校的寄生虫学工作者对我国的动物寄生线虫进行了大量研究。南京大学的徐岌南对我国的鸟类寄生线虫进行了报道，他在 1975 年出版了《动物寄生线虫学》一书，该书收录我国鱼类寄生线虫 44 种，两栖类寄生线虫 24 种，爬行类寄生线虫 32 种，鸟类寄生线虫 169 种，哺乳动物寄生线虫 295 种。中国科学院动物研究所的吴淑卿等对我国的华东、西南、中南部、新疆等地的家畜寄生线虫进行了调查，并报道了一些新种和新记录种。沈守训对微山湖、太湖和白洋淀的鸟类寄生线虫进行了调查。尹文真对北京、云南、海南、东北等地的野生兽类的寄生线虫进行了调查。吴淑卿等（2001）编著出版了《中国动物志　线虫纲　圆线亚目（一）》，这是动物志中的首部线虫志，该书记载了我国圆线亚目线虫 178 种。汪溥钦对福建、四川、广西等地的动物寄生线虫进行了调查，发表有关线虫分类的论文 20 余篇，报道了大量的新种和新记录种，并建立了一些新属，在尖尾类、旋尾类和蛔类线虫的分类方面取得了重要进展，为我国动物寄生线虫的分类做出了突出贡献。中国农业大学的孔繁瑶 1955 年开始对家畜寄生线虫进行研究，他和熊大仕合作完成了对食道口线虫的调查，描述了我国食道口属线虫 7 种，包括一新种，这是首次对我国食道口线虫进行的系统调查和描述。次年，他们又报道了夏柏特属一新种，随后孔繁瑶对广西猴的寄生线虫进行了研究，报道了食道口线虫 2 个新记录种。孔繁瑶还对西藏绵羊的寄生线虫进行了分类研究，共报道了 10 个种，其中有 4 个新种。孔繁瑶在线虫学研究中最突出的贡献是对马圆线虫的研究。1958 年，他报道了驴的寄生线虫一新种，从此，孔繁瑶等人开始对我国马属动物的寄生圆线虫进行了系统的研究报道。先后报道了北京驴的寄生线虫 20 种，包括一新属新种。同时对我国几个省份的马属动物圆线虫进行了调查研究，报道并描述了马属动物圆线虫 13 种和 1 个新亚种。1965 年，他系统总结了马属动物圆线虫的研究结果，记录了我国十个省、自治区分布的我国马属动物圆线虫 40 个种、5 个亚种，占全世界已报道种类的 70%，基本上反映了我国马圆线虫的分布状况。结合对马属动物圆线虫的分类研究、孔繁瑶（1964）对广义盅口属的分类系统进行了修订，将广义盅口属分为 7 个属。该项工作得到了国际上的好评，美国著名寄生虫学家 Lichtenfels 在他的著作中称赞孔繁瑶是在马属动物圆线虫的分类系统研究中做出突出贡献的四个专家之一。随着对马属动物寄生线虫研究的不断深入，盅口族的分类系统有了很大变化，张路平和孔繁瑶对盅口族的分类系统进行了综述，并提出了自己的观点。结合多年来的工作成果，张路平和孔繁瑶撰写出版了《马属动物的寄生线虫》，收录了 2000 年以前全世界报到的马属动物的寄生线虫共 93 种，为兽医寄生虫学的研究提供了重要的基础资料。河北师范大学的张路平等主要对鸟类和鱼类的寄生线虫进行了分类研究，发表线虫学论文 60 余篇，报道了 30 多个新种和 30 多个新记录种。张路平等首次应用形态学和分子生物学方法完成了对我国各海域鱼类寄生异尖属线虫的鉴定，确定了我国各海域异尖线虫的种类和分布特征，为异尖线虫病的防治提供了基础资料。张路平、孔繁瑶编著出版了《中国动物志 线虫纲 圆线亚目（二）》，该书共报道我国圆形科和夏柏特科线虫 87 种，包括 1 新种，为我国生物多样性和线虫的防治提供了重要的基础资料。目前，我国已报道的线虫约 1000 种，其中鱼类寄生线虫 200 多种，两栖爬行动物寄生线虫 109 种，鸟类寄生线虫 280 种，哺乳动物寄生线虫 380 种。

（五）棘头虫的分类学研究

我国开展棘头虫的研究比较晚，1962 年，汪溥钦开始对猪巨吻棘头虫的生活史进行了研究，其后 30 年，汪溥钦等人对福建等地的棘头虫进行了分类研究，发表有关棘头虫的文章 13 篇，报道棘头虫 90 种。其他几位学者如伍惠生等也对我国的棘头虫进行了部分报道。1991 年，汪溥钦出版了《福建棘头虫志》，描述了福建的棘头虫 79 种，并列出了在其他省份报道的棘头虫。目前我国报道的棘头虫仅有 140 种。

## 第三节  贝类学

### 一、贝类学科在中国构建的本土文化背景和国际学术背景

我国对贝类的观察和研究起始于公元前 206 年至公元 24 年。《尔雅》记载了一些贝类名称，在以后历代的本草、志书、记事、杂录以及一些类似的书籍中对贝类也均有记载。尽管有的记述不够全面或者不够系统，但其中许多种类名称至今仍被沿用。宋代苏颂的《图经本草》对牡蛎就有描述，唐代的刘恂和明代的屠本畯等对乌贼的形态、习性、食用和药用价值以及捕获方法等都有较详细的记载，明代李时珍的《本草纲目》中记载了 30 余种贝类药物。更值得一提的是，两千多年前我国已经掌握了人工养殖河蚌生产珍珠及牡蛎的养殖技术。

法国耶稣教会传教士、博物学家韩伯禄是中国最早的自然博物馆创始人，开启了我国淡水和陆生贝类分类学研究。他于 1868 年来到中国，在上海创办了徐家汇博物馆，后改名为震旦博物院，英文名称为 Museum Heude。1868—1880 年，他将全部精力投入中国淡水及陆生贝类的考察研究，沿着我国长江流域中下游地区，还有四川、云南、福建、广东等省进行了 13 年野外考察、研究，采集了大量标本。1876—1885 年，他出版了《南京省和中国中部河流贝类》共 10 卷，记录淡水双壳类 2 科、7 属、212 种，其中珠蚌科 7 属、132 新种和新变种，蚬科 1 属、50 种、49 新种和新变种。后又于 1882—1890 年出版了淡水及陆生贝类专著 Notes surle Mollusquaquesterrestres de la valle da FleaveBlea，发表在《中华帝国自然历史专题》(Memoires concernautl'HistoireNaturella de l'Empire Chinois) 中，共记录了 500 余种螺类，含淡水螺类 5 科、84 种，其中 5 新属、64 新种，所描述的标本均保存于他的博物馆内。

韩伯禄对我国进行了最早的贝类分类研究，奠定了我国淡水和陆生贝类研究基础。虽然他的工作与现在分类系统有差异之处，如科属名称变化和一些同物异名，但其成果至今仍为无价之宝，是淡水和陆生贝类分类上不可缺少的文献。他的成果，特别是模式标本为同行们关注。秉志、金叔初、张玺、齐钟彦、闫敦建等于 1930—1949 年对云南、四川、新疆和香港的贝类做了大量工作，并整理了欧洲自然博物馆馆藏淡水和陆生贝类标本，这些工作为后来贝类学研究打下坚实基础。Q. T. Johnson 整理了韩伯禄采集的遗留在国外的标本，后来我国淡水贝类学家刘月英将保存于中国科学院动物研究所淡水贝类模式标本整理出来，供同行研究，该所保存有韩伯禄发表的模式标本双壳类 2 科、12 属、93 种，其中蚌科 11 属、82 种，蚬科 1 属、11 种；单壳类 5 科、9 属、58 种。

在化石研究方面，西方不少学者自 19 世纪就开始研究各个地质时期的软体动物化石，为现代古贝类学研究奠定了基础。对古生代软体动物化石研究做出重要贡献的学者有菲利浦斯、麦柯伊、索尔特 (Salter)、霍尔、毕令斯、惠特菲尔德 (Whitfield)、西巴赫 (Seebach)、巴兰德、弗勒希等；对三叠纪软体动物化石研究做出贡献的学者有劳贝 (Laube)、比特纳 (Bittner)、冯·维尔曼 (Wöhrmann) 等；描述过侏罗纪软体动物化石的学者有克里普史坦因 (Klipstein)、罗里奥尔、西巴赫、齐特尔、贝姆 (Böhm) 等；描述白垩纪软体动物化石的学者有道尔比尼、罗伊斯、佛兰苏瓦·儒勒·皮克特 (Francois Jules Pictet)、勒纳维叶

（Renevier）、斯托里茨卡（Stolitzka）、缪勒尔、怀特（White）等；描述过第三纪软体动物化石的学者有菲利皮、戴赛伊、拜里希、奎伦（Koenen）、伍德（Wood）、惠尔勒斯（Hoernes）、萨柯（Sacco）、摩尔顿（Morton）、怀特等。

其中，头足类化石的文献极为丰富。早在 1796 年，居维叶就把所有的墨鱼与鹦鹉螺（*Nautilus*）和有孔虫放在一起，命名为"头足动物"（Cephalopoda），等级是一个特殊的纲。

列奥波德·冯·布赫（1829 年和 1839 年）根据体管的位置划分出两个大类：鹦鹉螺类和菊石类，又根据缝合线的形状把菊石类再分成三个亚类：棱菊石类（Goniatites）、菊面石类（Ceratites）和菊石类（Ammonites）。布赫为缝合线叶的各不同部分下了精确的术语，区分出 14 个科，一部分是根据贝壳的形状及装饰物，还有一部分是根据缝合线。布赫把旋壳种类与直壳的杆菊石（Baculites）和钩状的 Hamites 相对比。在分类系统中，布赫也给出了缝合线渐进复杂性的描述，如在追索菊石科（Ammonitidae）从古生代一直到中生代的系统发生中可以观察到这种缝合线的复杂性，他甚至指出从缝合线复杂性的相对程度就能够推测出菊石类的属的年代。

爱德华·徐士（Edward Suess）1865 年提出进一步细分 Ammonites。阿尔佛伊斯·海耶特（Alpheus Hyatt）在 1869 年发表的关于里阿斯世菊石的文章中，也提出相似的观点。徐士和海耶特打开了创立新属名的大门后，头足动物的古生物学文献就充满了数不清的新属新种，它们中的大多数定义范围都是很狭窄的。

箭石化石早已深为人知，埃拉尔德（Ehrhardt）是第一个把箭石与鹦鹉螺和 Spirula 相比的学者。克诺尔（Knorr）和瓦尔希的大部分著作记录保存很好的箭石，而佛尔 – 毕克（Faure-Biguet）1810 年的著作里有很多插图。

## 二、贝类学科在中国的构建

虽然我们的祖先很早就认识贝类、利用贝类，对贝类也有一些较详细的记载，但并未形成完整的、科学的认知体系，贝类学研究远远落后于西方国家。直到 20 世纪 20 年代，我国科学家才逐步开始对中国的贝类进行系统的调查和研究，相继成立的中国科学社、北平研究院动物研究所、静生生物调查所等研究机构，为我国近代贝类学研究提供了保障和条件。这一时期，秉志、金叔初、阎敦建和张玺等老一辈科学家对中国海洋贝类及淡水贝类开展了初步的采集和分类学研究，对其物种多样性和区系特点进行了探索性研究，取得了一些开创性的研究成果，为中国贝类学科的创建和发展做出了突出贡献。代表性的成果有：金叔初和国外学者合作对北戴河的海生贝类进行了较系统的调查和研究；金叔初和秉志对香港的海生贝类进行了分类学研究；金叔初和秉志报道了分布于北戴河的掘足类 1 新种；英籍华人阎敦建对大英博物馆和德国瑟肯堡博物馆收藏的中国贝类标本进行了研究报道，此外，他还对北戴河、山东、广西、厦门等地的软体动物进行了研究。

中国现代贝类学研究的奠基人张玺一生致力于中国的贝类学研究，曾先后对山东青岛的胶州湾海产贝类、云南昆明湖的螺蛳和淡水螺类以及双壳类进行了调查研究，发表了一些有影响的研究论文和调查报告。张玺先后对青岛后鳃类、中国近海牡蛎、山东的前鳃类进行了研究报道。1935—1936 年，张玺领导的"胶州湾海产动物采集团"在国内进行了首次系统的海产动物调查，先后发表了胶州湾海产动物采集团采集报告，其中第二期及第三期等都有涉及软体动物的研究内容。此外，他对胶州湾及其附近海域的食用软体动物种类也进行了报道。

抗战爆发后，北平研究院动物研究所南迁昆明，张玺任所长，主要从事淡水和陆生贝类的分类学研究。1938年，张玺进行昆明湖的综合调查，发表了《云南昆明湖形质及其动物之研究》《滇池食用螺蛳属之研究》《田螺科螺蛳属之检讨》等研究论文。

在化石研究方面，中国头足类古生物学的主要奠基人是俞建章、田奇㻖、尹赞勋、许德佑等人。

俞建章发表了专著《中国中部奥陶纪头足类化石》(《中国古生物志》乙种第1号第2册)。书中首次对头足类化石的各种构造特征做了详细描述，对"外壳""内壳""外壁""内壁""外梯板""内梯板""壁襟""内体壁""内体房""内园管"等构造单元术语名称做了很好的厘定，为系统研究打下了基础。书中对研究的重点地区湖北省西部、东部、东南部和北部所出露的奥陶纪地层及所含化石做了细致的对比，初步明确宜昌石灰岩基本上为下奥陶统，而艾家山层为中奥陶统。进而又将东三省、河北、山东、河南、江苏、四川、贵州、云南各省的头足类化石与贵州对比，从而认为：①珠角石产于我国北方，南方极少见；②云南施甸所产头足类化石多见于湖北的艾家山层；③中国奥陶纪头足类化石与欧洲相同者多，而与北美相同者少。由此得出，中国中部生物来自印度洋海侵，经云南而至华中，又经特蒂斯海而达欧洲，故华中头足类与西南及欧洲相似，而与"大北方区"的北美不同。书中重点研究了9个属、1个亚属、42个种（包括相似种、未定种、变种等），其中包括19个新种、4个新变种。

1932年，尹赞勋发表了专著《中国北方本溪系及太原系之头足类化石》(《中国古生物志》乙种第11号第3册)，书中记述了产自河北、山西、甘肃三省的中石炭统本溪系及上石炭统太原系的头足类化石，描述的化石有鹦鹉螺目的21个种、菊石目的1个种，亦附带描述了一个方锥石属。1935年，尹赞勋发表了专著《中国古生代后期之菊石化石》(《中国古生物志》乙种第11号第4册)。该书回顾了以往我国晚古生代地层中菊石化石的记载，描述了我国3个产地的菊石化石：①贵州水城县王家坝的上石炭统王家坝灰岩；②江西安福县枫田的中二叠统枫田系；③甘肃武威县（凉州）大喇牌的上二叠统大喇牌建造。本书共描述菊石4属、1亚属、11种，其中包括1新亚属（*Shuichengoceras*）、9新种。

1933年，田奇㻖发表了专著《中国南部下三叠统之头足类化石》(《中国古生物志》乙种第15号第1册)，书内首次回顾了早年产于我国贵州、云南、青海等省的下二叠统头足类化石，记述了贵州省4个地点和湖北省两个地点的下三叠统头足类化石，共描述了头足类11个属（菊石类8个属，鹦鹉螺类3个属）、23个种、1个亚种，其中包括8个新种、1个新亚种。最后还叙述了下三叠统头足类化石带的对比。

孙云铸在1936—1937年出版的《中国地质学会志》第16卷上发表了《新属（*Shantungendoceras*）——中国已知最古老的全壳亚目》一文。文中记载了在山东济南炒米店南山的上寒武统凤山阶发现一保存了完好体管的头足类化石，建为新属——山东内角石（*Shantungendoceras*），并建了三个新种（其中一个为属型种）。他指出，在中奥陶世以前不知有真正的直壳亚目（Orthochoanites）和弓壳亚目（Cyrtochoanites），而产于下寒武统的（*Volborthella*）属既非直壳亚目，也非真正的全壳亚目（Holochoanites），而是代表头足纲的最原始分子。新发现的 *Shantungendoceras* 是寒武系中第一次知道的全壳亚目分子，其他的全壳亚目分子，特别是下奥陶统的内角石科都是由山东的种类演化来的。*Shantungendoceras* 动物群最早从印度洋发育而来，华北的晚寒武世海侵主要是从南方向北方推进的。

许德佑在 1936—1937 年出版的《中国地质学会志》第 16 卷上发表了《中国南部下三叠纪海产化石之新研究》一文，描述了产于江苏、浙江、安徽、湖北、广西等省下三叠统大冶灰岩和青龙灰岩中的软体动物化石，属于头足类的属有：*Xenodiscus*、*Ophiceras*、*Tirolites*、*Meekoceras*、*Anasibirites*、*Dorikranite*、*Otoceras*、*Pseudosageceras* 和 *Celtites*。1938 年，许德佑发表的《中国南部三叠纪化石之新材料》（《地质论评》第 3 卷第 2 期）一文中与头足类有关者如下所述：①湖北省：远安县大路垭下三叠统大冶灰岩中产 *Ophiceras*，*O.*（*Lytophiceras*）；②湖南省：耒阳县黄泥江下三叠统产 *Meekoceras*、*Anakashmites*、*Pseudogastrioceras sp.*；③云南省：丘北县小马恒中三叠统产 *Trachyceras*，泸西县蚌郎上三叠统产 *Clionites sp.*。1938 年，许德佑发表了《中国海相下三叠统之标准化石》（《地质论评》第 3 卷第 3 期）一文，专门论及了蛇菊石（*Ophiceras*），并做了详细描述和图示，指明在湖北远安县、秭归县及贵州贵阳市郊等地的分布。1944 年，许德佑发表了《贵州之中三叠统菊石化石》（《地质论评》第 9 卷第 5~6 合期）一文，记述了安尼锡克层的菊石 4 属、4 种，还有拉丁尼克层（产于关岭县法郎组和贞丰县龙场）的菊石 2 属、4 旧种，它们都是标准化石，很有地层对比意义。

我国的瓣鳃类古生物学研究最早的开拓者是葛利普和瑞典古生物学家俄德诺（Odhner）及我国古生物学家赵亚曾，他们在 20 世纪 20 年代发表了最早的研究成果。后来我国古生物学家许德佑在 20 世纪三四十年代做了大量工作，奠定了重要基础，并培养了接班人顾知微，成为我国瓣鳃类古生物学的学科带头人。

1923 年，葛利普在《地质汇报》第 5 号下册发表了三篇文章。第一篇是《山东之白垩纪化石》，描述了瓣鳃类化石 4 属、3 亚属的 9 个种。对旧种与国外的对比也做了讨论。第二篇是《中国北部之白垩纪软体类化石》，描述了两个瓣鳃类化石：*Corbicula*（2 新种）。第三篇是《中国中部归州层内之白垩纪化石》，描述了 4 属、3 亚属的 6 种瓣鳃类化石。

1925 年，俄德诺发表了专著《三门系之介壳化石》（《中国古生物志》乙种第 6 号第 1 册），描述了 12 属、1 亚属、14 种（包括变种）瓣鳃类化石。他还推测出这个动物群的生存环境。

1927 年，赵亚曾发表了专著《中国北部太原系之瓣鳃类化石》（《中国古生物志》乙种第 9 号第 3 册）。书中对瓣鳃类化石的形态特征做了详尽讨论。又谈及太原系地层内瓣鳃类化石的分布，在河北（直隶）、山西、甘肃等省产地皆多，还将这些化石与世界各国的化石进行对比，从而肯定了太原系的地质年代为晚石炭世。最后描述了瓣鳃类化石 30 个种。

1930 年，俄德诺发表了专著《广西上新统淡水软体动物化石》（《中国古生物志》乙种第 6 号第 4 册）。书中详述了广西南宁附近上新统褐炭层中的河蚌类（Unionids）与湖螺类（Viviparoid）软体动物群，且与罗马尼亚、斯洛文尼亚等地上新统的类似软体动物群做了对比。该书描述了瓣鳃类 *Hyriopsis*、*Rhombunio* 和 *Psilunio*，腹足类 *Tulotoma*、*Stenothyra*、*Oncomelania* 和 *Valvata*，共计 7 个属、20 个种，其中包括 2 个未定种、17 个新种、1 个新变种。

许德佑在 1936—1937 年发表的《中国南部下三叠纪海产化石之新研究》一文中，归于瓣鳃类化石的有亚属 *Pseudomonotie*（*Claraia*），属 *Posidonia*、*Geibilleia*、*Anodontophora*，共计 9 个种（其中包括 6 个旧种、1 个旧变种、1 个未定种、1 个新种）。1938 年，发表了《中国南部三叠统化石之新材料》（《地质论评》第 3 卷第 2 期）一文，其中有关瓣鳃类化石的材料有：①湖北省秭归县小青滩对岸下三叠统大冶灰岩中有 *Pseudomontis*（*Claraia*）的 2 个旧种，光化县两河口中三叠巴东系中有 *Myophoria* 和 *Pecten*。远安县王家冲上三叠统远安系中有 *Avicula*（1 个旧种）、*Pseudomonotis*、*P.*（*Eumorphotis*）、*Myophoria*、*Anodontophora*；②湖南省耒阳县黄泥江下三叠统有 *Pseudomonotis*、*P.*（*Claraia*）；③云南省丘北县法果村下三叠统 *Oxytoma*、*Pseudomonotis*，丘北县洗马塘下三叠统 *Oxytoma*、*Pseudomonotis*、*Modiola*、*Myophoria*、*Myoconcha*、*Anodontophora*，丘北县小马恒中三叠统 *Italobia*、*Parahalobia*（新属）、*Daonella*、*Posidonia*，丘北县阿居中三叠统 *Halobia*、*Daonella*、*Posidonia*，泸西县蚌郎上三叠统 *Halobia*、*Parahalobia*、*Posidonia*，个旧市锡矿区瑞替克层 *Casianella*、*Halobia*、*Gervilleia*、*Hoernesia*、*Perna*、*Leda*（*Nuculana*）、*Palaeoneilo*、*Myophoria*、*Anodontophora*、*Burmesia*；④广西迁江县合山下三叠统 *Pseudomonotis*（*Claria*）。以上共计 20 属、3 亚属、57 种（其中包括 29 个旧种、2 个旧变种、10 个相似种、4 个亲近种、1 个未定种、9 个新种、2 个新变种）。1937 年，许德佑发表了论文《湖北远安县之三叠纪地层及其动物群》（《中国地质学会志》第 17 卷第 3~4 期）。文中描述了产于上三叠统卡尼克阶远安页岩的瓣鳃类化石 *Myophoria*、*Lima*、*Avicula*、*Anodontophora*、*Pseudomonotis*、*P.*（*Eumorphotis*），共计 6 属、9 种（其中 4 个旧种、1 个亲近种、3 个新种、1 个新变种）。1938 年发表的《中国海相下三叠纪之标准化石》（《地质论评》第 3 卷第 3 期）一文，叙述了瓣鳃类化石的 4 个标准种 *Oxytomascythicum*、*Pseudomonotis*（*Claraia*）*clarai*、*P.*（*C.*）*wangi*、*P.*（*C.*）*griesbachi var. contentrica*，它们都盛产于我国南方很多省份。1938 年，许德佑发表了《中国南部三叠纪化石之新材料》（《地质论评》第 3 卷第 2 期），报道了他当时鉴定各化石的结果，其中含瓣鳃类化石的有：①湖北省：兵书宝剑峡小青滩对岸的大冶灰岩底部页岩内有 *Pseudomonotis*（*Claraia*）*clarai* 和 *P.*（*C.*）*wangi*，前者为欧洲阿尔卑斯下三叠统标准化石，后者为贵州等地下三叠统的标准化石。中三叠统巴东组产 *Myophoria*，上三叠统远安页岩产 *Avicula*，*Pseudomonotis*（*Eumorphotis*）、*Myophoria*、*Lima* 和 *Anodontophora*。②湖南省：耒阳县黄泥江下三叠统 *Pseudomonotis*、*P.*（*Claraia*）。③云南省：丘北县下三叠统 *Oxytoma*、*Pseudomonotis*、*Myophoria*、*Myoconcha*、*Anodontophora*，砚山县下三叠统 *Pseudomonotis*（*Claraia*），丘北县中三叠统 *Halobia*、*Parahalobia*（新属）、*Daonella*、*Posidonia*，泸西县上三叠统 *Halobia*、*Parahalobia*、*Posidonia*，个旧市瑞替克层 *Casianella*、*Halobia*、*Gervilleia*、*Hoernesia*、*Perna*、*Leda*、*Palaeoneilo*、*Myophoria*、*Anodontophora*、*Burmesia*。④广西省：迁江县下三叠统 *Pseudomonotis*（*Claraia*）。以上共计 17 属、3 亚属、50 种（其中包括 25 个旧种、2 个旧变种、9 个相似种、2 个未定种、8 个新种、4 个新变种）。1940 年，许德佑发表了论文《云南个旧上三叠统化石》（《中国地质学会志》第 20 卷第 3~4 期）。文中描述了产于个旧上三叠统卡尼克阶和诺里克阶的软体动物化石，绝大多数是瓣鳃类的，有以下各属：*Myophoria*、*Palaeoneilo*、*Leda*、*L.*（*Nuculana*）、*Anodontophora*、*Hoernesia*、*Gervilleia*、*Halobia*、*Burmesia*，共计 8 个属、1 个亚属、8 个旧种、2 个旧变种、1 个新种。

1948 年，顾知微发表了论文《川西铜街子建造之晚期下三叠纪动物化石》（《中国地质学会志》第 28 卷第 3~4 期）。文中描述的动物化石除腕足类一个属——*Lingula* 外，其余全是瓣鳃类，如 *Avicula*、*Pecten*（*Velopecten*）、*P.*（*Entolium*）、*Pseudomonotis*（*Claraia*）、*P.*（*Eumorphotis*）、*Posidonia*、*Gervilleia*、*Myophoria*、*Astarte*，共计 8 属、3 亚属、15 种（8 个旧种、2 个相似

种、1 个亲近种、1 个未定种、1 个新种、1 个新变种）。他还讨论了这个动物群的时代，认为不是中三叠世而是早三叠世末期。顾知微后来成为我国瓣鳃类古生物学研究的重要带头人。

19 世纪 20 年代，葛利普等学者研究各地各门类化石的著作中也包含了腹足类化石的内容，而专门研究中国腹足类化石的最早著作是秉志从 1929 年开始的，以后相继有尹赞勋、许杰、闫敦建等人的专著问世，他们都堪称中国腹足类古生物学最早的奠基者。

1929 年，秉志发表了专著《中国北方之田螺化石》（《中国古生物志》乙种第 6 号第 5 册）。书中共描述了 5 个属、14 个种，其中包括 12 个新种，可分为 3 部分：①王竹泉采自河北井陉县雪花山上新世红土层中的陆生腹足动物化石，计有以下属：Helix、Pupa、Opeas；②裴文中采自周口店的第四纪淡水腹足动物化石 Planorbis；③裴文中采自周口店的第四纪陆生腹足动物化石 Helix、Pupa、Succinea、Opeas。这是我国第一部研究腹足类古生物学的专著。1931 年，秉志发表了专著《中国北方之腹足类》（《中国古生物志》乙种第 6 号第 6 册），描述了德日进、杨钟健在河北唐山，山西娘子关、大同、汾河，陕西榆林、潼关等地的第三纪、第四纪地层中采集的淡水和陆生腹足动物化石 7 个科、1 个亚科、9 个属、16 个种，其中包括 6 个新种。

1932 年，尹赞勋发表了专著《中国北部本溪系及太原系之腹足类化石》（《中国古生物志》乙种第 11 号第 2 册）。书中描述了甘肃抚彝县中石炭统本溪系后沟灰岩中的腹足类化石 16 个种，以及山西阳曲县、保德县及河北临城县的上石炭纺太原系 24 种，总共 40 个种，分属于 8 个科、19 个属，其中有 15 个新种。

许杰于 1935 年、1936 年先后发表了《广西第三纪及第四纪之淡水螺化石》（《中国古生物志》乙种第 6 号第 2 册）和《下蜀层之腹足类化石》（《中国古生物志》乙种第 6 号第 3 册）两部专著。在第一本书中，许杰研究的材料是李捷采自广西恩阳县那坡镇第三纪上新统煤系地层所夹的泥灰岩层中的淡水螺类 5 个属（其中有 1 个新属）、12 个种（全为新种），且无现生种之相同者，可推断为已灭绝的生物群。另一批材料是李捷、朱森采于广西桂林市北郊洞穴沉积（属第四纪下更新统）中的淡水螺类 1 属（Vivipara）。书中对化石描述极详尽，测量极精确，并制成曲线图，以保证准确鉴定。在第二本书中，许杰研究的材料是李捷、朱森及他本人采自南京镇江间第四系上更新统下蜀层红黄色黏土中的淡水螺化石，分属于 2 个目、1 个亚目、5 个科、10 个属、2 个亚属、17 个种，其中有 5 个新种、2 个新异种。

闫敦建于 1934 年发表了《广西几种第三纪腹足类化石》一文，对产于新近系上新统邕宁组湖相页岩中的几种腹足类化石做了描述，计有以下属：Sinomelania 新属、Viviparus 和 Pila。文中还讨论了这些属种与非洲坦噶尼喀湖、莫尔湖及刚果盆地一些现生种和化石种的关系。

### 三、贝类学科在当代的发展

中华人民共和国成立后，中国的贝类学研究得到了快速发展。1950 年 8 月，中国科学院在青岛成立了水生生物研究所海洋生物研究室，贝类研究以海洋贝类的分类、区系、形态和生态学等方面为主。在中国科学院水生生物研究所海洋生物研究室成立之初，张玺放弃了在北京的工作来到青岛，并担任研究室的副主任，同他一起前来的还有齐钟彦、李洁民和马绣同等贝类学家。此后，该研究室又成立了以张玺为组长，齐钟彦、李洁民、马绣同、楼子康、王祯瑞、林光宇、刘月英等为主要成员的贝类研究小组，有组织地开展了中国早期的贝类学研究。

1950—1953年开展了中国北方沿海调查采集工作，主要是辽宁、河北、山东、江苏北部。当时发现塘沽防波堤上有一种动物能在岩石上穿洞，对港口建设带来很大危害。张玺等就此开展了海上调查和研究工作，陆续在我国沿海发现了双壳类海笋科动物19种，船蛆科16种，这两类动物具有极强的钻孔能力。研究证明，海笋能穿凿石灰石，船蛆能穿凿木船和港湾码头的木质建筑，破坏性极大。通过对其生态习性、危害情况进行较详细研究和了解，掌握了它的危害程度，研究出了防范措施，为防除这类动物造成的危害提供了科学依据。同时，船蛆研究这一成果获得1955年度中国科学院自然科学奖二等奖。

1957—1960年，张玺担任中苏海洋生物调查团中方团长，领导了在青岛、塘沽、大连、舟山、湛江和海南岛的调查。特别是对海南岛的调查规模最大，前后做了春夏季及秋冬季两次调查，获得了丰富的贝类标本和相关资料，推动和发展了我国的潮间带生物学研究。此后，他们在全国各海区广泛调查和采集，为我国贝类学研究获得了大量资料和标本。在发展贝类学研究基础上，率领同事和学生们开展了牡蛎、鲍鱼、贻贝、扇贝、珍珠贝等主要经济贝类的实验生态学和养殖生物学研究。

张玺等人从北京带来了一些贝类标本和研究贝类的图书资料，有力促进了青岛的贝类学研究工作。1957年，海洋生物研究室扩大建制为中国科学院海洋生物研究所，软体动物分类组成员有张玺、齐钟彦、李洁民、马绣同、楼子康、王祯瑞、林光宇等，董正之、黄修明、庄启谦、徐凤山等也相继加入贝类分类研究中。

1957年，我国第一艘海洋科学考察船"金星号"下水，为我国广阔陆架区贝类调查研究创造了条件。随后，大型科考船"科学一号"投入调查东海和南海。1958—1960年开展的全国海洋综合调查和1959—1962年的中、越北部湾联合调查，以及对中国沿海进行的多次海洋贝类调查采集，获得了大量的标本和较齐全的地理分布等相关信息资料。通过对标本的鉴定和区系分析，张玺等人首次把我国的软体动物分布分为三个不同的区系：长江口以北的黄渤海区为暖温带动物区系；长江口以南大陆近海和台湾西北部至海南岛北部为亚热带动物区系；台湾东南岸、海南岛南部及其以南海区为热带动物区系。

20世纪50年代初，在北京成立了中国科学院动物研究所。该所的贝类研究主要集中在淡水、陆生贝类的分类区系，以及医学贝类和危害农作物贝类的分类区系等方面。张玺负责对中国淡水和陆生软体动物的研究，指导了对血吸虫的中间宿主钉螺的研究，并发表了洞庭湖和鄱阳湖的双壳类的论文。

1959年，中国科学院南海海洋研究所在广州成立。该所的贝类学研究以实验生物学为主。张玺主持了南海海洋研究所的科研工作，他特别倡导对珠母贝（Pinctada）的养殖研究，采用人工插核获得了珍珠的丰收。

中国科学院的这三个研究所有关贝类的研究皆由张玺领导，但又各有侧重。其间我国一些科研机构、水产院校也相继成立。这些科研、教学机构的建立为我国贝类学发展做出了贡献，在科研、教学当中培养了一批从事贝类学研究的人才。

在张玺、齐钟彦的倡导和带领下，对北自鸭绿江口，南至南海诸岛广阔海区和海岸进行了多次海洋贝类调查采集。根据这些标本和资料进行了系统的研究，发表了一些关于贝类的研究报告和专著。代表性的成果有：张玺等人报道了中国的海笋及其新种；张玺等人对中国沿岸的十腕目（头足纲）进行了研究；马绣同对中国近海宝贝科进行了研究；庄启谦对中国近海帘蛤科进行了研究；张玺和林光宇对中国海兔科进行了研究；张玺和黄修明对中国海竹蛏科进行了研究；楼子康对中国近海榧螺科进行了研究；张福绥对中国近海骨螺科进行了研究；王祯瑞对中国近海江珧科进行了初步报告，等等。代表性的专著有：张玺等编著的《中国北部海产经济软体动物》《南海双壳类软体动物》，张玺和齐钟彦编著的《贝类学纲要》，张玺等编著的《中国经济动物志·海产软体动物》以及《中国动物图谱·软体动物》（一、二、三、四册），等等。

　　20世纪70—80年代是我国软体动物分类研究发展较迅速的时期。这期间陆续开展了长江口、东海大陆架、海南岛、西沙群岛等海区各种潮间带和底栖生物源调查，采集了大量的贝类标本，发表了一些有影响的贝类研究论文。例如：吕端华在《中国近海鲍科的研究》《近海钥孔蝛科的初步研究》《钥孔蝛科二新种》等文中，共记录21种，其中有2个新种，9个新记录种。马绣同在《西沙宝贝总科的新记录》《东海大陆架宝贝总科两个罕见种的发现》《中国近海梭螺科的研究I、钝梭螺科和一新种》等论文中，共记录宝螺总科104种，7个新种，23个新记录种。齐钟彦和马绣同分别对中国近海的冠螺科、蛙螺科和鹑螺科进行了系统的分类学研究。林光宇记述了西沙群岛潮间带的后鳃类软体动物种类，报道了露齿螺科一新属、新种，对中国沿海片鳃科（后鳃类）进行了整理和报道等，报道后鳃类动物共计60余种，包括11个新种和20个新记录种。王祯瑞先后发表了关于中国近海珍珠贝和西沙群岛贻贝科的研究。此外，她还对中国近海扇贝科进行了系统研究，报道80种，其中有4个新种、25个新记录种。庄启谦报道了双壳类蛤蜊科两新种，记述了西沙群岛的砗磲科软体动物。庄启谦和蔡英亚对中国近海鸭嘴蛤科的分类进行了研究。李凤兰先后对中国蚶科和蚶蜊科进行了研究，共记录蚶科55种，其中有17个新记录种。徐风山报道了东海双壳类两新种，并在中国近海原鳃类的初步研究中报道原鳃类动物30种，其中有2个新亚属、6个新种、20个新记录种。董正之较系统地研究了中国近海头足类的地理分布，对西沙群岛海域头足类做了初步记述，并对西沙群岛马蹄螺总科进行了分类研究。这期间共发表论文50余篇，记述了中国沿海一批新种和新记录种。研究成果涉及双壳纲中的珍珠贝科、江珧科、牡蛎科、鸟蛤科、砗磲科、帘蛤科、竹蛏科、鸭嘴蛤科、海笋科、船蛆科等，腹足纲中的鲍科、马蹄螺科、滨螺科、凤螺科、宝贝科、鹑螺总科、骨螺科、海兔科、侧鳃科等，头足纲中的乌贼科、枪乌贼科和蛸科等多个重要类群。

　　1981年9月，为了加强贝类工作者之间的联系和学术交流，促进贝类学的发展，中国动物学会贝类学分会在广州成立，选举齐钟彦为理事长。中国动物学会贝类学分会的正式成立，标志着我国的贝类学研究进入了一个新阶段。学会会员由从事海产、淡水、陆生、医学和古贝类研究的广大贝类工作者组成，研究内容涉及贝类分类、形态、生态、养殖和古贝类等方面。随后出版了《贝类学论文集》第一辑。截至2017年，贝类学分会已经召开了18次学术研讨会，出版《贝类学论文集》16辑。

　　进入20世纪90年代之后，在国家自然科学基金、科技部基础性工作专项、中国科学院生物多样性委员会、中国科学院知识创新工程等项目资助下，全面系统地开展了我国海洋软体动物区系调查与分类学研究，利用现代分子分类学与传统形态分类学相结合，解决了一些近似种和疑难种的准确鉴定问题，澄清过去存在的种间或种内的混乱现象，探讨了其系统演化关系，取得了丰硕的科研成果。通过多次大规模的海洋科学调查，已基本掌握了中国近海贝类的分布、种类组成和区系特点。出版贝类学专著几十部，如王如才编写的《中国水生贝类原色图鉴》、齐钟彦等编写的《黄渤海的软体动物》、许志坚等人编写的《海南岛贝类原色图鉴》、齐钟彦主编的《中国经济软体动物》、齐钟彦主编的《Sea Shells of China》、徐凤山和张素萍编写的《中国海产双壳类图志》、张素萍编写的《中国海洋贝类图鉴》、张素萍和尉鹏编写的《中国宝贝总科图鉴》、张素萍等人编写的《黄渤海软体动物图志》，等等。编写出版《中国动物志》无脊椎动物—软体动物门卷、册13部，包括头足纲（董正之）；马蹄螺总科（董正之）；宝贝总科（马绣同）；头楯目（林光宇）；鹑螺总科（张素萍和马绣同）；玉螺总科和凤螺总科（张素萍）；芋螺科（李凤兰和林民玉）；贻贝目（王祯瑞）；珍珠贝亚目（王祯瑞）；帘蛤科（庄启谦）；原鳃亚纲和异韧带亚纲（徐凤山）、满月蛤总科、心蛤总科和厚壳蛤总科、鸟蛤总科；樱蛤科、双带蛤科（徐凤山）。还发表贝类学研究论文数百篇。先后记录发现于中国海的软体动物4000余种，隶属于292科。其中腹足纲（Gastropoda）163科、2866种；双壳纲（Bivalvia）78科、1132种；头足纲（Cephalopoda）30科、125种；掘足纲（Scaphopoda）10科、56种；多板纲（Polyplacophora）9科、47种；毛皮贝纲（Chaetodermomorpha）1科、1种；新月贝纲（Neomeorpha）1科、1种。发现记述新种260余种。

我国的贝类研究已涉及海洋贝类、淡水贝类、陆生贝类、医学贝类及古贝类等有关的分类、区系、形态、生态、生理、生化等方面。张玺、刘月英和陈德牛等人对淡水和陆生贝类学发展做出了杰出贡献，奠定了我国淡水、陆生贝类学学科基础。

震旦博物馆于1952年被上海市政府接收，1956年把淡水、陆生贝类和鸟兽类等标本移交给中国科学院动物研究所，海洋贝类移交给中国科学院海洋研究所。韩伯禄的淡水、陆生贝类标本现保存于中国科学院动物所标本馆。

20世纪50年代以来，刘月英、林振涛等在张玺的指导下对我国淡水贝类开展了广泛系统调查，整理了中国淡水贝类的物种及区系，极大地推动了我国淡水贝类的研究，丰富了我国淡水贝类物种和分类学知识。刘月英等人分别于1979年和1993年出版了两本关于我国淡水贝类区系的专著——《中国经济动物志·淡水软体动物》和《医学贝类学》，对我国淡水贝类的分类、种类描述及地理分布进行了系统整理，共记录了约120种腹足类和50种双壳类，这些著作目前仍然是我国淡水贝类研究不可缺少的资料。80年代后，刘月英指导学生继续开展长江中下游蚌类分类、生态和系统学研究，应用形态学、分子生物学等方法初步建立了我国蚌科分类系统。这一时期，一些学者如金志良、周永灿、魏青山、傅彩红、吴小平、舒凤月等也对螺类、蚌类的解剖学、形态学和生态学方面，填补了空白。

20世纪50年代以后，以陈德牛为代表的一些学者在张玺的带领下，对我国陆生贝类的分类、动物地理、区系、生态和生物学开展研究，对北至黑龙江，南至海南岛，东至沿海地区，西至西藏的陆生贝类资源进行了大量的实地考察。重要考察有1955年中苏云南南部生物资源考察、西南武陵山地区的资源考察、我国热带雨林考察等。陈德牛、高家祥对广东21个县市地区、新疆32个县市、四川绵阳等24个地区及浙江省32个地区陆生贝类资源进行了调查，并先后出版了《中国经济动物志 陆生软体动物》《中国动物志 软体动物门 腹足纲 柄眼目 烟管螺科》及《中国动物志 无脊椎动物 软体动物门 腹足纲 柄眼目 巴蜗牛科》等著作，这些专著详细记述并厘订了中国陆生贝类600余种和亚种。谢伯娟、黄重期、吴书平三位台湾贝类学者出版了《台湾蜗牛图鉴》，共记载了台湾陆生贝类31科、92属、282种。

陈德牛等修订了某些种类，并于 1980—2003 年先后在《动物分类学报》上发表了很多新的亚种、新种、新属和新记录种。其他学者如罗泰昌、吴岷、胡自强、周卫川、黎道洪、黎艳、林晶、冉景丞、张卫红、陈元晓、郭云海等也先后发表了一些新种，进一步丰富了我国的陆生贝类研究资料。与此同时，贝类学研究适应生产实践的需要，形成渔业贝类学并推动养殖贝类产业快速发展。特别是 1963 年我国的淡水无核珍珠培育成功，促进了我国珍珠产业发展。这一时期，刘月英、康在彬、Davis 等贝类学家结合贝类寄生虫调查，对医学贝类做了大量开拓性工作。对我国小型腹足类的分类进行研究，报道了大量新种，建立了医学贝类学。

随着老一辈贝类学家的逐步退休和故去，中国的贝类学分类研究曾一度走向低谷，人才短缺、青黄不接现象十分明显。但近年来，国家加大了对贝类学研究的支持力度，研究经费也在逐年增长，中国的贝类分类学研究又得到逐步恢复。年轻的贝类学人才正在逐步成长起来，每年都获得一些研究成果，不断报道一些中国新记录种，并发现一些新种。

中华人民共和国成立以来，贝类化石研究有了极大的发展。头足类是我国研究基础较好的无脊椎动物门类之一，头足类中的鹦鹉螺是划分和对比早古生代海相地层的重要化石之一，菊石则是划分、对比晚古生代和中生代海相地层的重要化石。中华人民共和国成立之初即有赵金科（1950a，1950b，1950c）、俞建章、郭鸿俊（1950、1951）等人的论文发表。之后有赵金科对湖南、广西二叠统（1954、1955）、早三叠世菊石（1955、1959）和广西上泥盆纪菊石（1956），张日东对湖北长阳中奥陶纪扬子贝层的鹦鹉螺（1957）的研究。在"文化大革命"前，孙云铸、杨遵仪（1959）、赵金科继续活跃在头足类化石的研究中，同时新人也在发表研究论文，鹦鹉螺类方面，如张日东（1959、1960、1962、1964、1965）、赖才根（1960、1964、1965）、邹西平（1966）、何原相（1966）和王汝植（1966）等；菊石方面，如常安之（1960）、沈耀庭（1965、1975）、梁希洛（1957、1976）、王义刚（1976、1978）、杨逢清（1978）等。"文化大革命"之后，在积累和描述大量化石的基础上，已初步建立起我国从寒武纪至白垩纪头足类化石序列。截至 1978 年，已描述了头足类化石 890 属、1894 种，其中包括 22 个新科、144 个新属、559 个新种。

除属种描述外，已开始进行生物起源、生物地理方面的研究。陈均远等（1976）通过对华北晚寒武世丰富材料的研究，提出了我国黄河古海盆是头足类的发源地，而且是头足类早期阶段辐射演化的中心。赵金科等人出版的《华南晚二叠世头足类》一书除系统描述了华南 80 多个产地的 155 种菊石和 16 种鹦鹉螺化石外，还提出了"华夏菊石群"和"华夏动物群"的概念。华夏菊石群是在华南海域发生发展的，其分布范围与华夏植物群大体相似。与华夏菊石群共生的还有双壳类、腹足类等化石，进而称之为华夏动物群。这是目前世界上已知上二叠统最高的一个化石层位，在解决二叠系—三叠系界线问题上具有重要的价值。

对中、新生代的箭石，当时也开始有人进行研究，如杨遵仪、吴顺宝（1964）和尹集祥（1975）等。值得一提的是，在 20 世纪 70 年代南京古生物所从江西获得一块黄庭坚使用过的镇纸，它的磨光正面含有一个头足类（震旦角石 Sinoceras）标本，侧面刻有黄庭坚的一首诗。这块 800 多年前的文物兼化石标本在中国古生物学研究史上具有非常特殊的意义。

改革开放以来，陈均远和 Teichert（1983）对中国寒武纪头足类的研究，材料之丰富为世界其他地区所未见，在头足类的起源和早期演化研究方面有重要意义。继 1978 年赵金科等人的专著《华南晚二叠世头足类》出版后，赵金科、周祖仁等又有一系列论文发表，中国丰富而有特色的二叠纪头足类的研究在国际上颇受重视。近年来，周祖仁应邀参与新版 *Treatise* 头足类卷的编著，与国际同行对包括中国在内的石炭纪和二叠纪头足类（棱角菊石目 Goniatitida 和前碟菊石目 Prolecanitida ）进行系统整理，并描述全球石炭纪和二叠纪菊石 426 属，成为本版最长足的进展之一，而且在分类系统研究方面有重要进展。棱角菊石类和前碟菊石类经修订后均从亚目提升为目。棱角菊石目由原来的 6 个超科增加为 23 个超科，且分属两个不同的亚目；前碟菊石目仍然为两个超科，但由 22 属增加为 48 属。书中还大量收入了中国南方广泛发育的形态奇异的土著属，这是 1957 年版完全没有的，充分反映出中国学者研究成果的重要性。陈均远、赖才根、陈挺恩等对奥陶纪和志留纪头足类的研究，阮亦萍等对石炭纪、泥盆纪头足类的研究，王义刚、何国雄、阴家润、杨逢清等对中生代头足类的研究，特别是青藏高原中生代头足类化石的研究成果等，都是重要的进展。

双壳类化石研究工作的主要成果之一是配合东北地区的油气勘探在松辽盆地利用双壳类化石进行地层划分与对比，此项研究后来获得 1982 年国家自然科学奖一等奖。除顾知微、周明镇等老一辈研究人员外，中华人民共和国成立后涌现出一批发表研究论文的新人，如范嘉松、陈楚震、王淑梅、刘路、华保钦、蓝琇等，他们对我国西南、广东、陕西和宁夏古生代晚期和中生代，以及华北、苏北新生代的双壳类进行了研究。1976 年出版的《中国的瓣鳃类化石》一书是主要成果之一，该书记载了我国奥陶纪至第四纪瓣鳃类化石 337 属（亚属）、1110 种（亚种）。在中生代非海相瓣鳃类研究方面已总结出侏罗纪、白垩纪的 4 个动物群组合，证明在亚洲古陆地区，我国是淡水瓣鳃类最古老的起源中心。海相瓣鳃类方面，三叠纪研究比较多，已分出 12 个组合带。新生代瓣鳃类的研究也取得了新的进展，特别重要的是对西藏侏罗纪、白垩纪和第三纪海相瓣鳃类的研究，中国东部第四纪瓣鳃类的研究以及我国第三纪瓣鳃类组合序列的建立都是很重要的。另外，对泥盆纪双壳类地质地理分布的初步分析，充实了过去的薄弱环节。

双壳类的研究工作在改革开放后随着研究力量的增加，取得了全面进展。在我国原来基础薄弱的中、新生代非海相化石研究方面，在《中国的瓣鳃类化石》一书首次总结的基础上，顾知微、黄宝玉、于菁珊、马其鸿、陈金华、沙金庚等对云南、浙江、安徽、福建、山东、山西、广东、辽宁、吉林、黑龙江、青海、新疆等地侏罗纪、白垩纪双壳类做了大量研究，发表许多论著，取得显著进展。顾知微和于菁珊出版的《松辽地区白垩纪双壳类化石》，是作者对多年来积累的材料深入研究的成果。郭福祥的《云南的双壳类化石》涉及云南各时代双壳类化石的研究。文世宣、沙金庚、阴家润等对青藏地区双壳类的研究，蓝琇等对新生代海相化石的研究，张仁杰对广西、湖南泥盆纪化石的研究，刘协章对四川龙门山地区泥盆纪化石的研究，鲁益钜等对青海双壳类的研究，魏景明等对新疆化石的研究，熊存卫、陈金华、刘路等对湘赣地区中生代含煤地层双壳类的研究，丁保良、李金华等对华东地区双壳类化石的研究，方宗杰、殷鸿福、刘路等对二叠纪化石的研究，陈楚震、殷鸿福、陈金华、李子舜等对三叠纪化石的研究，方宗杰对奥陶纪化石的研究等，都有重要进展。最近，方宗杰等人对截至 2007 年在中国首次命名、描述和发表的 209 属和亚属、19 科和亚科，进行了系统整理和讨论，并在美国出版了英文专著，对国际同行更好地了解和研究中国的双壳类化石，促进学科发展有重要意义。

腹足类的研究有着良好的基础，许杰、秉志、尹赞勋和阎敦建的开创性工作做得很好。

中华人民共和国成立后，余汶、王惠基和李子舜合编了《中国的腹足类化石》，余汶、王惠基、尹集祥、潘华璋都有论文问世。我国的腹足类化石甚为丰富，已公开发表的达 1300 种之多。西南地区早寒武世原始腹足类已发现 6 属，占世界上当时已知的同类化石总数的 50% 以上，对于划分前寒武系—寒武系界线以及探讨腹足类的起源都有重要价值。

腹足类化石从寒武纪至第四纪分布广泛，虽然我国专业研究人员为数不多，但在改革开放以来取得了可喜进展。例如余汶、冯伟民等关于早寒武世腹足类的系列研究，在早期软体动物分类、骨骼化与演化方面有重要意义，特别是冯伟民从壳质结构研究角度确定软体动物在寒武纪早期的存在有着重要意义。余汶、潘华璋、王惠基、张显球、居杏珍、朱祥根等人的工作大多与油气地质或华南红层研究密切相关，在中、新生代非海相腹足类研究方面取得了显著进展。王惠基、席与华、潘云唐等对二叠纪腹足类的研究，特别是潘华璋等人对保存有完美胎壳的广西二叠纪腹足类的研究，为其个体发育和古生态研究提供了重要信息。余汶和朱祥根关于我国晚二叠世陆相腹足类的首次发现，席与华对华南志留纪腹足类的研究，殷鸿福、潘华璋等关于西南地区三叠纪腹足类的研究都有新进展。随着青藏高原、新疆等边远地区工作的开展，腹足类化石取得重要积累，发表了多篇论文。第四纪腹足类研究进展显著，例如冯伟民等配合南海地区的综合科学考察，采集了大量标本，对西沙群岛、南沙群岛海区第四纪腹足类的分布规律、生态特征、环境变化等研究取得了系列研究成果；王惠基、郭书元对山西第四纪腹足类的研究；冯伟民、余汶等对西沙群岛晚更新世陆栖蜗牛和吴乃琴对黄土中蜗牛化石的研究等。

软舌螺类在我国是从 19 世纪 70 年代开始进行详细研究的门类，通过对南方早寒武世早期软舌螺和其他带壳动物的研究，为解决寒武系与前寒武系的分界提供了古生物证据。

竹节石是我国在 19 世纪 70 年代填补的空白门类，它是营飘浮生活方式的软体动物，在泥盆纪南丹型动物群中数量极丰，分布广泛，已建立起华南泥盆纪十几个化石带，对泥盆系的划分对比和识别生物相区和岩相区方面起到了重要作用。

# 第四节　缓步动物学

缓步动物是一类微小的水生无脊椎动物，俗称"水熊"（water bear），栖息于土壤、枯枝落叶、苔藓、地衣、地钱和水底沉积物中。体长介于 200~1000μm。具有 4 对附肢，绝大多数种类附肢末端有爪，少数海产种类附肢末端有吸盘，体被角质层，生长过程中有周期性蜕皮现象；具有完善的肌肉系统、消化系统、生殖系统和神经系统。缓步动物以隐生现象著称，能够度过极端不良环境。缓步动物在动物界的系统分类位置曾经有过争议，后来确认缓步动物属于一个独立的门，即缓步动物门（Phylum Tardigrada）。传统上，缓步动物与节肢动物门和有爪动物门（Onychophora）一起归入泛节肢动物类（Panarthropoda），该分类得到了来自线粒体基因组和 18S RNA 数据以及神经系统解剖方面的支持。

1773 年，德国人格策（J. A. E. Goeze）首次描述了缓步动物，并称其为"小水熊"；意大利帕维亚大学自然历史学教授拉扎罗·斯帕兰扎尼（Lazzaro Spallanzani）于 1776 年首次给"水熊"一个正式的名称"缓步动物（Tardigrade）"，该名称一直沿用至今。后来法国亨利四世皇家学院自然历史学教授杜瓦耶尔（Doyère ML）以单词"Tardigrada"称呼缓步动物，并作为缓步动物门的正式学名。缓步动物门的 3 个纲（异缓步纲 Heterotardigrada、真缓步纲 Eutardigrada 和中缓步纲 Mesotardigrada）分别于 1926 年、1927 年和 1937 年被正式确立。至此，缓步动物门的基本分类系统初步形成。随着时间的推移，越来越多的种类被发现，新科属相继建立。截至 2020 年，全世界共有 1 371 个种（亚种），隶属 3 纲、4 目、31 科、152 属，并被相继描述发表。

国际上对缓步动物的研究一直很活跃，有一支规模不小的从事缓步动物学研究的人才队伍，其中多数从事缓步动物系统分类研究工作。三年一次的国际缓步动物学研讨会自 1974 年至 2018 年已经举办了 14 届。缓步动物学研究最活跃的国家有意大利、丹麦、美国、德国和法国等西方发达国家。

## 一、缓步动物学在中国的发展

我国缓步动物学研究的发展大致可以分为三个阶段，即 20 世纪 30 年代末的起步阶段、随后而至的长期停滞阶段和近 20 年来的快速发展阶段。

中国缓步动物学研究起步相对较晚，始见于北平辅仁大学的吉尔伯特·拉姆（Gilbert Rahm）教授在 1936—1937 年对中国的缓步动物区系分类调查研究，先后发表了 3 篇相关研究论文，调查地区包括内蒙古、北京、河北、天津、山东、山西、四川、上海、福建、广东和海南等地。与此同时，在北平辅仁大学任教的马修（GB Mathews）对河北和山东的缓步动物区系也开展了调查研究，发表了 2 篇相关研究论文。缓步动物学研究在中国起步阶段仅仅持续了两年时间便戛然而止。

1937 年以后，由于战争等原因，中国缓步动物学研究基本处于长期停滞状态。1938—1995 年，在超过半个世纪的时间里，仅见 2 篇有关中国缓步动物区系分类的研究报告。一篇研究报告发表于 1963 年，作者是捷克斯洛伐克的伊曼纽尔·巴尔托（Emanuel Bartoš），区系调查范围包括内蒙古、河北、山西和广东；另一篇论文发表于 1974 年，作者是意大利著名缓步动物学家乔万尼·彼拉多（Giovanni Pilato），论文中涉及的缓步动物区系调查区域包括内蒙古、河北、广东和香港。

就在中国缓步动物学研究处于停滞状态期间，国外的缓步动物学研究不仅未曾停止过，而且处于一个快速发展时期，特别是意大利等国在缓步动物学方面的研究取得了长足进步，一个标志性成果是 1962 年论文《缓步动物门》的发表，该论文成为从事缓步动物学研究的必备工具，被誉为缓步动物学工作者的"圣经"。该论文于 1983 经过修订和完善出版了第三版，汇总了 1983 年以前世界缓步动物学的研究成果，并由美国著名缓步动物学家克拉克·比斯利（Clark W Beasley）翻译成英文版，但直到 2013 年才正式出版。值得一提的是，比斯利教授于 2006 年将尚未公开出版的该论文英文电子版赠送给陕西师范大学李晓晨，为中国缓步动物学研究提供了很大的帮助。

改革开放打开了中国与国际学术界的交流门户，给中国缓步动物学研究带来了宝贵的机遇。1996 年，比斯利来华考察并于当年报道了采自云南西双版纳勐龙的缓步动物，标志着中国缓步动物学研究快速发展时期的到来。2005 年，比斯利再次来华进行缓步动物区系分类调查研究和学术交流。比斯利先后发表了 6 篇关于中国缓步动物区系分类研究的论文。另外，中国缓步动物学研究由于新团队的加入进一步促进了这一研究领域在中国的发展。中国科学院水生生物研究所的杨潼是第一个从事缓步动物学研究的中国人，他的第一篇关于缓步动物学研究的论文发表于 1999 年，截至 2008 年，杨潼先后发表了 7 篇关于缓步动物学研究的论文，对我国缓步动物学研究起到了积极的推动作用。与此同时，陕西师范大学李晓晨和王立志团队也在积极从事着缓步动物学方面的研究工作，建立了缓步动物学实验室，专门从事缓步动物学研究。在国家自然科学基金项目的资助下，该团队在开展中国缓步动物学研究方面做了大量的工作，取得了可喜的成果，发表缓步动物学研究论文 40 余篇，培养了一批从事缓步动物学研究的专门人才。陕西师范大学缓步动物标本室收藏了丰富的缓步动物标本，达 5000 余号，其中模式标本 300 余号，是我国缓步动物标本收藏最丰富的实验室，使陕西师范大学成为世界缓步动物学研究中心之一。截至 2020 年，我国已经发现和报道的缓步动物超过 250 种，占全世界已经描述发表种类的 17% 以上。2015 年，杨潼主编的《中国动物志　无脊椎动物　缓步动物门》正式出版，书中记述了分布于我国的 118 种（亚种）缓步动物。这是中国缓步动物学研究的一个里程碑。

值得一提的是，李晓晨和王立志团队在开展缓步动物区系分类学研究的同时，积极开展缓步动物生理生态学研究，特别是在国际上率先开展了缓步动物热生物学方面的研究工作。此外，该团队在缓步动物分子系统学方面也开展了一些初步研究工作，将多种分子标记用于缓步动物分类和系统发育分析。

2019 年，中国人民解放军军事医学科学院和王立志团队合作开展了基于分子生物学的缓步动物抗逆性研究。

鉴于我国缓步动物学研究起步晚、进展缓慢的现状，中国缓步动物学研究工作者从一开始就高度重视与国外同行的联系和学术交流，以便尽快跟上这一领域国际最新发展步伐。2005 年 6 月，美国著名缓步动物学家比斯利和威廉·米勒（William R. Miller）及他们的学生一行 5 人赴陕西师范大学进行短期学术交流与合作研究；2007 年 6 月，英国著名缓步动物学家奈杰尔·马利（Nigel J. Marley）赴陕西师范大学进行了为期 2 个星期的学术交流和合作研究，之后，马利赴中国科学院水生生物研究所进行了为期 3 天的学术交流。我国缓步动物学工作者同时积极与许多其他国外同行建立了密切的联系，开展了广泛的学术交流。2006 年，李晓晨参加了在意大利举行的第十届国际缓步动物学研讨会，改变了以往这一研究领域国际会议没有中国人出席的状况。密切的合作与广泛的交流使我国缓步动物学研究迅速融入国际学术界，跟上了这一研究领域的国际发展水平，也使中国缓步动物学研究在世界缓步动物学研究领域占有了相应的位置。中国缓步动物学研究工作得到了国际缓步动物学界的普遍关注和重视。

纵观国内外缓步动物学的发展历史，该研究领域经历了三个发展阶段。第一个发展阶段是经典分类学研究，重点在新物种的发现和记述，这一阶段持续的时间最长，历史最久，而且目前仍在继续进行；第二个发展阶段是生理生态学研究，重点在抗逆性机理研究；第三个发展阶段是缓步动物分子生物学研究，重点在基因组学和转录组学等方面的研究，旨在从基因水平探索抗逆性的分子机制。

经典分类学研究本身又经历了四个方面的转变。第一个方面的转变是新种的记述经历了从定性描述到定量描述的转变。早期的新种描述以分类特征的定性描述为主，近年来在定性描述的基础上，增加了定量描述。目前新种的定量描述参数已经多达数十个，包括各种结构的量度和比例关系。第二个方面的转变表现在形态描述精细程度上的提高。由于早期相差显微镜以及后来出现的微分干涉相差显微镜和扫描电子显微镜的应用，分类学家对缓步动物新种的形态描述越来越精细，显微结构和亚显微结构特征，特别是体表刻饰和卵的形态特征已经成为物种鉴定的重要依据。第三个方面的转变表现在物种鉴别特征从单一注重外部形态到外部形态和内部结构兼顾，特别重视口器和生殖系统。第四个方面的转变主要集中在缓步动物分类系统厘定方面，并且越来越多的缓步动物分类系统的修订或新的分类系统的建立主要是基于 DNA 分子标记而不再是依据单一的形态特征。上述四个方面的转变使缓步动物系统分类更加全面、客观和准确。然而，从目前只依据形态特征鉴别物种到形态特征和 DNA 分子标记兼顾的转变尚未出现。总的来看，缓步动物系统学和分类学经历了从宏观结构到分子水平两个层次的转变。

## 二、研究现状和发展展望

我国缓步动物学研究目前仍以区系分类学研究为主，就区系分类学方面而言，我国研究工作者依然参照的是目前国际流行的分类系统，尚未提出我们自己的、有特色的分类系统。尽管我国缓步动物区系分类研究有了显著的进展，但是区系调查空白仍然很多，隐种复合体分类方面的研究工作也基本处于空白状态。据保守估计，我国缓步动物种类应该超过 300 种，因此还有许多工作要做，特别是隐种复合体分类方面的研究工作亟待开展。我国是海洋大国，海岸线绵长，岛屿众多，海产缓步动物分布广泛，但区系分类研究几乎处于空白状态。

另外，缓步动物学知识普及工作的欠缺，使包括生物学专业毕业生在内的大多数人不了解这类动物，直接导致了缓步动物学研究领域专业人才的匮乏，这一状况亟待解决。

可喜的是，我国有越来越多的新研究团队不断加入缓步动物学研究领域，中国人民解放军军事医学科学院就是其中的代表之一。新研究团队的加入，标志着我国缓步动物生理学和缓步动物分子生物学的兴起。

近几年，国际缓步动物学界基于形态学的新种描述及发表速度放缓，缓步动物分类系统的修订甚至新分类系统的建立成为新的研究重点，新属、新亚科和新科从原有的分类系统中纷纷衍生而出。另外，缓步动物的隐生现象正在引起越来越广泛的重视，基于分子生物学的抗逆性机理研究已成为热点，缓步动物已成为抗逆性机理研究和发育生物学研究的动物模型。

## 三、主要研究单位

国内开展缓步动物学研究工作的主要单位是中国科学院水生生物研究所、中国人民解放军军事医学科学院和陕西师范大学。

总之，中国缓步动物学研究相对于西方国家来说起步晚并且在长达半个多世纪时期内停滞不前，我国在该领域的快速发展只是近十多年来的事情。近十多年来，中国缓步动物学研究取得了长足的进展，大大缩小了该领域我国与西方国家之间的差距，《中国动物志 缓步动物门》的出版发行标志着中国缓步动物系统分类研究已告一个段落，下一步的研究重点应该放在缓步动物抗逆性生理机制、缓步动物分子生物学和更加科学的缓步动物分类系统的建立以及基于分子学基础的系统发育关系分析方面。中国缓步动物学发展历史证明，只有与国际学术界接轨，才能有力推动该学科在我国的发展并赶上甚至超过国际发展水平。

# 第五节 甲壳动物学

甲壳动物是地球上最常见的无脊椎动物类群之一，不但在海洋、淡水水体十分常见，而且与人们的生活息息相关，如蟹类、虾类，很多种都是非常重要的食用经济种类。据保守估计，世界上已被描述（已知）的甲壳动物在 67000 种以上，而未被描述的种则是已知种的 5~10 倍。甲壳动物也是形态多样性最高的无脊椎动物类群之一。最小的甲壳动物体长仅 0.1mm，生活在桡足类的触角上；最大的甲壳动物如日本蜘蛛蟹（*Macrocheira kaempferi*），其步足展开长达 4m，而塔斯马尼亚蟹（*Pseudocarcinus gigas*）的头胸甲宽达 46cm；最重的甲壳动物很可能是美国螯虾（*Homarus americanus*），曾有人捕到一只 20 千克重的。由于甲壳动物是与人类关系最密切的动物类群之一，因此，对甲壳动物的研究也历来受到人们的重视。无论是对甲壳动物形态学、系统发育、生物多样性、生态学、遗传学、生理学、发育学的研究，还是对甲壳动物的捕捞、养殖、制药等开发利用，均离不开对甲壳动物的认识，即甲壳动物的分类学。

## 一、甲壳动物学的发展

甲壳动物的分类最早可以追溯到 18 世纪。林奈于 1768 年在《自然系统》第 12 版中，将之前已知的甲壳动物物种全部放在其"昆虫纲"中，而他的"昆虫纲"相当于现在的节肢动物门范畴。当时甲壳动物只有三个属，即 *Cancer*、*Monoculus* 和 *Oniscus*。三个属的范畴远大于现在这三个属名包含的种类范围。Pennant 正式使用"Crustacea"这个名称命名甲壳动物，将其作为一个独立的纲。Lamarck（1801）和 Latreille（1806）将甲壳动物纲分成软甲亚纲（Malacostraca）和切甲亚纲（Entomostraca）两大类，Leach（1815）又进一步将软甲亚纲（Malacostraca）分成柄眼类（Podophthalmia）和无柄眼类（Edriophthalmia）两个亚类。这一分类体系在之后很长时间内得到广泛应用，如 Dana（1852）将甲壳纲（Crustacea）分成柄眼类、无柄眼类、蔓足类（Cirripedia）三个亚纲，其中柄眼类又分为两个目，即真鳃类（Eubranchiata 或者 Decapoda，十足目）和异鳃类（Anomobranchiata）。真鳃类又分为三个族，即短尾族（Brachyura）、异尾族（Anomoura）和长尾族（Macroura），长尾族又分为四个亚族。19 世纪末和 20 世纪初，甲壳动物的分类学研究有了长足进步，大量物种被发现和描述，新的高级阶元被建立。Calman 总结了前人的工作，提出将甲壳动物纲分成 5 个亚纲的高级分类系统，包括鳃足亚纲（Branchiopoda），下设 4 个目；介形亚纲（Ostracoda），下设 4 个目；桡足亚纲（Copepoda），下设 2 个目；蔓足亚纲（Cirripedia），下设 5 个目；软甲亚纲（Malacostraca），下设 2 个系、5 个部、10 个目。Calman 的高级分类系统奠定了现代甲壳动物分类系统的基础，至今仍然被甲壳动物分类学者所使用。20 世纪 50—60 年代，世界上比较解剖学研究蓬勃发展，甲壳动物的系统发育也得到了深入研究。Schram 总结了这些研究成果，对甲壳动物的目及目上阶元的概念和范畴进行了详细阐述。Bowman 和 Abele 在 Calman 分类系统的基础上，总结了 Calman 之后甲壳动物形态学、分类学和系统发育方面的成就，吸收了 Schram 等学者的成果，提出了新的甲壳动物高级分类系统。Bowman 和 Abele 将甲壳动物作为节肢动物门或总门中的纲上阶元，即门、亚门或者总纲阶元，包括头虾纲（Cephlocarida）；鳃足纲（Branchiopoda），下设 4 个目；桨足纲（Remipedia）；颚足纲（Maxillopoda），下设唇虾亚纲（Mystacocarida）、鳃尾亚纲（Branchiura）、桡足亚纲（Copepoda）、蔓足亚纲（Cirripedia）4 个亚纲共 14 个目；介形纲（Ostracoda），下设壮肢亚纲（Myodocopa）、足肢亚纲（Podocoda）、古肢亚纲（Palaeocopa）3 个亚纲共 5 个目；软甲纲（Malacostraca），下设叶虾亚纲（Phyllocarida）、掠虾亚纲（Hoplocarida）、真软甲亚纲（Eumalacostraca）3 个亚纲共 14 个目。这一分类系统在近数十年的甲壳动物分类学中被广泛接受和使用，虽然有时有些小的变化或者改良，但基本维持了原来的框架。

甲壳动物是我国最早开展分类学研究的类群之一。19 世纪末至 20 世纪初，西方国家的传道士来中国传道期间，在广东、福建等沿海的潮间带和南方内地淡水水体采集了一些甲壳类标本带回西方，由西方甲壳动物分类学专家鉴定、分类并报道。20 世纪 20 年代开始，中国开始有了本土的甲壳动物分类学工作者，最早开展甲壳动物采集和分类学研究的中国学者是喻兆琦。与喻兆琦几乎同时代做过我国甲壳动物分类学研究的专家还有沈嘉瑞和林绍文。中国现代甲壳动物分类学研究的开创者和领导者当数沈嘉瑞。与沈嘉瑞同时代的中国甲壳动物分类学家还有董聿茂、郑重、堵南山等。受沈嘉瑞等老一辈甲壳动物学者的培养和影响，我国20 世纪中期之后出现了多位甲壳动物分类学研究的领军人物，如刘瑞玉、戴爱云、陈清潮等。其中，刘瑞玉侧重虾类和海洋甲壳动物类群分类学的研究，并培养了大批学生；戴爱云侧重蟹类和淡水甲壳动物类群的分类学研究；陈清潮在海洋浮游甲壳动物分类学方面做出了很大贡献。

## 二、学会和学术会议

1982 年是中国甲壳动物分类学乃至甲壳动物学研究非常重要的里程碑。这年，董聿茂、郑重、侯佑堂、堵南山、陈清潮、戴爱云、李少菁等老一辈甲壳动物学家发起成立中国甲壳动物学会，并于 12 月 13—17 日在杭州举行学会成立大会和中国甲壳动物学学术研讨。成立大会上，推举董聿茂、郑重为学会名誉理事长，选举刘瑞玉为理事长，侯佑堂、堵南山、陈清潮、戴爱云、李少菁为副理事长，王永良为秘书长，陈永寿为副秘书长，由 26 位理事组成理事会。从此，中国的甲壳动物学研究有了学术组织，开始了新的历史阶段。为加强与其他生物类群研究和中国生物学、生态学研究的学生交流与沟通，在中国科协的组织下，中国甲壳动物学会在 1982—1983 年先后加入中国动物学会和中国海洋湖沼学会，成为这两个全国性学会的分会。在两个上级学会领导下，甲壳动物学分会很快步入正轨学术组织的渠道，成为代表中国甲壳动物学研究最高学术水平的学术组织和中国甲壳动物学工作者学术交流活动的主要平台。

在 1982 年 12 月 13—17 日的学术研讨会上，收到了来自甲壳动物各学科工作者的 126 篇学术论文，成为中国动物学研究的学术盛会。其中甲壳动物分类学和形态学的论文占了相当大的比例，包括浮游甲壳动物、对虾类、蟹类、磷虾类、淡水鳃足类、枝角类、淡水桡足类、海洋桡足类、寄生桡足类、蔓足类、端足类、瓷蟹类、石蟹类、龙虾类、海蟑螂类、真虾类等类群均有研究报告，呈现出我国甲壳动物分类学百花争艳、蓬勃发展的新局面。

截至 2019 年 12 月，甲壳动物学分会举行了七届全国代表大会，甲壳动物学分会主办了

15 次全国性学术研讨会和 11 次"世界华人虾蟹养殖研讨会"。值得一提的是，甲壳动物分类学和形态学研究工作者一直是历次学术研讨会的主力军。而"世界华人虾蟹养殖研讨会"系列会议的成功举办，不但极大推动了我国甲壳动物养殖技术、养殖产业、甲壳动物生理学、毒理学、生物工程等技术和基础科学的发展与进步，而且国际影响越来越大，参会国家和地区及学科范围越来越多，越来越广泛，已成为有重要国际影响的品牌系列会议。

2010 年 6 月，由甲壳动物学分会承办的"第七届国际甲壳动物学大会"在青岛召开，来自40 多个国家和地区的近 500 名代表参加了大会，是迄今该系列国际学术大会参会人数最多、设置学科方向最齐全的一次盛会。这次大会不仅极大提高了我国甲壳动物学研究的国际地位，带动了我国甲壳动物学各分支学科的全面发展，还吸引了国内大批有志于甲壳动物学研究的年轻科技工作者的关注和加盟。

## 三、研究成果

20 世纪 80 年代以来，我国一些著名的甲壳动物分类学者总结已有研究成果，陆续出版了研究类群的动物志、地方性甲壳动物的志书，或者图鉴类图书（表 14-3）。

表 14-3　我国甲壳动物分类学家的部分研究成果

| 作　者 | 著作名称 | 出版单位 | 出版时间（年） |
|---|---|---|---|
| 戴爱云、杨恩琼、宋玉枝、陈国孝 | 中国海洋蟹类 | 海洋出版社 | 1986 |
| 郑重、曹文清 | 海洋枝角类生物学 | 厦门大学出版社 | 1987 |
| 刘瑞玉、钟振如 | 南海对虾类 | 农业出版社 | 1988 |
| 董聿茂主编 | 东海深海甲壳动物 | 浙江科学技术出版社 | 1988 |
| 魏崇德、陈永寿等 | 浙江动物志 甲壳类 | 浙江科学技术出版社 | 1991 |
| 束蕴芳、韩茂森 | 中国海洋浮游生物图谱 | 海洋出版社 | 1992 |
| 陈瑞祥、林景宏 | 中国海洋浮游介形类 | 海洋出版社 | 1995 |
| 戴爱云 | 中国动物志 无脊椎动物 第十七卷 甲壳动物亚门 束腹蟹科 溪蟹科 | 科学出版社 | 1999 |
| 刘瑞玉、王绍武 | 中国动物志 无脊椎动物 第二十一卷 甲壳动物亚门 糠虾目 | 科学出版社 | 2000 |
| 陈清潮、石长泰 | 中国动物志 无脊椎动物 第二十八卷 甲壳动物亚门 端足目 戎亚目 | 科学出版社 | 2002 |
| 陈惠莲、孙海宝 | 中国动物志 无脊椎动物 第三十卷 甲壳动物亚门 短尾次目 海洋低等蟹类 | 科学出版社 | 2002 |
| 梁象秋 | 中国动物志 无脊椎动物 第三十六卷 甲壳动物亚门 十足目 匙指虾科 | 科学出版社 | 2004 |
| 任先秋 | 中国动物志 无脊椎动物 第四十一卷 甲壳动物亚门 端足目 钩虾亚目（一） | 科学出版社 | 2006 |
| 任先秋 | 中国动物志 无脊椎动物 第四十三卷 甲壳动物亚门 端足目 钩虾亚目（二） | 科学出版社 | 2006 |
| 任先秋 | 中国动物志 无脊椎动物 第四十二卷 甲壳动物亚门 蔓足下纲 围胸总目 | 科学出版社 | 2007 |

| 作　者 | 著作名称 | 出版单位 | 出版时间（年） |
|---|---|---|---|
| 宋海棠、俞存根、薛利建、姚光展 | 东海经济虾蟹类 | 海洋出版社 | 2006 |
| 李新正、刘瑞玉、梁象秋等 | 中国动物志　无脊椎动物　第四十四卷　甲壳动物亚门　十足目　长臂虾总科 | 科学出版社 | 2007 |
| 宋大祥、杨思谅 | 河北动物志　甲壳类 | 河北科学技术出版社 | 2009 |
| 张武昌、赵楠、陶振铖、张翠霞 | 中国海浮游桡足类图谱 | 科学出版社 | 2010 |
| 郑重、李少菁、郭东晖 | 海洋磷虾类生物学 | 厦门大学出版社 | 2011 |
| 杨思谅、陈惠莲、戴爱云 | 中国动物志　无脊椎动物　第四十九卷　甲壳动物亚门　十足目　梭子蟹科 | 科学出版社 | 2012 |
| 禹娜 | 中国非海水介形类 | 上海教育出版社 | 2014 |
| 李新正、王洪法等 | 胶州湾大型底栖生物鉴定手册 | 科学出版社 | 2016 |

台湾地区的甲壳动物分类学研究一直比较活跃。进入 21 世纪后，台湾海洋大学等陆续出版了多本台湾地区的甲壳动物志书（表 14-4）。

表 14-4　台湾地区甲壳动物志书

| 作　者 | 著作名称 | 出版单位 | 出版时间（年） |
|---|---|---|---|
| 陈天任、游翔平 | 原色台湾龙虾图鉴 | 南天书局 | 1993 |
| 冼宜乐、郑明修 | 澎湖的蟹类 | 行政院农业委员会水产实验所 | 2005 |
| 陈国勤、李坤瑄 | 台湾的藤壶 | 国立自然科学博物馆 | 2007 |
| McLaughlin, Patsy A., Rahayu, D. L., Komai, T., and Chan, T. Y. | A Catalog of the Hermit Crabs（Paguroidea）of Taiwan | National Taiwan Ocean University | 2007 |
| Ahyong, S. T., Chan, T.-Y., and Liao, Y.-C. | A Catalog of the mantis shrimps（Stomatopoda）of Taiwan | National Taiwan Ocean University | 2008 |
| Baba, Keiji, Macpherson, E., Lin, C.-W., and Chan, T.-Y. | Crustacean Fauna of Taiwan: Squat Lobsters Chirostylidae and Galatheidae）（series editor: Chan, T.-Y.） | National Taiwan Ocean University | 2009 |
| Chan, Benny K. K., Prabowo, R. E., and Lee, Kwen-shen | Crustacean Fauna of Taiwan: Barnacles, vol. I.-Cirripedia: Thoracica excluding the Pyrgomatidae and Acastinae（series editor: Chan, T.-Y.） | National Taiwan Ocean University | 2009 |
| Chan, Tin-Yam, Ng, P. K. L., Ahyong, S. T., and Tan, S. H. | Crustacean Fauna of Taiwan: Brachyuran crabs, vol. I-Carcinology in Taiwan and Dromiacea, Raninoide, Cyclodorippoida. | National Taiwan Ocean University | 2009 |

| 作　者 | 著作名称 | 出版单位 | 出版时间（年） |
|---|---|---|---|
| Chan，Tin-Yam | Crustacean Fauna of Taiwan：Crab-like Anomurans（Hippoidea，Lithodoidea and Porcellanidae）． | National Taiwan Ocean University | 2010 |
| Shih，H.T.，Chan，B.K.K.，Teng，S.J.，et al | Crustacean Fanuna of Taiwan：Brachyuran crabs.Vol.Ⅱ-Ocypodoidea | National Chung Hsing University | 2015 |

## 四、我国著名的甲壳动物学家

喻兆琦，中国第一位从事虾类分类和鱼类寄生虫分类研究的科学家。1921—1922 年，喻兆琦先后毕业于南京高等师范学校和国立东南大学生物系，后在东南大学任教；1929—1933年由江苏省官费资助被派往法国巴黎博物馆甲壳动物研究所留学，从事虾类分类学研究，至今在法国自然历史博物馆甲壳动物部分类学实验室走廊资料库中仍保留有喻兆琦用法文撰写的分类学论文抽印本；1933—1934 年在德国柏林大学研究院深造；1934 年担任北平静生生物调查所动物部技师兼任北平师范大学生物系教授。在静生生物调查所期间，喻兆琦跟随胡先骕等知名科学家为首的生物分类学团队，首先系统地对全国的生物资源分布情况进行了调查研究，掌握了大量第一手资料，填补了中国生物学在分类、生态、生理等方面的空白。此间，喻兆琦承担的虾类、鱼类的分类研究工作取得突破性进展。他实地考察了长江流域，在系统全面的分类研究基础上，报道了华北、华东、华南地区及海南岛的数百种虾类。在此基础上，先后用中文、英文、法文在《生物研究所论文集》《动物学汇报》等刊物上发表论文近 30 篇，填补了我国虾类研究的空白，在国际上产生一定的影响。喻兆琦虽然早逝，但他留下的多篇虾类分类学论文堪称经典。

林绍文，1930 年毕业于北平燕京大学生物系，1933 年获美国康奈尔大学生物系哲学博士学位。1933—1945 年在厦门大学、山东大学、贵阳医学院、香港海洋生物研究所任教期间，曾报道中国和远东地区的淡水虾类。1946 年后他转行亚洲及远东地区渔业养殖的研究和技术推广领域，首次成功解决了罗氏沼虾人工育苗和养殖技术，为远东地区淡水养殖的发展和人才培养做出重大贡献，被誉为"淡水虾养殖之父"。世界水产养殖学会于 1974 年颁赠他终身名誉奖。

沈嘉瑞，1927 年毕业于南京东南大学生物系，曾任静生生物调查所助理研究员，北平研究院动物研究所研究员兼北京大学动物系和北京师范大学生物系教授，中国科学院水生生物研究所厦门海洋生物研究室研究员兼主任，中国科学院动物研究室、动物研究所无脊椎动物研究室研究员兼室主任等。沈嘉瑞开拓并奠定了中国蟹类分类学研究。20 世纪 20 年代，中国蟹类分类完全是空白。沈嘉瑞从那时即着手对华北沿海的蟹类进行调查研究，采集了几千号标本，于 1932 年出版了《华北蟹类志》。该书概括了中国北方主要的种类，描述详尽，插图精确，同时附有整体图片，是中国第一本蟹类专著，也是印度西太平洋区蟹类研究划时代的作品。该书一出版，便在国内外引起极大的反响，成为这个领域主要的参考书之一。沈嘉瑞在北京大学任教期间，除担任教学任务外，还进一步调查研究，补充了北方沿海蟹类的种类90余种，包括20多个新种，基本完成了华北蟹类的区系组成。相继又发表了华南蟹类研究多篇，总计报道200余种，包括不少新种。单就香港一处的蟹，便记有180余种，其中还包括了淡水蟹新种，从此揭开了中国南部蟹类研究的历史，为中国蟹类研究做出了重大贡献。沈嘉瑞和他的学生戴爱云共同编写了《中国动物图谱　甲壳动物》（3册），包括蟹类、桡足类等数百种，于1964年出版。该书图文并茂，深受水产、生态、环保等部门的欢迎。他和学生还对整个中国海洋的蟹类区系特点进行了分析，并与近海区的蟹类组成做了比较。

沈嘉瑞不但为中国现代蟹类的研究打下了坚实的基础，而且为中国整个甲壳动物的分类学奠定了研究基础。从20世纪30年代起，他不仅对蟹类有精通的研究，还对鱼的寄生甲壳类、虾类、等足类、端足类、鳃足类等有研究，曾先后发表了多篇论文。20世纪50年代，他组织人力对主要的优势类群开展全面深入的研究，包括鱼类的寄生桡足类、浮游桡足类、等足类、端足类、蟹类等。除分类外，还涉及形态学、生理学、生态学等方面的内容。此外，他同时还兼顾研究室内的原生动物、腔肠动物、淡水贝类等方面的业务指导工作。

董聿茂（1897—1990），1928年毕业于日本京都帝国大学动物系，专事甲壳类动物研究，获博士学位。1930年回国，历任浙江博物馆馆长、浙江大学生物系教授兼系主任。中华人民共和国成立后，历任杭州大学生物系主任、浙江水产学院副院长等职。他擅长甲壳动物的分类、区系、生态、繁殖和发育的研究，曾研究报道中国和浙江的虾类、蟹类、寄居蟹类、蔓足类、虾蛄类甲壳动物和外肛动物等，包括多个新种，发表过数十篇论著，如《东海深海甲壳动物》《浙江动物志》等，为我国甲壳动物学的研究做出了贡献。董聿茂是中国动物学会成立的发起人之一。1935年，他又与秉志、陈桢、寿振黄、朱洗、贝时璋等一起创办了我国第一本动物学研究刊物——《中国动物学杂志》，为动物科学研究及学术交流做出了贡献。他曾任中国动物学会、海洋学会、水产学会、海洋湖沼学会等学术团体的理事或顾问，还担任过中国甲壳动物学会名誉理事长及浙江省科学技术协会顾问、浙江省动物学会、海洋学会、水产学会的名誉理事长，中国大百科全书生物学卷编委。

堵南山，1944年毕业于同济大学生物学系，1951年调入华东师范大学生物学系，曾任动物学教研室主任、生物学系第一常务副主任、华东师范大学环境科学研究所所长，中国甲壳动物学会副理事长等职，是中国甲壳动物学的奠基人之一，在甲壳动物学研究及教材编写方面的贡献巨大。他的专著《中国常见淡水枝角类检索》《中国、日本常见淡水枝角类总说》是枝角类甲壳动物分类学研究的经典著作，他与蒋燮治编写的《中国动物志　甲壳纲淡水枝角类》是第一卷无脊椎动物的《中国动物志》，而其编写的《甲壳动物学》则是我国唯一一部系统介绍甲壳动物的专著，迄今被国内许多研究者奉为必备参考书。

刘瑞玉，1945年毕业于辅仁大学生物系，毕业后在北平研究院动物研究所工作，成为沈嘉瑞的得力助手和得意门生。1950年，刘瑞玉被调到中国科学院青岛海洋生物研究室，继续从事甲壳动物学的研究，并且开创了中国海洋底栖生物生态学研究和虾类养殖生物学的研究。刘瑞玉在国内外发表论文160多篇、专著10部，获国家自然科学奖、科技进步奖、中国科学院重大科技成果奖、自然科学奖、科技进步奖，农业部养虾荣誉奖、山东省科学大会奖、科技进步奖等20多项。曾任中国科学院海洋研究所第三任所长，中国海洋湖沼学会理事长、名誉理事长，国际黄海研究学会名誉主席，国际甲壳动物学会理事、中国甲壳动物学会第一任理事长、名誉理事长，是我国著名的海洋生物学家、甲壳动物学家。他编写的《中国北部经济虾类》，不但是我国虾类分类学研究的经典著作，其内容和插图也不断被动物学教科书、工具书所引用。他与沈嘉瑞编写的《我国的虾蟹》，是我国生物科普的经典著作。他编写的《南海对虾类》（1997，与钟振如等合著）是我国对虾类鉴定的主要手册类工具书。他与学生们开展了我国多个海洋甲壳动物类群的分类学研究，如对虾类、真虾类、糠虾类、端足类、寄居蟹类、涟虫类等，基本摸清了我国近海甲壳动物区系的种类和特点。

戴爱云，1953 年毕业于南京大学生物系，从 1957 年开始在中国科学院动物研究所工作，在沈嘉瑞的指导下从事甲壳动物分类学研究，曾任中国科学院动物研究所无脊椎动物研究室副主任、甲壳动物研究组组长，中国甲壳动物学会副理事长等职。戴爱云参加了《中国动物图谱 甲壳动物》第一至三册的编写工作，发表了《中国医学甲壳动物》《中国海洋蟹类》等经典论著，是我国淡水和海洋蟹类分类学研究的著名专家。此外，他还承担了《中国动物志 甲壳动物亚门》中"方蟹科"和"沙蟹科"的编研工作。

李少菁，1959 年毕业于厦门大学并留校工作，历任厦门大学海洋与环境学院教授、博士生导师、系主任等，国家教委科技委学科组组员，国家自然科学基金委生态学科组员，中国海洋湖沼学会、海洋学会常务理事，中国海洋湖沼生态学分会副理事长等。1982 年，李少菁被选举为中国动物学会甲壳动物学分会第一届理事会副理事长。2013 年，在第六届全国甲壳动物学代表大会上被推举为名誉理事长。他长期从事海洋浮游生物学和甲壳动物学教学与研究，在全国海洋普查、闽南台湾浅滩上升流生态系、生源要素生物地化循环、浮游动物生理生态及青蟹繁殖生物学等研究中做出了重要贡献。20 世纪 80 年代中后期，他在继续开展浮游生物学教学科研的同时，主持锯缘青蟹生殖生物学和幼体实验生态等系列研究，1986 年，人工育苗初获成功；1993 年和 1994 年，转入青蟹中尺度生产性育苗；1994 年，通过福建省科委主持的鉴定；1996 年，《锯缘青蟹生殖生物学和人工育苗技术研究》获福建省科技进步奖二等奖（第一获奖者）；1998—2002 年，李少菁主持福建省锯缘青蟹生长生殖及其调控机制研究，提出了锯缘青蟹生殖调控模式，并在青蟹受精生物学及其营养代谢等方面取得一系列成果。

# 参考资料

［1］ Garey JR, Krotec M, Nelson DR, et al. Molecular analysis supports a tardigrade-arthropod association ［J］. Invertebrate Biology, 1996, 115: 79-88.

［2］ Rota-Stabelli O, Kayal E, Gleeson D, et al. Ecdysozoan mitogenomics: evidence for a common origin of the legged invertebrates, the Panarthropoda ［J］. Genome Biology & Evolution, 2010, 2: 425-440.

［3］ Jørgensen A, Boesgaard TM, Møbjerg N, et al. The tardigrade fauna of Australian marine caves: With descriptions of nine new species of Arthrotardigrada ［J］. Zootaxa, 2014, 3802(4): 401-443.

［4］ Li XC, Wang LZ, Yu D. The Tardigrada fauna of China with descriptions of three new species of Echiniscidae ［J］. Zoological Studies, 2007, 46(2): 135-147.

［5］ Bartoš E. Die Tardigraden der chinesischen und javanischen Mossproben. V/stn5k feskoslovensk é Spolegnosti Zoologické ［J］. Acta Societatis Zoologicae Bohemoslovenicae, 1963, 27: 108-114.

［6］ Pilato G. Tre nuove specie di Tardigradi muscicoli di Cina［J］. Animalia, 1974, 1：59–68.

［7］ Beasley CW, Cleveland A. Tardigrada from Southern Yunnan Province, People's Republic of China［J］. Zoological Journal of the Linnean Society, 1996, 116：239–243.

［8］ Beasley CW. A new species of *Echiniscus*（Tardigrada, Echiniscidae）from northern Yunnan Province, China［J］. Zoologischer Anzeiger, 1999, 238：135–138.

［9］ Beasley CW, Kaczmarek L, Michalczyk L. New records of tardigrades from China, with zoogeographical remarks［J］. Biological Letters, 2006a, 43：3–10.

［10］ Beasley CW, Kaczmarek L, Michalczyk L. Redescription of *Doryphoribius vietnamensis*（Iharos 1969）（Tardigrada）comb. nov. on the basis of the holotype and additional material from China［J］. Acta Zoologica Academiae Scientiarum Hungaricae, 2006b, 52（4）：367–372.

［11］ Beasley CW, Miller WR. Tardigrada of Xinjiang Uygur Autonomous Region, China［J］. Journal of Limnology, 2007, 66（Suppl. 1）：49–55.

［12］ Beasley CW, Miller WR. Additional Tardigrada from Hubei Province, China, with the description of *Doryphoribius barbarae* sp. nov.（Eutardigrada: Parachela: Hypsibiidae）［J］. Zootaxa, 2012, 3170：55–63.

［13］ Li XC, Wang LZ. Effect of thermal acclimation on preferred temperature, avoidance temperature and lethal thermal maximum of Macrobiotus harmsworthi Murray（Tardigrada, Macrobiotidae）［J］. Journal of Thermal Biology, 2005, 30：443–448.

［14］ Li XC, Wang LZ. Effect of temperature and thermal acclimation on locomotor performance of Macrobiotus harmsworthi Murray（Tardigrada, Macrobiotidae）［J］. Journal of Thermal Biology, 2005, 30：588–594.

［15］ Faust E C, Tang C C. Notes on new apidogastrid species, with a consideration of the phylogeny of the group［J］. Parasitology, 1936, 28：487–501.

［16］ 湖北省水生生物研究所. 湖北省鱼病病原区系［M］. 北京：科学出版社, 1973.

［17］ Ying W Y, Sproston N G. Studies on the Mongenetic trematodes of China. Parts 1–5［J］. *Sinensia*, 1948, 19（1–6）：57–85.

［18］ 张剑英, 杨庭宝, 刘琳, 等. 中国海洋鱼类单殖吸虫［M］. 北京：中国农业出版社, 2001.

［19］ Hsu H F. Contribution a l'etude eds cestodes de China［J］. Rev. Suisse Zool, 1935, 42（22）：477–570.

［20］ 中国科学院水生生物研究所. 中国淡水鱼类寄生虫论文集［M］. 北京：农业出版社, 1984.

［21］ 程功煌. 中国绦虫研究［M］. 北京：中国妇女出版社, 2004.

［22］ Wu X W. A new nematode from the stomach of a scylloid shark［J］. Contri. Biol. Lab. Sci. Soc. China, 1927, 3（2）：1927, 1–3.

［23］ 徐岌南. 动物寄生线虫学［M］. 北京：科学出版社, 1975.

［24］ 中国科学院动物研究所寄生虫研究组. 家畜家禽的寄生线虫［M］. 北京：科学出版社, 1979.

［25］ 吴淑卿, 等. 中国动物志线虫纲圆线亚目（一）［M］. 北京：科学出版社, 2001.

［26］ 张路平, 孔繁瑶. 盅口族线虫分类系统评述（线虫纲：圆线科）［J］. 动物分类学报, 2002, 27（4）：435–446.

［27］ 张路平, 孔繁瑶. 马属动物的寄生线虫［M］. 北京：中国农业出版社, 2002.

［28］ Zhang, S Q, Bu Y Z, Huang G P, et al. A checklist of parasitic nematodes（Nematoda）from birds（Aves）in China［J］. *Zootaxa*, 2012, 3446：1–31.

［29］ Du C, Zhang L P, Shi M, et al. Elucidating the identity of *Anisakis* larvae from a broad range of marine fishes from the Yellow Sea, China, using a combined electrophoretic–sequencing approach［J］. Electrophoresis, 2010, 31（4）：654–658.

［30］ Shi M Q, Ming Z, Zhang L, et al. Molecular identification and genetic diversity of Anisakis larvae（Nematoda: Ascaridoidea）from marine fishes in the Boihai Sea［J］. China. Acta Zootax. Sin., 2013, 38（4）：687–694.

［31］ Zhang L P, Du X J, An R Y, et al. Identification and genetic characterization of Anisakis larvae from marine fishes in the South China Sea using an electrophoretic-guided approach [J]. Electrophoresis, 2013, 34: 888-894.

［32］张路平, 孔繁瑶. 中国动物志　线虫纲　圆线亚目（二）[M]. 北京：科学出版社, 2014.

［33］汪溥钦. 福建棘头虫志 [M]. 福州：福建科学技术出版社, 1991.

［34］宋微波, 等. 原生动物学专论 [M]. 青岛：青岛海洋大学出版社, 1999.

［35］K. Hausmann, N. Huelsmann, R. Radek. 原生生物学 [M]. 宋微波, 等, 译. 青岛：中国海洋大学, 2007.

［36］沈韫芬. 原生动物学 [M]. 北京：科学出版社, 1999.

［37］湖北省水生生物研究所第四研究室无脊椎动物区系组. 废水生物处理微型动物图志 [M]. 北京：中国建筑工业出版社, 1976.

［38］宋微波, A. 沃伦, 胡晓钟. 中国黄渤海的自由生活纤毛虫 [M]. 北京：科学出版社, 2009.

［39］宋微波, 赵元君, 徐奎栋, 等. 海水养殖中的危害性原生动物 [M]. 北京：科学出版社, 2003.

［40］沈韫芬, 章宗涉, 龚循矩, 等. 微型生物监测技术 [M]. 北京：中国建筑工业出版社, 1990.

［41］庞延斌, 邹士法. 拉汉原生动物名称 [M]. 上海：华东师范大学出版社, 1990.

［42］顾福康. 原生动物学概论 [M]. 北京：高等教育出版社, 1991.

［43］沈锡祺. 原生动物生物化学 [M]. 上海：华东师范大学出版社, 1990.

［44］庞延斌. 原生动物学实验技术 [M]. 上海：华东师范大学出版社, 1991.

［45］何炎, 等. 渤海沿岸地区新生代有孔虫 [M]. 北京：科学出版社, 1978.

［46］郝诒纯, 等. 有孔虫 [M]. 北京：科学出版社, 1980.

［47］江静波. 无脊椎动物学 [M]. 北京：人民出版社, 1982.

［48］陈启鎏, 马成伦. 中国动物志　粘体动物门　粘孢子纲 [M]. 北京：科学出版社, 1998.

［49］何筱洁. 原虫鱼病 [M]. 广州：广东高等教育出版社, 1987.

［50］倪达书, 汪建国. 草鱼生物学与疾病 [M]. 北京：科学出版社, 1999.

［51］汪建国. 鱼病学 [M]. 北京：中国农业出版社, 2015.

［52］Grabau A W, King S G. Shells of Peitaiho. Second Edition [M]. Peking: Peking Laboratory of Natural History, 1928: 1-279.

［53］Yen T C. A review of Chinese gastropods in the British museum [J]. Proceedings of the Malacological Society of London, 1942, 24(5-6): 170-289.

［54］齐钟彦. 底栖无脊椎动物的分类区系研究 [J]. 海洋科学, 1979, 3(S1): 66-69.

［55］Ping C, Yen T C. Preliminary note on the gastropod shells of the Chinese coast [J]. Bulletin of the Fan Memorial Institute of Biology, 1932, 3(3): 37-52.

［56］Yen T C. The marine gastropods of Shantung Peninsula [J]. Inst. Zool. Nat. Acad. Peiping, 1936, 3(5): 165-255.

［57］Yen T C. Notes on some marine Gastropodes of Pei-Hai and Wei-Chao Island [J]. Notes de Malacologie Chinoise, 1935, 1(2): 1-47.

［58］Yen T C. Additional notes on some marine Gastropodes of Pei-Hai and Wei-Chao Island [J]. Notes de Malacologie Chinoise, 1936, 1(3): 1-13.

［59］Yen T C. The Molluscan fauna of Amoy and its vicinal regions [J]. Marine Biological Association of China 2nd Annual Report, 1933: 1-120.

［60］Tchang S. Contribution à l'étude des opisthobranches de la côte de Tsingtao. Contributions from the Institute of Zoology [J]. National Academy of Peiping, 1934, 2(2): 1-148.

［61］张玺, 相里矩. 中国海岸几种牡蛎 [J]. 动物学杂志, 1936, 1(4): 29-51.

［62］张玺, 赵汝翼, 赵璞. 山东沿海之前鳃类 [J]. 中法大学理学院刊, 1940: 1-40.

［63］张玺, 马绣同. 胶州湾海产动物采集团第二期及第三期采集报告 [J]. 国立北平研究院动物学研究所中文报告汇刊, 1936, 17: 1-176.

［64］张玺, 相里矩. 胶州湾及其附近海产食用软体动物之研究 [J]. 国立北平研究院动物学研究所中文报告汇

刊, 1936, 16: 1-94.

[65] 张玺. 云南昆明湖形质及其动物的研究 [J]. 北平研究院动物所集刊, 1948, 4: 11-24.

[66] 张玺. 滇池食用螺蛳之研究 [J]. 中法文化, 1945, 1 (4): 16.

[67] 张玺, 齐钟彦. 田螺科螺蛳属之检讨 [J]. 北平研究院动物研究所丛刊, 1949, 5 (1): 1-26.

[68] 张玺, 齐钟彦, 李洁民. 南海双壳类软体动物 [M]. 北京: 科学出版社, 1960: 1-274.

[69] 张玺, 齐钟彦, 张福绥, 等. 中国海软体动物区系区划的初步研究 [J]. 海洋与湖沼, 1963, 5 (2): 124-138.

[70] 张玺, 李世成. 鄱阳湖及其周围水域的双壳类包括一新种 [J]. 动物学报, 1965, 17 (3): 309-319.

[71] 张玺, 李世成, 刘月英. 洞庭湖及其周围水域的双壳类软体动物 [J]. 动物学报, 1965, 17 (2): 197-211.

[72] 张玺, 齐钟彦, 李洁民. 中国的海笋及其新种 [J]. 动物学报, 1960, 1: 65-89.

[73] 张玺, 齐钟彦, 董正之, 等. 中国沿岸的十腕目 (头足纲) [J]. 海洋与湖沼, 1960 (3): 188-204.

[74] 马绣同. 中国近海宝贝科的研究 [J]. 动物学报, 1962, 14 (增刊): 1-30.

[75] 庄启谦. 中国近海帘蛤科的研究 [M]. 北京: 科学出版社, 1964.

[76] 张玺, 林光宇. 中国海兔科的研究 [C] // 中国科学院海洋研究所. 海洋科学集刊 (5). 北京: 科学出版社, 1964: 1-25.

[77] 张玺, 黄修明. 中国海竹蛏科的研究 [J]. 动物学报, 1964 (2): 32-48.

[78] 楼子康. 中国近海榧螺科的研究 [C] // 中国科学院海洋研究所. 海洋科学集刊 (7). 北京: 科学出版社, 1965: 1-14.

[79] 张福绥. 中国近海骨螺科的研究 I. 骨螺属、翼螺属及棘螺属 [C] // 中国科学院海洋研究所. 海洋科学集刊 (7). 北京: 科学出版社, 1965: 11-26.

[80] 张福绥. 中国近海骨螺科的研究 II、核果螺属 [C] // 中国科学院海洋研究所. 海洋科学集刊 (11). 北京: 科学出版社, 1976: 333-351.

[81] 王祯瑞. 中国近海江珧科的初步报告 [C] // 中国科学院海洋研究所. 海洋科学集刊 (5). 北京: 科学出版社, 1964: 30-41.

[82] 张玺. 中国北部海产经济软体动物 [M]. 北京: 科学出版社, 1955.

[83] 张玺, 齐钟彦, 李洁民, 等. 南海的双壳类软体动物 [M]. 北京: 科学出版社, 1960.

[84] 张玺, 齐钟彦. 贝类学纲要 [M]. 北京: 科学出版社, 1961.

[85] 张玺, 齐钟彦. 中国经济动物志: 海产软体动物 [M]. 北京: 科学出版社, 1962.

[86] 张玺, 齐钟彦, 马绣同, 等. 中国动物图谱: 软体动物 第一册 [M]. 北京: 科学出版社, 1964.

[87] 齐钟彦, 马绣同, 楼子康, 等. 中国动物图谱: 软体动物 第二册 [M]. 北京: 科学出版社, 1983.

[88] 齐钟彦, 马绣同, 王耀先, 等. 中国动物图谱: 软体动物 第四册 [M]. 北京: 科学出版社, 1985.

[89] 齐钟彦, 林光宇, 张福绥, 等. 中国动物图谱: 软体动物 第三册 [M]. 北京: 科学出版社, 1986.

[90] 吕端华. 近海钥孔科的初步研究 [C] // 中国贝类学会. 贝类学论文集, 1983, 1: 208-209.

[91] 吕端华. 钥孔蝛科二新种 [C] // 中国贝类学会. 贝类学论文集, 1986, 2: 19-22.

[92] 马绣同. 西沙群岛宝贝总科的新记录 [C] // 中国科学院海洋研究所. 海洋科学集刊 (15). 北京: 科学出版社, 1979: 93-98.

[93] 马绣同. 东海大陆架宝贝总科两个罕见种的发现 [C] // 中国科学院海洋研究所. 海洋科学集刊 (19). 北京: 科学出版社, 1982, 19: 83-85.

[94] 马绣同. 中国近海梭螺科的研究 I. 钝梭螺亚科和一新种 [C] // 中国贝类学会. 贝类学论文集, 1986, 2: 10-18.

[95] 齐钟彦, 马绣同. 中国近海冠螺科的研究 [C] // 中国科学院海洋研究所. 海洋科学集刊 (16). 北京: 科学出版社, 1980: 83-96.

[96] 齐钟彦, 马绣同. 中国近海蛙螺科的研究 [C] // 中国贝类学会: 贝类学论文集, 1983, 1: 12-22.

［97］ 齐钟彦，马绣同. 中国近海鹑螺科的研究［C］//中国科学院海洋研究所. 海洋科学集刊（23）. 北京：科学出版社，1984：131－141.

［98］ 林光宇. 西沙群岛潮间带的后鳃类软体动物［C］//中国科学院海洋研究所. 海洋科学集刊（10）. 北京：科学出版社，1975：141-154.

［99］ 林光宇. 露齿螺科一新属新种［J］. 海洋与湖沼，1980，11（3）：263-266.

［100］ 林光宇. 中国沿海片鳃科（后鳃类）的研究［C］//中国科学院海洋研究所. 海洋科学集刊（18）. 北京：科学出版社，1981：181-205.

［101］ 王祯瑞. 中国近海珍珠贝科的研究［C］//中国科学院海洋研究所. 海洋科学集刊（14）. 北京：科学出版社，1978：101-117.

［102］ 王祯瑞. 西沙群岛贻贝科的研究［C］//中国科学院海洋研究所. 海洋科学集刊（20）. 北京：科学出版社，1983：213-222.

［103］ 王祯瑞. 中国扇贝科的研究 I. 拟日月贝亚科一新种［J］. 海洋与湖沼，1980（3）：259-262.

［104］ 王祯瑞. 中国扇贝科的研究Ⅲ. 栉孔扇贝亚科（薄齿扇贝属）［J］. 海洋与湖沼，1983（6）：531-535.

［105］ 王祯瑞. 中国近海扇贝科的研究Ⅵ. 拟日月贝亚科［J］. 海洋与湖沼，1984（6）：598-604.

［106］ 王祯瑞. 中国近海扇贝科的研究Ⅶ. 栉孔扇贝亚科（拟套扇贝属）［J］. 海洋与湖沼，1985（6）：502-506.

［107］ 庄启谦. 双壳类蛤蜊科两新种［J］. 海洋与湖沼，1983（1）：88-91.

［108］ 庄启谦. 西沙群岛的砗磲科软体动物［C］//中国科学院海洋研究所. 海洋科学集刊（12）. 北京：科学出版社，1978：133-139.

［109］ 庄启谦，蔡英亚. 中国近海鸭嘴蛤科的分类研究［J］. 海洋与湖沼，1982（6）：553-561.

［110］ 李凤兰. 中国近海蚶科的研究Ⅲ. 细纹蚶亚科［C］//中国科学院海洋研究所. 海洋科学集刊（25）. 北京：科学出版社，1985：153-158.

［111］ 李凤兰. 中国近蛤蜊科的研究［C］//中国贝类学会. 贝类学文集，1986，2：23-29.

［112］ 徐凤山. 东海双壳类二新种［J］. 海洋与湖沼，1980（4）：337-340.

［113］ 徐凤山. 中国近海原鳃类的初步研究 I. 吻状蛤科［C］//中国科学院海洋研究所. 海洋科学集刊（22）. 北京：科学出版社，1984：167-177.

［114］ 徐凤山. 中国近海原鳃类的初步研究：II. 胡桃蛤科［C］//中国科学院海洋研究所. 海洋科学集刊（22）. 北京：科学出版社，1984：179-188.

［115］ 徐凤山. 中国近海原鳃类的初步研究Ⅲ. 马雷蛤科和廷达蛤科［J］. 海洋与湖沼，1990（6）：559-562.

［116］ 董正之. 中国近海头足类的地理分布［J］. 海洋与湖沼，1978（1）：108-116.

［117］ 董正之. 西沙群岛海域头足类初步报告［C］//中国科学院海洋研究所. 海洋科学集刊（15）. 北京：科学出版社，1979：71-76.

［118］ 董正之. 西沙群岛马蹄螺总科的分类研究［C］//中国科学院海洋研究所. 海洋科学集刊（20）. 北京：科学出版社，1983：185-204.

［119］ 王如才. 中国水生贝类原色图鉴［M］. 浙江：浙江科学技术出版社，1988.

［120］ 齐钟彦，马绣同，王祯瑞，等. 黄渤海的软体动物［M］. 北京：农业出版社，1989.

［121］ 许志坚，陈忠文，冯永勤. 海南岛贝类原色图鉴［M］. 北京：科学普及出版社，1993.

［122］ 齐钟彦. 中国经济软体动物［M］. 北京：中国农业出版社，1998.

［123］ 徐凤山，张素萍. 中国海产双壳类图志［M］. 北京：科学出版社，2008.

［124］ 张素萍. 中国海洋贝类图鉴［M］. 北京：科学出版社，2008.

［125］ 张素萍，尉鹏. 中国的宝贝总科图鉴［M］. 北京：海洋出版社，2013.

［126］ 张素萍，张均龙，陈志云，等. 黄渤海软体动物图志［M］. 北京：科学出版社，2016.

［127］ 董正之. 中国动物志 软体动物门 头足纲［M］. 北京：科学出版社，1988.

［128］ 董正之. 中国动物志 马蹄螺总科［M］. 北京：科学出版社，2002.

［129］ 马绣同. 中国动物志　软体动物门　腹足纲　中腹足目　宝贝总科［M］. 北京：科学出版社，1997.

［130］ 林光宇. 中国动物志　软体动物门　腹足纲　后鳃亚纲　头楯目［M］. 北京：科学出版社，1997.

［131］ 张素萍，马绣同. 中国动物志　软体动物门　腹足纲　鹑螺总科［M］. 北京：科学出版社，2001.

［132］ 张素萍. 中国动物志　软体动物门　腹足纲　凤螺总科　玉螺总科［M］. 北京：科学出版社，2016.

［133］ 李凤兰，林民玉. 中国动物志　软体动物门　腹足纲　芋螺科［M］. 北京：科学出版社，2016.

［134］ 王祯瑞. 中国动物志　软体动物门　双壳纲　贻贝目［M］. 北京：科学出版社，1997.

［135］ Linnaeus, C. Systema naturae per regna tria naturae, secundum classes, ordines, genera, species, cum characteribus, differentiis, synonymis, locis. 12th edition, volume 1［M］. Stockholm, Holmiae. 1767.

［136］ 徐凤山. 中国动物志　原鳃亚纲　异韧带亚纲［M］. 北京：科学出版社，1999.

［137］ 徐凤山. 中国动物志　满月蛤总科　心蛤总科和厚壳蛤总科、鸟蛤总科［M］. 北京：科学出版社，2012.

［138］ 徐凤山. 中国动物志　软体动物门　双壳纲、樱蛤科　双带蛤科［M］. 北京：科学出版社，2018.

［139］ 刘月英，张文珍，王耀先，等. 中国经济动物志　淡水软体动物［M］. 北京：科学出版社，1979.

［140］ 刘月英，张文珍，王耀先. 医学贝类学［M］. 北京：海洋出版社，1993.

［141］ 堵南山. 甲壳动物学（上册）［M］. 北京，科学出版社，1987.

［142］ 蒋燮治，堵南山. 中国动物志　无脊椎动物　甲壳纲　淡水枝角类［M］. 北京：科学出版社，1979.

［143］ 刘瑞玉. 中国北部经济虾类［M］. 北京，科学出版社，1987.

［144］ 沈家瑞，戴爱云，等.《中国动物图谱　甲壳动物》（第一册）［M］. 北京，科学出版社，1964.

［145］ 沈嘉瑞，刘瑞玉. 我国的虾蟹［M］. 北京：科学出版社，1976.

［146］ 郑重，李松，李少菁，等.《中国海洋浮游桡足类》（上卷）［M］. 上海：上海科技出版社，1965.

［147］ 中国甲壳动物学会.《甲壳动物学论文集》（第一辑）［M］. 北京，科学出版社，1986.

［148］ 李新正，等. 中国动物志　无脊椎动物　甲壳动物亚门　十足目　长臂虾总科［M］. 北京：科学出版社，2007.

# 第十五章　动物胚胎学

## 第一节　国际发展简述

　　动物胚胎是指从受精卵到出生或孵化之前的有机体。胚胎学是研究胚胎发育过程和规律以及影响胚胎发育因素的一门学科。胚胎学的诞生可追溯到公元前约 400 年，希波克拉底（Hippocrates，公元前 460—前 370 年）最早试图用当时物理学上热、湿度和凝固等理论来解释胚胎发育。他认为个体身上每个部分都能产生精液，幼体是各部分精液凝合而成。通俗讲就是眼睛产生的精液形成子代的眼睛，鼻子产生的精液形成子代的鼻子，如此类推，这其实是"先成论"的萌芽。然而，人类历史上公认的第一位胚胎学家是亚里士多德，他撰写了世上第一本动物学教科书《动物的发生》（De generatione animalium），注意到卵生（Oviparity）、胎生（Viviparity）和卵胎生（Ovoviviparity）现象，并描述了完全卵裂和不完全卵裂两种卵裂方式。他并不认同希波克拉底的"精液"说，认为母亲可以生男亦可育女，用"精液"说就难以解释。亚里士多德认为胚胎是一个整体，不能以部分来解释；亲代与子代之所以相似，是因为有机体整个功能相似，活动功能可以遗传。此后，近 2000 多年时间，由于受到宗教影响，神秘和迷信阻碍了自然科学的发展，包括胚胎学在内的生物科学一直没有大的发展。

　　到 17 世纪，荷兰科学家列文虎克制造了显微镜，观察到人类运动的活精子；荷兰解剖学家德·格拉夫（Graaf）观察并描述了哺乳动物卵巢的滤泡。但是，他们都没有讲明精子和卵子的功能，而是想象性地推测有机体"雏形"就藏在精子或卵子中，成为"先成论"代表。"先成论"又分为精子派和卵子派。精子派认为精子中藏有"雏形"有机体，以后慢慢成长为与亲本相似的个体，而卵子仅仅供给营养而已；卵子派则认为卵子中藏有"雏形"有机体，精子只起刺激作用，促进"雏形"有机体的成长。几乎同时，英国科学家哈维（Harvey）观察鸡胚胚盘，注意到血细胞的发生，提出"一切来自卵子"（Ex ovo ominia）的观点。德国的沃尔夫（Wolff）认为胚胎器官的发育是从无到有（De novo）形成的，并提出"渐成论"。意大利生理学家马尔皮基（Malpighi）观察到鸡胚的神经沟、肌节以及动脉和静脉的发生，终止了对胚胎发育的猜测，开创了描述胚胎学的新时代。遗憾的是，他未能摆脱"先成论"观点的束缚，仍深信胚胎在形成之初就已经存在。"先成论"和"渐成论"两种观点的争论，几乎贯穿了整个 17 世纪和 18 世纪。

　　到 19 世纪，生物学家贝尔（Baer）精确观察了鱼、两栖类、鸡和哺乳类胚胎的早期发育，证实了俄国胚胎学家潘德尔（Pander）于 1817 年提出的胚层学说，并提出了著名的贝尔法则：脊椎动物的早期胚胎都很相似，随着发育的进展才逐渐出现不同动物独有的特征。因此，现在一般认为贝尔是胚胎学的奠基人。之后，在达尔文"演化论"的影响下和德国动物学家赫克尔（Haeckel）"个体发育重演系统发育"观点鼓动下，胚胎学研究进入比较胚胎学时代，对各类动物胚胎发育共性和胚胎演化关系有了较深入的认识。

19 世纪末 20 世纪初，胚胎学家开始探讨胚胎发育的机理。德国动物学家魏斯曼（Weismann）经深入思考后，提出发育与遗传统一的理论"种质学说"（Germ plasm theory），认为动物细胞分为体细胞和生殖细胞；体细胞由生殖细胞发育而来，随个体死亡而消失，而生殖细胞可以代代相传。生殖细胞中始终保留有各种决定子，每个决定子分配到体细胞决定一种性状，发育成机体某个部分。由于种质学说容易用实验验证，促使有个叫儒（Roux）的学者于 1887 年利用热针把 2 细胞期蛙胚中的一个细胞烫死，发现剩下的细胞发育成半个胚胎。现在，我们知道由于没有去除烫死的细胞而影响到剩余细胞的发育，所以这一结果是错误的，但其结果却正好符合种质学说预期，从而开启了用实验方法研究胚胎发育原因的先河，促进了实验胚胎学的诞生。随后，德国生物学家杜里舒（Driesch）发现 2 到 4- 细胞期分离的海胆胚胎细胞，每个细胞都可以发育成身体较小但完整的幼虫，证明早期胚胎细胞具有调整能力；德国生物学家斯佩曼（Spemann）和他的博士研究生孟戈尔德（Mangold）应用显微操作技术对两栖动物胚胎进行分离、切割、移植、重组等一系列实验，证明移植原肠背唇至另一胚胎，可以诱导产生次级胚胎，提出"组织者"（Organizer）学说，获得胚胎学领域第一个诺贝尔奖，促进了对胚胎诱导作用的研究。于 1938 年斯佩曼还提出了细胞核移植设想，启发伯瑞格（Briggs）和金（King）于 1952 年将蛙卵细胞核去除掉，把蛙囊胚细胞核转移到无核的蛙卵细胞质中，发现核质组合体可以发育成蝌蚪，证明了囊胚细胞核全能性。20 世纪 50 年代和 60 年代，英国发育生物学家格登（Gurdon）把非洲爪蛙原肠胚、蝌蚪乃至成蛙的肠道细胞核取出移植到去核的卵中，证明终极分化的细胞核仍然具有全能性，奠定了今天克隆动物的基础，并因此获得 2012 年诺贝尔生理学或医学奖。

20 世纪 50—70 年代，随着 DNA 双螺旋结构的阐明和中心法则的确立，诞生了分子生物学和分子遗传学，特别是基因克隆、核酸杂交、DNA 测序、RNA 干扰、基因敲除和碱基编辑技术的创新，分子生物学和分子遗传学逐渐向胚胎学领域渗透乃至深度融合，使传统胚胎学研究内涵、外延以及研究手段、深度产生了质的飞跃和发展，人们开始用分子生物学和遗传学的观点和方法研究生物体从受精卵发育为胚胎、生长直至衰老、死亡的发育全程及其规律，形成了发育生物学（Developmental biology）。今天，发育生物学已成为现代生命科学的重要基础学科之一。发育生物学的重大研究进展常常带来关于健康及疾病研究的重大突破，成为生命科学、医学研究人员广泛关注的研究领域。

## 第二节 胚胎学和发育生物学在中国的发展

我们的先人也积累、记录了大量关于胚胎学的知识。例如，2500 年前《诗经》就提道蚕有两态：蚕与蛾；南宋罗愿所著《尔雅翼》（1174 年）中有关于蛙变态的描述："出有尾而无足，稍大足生而尾脱。"但是，我国现代意义上的胚胎学研究与教学始于 20 世纪 20 年代，这很大程度得益于当时一批从国外回来的学者。他们之中的佼佼者包括李汝祺、朱洗、张汇泉、童第周、贝时璋、庄孝僡和薛社普等，在开创和推动我国胚胎学研究与教学的发展方面都做出了不可磨灭的贡献。

童第周于1930年到比利时布鲁塞尔大学留学，1934年获布鲁塞尔大学博士学位，后到英国剑桥大学做短期访问并于年底回国。在国外期间，童第周在棕蛙卵子受精面与对称面关系的研究中取得重要进展，证明了胚胎对称面不完全决定于精子入卵点，而决定于卵子内部的两侧对称结构状态；通过对两栖类外胚层细胞纤毛运动和原肠作用不同部位的呼吸分析，明确提出了胚胎发育极性的存在。在对海鞘早期发育的研究中，证明了在受精卵中已经存在着器官形成物质（Organ-forming substance），而且有了一定模式的分布，精子的进入对此没有决定性的影响，说明卵质对个体发育的重要性。回国后，童第周在对鱼类胚胎发育能力的研究方面做出了卓越贡献。他在20世纪40年代开始的对金鱼卵子发育能力的研究中，发现卵子赤道以下植物极半球中含有器官形成物质，它在发育的早期由植物极逐步流向动物极，是形成完整胚胎不可缺少的物质基础。细胞核移植是探讨胚胎发育过程中细胞核和细胞质各自作用以及两者相互关系的一种方法。20世纪60年代，童第周对细胞核与细胞质相互关系产生了浓厚的兴趣。1965年，他首先将细胞核移植方法应用于鱼类，完成了金鱼和鳑鲏鱼不同亚科之间的远缘克隆鱼研究，随后我国就培育出鲤鲫间核质杂种鱼，形成我国自成体系的特色，为解决鱼类远缘杂交不育、培育新品种创建了一条新途径。1973年，童第周把细胞核移植技术应用于海鞘发育核质关系研究中，即把分别来自内胚层、中胚层和外胚层的海鞘胚胎细胞核移植到无核的动物极或者植物极卵块中，发现移植胚胎发育命运总是与卵块来源相关，而不受细胞核来源影响。这不仅证明已经分化细胞的细胞核具有全能性，还证明细胞质对胚胎发育命运具有重要影响。这些研究成果至今仍是科学文献中的精品，在国内外学术界产生了深远的影响，开创了我国动物克隆技术的先河，同时也为我国鱼类基因工程育种的发展做好了理论准备。有关我国鱼类基因工程育种方面的代表性成果，首推朱作言20世纪80年代开始的转基因鱼研究工作。朱作言开创了我国鱼类基因工程研究的新领域，培育出快速生长2.3～4.3倍的鲤鱼、鲫鱼和泥鳅；首次揭示了外源基因整合的动力学过程，证实其嵌合性整合和表达，提出了转基因鱼模型和研制纯合转基因鱼品系对策；阐明了转移的外源生长激素基因对内源垂体分泌生长激素的代偿作用以及转生长激素基因鱼饲料利用的蛋白质节省效应和合成代谢的蛋白质积累效应。这一系列前沿性研究为鱼类基因工程育种奠定了理论基础。

20世纪50—60年代，童第周领导的研究小组首先在青岛解决了文昌鱼的饲养、产卵和人工授精的技术，为系统研究文昌鱼的实验胚胎学奠定了基础，并利用胚胎细胞分离培养、不同胚层细胞分离组合和胚唇移植等一系列显微技术对文昌鱼胚胎发育机理进行了系统研究，证明文昌鱼卵子具有发育调整能力，勾画出文昌鱼的器官预定图谱，证实文昌鱼同其他脊椎动物一样，脊索具有诱导外胚层形成神经系统的作用、原肠胚背唇具有组织者功能。这些研究成果在当时都处于国际领先水平，为我国文昌鱼发育生物学研究奠定了坚实基础。如今，我国从事文昌鱼发育生物学研究的单位和队伍都有了较大规模的发展，研究水平也处于国际前沿水平，研究成果受到国际同行高度关注。

童第周十分注重我国胚胎学人才的培养和胚胎学教学工作。20世纪50年代，童第周在山东大学组建了胚胎学专门化组，培养我国胚胎学人才，并编写《实验胚胎学》讲义，为学生讲授实验胚胎学、比较解剖学和生物学史等课程。除本科生外，他还招收研究生、进修生，为我国高校培养胚胎学师资，也为胚胎学学科的发展培育了一批新生力量。特别值得一提的是，在童第周的直接倡议和推动下，促成了我国海洋无脊椎动物胚胎学的创立和发展。1953年，童第周提出"我们现在应当培养无脊椎动物胚胎学人才以应需要"，并将此任务交给他当时的助手李嘉泳。无脊椎动物种类繁多，形态差异巨大，其胚胎发育不像脊椎动物那么有规律可循，一种动物一个样，其难度可想而知。当时，国内尚没有人开设此课，一切均属初创。但是，李嘉泳不负重托，没有教材，就查文献（当时资料很少）、找材料、做实验，撰写讲义。李嘉泳各个时期撰写的无脊椎动物胚胎学讲义总计有 86 本，3000 多页。李嘉泳在山东大学创建的无脊椎动物胚胎学专门化课程具有奠基意义，自 20 世纪 50 年代开始的二三十年，全国相关高校生物学和水产专业的无脊椎动物胚胎学课程基本沿用李嘉泳所创立的教学体系。在完成教学工作的同时，李嘉泳还积极开展无脊椎动物胚胎发育研究，于 1959 年发表了《强棘红螺的生殖和胚胎发育》，次年又完成了《金乌贼在我国黄渤海的结群、生殖、洄游和发育》。这是我国最早发表的无脊椎动物胚胎学方面的论文，在国际上也处于前沿地位。之后，我国在海洋无脊椎动物胚胎学方面取得的研究成果包括：腔肠动物海蜇排卵方式和生活史各发育阶段形态发生，重要饵料动物沙蚕、卤虫、轮虫等生活史中有关幼虫的形态发生，甲壳动物中对虾、毛虾、中华绒螯蟹等生殖腺、生殖细胞形态结构、受精、胚胎和幼体发育的形态变化，软体动物中珠母贝、毛蚶、泥蚶、蛤、贻贝、蛏、鲍鱼、牡蛎等生殖腺发生、胚胎和幼虫发育，棘皮动物中海参和海胆的胚胎发育与孵化，以及危害舰船、码头和管道等附着动物藤壶、船蛆等的胚胎发育和生活史。同期，我国昆虫中有益和有害动物如蚕、蝗虫、赤眼蜂、麦叶蜂、平腹小蜂等的胚胎发育以及草履虫、四膜虫、棘尾虫等的有性生殖、结合生殖中细胞器发生的细胞和超微结构、疟原虫生活史中的卵囊和孢子发生的形态结构的研究都取得了重要进展。

童第周对我国包括胚胎学在内生物学的学科发展，在组织和领导方面也做出了重要贡献。他先后担任过的领导职务包括：1949 年任国立山东大学动物学系主任；1950 年任中国科学院实验生物研究所副所长和中国科学院水生生物研究所青岛海洋生物研究室主任；1957 任新成立的中国科学院海洋生物研究所所长；1959 年该所扩建为中国科学院海洋研究所，他仍任所长。1959 年任山东大学副校长；1960 年，中国科学院生物地学部分为生物学部和地学部，他任生物学部主任；1977 年出任中国科学院动物研究所细胞遗传学研究室主任、副所长、所长；1978 年任中国科学院副院长。20 世纪 70 年代末，童第周倡导并在中国科学院支持和美国洛克菲勒基金会资助下，于 1980 年 3 月正式成立了中国科学院发育生物学研究所（遗憾的是，童第周于 1979 年 3 月 30 日在发育生物学研究所落成前去世）。发育生物学研究所于 2001 年和遗传学研究所合并，成为今天的中国科学院遗传与发育生物学研究所。在将近 50 年的科研、教学和领导生涯中，童第周在完成繁重的科研、教学任务的同时，为我国包括胚胎学在内的生物学学科的建设与发展倾注了大量的精力和心血，极大促进了我国胚胎学和生物学教学与研究的发展。

我国胚胎学领域另一位开拓者是朱洗。朱洗 1918 年从浙江省立第六中学（现浙江台州中学）毕业后，到上海商务印书馆当了一年排字工人，于 1920 年夏赴法国勤工俭学。他先后在雪铁龙汽车厂等工厂做过翻砂工、车工、汽车修理工和搬运工，白天做工，夜晚补习法文及其他学科。在 1925 年冬，朱洗考上巴黎蒙伯利埃大学，师从法国著名胚胎学家巴德荣（Bataillon）教授，研究青蛙单性生殖，1931 年获得法国国家博士学位，于翌年冬回国。历任中山大学教授、北平研究院研究员、上海生物研究所研究员兼主任、台湾大学动物系教授。1949 年春，朱洗只身从台北返回上海，历任中国科学院实验生物研究所研究员、室主任、副所长和所长。朱洗早年在法国期间，从事两栖类杂交研究，分析生物界普遍存在的卵细胞受精现象，提出受精可分为激动、修整和两性结合三个阶段，即所谓两栖类受精"三元论"学说。他还和导师合作应用 $CO_2$ 或 KCN 窒息，或渗透压"排毒"等生理方法，处理处于不同成熟程度的卵子，观察卵子成熟过程的细胞学动态变化并分析原因，认为染色体处于第二次成熟分裂中期是卵子核成熟的形态标志，同时亦伴随着卵质成熟的变化，卵质的成熟程度会影响其正常受精和胚胎发育。结合受精和单性生殖的试验，观察各种人工处理的不同成熟程度卵子受精过程的细胞学切片，从染色体、星光和纺锤体等细胞器有规律的活动中提炼出"卵裂节奏"的概念，也就是卵子成熟、受精和发育的"时""空"秩序性的概念。他认为，正常发育过程中细胞内所有细胞器都按一定规律次第出现和活动，时间上先后有序，空间上要各居一定的位置。他用通俗的语言生动说明了卵子分裂发育的复杂道理："正如排演一出古典戏剧，每一个角色要在一定的时间出场，要有一定的服饰，要走一定的台步，要唱一定的歌曲，否则，……非拆台不可"。朱洗提出的这个概念对生命现象来说具有普遍意义。

　　回国后，朱洗采集广东、上海和东北不同生态地域 20 余种无尾两栖类继续进行卵子成熟、受精和发育的"时""空"秩序性试验，并结合生态环境加以论证。20 世纪 50—60 年代初，朱洗以两栖类、家蚕、家鱼等作为材料，做过大量卵子成熟和受精试验。他阐明不同成熟程度卵子受精后与胚胎发育的关系，这是一项探索"开启发育之门"的重要研究。他和他的学生与助手王幽兰证明：鱼类和两栖类处于第二次成熟分裂中期的卵母细胞，不一定都能很好受精。仅凭形态成熟的标志即卵核的分裂图形作为授精或单性生殖时刻的参考并不可靠，必须在卵质成熟时接受精子或单性生殖的处理，才有完善发育的可能。卵子的成熟大致可分为不够成熟、适当成熟和过分成熟三个时期和两个过渡阶段。不够成熟和过分成熟的卵子常常接受多个精子，只有激动的反应，没有充分的调整能力，而在不够成熟与适当成熟、适当成熟与过分成熟之间这两个过渡阶段中受精，又常常出现畸形怪胎。唯有适当成熟这一时期的卵子受精后才能正常发育，这是人工授精和进行人工单性生殖的适当时刻。这一结论具有重大意义，因为动物卵细胞成熟有它的共性，成熟可分为三个时期和两个过渡阶段的规律具有普遍性，对掌握适当时机去开启"发育之门"具有普遍意义。

　　朱洗发现了家蚕混精杂交逾数精子能影响遗传性。他选用颜色、皮斑、形态、附肢、茧子形状和缩皱程度都不同的家蚕品系，经过混精杂交，证明了同品系的精子不一定都占有优势，后代的杂种往往有较多的个体表现出异品系的特征。在实践上，他用混精杂交培育出色泽好、茧形特大的杂交种蚕，其产量、孵化率、上簇率、结茧率和收茧率都比一般杂交品种高出许多。因此，混精杂交还为选育良种开辟了一条新的途径。

　　朱洗培育出了世界上第一批"没有外祖父的癞蛤蟆"。他和王幽兰等人利用蟾蜍离体产出的无胶膜卵子作为实验材料，涂血针刺数以万计卵子，得到了 25 只小蟾蜍，其中两只（都是雌性）长到了成体，并与正常雄性抱对受精，得到 3000 多颗受精卵，发育良好，从而培育出"没有外祖父的癞蛤蟆"。这一实验证明了脊椎动物人工单性生殖的子裔可以照常繁育后代。

朱洗还为印度蓖麻蚕的引种、驯化和推广做出了重要贡献。中华人民共和国成立前蓖麻蚕曾几次引入我国，都因没有掌握它的生长发育规律而未能获得成功。朱洗从生物与环境的关系着眼探讨，抓住了防病、饲养与越冬等关键问题，逐步解决了卵不出蚕、蚕不结茧、蛹不化蛾、蛾不交尾等问题。同时，通过寻找代用饲料、温室保种和南方越冬保种等途径，解决了推广生产中蚕种的大量供应问题。在此基础上，他用我国樗蚕与蓖麻蚕杂交后进行定向选育，并结合蚕蛹不同发育期低温冷藏诱导，培育出冬季低温休眠的杂交新种。他还编写《怎样饲养蓖麻蚕》等小册子，讲课传授技术，为全国范围内大规模推广蓖麻蚕养殖创造了条件。蓖麻蚕的引种驯化成功，被认为"是中华人民共和国成立以来生物学中重大研究成果之一，是理论联系实际的一个范例"。

青鱼、草鱼、鲢鱼、鳙鱼四大家鱼的饲养，是历史上我国人民群众的创造性劳动成果，但长期以来，鱼苗都要到大江激流中捕捞，要耗费大量人力、物力，而且受到自然条件限制，难以扩大养殖。以往的定论认为，家鱼在池塘中生殖腺不能发育，无法产卵繁殖鱼苗。1956年，朱洗在北京参加国家12年科学技术发展远景规划时，提出了要去解决这个被视为"禁区"的课题。经过一段时间的准备，在浙江省淡水水产研究所等单位的协作下，朱洗带领一批科技人员跋山涉水，深入江河湖泊踏勘，积累了许多资料。起初，他从分析家鱼生殖和环境的关系入手，设想用"人造江河"（人工环道）的生态方法来诱导亲鱼产卵，所以选择了诸暨南门外浦阳江天然产卵场近旁兴建人工环道。后来，在实际调查中发现池塘中家鱼生殖腺可以发育。这时，他又想到生理催产的方法，用生态和生理结合的方法来解决这一问题。与此同时，武汉水生生物研究所和珠江水产研究所通过注射鱼类脑垂体提取液方法，成功诱导青鱼、鲢鱼产卵，鼓舞并促使他试验用绒毛膜促性腺激素催产，并于当年秋季成功使鲢鱼、鳙鱼两种家鱼产卵，孵出"秋花"（秋季孵出的鱼苗）。不久，又在上海实验生物研究所、武汉水生生物研究所和珠江水产研究所以及上海市水产局和浙江水产厅协作下，建立了一套完整的亲鱼培育、人工催产和鱼苗孵化的技术方法。这项研究成果结束了我国几千年来家鱼鱼苗要在大江里捕捞的状况，为我国成为世界淡水养殖第一大国做出了贡献。

庄孝僡1935年于山东大学毕业后留校任生物系助教，1936年赴德国慕尼黑大学深造，1939年获得博士学位，1946年回国，任北京大学动物学系教授，兼系主任及医预科主任。1950年起任中国科学院实验生物研究所（1978年改名为中国科学院上海细胞生物学研究所）研究员，历任室主任、副所长、所长和名誉所长。庄孝僡在德国期间，完成了在实验胚胎学上有重要影响的两项工作：一项工作是用活体染色和移植等方法，完成了神经胚后期的预定命运图的绘制，精确标明躯干后段和尾部体节的位置。这一图谱至今仍为许多胚胎学教科书所采用。另一项工作是发现原来具有中胚层和神经诱导能力的组织（新鲜的蝾螈肝脏、小鼠肾脏）经过加热后，便失去中胚层诱导能力，但仍然保持神经诱导能力。这一实验表明成体组织内可能存在两种化学性质不同的诱导物质，一种是耐热的神经诱导物质，另一种是不耐热的中胚层诱导物质。这一发现掀起了20世纪40—50年代国际上探索诱导物质性质的热潮。

回国后，庄孝僡领导的研究组从诱导物质和反应系统两方面对胚胎诱导作用进行了系统、深入的研究。在诱导物质方面，从哺乳类肝脏提纯了一种中胚层诱导物质（碱性蛋白质）；在反应细胞方面，发现外胚层细胞对诱导刺激的反应随着发育的进展而改变，随着外胚层的变老，诱导出的胚层种类从背方构造（脊索、肌肉）逐渐转变为侧方和腹方构造（血球）。非常可惜的是，这一当时具有国际领先水平并已有相当基础的研究工作，正待深入开展的时候，却因"文化大革命"而被迫中断，实为我国胚胎学发展史上一个遗憾。

两栖类胚胎表皮有无传导能力过去曾经是一个争论未决的问题。庄孝僡等在 20 世纪 60 年代初期，证明在胚胎发育时期外胚层表皮具有传导刺激的能力；表皮传导的电活动依赖于钠离子和钙离子的转换。这项研究成果获得美国科学院时任副院长 J.Ebert 和英国皇家学会时任会长 H.Huxeley 的高度评价，被称誉为一项开创性研究，并获得中国科学院 1983 年重大科学成果奖一等奖。

庄孝僡对中国细胞生物学和发育生物学的发展倾注了许多精力和心血。1978 年任所长后，他顺应生物学发展的趋势，致力于把一个几近支离破碎的实验生物研究所改建为细胞生物学研究所，明确研究所的学术方向是在分子和细胞水平研究细胞的生长、分化和癌变等问题，为研究所以后的发展指明了方向。1979 年发起成立中国细胞生物学学会，团结和组织中国细胞生物学家，共同推动中国细胞生物学的发展，庄孝僡被推选为首届理事长。自 1954 年《实验生物学报》（原称《中国实验生物学杂志》）复刊后，他任主编。该刊于 2006 年起更名为《分子细胞生物学报》，于 2009 年由中文期刊改为英文期刊，现刊名为 *Journal of Molecular Cell Biology*，已经成为一个国内外有影响的期刊。

此外，李汝祺在中华人民共和国成立伊始回到国内，先后系统研究了四川峨眉山的刺腹蛙、黑斑蛙和狭口蛙的胚胎发育和变态，并着重研究器官发育与环境的关系，把生态学和胚胎学结合起来。这些研究论证了刺腹蛙早期胚胎发育过程中所具有的特性：卵子大而且附着力强，神经系统与运动器官（尾芽）的早熟性、无吸盘等都是刺腹蛙适应峨眉山上瀑布下的水流急湍、浮游生物少、温度较低的环境条件而产生的；而北方狭口蛙胚胎消化道、鳃和肺、血管系统及味觉器官的发育特征都是适应其生存在不流动而又易干的雨水积存水洼中形成的。这些研究表明"如果从形态、生理和生态三位一体的角度去研究个体发育，任何器官的发生与变化都具有其适应的意义"。李汝祺为我国培养了大量胚胎学与遗传学人才，著有我国第一本《发生遗传学》专著。张汇泉 1933 年从美国回国后，先后担任齐鲁大学医学院院长、湘雅医学院教授、河南大学医学院院长、浙江大学医学院教授和山东医学院副院长，设计制造了系统、完整的胚胎学教学模具，先后撰写了《胚胎图谱》《组织胚胎学》《胚胎学》和《人体畸形学》等著作，为我国医学胚胎学教学奠定了基础，培养了大量医学人才。贝时璋 1929 年从德国回国后，先后任浙江大学副教授和教授、生物系主任、理学院院长，亲自讲授组织学、胚胎学、无脊椎动物学、比较解剖学和遗传学等课程。他在浙江大学辛勤耕耘 20 年，培养出包括朱壬葆、江希明、姚鑫、陈士怡、王祖农、陈启鎏等在内的一批著名的实验生物学家。中华人民共和国成立后，为协助筹建中国科学院，他奔走于北京、杭州之间。20 世纪 50 年代，贝时璋任新成立的北京实验生物研究所研究员兼所长。1958 年该所又改建为生物物理研究所，他仍任研究员兼所长，直到 1983 年改任名誉所长。20 世纪 70 年代，贝时璋提出了细胞重建学说。薛社普 1951 年从美国回国后，先后任职于大连医学院、北京师范大学、北京卫生研究院以及中国医学科学院中国协和医科大学。薛社普于 50 年代证实鸡胚卵黄球不能形成细胞，并首创了无核的网织红细胞杂交模型并以此进行转基因核重建细胞的研究，提出红细胞分化因子是哺乳类红细胞自然排核的产物的假说。他所取得的有关男性节育药研究成果，对生殖生物学和细胞药理学都做出了重要贡献。

另外，陈桢、张作干、丁汉波、张致一、曲漱惠、施履吉、黄浙、曾弥白、吴尚勤等都为我国胚胎学和发育生物学教学与研究事业的发展做出过贡献。

自改革开放以来，我国的发育生物学教学与研究都取得了长足进步。特别是进入 21 世纪以来，随着国家经济实力的不断增强，相应科研投入加大，加之大批优秀学者回国效力，我国发育生物学研究与教学水平可以说已经完全与国际接轨。

## 第三节　研究现状和发展展望

20 世纪 90 年代以来，发育生物学研究取得巨大进展，把实验胚胎学提出的许多问题，如细胞核 - 质关系、细胞命运决定、细胞分化、组织者以及胚胎诱导作用、形态发生素（Morphogen）本质和形态建成（Morphogenesis）等问题的解决向前推进了一大步。基于对发育中基因的时空表达、表达调节与功能的研究，深化并极大丰富了对发育机制的了解，也促进了发育、遗传与进化生物学的大融合。如今，考虑发育问题时，必须学会能够同时运用分子生物学、遗传学、形态学和演化生物学学科概念去思考，才能得出较完整的图景。

进入 21 世纪的 20 多年来，发育生物学研究领域中取得的两点重要发现值得关注。第一，参与人类发育、稳态维持和病变的许多信号通路也存在于低等动物，这说明模式动物的重要性，因为在模式动物上的研究成果可以推及包括人类在内的哺乳动物，因此以模式动物开展发育、疾病发生机制、衰老和抗衰老研究将受到更大重视。第二，早期发育中重要的信号通路在成体经常被用于先天免疫信号传导，这说明同一信号通路在生命不同阶段可能具有不同的功能。

随着基因组测序、蛋白质组学、代谢组学和生物信息学等向发育生物学渗透，信号通路在胚层形成、细胞命运决定与分化、细胞再程序化、组织与器官发生以及胚胎非对称性形成中的作用将可能成为发育生物学的研究热点和生长点。基因在发育乃至疾病发生中的作用始终是发育生物学的中心问题之一。随着 TALENs 和 CRISPR/Cas9 基因沉默新技术的出现，基因敲除变得越来越容易，这必然会促进基因在发育中功能、作用的研究。有机体器官和整个机体大小控制即器官和机体是如何停止生长的问题，是发育生物学中一个有趣而又长期没有解决的问题，组学新技术结合大数据分析，或许能给这个难题的解决提供机会。

## 第四节　主要研究单位

中华人民共和国成立初期，从事胚胎学研究的学者主要集中在中国科学院北京动物研究所、中国科学院上海实验生物学研究所（现生物化学和细胞生物学研究所）、北京大学和山东大学等单位。改革开放以后，尤其是进入 21 世纪之后，我国胚胎学和发育生物学研究与教学事业获得空前发展，全国许多单位陆续开展了胚胎学和发育生物学的研究和教学工作。国内一些主要的胚胎学和发育生物学研究单位主要有上海交通大学卫生部医学胚胎分子生物学重点实验室、上海交通大学上海市发育生物学重点实验室、山东大学山东省动物细胞与发育生物学重点实验室、山东师范大学、中国科学院遗传与发育生物学研究所、中国科学院生物化学与细胞生物学研究所、中国科学院上海生命科学研究院昆虫进化与发育生物学重点实验室、中国科学院动物研究所计划生育生殖生物学国家重点实验室、中国科学院昆明动物研究所、中国科学技术大学、中国科学院大学、中国医学科学院基础医学研究所、中国科学院营养科学研究所、中国科学院武汉水生生物研究所、中国人民解放军第三军医大学、中国人民解放军第四军医大学、中国农业大学等。

## 参考资料

[1] 王秋. 童第周百年诞辰纪念集 [M]. 青岛：青岛海洋大学出版社，2002.

[2] 曲漱惠，李嘉泳，黄浙，等. 动物胚胎学 [M]. 北京：人民教育出版社，1980.

[3] 张作人. 朱洗先生遗集后跋. 朱洗论文集第二集 [M]. 北京：科学出版社，1982.

[4] 张天荫. 动物胚胎学 [M]. 济南：山东科学技术出版社，1996.

[5] 张士璀. 进化发育生物学——发育、进化和遗传的再联合 [J]. 生命科学，2000，12（4）：145-148.

[6] 张士璀，郭斌，梁宇君. 我国文昌鱼研究 50 年 [J]. 生命科学，2008，20（1）：64-68.

[7] 科学家传记大辞典编写组. 中国现代科学家传记. 第五集 [M]. 北京：科学出版社，1994.

[8] 郭郛，李约瑟，成庆泰. 中国古代动物学史 [M]. 北京：科学出版社，1999.

[9] Gilbert S. F. Developmental Biology, 2nd edition, [M]. Sinauer Associates, Inc. Publishers, Sunderland, Massachusetts, 1988.

# 第十六章　动物地理学

## 第一节　国际发展简述

　　动物地理学与其姐妹学科植物地理学共同构成生物地理学，是两个领域——生物学和地理学的综合。动物地理学研究动物的地理分布格局，亦即回答这样一个基本问题：动物多样性（从基因到整个群落和生态系统）如何和为何在地球表面呈现变化？动物地理学有着漫长而辉煌的历史，它的发展密切交错在进化生物学、地理学、地质学和生态学的发展与人类对生物资源开发利用与保护的实践中。动物地理学大体分为两大范畴：历史生物地理学（重建生物界的起源、扩展与灭绝）和生态动物地理学（研究有机体的现代分布及多样性的地理变化及其与物理环境和生物环境的相互作用）。

　　自原始社会初期，人类在打猎、捕鱼等活动中，就开始识别动物的种类及其与环境的关系。后来，随着社会的进步、人们活动范围的扩大，逐渐认识到各地动物的分布有差异。

　　早在古希腊时期，亚里士多德就在他的《动物史》（*L'Histoire des Animmaux*）中提出"地域不同致异其性"的见解。18世纪，探险家和博物学家对各地物种的分布进行对比，对其起源及异同进行解释。林奈以地方志研究为基础，认为物种不变，是从一个单独地点向外扩散的。而布丰（Comte de Buffon）则观察到地球的不同部分（它们的气候和环境是相同的）却生活着明显不同的动植物种类。为现代生物地理学的理论中心提供了两个关键性要点：地球在变化；物种经"改善"或"退化"（即进化）扩展至不同的地区。他对环境条件相似但彼此孤立的地区具有十分独特的鸟兽的观察，成为当今熟知的动物地理学的第一定律。

　　19世纪，动物地理学已陈述了许多重要的类型，揭示了它们的普遍性，并解释其形成的某些原因。然而，动物地理学对地球及其生命变化性的认识需依靠地质学和古生物学的发现。地质学之父查尔斯·莱伊尔（Charles Lyell）讨论了在长期的历史中地质动态和地球的古老性，认为地球的自然历史发展其原因及结果是一贯性的（均一论uniformitarianism），很好地以化石记录证明了古老陆地的沉没和整个生物界的迁移和更换。通过他的巨著《地质学原理》（*Principles of Geology*）对动物地理学的发展起到了关键性的作用。而对生物地理学的发展做出真正的精髓的贡献的，是当时四位最著名的英国博物学家达尔文、虎克、施克莱特、华莱士。在他们对进化生物学的研究中，深信了解自然界的关键是研究自然界的地理学，认为地理分布的研究是"奠定创造定律基础的重大主题"。

　　达尔文在"贝格尔号"军舰的考察中，旅经加拉巴哥群岛时，最令他感动的就是在这群岛上面各有特殊的变种（如龟、蜥蜴、鸟等）。因此，他得到了启示：地理孤立有利于种群内和种群间的遗传变异，而其扩展、孤立和隔离则是由于长距离的扩散，发展了进化论理论。

虎克年轻时作为植物学家，参加了伊里布斯 HMS Erebus 和 特鲁士 HME Terrur 南半球的考察，他研究和分析了大量标本，探讨其亲缘关系和起源；强调地球动态和气候变化的重要性；特别研究了岛屿生物界，探讨其生物地理学过程。他发展和应用了我们今日称之为隔离分化生物地理学（Vicariance biogeography）的许多原理，是历史生物地理学（historical geography）的奠基人。但他却因假设古老大陆和陆桥的上升和沉没来解释亲缘种类的隔离分布（陆桥学派）而遭到大多数地质学家和生物地理学家的质疑。

鸟类学家施克莱特根据生物界的相似性和差异性将全球雀形类（鸟类）划分为 6 大分区，对动物地理学有重大的影响。

最应称道的是华莱士，他将毕生精力投入动物地理学，贡献了著名的三部著作:《马来亚群岛》(*The Malaya Archipelago*，1869)、《动物的地理分布》(*The Geographical distribution of Animals*，1876) 和《岛屿生命》(*Island Life*，1880)，是动物地理学早期最重要的文献，被推崇为世界动物地理学的奠基人。他系统地探讨了动物在地球上的分布，对施克莱特划分的世界动物地理区（界）进行了补充修订，被公认为现代陆栖动物地理区划的基础。华莱士于 1860 年提出的划分东洋界与澳洲界的"华莱士线"，受到板块学说支持者的重视。

20 世纪早期还有一些科学家对动物形态地理分布的研究做出了卓越的贡献，提出了一些有普遍意义的法则，一直被生物地理学和生态学应用。例如:

(1) 贝尔格曼规律（Bergmann's rule）:内温动物在冷的气候地区（如北半球的北方类型）身体趋向于大，在温和的气候条件下身体趋于小。

(2) 阿伦规律（Allen's rule）:内温动物身体的突出部分，如四肢、尾巴、外耳等在气候寒冷的地方有变短的趋向，这与寒冷条件下减少散热的适应有关。

(3) 乔丹规律（Jordan's rule）:鱼类的脊椎数目在低温水域中比在温暖水域中多。

(4) 格洛格规律（Gloger's rule）:在干燥而寒冷的地方，动物的体色较淡；而在潮湿而温暖的地方，其体色就较重。

麦里安（C.H.Merrian）对生命带的研究，成功地提出了动物与植物的纬度与高度的分带，对应于温度与雨量环境的梯度变化规律。阿加西斯（A.Agassiz）接受了达尔文的物种变化的理论，发展了地球气候动态对生物界影响的认识，首次提出综合性的"冰期（Ice Age）"及其对全北界生物地理学影响的理论。他的理论为研究更新世动植物地理学动态提供了基础。

这个时期，西方科学研究的重要趋势对系统学、进化论和历史生物地理学有重要的影响。特别是许多古生物学家对陆生脊椎动物的起源、扩散、辐射和衰退的研究，揭示了类群的系统发育及其跨越大陆和海洋的地理动态，即以"扩散说（dispersal）"予以解释，推动了系统学、古气候学和地质学与生物地理学的综合，但提出的短命"陆桥"和"循环论证"说大多遭到反对。此时，随着贝尔格曼和阿伦对生态地理类型研究的引导，一些学者开始研究单个物种的表现型和遗传型的变异类型。研究表明，环境中地理和生态特性之间以及物种形态变化类型之间存在着密切关系。接着，以杜波詹斯库（Theodosius Dobzhansky）为首在果蝇（*Drosophila*）方面的工作表明，生理和遗传变异与物种的自然分布有关。到 20 世纪 40 年代早期，进化生物学家在达尔文理论综合的基础上，以地理变化类型推断相应的机制，研究新种起源。许多科学家特别是麦耶（Ernst Mayr），对成种模式（modes of speciation）研究做出了贡献。20 世纪中期，许多学者以不同类群对生物界的进化与生物地理学类型关系的普遍性进行了综合研究，包括陆栖脊椎动物地理、海洋动物地理、动物生态地理和进化生物学、动态动物地理学等。

20 世纪 50 年代后期，地质学中魏格纳（Wegener）"大陆漂移"观点的复活和"板块论"的建立，与生物学中由亨尼（Willi Hennig）所创立的系统发育学派"分支系统学（phylogenetic systematics）分支演化说（claistics）"的兴起，均被视为学科中的"革命"。"板块论"彻底否定了一直由达尔文、华莱士倡导的以"大陆永恒论"为基础北方起源－扩展中心说。分支系统学家得以在正确的时空变迁基础上，重新检验过去已知的生物地理间断分布现象以"替代说（vicarience）"解释并开展激烈的争论，产生新的探讨，产生隔离分化生物地理学学派。生物地理学的发展进入了一个新的时期，被称为生物地理学的新生。争论表明，对应于大陆在不同时代的动态，在解释物种分布过程时，"替代说"与"扩散说"都同等重要，其主次地位，视被研究类群的年龄及其分布的时空尺度而定。也就是说，总体上，物种分化与环境的时空变迁是同步进行的。一切在不同时期形成的自然地理界线，在理论上都可看成是不同程度的"阻障线"。物种分化的程度与阻障效应的强弱及时间的长短成正比，与物种的扩散能力及适应能力成反比。实际上，分支演化说即以此为基础，阐明生物系统发育与地理替代的相互关系，使复杂的生物分化与地理分布现象能够以简单明了的分支图序（cladogram）及地区分支图解（area cladogram）予以概括。反之，生物系统分支演化也可为历史生物地理学重建地质－地理历史做出贡献。Croizat 依此方向做了大量的工作，并提出一门泛生物地理学。在此阶段，至少有 9 种基本历史生物地理学派别：起源和扩散中心说、泛生物地理学、系统生物地理学、分支系统生物地理学、系统地理学、特有性简约分析、事件－基础法、历史分布区法及经验生物地理学。它们至少包括 30 种方法（在 20 世纪末的 14 年中提出的至少有 23 个），但从生物地理学理论与实践来看，所有的派别都认为，有机体空间分布问题的探讨在方法上应该是相互联系、互补和高度综合而融合在新生物地理学内。

与历史生物地理学呈现向前发展的同时，开始研究竞争、天敌及互助与一个地区或栖息地物种多样性的关系。这些研究对生态生物地理学的发展有很大影响。其中影响最大的是 Robert H.MacArthur 和 O.Wilson 提出的岛屿动物地理学均衡论，它反映了这一基本的生物地理学过程（迁入和成种——灭绝），并建立数学模型和应用实验研究。自提出后，围绕对此学说的检验、修改和批评成为当代生物地理学研究中争议最多、最活跃的领域。

特别受到关注的是，近 20 多年来，分子系统学的迅速发展和遗传学信息的应用对于现有生物地理分布格局及其历史形成过程的分析提供了有力的依据，出现了分子系统地理学，成为进化生物学和历史生物地理学发展的新的方向。

总体来说，不断发展的生命科学和地学领域新的比较和试验方法，如系统发育分析、先进的地理信息系统（GIS）和地学统计等手段，为生物地理类型分化与地理环境分化的关系的表述和分析提供了非常宝贵的地理平台和有力的工具。在最近几十年内，许多生物地理学出版物潜在地增长。现在，至少有 4 本国际性专业杂志。2000 年，国际生物地理学会成立，会员超过 700 名，来自 35 多个国家，该会每两年举行一次学术聚会，出版了两本重要的学术文集：《生物地理学基础》（*Foundation of Biogeography*）和《生物地理学前沿》（*Frontiers of biogeography*），前者叙述历史，后者讨论前景。

## 第二节　动物地理学在中国的发展

在我国古籍中，有大量有关动植物物种类地理分布事实的记述和分布问题的探讨。从最早的《诗经》到明代李时珍所撰的《本草纲目》，历代古籍，包括大量的地方志，对各地动植物产物均有记载。虽然当时对物种的识别在方法和技术上均有许多不足，在物种命名上也产生了不少同物多列、异物相混、归类偏差或差错，但仍不失为研究我国古代动植物分布变迁的可供参考的宝贵资料。值得称道的是，春秋战国的《考工记》就提出了植物南北分布以淮河为界限的思想，指出"橘（乔木）逾淮而北为枳（灌木）"的原因是环境，包括气候、水分、土壤、光照等方面不同；又提出："鹳鹆不逾济，貉逾汶则死，此地气也"。鹳鹆即南方鸟类八哥，貉为北方兽类，它们不越过济水与汶水，符合实际，与现动物地理区划东洋古北两界分界线亦即秦岭－淮河一线大致相当，即现在暖温带和亚热带的分野。可见，当时我国古人早就对这一条重要的生物地理界线有足够的认识。

唐代颜真卿（约公元 770 年）首次对在近江西麻姑山顶发现的螺蚌壳化石而提出"沧海桑田"的推断，比 11 世纪阿拉伯人依本森纳（Ibn Sina）的推断早 200 多年，比欧洲文艺复兴时斯达芬奇（Leonardo de Vinci）的有关论述早 700 多年。后沈括（1074）根据今河北－河南太行山麓的螺蚌化石，对华北平原的形成做出了科学解释。

海洋生物是一项重要资源。《禹贡》中将海洋食用动植物称为"海物维错"，后统称为"海错"。明代《闽中海错疏》是我国较早的海洋动物志，记载福建海洋动物 200 多种，其中海产鱼类 40~50 种。此外，还有腔肠动物、节肢动物、两栖动物和海洋哺乳动物。古代，我国沿海的渔业和养殖业发达，地方志对当地海产有普遍的记载。例如明代《闽中海错疏》和清代《海错百一录》记述了福建海产。清代《记海错》记述了山东海产。清代《然犀志》记述了广东海产。古籍《尔雅·释鱼》《太平御览·鳞介部》和《本草纲目》等在描述海产时，不仅有形态、生态习性，还有其地理分布的记载，如"生东海""生南海""辽海深水处""咸淡水之交"等。古人早已知道水中生物在地理分布上形成了海洋咸水和陆地淡水两大类型，但有些鱼既能生活在淡水中，又能生活在咸水中。通过捕捞，对很多鱼类的洄游性也有了解。古籍《续博物志》还记载了鲸的一些洄游规律。热带海洋珊瑚生长于石质基底，我国古籍早有记载。晋《玄中记》记有："珊瑚出大秦西海中，生水中石上。"而在国外直到 1837 年由达尔文的关于珊瑚礁成因学说才弄清楚。上述记载在动物地理学早期发展中均属特殊的贡献。

动物地理学作为独立的科学是 20 世纪初随动植物分类学进入中国的。起初，这方面的工作大多由外国学者进行，在动物地理方面，如 Sowerby 就东北陆栖脊椎动物、La Touche 就鸟类，Loukashkin 就东北北部兽类，Allen 和阿部余四男就兽类，Boring 就两栖类，Mori 就淡水鱼类等，均有专著。其中以 Allen 的工作较为全面。我国科学家在动物地理学方面的专论，可以举出的有陈世骧、冯兰州对昆虫，张作干对两栖类，郑作新对鸟类等全国范围地理分布的讨论；寿振黄在《河北鸟类志》中动物地理学的讨论亦属先例。

20 世纪 50 年代后期，由于全国经济发展的计划性，需要按照不同区域的整个自然情况统筹兼顾，要求中国科学院进行中国自然区划的工作，包括动物地理区划。因而，当时基本上处于空白状态的动物地理学在我国开始受到关注，并随着我国动物区系调查及分类工作的开展逐渐得以发展。首先推动了一些学者从全国范围出发对陆栖脊椎动物包括古脊椎动物、海洋动物和昆虫等方面的地理分布与分区问题进行了较系统的整理与研究。这一时期代表性的著作有《中国动物地理区划与中国昆虫地理区划》（郑作新、张荣祖、马世骏，1959）、《中国昆虫生态地理概述》（马世骏，1959）、《中国淡水鱼类的分布区划》（李思忠，1981）和《中国自然地理·动物地理》（张荣祖，1979）。其中，后两本著作均是50年代研究而成。《中国自然地理·动物地理》首次对中国陆栖脊椎动物地理分布进行了系统分析，探索了其历史演变，又划分出生态地理动物群，并对全国动物区划在广泛征询同行意见的基础上进行了修订，得到广泛的认可与应用，对填补国内空白，推动我国生物地理学的研究起到了重要的历史作用，并被日本同行译为日文出版。

20世纪60年代以后，我国区域性动物区系调查或地方性动物志中对种的分布记载均属动物地理的基础资料，特别是那些属于长期工作的总结或具有一定规模的区域性考察报告，如《中国鸟类分布名录》（郑作新，1976）、《中国经济动物志》丛书、《中国无尾两栖类》（刘承钊、胡淑琴，1961）、《东北兽类志》（寿振黄、夏武平等，1962）、《青海甘肃兽类调查报告》（张荣祖、王宗祎等，1964）和《新疆南部的鸟兽》（钱燕文等，1965）。其后于70—80年代，有《秦岭鸟类志》（郑作新等，1973）、《西藏昆虫（1—2册）》（陈世骧等，1981、1982）、《西藏鸟类志》（郑作新等，1983）、《西藏哺乳类》（冯祚建等，1986）、《西藏两栖爬行动物》（胡淑琴等，1987）、《新疆北部地区啮齿动物的分类和分布》（马勇等，1987）等，还有《中国两栖爬行动物学》（赵尔宓、鹰岩，1993）、《中国珍稀及经济两栖动物》（叶昌媛等，1993）、《横断山区昆虫》（陈世骧等，1992）、《横断山区鸟类》（唐蟾珠等，1996）、《横断山区鱼类》（陈宜瑜等，1998）、《中国哺乳动物分布》（张荣祖等，1997）、《中国亚热带土壤动物》（尹文英等，1992）和《中国土壤动物》（尹文英等，2000）等。有不少省份汇总长期以来工作的积累，出版了各类陆栖脊椎动物的专志，讨论了各省范围内各类动物的地理分布问题。有些省则对某一专类做了总结，如海南（鸟、兽）、云南（鸟、两栖）、黑龙江（兽）、内蒙古、陕西和河南（啮齿类）等。陆续出版的专著《中国动物志》，其动物命名及地理分布的资料则是最具权威性的。

在海洋生物动物地理学方面，在《中国自然地理–海洋地理》一书中有海洋生物一章。另在区系调查的基础上，对个别类群地理分布的研究亦有进展，如中国海文昌鱼、中国海软体动物、黄东海海虾类、黄海多毛类动物、海南岛珊瑚礁垂直分布等。

至于20世纪20—30年代以来在西方颇为热衷，并引起许多争论的岛屿生物地理学均衡论，在我国的反响较迟，至今可举出的类似研究为数很少，如应用于浙江沿海岛屿鸟兽生态地理的研究和对影响舟山群岛蛙类物种多样性主要因素的研究。这些得到了自然保护实践的重视。

与此同时，生态学在我国的发展，亦推动了生态动物地理学的工作，特别是在蝗害与鼠害方面。

现将半个多世纪以来我国动物地理学所取得的重要成果分历史动物地理学和生态动物地理学两个方面予以叙述。

## 一、历史动物地理学

我国现存动物区系发展及区域分化的趋势，以陆栖脊椎动物为例，其起源至少可追溯到第三纪后期（新近纪）。当时我国动物区系的地理分化不明显，自第三纪后期（新近纪），特别是第四纪初期，中国西部以青藏高原为中心的地面开始剧烈上升（印度－欧亚板块相撞与喜马拉雅造山运动），导致中国自然环境产生明显的区域差异，即青藏高原、西北干旱区和东部季风区从热带至寒温的分布格局，对动物区系的地区分化有重要的影响。近海水域动物的分布则受更新世时起源于北太平洋西部热带区的"黑潮"暖流的影响最大，它的主干流经台湾地区东岸附近海域其分支可达长江和黄海、渤海。我国大陆近海没有强大的寒流，但冬季受大陆气候（和沿岸流）的影响，渤海和黄海近岸水温很低，导致近海动物分布上的差异。

尽管我国广阔疆域的区域分化十分明显，但从动物区系的历史演化来看，无论陆栖、内陆水域还是海域的动物，除广泛分布与地方性特有种外，大体均分属南北两大系统，即陆地方面的古北（全北）区系与东洋区系，以及海洋方面的北太平洋区系与印度－西太平洋区系。这一分异几乎反映在所有大的类群之中。西方学者自 Sclater 和 Wallace 以来，对我国此南北分野的总趋势持一致意见，但对具体的界限则有不同的划法。

根据我国学者的研究，在我国大陆东部及海域，上述两方面种类相互渗透及混杂的范围相当广泛，两者分布上的南北极限可分别伸展到北纬 25°~20° 及北纬 40°~50°，跨越我国整个东半部。几乎所有的学者对于此现象及其大体上的范围没有异议。然而，毕竟各门类中两者的分布情况各具特点，所以各家在评述两大区系成分分布特征及划分两大界分界线时产生了分歧。西方学者包括 Sclater 和 Wallace 在内，对我国古北界与东洋界界线的意见其差异，自北纬 25°（南岭）至北纬 35°（黄河北岸），甚至更北至北纬 44°（辽河）。根据我国学者的研究，按照陆栖脊椎动物的分布，此界线选在自喜马拉雅山山脉南侧（大致沿针叶林带上限），通过横断山中部，东延至秦岭、伏牛山、淮河，而止于长江以北；昆虫方面所选的界线在东部则南移至九岭山、天目山而止于浙闽山地，约北纬 28° 附近。

在淡水鱼类区划中，东洋界北界依成分的比重，亦沿秦淮一线，与陆栖脊椎动物相似。淡水鱼的分布在长江以北和以南表现出较大的差异，存在两个分化中心，以及物种数量由南向北呈现逐渐减少的趋势，这充分说明我国自然历史与现代环境对各类动物的分布大势具有共同的影响。我国海域动物南北两大区系过渡的特征受到"黑潮"暖流及其季节变化的影响，印度－西太平洋区系成分的向北扩展较北太平洋温带区系成分的向南伸展明显。我国学者将两大区系的分界大体上划在长江口以北与朝鲜半岛南的济州岛之间，与陆地两大界的划界大致衔接。

现代动物分布是历史变迁至现阶段的产物。在古生物学上的追溯，我国自更新世中期以来动物区系的南北分异已基本稳定。显然，现有两大界的划分只反映动物区系发展的影响，是各家进一步探讨的起点而已。两者成分在各地的出现、消失及其比例等，成为我国动物区系及动物地理学研究的传统性重要内容之一。对这一问题，在我国及外国学者中，自 20 世纪 20 年代末至今，兴趣未有消减。

我国动物地理区划研究受全国自然区划工作的推动，在早期已有专文《中国淡水鱼类的分布》和《中国毛皮兽的地理分布》讨论分区问题。作为全国自然区划一个组成部分的中国动物地理区划，在全国自然区划工作的指导思想下，要求遵循"历史发展""生态适应"与"生产实践"三项原则，并力求与其他主要区划相协调。按照陆栖脊椎动物分布而划分的综合性全国动物地理区划自 1959 年发表后，于 1979 年经过集体讨论，修订为 2 个界、3 个亚界、7 个区和 19 个亚区的划分系统。修订后的区划得到了国内外动物学界及地理学界的认可，在国内常作为农、林、医学界的参考与应用，几十年来受到各地动物学工作的检验。一般而言，对此区划系统和基本划分均予以肯定，对局部地区的区划界线则提出不少修订意见，还有提出增划亚区的意见。这些意见大多出自对某一专类的研究。综合性动物地理区划对于不同门类的动物地理区划就像一把"平均标尺"。以此标尺度量，其结果是一致还是偏离，可以反映出各门类分布的自身特点。继全国性区划以后，不少动物学者依据已有区划的 3 级系统，再从各自研究的门类，在各自研究的省区内再进行低级（"省""州"）区划，两栖类方面还汇成了专集《中国两栖动物地理区划》。综合性区划亦因各门类的研究得以第二次修订，并提出"省"级区划草案。

　　动物地理区划的研究是在以种为单位的分布型（pattern 格局）研究的基础上进行的。物种相似分布型的产生是物种为适应外在条件在分布上趋同演化所形成的，与地质发育和自然地理条件相联系（表 16-1）。研究表明，中国陆栖脊椎动物的主要分布型可归为 10 类：属北方类型的有全北型、古北型、东北型、中亚型、高地型；属南方类型的有旧大陆热带 - 亚热带型、东南亚热带 - 亚热带型（东洋型）、喜马拉雅 - 横断山区型、南中国型和岛屿型。它们的分布在总体上反映了我国动物分布型的基本特征（图 16-1）。

表 16-1　中国现生陆栖脊椎动物基本分类单位——种的主要分布型（张荣祖，2011）

| 分布型 | 主要地质 - 古地理事件及现代自然条件 |
| --- | --- |
| 世界地带性 | 联合古陆及分裂后的环球气候带 |
| 北方（全北 - 古北型） | 劳亚古陆及其后来的分裂，第四纪后冰期波动，泛北方（北半球或欧亚大陆）寒温气候带 |
| 东洋型 | 第三纪以来欧亚 - 中国 - 印度板块联合后的热带 - 亚热带 |
| 旧大陆热带 - 亚热带型 | 第三纪以来欧亚 - 非洲板块联合后的热带 - 亚热带 |
| 中国为主区域型 | 第三纪至第四纪以来古地中海消失后欧亚板块联合，青藏高原的抬升，冰期波动，自然环境的区域分异 |
| 东北型 | 欧亚大陆更新世冰盖消失后在其东部形成的以寒湿为中心的环境 |
| 中亚型 | 更新世以来青藏高原抬升导致亚洲中部干旱化进一步发展的环境 |
| 高地型 | 更新世以来青藏高原及其毗连山地所形成的高寒环境 |
| 喜马拉雅 - 横断山区型 | 上新世以来青藏高原山地维持暖热气候的高山峡谷地区 |
| 南中国型 | 更新世以来中国东南部秦岭 - 淮河一线以南亚热带 - 热带环境 |
| 岛屿型 | 晚第三纪以来与大陆有过连接的陆缘岛和没有连接的大洋岛 |

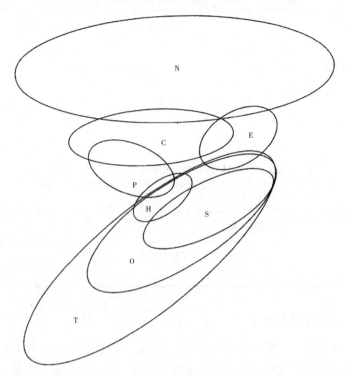

N：北方型；E：东北型；C：中亚型；P：高地型；H：喜马拉雅－横断山区型；
S：南中国型；O：东洋型；T：旧大陆热带－亚热带型

图 16-1　南北方动物主要分布型在中国及其邻近地区的相互关系

（省略岛屿型，环球热带型为旧大陆热带－亚热带型的延伸）

（1）北方各分布型的区域性是明显的，只在边缘地区互有重叠。这一现象反映了我国北方及其邻近地区的自然环境区域变化十分明显，并各趋极端。在这种自然条件影响下，动物区系演化的结果，同样也产生明显的区域分化。

（2）南方的三个主要分布型：旧大陆热带－亚热带型、东南亚热带－亚热带型和南中国型，就区系的整体而言，是完全重叠的，但各自的中心呈现地理替代。喜马拉雅－横断山区型与上述 3 个分布型均部分重叠，似乎镶嵌于 3 个型之间。换言之，南北方种类均可伸展至喜马拉雅－横断山区型。这一现象恰与北方各分布型相反，反映了南方动物区系的演化进程不同于北方。热带、亚热带动物栖息条件优越，在自然历史过程中的变化不如北方那么剧烈，在第四纪后曾经是喜暖动物的避难所，这对动物区系的演化起着重要的作用。在同一地区，分布历史不同的动物成分，共同组成当地的动物区系。

（3）北方与南方各分布型之间亦有重叠，反映了南北方动物的相互渗透。

我国综合性全国动物地理区划的划分，大体上与我国陆栖脊椎动物基本分类单位——种的主要分布型的分布大势相对应（表 16-2）。

表 16-2　我国各动物地理区划与分布型间的组成特点

| 界 | 亚界 | 区 | 代表性分布型 | 相结合的主要分布型 |
|---|---|---|---|---|
| 古北界 | 东北亚界 | 东北区 | 东北型 | 北方型 |
| | | 华北区 | 本身成分、东北型扩展成分 | 其他各北方型和南方型 |
| | 中亚亚界 | 蒙新区 | 中亚型 | 其他各北方型 |
| | | 青藏区 | 高地型 | 中亚型 |
| 东洋界 | 中印亚界 | 西南区 | 喜马拉雅－横断山脉型 | 其他各南方类型和某些北方类型 |
| | | 华中区 | 南中国型 | 其他各南方类型和某些北方类型 |
| | | | 东南亚热带－亚热带型 | |
| | | 华南区 | 东南亚热带－亚热带型、南中国型、岛屿型 | 其他各南方类型和某些北方类型 |

## 二、生态动物地理学

我国最早开展的、规模较大的生态动物地理工作当推我国昆虫学家对飞蝗的研究。此工作从环境因素的综合概念出发，着重现代自然条件及其变迁与飞蝗不同类型发生地、世代结构及其演替转化关系的研究，将蝗区视为一个生物地理群落复合体，若以此为基础，改变其中一个或一个以上的因素，可引导整个群落向有利于改造蝗区的方向发展。这一连续十年的工作，为昆虫生态地理学研究（在中比例尺的尺度内）做出了贡献。对其他重要害虫的研究大多涉及更广的范围（小比例尺尺度）。研究表明，许多害虫发生的空间及时间（盛发期等）的规律变化与我国自然地理因素（经纬度、高度、气温、雨量等）的相应变化及作物栽培的特点是相吻合的。其中特别重要的是害虫越冬期的气候条件，它直接影响第一代的发生量。根据对黏虫的研究表明，常年有效积温在很大程度上制约了黏虫在全国各地可能发生的世代数目，及其地理变化规律可按全国自然区划予以归纳。

从全国范围以小比例尺划分生态地理动物群也有初步尝试，基本上反映了我国现代自然地理条件对陆栖脊椎动物分布的影响。最高一级的划分有三大类：季风区耐湿动物群、蒙新区耐旱动物群、青藏区耐寒动物群。三大群之间则有一广泛的相互渗透地带。进一步可再分为 7 个基本的生态地理动物群：寒温带针叶林动物群，温带森林、森林草原动物群，温带草原动物群，温带荒漠、半荒漠动物群，高地森林草原、草甸草原、寒漠动物群，亚热带森林、林灌动物群，热带森林、林灌动物群和农田动物群，再参考温度的水平与垂直分异细分至 12 个群。它们各具其生态地理特征，生态地理动物群与动物区划的配合（表 16-3），反映了现代生态因素的历史因素对我国动物界的综合影响。

表 16-3　中国动物地理区划与生态地理动物群的关系

| 界区 | | 亚区 | 生态地理动物群 |
|---|---|---|---|
| 古北界 | 东北区 | 大兴安岭亚区 | 寒温带针叶林动物群 |
| | | 长白山地亚区<br>松辽平原亚区 | 温带森林、森林草原、农田物群（中温带） |
| | 华北区 | 黄淮平原亚区<br>黄土高原亚区 | 温带森林、森林草原、农田动物群（暖温带） |
| | 蒙新区 | 东部草原亚区 | 温带草原动物 |
| | | 西部荒漠亚区 | 温带荒漠、半荒漠动物群 |
| | | 天山山地亚区 | 亚高山森林草原、草甸动物群 |
| | 青藏区 | 羌塘高原亚区 | 高地草原、草甸、寒漠、荒漠动物群 |
| | | 青海藏南亚区 | 高地草原草甸动物群 |
| 东洋界 | 西南区 | 西南山地亚区 | 亚高山森林草原草甸动物群 |
| | | 喜马拉雅亚区 | 亚热带森林、林灌动物群 |
| | 华中区 | 东部丘陵平原亚区<br>西部山地高原亚区 | 亚热带森林、林灌动物群 |
| | 华南区 | 闽广沿海亚区<br>滇南山地亚区<br>海南岛亚区<br>台湾亚区<br>南海诸岛亚区 | 热带森林、林灌动物群 |

自 20 世纪 70 年代，受我国对生态学研究重视的影响，在"人与生物圈"课题的支持下，促进了我国土壤动物学的研究，首先在长白山，继而在东北其他地区进行了森林生态系统土壤动物调查。从 1987 年开展了全国性的"中国亚热带土壤动物的研究"，继而开展的《中国典型地带土壤动物研究》，系统调查研究了北起长白山、南至海南岛、西达青藏高原、东临东海之滨的五个典型森林和草原地带的土壤生态系统中的动物区系组成、群落结构、分布特点和动态变化，比较了它们在不同地理区之间的差异及其与土壤环境的关系，《中国典型地带土壤动物研究》被视为我国土壤动物学和土壤动物地理学的重要专著。

## 第三节　研究现状与发展展望

在西方被称为生物地理学的新生的争论中，我国古生物家积极地倾向于隔离分化生物地理学。随着争论的发展，替代与扩散两种解释在历史生物地理学中的作用都得到了肯定。而且，对于大多数现生种类来说，板块漂移的作用就不存在了。这一学派在我国首先引起古生物学家的重视，并对其研究方法予以积极传播。实际上，从理论上看，我国学者一向重视地理因素及环境变迁对生物区系形成与分化的作用，与此学派的中心论点是一致的。在这个时期，中国科学院开展的青藏高原科学综合考察对中国生物地理学的发展有重要的影响。该考察队在地质学方面注重地质板块活动与青藏高原隆起在古生物地理上的证据。在自然地理学与生物学方面，将"青藏高原隆起对现代生物与人类活动的影响"作为生物考察的中心问题。结合因地质板块活动和三次大幅度抬升，曹文宣、陈宜瑜、武云飞、朱松泉率先探讨了高原裂腹鱼类的形态分化与地理分布。随后，张荣祖、郑昌琳对哺乳动物，费梁对高原锄足蟾亦进行了讨论。这一课题受到国际生物及地学界的瞩目。

以陆栖脊椎动物为基础的"中国动物地理区划"自提出至今，一直受到各方的关注，不断发表涉及区划问题的论文和报告，多达120余篇，经过近20年的应用与检验，于1978年经集体讨论后，原著者做了修订。后来，"中国动物地理区划"得到动物学界及医学界（自然疫源地研究方面）的认可，如"中国农林昆虫地理区划"即基于"中国动物地理区划"而制定。"中国原尾虫区系和分布特点""中国蚋类区系分布和地理区划"和"中国狼蛛科蜘蛛地理区划"的研究，均基本上依循"中国动物地理区划"的框架，但后者对区划系统中的个别区间关系提出了新的见解。不少区划研究还进一步将区划等级划到"省"（第三级）。对"中国动物地理区划"中存在的争议，即最高一级古北界和东洋界的分界线在东部的江淮平原和西部的横断山区，所存在的显著的过渡特征的情况下如何划界，以及对青藏高原在隆起的影响下，其在区划中的地位，有人提出了突破传统的看法。自20世纪20年代末至今，这些都是在国际动物地理学界兴趣未有消减的问题。近年出版的《中国动物地理》对此存在问题提出了供进一步讨论的见解。

（1）古北界与东洋界在我国东部的分界线。我国东部季风区在更新世冰期与间冰期的轮回中发生过数次自然地带的南北推移，其跨度很宽，北至辽河下游，南至南岭。与其相对应，古北与东洋两界成分在区内混杂而形成的过渡区的幅度，两者成分在各地的出现、消失及其比例等应大体与此相当。各门类对此界线的分歧均发生在此幅度之内，如近期对兽类和两栖类的研究。审视之，能全面表达两大界成分优势度转换的分野，是中国动物地理区划提出的秦岭–伏牛–淮河–苏北灌渠总渠一线，作为我国两大界分界线具有普遍性。

（2）古北界与东洋界在横断山部分的分界线。兽类、鸟类和昆虫等门类的研究各家详尽不一，但大体趋势相差不大，基本上均将峡谷深切段作为东洋界物种北进的通道地段划属"西南区"，或作为"过渡带"，而将高原面保存较好，高原和北方物种占优势的河流上游段划归"青藏区"，界线均位于常绿阔叶林–针阔混交林带。这是青藏高原东南部高山峡谷地带的普遍现象，包括喜马拉雅山区。鉴于本山区自然界线复杂的三度空间变化，两界确切的分野尚不易确定，似应仍暂以虚线表示。

（3）青藏高原的隆升和全球气候变冷，促成了青藏高原大范围的特有类群的分化，在鱼类中以裂腹鱼类和高原鳅属为典型代表。基于青藏高原地史变迁中的重要性，引发应依此将动物地理区划的原青藏区提升为"青藏界"与"古北界"及"东洋界"同级。动物区系的研化在时空上是同步进行的。现有全球动物地理区划的等级划分，反映动物区系过形成的时空分化，在理论上应对应于环境的时空变迁。根据古生物学分析，在更新世我国发生南北气候地带性的变化分布在全境，包括青藏高原的原三趾马动物区系亦产生分化，在古北界出现泥河湾动物群，在东洋界出现巨猿动物群，随着青藏高原大幅度的整体抬升而高度增加，古地理环境区域性变迁剧烈，我国大陆分异出三个向不同方向演变的自然地理区：东部季风区、西部干旱区、青藏高寒区，对动物区系的演化产生了重要影响。演变方向虽然不同，但其演变的时空等级是一致的，从地质时间上看，高寒环境的形成是相对短促的，与其他地区比较，高原种类分化的水平较低。据此，原青藏区应仍与"蒙新区"等同属一级，而不应提升为"青藏界"。

显然，旨在反映地理分化普遍规律的综合性动物地理区划必然因各个门类地理分布格局研究进一步的进展而不断地受到检验。同时，这一基本工作将会因研究区划尺度的加大和信息的增多而发展。

在海洋动物地理方面，随着我国对海疆建设的明显进步，2000 年开始的国际最大项目"世界海洋生物普查"（CoML）计划项目在全球开展以来取得了令人惊叹的成绩，对全球海洋生物多样性的了解与研究有了很大进展。在此基础上，中国学者对中国各海域的浮游生物、底栖生物和游泳生物的区系、地理分布和数量或生物量分布进行了全面调查与研究，并提出了中国海域南亚热带、热带动物区系存在的问题，修订了"世界海洋生物地理区划"。对个别类群的研究亦有进展，如对中国南方海域鲨、南沙群岛单列羽螅、东海软体动物等的研究。再者，对中国海兽的调查也有了长足的进展。值得一提的是，在调查研究中开始应用了海域遥感判读。

20 世纪末，受国际分子系统地理学的影响，在生物地理学中更加重视物种系统发育与物种地理分布格局和地理环境以及地质事件，包括冰期影响的关系的研究，探讨物种时空分化和扩散途径。例如，对中国淡水鱼、鲤科的某些类群、青藏高原鱼类、河西阿拉善内流区鱼类、鼠兔亚属、中国雉类、马鸡属、甲壳类某些类群、四川射带蜗牛和昆虫纲的某些类群的研究，以及据线粒体基因对大沙鼠、高原鼢鼠谱系与地理格局系统的探讨，依据线粒体 DNA 多样性探讨黑斑蛙地理演化等方面的研究。近年来，值得关注的是对我国翼手类开展了类群的分子系统地理学研究。

在我国著名地理学和气候学家竺可桢的倡导和推动下，地理学界以历史地理学家文焕然为首，动物学界以郭郛为首，主要应用我国极其丰富的古籍资料，对我国古气候、历史动物地理学和植物地理学进行研究，填补了一向依据现生和古生物资料而极少应用历史动植物资料的空缺，开辟了一个新的领域。主要包括对我国扬子鳄、孔雀、鹦鹉、野象、大熊猫、长臂猿、野马、野骆驼、牦牛等经济或珍稀物种的历史分布及其地理变迁的研究，为历史动物地理学奠定了基础。近年来，在此基础上进行的《中国古代野生动物地理分布》一书的问世，将工作向前推进了一步。

近几十年来，我国自然保护事业的迅速发展加强了对野生动物的调查研究和野生动物地理分布信息的积累，国家林业局建有全国性的信息库。特别要指出的是，自 1983 年国家林业局开展与国际合作的 10 多年来，中国鸟类环志放飞迁徙路线的研究填补了这一重要空白，对我国动物地理学研究做出了重要贡献。研究表明，在我国存在三大迁徙区和三条不同的路线：①西部迁徙区（西线）：包括内蒙古西部、宁夏、甘肃、青海和西藏等地干草原、半荒漠和高山草甸草原等地，沿阿尼玛卿、邛崃等山脉向南沿横断山脉至云南高原甚至可能飞越喜马拉雅山山脉；②中部迁徙区（中线）：包括内蒙古中东部、华北西部，可沿太行山、吕梁山越过秦岭和大巴山进入四川盆地和华中及更南地区；③东部迁徙区（东线）：包括我国东北地区、华北东部，沿海岸向南迁飞至华中或华南甚至到东南亚各国，最远至澳大利亚。

2000 年，由国家林业局主持的全国性灵长类地理分布与自然保护的调查，基于 20 世纪

50 年代以来的资料对比，首次对该类群动物经历半个世纪的变迁有了基本的认识，该成果已向国际公布。研究表明，进入 90 年代，在四川已形成一个全新的（树）麻雀和喜鹊分布格局：盆地为罕见区；盆周山地、川西南山地为局部分布区；川西高原为广泛分布区。调查指出，引起其地理分布变迁的原因，主要是由于大量砍伐林木、滥用农药、人为毁巢和猎杀所造成的，揭示的现象令人担忧。但也有相反的事例，如城市市区的植被多样性、食源丰富以及市民保护鸟类的文明行为，对野生鸟类数量增加起到了重要作用。在许多牧场发生的家畜与野生动物食物的重叠是人类与野生动物共享与冲突的一种形式，也受到动物学家的关注。其实，在我国悠久的农业文化中，有许多地方习俗对动物界产生了有利的影响，值得发掘。因人为传播，外来入侵种对入迁地区生态系统、环境、经济等方面造成的影响亦受到关注。凡属此类问题，自然现象与社会现象密切交错，均属文化生物地理学或自然保护生物地理学的研究，在我国起步甚晚，远远落后于形势的要求。

直至今日，不论是历史生物地理学家还是生态地理学家，仍在以不同的方法对地理环境进行了解：有些主要着重描述、确定种的地理分布或种群的空间分布，还有一些试图对这些分布格局的研究建立理论模式与概念化解释。所有这些目的与手段都是有效和有益的。生物地理学的前沿是要为生命分布和多样化发展提出更全面、更复杂、更综合的理论，即基于地球及其环境和生命动态的理论。

纵观国内外动物地理学或生物地理学漫长而复杂的发展史，整体上，在一定程度上分三个各具重点的阶段，分别归属描述（记录）生物地理学、比较生物地理学和原因生物地理学，反映了研究的逐步深化。其实，对不同类群或不同地区的研究，大体上随着信息的不断增长，都经历这三个阶段。文化生物地理学和自然保护生物地理学也应如此。

## 第四节　主要研究单位

尽管动物地理学有着悠长而卓越的历史及其对其他学科的主要作用，但以往未能广泛地被认可为一门重要的学科。在动物学范畴内，通常再按各门类细分。动物地理学的问题常常是动物分类学和生态学中附带感兴趣的问题。在传统上，地理学中动物地理学处于最被忽视的地位。在被称为"生物地理学新生"前的相当长的时期里，西方在大学或科研单位极少有动物地理专业机构。在我国 20 世纪中期，中国科学院地理研究所曾一度设有生物地理组，在当时是一个特例，是受当时苏联科学院地理研究所设有生物地理研究室的影响。其实，苏联的情况也是一个特例。在我国大学里，自 20 世纪 50 年代后期，只在师范大学地理系开设动物地理课，综合性大学极少开设。有些学校或在动物学基础课最后设一章节讲授。中国科学技术大学研究生班曾开设过动物地理课，作为动物分类学、生态学及自然地理学等其他专业研究生的选修课。显然，生物地理学因它的高深洞察力和整体综合的特点，在类型分化和形成过程的研究中涉及许多方面，科学家很少能全面掌握，一直是生物地理学遇到的巨大挑战。可喜的是，为扶植生物地理学，国家自然科学基金委员会对生物地理学课题在基金资助上鼓励多学科协作，如国家"八五"重点项目"中国动物地理学研究"。该项目由中国科学院动物研究所、地理研究所、水生生物研究所及南开大学联合承担，三年的实施，在我国淡水鱼类、兽类、鸟类、甲壳类、蜘蛛及昆虫若干代表类群的地理学方面取得了新的进展，完成了专著（中国动物地理，1999）和论文集（动物分类学报《中国动物地理研究》专辑，1998），受到国内外动物学及生物地理学工作者的关注。显然，动物地理学的发展需要邻近相关学科的扶植，特别是动物系统分类学和自然地理学两大部门。可以预见，它们可能是未来动物地理学主要研究单位产生的依靠。

## 参考资料

[1] 丁长青，唐蟾珠. 中国雉类（鸟纲：鸡形目：雉科）系统发育及动物地理学研究 [J]. 动物分类学报，1998，23（增刊）：74-85.

[2] 马世骏. 中国昆虫生态地理概述 [M]. 北京：科学出版社，1959.

[3] 马世骏，等. 中国东亚飞蝗蝗区的研究 [M]. 北京：科学出版社，1965.

[4] 马勇，王逢桂，金善科，等. 新疆北部地区啮齿动物的分类和分布 [M]. 北京：科学出版社，1987.

[5] 王颖，刘瑞玉，苏纪兰，等. 中国海洋地理 [M]. 北京：科学出版社，2013.

[6] 中国科学院青藏高原综合科学考察队. 青藏高原隆起的时代、幅度和形式问题 [M]. 北京：科学出版社，1981.

[7] 中国科学院青藏高原综合科学考察队. 西藏第四纪地质 [M]. 北京：科学出版社，1983.

[8] 乌沙科夫，吴宝铃. 黄海多毛类动物 [M]. 北京：科学出版社，1963.

[9] 文焕然，等. 中国历史时期植物与动物变迁研究 [M]. 重庆：重庆出版社，1995.

[10] 文榕生. 中国古代野生动物地理分布 [M]. 济南：山东科学技术出版社，2013.

[11] 尹文英，等. 中国亚热带土壤动物 [M]. 北京：科学出版社，1992.

[12] 尹文英，等. 中国土壤动物 [M]. 北京：科学出版社，2000.

[13] 尹文英. 中国原尾虫的区系和分布特征 [M]. 北京：科学出版社，2000.

[14] 卡尔克，周本雄. 周口店第一地点下部各层的地层、古生物学观察及第一地点的时代 [J]. 古脊椎动物与古人类，1961，5（3）：212-229.

[15] 卢欣，郑光美，顾滨源. 马鸡的分类、分布及演化关系的探讨 [J]. 动物学报，1998，44（2）：131-137.

[16] 叶昌媛，费梁，胡淑琴，中国珍稀及经济两栖动物 [M]. 成都：四川科学技术出版，1993.

[17] 冯祚建，蔡桂全，郑昌琳. 西藏哺乳类 [M]. 北京科学出版社，1986.

[18] 宁恕龙，周立志，张保卫，等. 基于线粒体细胞色素 $b$ 基因的中国大沙鼠系统地理格局 [J]. 动物学报，2007，53（4）：630-640.

[19] 朱洗. 生物的进化 [M]. 北京：科学出版社，1958.

[20] 刘承钊，胡淑琴. 中国无尾两栖类 [M]. 北京：科学出版社，1961.

[21] 刘建章. 东亚淡水鱼类生物地理学过程的初步研究 [J]. 动物分类学报，1998，23（增刊）：49-55.

[22] 刘焕章，陈宜瑜. 中国淡水鱼类的分布格局与东亚淡水鱼类的起源演化 [J]. 动物分类学报，1998，23（增刊）：10-16.

[23] 刘瑞玉. 黄东海虾类动物地理学研究 [J]. 海洋与湖沼，1963，5（3）：230-244.

[24] 夏武平. 谈谈草原啮齿动物的一些生态问题 [J]. 动物学杂志，1964，6（6）：299-302.

[25] 寿振黄. 中国毛皮兽的地理分布 [J]. 地理学报，1955，21（1）：93-110.

[26] 寿振黄，夏武平，等. 东北兽类志 [M]. 北京：科学出版社，1962.

[27] 李义明，李典谟. 影响舟山群岛蛙类物种多样性主要因素的研究 [J]. 动物学报，1998，44（2）：150-156.

[28] 李思忠. 中国淡水鱼类的分布区划 [M]. 北京：科学出版社，1981.

[29] 李俊生，宋延龄，王学志，等. 放牧压力条件下荒漠草原小型哺乳动物群落多样性空间格局 [J]. 生态学

报，2005，（1）：51-58.

[30] 李景科，陈鹏，等. 土壤动物区系生态地理研究 [M]. 北京：东北师范大学出版社，1993.

[31] 杨文衡，等. 中国古代地理学史 [M]. 北京：科学出版社，1984.

[32] 杨玉慧，张德兴，李明义，等. 中国黑斑蛙种群线粒体 DNA 多样性和生物地理演化过程的初探 [J]. 动物学报，2004，52（2）：193-210.

[33] 吴先智，杨靖，朱章顺，等. 成都市区公共绿地野生鸟类调查初报 [J]. 四川动物，2005，24（4）：568-574.

[34] 吴岷，陈得牛. 四川射带蜗牛种群的动物地理学及射带蜗牛壳相变化趋势的研究（腹足纲：肺螺亚纲：巴蜗牛科 [J]. 动物分类学报，1998，23（增刊）：107-116.

[35] 邹仁林，马江虎，宋善文. 海南岛珊瑚礁垂直分布的初步研究 [J]. 海洋与湖沼，1966，8（2）：153-161.

[36] 张孚允，杨若莉. 中国鸟类迁徙研究 [M]. 北京：林业出版社，1997.

[37] 张春霖. 中国淡水鱼类的分布 [J]. 地理学报，1954，20（3）：279-284.

[38] 张荣祖. 鼠兔亚属（兽纲：兔形目：鼠兔科）地理分布 [J]. 动物分类学报，1998，23（增刊）：67-73.

[39] 张荣祖. 中国动物地理 [M]. 北京：科学出版社，2011.

[40] 张荣祖，陈立伟，瞿文元，等. 中国灵长类生物地理与自然保护 - 过去、现在与未来 [M]. 北京：中国林业出版社，2002.

[41] 张荣祖，赵肯堂. 关于《中国动物地理区划》的修改 [J]. 动物学报，1978，24（2）：196-202.

[42] 张荣祖，郑昌琳. 青藏高原哺乳动物地理分布特征及区系演变 [J]. 地理学报，1985，40（30）：225-231.

[43] 张荣祖. 中国自然地理 - 动物地理 [M]. 北京：科学出版社，1979.

[44] 张荣祖. 中国哺乳动物分布 [M]. 北京：中国林业出版社，1997.

[45] 张荣祖.《中国动物地理区划》的再修改 [J]. 动物分类学报，1998，23（增刊）：207-222.

[46] 张荣祖. 中国动物地理 [M]. 北京：科学出版社，1999.

[47] 张荣祖，郑昌琳. 青藏高原哺乳动物地理分布特征及区系演变 [J]. 地理学报，1984，40（3）：187-197.

[48] 张玺. 偏文昌鱼. 在中国海的发现和厦门文昌鱼的地理分布 [J]. 动物学报，1962，14（4）：525-528.

[49] 张玺，齐钟彦，张福绥. 中国海软体动物区系区划的初步研究 [J]. 海洋与湖沼，1963，5（2）：124-138.

[50] 张鹗. 异华鲮类（鲤形目：鲤科：野鲮亚科）鱼类的隔离分化生物地理学 [J]. 动物分类学报，1998,23（增刊）：35-40.

[51] 陈世骧，等. 西藏昆虫（第一册）[M]. 北京：科学出版社，1981.

[52] 陈世骧，等. 西藏昆虫（第二册）[M]. 北京：科学出版社，1982.

[53] 陈世骧，等. 横断山区昆虫 [M]. 北京：科学出版社，1992.

[54] 陈汉彬. 中国蚋类区系分布和地理区划（双翅目：纳科）[J]. 动物分类学报，2002，27（3）：624-629.

[55] 陈军，宋大祥. 中国狼蛛科（蛛形纲：蜘蛛目）蜘蛛地理区划初探 [J]. 动物分类学报，1998，23（增刊）：117-131.

[56] 陈宜瑜，陈毅峰，刘焕章. 青藏高原动物地理区的地位和东部界线问题 [J]. 水生生物学报，1996，20（2）：97-103.

[57] 陈宜瑜，等. 珠江的鱼类区系及其动物地理学分析 [J]. 水生生物学报，1986，19：228-236.

[58] 陈宜瑜，等. 横断山区鱼类 [M]. 北京：科学出版社，1998.

[59] 陈领. 古北和东洋界在我国东部的精确划界——据两栖动物 [J]. 动物学研究，2004，25（5）：369-377.

[60] 陈毅峰，陈宜瑜. 裂腹鱼类（鲤形目：鲤科）系统发育和分布格局的研究 II.. 分布格局与黄河溯源侵袭问题 [J]. 动物分类学报，1998，23（增刊）：17-22.

[61] 武云飞，谭齐佳. 青藏高原鱼类区系特征及其形成的地史原因分析 [J]. 动物学报，1991，37（2）135-152.

[62] 林爱青，孙克萍，冯江. 我国翼手类分子系统地理学研究进展 [J]. 兽类学报，2014，34（3）：298-306.

[63] 周明镇，张弥曼，陈宜瑜，等. 隔离分化生物地理学译文集 [C]. 北京：中国大百科全书出版社，1996.

［64］ 周明镇. 中国第四纪动物区系演变［J］. 动物学杂志，1964，6（6）：274-278.

［65］ 郑乐怡，陈晨. 束长椿属（半翅目：束长椿科）的系统发育和生物地理学研究［J］. 动物分类学报，1998，23（增刊）：167-178.

［66］ 郑作新. 中国鸟类分布名录，第二版［M］. 北京：科学出版社，1976.

［67］ 郑作新，张荣祖，马世骏. 中国动物地理区划与中国昆虫地理区划［M］. 北京：科学出版社，1959.

［68］ 郑作新，等. 西藏鸟类志［M］. 北京：科学出版社，1983.

［69］ 郑作新，等. 秦岭鸟类志［M］. 北京：科学出版社，1973.

［70］ 单乡红. 现生鲤亚科（鲤形目：鲤科）鱼类的系统发育及扩散－隔离分化解释［J］. 动物分类学报，1998，23（增刊）：56-66.

［71］ 赵铁桥. 河西阿拉善内流区的鱼类区系和地理区划［J］. 动物学报，1991，37（2）：153-167.

［72］ 郝玉江，王克雄，韩家波，等. 中国海兽研究概况［J］. 兽类学报，2011，31（1）：20-36.

［73］ 胡淑琴，等. 西藏两栖爬行动物［M］. 北京：科学出版社，1987.

［74］ 钱燕文，张洁，汪松，等，新疆南部的鸟类，［M］. 北京：科学出版社，1965.

［75］ 徐如梅，叶万辉. 生物入侵理论与实践［M］. 北京：科学出版社，2003.

［76］ 徐海根，强胜，韩正敏，等. 中国外来入侵物种的分布与传入路径分析［J］. 生物多样性，2004，12（6）：626-638.

［77］ 殷秀琴，等. 东北森林土壤动物研究［M］. 长春：东北师范大学出版社，2001.

［78］ 郭郛，钱燕文，马建章，等. 中国动物学发展史［M］. 哈尔滨：东北林业大学出版社，2004.

［79］ 郭延蜀，郑慧珍. 四川省树麻雀地理分布的变迁［J］. 四川动物研究，2001，22（4）：292-298.

［80］ 郭延蜀，郑慧珍. 四川省喜鹊地理分布的变迁［J］. 四川动物，2004，23（2）：93-97.

［81］ 郭郛. 山海经注证［M］. 北京：中国社会科学出版社，2004.

［82］ 郭郛，李约瑟，成庆泰. 中国古代动物学史［M］. 北京：科学出版社，1999.

［83］ 唐蟾珠. 马鸡属（鸟纲：鸡形目：雉科）系统分类与地理分布分析［J］. 动物分类学报，1998，23（增刊）：86-92.

［84］ 唐蟾珠，徐延恭，杨岚. 横断山区鸟类［M］. 北京：科学出版社，1996.

［85］ 诸葛阳，姜仕仁，郑忠伟，等. 浙江海岛鸟类地理生态学的初步研［J］. 动物学报，1986，32（1）：71-85.

［86］ 章士美. 中国农林昆虫地理区划［M］. 北京：中国农林出版社，1998.

［87］ 蔡振媛，张同作，慈海鑫，等. 高原鼢鼠线粒体谱系地理学和遗传多样性［J］. 兽类学报，2007，27（2）：130-137.

［88］ 廖永岩. 中国南方海域鲎的种类和分布［J］. 动物学报，2001，47（91）：108-111.

［89］ 薛祥煦，张云翔. 中国第四纪哺乳动物地理区划［J］. 兽类学报，1994，14（1）：15-23.

［90］ 戴爱云. 中国溪蟹科（甲壳总纲：十足目）的生物地理学研究［J］. 动物分类学报，1998，23（增刊）：93-98.

［91］ 戴爱云. 非拟溪蟹属（甲壳总纲：十足目）分布格局的探讨［J］. 动物分类学报，1998，23（增刊）：99-106.

［92］ Hoffmann R S. The southern boundary of the Palaearctic realm in China and adjacent countries［J］. Acta Zool0gical Sinica.，2001，47（2）：121-131.

［93］ Udvardy M.B.F. Dynamic zoogeography［M］. New York，Vaan Nostrand Reinhold Co，1969.

［94］ Darlington PJ，Jr. Zoogeograohy：the geographical　distribution of animals［M］. New York，John Willey & Sons INC. London，1957.

# 第十七章　动物生态学

　　动物生态学（Animal Ecology）主要研究动物与环境之间的相互关系。在国际学术界，动物生态学很早就是一门独立的学科，包括个体生态学（如生理生态学、行为生态学等）、种群生态学、群落生态学和生态系统等不同组织层次。个体生态学主要研究动物对环境的适应，种群生态学论述种群数量的动态和调节，群落生态学关注物种之间的相互关系、食物网、群落组成与结构等。随着学科的发展和拓展，又有关于某个动物类群的生态学研究，如兽类生态学、鸟类生态学、爬行类生态学、两栖类生态学、鱼类生态学等。各类群内又可以进一步细化，如兽类中的啮齿类生态学、有蹄类生态学、鲸类生态学、蝙蝠生态学等，其他类群也是一样。随着研究的不断深入，新的学科也逐渐产生，如动物行为学、行为生态学和保护生物学等。

　　我国的动物生态学起步较晚。20 世纪 50 年代，林昌善和李汝祺在《科学通报》上发表的文章《中国动物生态学家的研究任务》中指出："为了提高农业畜牧业发展，中国动物学家应该关注一门年轻的科学——动物生态学。……在中国，动物生态学不仅仅是一门年轻的科学，也几乎是一个空白点"，并根据苏联动物生态学的发展规划，提出了我国动物生态学的任务。60 年代，寿振黄对中华人民共和国成立 15 年以来兽类学的发展进行了回顾，也指出中华人民共和国成立前兽类生态学研究几乎是空白。郑光美在《我国鸟类生态学的回顾与展望》一文中指出："中华人民共和国成立前，我国在（鸟类生态学）这一领域中的研究工作几乎是空白。"所以，我国动物生态学的发展基本是在中华人民共和国成立后才开始的。中国生态学会的创始人马世骏曾对中华人民共和国成立后 30 年我国昆虫生态学的工作进行过总结，他指出，我国昆虫生态学的发展，大致可以分为三个阶段，第一个阶段为 1949—1958 年，研究的内容主要是重要害虫的田间发生规律及一般的生态习性，也有以生理生态特性为主要内容的实验生态学研究。第二个阶段为 1961—1965 年，主要是种群生态学的数量动态和空间动态，也有行为生态学的研究。第三个阶段从 1972 年开始，进一步向纵深发展，主要表现在数理生态学的研究，也有昆虫群落调查和农业生态系统研究。寿振黄、夏武平、孙儒泳、王祖望、魏辅文等都从不同角度对我国动物生态学的进展进行过系统总结。本章内容主要以脊椎动物生态学为主，关于无脊椎动物和昆虫生态学的发展历史，本章不涉及。需要指出的是，我国学者早期关于动物资源的考察报告，以及各种动物志的著作中，在对物种特性的描述中都有专门的生态学特征描述。这些信息也是很重要的动物生态学基本信息。本章从个体生态学、种群生态学、群落生态学等层次，以及人才队伍、教育、学术团体和学术会议等方面，主要论述脊椎动物生态学在我国的发展。

# 第一节 个体生态学

个体生态学的主要内容之一是生理生态学（physiological ecology）。生理生态学或生态生理学（ecological physiology）是生态学与生理学的交叉学科，主要研究对象是野生动物，是用生理学的技术手段研究野生物种的生态学问题，用生理学数据解释野生物种的分布和丰度问题。主要研究内容包括对动物适应环境的生理机制分析、生理学特征的变化如何影响有机体的时空分布、生理特征变化的有关模式和过程及其进化与持续等。对环境适应的概念是生理生态学的核心，研究的层次从分子、细胞、组织、器官到种群、群落甚至生态系统，但核心是有机体本身。动物生理生态学的研究对于理解种群、群落和生态系统功能、促进宏观与微观生物学研究的结合、对个体水平以下研究成果的证明和理解等方面都具有重要意义。在国际上，动物生理生态学这个学科的发展主要是基于 Knut Schmidt –Nielsen、Per Scholander 和 Laurence Irving 等一批著名生理学家对野生动物的生理学特征研究工作的基础之上而发展起来的。关于其发展，尽管 20 世纪 40 年代就有相关的研究论文发表，但一些学者认为这个学科应该诞生在 60 年代，到 90 年代日趋成熟。

1987 年，Feder 在《生态生理学的新方向》（*New directions in ecological physiology*）一书中，总结了生理生态学的 6 大主要成就，包括：①阐明了能量是限制动物功能的一个重要因素；②体温调节过程无论在时间上还是在能量花费上都是十分昂贵的；③体形可影响动物几乎所有的生物学变量；④行为在动物对环境适应的功能调节方面是一个重要成分；⑤现存的有机体是自然选择的产物，很适合生存但不是很完美；⑥动物都是适应其环境的。

我国动物生理生态学起步较晚，20 世纪 40 年代后期开始起步，但发展比较缓慢，经赵以炳、孙儒泳、钱国桢、王祖望、王培潮等前辈科学家坚持不懈的努力，今日我国动物生理生态学研究已经有了一定的规模，人才队伍也逐渐壮大起来，2011 年在温州大学召开了首届"全国动物生理生态学学术会议"，2020 年在温州召开了第 10 届学术研讨会。

我国的兽类生理生态学相对发展较早。北京大学赵以炳在 20 世纪 50 年代对刺猬体温调节的研究是国内小型哺乳动物生理生态学较早的系统性工作。北京师范大学孙儒泳在苏联莫斯科大学攻读博士学位时的工作，部分结果发表在北京师范大学学报上。孙儒泳在 70 年代在国内开展了社鼠和褐家鼠的代谢研究，并对当时的代谢指标提出了很多建设性意见，为了去除体重的影响，还在统计分析时引入了协方差分析的思想，这在当时对于我国生理生态学学科建设和学术思想的发展都是非常重要的贡献。中国科学院西北高原生物研究所的王祖望等在青藏高原对野生高原鼠兔和高原鼢鼠的气体代谢特征进行了季节性测定研究，同时进行了能量摄入和消化生理学的工作。复旦大学的韦正道和黄文几等也开展了长江以南小型啮齿动物的能量代谢研究。华东师范大学的陆厚基等开展了聚群对黄胸鼠气体代谢特征的研究，王培潮等开展了食肉动物繁殖期能量代谢特征的研究工作等。

20 世纪 80 年代，国家恢复研究生招生制度，北京师范大学孙儒泳的研究生景绍亮、贾西西等对内蒙古草原的长爪沙鼠、青藏高原的根田鼠的能量学特征和体温调节进行了研究。随后王祖望在青海西北高原生物研究所招收研究生、曾缙祥在天津师范大学招收研究生，都相继开展了小型兽类生理生态学的研究工作。难得的是，由于当时条件所限，我国早期的生理生态学研究工作（包括鸟类、两栖爬行动物等其他类群），尤其是代谢和能量测定，都是科学家自己根据文献研制仪器设备开展的。

关于水代谢和水平衡的研究，孙儒泳指导研究生刘志龙利用同位素的方法对布氏田鼠的水代谢特征进行了研究。冬眠是生理生态学一个非常重要的领域，国际上备受重视。北京大学对达乌尔黄鼠的冬眠生理学曾有过比较深入的研究；天津师范大学、北京师范大学以及后来的沈阳师范大学、西北大学等都对黄鼠冬眠的生理生态特征和分子产热机理等进行了研究，取得了一些进展。

兽类生理生态学在我国发展较快，近年来，中国科学院动物研究所王德华带领的研究团队在以下领域取得了较好的进展：代谢生理学、消化生理学、生态免疫学和整合生理学等，研究地区涵盖青藏高原、内蒙古草原和华北平原等地区，研究对象主要是小型哺乳动物，涉及几十个物种，关注的影响因素有季节、环境温度、光照周期、食物（质量和数量）、繁殖状态等。云南师范大学王政昆带领的团队开展了对横断山脉小型哺乳动物的生理生态学研究，取得了一系列研究成果。大型动物的生理生态学研究不是很多，近期关于大熊猫的代谢生理特征的研究，是我国濒危物种生理生态学的一大进展。

兽类生理生态学研究中，野外研究方法也得到发展，如利用稳定同位素方法测定动物在自由活动状态下的水代谢和能量消耗，用传感器遥测技术测定动物在自由状态下的活动节律和体温变化等。20 世纪 90 年代初，王祖望与其研究生姜永进曾尝试用当时国际上流行的双标记水方法进行野生小型哺乳动物的野外代谢率研究，由于当时双标记水价格昂贵，无法推广和发展，只是做了些尝试，虽获得部分结果但没有发表。中国科学院动物研究所王德华研究组通过国际合作，用双标记水方法测定了长爪沙鼠和布氏田鼠繁殖期的能量收支，魏辅文研究组在对大熊猫的每日能量消耗测定中也使用了双标记水测定方法。

鸟类生理生态学研究在我国发展比较缓慢，主要集中在体温调节发育和能量学方面。华东师范大学的钱国祯是国内很早开展鸟类能量学测定的学者。中国科学院西北高原生物研究所张晓爱对高原鸟类的能量学等进行了多年的系统研究。近年来，温州大学柳劲松对鸟类的生理适应和产热机理进行了许多研究，取得了较好的进展。中国科学院动物研究所雷富民团队等关于青藏高原鸟类的分子适应和环境内分泌学研究，通过基因组学方法对青藏高原的特有种地山雀进行了研究，初步揭示了其适应青藏高原极端环境的遗传印迹，揭示了地山雀为适应青藏高原的特殊环境，产生了基本的生存适应策略演化。

两栖爬行动物的生理生态学起步也较晚。华东师范大学王培潮等是我国开展两栖爬行动物能量学测定较早的学者。南京师范大学计翔研究团队近年来在有关爬行动物腹腔容纳量和生境利用对繁殖输出的影响、生活史特征变异的地理格局和遗传相关性、后代形态特征和功能表现的表型可塑性、后代数量和大小的实验操纵等方面开展了系统的研究工作，实验设计方面也具有原创性。北京师范大学牛翠娟在日本攻读博士学位期间，从事贝类能量学研究，获得博士学位回国到北京师范大学生命科学学院做博士后研究，合作导师是孙儒泳，从事中华鳖的生理生态学研究，对中华鳖的能量代谢和免疫等方面进行了较为深入的研究。中国科学院动物研究所杜卫国在爬行动物胚胎对环境温度的行为和生理反应方面取得了重要进展，发现龟鳖类胚胎具有趋热现象，胚胎有趋向适宜温度的能力，但可避开过热温度，提出胚胎并非仅仅被动依赖于环境，而能主动采取行为和生理策略适应环境。在此基础上，通过对爬行类和鸟类胚胎响应巢温变化的行为和生理策略进行总结，提出胚胎对温度变化响应的 3 条主要途径：①避开：胚胎可通过行为热调节、改变升降温速率和蒸发冷却等方法避开不适宜的温度环境；②调节：胚胎可通过温度驯化、同步孵化和在波动温度下加速发育等方法来适应温度变化；③忍受：胚胎可通过休眠、滞育和热激蛋白表达等途径耐受极端温度，并提出了"动物胚胎热生态学"这个新兴领域。

中国鱼类生态学的奠基人是张孝威教授。早期鱼类个体生态学的研究内容主要是食性、年龄与生长、繁殖和洄游等，淡水鱼和海产鱼类都有若干种的研究，也开始了人工繁殖等研究和应用于生产实践，以及梭鱼淡化、驯化、内陆水域、低盐咸淡水的人工繁殖等工作。中国科学院水生生物研究所的崔奕波在鱼类能量学领域有重要贡献，他在国际上率先开展了鱼类比较能量学和营养能量学研究工作，阐明了鱼类生长差异的能量学机制，将生物能量学模型应用于淡水生态学研究，利用生物能量学模型探讨湖泊鱼类及其饵料生物之间的相关关系。他首次将鱼类生物能量学模型与营养学结合，利用生物能量学模型探讨了半精养鱼类补充营养的估算问题，解决了半精养鱼类补充营养估算的研究理论和手段问题，首次从能量学角度探讨了转基因鱼快速生长的机制。

西南大学的谢小军在攻读博士学位期间，主要开展南方鲶的能量收支研究，这是国内较早的、比较系统的鱼类能量学研究工作。他的研究生付世建毕业后在重庆师范大学建立了自己的实验室和研究团队，近年在鱼类的运动能量学方面做出了系统的、有影响的工作，受到国内外学术界关注，出版了专著《鱼类游泳运动——策略与适应性进化》。

在生理生态学学科介绍方面，孙儒泳编著的《动物生态学原理》中，第一部分主要是生理生态学的内容。在中国科学院的研究生教材《现代生态学》（戈峰主编）中，王德华编写了"动物生理生态学"章节，但不是系统的学科介绍。孙儒泳和王祖望在《动物学杂志》上系统介绍了陆地生态系统次级生产力研究的方法和原理。陆健健在生态学杂志上介绍过《能量生态学》的内容。张晓爱在《动物学研究》上也撰文介绍过鸟类能量学的研究进展。国内发表了很多综述性文章，介绍国外学科领域的发展。国内相关的教材有《比较生理学》《动物比较生理学》等，我国至今尚无一本动物生理生态学的教材。

# 第二节　种群生态学

19 世纪 20 年代，以英国学者 Elton 为代表的关于小型啮齿动物种群数量的变动规律的研究，标志着种群生态学这门学科的发展。20 世纪 50 年代以前的相关研究，大多是关于野外动物种群数量调查，了解种群数量变化的参数，如繁殖和死亡特征等。20 世纪 50 年代，以 Christian 为代表的种群生态学家开始了实验种群的研究，关注种群内部因素的作用，比较有代表性的如种群动态调节的内分泌调节学说。60 年代，以 Chitty 为代表的科学家开始关注种群遗传特征的变化，如代表性的"种群遗传调节学说"等。70 年代以后，学者们更加重视种群调节机制，在技术上也多样化，如数学模型和模拟技术、无线电遥测技术、生理和生物化学技术、遗传学技术、免疫技术、分子生物学技术等，对动物种群数量调节机理进行了大量研究，提出了许多新的学说，也逐渐形成了各种学派，如强调外因的气候学派、食物学派，强调内因的遗传学派、内分泌学派、行为学派等，还有综合内因和外因的复合因子调节假说等。

纵观我国动物种群生态学的发展，早期的研究大多集中在啮齿动物类群上。鼠类种群生态学在我国动物生态学发展史上有十分重要的地位。很多种群生态学家对我国动物生态学的发展都做出了重要贡献，如寿振黄、夏武平、孙儒泳、王祖望、樊乃昌、刘季科、周庆强、钟文勤、杨荷芳、马勇、陈安国等。夏武平在 20 世纪 60 年代发表的关于鼠类种群的一系列文章，奠定了我国种群生态学的基础。张知彬曾对我国鼠类种群数量的波动与调节研究进行过系统总结。

20 世纪 50 年代就有学者关注鼠类数量与人类疾病的关系。寿振黄、夏武平等研究了东北红背䶄、棕背䶄等种群的季节波动规律。60 年代，关于种群数量动态的研究，研究的物种逐渐增多，如南方黑线姬鼠、新疆小家鼠、黄毛鼠、黄胸鼠、布氏田鼠、长爪沙鼠、大仓鼠等。

对于种群调节的机制的实验种群研究，中国科学院动物研究所生态一室研究了布氏田鼠种群密度与肾上腺和生殖腺的关系。中国科学院西北高原生物研究所曾缙祥等研究了小家鼠种群密度与肾上腺、血糖浓度的关系。周虞灿等将生物化学方法用在种群生态学中，对小家鼠蛋白多态性与密度的关系进行了探讨。利用数学模型，促进了动物种群生态学的发展，夏武平等利用具有时滞的逻辑斯蒂模型模拟了 22 年东北带岭优势鼠棕背䶄的周期波动，张知彬等用数学模型模拟了大仓鼠种群的繁殖和季节变动。

这些年来，我国动物种群生态学研究有较大的发展。王祖望和张知彬系统总结了 20 世纪 80 年代中国兽类生态学的进展，指出"种群生态学最大的变化是研究对象不再局限于鼠类，许多大型兽类的种群生态学研究有了明显的增加"，如大熊猫、短尾猕猴、贺兰山岩羊、江豚。"小型兽类研究已从一般的数量动态、季节消长逐步转向基于长期定位的种群动态监测和规律的探讨上。对华北平原旱作区大仓鼠、黑线仓鼠；黄土高原旱作区中华鼢鼠、棕色田鼠；长江流域稻作区褐家鼠、黑线姬鼠、东方田鼠、大足鼠；珠江三角洲稻作区板齿鼠、黄毛鼠；内蒙古典型草原的布氏田鼠、长爪沙鼠；海高寒草甸的高原鼠兔、高原鼢鼠进行了长期定位研究"。中国科学院西北高原生物研究所刘季科在青海高原高寒草甸地区建立野外围栏，对田鼠亚科啮齿动物种群调节的复合因子假设开展了野外围栏实验研究，采用析因实验设计，证实了高质量食物可利用性和捕食限制根田鼠种群密度具有独立和累加效应。中国科学院动物研究所杨荷芳、张知彬在华北平原建立野外农田研究基地，对农业害鼠大仓鼠和黑线仓鼠等进行了几十年的连续观察。近年在国家科技部"973"项目的支持下，在内蒙古毛登牧场建立大型野外围栏，观察放牧、降雨、食物因素等对内蒙古草原布氏田鼠的种群动态数量变化的影响和调节机制。这些在野外围栏控制条件下进行的种群动态和调节研究，是我国种群生态学研究中突出的进展。

近年来的研究成果有：中国科学院动物研究所张知彬研究团队发现我国一些鼠类种群及鼠疫流行等与厄尔尼诺／南方涛动（ENSO）等大尺度气候因子密切有关、降水对我国鼠疫的发生具有非单调性作用特征，这些研究拓展了传统气候学说。Yan 等根据近 27 年在中国华北平原取得的长期定位监测资料，分析和研究了气候及农业灌溉对黑线仓鼠种群动态的影响及其交互作用，研究发现在非繁殖季节，气温升高有利于黑线仓鼠的繁殖和种群增长，但是该正面影响被繁殖季节农业灌溉的不利影响所抵消，并导致黑线仓鼠种群数量持续下降，结果提示，人类活动可加剧或减缓全球变化引发的某些生态学效应。中国科学院西北高原生物研究所边疆晖团队在高寒草甸地区，在野外围栏内，以栖息于青藏高原的根田鼠为研究对象，研究了母体密度应激对子代应激轴、适合度及种群统计参数的影响，以及母体密度应激的环境制约性适应性及其在动物种群调节中的作用。研究发现，母体应激介导的程序化效应损害了子代对当前环境的应对能力；母体应激对子代表型的适应性或非适应性效应取决于母体与子代间的环境匹配；非适应性母体应激是产生迟滞性密度制约效应的重要因子。在国际上第一次提供了母体应激效应在脊椎动物种群波动过程中具有重要调节作用的直接实验证据。

# 第三节　群落生态学

生物群落是某一空间各种生物的集合体。国内外的动物群落生态学研究，早期都是以小型哺乳动物为研究对象。我国的小型哺乳动物群落生态学研究开始于 20 世纪 60 年代。夏武平在生物群落分类和命名方面做过探索性工作。他还以高等动植物作为划分陆地生物群落的依据，提出初级生产者、初级消费者和次级消费者的三级命名方法，这是原创性的工作。70 年代末，我国的动物群落生态学有一些发展，涉及群落结构和空间配置等问题，比较不同类型生境中群落的物种组成、物种多样性和均匀度分析群落结构。兽类群落生态学研究工作主要以鼠类为对象，侧重于森林采伐、皆伐和草原开垦、撂荒后，随着植被剧烈的演替，导致鼠类的演替，其群落的组成和结构均发生变化。代表性工作有钟文勤等对内蒙古典型草原啮齿动物群落结构和多样性进行了研究。张晓爱对高寒草甸繁殖鸟类的群落结构、刘季科对高寒草甸生态系统啮齿动物群落进行了研究。王桂明在其博士学位论文《典型草原小哺乳动物资源利用及群落组织》中，从不同空间尺度研究了内蒙古草原小型哺乳动物群落丰富度的分布规律及其影响因素；通过分析物种和栖息地的特定关系，探讨影响物种在不同类型栖息地分布的因素；通过对小型哺乳动物群落微栖息地利用格局及与之相关的形态空间格局分析，研究草原小型哺乳动物群落的组织及其物种共存机制等。武晓东等对内蒙古啮齿动物荒漠群落进行了研究，戴昆等对新疆啮齿动物群落进行了研究等，吴德林对热带雨林啮齿动物群落结构进行了研究。过去 10 多年来，有关鼠类与森林种子关系的研究在我国多个气候带得到了持续和深入的研究，如研究发现种子特征（种子雨、种子大小、种壳硬度、营养物质含量、单宁含量、萌发特征等）、动物的特征（如体重大小、密度）、栖息地类型等对种子命运、鼠类储藏行为及种子 – 鼠类网络结构具有重要影响。

鸟类群落生态学起步较晚，早期的研究也大多集中在群落物种组成、多样性、演替、群落与栖息地关系等方面，关于城市化对鸟类群落影响的研究相对较少。郑光美曾对鸟类生态学中的生态分布和种群动态、食性、繁殖、越冬、换羽、行为、食虫鸟类的招引等主题进行了系统总结，并特别指出"中国科学院动物研究所主持的《全国麻雀研究协调会议》对我国鸟类生态学的发展是有力的推动，促进了在全国范围内对这种与国民经济有密切关系的种类进行多方面的研究，促进了在研究内容和方法的发展"。20 世纪 80 年代以前，鸟类种群动态的研究中对麻雀的研究是最突出的，我国鸟类生态学者对北京、上海和新疆等地区麻雀种群数量的季节动态趋势、年龄组成、性比及越冬特性等进行了研究。20 世纪 80 年代以后，我国学者开展了森林鸟类群落、湿地鸟类群落、高原草甸与草原鸟类群落、荒漠鸟类群落以及城市鸟类群落等大量研究，如钱国桢等对天目山鸟类群落的研究，高玮等对长白山地区鸟类群落的长期研究，陈莹等对新疆阜康荒漠区鸟类群落季节变化的研究，张晓爱等对高寒草甸鸟类群落结构的研究，周放对鼎湖山森林鸟类群落的集团结构的研究，丁平等对千岛湖鸟类群落格局的系列研究，杨刚等对城市公园鸟类群落的研究，以及陈水华等对城市鸟类群落多样性格局及其对城市化响应的研究。近年来，学者们开始更多地关注鸟类群落聚群规律、物种多样性维持机制以及群落的稳定性等问题，进而探索群落的本质和群落与环境之间的关系。例如丁平研究团队以千岛湖片段化栖息地为研究平台，针对鸟类群落聚群规律和嵌套格局、小岛屿效应、片段化敏感性、岛屿生物地理学、功能集团及功能多样性格局、beta 多样性等一系列问题开展的长期深入研究。

丁平在对中国鸟类生态学发展进行总结时认为，中国鸟类生态学的发展可分三个阶段：20 世纪 30 年代至 50 年代末是萌芽期；60 年代初至 70 年代末是成长期；80 年代以后是蓬勃发展期。1990 年以来，繁殖是我国鸟类生态学的最主要研究内容，行为、栖息地、群落和迁徙等方面的研究有明显增长；鸟类食性研究的关注程度下降。近 10 来年，国内外关于鸟类群落的研究值侧重于群落结构、群落多样性对环境变化的响应，如气候变化。同时也加强了城市化、城市园林对群落组成影响的研究，如陈水华等揭示了园林鸟类群落的岛屿格局，陆祎玮等探讨了上海城市绿地鸟类群落特征与生境的关系，王勇等研究了城市公共绿地植物组成对鸟类群落的影响。全球尺度的气候变化及人类活动（如城市建设）是当下影响鸟类群落结构、物种多样性的两个重要因素，也是目前鸟类群落生态学的研究重点。

对两栖爬行动物群落的研究相对较少。李芳林等对徐家坝地区两栖动物的群落组成及生物量进行了调查，并评估了人类活动对该地区两栖动物群落结构的影响，发现森林植被破坏对两栖动物群落结构及动态均有决定性影响。王熙等对千岛湖两栖爬行类群落结构和分布格局进行了分析。

鱼类生态学知识的积累在我国有悠久历史，而作为一门正式的学科，则是在中华人民共和国成立以后逐渐形成的。鱼类生态学的研究主要涉及栖息环境变化、种群数量变动等，而对鱼类群落的研究相对较少。20 世纪 70 年代以来，关于海洋鱼类群落的研究迅速发展起来，包括淡水鱼类群落的相关研究在内，主要仍局限于对群落物种组成、多样性、空间结构及季节性变化，而对群落形成机制、种内种间关系对群落影响的研究仍然较少，如单秀娟等对黄海中南部鱼类群落结构及多样性变化，张晓可等对长江安庆段鱼类群落结构的调查等。人类活动造成的水域污染、栖息地丧失等对鱼类群落物种组成、群落结构的影响是近年来学者们关注的重点。另外，随着渔业资源管理模式的转变，捕捞因素对鱼类群落结构的影响正逐渐成为海洋生态系统的研究热点。

## 第四节　研究团队

生理生态学方面，代表性单位有北京师范大学、西南大学、南京师范大学、杭州师范大学、云南师范大学、重庆师范大学、温州大学、沈阳师范大学、河北师范大学、华南师范大学、西北大学等，中国科学院动物研究所、中国科学院西北高原生物研究所、中国科学院成都生物研究所、中国科学院新疆生物地理研究所等。

种群生态学方面，代表性单位有中国科学院动物研究所、中国科学院西北高原生物研究所、中国科学院水生生物研究所、北京师范大学、山东大学、扬州大学等。

群落生态学方面，代表性单位有浙江大学、北京师范大学、东北师范大学、浙江大学、内蒙古农牧学院、中国科学院动物研究所、中国科学院西北高原生物研究所、中国科学院新疆生物地理研究所等。

# 第五节　研究课题和获奖成果

## 一、代表性课题

我国在"六五""七五""八五"计划中都有关于鼠类防治和预报预测的攻关课题，大大促进了啮齿动物生态学的发展，稳定了科研队伍。2007年，张知彬主持的科技部"973"项目"农业鼠害暴发成灾规律、预测及可持续控制的基础研究"启动，这个项目对鼠类生态学发展和队伍建设起了重要作用。

在动物生态学领域，有多位科学家获得国家杰出青年基金资助，如蒋志刚（动物行为学）、张知彬（种群生态学）、魏辅文（保护生物学）、张树义（动物行为学）、王德华（生理生态学）、雷富民（鸟类学）、卢欣（行为生态学）、杜卫国（生理生态学）、董云伟（生理生态学）等。国家基金委的面上项目和重点项目、中国科学院的知识创新工程重要方向项目和科技部的相关项目等，对促进和稳定我国动物生态学学科发展和队伍建设具有重要作用。

## 二、代表性获奖成果

郑光美主持的"中国特产濒危雉类的生态生物学及驯养繁殖研究"于2000年获国家自然科学奖二等奖。张知彬等主持的"农田重大害鼠成灾规律及综合防治技术研究"于2003年获国家科技进步奖二等奖。中国科学院水生生物研究所、西南师范大学、北京师范大学、重庆师范大学联合完成的"鱼类能量学机制的研究"于1999年获国家自然科学奖三等奖等。

# 第六节　学术著作和教材

早期关于动物生态学的著作或教材，多以翻译为主。费鸿年于1933年编写了一个小册子《动物生态学》，这应该是比较早的关于动物生态学的著作。1935年，商务印书馆出版了舒贻上翻译的川村多实二的《动物生态学》。1957年，科学出版社出版了李汝祺等人翻译的苏联学者澳格涅夫著的《哺乳动物生态学概论》。1958年出版了林昌善、李汝祺等翻译的苏联学者纳乌莫夫的《动物生态学》。1959年，罗河清翻译的《动物的休眠》，孙儒泳翻译的苏联学者卡拉布霍夫的《陆生脊椎动物生态学实验研究法》。1982年，科学出版社出版了邹祥光翻译的

《动物生态学》（上下卷）。值得说明的是，1959 年由高等教育出版社出版的苏联亚历山大·彼得罗维奇·库加金著的《动物生态学》是 1957—1958 年苏联动物学家库加金到长春东北师范大学（当时的吉林师范大学）讲授动物生态学的授课讲义，后经整理出版了《动物生态学》，寿振黄为本书作序。库加金的讲学和教材影响了我国一批动物生态学家，对我国动物生态学的发展具有重要促进作用。

动物生态学方面的学术专著有马世骏的《昆虫动态与气象》，王祖望和张知彬的《鼠害治理的理论与实践》、张知彬和王祖望的《农业重要害鼠的生态学及其控制对策》。

北京师范大学、华东师范大学等高等院校是开设《动物生态学》课程较早的院校。一般理科院校生物学系开设的"普通动物学"中也有专门的动物生态学章节。在我国的动物生态学教育中产生较大影响的教材有：北京师范大学、华东师范大学等联合主编的《动物生态学》，北京师范大学孙儒泳编著的《动物生态学原理》（2001，是影响最大、范围广的教科书，2019 年出版第四版），北京大学尚玉昌的《动物行为学》、北京师范大学徐汝梅的《昆虫种群生态学》，郑光美主编的《鸟类学》等。

# 第七节　动物生态学教育

动物生态学专业教育主要是研究生教育。本科生中，一般理科院校的生物系（或生命科学学院）开设的"普通动物学"中有"动物生态学"的章节介绍。研究生教育中，中国科学院动物研究所、中国科学院西北高原动物研究所、中国科学院昆明动物研究所、中国科学院新疆生态地理研究所、中国科学院水生生物研究所、北京师范大学、浙江大学、华东师范大学、兰州大学、北京大学、西北大学、武汉大学、复旦大学、西华师范大学、东北林业大学等高校都是重要的研究生培养单位。近年来，一些高等院校新建了生态学系和生态与环境学院等，对于动物生态学学科的发展和人才培养产生了巨大的促进作用。

# 第八节　学会和学术会议

## 一、中国生态学会动物生态专业委员会

中国生态学会动物生态专业委员会于 1987 年 11 月在北京成立，随着我国经济改革等各方面的变化，动物生态学研究也得到了迅速发展，学科逐渐齐全，队伍逐渐强大，研究水平日趋提高，与国际学术界的差距在逐渐缩小，从单纯的描述性研究转向机理性探索和理论、学说的验证和发展。在学科建设方面，在继续发展传统的种群生态学和群落生态学的基础上，逐渐发展了生理生态学、行为生态学、保护生物学等，这些学科在我国发展迅速，在许多方面取得了突出成就，引起国内外学者的关注。在珍稀濒危物种保护、保护区建设、有害动物的防治和管理等方面的成绩也十分突出。改革开放以来，我国自己培养的动物生态学的硕士、博士、博士后等已逐渐成熟起来，在我国动物生态学的研究和教学中占有十分重要的地位，一大批年轻有为的青年学者成为我国动物生态学研究的中坚力量。

## 二、全国野生动物生态与资源保护学术会议

中国生态学会动物生态专业委员会从成立开始，其重要任务是加强和促进全国动物生态学的学科建设、人才队伍建设和搭建学术交流平台。动物生态专业委员会每4年召开一次全国动物生态学工作者学术研讨会，以促进和检阅我国动物生态学的发展，交流学术研究成果。2001年，经中国生态学会动物生态专业委员会与中国动物学会兽类学分会协商，决定在广西桂林联合主办"全国野生动物生态与资源管理"学术会议。此后两个委员会决定联合主办学术年会，以加强学术交流。2003年在芜湖召开"第一届全国野生动物生态与资源保护学术会议"，以后先后在哈尔滨、上海、西宁、沈阳、北京、南充、金华、武汉、桂林、南京等地召开，这个会议已经成为我国学术界的品牌会议。

## 三、全国动物生理生态学学术研讨会

第一届全国动物生理生态学学术研讨会于2011年在温州大学举行。此后，在广州华南师范大学（第二届，2012年）、云南师范大学（第三届，2013年）、重庆师范大学（第四届，2014年）、南京师范大学（第五届，2015年）、青海省西宁市（第六届，2016年）、北京师范大学（第七届，2017年）、沈阳师范大学（第八届，2018年）、河北师范大学（第九届，2019年）、温州大学（第十届，2020年）等地举行。2018年成立了中国动物学会动物生理生态学分会。

## 四、国际学术会议

除国内学术会议外，我国动物生态学家也积极参与组织国际学术会议。

国际动物学大会（International Congress of Zoology）：2004年，中国动物学会在北京主办"第19届国际动物学大会"。我国科学家主要参与创办和成立了国际动物学会，秘书处落户北京。国际动物学会先后组织了法国巴黎（第20届，2008年）、以色列海法（第21届，2012年）和日本冲绳（第22届，2016年）的会议。在这些会议上，我国动物生态学工作者都积极参与组织了一些相关的专题会场。

国际鼠类生物学与治理大会（International Symposium on Rodent Biology and Management）：1998年10月，我国科学家主要参与倡议并主办的首届国际鼠类生物学与治理大会在北京召开，来自26个国家的200多名代表参加了这次大会。由于会议的成功，鼠类生物学与治理大会被列为国际学术界例会，先后在澳大利亚堪培拉（第二届，2002年）、越南河内（第三届，2006年）、南非布隆方丹（第四届，2010年）、中国郑州（第五届，2014年）和德国（第六届，2018年）等地召开。

整合动物学国际研讨会（International Symposium of Integrative Zoology）：2006年，国际动物学会创办期刊 *Integrative Zoology*。在此基础上，国际动物学会每年或每两年举办一次整合动物学国际研讨会，截至2019年已经举办了11届。

另外，我国学者还承办了多次大型国际会议，如2002年在北京举行的"第十九届国际灵长类学大会"、2002年在北京举行的"第23届国际鸟类学大会"、2009年在北京举行的"第23届国际保护生物学大会""第四届国际雉类学术会议""亚洲两栖爬行动物学术会议"以及2016年在杭州举行的"第八届世界两栖爬行动物学大会"等。近年来，我

国学者每年都会积极参加各专业领域的国际学术会议。我国动物生态学学者已经走向国际学术舞台，我国动物生态学的研究成果在国际学术界的影响也日益增强。

# 第九节　我国著名的动物生态学家

对我国动物生态学的发展和人才培养做出重要贡献的科学家很多，在此介绍几位代表性科学家，从他们的经历可以展现我国动物生态学家奋斗的历程和对科学追求的信念。

## 寿振黄

简介见脊椎动物学部分。

## 夏武平

夏武平于 1918 年 5 月 19 日出生，河北柏乡人。1945 年毕业于私立燕京大学生物系。历任北平研究院动物研究所、中国科学院动物标本整理（工作）委员会、中国科学院动物研究室、中国科学院动物研究所研究实习员、助理研究员、副研究员，中国科学院动物研究室秘书，中国科学院动物研究所动物生态研究室副主任、主任。1966 年起，历任中国科学院西北高原生物研究所副研究员、研究员，动物生态研究室主任、副所长、所长、名誉所长。1978 年起，曾任中国生态学会副理事长、中国动物学会常务理事、中国兽类学会理事长，《兽类学报》《高寒草甸生态系统》和《高原生物学集刊》主编，《生态学报》副主编等。

夏武平早年在北平研究院动物研究所从事腹足类和鱼类学研究，1949 年 12 月开始进行鼠疫防治的研究工作，并从事啮齿动物分布、习性及生活史的调查与研究，成为中国科学院所属研究机构首位涉足动物流行病研究领域的推动者。20 世纪 50 年代，夏武平做了大量鼠类生态学的研究工作，包括小兴安岭红松直播防治鼠害的研究和流行性出血热宿主动物调查。最有影响的当推带岭林区鼠类种群的数量动态及其影响因子研究，是国内最早开展的系统观测工作，随后根据 22 年观测资料提出的数值模型分析，发现棕背䶄 3 年出现一次数量高峰的种群变动规律。从 1957 年开始，夏武平在《动物学报》等发表了一系列有关啮齿动物生态学论文。上述研究对推动我国鼠类种群生态学的发展起着重要的先导作用。

1962 年年初，在寿振黄与夏武平主持下，中国科学院动物研究所成立了我国第一个动物生态学研究室，对我国兽类学的发展，尤其是啮齿动物生态学的发展做出了重要贡献。夏武平提出组建鼠类生态学研究组的规划，明确了种群动态及其调节研究为其核心目标，积极从野外种群观测、实验生态与鼠害防治实践方向寻求相结合的发展空间，并于 1963 年开始在内蒙古草原及其农牧交错区先后建立两个长期的定位工作点，建成鼠类营养分析室、生理生态实验室和鼠类行为观察池，强调实验室内的结果力求在自然种群中得到验证。

1966 年，夏武平调入中国科学院西北高原生物研究所工作，从此扎根高原，以自己的远见卓识为西北高原生物研究所的学科建设和人才培养做出了重要贡献。他冲破重重阻力，率先成立了生态研究室，并在青海省海北州门源县建立了高寒草甸生态系统定位站，推动了高寒草甸生态系统结构与功能的研究，开创了我国陆地生态系统定位研究的先河。此外，在他的组织和指导下，以 1968 年发生的新疆小家鼠大暴发为契机，连续 16 年对小家鼠种群动态进行了观测，开展了种群动态的预测预报等一系列具有前瞻性、开拓性的工作。1973—1980 年，夏武平组织从事鼠害防治和鼠类生物学的研究人员，将多年的研究成果汇编成《灭鼠和鼠类生物学研究报告》（共 4 集）。1980 年，他倡导成立了中国兽类学会，并主持创办了《兽类学报》。在他的领导下，1981 年开始，出版发行了《高寒草甸生态系统》（共 4 集），1982 年出版发行了《高原生物学集》。他参加的朝鲜战争反对美帝细菌战的研究工作——昆虫和田鼠部分等项目获1978 年全国科学大会奖。夏武平是我国著名的兽类学家和动物生态学家，是我国兽类学和啮齿动物生态学的开创者与奠基人，为我国动物生态学的学科发展和人才培养做出了突出贡献。

## 孙儒泳

1927 年 6 月 12 日生，浙江省宁波市人。北京师范大学生物系本科毕业，曾在苏联莫斯科大学生物土壤系读研究生，获副博士学位。一直在北京师范大学生物系任教，先后任助教、讲师、副教授等职。曾任中国生态学会第三届理事长，国务院学位委员会和国家自然科学基金委员会生态学科评审组成员，教育部高等学校理科生物学教学指导委员会成员，《生态学报》和《兽类学报》副主编，《动物学报》和《动物学研究》编委，美国《生理动物学》（*Physiological Zoology*）编委等职。1991 年 7 月获国务院特殊津贴。1993 年当选中国科学院院士。

孙儒泳主要从事动物生理生态和种群生态学研究工作。在苏联完成的副博士学位论文《棕背䶄和普通田鼠某些生理生态特征的地理变异》，以 8 季 ×2 种鼠 ×2 地点的大量实验测定证明相距仅百余千米两地理种群间在生理生态特征上存在显著的地理变异，为兽类地理物种的形成微小阶段提供了生理学证据。同时，他还提出了地理变异季节相的概念。1959 年，他参加了森林脑炎自然疫源地调查，对鼠类宿主首次进行了生境分布、季节消长、垂直分布和繁殖生态等种群生态学研究，关于雄性繁殖强度研究对预测数量变动有很大的应用价值。1962年，在国家自然科学规划资助下开展了我国大家鼠属的能量代谢和水代谢研究，阐明了与栖息生境相适应的种间差异，并在计算机尚未普及的情况下引入了协方差分析。20 世纪 70 年代以后，研究工作从阐明我国鼠类的生理生态特征的种间差异、种内季节变化、年龄变异、地理变异等，向生理生态特征和能量生态控制的机理方面深入发展，并将研究领域扩展到水生动物生理生态学、行为学、保护生物学和生态系统管理等研究领域。

孙儒泳任教 50 多年来，开设了"动物生态学""动物生态学实验""动物生理生态学""脊椎动物学和生物统计"等课程。他撰写和参与撰写的专著、译著、高校教材等共 16 种，其中生态学教材 7 部，翻译国外优秀生态学教材 7 部。他编著的《动物生态学原理》和参与编著的《普通生态学》是我国影响较大、深受欢迎的教材。他负责的北京师范大学生态学课程被评为国家精品课程。孙儒泳为我国动物生态学的学科发展、教学、科研和人才培养等做出了突出贡献。

## 郑光美

简介见鸟类学部分。

## 马建章

1937 年 7 月 20 日出生，辽宁省阜新人。1960 年毕业于东北林学院。东北林业大学教授。

长期从事林业工程管理方面的科研和教学工作。结合我国国情首次提出保护、驯养、利用野生动物管理方针。提出并创立"濒危物种的管理、生境选择与改良、环境容纳量"等理论，奠定了我国野生动物管理及自然保护区建设的理论基础。主持调查规划和设计了我国第一个"开放国际猎场""湿地自然保护区"以及"中国野生动物保护与管理人才培训中心"等，为我国野生动物保护与利用、濒危动物的种群扩大与人才培养开辟了新的途径。1995 年当选为中国工程院院士。

## 王祖望

1935 年 4 月出生于浙江省宁波市。1960 年毕业于天津南开大学生物系动物专业。先后担任中国科学院西北高原生物研究所副所长、所长，中国科学院动物研究所所长，中国科学院动物研究所农业虫鼠害综合治理国家重点实验室学术委员会主任。历任中国生态学会副理事长、理事长，中国动物学会常务理事，中国动物学会兽类学会副理事长、理事长，《兽类学报》主编，《动物学报》主编，中国博士后流动站管委会生物学科专家组成员，中国科学技术协会第五届全国委员会委员，《生态学名词审定委员会》主任委员，国际大自然保护同盟（IUCN）物种保护及繁育专家组成员等。研究领域主要有小哺乳动物生理生态学、动物能量生态学、高寒草甸生态系统。先后在中国科学院河北分院海洋研究所从事海洋鱼类资源及种群生态学研究；中国科学院华北生物研究所从事啮齿动物种群生态学研究；中国科学院西北高原生物研究所从事高原啮齿动物化学及微生物防治、种群生态学、生理生态学及高寒草甸生态系统研究。1982—1984 年在美国做访问学者，先后在美国加州大学戴维斯分校野生动物及渔业生物系进行小哺乳动物摄食行为研究，美国科罗拉多州立大学动物及昆虫系进行小哺乳动物能学的研究。1991 年调入中国科学院动物研究所动物生态研究室、农业虫害鼠害国家重点实验室。2007 参加国家重点出版工程《中华大典·生物学典·动物分典》的编纂工作。

王祖望及其合作者在国内外学术刊物上发表论文 200 余篇，主编或合作主编专著多部。1990 年被国务院学位委员会批准为博士研究生指导教师。培养硕士研究生 8 名，博士研究生 14 名，博士后 3 名。享受国务院政府特殊津贴。曾获青海省科技进步奖、中国科学院科技进步奖、中国科学院自然科学奖、青海省政府"优秀专家"、中国科学院动物研究所首届杰出贡献奖和中国科学技术协会全国优秀科技工作者荣誉称号等。王祖望为我国动物生态学的学科发展和人才培养等做出了突出贡献。

# 第十节　展望

动物生态学的其他领域，如行为生态学、保护生物学等在我国发展迅速，人才队伍和研究团队数量增加很快，也有了很好的工作积累。动物生态学在我国的发展态势良好，无论学科领域的布局、研究的水平、研究队伍的建设、教育和学术交流等，都已经发生了巨大的变化。

生理生态学已经发展成为一门成熟的学科，与其他学科的作用越来越紧密，许多领域都需要我们进一步关注，如动物生理生态特征对物种分布的影响（大尺度生理学）、与种群数量动态的关系、与群落结构和生态系统稳定的关系、与保护生物学的关系、与行为学的关系，以及发展较快的应用生理生态学如生态毒理学和环境内分泌学等。我国地势环境多样复杂，如高海拔地区、沙漠干旱地区、寒冷地区和海洋水生环境等，动物对不同环境的生理适应机理和对其他组织层次的生理学影响都需要加强研究。随着全球气候变化的影响，不同动物种类在变化的环境中生理功能的适应调节以及后续影响越来越受到关注。

种群生态学的发展趋势和研究重点有以下几个方面：①动物种群区域性发生、流行规律及种群区域性发生的同步性与异质性。②阐明种群的密度调节机制，探讨密度制约、遗传和环境因素在种群密度调节中的作用，阐述种群的动力学行为机制——周期性、混沌性和时滞性；从环境适应性和进化生物学的角度揭示种群的短期适应和长期协同进化及灾变演化机制。③阐述环境因子对种群发生的调节作用，探讨全球变化和异常气候现象（如 ENSO 现象）对种群暴发的作用。④研究主要环境因素在有害生物扩散迁徙中的作用，揭示非生物因素对有害生物扩散迁移或入侵的作用。⑤从分子水平揭示种群暴发微观机制，阐明种群与遗传多样性和遗传结构的相互关系等。

全球变化对动物种群、生理、行为等方面的影响、动物对极端环境的生态适应对策、对动物行为策略的机理研究、生物入侵的生态学效应、动植物间的协同进化关系、生物多样性保育、有害动物的管理及动物在生态系统中的地位和作用等方面和领域仍然是我国动物生态学在今后相当长时间内的重要发展方向。美国学者 Brown 提出生态代谢理论（也称为代谢生态学），旨在用代谢理论将群落生态学统一起来。这是较大的一个发展，国际上已有一些实验验证工作，在我国还比较缺乏。

需要引起注意的是，由于国内近年学术评价的导向问题，如重视论文数量，忽视论文质量，尤其是过于重视 SCI 论文，需要花费长时间研究和积累的种群生态学和群落生态学等传统学科受到较大影响。此外，缺少专门的动物生态学学术期刊。学科发展不平衡，如长期的种群与群落生态学研究。很多领域都需要加强、深入。

# 参考资料

[1] 林昌善，李汝祺. 中国动物生态学家的当前任务 [J]. 科学通报，1956，7：42-48.

[2] 寿振黄. 三十年来我国的兽类学（1934—1964）[J]. 动物学杂志，1964，6：244-245.

[3] 郑光美. 我国鸟类生态学的回顾与展望 [J]. 动物学杂志，1981，16（1）：63-68.

[4] 马世骏. 中国昆虫生态学 30 年 [J]. 昆虫学报，1979，22：257-266.

[5] 夏武平. 中国兽类生态学的进展 [J]. 兽类学报，1984，4：223-238.

[6] 王祖望，张知彬. 二十年来我国兽类学研究的进展与展望：Ⅰ. 历史的回顾及兽类生态学研究 [J]. 兽类学报，2001，21：161-173.

[7] 王祖望，张知彬. 二十年来我国兽类学研究的进展与展望：Ⅱ形态分类、动物地理、古兽类学 [J]. 兽类学报，2001，21：241-250.

[8] 魏辅文. 我国濒危哺乳动物保护生物学研究进展 [J]. 兽类学报，2016，36：255-269.

[9] 王祖望，曾缙祥，韩永才. 高寒鼠兔和中华鼢鼠气体代谢的研究 [J]. 动物学报，1979，25（1）：76-85.

[10] 王祖望，曾缙祥，韩永才. 高寒草甸生态系统小哺乳动物能量动态的研究：高原鼠兔和中华鼢鼠对天然食

物消化率和同化水平的测定［J］. 动物学报，1980，26（2）：184-195.

［11］韦正道，黄文几. 三种啮齿动物气体代谢的比较研究［J］. 兽类学报，1983，3（1）：74-84.

［12］王德华. 我国哺乳动物生理生态学的一些进展和未来发展的建议［J］. 兽类学报，2011，31：15-19.

［13］王德华，杨明，刘全生，等. 小型哺乳动物生理生态学研究与进化思想［J］. 兽类学报，2009，29：343-351.

［14］Nie Y G，J R Speakman，Wu Q，et al. Exceptionally low daily energy expenditure in the bamboo-eating giant panda［J］. Science，2015，349：171-174.

［15］张晓爱. 高寒草甸十种雀形目鸟类繁殖生物学的研究［J］. 动物学报，1982，28（2）：190-199.

［16］Qu Y H，Zhao H W，Han N J，et al. Ground tit genome reveals avian adaptation to living at high altitudes in the Tibetan plateau［J］. Nature Communication，2013. DOI：10.1038/ncomms3071.

［17］计翔，陆健健. 陆生爬行动物的能量生态学研究［J］. 动物学杂志，1990，25：46-49.

［18］Du W G，Zhao B，Chen Y，et al. Behavioral thermoregulation by turtle embryos［J］. Proceedings of the National Academy of Sciences of the United States of America，2011，108：9513-9515.

［19］Du W G，Shine R. The behavioral and physiological strategies of bird and reptile embryos in response to unpredictable variation in nest temperature［J］. Biological Reviews，2015，90：19-30.

［20］李明德. 中国鱼类生态学发展史概述［J］. 天津水产，2000，1：4-7.

［21］孙儒泳. 动物生态学原理（第三版）［M］. 北京：北京师范大学出版社，2001.

［22］孙儒泳，王祖望. 陆地生态系统次级生产力的研究Ⅰ. 次级生产力研究的一些基本概念和原理［J］. 动物学杂志，1981，4：56-60.

［23］孙儒泳，王祖望. 陆地生态系统次级生产力的研究Ⅱ. 生殖生产量和估计方法［J］. 动物学杂志，1982，1：55-59.

［24］夏武平，朱盛侃. 带岭林区森林采伐后短期内鼠类数量变动趋势的补充研究［J］. 动物学报，1963，15：537-543.

［25］夏武平. 带岭林区小形鼠类数量动态的研究Ⅰ. 数量变动情况的描述［J］. 动物学报，1964，16：339-353.

［26］夏武平. 带岭林区小形鼠类数量动态的研究成果Ⅱ. 气候条件对种群数量的影响［J］. 动物学报，1966，18：8-20.

［27］夏武平，钟文勤. 内蒙古查干敖包荒漠草原撂荒地内鼠类和植物群落的演替趋势及相互作用［J］. 动物学报，1966，18：197-207.

［28］夏武平. 带岭林区采伐后短期内鼠类数量变动的趋势［J］. 动物学报，1958，10（4）：431-437.

［29］周虞灿. 小家鼠血红蛋白多态型与种群密度的关系［J］. 兽类学报，1983，3（1）：64-71.

［30］夏武平，胡锦矗. 由大熊猫的年龄结构看其种群发展趋势［J］. 兽类学报，1989，9：87-93.

［31］李进华，王歧山，李明. 短尾猴种群生态学研究Ⅲ. 年龄结构和生命表［J］. 兽类学报，1995，15：31-35.

［32］王小明，刘志霄，徐宏发，等. 贺兰山岩羊种群生态及保护［J］. 生物多样性，1998，6（1）：1-5.

［33］张知彬，王祖望. 农业重要害鼠的生态学及控制对策［M］. 北京：海洋出版社，1998.

［34］王祖望，张知彬. 害鼠治理的理论与实践［M］. 北京：科学出版社，1996.

［35］刘季科，苏建平，刘伟，等. 小型啮齿动物种群系统复合因子理论的野外实验研究：食物可利用性和捕食对根田鼠种群动态作用的分析［J］. 兽类学报，1994，14（2）：117-129.

［36］聂海燕，刘季科，苏建平. 小型啮齿动物种群系统调节复合因子理论的野外研究：食物可利用性和捕食对根田鼠种群空间行为的作用模式及其对种群调节的探讨［J］. 兽类学报，1995，15：41-52.

［37］Zhang Z，Pech R，Davis S，et al. Extrinsic and intrinsic factors determine the eruptive dynamics of Brandt's voles *Microtus brandti* in Inner Mongolia，China［J］. Oikos，2003，100：299-310.

［38］Yan Chuan，Lei Xu，Tongqin Xu，et al. Agricultural irrigation mediates climatic effects and density dependence in population dynamics of Chinese striped hamster in North China Plain［J］. Journal of Animal Ecology, 2013, 82: 334-344.

［39］钟文勤, 周庆强, 孙崇潞. 内蒙古典型草原区鼠类群落的空间配置及其结构研究［J］. 生态学学报, 1981, 1: 12-21.

［40］戴昆, 潘文石, 钟文勤. 荒漠鼠类群落格局［J］. 干旱区研究, 2001, 18: 1-7.

［41］Xiao Z, Zhang Z, Krebs C J. Long-term seed survival and dispersal dynamics in a rodent-dispersed tree: testing the predator satiation hypothesis and the predator dispersal hypothesis［J］. Journal of Ecology, 2013, 101: 1256-1264.

［42］崔鹏, 邓文洪. 鸟类群落研究进展［J］. 动物学杂志, 2007, 42: 149-158.

［43］郑光美, 张正旺. 鸟类生态学的发展趋势［J］. 动物学杂志, 1989, 24 (4): 43-45.

［44］周放. 鼎胡山森林鸟类群落的集团结构［J］. 生态学报, 1987, 7: 176-184.

［45］丁平. 中国鸟类生态学的发展与现状［J］. 动物学杂志, 2002, 37: 71-78.

［46］陈水华, 丁平, 郑光美, 等. 园林鸟类群落的岛屿性格局［J］. 生态学报, 2005, 25 (4): 657-663.

［47］张竞成, 王彦平, 蒋萍萍, 等. 千岛湖雀形目鸟类群落嵌套结构分析［J］. 生物多样性, 2008, 16 (4): 321-331.

［48］Wang Y, Zhang, M, Wang, S, et al. No evidence for the small-island effect in avian communities on islands of an inundated lake［J］. Oikos, 2012, 121: 1945-1952.

［49］Ding Z, Feeley K J, Wang Y, et al. Patterns of bird functional diversity on land-bridge island fragments［J］. Journal of Animal Ecology, 2013, 82: 781-790.

［50］Si X, Baselga A, Leprieur F, et al. Selective extinction drives taxonomic and functional alpha and beta diversities in island bird assemblages［J］. Journal of Animal Ecology, 2016, 85: 409-418.

［51］王熙, 王彦平, 丁平. 千岛湖两栖爬行类动物群落结构嵌套分析［J］. 动物学研究, 2012, 33: 439-446.

［52］尚玉昌. 动物行为学［M］. 北京: 北京大学出版社, 2005.

［53］徐汝梅. 昆虫种群生态学［M］. 北京: 北京师范大学出版社, 1987.

［54］郑光美. 鸟类学 (第2版)［M］. 北京: 北京师范大学出版社, 2012.

# 第十八章　动物行为学

## 第一节　动物行为学的建立和发展

人类仔细观察身边的动物的行为可以从史前岩画中的岩羊、盘羊、野牛得到佐证。动物行为学产生于 19 世纪，它有三个来源：①医学解剖和神经生理研究；②生物进化研究；③心理学研究。这三个领域分别产生了神经生物学、行为学和心理学。Manning and Dawkins 将与神经生物学有关的行为学研究称为生理学研究途径，而将行为学和心理学的研究途径称为"整体动物"研究途径。

达尔文是动物行为学的开拓者之一。1859 年，他在《物种起源》一书中提出了进化论，并专写了"本能"（instinct）一章。在《人与动物的情感表达》（*The Expression of Emotions in Man and Animals*，1872）一书中，达尔文更深入地研究了人与动物的行为。他将进化论思想应用于动物行为的研究，推测出动物行为的内在机制。尽管时间过去了 100 多年，今天看来达尔文的研究仍是有价值的。达尔文的学生 Romanes 研究人类的心理和行为，探讨了精神的功能与进化的关系。法布尔（Jean-Herri Fabrr）著有《昆虫记》（*Sourenir Entomologique*，2005）11 册，他详细观察记录了蚂蚁、蝉、螳螂、蜘蛛、萤火虫、蝴蝶等常见动物的行为，为当时的世人揭示了节肢动物行为的奇妙世界，是一部传世动物行为学佳作。

真正的心理学研究发端于 19 世纪，与达尔文之后生物学领域中兴起的行为学研究大致同期。Wilhelm Wundt 将心理学从哲学研究转化为科学研究。他于 1853—1920 年发表了大量著作。在心理学领域，另一个有影响的人物是 Herbert Spencer，他在 1855 发表了《心理学原理》（*Principle of Psychology*），指出从低等动物到高等动物存在意识的连续性。

最初的医学解剖奠定了人们对大脑结构、人体和动物机体形态结构的认识，促进了人们对行为的理解。18 世纪至 19 世纪中期，人们开始对大脑和神经开展研究。如 1791 年 Luigi Galvani，1850 年 Hermann von Helmholtz 开展的青蛙神经实验。1860—1870 年，法国的 Paul Broca 和德国的 Karl Wernicke 发现人类的语言问题与大脑特定区域有关，这些研究开创了神经生物学。

以上研究后来形成了与行为学有关的三大学科：行为学、比较心理学和神经生物学，这些学科在不同领域独立发展，彼此之间很少联系。早期行为学主要在欧洲发展起来，比较心理学的工作主要在美国进行。在 1950 年以前，行为学研究集中探讨自然界与特定物种有关的动物行为，很少涉及学习行为、人类行为甚至哺乳动物的行为。大多数行为研究是即景描述式的，但是，也有像 Karl von Frisch 这样的行为学家，他进行了动物行为学研究的实验设计和统计分析。随着其他学科的研究进展，行为学、比较心理学与神经生物学开始走向融合。一个现代综合行为学开始形成。

　　芝加哥大学的 Charles Whiteman 和柏林动物园的 Oskar Heinroth 被认为是行为学的探路者。Whiteman 研究了鸽子的繁殖行为，Heinroth 研究了鸭的行为，他们都发现炫耀行为在不同的物种中是不相同的，可以作为动物的分类特征。Whiteman 的学生 Wallace Craig 发现复杂行为如觅食、性活动和筑巢行为等通常由一个上升期和一个消失期组成。在上升期，动物积极寻找，并将行为指向外部刺激。上升期不同动物行为强度不同，但是，消失期是相对恒定的。在消失期之后是静止期，在静止期动物行为阈值高，有时动物根本不活动。而后，Konrad Lorenz、von Frisch 和 Niko Tinbergen 开展了鸟类、鱼类和昆虫行为学研究。他们在自然环境中观察了许多无脊椎动物和脊椎动物，研究了动物行为的终极原因和直接原因。1951 年，Tinbergen 发表了《本能的研究》(*The Study of Instinct*)，总结了当时的动物行为研究成果。

　　在早期，比较心理学与行为学是密切相关的。比较心理学家 William James 在其著作《心理学原理》(*The Principles of Psychology*) 中系统阐述了个体心理在其适应环境时所发挥的功能，其观点影响了行为学和比较心理学两个学科的研究人员。在以后的 30 年中，许多人开始投身心理学研究。这一时期关于意识的争论很多。比较心理学分裂为结构主义和内省主义，许多观点导致了拟人观。许多企图检验内在精神状态的努力被抛弃了，人们将注意力转移到观察外部行为表达，这成为以后比较心理学的基础。

　　Lloyd Morgan 在 1894 年发表了《比较心理学导论》(*Introduction to Comparative Psychology*)，他抛弃了理解动物行为时的拟人观。他指出："任何形式下，如果存在可能将一种行动理解为在心理尺度上较低的中枢的活动结果的话，我们不必将其理解为高级心理中枢活动的结果。"也就是说，一个行为如果能归结于一种条件反射的话，不应当理解为思维的结果。这个原则称为"摩根加农法则"。

　　Edward Lee Thorndike 在 1911 年发表了《动物智力的实验研究》(*Animal Intelligence : Experimental Studies*) 和一系列论文。他用所谓的"问题箱"进行了一系列动物实验，观察受试动物需要多长时间才能打开"问题箱"的门跑出来。他记录了受试动物在一系列实验的成功率。根据实验，Thorndike 提出了练习与效果律 (Law of exercise and effect)。根据练习与效果律，一种行为随着不断练习而熟练。事实上，我们常说的"曲不离口，拳不离手"与练习与效果律异曲同工。练习与效果律表明，愉快时比不愉快时更能激发一种行为响应。练习与效果律一般称为报酬与惩罚法则。

　　1938 年，B. F. Skinner 发表了《生物的行为》(*The Behavior of Organisms*)。Skinner 利用"Skinner 箱"研究了与强化有关的条件反射 (Skinner 不用惩罚与报酬这些词，因为这些词带有内在效应)。动物的可以强化的反应称为操作子 (operant)。学习是操作子条件反射。操作子条件反射与经典条件反射不同，前者改变效应的模式，因为强化仅在一些响应后发生，而在另一些响应后不会发生。经典条件反射则是通过一系列的惩罚与报酬来形成的。

　　在比较心理学中，关于经典条件反射与操作子条件反射的性质的讨论一直持续到 20 世纪 60 年代，直到今天仍在继续。争执的焦点是简单条件反射与操作子条件反射是两个不同的反射还是同一个反射。除研究条件反射外，Schneirla 研究了服习与印痕。Garcia 和他的同事在 20 世纪 60 年代和 70 年代研究了对味觉回避的学习，发现他们的研究结果与传统的条件反射有显著的差异，提出了进化预设机制影响条件反射的观点。

神经生物学从经典的医学、解剖学和生理学发展而来。由于学科的本质,神经生物学研究队伍比行为学和比较心理学的研究队伍大,并且获得了较多的资助。17 世纪和 18 世纪,人们对神经系统的解剖已经了解得比较清楚。但是,关于神经传导的生物电特性直到 19 世纪才弄清楚。

除了从疾病、伤残而导致神经系统受损的人身上收集资料外,神经生物学家们还从实验动物,如狗、猫、白鼠和猕猴身上开展实验,以了解动物神经系统的工作。Charles Sherrington 从 1890 年到第二次世界大战期间在狗和猴的身上进行了大量实验。他切除了实验动物的小脑,在不同的部位切断实验动物的脊髓,发现了神经突触和反射弧通径的重要信息。同时,俄国生理学家巴甫罗夫发现了固有反射和条件反射。同一时期,人们在内分泌激素对动物行为的作用方面取得了重要进展。

20 世纪 50 年代,Konrad Lorenz 和 Niko Tinbergen 奠定了现代行为学研究的理论基础。Tinbergen 提出了 4 个关于动物行为研究的著名问题:①生理机制怎样调节动物的行为;②这些机制在动物个体水平上如何发育;③行为特征的适应价值在哪里;④在进化历史上这些行为特征是如何出现并变化的。不过当时人们更多地关心前两个问题,而没有深入探讨行为的适应意义,因此,动物行为方面的研究当时还停留在纯行为学研究上。

行为生态学是行为学中一个发展较快的分支。行为生态学研究的第一次高潮是对动物觅食策略的研究。20 世纪 70 年代,Charnov 应用经济学的边际效益原理研究动物在斑块环境中的觅食,提出了觅食行为优化理论,用以预言动物觅食行为的一般规律。行为生态学者将这一理论模型应用于许多动物,取得了令人信服的结果,引起人们对优化行为研究的极大兴趣。1986 年,Stephens 和 Krebs 撰写了《采食理论》(*Foraging Theory*)一书,系统地总结了动物优化采食的理论基础和实验结果。该书的出版标志着对动物生存策略的研究达到了高潮。

20 世纪 90 年代以来,行为学研究中的一个显著变化是人们研究动物繁殖策略和性选择行为的兴趣增加,而对研究动物觅食行为的兴趣在下降。这一现象反映了行为生态学者研究兴趣从研究动物的生存行为向研究繁殖行为的转移。动物繁殖行为策略的研究,是行为生态学研究的第二次高潮。

行为学的主要研究领域有:①繁殖策略,包括性选择、性冲突与交配制度;②生存策略,主要是觅食策略和觅食行为代价研究;③社会行为、互惠行为、家庭起源与亲子代间冲突;④行为与种群密度周期之间的关系;⑤行为策略的进化稳定性;⑥濒危物种迁地保护环境中的行为发育;⑦行为的机制;⑧行为生态学的应用;⑨保护行为学,文化的演化等。值得一提的是,Jane Goodall(1990)对动物工具使用等文化行为的研究以及 Frans de Waal(1996)对动物(特别是灵长类)伦理行为的研究进展,使动物行为的研究真正成为生物学和社会科学的交叉学科。

# 第二节　动物行为学在中国的发展

动物行为学研究在中国分为启蒙期、引入期和研究盛期。中国古人已经将行为作为区分动物与静物、植物的特征,并对动物的行为做了详细的观察与记录。郭郛等曾在《中国古代动物学史》一书中撰写了《动物的行为》一章，系统记载了古人在古籍中对动物行为的观察与理解的记载。成书于清雍正年间的《古今图书集成 博物汇编 禽虫典》则详细记载了我国典籍中动物的形态、习性。然而，中国古代对动物行为的记录是零星的、随意的，缺乏对行为机制的探讨，没有形成完整的学科。

中国行为学起步较晚。20世纪中国引入动物学，人们研究动物分类、生活史和生态学时而研究动物行为。动物行为研究是动物学研究的组成部分。在过去相当长的一段时间内，中国动物学研究集中于经济动物的研究。对动物，特别是脊椎动物的研究，动物学家通过采集标本进行分类研究，而不是研究活的整体动物。20世纪中期，在东亚飞蝗的迁飞规律、结合鼠害研究而开展的行为研究等方面，中国研究人员做出了突出贡献。

20世纪80年代是中国行为学的引进时期。自20世纪80年代开始，李世安出版了《应用动物行为学》，范志勤出版了《动物行为》。1984—1990年，《生物学杂志》连续刊载了尚玉昌的行为生态学系列讲座。1986—1987年，尚玉昌在《生物学通报》发表了行为学系列讲座，标志着动物行为学和行为生态学的基本原理与方法被引入我国。

20世纪90年代以来，行为学引入各个学科：朱景瑞出版了大学教材《家畜行为学》，介绍了家养动物的行为问题与研究进展。李道增出版了《环境行为学概论》，将行为学原理引入建筑环境设计。尚玉昌出版了《行为生态学》。2003年，尚玉昌在台湾出版了同名著作《行为生态学》，这两本书系统地介绍了现代行为生态学的基本理论和研究方法，推动了行为学和生态学在我国的发展。2005年，尚玉昌出版了《动物行为学》，为中国动物行为学教学提供了一本内容全面的教材。

在我国行为学研究蓬勃发展的同时，保护生物学也被引入国内，科学家们在濒危物种的行为研究与保护方面开展了大量工作。行为学、行为生态学和保护生物学的引入，为保护行为学在我国的发展奠定了基础。以濒危物种为研究对象是我国行为学研究的一个特点，行为学研究在物种保护实践中起到了理论指导作用。我国研究人员逐步实现了从在实验室研究动物标本到野外观察活的动物的转变，中国动物行为学研究进入一个繁星灿烂的时代。

研究内容包括个体和群体行为，并逐渐从行为习性的描述转到行为的量化分析，新的研究手段和数理统计方法也被成功应用。如白鳍豚 *Lipotes vexillifer*、江豚 *Neophocaena phocaenoides* 的回声研究，啮齿动物储食行为、繁殖行为、社会行为和警戒行为。从大熊猫（*Ailuropoda melanoleuca*）、藏羚羊（*Pantholop hodgsoni*）、海南坡鹿（*Cervus eldi hainanus*）等濒危物种的就地保护和麋鹿（*Elaphurus davidianus*）、赛加羚羊（*Saiga tatarica*）等濒危物种的迁地保护成功案例来看，尽管有些工作不是纯粹行为学研究，但是行为学研究已经渗透野生动物保护工作中。一些学者还在野外系统地研究了短尾猴（*Macaca thibetana*）的行为及其与环境和人类活动的关系，并探讨了行为适应性对物种存活和保护的启示，发现麋鹿保留了对历史捕食者的记忆。我国野生动物保护工作者在人工饲养状态下成功地繁殖了许多濒危物种，如东北虎（*Panthera tigris altaica*）、朱鹮（*Nipponia nippon*）、扬子鳄（*Alligator sinensis*）等，这标志着我国研究人员在一些行为生态学领域已经取得了可喜进展。然而，这些研究多是应用性行为研究，以野外研究见长。啮齿动物种类多，分布广，是一类可能危害农业、林业和牧业生产的动物，许多啮齿动物是病原媒介，因此，啮齿动物是在我国研究较多的一类动物。郭聪曾在郑智民等人主编的《啮齿动物学》中介绍了啮齿动物行为研究的方法。

昆虫是一个数量繁多的动物类群，昆虫行为研究一直是动物行为研究的主要领域。秦玉川出版了《昆虫行为学导论》，系统总结了昆虫行为学研究史、昆虫的感官、本能、行为生理、节律、定向、通信、真社会行为等，为昆虫行为学教学提供了系统的参考书。

近年来，中国动物行为学研究有新的进展。李忠秋与法国国家科学院 Courchamp、美国加州大学洛杉矶分校 Blumstein 发现信鸽随着雾霾加重归巢速度加快，2015 年，他们发表了 *Pigeons home faster through polluted air*，揭示了动物对雾霾污染的行为反馈。中国科学院西双版纳热带植物园陈占起、权锐昌研究团队首次发现大蚁蛛（*Toxeus magnus*）有类似于哺乳动物哺乳后代的"哺乳行为"，这是世界上首例哺乳动物之外用亲代以体液长期抚育后代的发现。该研究成果以 *Prolonged milk provisioning in a jumping spider* 为题于 2018 年 11 月 30 日在线发表在 *Science* 上。2019 年，陈嘉妮、孙悦华等以 *Problem—solving males become more attractive to female budgerigars* 为题在《科学》杂志上发表研究成果。报道虎皮鹦鹉雄鸟通过观察学习取食技术可以影响其配偶选择，它支持了达尔文开始提出的假设，即配偶选择可能会影响动物认知特征的进化。

# 第三节 研究进展

通过检索 1980—2014 年的行为学研究文献（图 18-1），判断是否属于动物行为学研究的内容，最后筛选出 360 篇英文文献，分布于 1991—2014 年。考虑到可能与其他文献有重复，对中英文文献进行筛选时都排除了综述类、会议类论文，最终筛选出 1358 篇。总体上，中国行为学研究在 20 世纪起步，2007 年，我国学者发表的文献到达高峰。近两年来，我国学者在国外发表的论文持续上升，说明行为生态学研究在发展。然而，我们在动物行为生态的机制和前沿仍缺乏研究布局，没有开发出理想的实验室模式动物，也缺乏研究方法的探索和研究技术的开发。

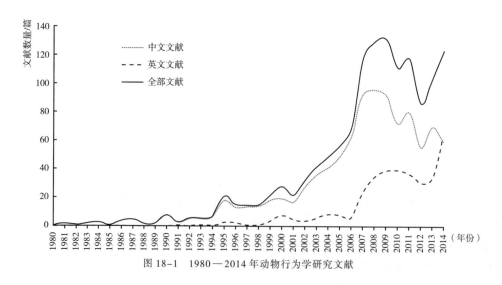

图 18-1 1980—2014 年动物行为学研究文献

行为学研究有着无穷无尽的应用潜力。应当看到，行为学是我国生物学研究中的一块短板，行为学研究方法与技术又是我国生物学研究短板中的短板。在生命学科迅猛发展趋势下，行为生态学中新的热点不断涌现。表观遗传学、基因组方法、神经生物学方法的发展以及卫星跟踪、互联网、芯片技术、大数据、人工智能等促进了行为学的发展。

2010 年，科技部生物技术发展中心部署了生物学技术与方法战略研究，作为《生物学技术与方法》丛书的一本，2012 年出版了《行为学研究方法与技术》一书，跟踪国际前沿发展动态，研讨行为学研究方法与技术基本原理，探索研究方法与技术的应用前景以及改进的潜力和展望。

## 第四节　主要研究单位

国内许多大学与研究机构开展了动物行为学研究。例如：安徽大学资源与环境工程学院在灵长类行为生态学的研究方面做出了重要贡献，王岐山教授及李进华教授带领的研究团队对黄山短尾猴的社会行为开展了广泛研究，周立志及其团队在水鸟越冬生态及其多样性维持机制等方面开展了广泛研究。安徽师范大学生命科学学院生物多样性研究中心在扬子鳄、金头闭壳龟等动物的行为生态学、神经系统－内分泌系统－免疫系统的调控机理等方面开展了广泛研究。北京大学生命科学学院在大熊猫、白头叶猴、川金丝猴的社会行为、中型食肉动物的食性等方面开展了广泛研究。北京林业大学生物科学与技术学院在雪豹等生物的濒危机制与保护技术，野骆驼等野生动物的社区冲突机制与管理对策，大中型捕食动物的种群生态与共存机制等方面开展了广泛研究。为哺乳类、鸟类等野生动物的行为研究、保护与监测做出了重要贡献。北京师范大学生命科学学院在大熊猫、亚洲象、东北虎等珍稀濒危兽类的行为生态学和栖息地保护等领域开展研究，郑光美院士及其团队长期以来在珍稀濒危雉类的生态适应机制、种群动态、驯养繁殖及其保护对策等方面开展了广泛研究。东北林业大学野生动物资源学院在东北虎有蹄类动物的行为与保护等方面开展了广泛研究。东北师范大学以红隼等生物为研究对象，在鸟类的生态及行为学、保护生物学等方面开展了广泛研究。湖北大学生命科学学院以节肢动物门蛛形纲和农业害虫为研究对象，研究领域包括动物体色的起源与进化、隐蔽色和拟态、寄主选择和生殖、害虫综合防治等。华东师范大学生命学院以藏狐、岩羊、蝙蝠等生物为研究对象，在鸟类、哺乳类等野生动物的行为、保护、人类活动对其行为的影响等方面开展了广泛研究。华南师范大学神经生理研究所研究了鸟鸣学习记忆机理、鸟类习鸣过程（神经回路及其调控机制），形成了国内比较生理学领域的特色研究方向之一。华中师范大学生命科学学院以金丝猴、树蛙和髭蟾等野生动物为研究对象，利用生态学、遗传学和进化生物学的方法和技术手段研究动物的性选择、性别分配和性二态的发育和进化，两栖类动物繁殖行为及相关的遗传机理和进化机制，野生动物资源与保护等。兰州大学以青藏高原地山雀、赭红尾鸲和角百灵等生物为研究对象，在鸟类形态、行为（繁殖行为等）及生活史等方面开展了广泛的生态学研究。辽宁大学生命科学学院生命科学系在鸟类繁殖生态学、行为生态学、生物多样性资源调查与监测、环境变化对鸟类的影响等方面开展了广泛研究。中国科学院动物研究所在动物行为领域的工作主要着重于对濒危动物的研究，以分子生态学和行为生态学研究内容为主线，从宏微观方面了解和探讨我国濒危动物的行为、适应性进化等，以期探讨其濒危机制，并在此基础上提出相应的保护策略。此外，对中国森林鸟类，重点是青藏高原高山针叶林特有鸟类的生活史和行为生态学，以及爬行动物适应机制方面开展了研究。中国科学院西北高原生物研究所重点开展高原生物及生态系统生态适应和进化模式、青藏高原生物对全球变化的响应研究，重点研究极端环境下生物与土壤、气候和人类活动的相互耦合关系，其中啮齿类动物的行为研究是主要的部分。中国科学院昆明动物研究所以东喜马拉雅－横断山地区小型哺乳动物及灵长类动物为研究对象，探讨横断山区哺乳动物多样性形成的基础与黑长臂猿的生态行为及其适应性，同时致力于该地区哺乳动物资源利用与保护等方面的研究。中国科学院成都生物研究所在赵尔宓、费梁等老一辈的带领下，成为全国两栖爬行动物的研究中心。在蛙类和壁虎类的语音通信、适应及进化，语音通信在配偶识别和竞争策略中的作用等方面开展了广泛研究。中国科学院水生生物研究所以白鳍豚、江豚、中华白海豚和扬子鳄等国家重点保护水生珍稀野生动物为研究对象，围绕物种保护问题，深入开展行为学、声学研究，重点解决自然保护和饲养繁殖的理论和实践问题。中国林业科学研究院近年来在野骆驼、普氏原羚种群动态与景观异质性关系等方面开展了研究。

# 第五节　相关学术会议

2007 年 12 月，"动物行为学高级培训班暨首次动物行为学研讨会"在中国科学院动物研究所成功举办，参会人员约 150 人。来自国内外的学者，如中国科学院动物研究所蒋志刚、北京师范大学刘定震等做了大会报告，代表们围绕当前行为生态学的热点问题做了讨论和交流，其间还邀请国外学者讲授了行为生态学课程。大会决定筹备成立隶属于中国动物学会的"动物行为学专业委员会"。

2009 年 11 月，第二届全国动物行为学研讨会在合肥召开，来自全国 21 个省市 53 个科研机构和高等院校的 132 位专家学者云集，交流动物行为学领域的最新研究成果、新方法、新技术。整合行为学研究技术培训班在会上同期开班。

2011 年 7 月，"第三届全国动物行为学研讨会"暨"亚太整合行为科学国际论坛"在陕西西安举行。会议得到了国家自然科学基金委和陕西省科学技术协会等机构资助。中国科学院动物研究所蒋志刚与日本生理学会 Yasuo Sakuma 担任大会主席，包括来自加拿大曼尼托巴大学的 James. F. Hare、陕西师范大学"长江学者"张暇、美国阿克伦大学的 Bruce Cushing、佛罗里达州立大学的汪作新教授、威斯康星大学的 Cathy Marler、中央华盛顿大学的孙立新、华东师范大学的梅兵、英国剑桥大学的 Martin Stevens、日本筑波大学的 Sonoko Ogawa 和瑞典卡洛林斯卡学院的 Sven Ove Ögren 等近 160 名代表参会。

2013 年 11 月，由华东师范大学、中国科学院动物研究所和上海市动物协会主办的"第四届全国动物行为学研讨会暨行为学整合研究技术培训班"在上海中山路举办。本次会议主题围绕"环境－基因－行为"，探讨了动物行为的适应和进化、动物行为的应用和仿生、行为的可塑性与遗传等行为生态学问题。中国科学院神经科学研究所、中国科学院动物研究所、西北大学、南京航空航天大学、瑞典联邦理工大学、华东师范大学、美国芝加哥大学等多名相关领域专家做了专题报告，同时为青年学者组织了青年论坛和技术培训。

2015 年 1 月，中国动物学会第十七届常务理事会经过讨论，同意成立"中国动物学会动物行为学专业委员会"。2015 年 10 月，中国动物学会动物行为学专业委员会成立大会在中国科学院动物研究所召开，同时举办了第五届中国动物行为学研讨会，来自 58 家国内高等院校和科研单位以及法国、英国、新加坡、荷兰和日本的动物行为学者专家参加了本次盛会。会议通过了学会会徽，选举出 68 名动物行为学专业委员会理事，以及常务理事、理事长和秘书长等人选。

中国动物学会动物行为学专业委员会挂靠在中国科学院动物研究所。该专业委员会的成立，是我国动物学研究史中的一个重要事件和里程碑，预示着我国动物行为生态研究更加璀璨的光明前景，有助于进一步推动我国动物学的研究发展。郑光美、王祖望、赵其昆、宋佳坤、沈钧贤、尚玉昌等老一辈动物行为生态学家为我国动物行为生态学学科发展以及学会的成立做出了重要贡献。

2019 年 11 月，中国动物学会动物行为学分会第三届学术年会暨全国动物行为学第七次研讨会在海南省海口市召开。本次会议由动物行为学分会主办，热带岛屿生态学教育部重点实验室、海南师范大学生命科学学院和海南省动物学会承办。本次会议的主题为"快速发展的中国动物行为学"。来自全国 31 个省份的 288 名代表（含学生代表 105 名）参加了本届学术盛会。此外，新加坡大学的李代芹、日本筑波大学的 Sonoko Ogawa 等也参加了大会。

本届会议安排了 8 个大会特邀报告、5 个专题会议、57 个专题报告，同时还展出了 72 个壁报，共收到摘要 130 篇。海南师范大学杨灿朝和西北大学齐晓光被评选为首届"诺达思动物行为学杰出贡献奖"获奖者。这次会议还进行了动物行为学分会换届选举工作。会员代表选举产生了中国动物学会动物行为学分会第二届委员会委员，并召开了第二届委员会第一次会议，选举产生了第二届委员会主任委员、副主任委员及秘书长，并进行了分工。

# 第六节　展　望

动物行为学是研究动植物的行为与其所处环境之间相互关系的科学。它不仅限于了解行为本身，更是联系动植物所处的自然、社会环境，探究影响和调节此行为发生的机制；揭示物种在进化中个体增加自身适合度的具体策略。行为生态学是一门古老的学科，自人类出现起就开始对身边动物的行为进行观察、思考和模仿。20 世纪 70 年代起，随着动物行为学研究方法的提出，以及理论体系的初步建立，行为学的研究逐渐走向成熟与繁盛。当代的行为学研究是建立在假说的建立与验证、行为量化采集和分析基础之上，结合分子生物学、生理学等多学科、多尺度的立体交叉式学科。当前研究的内容包括动植物的性行为与繁殖策略，栖息地的利用与个体扩散及婚配系统，捕食与反捕食对策，声音与通信行为等。

我国由于具有丰富的物种资源和多样的生态系统，在行为学的发展方面具有得天独厚的优势。随着新技术、新方法的不断创新，知识体系的丰富，研究方案设计与团队建设的完善，未来行为学的发展一定大有可为，必将推动我国生态学研究向前发展，为我国的生态系统及濒危动植物的保护提供科学依据。

# 参考资料

［1］ Houck L D, Drichamer L C（eds.）. Foundations of Animal Behavior［M］. Chicago：The University of Chicago Press，1996.

［2］ Grier J W, Burk T. Biology of Animal Behavior. 2nd edition［M］. Dubuque, IA, USA：Wm. C. Brown Communications, Inc, 1992.

［3］ 法布尔. 昆虫记［M］. 北京：中国戏剧出版社，2005.

［4］ Kandel E R, Schwartz J H. Principles of Neural Science［M］. New York：Elsevier，1985.

［5］ Drickamer L C, Vessey S H, Meikle D. Animal Behavior：Mechanism, Ecology, Evolution. 4th edition［M］. Wm. C.Brown Communications, Inc. Dubuque, IA, USA, 1996.

［6］ Lorenz K Z. Evolution and Modification of Behavior［M］. Chicago：University of Chicago Press，1965.

［7］ Alcock J. Animal Behavior. 9th ed. Sunderland［M］. MA：Sinauer Associates，2009.

［8］ Krebs J R, Davies N B. Behavioral Ecology：An Evolutionary Approach. 3rd edition［M］. Oxford：Blackwell Scientific Publication. 1991.

［9］ Charnov E. L. Optimal foraging：The marginal value theorem［J］. Theoretical Population Biology，1976，9：129–136.

［10］ Gould J L. *Ethology*, *the* Mechanisms and Evolution of Behavior［M］. New York：W. W. Norton & Company，1982.

［11］ 蒋志刚. 动物行为原理与物种保护方法［M］. 北京：科学出版社，2004.

［12］ Alcock J. A textbook history of animal behaviour［J］. Animal behviour，2003，65：3–10.

［13］ Keller L. All's fair when love is war（News and Views）［J］. Nature，1995，373：190–191.

［14］ van Schaik C P, S B Hardy. Intensity of local resource competition shapes the relationship between maternal rank and sex ratios at birth in cercopithecine primates［J］. American Naturalist，1991，138：1555–1562.

［15］ Westneat D F, Sherman P W. Parentage and the evolution of parental behavior［J］. Behavioral Ecology，1993，4：66–77.

［16］ Trivers R L, D E Willard. Natural selection of parental ability to vary the sex ratio of offspring［J］. Science，1973，179：90–92.

［17］ Hart B L, The Behavior of Domestic Animals［M］. New York：W.H. Freeman and Co，1985.

［18］ Caro T. Behavioral Ecology and Conservation Biology［M］. New York：Oxford University Press，1998.

［19］ Gosling LM, Sutherland WJ. Behaviour and Conservation［M］. New York：Cambridge University Press，2000.

［20］ Festa-Bianchet M, M Apollonio, et al. Animal Behavior and Wildlife Conservation［M］. Washington, D.C.：Island Press，2003.

［21］ Whitehead H. Cultural selection and genetic diversity in matrilineal whales［J］. Science，1998，282：1708–1711.

［22］ Goodall J. Through a Window：30 Years Observing the Gombe Chimpanzees［M］. London：Weidenfeld & Nicolson，1990.

［23］ van de Waal E, C Borgeaud, A Whiten. Potent social learning and conformity shape a wild primate's foraging decisions［J］. Science，2013，340：483–485.

［24］ 蒋志刚，马勇，吴毅，等. 中国哺乳动物多样性与地理分布［M］. 北京：科学出版社，2015.

［25］ Kahneman D, Tversky A. Prospect theory：An analysis of decisions under risk［J］. Econometrica，1979，47（2）：263–291.

［26］ Kahneman D, Tversky A. Choices, values and frames［J］. American Psychologist，1984，39：341–350.

［27］ 郭郛，李约瑟，成庆泰. 中国古代动物学史［M］. 北京：科学出版社，1999.

［28］寿振黄. 中国经济动物志·兽类［M］. 北京：科学出版社，1963.

［29］夏武平. 中国经济图谱·兽类［M］. 北京：科学出版社，1964.

［30］郑智民，姜志宽，陈安国. 啮齿动物学［M］. 上海：上海交通大学出版社，2008.

［31］范志勤. 动物行为［M］. 北京：科学出版社，1988.

［32］李世安. 应用动物行为学［M］. 哈尔滨：黑龙江人民出版社，1985.

［33］朱景瑞. 家畜行为学［M］. 北京：中国农业出版社，1996.

［34］李道增. 环境行为学概论［M］. 北京：清华大学出版社，1999.

［35］尚玉昌. 行为生态学［M］. 北京：北京大学出版社，1998.

［36］尚玉昌. 行为生态学［M］. 台北：五南图书出版公司，2003.

［37］尚玉昌. 动物行为学［M］. 北京：北京大学出版社，2005.

［38］Wu H, Zhan X J, Zhang Z J, et al. Thirty-three microsatellite loci for noninvasive genetic studies of the giant panda (Ailuropoda melanoleuca)［J］. Conservation Genetics, 2009, 10: 649-652.

［39］Xia D P, Li J H, Garber P A, et al. Grooming reciprocity in male Tibetan macaques［J］. American Journal of Primatology, 2013, 75: 1009-1020.

［40］Xiang Z F, Yang B H, Yu Y, et al. Males collectively defend their one-male units against bachelor males in a multilevel primate society［J］. American Journal of Primatology, 2014, 76: 609-617.

［41］Xie D M, Lu J Q, Sichilima A M, et al. Patterns of habitat selection and use by Macaca mulatta tcheliensis in winter and early spring in temperate forest, Jiyuan, China［J］. Biologia, 2012, 67: 234-239.

［42］Yin L J, Jin T, Watanabe K, et al. Male attacks on infants and infant mortality during male takeovers in wild white headed langurs (Trachypithecus leucocephalus)［J］. Integrative Zoology, 2013, 8: 365-377.

［43］Zhang P, Li B G, QI X G, et al. A proximity-based social network of the Sichuan snub-nosed monkey (Rhinopithecus roxellana)［J］. International Journal of Primatology, 2012, 33: 1081-1095.

［44］Zhou Q H, Wei H, Tang H X, et al. Niche separation of sympatric macaques, Macaca assamensis and M. mulatta, in limestone habitats of Nonggang, China［J］. Primates, 2014, 55: 125-137.

［45］Wang X, Sun L, Li J H, et al. Collective movement in the Tibetan macaques (Macaca thibetana): early joiners write the rule of the game［J］. PLoS One, 2015, 10 (5): e0127459.

［46］Liu D, Wang Z, Tian H, et al. Behaviors of giant pandas (Ailuropoda melanoleuca) in captive conditions: gender differences and enclosure effects［J］. Zoo Biology, 2003, 22 (1): 77-82.

［47］Zhan X J, F W Wei. Molecular analysis of dispersal in giant pandas［J］. Molecular Ecology, 2007, 16: 3792-3800.

［48］王德忠，罗宁，谷景和. 赛加羚羊（Saiga tatarica）在我国原产地的引种驯养［J］. 生物多样性，1998，6 (4): 309-311.

［49］李进华. 黄山短尾猴的社会［M］. 合肥：安徽人民出版社. 1999.

［50］马建章，金崑. 虎研究［M］. 上海：上海科技教育出版社，2004.

［51］丁长青，李峰. 朱鹮的保护与研究［J］. 动物学杂志，2005，40 (6): 54-62.

［52］吴孝兵，陈壁辉. 扬子鳄资源数量、价值及开发利用现状［J］. 自然资源学报，1999，14 (2): 183-186.

［53］秦玉川. 昆虫行为学导论［M］. 北京：科学出版社，2009.

［54］蒋志刚，李春旺，彭建军，等. 行为的结构、刚性和多样性［J］. 生物多样性，2001，9: 265-274.

［55］Wu H, X J Zhan, Z J Zhang, et al. Thirty-three microsatellite loci for noninvasive genetic studies of the giant panda (Ailuropoda melanoleuca)［J］. Conservation Genetics, 2009, 10: 649-652.

［56］Xia D P, Li J H, Garber P A, et al. Grooming reciprocity in male Tibetan macaques［J］. American Journal of Primatology, 2013, 75: 1009-1020.

［57］Xiang Z F, Yang B H, Yu Y, et al. Males collectively defend their one-male units against bachelor males in a multilevel primate society［J］. American Journal of Primatology, 2014, 76: 609-617.

［58］ Xie D M, Lu J Q, Sichilima A M, et al. Patterns of habitat selection and use by Macaca mulatta tcheliensis in winter and early spring in temperate forest, Jiyuan, China ［J］. Biologia, 2012, 67: 234-239.

［59］ Yin L J, Jin T, Watanabe K, et al. Male attacks on infants and infant mortality during male takeovers in wild white headed langurs (Trachypithecus leucocephalus) ［J］. Integrative Zoology, 2013, 8: 365-377.

［60］ Zhang P, Li B G, QI X G, et al. A proximity-based social network of the Sichuan snub-nosed monkey (Rhinopithecus roxellana) ［J］. International Journal of Primatology, 2012, 33: 1081-1095.

［61］ Zhou Q H, Wei H, Tang H X, et al. Niche separation of sympatric macaques, Macaca assamensis and M. mulatta, in limestone habitats of Nonggang, China ［J］. Primates, 2014, 55: 125-137.

# 第十九章　行为生态学

## 第一节　国际发展简述

　　行为生态学是行为学与生态学的交叉学科，它研究生物的行为与其所处的非生物环境和生物环境之间的相互关系，即探究生物在一定的栖息地条件下的行为方式、行为机制、行为的生态学意义的科学。行为生态学研究的主体既包括植物，也包括动物，但主要集中在昆虫、鱼类、鸟类，特别是哺乳动物上。它通过对研究对象的自然观察或实验设计，了解动植物行为发生的原因和模式，并通过联系其所处的自然、社会环境，探究影响这些行为发生与调节的机制；揭示物种在进化中通过改变自身行为，增加其适合度的具体过程和策略，从而在理论方面增进对生态系统内各物种如何与环境相协调、生存、繁衍的普遍规律的认识。

　　动物行为生态学涉及动物学、社会学、遗传学、生理学、心理学、进化论和经济学等学科。总的来说，生物与所处环境相关的行为表现都属于行为生态学的研究范畴，其研究范围主要包括：①动物的觅食行为、营养策略及其适应性；②动植物的性行为与繁殖策略；③栖息地的选择、家域、扩散与婚配系统；④反捕食对策；⑤社会组织与社会行为；⑥动物行为的生理、遗传学调节；⑦动物活动的节律与生态限制因子；⑧亲缘关系与亲选择对动物行为的影响；⑨声音与通信行为等。

　　行为生态学的发展是一个古老而漫长的过程，早在人类诞生之初，就已经开始对身边的动物及其行为进行观察，思考这些现象发生的原因，并进行相应的模仿。例如对食物的储藏，早期人类和非人灵长类都是食物采集型物种，食物的来源高度依赖环境的供给与季节性的变化，当冬季来临时，热量的摄入与保存便面临极大挑战。正是得益于对啮齿类动物储藏行为的观察，人类学会将采集与种植的果实进行储藏，当面对冬季这样的食物枯竭期时，生存率大大提高。

　　18 世纪以后，随着西方文明的发展，博物学家们对生命世界的观察与研究开始逐步变得科学化与系统化，行为生态学作为一种实践性和理论性并存的学科，也开始逐渐萌芽。达尔文在其近代生物学启蒙的标志性著作《物种起源》和《人类的由来及性选择》中就阐述了生物体改变自身行为以适应复杂的环境，得到更优繁殖机会的诸多案例，这标志着人类开始以进化历史的宏观角度思考生态系统内的成员之间在激烈的竞争中通过调节和改变自身适合度获得相对有限的生存资源的科学问题。此外，达尔文通过对"利他行为"的思考，发现生命体本身存在着一种与"自私与生存"截然相反的行为现象，并提出这可能源自一种复杂的行为机制，间接地使其遗传基因得以更好延续，从而引出了"行为策略"的概念。

　　行为生态学作为一门独立的学科被正式提出，开始于 20 世纪 40 年代。Carpenter 通过对灵长类社会行为的研究发现，不同的物种在针对同一环境的进化历史中可以表现出不同的行为模式，产生生态位分化，以避免种间竞争。这种差异表现在取食的对象、生境的利用模式、社会联署关系等方面。这些假说被后来的学者们不断证实和细化，说明生物，特别是动物的行为并不是刻板的，或是孤立存在的，每一种行为都与环境有着密不可分的联系，因此将行为学与生态学结合起来，提出了行为生态学的概念，并建立了一整套理论体系和分野。

　　对动物行为的观察与研究在实际操作中有种种困难，除野外观察条件的限制外，对行为的计量一直是行为生态学家的一大难题。曾有学者做过这样一个比喻，行为生态学家对动物行为的观察，好比一位钢琴家在聆听别人演奏熟悉的乐曲，他很难专注于仅仅是享受美妙的旋律，而总是在脑海中下意识地浮现出乐谱，和自己用指尖触碰琴键的情景。作为动物行为的观察者，总是很难避免将动物的行为与人类自身的认知联系起来，习惯性地用人类的思维先入为主地解释动物的行为，尽管这些行为在本质上有着很大的差异。如何用一种标准的、科学的、可量化的方法研究动物的行为，使得研究数据可与主观的思维剥离开，使其具有规律性、可验证性，是摆在这个学科前进路上的一块顽石。这一难题在 20 世纪 70 年代首次得到了解决，Altmann 首次提出了行为数据的标准研究方法，并与生物统计学联系起来。他主张将行为分为连续和非连续两类，将行为发生的概率作为统计学上的总体，定义不同的取样法和记录法，分层对行为发生做随机抽样，进行检验并建立模型，大大提高了对行为生态学客观量化研究的可操作性。此外，他还提出行为生态学研究应围绕假说及对假说的验证而展开，这一观点也成为行为生态学家们日后工作的核心内容，并不断完善。

　　基于 Altmann 提出的这些观点，学者们对动物的行为逐渐深入观察，通过长期系统的研究，产生大量的假说，相互补充甚至对立，并在进一步验证中逐渐完善人类对动物行为机制的认识。如 Trivers 通过对哺乳动物繁殖后代过程中初级性比的研究发现，雌雄后代的比例并不是理想中的 1∶1，个体会因为自然和社会环境的差异偏好选择生产和哺育某一种性别的后代，并随后在《科学》杂志上撰文，系统阐述其关于偏好性双亲投入（Biased Parental Investment，BPI）的假说。该文一石激起千层浪，理论在世界范围内的不同物种中进行验证和报道，成为当时行为生态学研究的一大热点。Clark 将其阐释为由于哺乳动物对不同性别子代投入的不同，因而得到的收益（包括现实收益或遗传基因获得更多的传播）也存在很大差异，因此决定着个体双亲投入的策略。随后 Clutton-Brock 等通过对英国红鹿（red deer）连续 40 年社会行为和繁殖数据的分析，在《自然》杂志连续撰文，进一步将该理论总结为"雄性质量模型"（Male Quality Model，MQ），认为性选择压力是影响 BPI 的主要因素。在很多物种中雄性身体的大小是影响他们在性选择中是否具有竞争力，并最终决定其能否获得交配和繁衍后代数量的重要条件，而同样的特征在雌性身上并不重要。由于这些特征与它们在幼年时曾经获得照顾有关，因此那些可支配资源多的双亲（如高社会等级）则会偏好生育更多的雄性后代，或对雄崽付出更多的照顾，增加其子代雄性在未来获得更多繁衍的机会，以使亲代遗传基因广泛传播；相反，对于那些可支配资源少的个体，则会更多的生育雌性幼崽。这一理论在社会性动物特别是非人灵长类的研究中得到广泛验证。但是随后，在一些雄性迁出制社会物种中却发现高等级双亲雄崽出生率小于低等级的现象，这种与"雄性质量模型"截然相反的情况一度引起了很大的争论。在此情况下，栖息地资源竞争模型（Local Resource Competition

Model，LRC）被建立起来，认为资源的竞争压力是影响 BPI 的主要因素。当物种生活在一个有限资源（如食物、交配机会、庇护所等）的环境中时，如果某一性别的个体对该资源占用较少或不占用，亲代则会对该性别的幼崽付出更多的投入，以减少资源的竞争压力。此外，在社会结构具有母系特征的物种中，雌性会留在出生群，因此高等级雌性更多生育雌崽，高等级雌性的女儿通过增加母系联盟竞争力，或帮助母亲分担生育责任等一些其他方式，对母亲投入提供高回报；而低等级的雌性则会偏好生育雄崽以降低竞争强度。

由这一研究案例可以看出，行为生态学的研究是基于假说的建立与验证，不断了解物种如何通过改变自身行为与环境相协调增加适合度的过程。此后，行为生态学的研究进入了繁盛的时代，各国学者纷纷参与到这个领域的研究中来，研究的对象也从几个固定的模式物种逐渐扩大，囊括了从无脊椎动物到哺乳动物的几乎所有类群，研究的内容也逐渐细化，通过了解每一个物种在其栖息地或微环境内行为的模式、影响及限制因素、与环境的关系等，从而揭示物种提高生存和竞争能力的具体策略和机制，构建生命体行为生态在进化上的普遍规律。

在这个时期内，很多行为生态学理论著作和经典论文孕育而生，如 Haldane 等首次提出了动物的行为是适应环境的一种进化策略。Carpenter 等提出用量化的方法对陆生动物的社会行为进行研究，成为现代行为生态学研究的先驱。Clutton-Brock 提出动物的社会行为是行为生态学研究的主要部分之一。Altmann 构建了一整套标准的行为生态学收集和量化分析体系，促进了行为生态学的发展。Westneat 和 Sherman 提出动物的育幼成本是影响其行为策略以适应环境的主要因素。Chittka 等发现昆虫的采食行为通过传粉的方式使其能够与植物协同进化。Cheney 等提出动物的行为，特别是社会行为的复杂性与其脑认知的进化程度有密切关系。Brown 系统阐述了动物的性选择与性行为策略，与其在进化中增加自身狭义适合度的关系。Trivers 和 Willard 提出自然选择条件下，动物通过控制所产后代的初级性比，调节繁殖成本与收益的比率，获得最大适合度的模型。Smith 和 Blumstein 以个体为研究视角，通过比较动物个体间的个性差异，解释其不同的行为模式，以及在相同环境下获得不同收益的关系。Ballentine 等通过设计可控性试验，验证鸟类通过声音鸣叫的通信行为获得最佳求偶的具体过程。Clark 通过长期数据积累和数据对比，揭示了灵长类动物通过认知自身可控资源的差异调节繁殖性比的具体策略。Hamilton 提出了亲选择的概念，解释动物的利他行为，通过帮助有亲缘关系的个体获得适合度的增加，间接使与自己相同的相关基因得以延续和传播的机制，补充了达尔文自然选择和性选择不能解释的进化范畴。Noë 和 Hammerstein 提出了生物市场的概念，指出动物在互惠行为的交换中会根据环境的变化调节交换的成本和价格，以适应环境的变化。这些研究奠定了行为生态学研究的框架与内容。

随着研究论文数量和质量的不断提高，很多期刊也孕育而生，如 *Animal Behaviour*、*Behavioral Ecology*、*Behavioral Ecology and Sociobiology*、*Behaviour* 等；同时也有大量的行为生态学论文发表在以研究类群划分的专业领域刊物上，如 *American Journal of Primatology*、*Annual Review of Entomology* 等。此外，Nick Davies 的经典教材《行为生态学概论》（*An Introduction to Behavioral Ecology*）也出版了第四版。1986 年，国际行为生态学会（International Society for Behavioral Ecology，ISBE）在美国奥尔巴尼（Albany，NY，USA）成立，标志着行为生态学正式成为生态学研究领域的一门主流学科。

# 第二节　行为生态学在中国的发展

我国的行为生态学研究相较国外起步较晚，但我国有着多样的生态景观和丰富的生物多样性，很多珍稀濒危物种也是我国所特有，生态系统复杂，这一得天独厚的自然资源使得我国在对行为生态学方面的研究有着潜在的优势。中华人民共和国成立后，中国行为生态学研究走过了几十年风雨历程，前人收集整理的资料和研究成果为学科发展打下了扎实基础。

在 20 世纪五六十年代，郑作新等通过对麻雀采食行为的研究，建议将麻雀剔除出四害。70 年代，以范志勤、廖崇惠、刘丙谦等为代表的科学家，以中国科学院动物研究所动物生态室一组为署名单位，利用布氏田鼠、褐家鼠、黄毛鼠等的尿液和包皮腺气味物质作为引诱剂在自然环境条件下开展引诱试验，并在《动物学报》发表文章，都是开创性而且非常有引领作用的工作。

20 世纪 80 年代中期，我国逐渐开始有一些行为生态学的工作出现在世界舞台上，如中国科学院昆明动物研究所的赵其坤通过对峨眉山藏酋猴繁殖、社群行为等与环境的关系，在灵长类学国际顶级期刊 *International Journal of Primatology* 发表了一系列文章；中国科学院动物研究所钟文勤、周庆强两篇有关长爪沙鼠领域行为的研究发表在 *Animal Behaviour* 上，是已知我国学者最早发在这个杂志期刊上的论文；范志勤等开始在室内利用实验行为学方法，在各种迷宫中测试鼠类气味的行为功能，并开展了动物气味对小家鼠、绵羊等生理诱导作用的研究，同时在野外研究并阐述了黄兔尾鼠和兔尾鼠气味腺的形态变化和种群密度的关系。鸟类学方面，华东师范大学钱国桢有关移动鸟巢看亲鸟的寻找能力，以及陆健健研究麻雀冬季集群影响春天繁殖的论文也是开拓性的。

中国鸟类行为生态学进入了快速发展期，学者们在鸟类的繁殖行为学、迁徙行为等社会行为的各个领域均取得了突出的研究成果。在雉类繁殖行为生态学研究方面，中国是世界雉类物种最丰富的国家，拥有得天独厚的雉类研究资源。自 1982 年起，在郑作新的领导下，邀请郑光美、王香亭、李桂垣、诸葛阳、许维枢、卢汰春、李福来为代表的一批鸟类学家组成了"中国珍稀濒危雉类生态生物学研究"专题组，对中国十余种特有濒危雉类的繁殖行为生态学、生活史、保护生物学进行了多年的深入研究，不仅填补了世界雉类研究的空白，也得到了国外同行的广泛认可。我国鸟类的科学环志工作及其在迁徙行为生态学中的应用也在这一时期开始起步，1982 年在中国林业科学院建立了全国鸟类环志中心，1983 年在青海省鸟岛正式进行了我国首次鸟类环志试验。1998 年 12 月，尚玉昌编著的《行为生态学》教材由北京大学出版社出版，该教材是我国第一部系统论述行为生态学基本理论、基本内容和基本方法的专著，为我国该学科的发展和人才的培养做出了很大贡献。

近年来，随着国家的支持力度不断增加，行为生态学领域的研究取得了长足发展，特别是对我国代表性物种行为生态学的研究，得到国外学者的重视与关注。在对我国特有珍稀濒危物种大熊猫的研究方面，对大熊猫栖息地利用、觅食行为、通信行为和繁殖行为方面有重要进展。在栖息地利用方面，发现雌雄大熊猫对栖息地具有不同的利用模式；在不同尺度下，大熊猫栖息地利用模式不同；在更大尺度上，大熊猫表现出对原始森林的偏爱。在动物觅食对策方面，发现大熊猫通过季节性的食物转换来满足重要营养（如氮、磷、钙等）的均衡；大熊猫对竹子斑块的重复利用与其营养质量密切相关。在通信行为方面，发现大熊猫在采取不同的方式通信标记行为时，对标记树的特征具有明显的选择性。喜欢在表皮粗糙、直径适中的树干进行肛周腺标记，而尿液标记则选择直径较大、表面特别粗糙或有苔藓生长的树干，这种选择有利于延长标记信息在环境中的存留时间，从而增加被其他个体察觉的概率。在繁殖行为方面，发现雄性大熊猫个体在一个繁殖季节可多次参与繁殖活动，其粪便睾酮水平呈现出显著的季节性变化，在繁殖季节达到最高水平，但无法在整个繁殖季节都始终维持较高的水平，峰值仅仅出现在每个繁殖聚集期，睾酮变化模式可能是其对能量适应的一种繁殖策略。同时发现，参与繁殖竞争最终获得交配权的雄性个体主要由其体形大小决定，而与其激素水平的高低没有显著的相关性。大体形的雄性个体在竞争中具有较强的攻击性，也能最终获得与雌性个体的交配权。通过卫星项圈和基于分子识别的粪便采样技术，揭示了大熊猫在破碎化生境下偏雌扩散的行为机制。

作为北半球灵长类物种最丰富的国家，近年来我国学者对灵长类行为生态与保护生物学的研究取得很多进展。在我国特有种金丝猴的研究方面，西北大学李保国、齐晓光课题组通过长期的野外跟踪观察，在个体识别的基础上，结合遥感与 GPS 卫星项圈技术对川金丝猴社群内各个组织层面的空间联署社会网络进行了研究，建立了金丝猴个体迁移与扩散、季节性分离 – 聚合的动态模型。其研究结果发现，川金丝猴的重层社会（Multilevel society，MLS）进化通路区别于非洲狒狒类的传统固有模式，而起源于亚洲叶猴类祖先，由一夫多妻制小群聚合而形成（聚合模型），谱系与生态因素共同影响了亚洲叶猴 MLS 社会系统的进化历史。此外，结合微卫星 DNA 遗传标记，通过个体亲缘分析，探究了分离聚合条件下社会组织影响维持种群遗传多样性的具体功能；阐明了川金丝猴利用行为策略，调节社会系统，适应环境变化，以获得更高适合度的具体过程，完整地揭示了川金丝猴独特的社会组织体系。其研究结果打破了西方学者近半个世纪来对灵长类 MLS 多样性和进化路径的传统单一认识，得到学术界广泛认可。该研究成果被评选为"2014 年度中国野生动植物保护十大事件"，并被 CCTV、National Geographic 等媒体报道。此外，进一步的研究发现，川金丝猴重层社会下雄性个体和群体之间存在联署机制和繁殖竞争，为"聚合起源假说"提供了佐证。川金丝猴重层社会结构为雌性提供了偷情和混淆父权的机会，从而避免了杀婴，提高自身适合度。以上研究为揭开川金丝猴社会系统的进化机制具有显著的意义。

在猕猴类群的研究方面，安徽大学李进华、夏东坡团队首次提出集群运动"数量法则"，发现在黄山短尾猴社群中，个体存在方向性选择，当有相同选择的个体数达到共同决策基数时，则发起群体一致性的运动，阐释了群居灵长类维持群体运动的基本规律。此外，Xia 等利用经济学交换原理提出动物个体利用特定行为（理毛）作为商品完成交易以获取回报的模式，从而维持社群的稳定和平衡。河南大学路纪琪团队对太行山猕猴的冬季栖息地选择、繁殖参数进行研究，探讨了降水、温度等气候因素对猕猴出生性比的影响。

在对冠长臂猿这一我国特有珍稀濒危类群的研究方面，中国科学院昆明动物研究所蒋学龙、范朋飞团队经过十余年的种群动态监测和行为观察，在西黑冠长臂猿中发现了频繁的成年个体替代、性成熟个体留群和多例由雌性发起的群外交配现象，提示西黑冠长臂猿的配偶制和社会构成比之前认识的更复杂。同时，首次提出在某些特定的生态环境中，一夫二妻制是一种稳定的长臂猿婚配制度，并且从群内个体间的空间距离、食物竞争和繁殖成功率等方面对其进化和维持机制进行了探索。当前学者们正利用分子生态学研究方法探讨冠长臂猿群体内个体关系和一夫二妻群体的形成和维持机制。

在对濒危物种的行为生态学研究方面，结合 3S 技术、Vortex 模型和长期的野外种群动态监测，Fan 等对极度濒危物种东黑冠长臂猿的种群生存力进行了评估，提出该物种已经接近环境容纳量，并提出了针对性的保护建议，文章得到了 *Scientific American* 和中国科学院院刊（英文版）的报道。Deng 等通过对仅分布于海南霸王岭的海南长臂猿开展种群恢复调查，发现该种数量虽已增长至 27 只，并已新增了 1 个繁殖单元，但原有的两群存在着雌性老化、后代性比偏雄的不利因素；通过栖息地利用、食物选择、鸣叫行为等研究，发现栖息地质量不高和面积过小，也是限制该物种种群恢复的至关因素。此外，在白头叶猴、黑叶猴、戴帽叶猴、熊猴等珍稀濒危种类的研究方面也开展了很多工作，以上这些进展都为更好地保护珍稀濒危灵长类动物提供了良好的理论依据。

在啮齿动物行为生态学方面，中国科学院动物研究所张知彬团队和张健旭团队对黄鼬和艾虎的肛腺气味成分进行了分析和鉴定，并进一步进行定量比较，阐明这两种小哺乳动物的肛腺气味在性识别和近缘种种间识别和行为生殖隔离中的可能化学基础是第一次在动物气味化学鉴定的基础上系统阐明气味的行为功能的机制。到 2008 年，张健旭等先后利用化学分析技术和行为功能测定相结合的突进，从布氏田鼠的包皮腺和小家鼠的包皮腺以及虎皮鹦鹉中首次鉴定出高等动物的信息素。在此基础上，又首次在国内从蜘蛛网上鉴定出蜘蛛的雌性和雄性信息素成分，并利用太平鸟和小太平鸟两个姊妹种首次证明尾脂腺的气味成分的比例变化可以调节姊妹种之间的种间识别和行为的生殖隔离。北京师范大学房继明、张立等以布氏田鼠为模型也在该领域做了大量的研究。

在有蹄类和其他物种研究方面，中国科学院动物研究所蒋志刚团队、宋延龄团队二十余年系统研究了普氏原羚、麋鹿、羚牛、海南坡鹿等物种的性别分离机制、采食策略、繁殖策略、集群效应等；浙江大学方盛国团队通过对麋鹿 MHC 基因家族的分型和性行为的观察，了解麋鹿在性选择中偏好 MHC 异型配偶的分子机制；东北师范大学冯江团队通过对菊头蝠声波回声定位的定量分析，了解其捕食行为与个体间交流的"方言"多样性及适应性进化；南京师范大学杨光团队、中国科学院动物研究所杜卫国团队对长江江豚、扬子鳄、鳄蜥等物种家域的利用、巢址选择、性内竞争等多个方面都有深入的研究。

鸟类行为生态学研究方面，以北京师范大学张正旺、中国科学院动物研究所孙悦华、浙江大学丁平为代表的中青年鸟类学者使用无线电遥测、3S 技术、分子遗传等新技术对马鸡、雉鸡、长尾雉、榛鸡的领域行为、巢址行为及栖息地利用、配偶选择等领域开展了系统性的研究。在鸟类的迁徙行为方面，中国鸟类环志中心与瑞典环志专家联合举办的环志培训班，每年为国内培养一批合格的年轻环志工作者。除环志技术外，目前，卫星追踪、光敏定位追踪技术已经成为研究候鸟迁徙行为的重要手段。此外，复旦大学马志军、中国科学院昆明动物研究所杨晓君、中国鸟类环志中心张国钢等团队对黑颈鹤、遗鸥、斑头雁、大滨鹬、黑尾塍鹬等物种成功进行了卫星追踪研究，有助于这些物种的迁徙路线、策略、停歇地的利用等方面的研究。

在鸟类的社会行为生态学研究方面，鸟类是研究种内及种间社会行为的重要模式物种。

利用种类繁多的中国鸟类研究鸟类的繁殖合作、鸣声通信、种间关系、觅食生态学等。武汉大学卢欣团队长期在青藏高原腹地研究我国特有的地山雀社会系统，揭示了合作行为及婚外配等方面演化的近因和远因。海南师范大学梁伟团队对中国独特的多杜鹃寄生系统下雀形目寄主鸟类和杜鹃之间的协同进化进行了系统性的研究，揭示了寄生鸟和寄主之间在卵色模拟与识别方面的进化机制。北京师范大学张雁云团队大量使用声谱分析和鸣声回放实验研究强脚树莺的领域行为和鸣声通信。中国科学院环境科学研究所曹垒、复旦大学马志军、北京师范大学张正旺团队以雁鸭类、鸻鹬类、丹顶鹤等水鸟的取食行为生态学进行研究。南京大学李忠秋团队利用多元线性回归模拟了不同空气污染条件下信鸽的归巢行为，发现空气污染可能激发了信鸽的归巢动机并提高了其导航能力，导致信鸽在空气污染严重时大大提高了归巢速度，这是国际上首次对动物对雾霾污染的行为反馈的研究。此外，随着学科交叉的水平增高，很多研究方法甚至数理建模、信息技术皆已被更多地应用到鸟类学行为研究中来。

　　总之，我国行为生态学的进展有以下几个特点：①全球气候变化对动物行为、种群、地理分布、生理适应等方面的影响受到了进一步关注；②分子生物学技术和手段的利用极大地促进了我们对动物行为生态的遗传特征、地理差异及其分子机理等方面的理解；③珍稀濒危物种行为生态学、保护生物学、种群遗传学等方面的研究依然是我国动物行为生态学领域研究的热点。有关长期种群、群落动态变化资料对动物行为的影响工作需要较大的劳动力和长期的工作积累，虽然难度很大，但这是我国行为生态学研究迈上一个新台阶的基础，这个问题应该引起高度重视，以使得工作系统性更强。此外，分子结合、生理对行为、生态，适应和进化等方面的研究，更需要进一步整合和深入。

　　近年来，我国行为生态学家所做的研究工作不断以论文形式发表在 *Nature genetic*、*Nature Communications*、*Current Biology*、*Behavioral Ecology*、*Behavioral Ecology and Sociobiology*、*Animal Behaviour* 等国际知名刊物上，这说明我国的行为生态学研究在本质上已达到国际主流研究的水平。目前我国从事行为生态这一领域研究的科研人员的比例远远少于西方国家和日本等国，这有可能源于行为生态学研究在我国作为一个新学科仍未广泛普及和受到足够重视，但考虑到我国的自然资源优势，我国在这一领域的研究未来一定会取得更多达到国际先进水平的成果。

# 第三节　研究现状

　　近年来，随着人类工业生产和科技文明的不断发展，野生动植物及其赖以生存的生态环境正面临着巨大的挑战和破坏，全球气候变化、环境的污染、栖息地的破碎化等现实情况正日益严重地威胁到生命体特别是濒危物种的生存和繁衍。因此，如何有效地保护这些自然遗产是人类面临的历史责任。但做到这些首先需要了解生命体在这样的条件下，自身对环境变化的可调节性范围和机制，特别是当种群密度降低时，环境条件对种群的作用的机理和物种本身对环境变化的应对策略。

　　最近的研究发现，动植物可以改变自身的行为模式来适应部分环境的变化，如南美洲斑毛菊可以通过延长花期，适应全球气候变化下迟来的热带季风；又如对非洲马达加斯加岛环尾狐猴，可以通过扩大食谱和取食区域应对日益被破坏的森林生态系统等。这些研究也成为当前国内外行为生态学研究的一个热点。

此外，动物多样的社会组织是其在漫长的进化过程中对不同环境辐射适应的结果。个体间通过亲缘谱系、等级统治、婚配系统等纽带将种群联系为一体，形成稳定的联署关系，从而共同抵御天敌，互惠合作，保持遗传多样性，以提高种群的生存力。具有这种属性的物种很多，从社会性昆虫，到脊椎动物，特别是高等哺乳动物。随着认知能力的增加，社会系统也更加复杂；了解物种在进化过程中如何建立社会组织，以适应环境的变化，从而更加高效合理地利用资源，维持种群稳定的发展，为学者们所关注。如动物一夫一妻制婚配行为的起源与进化，近年来学者们在 Nature、Science、PNAS 等学术期刊上连续撰文，阐述各自的证据与观点，一时成为热议的话题。Shultz 和 Opie 等认为，一夫一妻制尽管在鸟类物种中非常普遍，但在哺乳动物里却很少见，这是因为雌性的怀孕和哺乳需要很长的周期，在这个周期内不能进行另一次生育，而雄性又很少参与到哺育行为中，因此倾向与更多的异性交配和繁衍后代，这导致当主雄发生替换后，新配偶针对前任后代的杀婴行为广泛存在，以使雌性尽快发情，在有限的任期内更多地繁衍自己的后代。但这对于繁殖周期比较长的物种来说，无疑是一种挑战（如长臂猿的繁殖间隔期需要 3 年），频繁的雄性替换和杀婴，会导致种群内禀增长率的降低，因此雌性更倾向于与一个相对稳定的配偶形成长期的婚配关系，从而进化出一夫一妻制。Lukas 和 Clutton-Brock 则认为，雄性哺乳动物与专一配偶的共同后代哺育并不能补偿其广义适合度的损失，因此避免杀婴并不是本质因素。食物资源的竞争、生态位的限制才是一夫一妻制产生的主要原因，如果有足够的环境容纳量可以满足雌性群居生活，相应的一夫多妻制或多夫多妻制也就相应而生。Kappeler 认为，尽管以上各种观点都有道理，但由于当前研究数据仅限于有限的物种内，以一夫一妻制为例，有关社会组织是如何进化的机制问题，仍需要未来的工作和更多案例的积累，是当前生态学研究的另一个热点。

此外，鸟类的长距离迁徙行为如何定位与调节，海洋鱼类在缺乏有效沟通条件的情况下如何保持行为的高度统一性与系统自组织，非亲缘哺乳动物互惠利他行为的生物市场原因等，当前都在各自的领域引起学者们的广泛重视和研究。

# 第四节　当前行为生态学研究的新方法

行为生态学的研究，需要对研究对象的个体识别和长期连续的观察，而与之相悖论的，除野外研究人员需要克服自然界中的种种困难外，是所研究的对象生活在人类难以接近的自然环境中，并对人类有着天生的恐惧感，如高寒的苔原、陡峭的山地，或是海洋的深水，很难长期近距离跟踪、识别并收集数据，这无疑是行为生态学研究的一个瓶颈。有时行为生态学家们人为地模拟一个自然环境，对动物和植物的行为进行试验和建模，但研究的结果又往往因为人为的干预，缺乏说服力而不被认可。随着科技时代的到来，近年来大量的新技术和新发明不断涌现，有效地改善了野外的观察条件，如红外相机可以帮助确定野生动物的活动节律；卫星项圈和无线传输技术可以帮助确定动物的家域、栖息地利用和鸟类的迁徙路线；深水纳米声呐可以通过声音分辨确定海洋哺乳动物的个体和通信语言等。此外，交叉学科的发展和技术手段的创新也进一步促进了对动物行为生态的了解，如非损伤性取样、微卫星DNA、指纹图谱和高通量测序技术，对确定野生动物个体间亲缘关系，解释个体间行为的差异有决定性的帮助；又如基于酶联免疫技术对野生动物类固醇激素的定量分析，帮助行为生态学家了解动物繁殖的周期性规律、调控机制，从而从本质上揭示与其相关的具体行为学策略等。但对生命体行为生态学的探索，未来仍有很长的路要走，如何在大生态背景下全面考虑和验证各种宏观和长期因素对行为策略的影响，从而根本上解释行为进化的过程，是该领域目前所面临的重要挑战。

近年来，利用新手段有很多具有代表性的工作，如 Shultz 等通过谱系重建的方法解释灵长类动物社会系统与婚配行为的进化历史，为行为生态学的研究提供了新思路。Whitehead 通过分子标记手段研究了大型海洋哺乳类的氏族聚落与其文化行为差异的关系。Caro 等通过对不同地区斑马及其近源种的比较、建模，分析斑马条纹的进化历史，揭示与其躲避天敌、运动模式之间的联系。Krause 联系猛禽捕食时的飞行姿态，分析其收益与风险，解释掠食者取食行为的进化策略。齐晓光等运用卫星遥感、GPS 项圈与社会网络分析相结合的方法，成功实现对大家域情况下不同研究对象的整合跟踪分析。Clutton-Brock 利用类比法综述了哺乳动物性选择的行为学机制。Wu 等运用优化的分子粪便学研究技术体系，解决了行为生态学中对部分物种个体识别和跟踪的困难。Lind 和 Cresswell 系统介绍了动物反捕食行为与自身适合度最大化的理论关系。Dingemans 和 de Goede 运用统筹方法对大山雀的等级与探索行为进行定量分析，获得较高的引用率。

# 第五节　未来发展展望

行为生态学是一门历史悠久的学科，然而不同时期人类科技文明的进步又为这门学科的发展不断注入新鲜活力，增加新的研究手段。随着整个生命科学学科的快速发展，人类对未知自然地探索的广度和深度也日益增加，未来行为生态学的发展变得日益丰富，随着新技术、新方法的不断创新，行为生态学未来的方向将与其他学科更多的交叉与融合；以多方面的视角，立体地认识生物体行为发生的机制，包括分子、生理等多方面的影响，及其与环境的关系，而不仅仅是对行为的直观描述，这就要求学者们具有多学科丰富的知识和经验，从而更好地揭示和回答物种如何通过行为与环境相互作用提高适应进化的科学问题。

当前我国的科学家们已经逐渐意识到学科交叉的重要性，未来行为生态学的发展更应注意结合和发扬我国在生物多样性丰富度的优越性，结合和吸收相关学科的新技术和新手段，大尺度的比较行为生态学研究，填补过去由于资源条件不够而形成的理论空白，在国际上当前和未来行为生态学研究的热点领域有所突破。此外，从当前国际的行为生态学研究进展来看，传统的单一数据分析方法已经渐渐饱和和落后。随着信息时代的来临，大量可用于行为生态学研究数据分析的计算机软件、数学模型等正在不断涌现。在这个重新洗牌的过程中，各国的行为生态学家正在改变从前的思维定式，不断接受和学习当前新技术的运用，这也为我国行为生态学研究迈向一个新的高度提供了机遇。

就目前情况来看，行为生态学研究的热点是大尺度下综合环境因素对动物行为的影响，由于耗时较长，工作地点和样本量基数较大，是行为生态学研究的难点。但在运用统一的数据收集方法和长期定点研究与连续跟踪观察的基础上，通过对不同生境下相同生态因子对同一物种行为的影响开展比较研究，这些当前行为生态学研究皇冠上的宝石，中国的行为生态学者是完全可以企及的，这些应该主要关注的科学问题具体表现在：①在人类活动强烈影响下，动植物行为生态如何变化，如何回答物种适应进化的机制与生存策略问题；②通过野外定点长期观察与数据收集，解析濒危珍稀物种种群的稳定机制；③在系统观察的基础上，揭示社会性动物在环境变化过程中的行为策略，提出我国特有的动物社群结构模式，完善相关理论；④应用行为生态比较研究方法，探讨动物的觅食行为的营养策略及其适应性；⑤通过结合卫星项圈技术，分子采样和鉴定技术及地理信息系统，从宏观角度了解珍稀濒危动物的迁徙和扩散规律，了解其对生境的选择和对环境变化的适应；⑥通过对珍稀动物肠道微生物的群落与食性策略的研究，揭示动物如何适应极端环境而适应进化等；⑦通过结合生理学与遗传学方法，从立体的角度了解影响动物生殖行为、配偶选择和繁殖策略的因素与具体机制。

行为生态学研究的本质是研究动物与环境之间的关系，而行为是联系这两大主体的重要纽带。行为生态学的发展与动物学、生态学其他分支学科的发展是相辅相成、互相促进的，未来行为生态学研究的进步势必会进一步促进生态学其他领域，如生理生态、种群生态、保护生物学等学科的发展，推动我国生态学学科研究向前发展，并为我国的生态系统及濒危动植物的保护提供科学依据。

# 第六节　主要研究机构及人员

目前国内有许多高校和研究院所机构开展了行为生态学研究，并且通过几代人的积累，具备很好的学科基础与研究能力，在硬件的建设方面，很多团队的研究条件也进入国际先进行列。例如：中国科学院动物研究所张知彬、魏辅文、蒋志刚、张健旭、李明、李义明、宋延龄、杜卫国、肖治术等研究脊椎动物各个类群的行为生态学；中国科学院成都生物研究所赵尔宓、费梁、唐业忠、齐银等研究爬行动物行为与生态学；中国科学院昆明动物研究所蒋学龙等研究小型类人猿的行为生态学；中国科学院水生生物研究所王丁等研究淡水鲸类行为生态学；中国科学院西北高原生物研究所苏建平、张堰铭、边疆晖等研究高原环境下的啮齿动物行为生态与生理；中国人民大学孟秀祥等对麝类繁殖与生境选择进行研究；武汉大学卢欣、赵华斌等从事动物行为和理论行为生态学研究；浙江大学丁平、方盛国等对岛屿鸟类、爬行类和兽类行为生态学进行研究；南京大学李忠秋等从事有蹄类、鸟类行为生态学研究；复旦大学马志军等研究鸟类的迁徙行为生态以及环境变化对鸟类行为机制的影响；中山大学刘阳、范朋飞、张鹏研究鸟类、灵长类行为生态学；郑州大学路纪琪、王振龙等研究灵长类和啮齿类行为生态学；新疆大学马合木提·哈力克等对有蹄类动物从事行为生态学研究；云南大学陈明勇等研究亚洲象的生境、行为与人象冲突；北京师范大学郑光美、张立、刘定震、张正旺、石建斌、张雁云等对大熊猫、亚洲象等珍稀濒危兽类、有蹄类以及珍稀濒危鸟类的生态适应机制等进行研究；陕西师范大学生命科学学院邰发道、李金钢、于晓平等对啮齿类、鸟类、食肉类的行为生理学机制、生境选择等进行研究；华东师范大学王小明、张恩迪、陈珉、张树义等主要关注于鸟类、翼手类、偶蹄类等类群的行为生态学。

# 第七节　相关学会和活动

　　行为生态学作为新兴的交叉学科，20世纪前在我国专门的学术活动并不多，也一直没有专门的学会或专业委员会。进入21世纪以来，随着我国行为生态学领域的研究越来越活跃，从事这个领域研究的学者和团队越来越多，研究手段越来越多样，科学问题日益与国际相关领域的前沿和热点接轨，一个供动物行为生态学及相关领域研究人员交流、互相学习、互相促进的平台显得尤为重要。近年来，以研究类群或研究内容为主题的小型研讨会十分活跃，如由中国动物学会兽类学分会灵长类专家组组织的"灵长类行为生态学研讨会"在湖北神农架、四川南充、陕西西安、云南中甸等地相继举行。在动物生态学领域，大型的、全国性的、包含两栖、爬行、鸟类和兽类等各类群研究的年会主要有两个：一个是全国野生动物生态与资源保护学术研讨会，2003—2015年已经举办了11届；另一个是动物行为学专业会议，截至2015年已经举办了5届。

## 参考资料

［1］ Clutton-Brock T H. The Evolution of Parental Care［M］. Princeton NJ：Princeton University Press，1991.

［2］ Pizzari T，T R Birkhead. Female feral fowl eject sperm of subdominant males［J］. Nature，2000，405：787-789.

［3］ Hamilton W D. The genetical evolution of social behaviour［J］. Journal of Theoretical Biology，1964，7：1-16.

［4］ Boomsma，J J. Kin selection versus sexual selection：why the ends do not meet［J］. Current Biology，2007，17：R673-R683.

［5］ Thomas J A，J Settele. Evolutionary biology：butterfly mimics of ants［J］. Nature，2004，432：283-284.

［6］ Strassmann J E，D C Queller. Insect societies as divided organisms：the complexities of purpose and cross-purpose［J］. PNAS，2007，104：8619-8626.

［7］ Arak A. Sexual selection by male-male competition in natterjack toad choruses［J］. Nature，1983，306：261-262.

［8］ Carpenter C R. Section of anthropology：Characteristics of Social Behavior in Non-Human Primates［J］. Transactions of the New York Academy of Sciences，1942，4：248-258.

［9］ Haldane J B S. The Causes of Evolution［M］. London：Longmans，Green & Co，1932.

［10］ Altmann J. Observational study of behavior：sampling methods［J］. Behaviour，1974，49：227-265.

［11］ Trivers R L，D E Willard. Natural selection of parental ability to vary the sex ratio of offspring［J］. Science，1973，179：90-92.

［12］ Meikle D B，B L Tilford，S H Vessey. Dominance rank，secondery sex ratio and reproductive offspring in polygynous primates［J］. American Naturalist，1984，124：173-188.

［13］ Johnson C H. Dispersal and the sex ratio at birth in primates［J］. Nature，1988，332：726-728.

［14］ Robinson J G，T G O'Brien. Adjustment in birth sex ratio in wedge-capped capuchin monkeys［J］. American Naturalist，1991，138：1173-1186.

［15］ Clark A B. Sex ratio and social resource competition in a prosimian primate［J］. Science，1978，201：163-165.

［16］ Clutton-Brock T H，S D Albon，F E Guinness. Maternal dominance，breeding success，and birth sex ratios in red deer［J］. Nature，1984，308：358-360.

［17］ Clutton-Brock T H，A C Vincent. Sexual selection and the potential reproductive rates of males and females［J］.

Nature, 1991, 351: 58-60.

[18] Byers J A, J D Moodie. Sex-specific maternal investment in pronghorn, and the question of a limit on differential provisioning in ungulates [J]. Behavioral Ecology and Sociobiology, 1990, 26: 157-164.

[19] Boesch C. Evidence for dominant wild female chimpanzees investing more in sons [J]. Animal Behaviour, 1997, 54: 811-815.

[20] Bercovitch F B, A Widdig, P N ü rnberg. Maternal investment in rhesus macaques (Macacamulatta): reproductive costs and consequences of raising sons [J]. Behavioral Ecology and Sociobiology, 2000, 48: 1-11.

[21] Altmann J, G Hausfater, S A Altmann. Determinants of reproductive success in savannah baboons, Papio cynocephalus [M]. In Clutton-Brock, T, H. ed. Reproductive Success. University of Chicago Press, Chicago, 1988.

[22] Silk J B. Local resource competition and facultative adjustment of sex ratios in relation to competitive abilities [J]. American Naturalist, 1983, 121: 56-66.

[23] Silk J B. Maternal investment in captive bonnet macaques (Macaca radiata)[J]. American Naturalist, 1988, 132: 1-19.

[24] Bercovitch F B. Sex-biased parental investment in primates [J]. International Journal of Primatology, 2002, 23: 905-921.

[25] Gowaty P A, M R Lennartz. Sex ratio of nestling and fledgling red-cocaded woodpeckers (Picoides borealis) favour males [J]. American Naturalist, 1985, 126: 347-353.

[26] Carpenter J R. Quantitative community studies of land animals [J]. Journal of Animal Ecology, 1936, 5: 231-245.

[27] Clutton-Brock T H. Primate social organisation and ecology [J]. Nature, 1974, 250: 539-542.

[28] Westneat D F, P W Sherman. Parentage and the evolution of parental behavior [J]. Behavioral Ecology, 1993, 4: 66-77.

[29] Chittka L, A Gumbert, J Kunze. Foraging dynamics of bumble bees: correlates of movements within and between plant species [J]. Behavioral Ecology, 1997, 8: 239-249.

[30] Cheney D, R Seyfarth, B Smuts. Social relationships and social cognition in nonhuman primates [J]. Science, 1986, 234: 1361-1366.

[31] Brown J L. A theory of mate choice based on heterozygosity [J]. Behavioral Ecology, 1997, 8: 60-65.

[32] Smith B R, D T Blumstein. Fitness consequences of personality [J]. a meta-analysis. Behavioral Ecology, 2008, 19: 448-455.

[33] Ballentine B J Hyman, S Nowicki. Vocal performance influences female response to male bird song: an experimental test [J]. Behavioral Ecology, 2004, 15: 163-168.

[34] Hamilton W D. The evolution of altruistic behavior [J]. American Naturalist, 1963, 354-356.

[35] Noë R, P Hammerstein. Biological markets: supply and demand determine the effect of partner choice in cooperation, mutualism and mating [J]. Behavioral Ecology and Sociobiology, 1994, 35: 1-11.

[36] Kruuk L E, T H Clutton-Brock, S D Albon, et al. Population density affects sex ratio variation in red deer [J]. Nature, 1999, 399: 459-461.

[37] Wu H, Zhan X J, Zhang Z J, et al. Thirty-three microsatellite loci for noninvasive genetic studies of the giant panda (Ailuropoda melanoleuca)[J]. Conservation Genetics, 2009, 10: 649-652.

[38] Nie Y G, Speakman J R, Wu Q, et al. Exceptionally low daily energy expenditure in the bamboo-eating giant panda [J]. Science, 2015, 349 (6244): 171-174.

[39] Wei F W, Swaisgood R R, Hu Y B, et al. Progress in the ecology and conservation of giant pandas [J]. Conservation Biology. 2015, 29 (6): 1497-1507.

[40] Nie Y G, Swaisgood R R, Zhang Z J, et al. Giant panda scent-marking strategies in the wild: role of season, sex and marking surface [J]. Animal Behaviour, 2012, 84 (1): 39-44.

［41］ Nie Y G, Zhang Z J, Swaisgood R R, et al. Effects of season and social interaction on fecal testosterone mentabolites in wild male giant pandas: implications for energetics and mating strategies ［J］. Original Paper, 2012, 58: 235–241.

［42］ Nie Y G, Swaisgood R R, Zhang Z J, et al. Reproductive competition and fecal testosterone in wild male giant pandas (*Ailuropoda melanoleuca*) ［J］. Original Paper, 2012, 66: 721–730.

［43］ Zhan X J, Wei F W. Molecular analysis of dispersal in giant pandas ［J］. Molecular Ecology, 2007, 16: 3792–3800.

［44］ Zhang P, Li B G, Q i X G, et al. A proximity–based social network of the Sichuan snub–nosed monkey (Rhinopithecus roxellana) ［J］. International Journal of Primatology, 2012, 33: 1081–1095.

［45］ Qi X G, Li B G, Garber P A, et al. Social dynamics of golden snub–nosed monkey (Rhinopithecus roxellana): female transfer and one–male unit succession ［J］. Am J Primatol, 2009, 71 (8): 670–679.

［46］ Qi X G, Garber P A, Ji W H, et al. Satellite telemetry and social modeling offer new insights into the origin of primate multilevel societies ［J］. Nature *Communications*, 2014, 5: 5296.

［47］ Guo S, Huang K, Ji W H, et al. The role of kinship in the formation of a primate multilevel society ［J］. American Journal of Physical Anthropology, 2014, 156: 606–613.

［48］ Xiang Z F, Yang B H, Yu Y, et al. Males collectively defend their one–male units against bachelor males in a multi-level primate society ［J］. American Journal of Primatology, 2014, 76: 609–617.

［49］ Wang X, Sun L, Li J H, et al. Collective movement in the Tibetan macaques (Macaca thibetana): early joiners write the rule of the game ［J］. PLoS One, 2015, 10 (5): e0127459.

［50］ Xia D P, Li J H, Garber P A, et al. Grooming reciprocity in male Tibetan macaques ［J］. American Journal of Primatology, 2013, 75: 1009–1020.

［51］ Xie D M, Lu J Q, Sichilima A M, et al. Patterns of habitat selection and use by Macaca mulatta tcheliensis in winter and early spring in temperate forest, Jiyuan, China ［J］. Biologia, 2012, 67: 234–239.

［52］ Tian J D, Wang Z L, Lu J Q, et al. Reproductive parameters of female Macaca mulatta tcheliensis in the temperate forest of Mount Taihangshan, Jiyuan, China ［J］. American Journal of Primatology, 2013, 75: 605–612.

［53］ Guan Z H, Huang B, Ning W H, et al. Significance of grooming behavior in two polygynous groups of western black crested gibbons: implications for understanding social relationships among immigrant and resident group members ［J］. American Journal of Primatology, 2013, 75: 1165–1173.

［54］ Huang B, Guan Z, Ni Q, et al. Observation of intra–group and extra–group copulation and reproductive characters in free ranging groups of western black crested gibbon (*nomascus concolor jingdongensis*) ［J］. Integrative Zoology, 2013, 8, 427–440.

［55］ Fan P F, Bartlett T Q, Fei H L, et al. Understanding stable bi–female grouping in gibbons: feeding competition and reproductive success ［J］. Frontiers in Zoology. 2015, 12: 5.

［56］ Hu N Q, Orkin J, Huang B, et al. Isolation and characterization of Thirteen microsatellite loci for the western black crested gibbon (*Nomascus concolor*) by high–throughput sequencing［J］. Conservation Genetics Resources, 2014, 6: 179–181.

［57］ Fan P F, Ren G P, Wang W, et al. Habitat evaluation and population viability analysis of the last population of caovit gibbon (*Nomascusnasutus*): Implications for conservation ［J］. Biological Conservation, 2013, 161: 39–47.

［58］ Zhou Q H, Wei H, Tang H X, et al. Niche separation of sympatric macaques, *Macaca assamensis* and *M. mulatta*, in limestone habitats of Nonggang, China ［J］. Primates, 2014, 55: 125–137.

［59］ Jin T, Wang D Z, Pan W S, et al. Nonmaternal infant handling in wild white–headed langurs (Trachypithecus leucocephalus) ［J］. International Journal of Primatology, 2015, 36: 269–287.

［60］ Yin L J, Jin T, Watanabe K, et al. Male attacks on infants and infant mortality during male takeovers in wild white-headed langurs (*Trachypithecus leucocephalus*) ［J］. Integrative Zoology, 2013, 8: 365–377.

[61] Noss R F. Can we maintain biological and ecological integrity [J]. Conservation Biology, 1990, 4: 241-243.

[62] Lanrance W F, T E Lovejoy, H L Vasoncelos. Ecosystem decay of Amazonian forest fragments: 22-year investigation [J]. Conservation Biology, 2002, 16: 605-618.

[63] Clutton-Brock T H. Sexual selection in males and females [J]. Science, 2007, 318: 1882-1885.

[64] Brown J L. The evolution of diversity in avian territorial systems [J]. The Wilson Bulletin, 1964, 160-169.

[65] van de Waal E, C Borgeaud, A Whiten. Potent social learning and conformity shape a wild primate's foraging decisions [J]. Science, 2013, 340: 483-485.

[66] Shultz S, Opie C, Q D Atkinson. Stepwise evolution of stable sociality in primates [J]. Nature, 2011, 479: 219-222.

[67] Kappeler P M, C P van Schaik. Evolution of primate social systems [J]. International Journal of Primatology, 2002, 23: 707-740

[68] Lukas D, T H Clutton-Brock. The evolution of social monogamy in mammals [J]. Science, 2013, 341: 526-530.

[69] Kappeler P M. Why male mammals are monogamous [J]. Science, 2013, 341: 469-470.

[70] Whitehead H. Cultural selection and genetic diversity in matrilineal whales [J]. Science, 1998, 282: 1708-1711.

[71] Caro T, A Izzo, R C Reiner Jr, et al. The function of zebra stripes [J]. Nature Communications, 2014, 5: 3535.

[72] Krause J, J G J Godin. Influence of prey foraging posture on flight behavior and predation risk: predators take advantage of unwary prey [J]. Behavioral Ecology, 1996, 7: 264-271.

[73] Lind J, W Cresswell. Determining the fitness consequences of anti-predation behavior [J]. Behavioral Ecology, 2005, 16: 945-956.

# 第二十章　保护生物学和保护遗传学

## 第一节　国际发展简述

现代环境运动的起始以 20 世纪 60 年代雷切尔·卡森（Rachel Louise Carson）《寂静的春天》（*Silent Spring*）问世为标志，这部标志性的著作唤醒了国际社会对环境破坏和对动物伤害的关注，环境保护逐步取得共识，越来越受到重视。

20 世纪 90 年代，在巴西里约热内卢举办的第二届联合国环境与发展大会上，签署了《生物多样性公约》。生物多样性作为一个新的名字开始得到宣传和普及，生物多样性的重要意义和价值得到认识和肯定。伴随着生物多样性概念的出现，以保护生物多样性为宗旨的一门学科《保护生物学》（*Conservation Biology*）应运而生，其定义为一门为了保护现存物种和生态系统的综合性、多学科交叉的科学。

在全球范围内，由于人类的活动，经历了上百万年形成的包括热带雨林、珊瑚礁、温带草原等生物群落在遭受着严重的破坏，面临着前所未有的威胁，成千上万的物种和独特的群落正处在濒临灭绝的边缘，国际权威保护组织 INUC 所列濒危物种和中国红皮书所列的保护动物除极少数物种在人类的干预和保护下有所增长外（如我国的麋鹿、朱鹮、大熊猫等），大多数种类都面临着栖息地质量下降、破碎化、非法偷猎和人为干扰的影响，面临着地球生命的"第六次大灭绝"。

保护生物学的目的是了解人类活动对物种、群落和生态系统的影响，发展实用的方法来阻止物种的灭绝，并力图恢复生态系统的功能。保护生物学是一门应对危机的科学，是一门在基础科学的支撑下开展生物多样性研究和保护的学科。

保护生物学的核心目标是评估人类对地球上生物多样性的影响，并提出防止生物多样性丧失或减退的措施。而达到这一目的，就需要深入了解珍稀濒危物种的遗传变异、进化历史、遗传结构和遗传多样性等。因此，随着保护生物学、分子生物学和遗传学的不断发展和相互渗透，也就孕育产生了一个新的分支学科——保护遗传学（Conservation Genetics）。1981 年，Frankel 和 Soule 编著的 *Conservation and Evolution* 和 1983 年 Schonewald-Cox 等编纂的 *Genetics and Conservation* 等，对保护遗传学的各个领域进行了较全面的介绍和论述，标志着保护遗传学理论框架的形成。到 20 世纪 80 年代后期，保护遗传学不断发展壮大并成为保护生物学的核心学科之一，其主要目标是有效保护物种的遗传多样性和保护物种的进化潜力。另外，要制订切实可行的保护策略，还需要探讨生物与环境之间的相互作用及其作用机理，从而为分子生态学的发展带来了机遇。1992 年，《分子生态学》（*Molecular Ecology*）在英国正式创刊，标志着分子生态学作为一门独立学科正式诞生。通过研究物种和种群中的遗传变异及表观遗传变异（epigenetic variation）、遗传谱系的结构、关联特征、分布格局、形成机制和时空变化规律，探讨生物多样性演化（包括从种群、群落到生态系统等各个层次）、生物地理演化、物种分化、生态适应、行为等的生态学和进化生物学机制。保护遗传学和分子生态学相辅相成，为保护生物学的迅速发展提供了重要的研究方法和手段。随后，《保护遗传学：来自自然的实例》重点讲述了分子生态的方法在保护中的应用，而《分子生态学的进展》和《保护遗传学导论》则综述了这个学科近 20 年的研究。2000 年，在国际著名的学术出版社 Kluwer Academic Publishers 的组织和推动下，*Conservation Genetics* 这一国际性专业期刊在荷兰创刊，标志着保护遗传学已逐渐成熟并受到国际社会的广泛关注。

## 第二节　保护生物学在中国的发展

我国科学家在濒危动物的研究和保护方面有长期的工作积累，研究对象包括大熊猫、羚牛、朱鹮、金丝猴及其他灵长类、鹿科动物、海洋哺乳动物、雉类、鹤类、猛禽、扬子鳄、大鲵、中华鲟等物种。

20 世纪 30 年代，中山大学辛树帜、任国荣等在广西和广东进行动物资源调查，发现瑶山鳄蜥，提出瑶山鳄蜥的保护建议。2002 年，华南师范大学黎振昌等在广东韶关发现了瑶山鳄蜥的分布。2003 年，越南学者 Le KhacQuyet 和德国学者 Thomas Ziegler 在 *Hamadrad* 杂志上报道了在越南北部广宁省安图自然保护区发现瑶山鳄蜥分布。

20 世纪 50 年代，中国科学院成都生物研究所刘承钊等在四川、云南、贵州、西藏、陕西、福建、广东、湖南、湖北、新疆等 14 个省区调查采集了大量珍贵的标本和资料，编写了专著《华西两栖类》和《中国无尾两栖类》，受到国际同行的重视。

20 世纪 70 年代，我国兽类学和生态系统研究的奠基人之一夏武平开始了兽类学方面的研究工作，著有《红松直播防鼠害研究工作报告》《大兴安岭和嫩江地区流行性出血动物宿主的调查研究》《中国经济动物志——兽类》，编有《高寒草甸生态系统》等。同一年代，郑作新等开展了大量鸟类学的研究工作，1987 年出版的代表作《中国鸟类区系纲要》（英文版）一书，除获得国家自然科学奖外，还获得美国国家野生动物联合会授予的"国际特殊科学成就奖"。

20 世纪 80 年代，最受世人瞩目的保护生物学研究成果来自对国宝大熊猫和朱鹮的研究。以胡锦矗、潘文石为代表的中方科学家与世界自然基金会（WWF）合作，在卧龙自然保护区建立了首个国际合作研究大熊猫的卧龙大熊猫研究中心，深入开展大熊猫的人工圈养和繁殖的研究。此后，大熊猫的野外研究和保护工作进入一个新的时期。我国科学家的研究成果逐渐得到了政府的采纳，从而使大熊猫种群和栖息地的保护得到了长足的发展。2015 年 2 月，大熊猫野外种群数量达到 1864 只，较之前的几次调查结果有明显的增加，提示我国大熊猫及其栖息地的保护取得了实质性成效。此外，圈养大熊猫的野外驯化和放归工作也在有序地开展和进行中。也是在这个年代，中国科学院动物研究所刘荫增在陕西洋县发现了 7 只朱鹮，此前该物种已经消失二十多年并一度被认为灭绝。上述野外个体的发现，开启了朱鹮研究与保护的新篇章，随着人工繁殖的成功，朱鹮种群已发展到 2000 多只并多次成功放归野外。朱鹮的发现、成功保护和野生种群的恢复被认为是人类保护野生动物的典范。

20 世纪 80 年代，值得一提的工作还有在中国境内灭绝的麋鹿重返家园，并在北京南海子麋鹿苑成功生存繁殖下来，以南海子麋鹿苑种群为核心，向湖北石首等地扩散，南海子麋鹿苑保持 100 多只的稳定种群。截至 2011 年 8 月，江苏盐城大丰湿地麋鹿总数达 1789 头。2013 年 6 月，湖北石首市天鹅洲麋鹿保护区麋鹿总数达 1016 头。

从 20 世纪中期开始，北京师范大学郑光美、张正旺等对黄腹角雉及其他珍稀濒危雉类的人工驯养繁殖的研究取得了重大突破；北京师范大学郑光美、张正旺，浙江大学丁平，中国科学院动物研究所孙悦华等一批鸟类学家以鸡形目雉类为研究和保护对象的研究成果层出不穷，奠定了我国雉类研究在国际上的领先地位。

我国也是鹤类的主要分布国之一，有 2 属 9 种，占世界 15 种鹤的一大半，是鹤类最多的国家，且 9 种鹤全部是国家重点保护野生动物。其中灰鹤是我国分布最广、数量最多的一种鹤，种群量总数在 5000~6000 只，占全世界灰鹤种群的 2.2 %~2.7 %；黑颈鹤种群数量超过 4000 只，占世界统计黑颈鹤总数的 70 % 左右。野生鹤类的种群数量统计和包括自然保护区在内的就地保护和动物园的人工繁育的迁地保护，是我国鹤类研究和保护的工作重点。

随着朱鹮的保护工作的开展，朱鹮的研究成果显著。丁长青、史东仇等对野生朱鹮开展了分布、数量、栖息地选择、食性、繁殖生态、育雏和幼鸟发育、羽色和换羽、卵壳超微结构、染色体及核型分析、环志、种群生态、种群生存力分析、栖息地评估、无线电遥测、活动区和活动性、遗传、饲养繁殖、疾病防治与救护、组织解剖、病理、寄生虫和保护对策等食性、栖息地改造、野生种群监测等多方面的研究。

随着保护生物学的学科及相关原理、方法等的引进，中国的保护生物学工作取得了巨大发展，在高校和研究机构出现了一大批博士点、硕士点和重点学科，培养出一批又一批的后备研究力量，研究成果和研究水平逐渐进入国际先进行列。

2006 年，中国科学院动物研究所动物生态与保护生物学重点实验室获批成立，标志着保护生物学学科的研究和保护工作在中国科学院有了综合和固定的研究团队。

在教材和著作方面，第一部引入的保护生物学著作是 1996 年由祁承经翻译、美国 Richard Primack 著，湖南科学技术出版社出版的《保护生物学概论》。此后出版了一系列保护生物学著作，如 1997 年，蒋志刚、马克平和韩兴国主编，浙江科学技术出版社出版的《保护生物学》；1999 年，陈道海、钟炳辉编著，中国林业出版社出版的《保护生物学》；2000 年，Richard Primack、季维智主编，中国林业出版社出版的《保护生物学基础》；2002 年，李俊清、李景文、崔国发著，中国林业出版社出版的《保护生物学》；2003 年，郭忠玲、赵秀海编著，中国林业出版社出版的《保护生物学概论》；2005 年，贾竞波译，Andrew Pollin 著，高等教育出版社出版的《保护生物学》；2007 年，迟德福、孙凡和严浩春主编，东北林业大学出版的《保护生物学》；2009 年，张恒庆、张文辉主编，科学出版社出版的《保护生物学》；2009 年，薛建辉主编，中国农业出版社出版的《保护生物学》；2011 年，贾竞波著，高等教育出版社出版的《保护生物学》；2012 年，李俊清著，科学出版社出版的《保护生物学》；2014 年，Richard Primack、马克平、蒋志刚主编，科学出版社出版的《保护生物学》；2014 年，蒋志刚、马克平主编，科学出版社出版的《保护生物学原理》。

除保护生物学的教材获得很快发展外，各大学和研究机构纷纷向动物学、植物学、生态学、野生动植物保护与利用专业硕士以上的学生开设"保护生物学"课程。有的大学，如华中师范大学和西华师范大学还面向本科生开设"保护生物学"课程。

# 第三节　保护遗传学和分子生态学在中国的发展

分子标记的运用为保护生物学重要科学问题的解决带来了新机遇，在探讨种群遗传多样性、推断种群遗传结构、迁移过程和种群演化历史等方面具有得天独厚的优势，可为生物多样性（特别是遗传多样性）的保护及管理对策的制定提供科学依据。因此，保护遗传学已逐渐成为保护生物学中最活跃的领域。

濒危动物保护遗传学与分子生态学在中国的发展历程是与不同分子标记的产生和应用密切相关的，大致可以分为以下几个阶段。

初期阶段（20世纪80年代中后期）：分子生物学技术开始运用于种群遗传学研究，这个阶段运用的分子标记主要是同工酶（Isozyme）（实际上应是等位酶allozyme）。如成都动物园的罗昌容等以及北京大学的梁宋平和张龙翔率先运用同工酶探讨大熊猫在食肉目中的分类地位，认为大熊猫应在食肉目中列为独立的一个科。

发展阶段（20世纪90年代）：聚合酶链式反应（polymerase chain reaction，PCR）和测序技术的引入，使保护遗传学与分子生态学进入一个全新的时代。本阶段运用的分子标记主要有随机扩增多态性DNA（Random Amplified Polymorphic DNA，RAPD）、限制性片段长度多态性（Restriction Fragment Length Polymorphism，RFLP）和线粒体DNA（Mitochondrial DNA，mtDNA）技术等。我国学者主要运用这些分子标记研究濒危物种如大熊猫、金丝猴、白头叶猴、东北虎和华南虎及中国水域江豚等物种。通过评估遗传多样性、推断物种演化历史和遗传结构等，为濒危物种的分类地位、圈养繁育计划以及保护策略的制定提供了重要科学依据。

快速发展时期（2000—2010）：大量新的分子标记的产生和应用，使保护遗传学和分子生态学在中国进入了一个快速发展时期。这个阶段的分子标记主要有扩增片段长度多态性（Amplified Fragment Length Polymorphism，AFLP）、微卫星DNA（Microsatellite DNA）、主要组织相容性复合体（Major Histocompatibility Complex，MHC）和单核苷酸多态性（Single Nucleotide Polymorphism，SNP）等。代表性的研究包括：①张亚平、魏辅文、方盛国三个研究团队对大熊猫展开深入探讨，揭示大熊猫秦岭种群拥有独特的线粒体单倍型和核等位基因，与岷山和邛崃种群存在显著性差异，提议将秦岭种群定义为一个单独的管理单元，以便保护其独有的基因特性。此外，魏辅文研究团队基于mtDNA和微卫星技术研究发现，现生种群仍然保持较高的遗传多样性和长期续存的进化潜力。②以李明和张亚平课题组为代表，开展了金丝猴的种群遗传学研究。采用RAPD、mtDNA和微卫星DNA等对川金丝猴种群遗传多样性进行研究，发现川金丝猴具有较高的遗传多样性，各地理分布区内部还可能存在一定程度的种群分化，并且推测秦岭种群和神农架种群交流最少，种群关系可能较远。李明课题组运用mtDNA和微卫星标记对滇金丝猴的遗传多样性、种群遗传结构和种群历史进行探讨，揭示滇金丝猴遗传多样性并不低，而栖息地的减少和人类活动是导致滇金丝猴濒危的主要因素，并且人为活动已导致整个滇金丝猴种群分化为 5 个亚种群，并建议它们应作为不同的管理单元（Management Unit，MU）进行同步保护，以保护不同的管理单元中独特的遗传多样性。③以杨光团队为代表深入开展了中国水域鲸类的保护遗传学研究。基于 mtDNA 的分析，支持淡水豚类的非单系性和白鱀豚科的有效性；揭示了中国水域代表性鲸类的分子系统格局，比如江豚三个地理种群存在显著的遗传结构，但是基于微卫星和 SNP 的分析并没有检测到明显的基因流，因而建议它们应划为不同的进化显著性单元（Evolutionarily Significant Unit，ESU）和保护管理单元。另外，鲸类具有较高的 MHC 基因多态性，提示具有较高的进化潜力。特别重要的是，江豚和白鱀豚之间共享一些 MHC 等位基因，可能是为了适应淡水环境趋同进化的结果，而其他鲸类间共享等位基因可能是跨种进化的结果。④刘迺发、方盛国和张峰等研究团队开展了以朱鹮、褐马鸡和石鸡为代表的鸟类保护遗传学和分子生态学的研究，揭示了濒危物种朱鹮和褐马鸡的遗传多样性和系统地理格局，为其保护管理提出了指导建议。

组学时代（2010 年至今）：随着高通量测序技术的快速发展，越来越多的野生动物基因组全序列、转录组蛋白质组等被完成，标志着我国保护遗传学和分子生态学研究进入了组学时代。最显著的成果包括一批濒危物种的基因组全序列被测定，如大熊猫、藏羚羊、川金丝猴、白鱀豚等，揭示了这些类群的种群进化历史，各种表型、生理和生态适应的遗传学机制为濒危物种的保护提供了重要依据。尤其重要的是，通过对长江和中国沿海不同水域 48 头江豚基因组数据比较分析，揭示长江江豚与海江豚之间存在着显著而稳定的遗传分化，缺乏基因交流而出现了生殖隔离，因此，提出长江江豚应是独立物种，从而作为长江生物多样性保护的新的旗舰物种。另外，通过测定高原物种包括藏羚羊、地山雀、高山倭蛙的全基因组较全面地揭示了这些物种对高原环境适应的分子机制。随着高通量测序成本的降低，测序时间的缩短，越来越多的野生动物物种的基因组全序列被破译，比如我国深圳华大基因科技有限公司和武汉大学参与的一项国际大型的基因组测序项目，历时 4 年完成了 45 个鸟类基因组全序列的测定，揭示了现代鸟类是如何在恐龙大灭绝事件（约 6600 万年前）之后快速出现的。因此，现在保护遗传学和分子生态学进入了前所未有的飞速发展时期，同时也正面临着巨大挑战，如何寻找合适的数据分析方法，将这些庞大的数据进行深入挖掘，从而更好地解析这些数据将是科研工作者要解决的首要问题。

保护遗传学相关的著作最早是关于灵长类方面的，即 1995 年夏武平和张荣祖编著，中国林业出版社出版的《灵长类研究与保护》。此后延伸到了其他学科领域：1999 年，季维智和宿兵编著，浙江科学技术出版社出版的《遗传多样性研究的原理与方法》；2002 年，全国强和谢家骅编著，上海科技教育出版社出版的《金丝猴研究》；2004 年，白素英编著，东北林业大学出版社出版的《豹猫的遗传多样性及系统发育研究》；2005 年，何平编著，西南师范大学出版社出版的《珍稀濒危植物保护生物学》；2008 年，方盛国编著，科学出版社出版的《大熊猫保护遗传学》。

分子生态学的著作和教材最早开始于 20 世纪 90 年代。1996 年，向近敏编著的《分子生态学》由湖北科学技术出版社出版。虽然这是第一本以分子生态学冠名的专著，但实际上该书对分子生态学中的"分子"的内涵的理解与后来逐渐形成的关于分子生态学内涵的国际主流认识存在着偏差。此后，1999 年，高等教育出版社出版了祖元刚编著的《分子生态学理论、方法和应用》。2000 年以后分子生态学迅猛发展，出版了许多相关的书籍，比如 2000 年，祖元刚编著的《生态适应与生态进化的分子机理》；2002 年，顾红雅编著，上海科学技术出版社出版的《剖析自然的小剪刀分子生态学》；2009 年，(美) 比毕编著，中山大学出版社出版的《分子生态学》；2012 年，刘雪梅、王占青、李永峰编著，哈尔滨工业大学出版社出版的《分子生态学概论》等。许多高校，如中国科学院、南京大学、南京师范大学、西华师范大学、新疆大学、沈阳师范大学、陕西师范大学等也相继开设了这方面的课程。

# 第四节 保护生物学的研究现状

目前，我国学者在保护生物学方面做了大量的工作，取得了重要的成果。

## 一、哺乳动物

在东北虎方面，东北林业大学和北京林业大学与相关的自然保护区合作开展了东北虎的监测、资源调查和食物资源，红外相机拍摄到了东北虎的野外照片。

大熊猫的行为学和保护生物学的研究应该是成果最突出的。大熊猫的研究始于 20 世纪六七十年代，胡锦矗团队从数量调查、生活习性、栖息地保护等方面出版了一系列专著和有国际影响力的研究成果；90 年代开始，由魏辅文团队接棒继续深入开展研究，特别是粪便 DNA 技术的引入，开展了大熊猫的个体识别研究，并用于指导全国大熊猫的野外种群调查；刘雪华团队引进了 3S 技术，研究成果对大熊猫栖息地的评估和保护提供了重要科学依据。

灵长类保护生物学的工作一直以来都是热点。从物种的研究和保护工作上，李保国研究团队以川金丝猴为研究对象，持续了 30 年的野外种群动态的跟踪，建立了固定的野外工作基地，取得了大量科研成果，2013 年在 *Nature Communication* 上发表了重要的研究成果。李明研究团队以滇金丝猴为主要研究对象，采用分子生物学的手段，揭秘了滇金丝猴的种群历史变迁，从金丝猴基因组层面探讨了金丝猴适应食叶的分子机制，研究成果发表在 2013 年的 *Nature Genetics* 上。李进华研究团队对安徽黄山的藏酋猴进行了 30 多年的跟踪研究，进行个体识别、个体关系以及与生态旅游关系的影响评估。包括白头叶猴和黑叶猴在内的石山叶猴的研究也开展了 20 多年，由黄乘明、周岐海等团队进行了栖息地评估、食性分析和保护对策的研究，其研究成果直接服务于当地保护区的保护和管理，承办了两次区域性的国际会议。长臂猿的行为和保护生物学研究是在蒋学龙团队引领下开展的，在长期跟踪的基础上，取得了一系列研究成果，对保护长臂猿有重要的指导意义。太行山猕猴的最早研究于 20 世纪 70 年代由瞿文元团队开始，21 世纪初由路纪琪团队延续，也取得了重要进展，特别是利用计算机人脸识别技术对猕猴进行个体识别，对跟踪和保护有重要的意义。

有蹄类方面，20 世纪 80 年代，宋延龄团队研究了海南坡鹿的行为和栖息地选择，提出了有效保护海南坡鹿的科学建议，之后该团队又进行了羚牛的保护生物学研究。杨奇森团队针对青藏高原的旗舰动物之一藏羚羊开展研究，他们通过承担青藏铁路野生动物通道设计和监测课题，成功地监测了藏羚羊适应并顺利地使用了这些通道。该研究成果获得了国家科技进步奖特等奖，并以评述的形式在 *Nature* 发表。蒋志刚团队对中国特有种麋鹿的栖息地和行为进行了深入研究，特别是发现缺少捕食天敌的麋鹿依然对食肉动物的叫声做出反应，此外，该团队还研究了普氏原羚，提出了有效保护的科学对策。普氏野马是世界上唯一一种野生野马，真正的野生个体已很少发现，新疆野马中心经过人工饲养繁殖，达到了放归自然的目标，并于 2004 年将第二批野马在卡拉麦里保护区进行了放归。胡德夫团队对放归地的水质、放归前后的昼间行为时间分配、粪便中的类固醇及应激水平开展了研究，对野马的保护提供了科学依据。周材权团队和王小明团队分别在四川和宁夏对岩羊开展了栖息地选择、食性等方面的研究工作。

海洋哺乳动物主要研究对象为白鱀豚、中华白海豚和江豚，中国科学院水生生物研究所王丁团队和南京师范大学杨光、周开亚团队从采用 DNA 技术和声呐技术进行了种群数量调查、致危因素和起源演化关系的研究工作。调查发现，白鱀豚已经功能性灭绝，生活在长江的江豚面临着同样的威胁。

在野生动物种群数量调查的方法方面，红外相机技术得到了广泛应用，由肖治术、姜广顺团队牵头组织红外相机技术的培训、专题研讨和经验交流，推动了我国野生动物调查的方法，发现和确认了一批很长时间未曾确定的野生动物。

## 二、鸟类

我国鸟类保护生物学的研究也很有特色，尤其在迁徙鸟类的宣传和保护工作方面成效显著，政府主导的爱鸟周活动已经持续了 30 多年了，"观鸟活动"、爱鸟、护鸟逐步成为人们的一种时尚，体现了人们热爱动物、热爱自然的自觉行为。

朱鹮是鸟类保护的旗帜。自 1981 年在陕西洋县重新发现 7 只以来，33 年间我国朱鹮种群数量增至 2000 多只，其中野外种群数量突破 1500 多只，朱鹮的分布地域已经从陕西扩大到河南、浙江等地。丁长青团队和余晓平团队对朱鹮的繁殖、栖息地评估、致危因素分析等做了研究工作。鹤类研究也是我国鸟类学者主要的研究对象，邹红菲等对扎龙丹顶鹤、白枕鹤开展了栖息地选择和巢穴定位等方面的研究，李忠秋等对越冬丹顶鹤行为等开展了研究，李枫等也进行了白枕鹤栖息地选择的研究，周立志等对东方白鹳保护遗传、环境容纳量、生境选择开展了研究工作。

雉类是我国最有特色的鸟类类群，包括丁平等关于白颈长尾雉繁殖和栖息地的研究，张正旺等关于马鸡繁殖和栖息地选择的研究，刘迺发等关于青藏高原雉类避难地选择、雉类亚种分布和系统地理研究，韩联宪等关于黑颈长尾雉的分布和栖息地、白尾梢虹雉食性和栖息地的研究，卢欣等对藏东南原始森林鸡类的栖息地利用等。

## 三、其他动物

陈水华等中华风头燕鸥种群人工招引与恢复保护工作取得了明显的成效。

红耳龟，又称巴西龟，因其容易饲养而成为宠物，也由于不少人随手放生而成为最主要的外来入侵龟类物种。史海涛等对红耳龟等外来物种进行长期的跟踪研究，提出了系列防止对策和措施，与此同时，研究团队对海南的龟鳖类的种群数量和保护进行了研究。

瑶山鳄蜥国内仅分布在广西东部和广东西部交界的森林里，越南的北部也有分布。黄乘明、武正军等承担了多次国家林业局的种群数量及致危因素的调查研究工作，摸清了瑶山鳄蜥的种群数量、分布和致危因素，并针对存在的问题提出了相应的保护对策。

莽山烙铁头，又称莽山原矛头蝮，尾部白色，湘粤鄂边界南岭山脉北麓莽山林区，1990年命名，种群数量十分稀少。杨道德等、陈远辉等对莽山烙铁头开展了种群数量调查、濒危现状与保护对策的研究。

中华鲟是我国珍稀的一级重点保护鱼类，葛洲坝截流后，阻断了中华鲟的繁殖洄游，对中华鲟的繁殖带来了严重的影响。危起伟等开展了生殖洄游和栖息地选择的研究，对葛洲坝下游的中华鲟繁殖场做了调查，发现中华鲟的繁殖面临着很大的困难。

# 第五节　保护遗传学的发展和研究成果

在保护遗传学方面，我国科研工作者自 20 世纪 80 年代起，开始将保护遗传学和分子生态学研究运用到我国野生动物资源尤其是珍稀濒危动物的保护研究中。目前形成了以大熊猫和金丝猴为旗舰物种、以江豚和白鱀豚为代表的海洋哺乳动物、以扬子鳄为代表的两栖爬行类以及以朱鹮为代表的鸟类等物种的研究，其研究成果不仅在许多重要的珍稀濒危动物的保护计划中得到了广泛应用，而且修订了之前的一些保护策略。本节以研究类群为主线，将保护遗传学在我国的发展和取得的显著研究成果做一简单综述。

## 一、关于大熊猫的研究

对于大熊猫的分类地位，一直以来都受到国内外学者的关注并通过不同手段进行探讨，但一直争议不断。主要争议包括：①大熊猫与小熊猫的亲缘关系是否最近；②大熊猫和小熊猫是否应单独划分熊亚目分支下的两个科属；③大熊猫是否为熊科物种。

1984 年，成都动物园的罗昌容等以小熊猫、黑熊、家猫、家狗等动物的血清作材料，进行醋酸纤维素薄膜电泳，对血清蛋白及乳酸脱氢酶同工酶的各个区带含量进行比较分析后发现，大熊猫既不同于浣熊科，也不同于熊科，而应该单独列为大熊猫科，同时从亲缘关系来看，大熊猫与浣熊科的小熊猫较为亲近。1988 年，北京大学的梁宋平和张龙翔用亲和层析纯化获得的小熊猫、黑熊和狗的乳酸脱氢酶同工酶 M4，经过实验测定及与已经测定的大熊猫序列对比，对差异氨基酸残基分析发现，大熊猫 LDH-M 亚基一级结构在四种动物中有明显的独特性，因而同样支持把大熊猫在食肉目中列为独立的一个科。张亚平和 Ryder 对熊超科 8 个科动物的线粒体 DNA 的 D-环、Cyt b、12S rRNA、tRNA-Pro 和 tRNA-thr 基因序列及线粒体 DNA 的全序列分析发现，海狗科、浣熊科及鼬科有共同的祖先，而与熊科没有共同的祖先；小熊猫科既不与熊科也不与浣熊科接近；大熊猫科与熊科关系较近。根据分子生物学、免疫学、遗传学等方面的证据，西方学者大多认为大熊猫属于熊科，一些著名的国际物种组织也将大熊猫划分在熊科下。但是后来的研究认为，大熊猫隶属于一个单独的科或者属于熊科中的一个亚科。值得一提的是，2010 年，大熊猫基因组精细图的测序和组装工作完成，分析发现在已经进行全基因组测序的物种中，大熊猫基因组与狗的基因组最接近；数据分析结果还进一步支持了大多数科学家所公认的"大熊猫是熊科的一个种"这一观点。到目前为止，对于大熊猫的分类地位仍需进一步研究。

关于大熊猫的遗传多样性，早在 20 世纪 90 年代，方盛国和张亚平分别运用 DNA 指纹图谱和 mtDNA 标记研究，发现现存大熊猫具有较低的遗传多样性。张亚平和 Ryder 从 40 只大熊猫中共检出 9 种线粒体单倍型，进行比较分析后发现大熊猫群体遗传分化程度较低，随后张亚平等对线粒体 D 环区和 tRNA 基因的分析也表明，与已有的棕熊、亚洲黑熊、北极熊及马来熊相比，大熊猫具有较低的遗传多样性，并且不同种群中没有明显的基因隔离，并推测现生大熊猫的祖先可能在更新世晚期受到"瓶颈效应"的影响导致多样性很低。张亚平等和方盛国等还分别利用 PCR 技术对从毛发中获得的大熊猫微卫星 DNA 位点进行了扩增，并研究了不同个体间的亲缘关系。然而，魏辅文研究团队一系列的深入研究证实，大熊猫具有较高的遗传多样性和长期续存的进化潜力，否定了"大熊猫走到历史尽头"的观点。首先，Zhan 等基于微卫星的分析发现，四川王朗自然保护区的大熊猫数量比原先的估计要多 1 倍以上，提示可能之前大熊猫的数量估计偏低。其次，Zhang 等基于 mtDNA 和微卫星的数据分析表明，现生大熊猫的 5 个种群仍然保持较高的遗传多样性和长期续存的进化潜力；并且，大熊猫在末次冰期消融后还经历了强烈的种群扩张，而现生种群的衰退仅始于几千年前，这一结果提示大熊猫种群的濒危与中国历史上人口不断增长所带来的压力密切相关。另外，基于种群遗传结构的分析表明，秦岭种群与其他种群相比具有较高的遗传分化水平，提议将秦岭种群定义为一个单独的管理单元，以便保护其独有的基因特性。同时还揭示秦岭种群可能是从岷山种群中分离出去然后形成一个单独、稳定的有效种群。这一推论被方盛国课题组利用第二代 DNA 指纹探针技术得以验证，支持将秦岭种群定义为一个单独的 ESU，其余 5 个种群为另一个 ESU。魏辅文课题组进一步研究发现，大渡河的隔离作用使小相岭种群缺乏足够的外源基因流，且发现小相岭大熊猫孤立种群曾发生过严重的崩溃，种群数量从清代康乾盛世开始剧烈下降，至今其种群缩小了近 60 倍，这与人类活动加剧导致的土地开垦、森林砍伐加剧致使大熊猫栖息地严重丧失密切相关。种群生存力分析表明，照目前这种状况，小相岭山系大熊猫小种群在 100 年内的灭绝概率很高，形势极为严峻。基于此，他们针对性地提出适当重引入新的大熊猫个体，实施大熊猫放归工程是挽救该种群的重要措施。近期运用二代重测序技术，基于 SNP 分子标记分析了大熊猫的种群历史和适应，魏辅文课题组进一步发现现生大熊猫可分为三个遗传种群（秦岭、岷山和邛崃·相岭·凉山种群），从而证实每个种群均具有较高的遗传多样性。

## 二、关于叶猴的研究

金丝猴的分类问题一直是人们关注的焦点，如丁波等（1999）为确定白头叶猴的分类地位，采用 RAPD 技术分析了菲氏叶猴、紫面叶猴、长尾叶猴、黑叶猴、白头叶猴共 13 个个体的 DNA，根据遗传距离建立的系统树显示，黑叶猴与白头叶猴亲缘关系最近。系统树和 t 检验结果表明，白头叶猴与黑叶猴之间遗传差异水平较低，近期两者间可能存在基因流，支持白头叶猴是黑叶猴的一个亚种的观点。刘志瑾等对三种亲缘关系最近的叶猴进行分子遗传学分析发现，黑叶猴与白头叶猴和金头叶猴具有较近的祖先，白头叶猴和金头叶猴几乎在距今 25 万 ~50 万年分别与黑叶猴分离，各自成为独立的种。遗传多样性则是金丝猴保护遗传学研究的另一个重要内容，如兰宏等对 6 只笼养滇金丝猴进行了随机扩增多态 DNA（RAPD）及遗传多样性分析，结果表明笼养滇金丝猴的遗传多样性很低，与蛋白多态研究的结果一致。贫乏的遗传多样性使目前处于濒危境地的滇金丝猴生存情况更加危险，同时其本身也可能是造成目前滇金丝猴濒危的原因之一。另外，通过成对的遗传距离分析，构建了这一群滇金丝猴的谱系关系图，提出了遗传距离较远的个体间进行交配的笼养繁育计划。李海鹏等利用同工酶电泳技术检测了来自甘肃摩天岭和陕西秦岭两个地区 19 只川金丝猴的 44 个遗传座位，没有发现多态座位，平均遗传杂合度为 0。结合古地质学的数据推测，川金丝猴如此低的遗传多样性很可能是由于历史上受到过瓶颈效应的打击，仅有少数种群得以幸存。在这之后，川金丝猴发生了种群扩张，从而形成了现在的地理分布格局。

21 世纪以来，随着各种标记引入金丝猴种群研究中，获得了一些重要结果。Li 等通过 RAPD 分析发现神农架川金丝猴种群遗传多样性水平极低，同时通过对来自四川 – 甘肃、陕西和神农架 3 个地方种群 18 个川金丝猴个体的 mtDNA 细胞色素 b（Cyt b）基因进行检测分析，结果发现四川种群 Cyt b 基因的序列与甘肃种群完全一致，四川 – 甘肃种群与陕西和神农架种群间的 Cyt b 序列差异仅为 0.002，远低于金丝猴的种间差异水平 0.024，也远低于滇金丝猴的种内差异水平 0.03。Li 等采集了来自四川、甘肃、陕西秦岭和湖北神农架的 32 只川金丝猴样品，利用同工酶电泳技术检测了 44 个遗传座位，未发现多态位点，平均遗传杂合度为 0，多态座位所占的比例为 0。Li 等通过分析线粒体 Cyt b 基因片段分析认为，黔金丝猴是金丝猴属中最先分歧的一个物种，同时通过线粒体基因组全长分析发现越南金丝猴分类位置位于滇金丝猴与川金丝猴分界点之间。Pan 等用之前已研究的猕猴微卫星位点，从中筛选了 14 个变异较高、相对比较容易扩增的 4 碱基重复座位对四川岷山、湖北神农架和陕西秦岭的川金丝猴的 3 个地理种群 32 个样本的微卫星位点进行多态性研究，发现 14 个位点都呈现了多态性（只在秦岭川金丝猴有 1 个位点是单态），同时发现各个地理种群中微卫星多态性偏离了 Hardy-Weinberg 平衡，提示各地方群体内部还可能存在一定程度的群体分化，并且推测秦岭种群和神农架种群交流最少，种群关系可能较远。用 mtDNA 控制区序列分析了同一研究群体的遗传多样性，发现基因交流的强度远低于微卫星位点的检测结果，推测由于金丝猴母系社会的特点可能对雌性遗传的 mtDNA 分析有所干扰，建议有必要用多种遗传标记来研究。Pan 等对岷山、秦岭和神农架三个地区的川金丝猴 mtDNA 控制区序列进行了测序，通过比较分析后发现川金丝猴与其他濒危的灵长类动物相比较拥有更高的多态性。李明课题组通过非损伤性取样，对 11 个滇金丝猴野生种群进行了种群历史分析，基于线粒体 DNA 控制区序列和微卫星的结果，与其他灵长类研究结果相比，滇金丝猴遗传多样性适中，提示栖息地的减少和人类活动是导致滇金丝猴濒危的主要因素，而非遗传多样性的降低。种群结构分析表明，滇金丝猴适应生境已经被人类活动区隔离为 5 个亚种群，亚种群的分化与末次冰期结束及该地区人类活动开始的时间相吻合。5 个亚种群应作为不同的管理单元进行同步保护，以保护不同的管理单元中独特的遗传多样性。同时也指出了 5 个对于滇金丝猴猴群基因交流非常关键的生境走廊，建议作为栖息地恢复的优先区域。2014 年，李明课题组完成了川金丝猴（R. roxellana）（疣猴亚科，仰鼻猴属 Rhinopithecus）de novo 测序及滇金丝猴（R. bieti）、黔金丝猴（R. brelichi）和缅甸金丝猴（R. strykeri）部分个体的基因组重测序。种群历史分析显示，金丝猴北方类群的分化时间约为 160 万年前，紧邻金丝猴祖先种群的分化，这一时间与引起青藏高原抬升的原木运动的时间吻合，因此认为青藏高原的抬升有可能引起了金丝猴属的分化以及随后的北方类群分化。该研究还发现北方类群和喜马拉雅类群的种化时间非常滞后，且后一类群的基因组分化和种化时间刚好与倒数第二次冰期的起止时间相吻合，表明在该冰期对喜马拉雅类群的扩散及基因交流有着重要的影响。最后该研究还重建了金丝猴属四个物种有效种群大小（Ne）的历史波动且存在明显不同，即川金丝猴种群历史中曾经历了两次种群扩张和两次瓶颈现象，而其他三种金丝猴自从分化后一直处于种群数量下降过程中。

## 三、关于中国水域代表性鲸类的研究

南京师范大学杨光、周开亚课题组，中国科学院水生生物研究所王丁课题组，中山大学（珠海）吴玉萍课题组和山东大学（威海）朱茜课题组对中国水域的江豚、白暨豚和中华白海豚的遗传多样性及其保护开展了大量研究。南京师范大学杨光、周开亚课题组早期研究基于 mtDNA 发现江豚三个地理种群，长江和南海种群均具有较低的遗传多样性，黄海种群具有较高的多样性，推测黄海是江豚的起源中心。基于适应性标记 MHC 的分析发现，20 世纪 90 年代随着人类活动的加剧，导致江豚的遗传多样性降低，尤其以长江江豚最显著，提示人类活动是江豚遗传多样性降低的重要原因。另外，三个地理种群呈现出显著的遗传结构但不存在明显的系统地理格局，种群历史分析显示江豚曾在末次冰期至全新世期间发生一系列的种群扩张事件，是现有系统地理格局形成的重要原因。基于微卫星和 SNPs 标记的分析并没有检测到种群间的基因交流，因此，建议将其划为不同的进化显著单元和管理单元进行保护。2018 年，杨光课题组完成了长江江豚 de novo 测序及对中国水域三个种群（长江、黄海和南海）的 48 个江豚个体的重测序。种群遗传结构分析证实三个种群存在显著的遗传分化，且长江江豚与黄海和南海两个海洋种群间没有基因交流，特别重要的是，通过 $f3$ 统计和 Bayes factor 分析均证实三种群间具有显著的生殖隔离，为"三物种划分"提供了强有力的统计支持。另外，基于 PSMC 和 MSMC 模型的种群历史动态分析，发现窄脊和宽脊江豚开始分化的时间为更新世（100KYA），而长江种群于 5000 ~ 40000 年，即末次盛冰期前后的海平面变化的影响下从黄海窄脊种群中分化出来成为独立种群。此外，在长江江豚中鉴定了与淡水适应相关的功能基因显著受正选择。基于上述证据，提出长江江豚应该独立成为一个物种（*Neophocoena asiaeorientalis*）。这一结果有助于长江江豚在白暨豚功能性灭绝后，作为长江生态系统和生物多样性保护的旗舰物种而得到更好的关注和保护。王丁课题组重点关注了长江江豚的遗传多样性，基于线粒体控制区及微卫星数据的分析发现遗传多样性非常低，而且其内部存在明显的种群分化，提出将长江江豚划分为 7 个明显的区段并且应选择就地保护的措施，这些研究为长江江豚的保护及管理提供了宝贵的遗传学依据。祝茜课题组 2011 年利用微卫星和线粒体控制区揭示了江豚北方种群内部的遗传分化，并提出将北方种群作为一个独立的保护管理单元。吴玉萍课题组 2014 年综合了前人发表的数据库中 344 条江豚线粒体控制区序列，提出在末次冰期最盛期，台湾海峡露出海面将台湾本岛和大陆连接起来，被认为是造成宽 - 窄脊江豚分化的气候事件，同时期的黄渤海因海退变成陆地，栖息于此处的江豚和东海的江豚因为岸线的缩减而拉近彼此之间的距离，从而增加了基因交流而同质化。与之相反的是，由于南海北部的岸线演化较稳定，生活于此的江豚的进化主要由地理隔离模式主导。因此，南海北部的宽脊江豚内部的遗传分歧程度有可能高于两种之间的遗传分歧程度，提示目前对宽脊江豚的分类方式可能过于保守。保守的分类方式将可能存在遗传分歧的地理种群合并对待，从而忽略了各种群的灭绝风险。近年来，珠江口的江豚搁浅数量一直维持较高水平。因此，需要对该种群进行更深入的研究，为科学保护提供可信的依据。

对白暨豚的保护遗传学研究主要是南京师范大学杨光、周开亚研究团队进行的。基于

mtDNA 基因组全序列的分析，揭示白鱀豚单独组成一支，与其他淡水豚之间存在显著的遗传距离和较高的分化水平，从而支持把它从其他淡水豚类中独立出来，成立单独的白鱀豚科 Lipotidae，确立了长期争议的白鱀豚的分类地位。随后的研究揭示白鱀豚在多个 MHC 座位（DQB、DRB、DRA 和 MHC-I）中具有与其他陆生哺乳动物相当的基因多态性及强烈的平衡选择和基因内重组作用，提示该物种目前的功能性灭绝并不是遗传多样性衰退的结果。2013 年，白鱀豚基因组全序列的完成，进一步揭示该物种在末次盛冰期的末期曾经历一次较严重的种群瓶颈效应，古气候及海平面变化与此次种群波动密切相关，但该物种最终灭绝的原因却是因为人类在长江中的过度捕捞、船舶航运、水利工程建设、环境污染等活动加剧了生境的不断恶化所导致的。

对于国家一级保护动物中华白海豚的研究，杨光课题组报道这个种群呈现出较高的种群分化与遗传结构，但系统发育重建并没有揭示出与地理分布格局对应的单系，也未检测到遗传结构水平与地理距离之间具有相关性。种群历史分析也没有检测出历史的种群扩张或收缩事件，这与目前普遍认为该物种的种群分割格局是近期人为因素所致的观点相吻合。吴玉萍课题组近年着重于珠江口中华白海豚应对环境变化的响应、分析中华白海豚群体的社会结构，结合群体学参数建立动物群体发展模型，为制定保护濒危动物措施和策略提供了科学依据应有文献。

## 四、关于其他陆生哺乳动物的研究

在其他陆生哺乳动物如藏羚羊和鹿科动物等的保护遗传学研究方面也取得了重要进展。藏羚羊的保护遗传学研究在单个分子标记和基因组水平上都有进行，结果表明藏羚羊遗传多样性较高，但人类狩猎可能对其产生了影响。如周慧利用 SSR 标记技术与线粒体 D-loop 区 DNA 多态性分析相结合的方法对藏羚羊遗传多样性进行了分析，结果发现这两种标记均检测出藏羚羊野生种群具有丰富的遗传多样性，从线粒体 DNA 多态性和 SSR 标记两方面研究结果证实我国藏羚羊遗传资源相当丰富，从保护遗传学角度揭示了科学保护藏羚羊这一物种具有很好的前景。Ge 等利用新一代、大规模平行测序技术生成并装配出了藏羚羊的基因组草图，发现藏羚羊基因组显示出对高原环境的适应性进化信号，与能量代谢和氧输送相关的基因家族发生了扩张。同时发现藏羚羊基因组杂合 SNPs 的模式与大熊猫相似，表明在过去数十年里人类狩猎导致藏羚羊种群遇到了瓶颈。

鹿科动物的保护遗传学研究表明中国梅花鹿的遗传多样性较高，如吴华等选用了 16 个微卫星位点检测来自东北、四川、江西和浙江种群的 122 份样品，分析我国野生梅花鹿种群的遗传多样性和遗传结构，结果表明 4 个种群中均存在偏离哈迪－温伯格平衡现象，与其他的濒危动物相比，中国梅花鹿有着相对较高的遗传多样性。孙海涛等利用 16 个微卫星标记对黑龙江省部分地区的 3 个梅花鹿群体进行遗传多样性检测，其平均遗传杂合度在 0.454~0.636 变动，其中兴凯湖梅花鹿群体最高（0.636），具有较大的遗传潜力。徐佳萍等对 3 种东北梅花鹿的 COII 基因片段进行了 PCR 扩增和测序，结果表明敖东梅花鹿的遗传多样性也很高。

## 五、关于两栖、爬行和鸟类的研究

对扬子鳄、大鲵以及珍稀鸟类的保护遗传学也有较多研究。通过对扬子鳄种群遗传学的分析，结果发现长兴扬子鳄的遗传多样性水平较高。如 Xu 等采用来自密西西比鳄的 22 个微卫星位点跨种扩增 32 条长兴扬子鳄，8 个多态性较好的位点得到 26 个等位基因，分析显示长兴扬子鳄的遗传多样性水平较高。Liu 等研究了扬子鳄来自宣州长兴和野生种群共 14 个个体的 MHC 序列，对 72 个克隆进行测序得到了 34 条核苷酸序列，结果也同样表明长兴种群的核苷酸多样性水平高，野生种群的多样性水平低。而关于大鲵的研究则发现大鲵驯养种群遗传多样性普遍偏低，如方耀林等以 mtDNA 控制区为分子标记，对汉水流域大鲵的遗传多态性进行了研究，结果显示大鲵驯养群体的遗传多样性水平较低。孟彦等利用 10 对微卫星引物对野生大鲵和人工养殖的大鲵进行了遗传多样性分析，结果表明人工养殖群体存在较多的等位基因丢失现象，并且遗传多样性水平低于野生群体，说明人工养殖导致大鲵群体的遗传多样性水平下降。鸟类的保护遗传学研究主要涉及朱鹮和褐马鸡等。已有的研究发现朱鹮的遗传多态性较低，如雷初朝等利用蛋白质电泳、RAPD 和微卫星 DNA 技术，对人工饲养朱鹮进行遗传多态性研究，结果表明人工饲养朱鹮群体的遗传多态性比发现之初得到了一定程度的恢复，但仍然比较贫乏。张蓓等同时采集了朱鹮野生种群和圈养种群的样品，选取线粒体 DNA 控制区序列和 MHC Ⅱ类 B 基因第二外显子序列作为分子标记，发现朱鹮种群表现出极低的线粒体 DNA 控制区遗传多样性水平，且 MHC 等位基因间的序列歧异度也相对较低。和雪莲利用 mtDNA、SSR 和 MHC 基因对朱鹮进行的保护遗传学研究也同样发现野生种群遗传多样性高于人工饲养种群，并建议在人工种群繁殖配对选择时应该考虑配对个体的遗传背景，最大限度保存物种的遗传多样性。关于褐马鸡的研究，则发现褐马鸡的种群遗传多样性较低，需要加强遗传管理。常江等通过线粒体 DNA 控制区部分序列的分析，研究表明山西省褐马鸡的遗传多样性极低。武玉珍以山西省庞泉沟国家自然保护区、芦芽山国家自然保护区、太原市动物园的褐马鸡种群为研究对象，进行了线粒体 DNA 控制区序列变异和 ISSR 多样性等分析，结果同样表明褐马鸡种群的遗传变异较低，建议加强各保护区之间卵、幼鸟、成年鸟的交换，促进种群间的基因交流，防止种群遗传衰退。

# 第六节　我国著名的保护生物学专家

## 胡锦矗

胡锦矗，1957 年毕业于北京师范大学生物系脊椎动物学专业。1957 年至今一直在西华师范大学珍稀动植物研究所从事教学和科研工作。曾任中国保护大熊猫研究中心首任主任，国际合作专家组组长和卧龙特区党委成员，四川师范学院珍稀动植物研究所所长，国际保护联盟（IUCN）物种生存专家组成员，中国动物学会、中国野生动物保护协会、中国动物园协会理事等职。1966 年组织四川省东部地区动物区划调查研究；1972—1974 年参加长江水产资源调查；1974—1977 年负责四川省珍贵动物资源调查；1978—1980 年组建卧龙"五一棚"大熊猫生态观察站；1981—1985 年代表中方专家组与世界自然基金会合作研究保护大熊猫；1985 年以后在四川省各山系研究大熊猫的种群动态；1997—2001 年组织并负责四川省陆生野生脊椎动物调查；1999—2001 年参加全国第三次大熊猫调查专家组；2002—2004 年负责四川省小寨子沟、冶勒、小河沟、唐家河自然保护区的综合科学考察；2005—2008 年指导竹巴笼、东阳沟、栗子坪、马鞍山自然保护区的综合科学考察。

胡锦矗先后主持完成国家自然科学基金大熊猫研究项目 4 项，共发表学术论文 200 余篇，出版专著 28 部，代表性的专著有《卧龙的大熊猫》（1985）、《大熊猫生活奥秘》（1985）、《熊猫风采》（1990）、《大熊猫生物学研究与进展》（1990）、《大熊猫研究》（2001）、《追踪大熊猫》（2002）、《追踪大熊猫的岁月》（2005）、《寻踪国宝》（2008）、《大熊猫文化》（2008）等。编写出版了《大熊猫、金丝猴、梅花鹿、白唇鹿、小熊猫、麝文献情报》，首次推出了《华夏珍宝——大熊猫》多媒体光盘，建立了"大熊猫全文数据库"，为相关科学研究提供了重要情报。

## 周开亚

周开亚，南京师范大学教授、博士生导师。曾兼任农业部濒危水生野生动植物种科学委员会委员、IUCN/SSC 鲸类专家组成员、IUCN/SSC 保护繁殖专家组成员、世界两栖爬行动物学大会执行委员会委员、香港海洋公园保护基金科学顾问委员会委员、香港海豚保育学会顾问、中国动物学会常务理事、《生物多样性》《中国天然药物》编委，*Molecular Phylogenetics and Evolution*、*Biological Conservation* 等刊物的审稿人。

在物种水平方面，周开亚对我国白鱀豚、江豚等水生哺乳动物的研究，开创了中华人民共和国成立后国人研究大型水生兽类的先河，并屡有创见。周开亚和合作者认为白鱀豚代表了一新的科级分类单元，该研究为探讨和了解水生兽类的起源和进化提供了重要资料。白鱀豚科 Lipotidae 也是 20 世纪现生鲸类中唯一的新建科级分类单元。另外，周开亚和合作者还发现并命名了淡水豚化石郁江原鱀豚（*Prolipotes yujiangensis*），这是我国唯一已知的中新世鲸类化石，证明白鱀豚类在约 2000 万年前就曾生活在中国南方的江河中，这也是亚洲此时期鲸类化石的首次发现。

在保护生物学方面，1958 年周开亚首次报道了在长江下游发现白鱀豚，并从 1979 年开始对白鱀豚的分布、集群、潜水、迁移等生态和生物学进行研究。他在 1982 年第三届国际兽类学大会提出"白鱀豚的现存数少于 400 头，濒临灭绝"的观点，分析了白鱀豚死亡的原因，并首次提出迁地养护的保护设想。据此而建立的铜陵白鱀豚养护场现已成为长江下游豚类保护的主要基地。20 世纪 90 年代，他又用照相识别技术研究白鱀豚种群的迁移和数量，成功地识别了白鱀豚不同个体，首次获得白鱀豚迁移达 200 千米的证据，并估算长江下游白鱀豚种群数量已下降到 100 头左右。21 世纪初，在香港海洋公园保护基金的支持下，于 2005 年在雷州湾发现中华白海豚种群并进行了种群系统的研究，由此 2006 年在雷州湾建立了湛江中华白海豚市级自然保护区等。

周开亚对我国两栖爬行动物的研究也自成体系。他带领的课题组研究发现：黑斑侧褶蛙在更新世冰川和间冰期影响下分为 A 和 B 两个支系，两支系在吉林省第二次接触；秦岭隆起造成的隔离使无蹼壁虎分成 A 和 B 两个支系，两支系在接触区同域分布。他们测定了壁虎类 30 个属核 c-mos 基因片段的序列，并据此提出了壁虎类高级阶元新分类系统。他和合作者还描记了粗疣壁虎、耳疣壁虎、文县壁虎等新种，指出我国和日本的多疣壁虎实际包括了 2 个不同的物种——铅山壁虎和多疣壁虎。

周开亚发表论文 370 余篇，出版了《中国的海兽》《江苏省志·生物志·动物篇》等专著、论文集 19 本，获国家发明专利 6 项，创建了南京师范大学遗传资源研究所。

# 第七节　主要研究单位及其研究重点

中国科学院动物研究所动物生态与保护生物学重点实验室面向国家对生物多样性资源保护与利用的战略需求，瞄准动物生态与保护生物学学科发展的前沿，应用动物行为学、生态学、生理学、遗传学、基因组学和动物医学的理论与方法研究野生动物，特别是我国特有珍稀濒危动物的保护生物学问题，揭示物种濒危和灭绝的机制。

中国科学院水生生物研究所"水生生物多样性与保护重点实验室"通过水生生物多样性起源和进化等前沿性基础研究来认识包括东亚淡水鱼类在内的水生生物区系的起源和演化的时空规律，评估全球变化对水生生物多样性的影响以及水体生物对地球历史变化的响应；通过对濒危及经济水生动物行为和种群动态的监测、水生生物资源的评估以及人类活动对水生生物多样性影响的研究，为特有、珍稀和濒危水生动物的保护提供理论基础和对策；以及为水生生物资源的可持续利用提供理论依据。

中国科学院成都生物所两栖爬行动物研究室是全国两栖爬行动物的研究中心，也成为世界著名的两栖爬行动物的研究中心之一，代表着中国两栖爬行动物研究的最高水平，开展两栖爬行动物的区系、种群数量和保护对策的研究工作。

中国科学院昆明动物研究所西南生物多样性实验室立足于我国西南及周边地区丰富的生物资源，面向服务于国家和云南生物产业发展，面向国家战略生物资源与环境安全需求，解决生物多样性保护、生物资源的可持续利用和特色生物资源发掘中的重大科学问题和关键技术，凝聚和培养生物多样性一流人才，力争将其建成生物多样性国家实验室，使其成为国际一流的生物多样性可持续利用与保护重大科学理论和关键技术研究、国际合作与交流中心，最终成为国际上在生物技术产业领域具有重要影响的研究机构之一，为云南的生物产业，特别是昆明国家生物产业基地的发展提供有力的科技支撑。

中国科学院新疆生物与地理研究所生物地理与生物资源重点实验室瞄准国际干旱区研究前沿发展趋势，以亚洲中部干旱区为背景，融合生物学和地学研究手段，在干旱区生物区系与演化、生物对环境的适应性、生物多样性保育和受损环境的生物修复等领域开展创新性研究工作，解答干旱区生物地理与生物资源领域重大科学问题，服务于我国生物多样性保育研究、干旱区特殊生物资源可持续利用，特别是地方经济和生态建设的战略目标。

北京师范大学生物多样性与生态工程教育部重点实验室以生物多样性保育为中心，从宏观到微观、从理论到应用，开展生物适应性、种群动态、生态系统功能等方面的研究工作，以野外生态学研究为主，结合分子生物学、无线电遥测和3S技术等现代手段，从就地保护和易地保护两方面对我国特产濒危雉类黄腹角雉、褐马鸡、白冠长尾雉、大熊猫、亚洲象等珍稀濒危兽类的行为生态学和栖息地保护等开展系统、深入的研究。近年来的研究重点为珍稀濒危雉类的生态适应机制、种群动态、驯养繁殖及其保护对策等。

浙江大学濒危野生动物保护遗传与繁殖教育部重点实验室围绕濒危野生动物分子生态学、保护遗传学和繁殖生物学等开展研究，特别是在大熊猫、扬子鳄等的保护遗传学、基因组学等方面有一定的特色。此外，他们在栖息地片段化效应、物种多样性与群落生态学、岛屿生物地理学等方面的研究工作对探讨物种多样性的时空格局和维持机制、人为干扰对物种多样性和群落多样性的影响，以及生物多样性保护和可持续利用策略等科学问题具有重要意义。

兰州大学生命科学学院的动物学科围绕大石鸡等的分类、生态、遗传多样性、种间渐渗杂交等开展了系统的研究。

华东师范大学上海市城市生态过程和生态修复重点实验室，依托生态学国家重点学科研究鸟类和兽类生态学的生态学和保护生物学，在鹿科动物和鸟类的种群与群落生态学、保护生物学等研究领域形成了独有的优势。

东北林业大学野生动物研究所以东北特有动物为研究动物对象，如东北虎、鹿科动物，开展生态学、行为学和保护生物学的研究，围绕野生动物资源调查、资源管理与保护、自然保护区规划和设计等开展工作。

南京师范大学的江苏省生物多样性与生物技术重点实验室围绕濒危鲸豚类的生物学与保护，在形态、解剖、分类、生态、遗传、生理生化等方面开展了长期、系统的研究。研究对象包括白鱀豚、江豚、中华白海豚、瓶鼻海豚等。目前的主要研究方向包括鲸类高级阶元的系统发育历史与适应机制、重要代表性类群的分子系统地理格局及其形成机制、中华白海豚等近岸物种的保护生物学等。

西北大学秦岭生物多样性研究中心以秦岭的动植物为对象，开展秦岭动植物的多样性研究，研究中心重点以金丝猴为研究对象，系统地开展种群数量调查和动态监测、个体识别和亲缘关系和行为生态学的研究。此外，北京大学、安徽大学、广西师范大学、郑州大学、中南林业大学等都有团队分别针对不同区域的灵长动物类群开展了生态、行为和遗传方面的研究并取得了一批在国内外具有较高显示度的成果。

沈阳师范大学辽宁省生物进化与生物多样性重点实验室依托化学与生命科学学院的研究力量，开展以两栖和爬行动物为特色的种群数量调查、分布和保护研究工作。

安徽师范大学重要生物资源保护与利用研究安徽省重点实验室着重围绕珍稀濒危物种保护生物学、重要经济生物资源的开发与利用、生态恢复与环境保护、生物系统与进化等方向开展研究，特别是扬子鳄的生物学和保护方面有长期系统的工作积累。

西华师范大学西南野生动植物资源保护教育部重点实验室以野生动植物的可持续利用，加强对濒危物种及其生境的保护，促进人类社会和谐稳定的发展为目标，为我国特别是西南地区野生动植物资源研究与保护事业提供理论、技术支持和人才培养平台，为我国大熊猫的生态学和保护研究做出了重要贡献。本实验室主要研究方向有野生动物资源保护与利用、野生植物资源保护与利用、野生动植物环境保护与评价。

广西师范大学珍稀濒危动植物生态与环境保护省部共建重点实验室，重点开展珍稀濒危动植物生态与保护、特色动植物资源开发与利用、生物修复与生态重建的研究；珍稀濒危动物生态学省级实验室以南方特有物种为研究对象，开展种群动态与行为生态、保护遗传与分子生态、濒危机制与生态保护、繁殖生物学与繁育技术、自然驯化与野外放归的研究工作。

# 第八节　展望

　　我国的保护遗传学研究从 20 世纪 80 年代开始到如今，我国的学者为保护遗传学研究付出了巨大的努力，取得了令人瞩目的成绩，部分研究达到国际前列，不仅为濒危动物的保护起到了积极的推动作用，也为今后的研究奠定了坚实的基础。这些研究中既包括大熊猫、金丝猴和鹿科动物等旗舰物种，也包括比较难以研究的珍稀动物白暨豚、大鲵和藏羚羊等，保护遗传学研究工作的开展为这些物种的保护区的确定、保护政策的制定和修改等提供了理论依据。当然，在未来的研究中我们还需要研发更多更好的分子标记用于分析，也需要将保护遗传学研究扩展到更多珍稀物种中去，更要在保护的研究与实践上寻求突破。随着国家对科技投入的加强和对科学研究重视程度的提高，我国保护遗传研究的前景一片光明，研究队伍将进一步扩大，研究也将会更加深入和系统。

## 参考资料

［1］ Primack R，马克平，蒋志刚．保护生物学［M］．北京：科学出版社，2014.

［2］ Richard Primack，季维智．保护生物学基础［M］．北京：中国林业出版社，2000.

［3］ 陈斯侃．莽山烙铁头蛇的保护生态学初步研究［D］．长沙：中南林业科技大学，2013.

［4］ 丁波，张亚平，刘自明，等．RAPD 分析与白头叶猴分类地位探讨［J］．动物学研究，1999，20（1）：1-6.

［5］ 丁长青．朱鹮研究［M］．上海：上海科技教育出版社，2004.

［6］ 丁长青，李峰．朱鹮的保护与研究［J］．动物学杂志．2005，40（6）：54-62

［7］ 丁长青，刘冬平．野生朱鹮保护研究进展［J］．生物学通报．2007，42（3）：1-4.

［8］ 方盛国．大熊猫保护遗传学［M］．北京：科学出版社，2008.

［9］ 方盛国，冯文和，张安居，等．大相岭山系大熊猫数量及遗传多样性的 DNA 指纹检测［J］．四川大学学报（自然科学版），1999，36（3）：627-630.

［10］ 方盛国，冯文和，张安居，等．大熊猫亲子鉴定——DNA 指纹技术的应用［J］．四川大学学报（自然科学版），1994，31（3）：389-395.

［11］ 方盛国，冯文和，张安居．凉山山系、小相岭山系大熊猫遗传多样性的 DNA 指纹比较分析［J］．兽类学报，1997，17（4）：248-252.

［12］ 方耀林，张燕，杨焱清，等．大鲵遗传多样性分析［J］．淡水渔业：2006，36（6）：8-11.

［13］ 郭忠玲，赵秀海．保护生物学概论［M］．北京：中国林业出版社，2003.

［14］ 何陆平．朱鹮多态性微卫星位点的筛选及物种的遗传多样性研究［D］．杭州：浙江大学，2007.

［15］ 和雪莲．朱鹮（Nipponianippon）分子遗传多样性研究［D］．北京：北京林业大学，2013.

［16］ 胡锦矗．大熊猫分类的近期研究与进展［J］．西华师范大学学报（自然科学版），1996（1）：11-15.

［17］ （英）普林．保护生物学［M］．贾竞波，译．北京：高等教育出版社，2005.

［18］ 蒋志刚，马克平，韩兴国，等．保护生物学［M］．杭州：浙江科学技术出版社，1997.

［19］ 蒋志刚，马克平．保护生物学原理［M］．北京：科学出版社，2014.

［20］ 兰宏，张文艳，王文，等．滇金丝猴的随机扩增多态 DNA 与遗传多样性分析［J］．中国科学（生命科学），1996，261：244-249.

［21］ 李俊清，李景文，崔国发．保护生物学［M］．北京：中国林业出版社，2002.

[22] 李海鹏，张亚平，蒙世杰，等. 川金丝猴遗传多样性的蛋白电泳及其保护生物学意义 [J]. 动物学研究，1998. 19 (6): 417–421.

[23] 李明，魏辅文，冯祚建，等. 保护生物学—新分支学科——保护遗传学 [J]. 四川动物，2001. 20 (1): 16–19.

[24] 刘珊，杨光，季国庆，等. 白鱀豚种群遗传多样性分析：mtDNA 证据 [J]. 生物多样性（香港），2001，3: 92–95.

[25] 罗昌容，冯文和，何光昕，等. 大熊猫与几种食肉类动物血清蛋白及乳酸脱氢酶同工酶的比较研究 [J]. 四川大学学报（自然科学版），1984 (4): 88–93.

[26] 孟彦，杨焱清，张燕，等. 野生和养殖大鲵群体遗传多样性的微卫星分析 [J]. 生物多样性，2008. 16 (6): 533–538.

[27] Richard B Prinack. 保护生物学概论 [M]. 祁承经，译. 长沙：湖南科学技术出版社，1996.

[28] 史东仇，曹永汉. 中国朱鹮 [M]. 北京：中国林业出版社，2001.

[29] 苏化龙，林英华，李迪强，等. 中国鹤类现状及其保护对策 [J]. 生物多样性，2000，8 (2): 180–191.

[30] 孙海涛，李馨，耿忠诚，等. 梅花鹿 3 个种群遗传多样性的微卫星标记分析 [J]. 动物学杂志，2009，44 (3): 30–35.

[31] 孙涛. 白头叶猴（Trachypithecusleucocephalus）微卫星文库的构建以及遗传多样性研究 [D]. 桂林：广西师范大学，2010.

[32] 田秀华，石全，华余溢. 中国鹤类迁地保护现状 [J]. 野生动物，2006，27 (2): 50–52.

[33] 田兴军. 生物多样性及其保护生物学 [M]. 北京：化学工业出版社，2005.

[34] 吴华，胡杰，万秋红，等. 梅花鹿的微卫星多态性及种群的遗传结构 [J]. 兽类学报，2008，28 (2): 109–116.

[35] 武玉珍. 濒危鸟类褐马鸡遗传多样性及保护研究 [D]. 太原：山西大学，2008.

[36] 谢和平，李石洲，陈远辉，等. 华南虎省级自然保护区莽山烙铁头蛇资源调查初报 [J]. 广东林业科技，2013，29 (5): 39–41

[37] 徐佳萍，荣敏，杨福合，等. 东北梅花鹿线粒体 CO Ⅱ 基因序列的遗传结构及其系统发育分析 [J]. 特产研究，2011，33 (4): 1–4.

[38] 张蓓. 朱鹮线粒体 DNA 及 MHC Ⅱ类 B 基因的多态性研究 [D]. 杭州：浙江大学，2005.

[39] 张亚平. 熊超科的分子系统发生研究 [J]. 遗传学报（英文版），1997，24 (1): 15–22.

[40] 张亚平，王文，宿兵，等. 大熊猫微卫星 DNA 的筛选及其应用 [J]. 动物学研究，1995，16 (4): 301–306.

[41] 杨志松. 我国石鸡属鸟类系统地理结构及其种间杂交的研究 [D]. 兰州：兰州大学，2007.

[42] 张恒庆，张文辉. 保护生物学 [M]. 北京：科学出版社，2009.

[43] 张辉，危起伟，杨德国，等. 葛洲坝下游中华鲟（Acipensersinensis）产卵场地形分析 [J]. 生态学报，2001，27 (10): 3945–3955.

[44] 周慧. 藏羚羊的保护遗传学研究 [D]. 长沙：湖南农业大学，2005.

[45] 周军英，卢雁平，张金国. 中国动物园圈养鹤类现状调查及分析 [J]. 野生动物，2012，33 (4): 225–230.

[46] Avise J C. Molecular Markers, Natural History and Evolution [M]. New York: Champman and Hall, 1994.

[47] Chen B, Zheng D, Zhai F, et al. Abundance, Distribution and Conservation of Chinese White Dolphins (Sousa Chinensis) in Xiamen, China [J]. Mammalian Biology Zeitschrift fur Saugetierkunde, 2008, 73 (2): 156–164.

[48] Chen L, Bruford M W, Xu S, et al. Microsatellite Variation and Significant Population Genetic Structure of Endangered Finless Porpoises (neophocaena phocaenoides) in Chinese Coastal Waters and the Yangtze River [J]. Marine Biology, 2010, 157 (7): 1453–1462.

［49］ Du H, Zheng J, Wu M, et al. High MHC DQB Variation and Asymmetric Allelic Distribution in the Endangered Yangtze Finless Porpoise, neophocaena phocaenoides asiaeorientalis［J］. Biochemical Genetics, 2010, 48（5-6）: 433-449.

［50］ Frankel O H, Soule M E. Conservation and Evolution［M］. Cambridge: Cambrige University Press, 1981.

［51］ Ge R L, Cai Q, Shen Y, et al. Draft Genome Sequence of the Tibetan Antelope［J］. Nature Communications, 2013（5）: 54-56.

［52］ Li H, Meng S, Men Z, et al. Genetic Diversity and Population History of Golden Monkeys（RhinopithecusRoxellana）［J］. Genetics, 2003, 164（1）: 269-275.

［53］ Li M, Huang C, Pan R, et al. Molecular Phylogeny of Snub-Nosed Monkeys Genus Rhinopithecus Inferred From Mitochondrial DNA Cytochrome B and 12SrRNA Sequences in China.［J］. International Journal of Primatology, 2004, 25（4）: 861-873.

［54］ Li M, Liang B, Feng Z, et al. Molecular Phylogenetic Relationships Among Sichuan Snub-Nosed Monkeys（RhinopithecusRoxellanae）Inferred From Mitochondrial Cytochrome-B Gene Sequences［J］. Primates, 2001, 42（2）: 153-160.

［55］ Li R, Fan W, Tian G, Zhu, et al. The Sequence and De Novo Assembly of the Giant Panda Genome［J］. Nature, 2010, 463（7279）: 311-317.

［56］ Li X, Liu Y, Tzika A C, et al. Analysis of Global and Local Population Stratification of Finless Porpoises Neophocaenaphocaenoides in Chinese Waters［J］. Marine biology, 2011, 158（8）: 1791-1804.

［57］ Li Y, Li Y, Ryder O A, et al. Analysis of Complete Mitochondrial Genome Sequences Increases Phylogenetic Resolution of Bears（Ursidae）, a Mammalian Family that Experienced Rapid Speciation.［J］. Bmc Evolutionary Biology, 2007,（6）: 1-11.

［58］ Lin W, Frère C H, Karczmarski L, et al. Phylogeography of the Finless Porpoise（Genus Neophocaena）: Testing the Stepwise Divergence Hypothesis in the Northwestern Pacific［J］. Scientific reports, 2014, 4: 6572.

［59］ Liu H, Wu X, Peng Y, et al. Polymorphism of Exon 3 of MHC Class II B Gene in Chinese Alligator（Alligator Sinensis）.［J］. Journal of Genetics & Genomics, 2007, 34（10）: 918-929.

［60］ Liu Z, Ren B, Wei F, et al. Phylogeography and Population Structure of the Yunnan Snub-Nosed Monkey（Rhinopithe cus bieti）Inferred From Mitochondrial Control Region DNA Sequence Analysis［J］. Molecular Ecology, 2007, 16（16）: 3334-3349.

［61］ Lu Z, Johnson W E, Menotti R M, et al. Patterns of Genetic Diversity in Remaining Giant Panda Populations［J］. Conservation Biology, 2001, 15（6）: 1596-1607.

［62］ Liu Z, Wang B, Nadler T, et al. Relatively Recent Evolution of Pelage Coloration in Colobinae: Phylogeny and Phylogeography of Three Closely Related Langur Species［J］. PLoS One, 2013, 8（4）: e61659

［63］ Pan D, Hu H, Meng S, et al. A High Polymorphism Level in RhinopithecusRoxellana［J］. International Journal of Primatology, 2009, 30（2）: 337-351.

［64］ Pan D, Li Y, Hu H, et al. Microsatellite Polymorphisms of Sichuan Golden Monkeys［J］. Chinese Science Bulletin, 2005, 50（24）: 2850-2855.

［65］ Peng R, Zeng B, Meng X, et al. The Complete Mitochondrial Genome and Phylogenetic Analysis of the Giant Panda（Ailuropoda Melanoleuca）［J］. Gene, 2007, 397（1-2）: 76-83.

［66］ Qu Y, Zhao H, Han N, et al. Ground Tit Genome Reveals Avian Adaptation to Living at High Altitudes in the Tibetan Plateau［J］. Nature communications, 2013, 4: 2071.

［67］ Sun Y, Xiong Z, Xiang X, et al. Whole-Genome Sequence of the Tibetan Frog NanoranaParkeri and the Comparative Evolution of Tetrapod Genomes［J］. Proceedings of the National Academy of Sciences, 2015, 11（112）: E1257-E1262.

［68］ Xia J,Zheng J,Wang D. Ex situ conservation status of an endangered Yangtze finless porpoise population（Neophoca-ena phocaenoides asiaeorientalis）as measured from microsatellites and mtDNAdiversity［J］. ICES Journal of Marine Science：Journal du Conseil, 2005, 62（8）：1711-1716.

［69］ Xu Q, Fang S, Wang Z, et al. Microsatellite Analysis of Genetic Diversity in the Chinese Alligator（alligator sinensis）Changxing Captive Population［J］. Conservation Genetics, 2005, 6（6）：941-951.

［70］ Xu S, Chen B, Zhou K, et al. High Similarity at Three MHC Loci Between the Baiji and Finless Porpoise：Trans-Species Or Convergent Evolution?［J］. Molecular Phylogenetics&Evolution, 2008, 47（1）：36-44.

［71］ Xu S, Ren W, Zhou X, et al. Sequence Polymorphism and Geographical Variation at a Positively Selected MHC-DRB Gene in the Finless Porpoise（Neophocaena phocaenoides）：Implication for Recent Differentiation of the Yangtze Finless Porpoise?［J］. Journal of Molecular Evolution, 2010, 71（1）：6-22.

［72］ Xu S, Sun P, Zhou K, et al. Sequence Variability at Three MHC Loci of Finless Porpoises（neophocaena phocaenoides）［J］. Immunogenetics, 2007, 59（7）：581-592.

［73］ Xu S, Zhang Pan, Li S, et al. A Preliminary Analysis of Genetic Variation at Three MHC Loci of the Indo-Pacific Humpback dolphin（Sousa Chinensis）［J］. Acta Theriologica Sinica, 2009, 29（4）：372-381.

［74］ Yan J, Zhou K, Yang G. Molecular Phylogenetics of 'River Dolphins' and the Baiji Mitochondrial Genome.［J］. Molecular Phylogenetics&Evolution, 2005, 37（3）：743-750.

［75］ Yang G, Yan J, Zhou K, et al. Sequence Variation and Gene Duplication at MHC DQB Loci of Baiji（lipotes vexillifer）, a Chinese River Dolphin.［J］. Journal of Heredity, 2005, 96（4）：310-317.

［76］ Yang G, Ren W, Zhou K, et al. Population Genetic Structure of Finless Porpoises, Neophocaena Phocaenoides, in Chinese Waters, Inferred From Mitochondrial Control Region Sequences［J］. Marine Mammal Science, 2002, 18（2）：336-347.

［77］ Yang G, Liu S, Ren W, et al. Mitochondrial Control Region Variability of Baiji and the Yangtze Finless Porpoises, Two Sympatric Small Cetaceans in the Yangtze River［J］. Acta Theriologica, 2003, 48（4）：469-483.

［78］ Zhan X, Li M, Zhang Z, et al. Molecular Censusing Doubles Giant Panda Population Estimate in a Key Nature Reserve［J］. Current biology, 2006, 16（12）：R451-R452.

［79］ Zhang Y, Ryder O A. Mitochondrial DNA Sequence Evolution in the Arctoidea［J］. Proceedings of the National Academy of Sciences of the United States of America, 1993, 90（20）：9557-9561.

［80］ Zhang Y, Ryder O A. Phylogenetic Relationships of Bears（The Ursidae）Inferred From Mitochondrial DNA Sequences.［J］. Molecular Phylogenetics &Evolution, 1994, 3（4）：351-359.

［81］ Zhang Y, Ryder O A. Mitochondrial Cytochrome B Gene Sequences of Old World Monkeys：With Special Reference On Evolution of Asian Colobines［J］. Primates, 1998, 39（1）：39-49.

［82］ Zhang Y, Ryder O A, Zhao Q, et al. Noninvasive Giant Panda Paternity Exclusion［J］. Zoo Biology, 1994, 13（6）：569-573.

［83］ Zhang Y, Wang X, Ryder O A, et al. Genetic Diversity and Conservation of Endangered Animal Species［J］. Pure & Applied Chemistry, 2002, 74（4）：575-584.

［84］ Zhao S, Zheng P, Dong S, et al. Whole Genome Sequencing of Giant Pandas Provides Insights into Demographic History and Local Adaptation［J］. Nature Genetics, 2013, 45：67-71.

［85］ Zheng J, Xia J, He S, et al. Population Genetic Structure of the Yangtze Finless Porpoise（Neophocaena Phocaenoides Asia eorientalis）：Implications for Management and Conservation.［J］. Biochemical Genetics, 2005, 43（5-6）：307-320.

［86］ Zhou X, Wang B, Pan Q, et al. Whole-Genome Sequencing of the Snub-nosed Monkey Provides Iinsights into Folivory and Evolutionary History［J］. Nature Genetics, 2013, 46：1303-1310.

［87］ Zhu L, Zhang S, Gu X, et al. Significant Genetic Boundaries and Spatial Dynamics of Giant Pandas Occupying Fragmented Habitat Across Southwest China.［J］. Molecular Ecology, 2015, 20（6）：1132.

# 中国动物学大事记

## 一、中国古代动物学史大事记

**公元前7000年至公元前4000年，**猪、狗、鸡、马、牛等动物已被驯化饲养；稻、粟、黍等禾本科植物已被种植。

**公元前3000年，**河南省临汝县闫村出土的距今约有5000年的彩色陶器上绘有鹳鸟衔鱼的图画，反映了当时人们对鹳鸟形态、习性的认识。

**公元前2750年，**浙江吴兴钱山漾遗址出土的绢片和丝带表明当时人们已经开发利用鳞翅目昆虫的蚕丝资源。

**公元前2000年，**以物候（主要指动、植物生长发育对季节气候的反应）指导各种生产活动。

**公元前1700年至公元前1100年，**象形甲骨文中包括许多动植物名称，反映了当时人们对动植物的一些直观认识。甲骨文中四种象形的鹿类动物名称鹿、麝、麋、麈，虽然它们整体形象不同，但都有一个共同的象形的"鹿"字作为它们的基本形制，这实际上包含了将一些形态基本相同的动物归为一类群的分类思想。

甲骨文中有首、耳、目、口、鼻、齿、舌、手、足、心、血等象形文字，反映了当时人们对人体形态结构的认识。

**公元前1000年至公元前500年，**《诗经》中提道植物143种，动物109种，共252种。这些动物大部分产于我国黄河流域。《诗经·豳风·七月》中已有物候的记载。

**公元前600年，**《黄帝内经》中包含了丰富的人体解剖、生理等各方面的知识。

《管子·水地》反映了当时人们对水在生命活动过程中的重要作用的认识。

**公元前3世纪，**《周礼·考工记》将鱼类（鳞者）、鸟类（羽者）、哺乳类（脂者、膏者、裸者）总名为"大兽"，均为脊椎动物；将昆虫等无脊椎动物总名为"小虫"。虽然"大兽"和"小虫"在客观上蕴含着"脊椎"与"无脊椎"的区别，可惜古人并未认识"脊椎骨"在动物分类上的重要性，"大兽"即"脊椎动物"，"小虫"即"无脊椎动物"只是一种巧合而已。

《周礼·地官》中首次出现"动物"和"植物"这两个重要的专用名词，是古代人们对众多生物在认识上的一次飞跃，表明古人已从千姿百态的生物中对动物和植物进行了初步归类，具有里程碑意义。

《周礼·地官》将动植物的生境划分为山林、川泽、丘陵、坟衍、原隰五类，各类生境中均有适宜生存的动植物，反映古人已经有了动植物与其栖息环境相统一的思想。

《庄子·山木篇》记载，庄子已经观察到自然界中存在螳螂捕蝉、鸟捕螳螂、人捕鸟这种"食物链"现象，认为生物总是相为利，同时相招害。他将此总结为"物固相累，二类相召也"。

荀子在《荀子·王制》中指出了区别生物与非生物、植物与动物、动物与人的基本要素。

荀子的《蚕赋》以赋的形式和简洁的文字（仅用了168个汉字）生动描绘了蚕的形态与生活史中家蚕变态、眠性、化性、生殖、性别、食性、生态、结茧等生物学过程以及缲丝和制种等生产过程。荀子的《蚕赋》可以说是我国上古时期先人对蚕桑生产技术科学认知的里程碑。

**公元前2世纪**，《尔雅》中的《释草》《释木》《释虫》《释鱼》《释鸟》《释兽》和《释畜》共著录了590多种动植物，并指出它们的名称。此外，还根据它们的形态特征，将它们分别归入一定的分类系统中。例如将植物分为草本和木本两大类，木本又分为乔木、灌木和橐木（相当于棕榈科植物）。动物方面分为虫、鱼、鸟、兽四大类。并进一步提出动物分类的定义，如"二足而羽谓之禽""四足而毛谓之兽"。《尔雅》在大类之下，还进行更深一层次的分类，如使用了"鼠属""牛属""马属"等名称。

**公元1世纪**，西汉王充在《论衡》一书中说："物生自类本种""且夫含血之类，相与为牝牡。牝牡之会，皆见同类之物""天地之间，异类之物，相与交接，未之有也。"他认为各种生物都能相当稳定地将本种类特征传给后代。他所谓的"本种"包含种的概念，并将能否互为交配也列入种的特征之一。

成书于东汉初期的《神农本草经》是中国现存最早的本草学著作。全书记载药物365种，包括草、谷、米、果、木、虫、鱼、家畜、金石等。根据药物对人的作用，分为上、中、下三品。该书对所收录的每种药用动、植物都做了简明的介绍。阐明了药物的药理、药性、主治功用、生长环境及其别名等。它开创了本草著作的体例，对后来本草学的发展影响很大。

**公元3世纪**，陆玑著《毛诗草木鸟兽虫鱼疏》，这是一部专门针对《诗经》中所提道的动、植物进行注解描述的专著。他按草、木、虫、鱼、鸟、兽来归类动物和植物。全书共记载动植物154种，其中草类54种、木类36种、鸟类23种、兽类12种、虫鱼类29种。对各种动植物的形态、生态、产地和用途进行了描述，并指出它们的异名、今名。该书首次对中国珍禽——鹤做了形态分类描述："鹤，形状大如鹅，长三尺。脚青黑，高三尺余。赤顶、赤目，喙长三尺余。多纯白，亦有苍色。苍色者，人谓之赤颊，常夜半鸣。"中国常见鹤类约有五六种，这里所描述的显然是我国最常见的丹顶鹤，亦称白鹤。

**公元4世纪**，晋代郭璞对《尔雅》记载的动、植物以当时晋秦地区通行的动物、植物名称来进行解释。他不仅引经据典解释各种动、植物的正名和别名，还根据自己从实际中获得的知识对许多动物、植物的形态、生态特征做了具体的描述。郭璞还为《尔雅》所载动物、植物绘图，著有《尔雅图》十卷。

晋代葛洪将恙虫病（古称河虱毒或沙虱热）与沙虱（恙螨）的寄生联系在一起，《抱朴子·内篇·登涉》："人被沙虱叮咬，三日之后，令骨节强，疼痛，寒热，赤上发疮。"

晋代葛洪在《肘后卒救方》中提道治疗狂犬病的方法：杀死咬人的疯狗，取出其脑，敷在被咬的伤口处，即可治愈。这种治疗方法具有现代免疫学原理，是世界上最早的免疫治疗方法。

郑辑的《永嘉郡记》记载，当时浙江温州蚕农将二化性蚕的第一化蚕所产之卵放在低温环境（如山间冷泉）中，"使冷气折其出势"，这样经过冷气影响延长孵化期，孵化出来的蚕所产的卵就能在当年继续孵化（中断"滞育"）。当时蚕农就是利用这种低温影响家蚕发育的方法，使二化性蚕能在一年内连续孵化多次，以实现一年养多批蚕的目的。

**公元 5 世纪**，《诗经·小雅·小宛》第三章记载："中原有菽，庶民采之。螟蛉有子，蜾蠃负之。教诲尔子，式谷似之。"汉代法雄在《法言》中误认为蜾蠃掳走螟蛉幼虫是为了将它咒成蜾蠃。晋代陶弘景通过观察发现细腰蜂有许多种类。其中有一种色黑、腰很细，含泥做巢，并产下粟米大小的卵，它捕取青蜘蛛放在巢内，作为子代成长时的食粮。另外还有一种是在芦竹内作巢，它捕取青虫作为子代的食粮。根据这些发现，陶弘景指出，所谓"取青虫教祝使变成子"的说法是错误的。

陶弘景所撰《本草经集注》，全书刊载药用动植物 730 种，改变了以往三品分类法，而是根据药物本身形态和功能分为玉石、草、木、虫、兽、果菜、米食七类。

**公元 6 世纪**，北魏贾思勰撰《齐民要术》，是世界上最早的一部农业百科全书。书中不仅包含丰富的农业生产经验，还包含了丰富的生物知识。该书提道的家畜有牛、马、驴、骡、羊、猪、鸡、鸭、鹅和鱼等，继承和发展了古代的相畜禽知识[①]。《齐民要术》不仅认识到家畜远缘杂交后代的不育性，还注意到蚕种的选择。

**公元 7 世纪**，师旷撰、晋张华注《禽经》是中国最早的一部鸟类著作。书中记载了鹛、鹗、鹦鹉、鸳鸯、鹧鸪、锦鸡、鹌鹑等 70 多种鸟，并对鸟类的名称、形态特征、生活习性、生态环境等均有所观察和记载。

**公元 659 年**，苏敬等编撰的《新修本草》是第一部由国家编修并颁布的药学专著。全书记药物 850 种（主要是药用动物、植物），新增 114 种。其中许多是外来药。在分类上，把草木、虫兽各分为二，反映了对动植物研究的区类的分化。其中药图 5 卷，是按全国各地采集的实物所绘的彩图，成为唐代以前有记载、卷帙最多、品种来源最丰富的彩色药用动、植物图谱。

段成式著《酉阳杂俎·广动植篇》对动植物形态、生态有较详细的描述。记叙了蟹、螺共生："寄居、壳似蜗，一头小蟹，一头螺蛤也，寄在壳间，常候蜗开出仓，螺欲合，遂入壳中。"记叙动物保护色："凡禽兽必藏若形影同于类物也，是以蛇色逐地，茅兔必赤，鹰色随树。"指出保护色的作用就是"藏若形影"。记叙一种蜘蛛的特殊捕食行为，一种称为颠当的土蜘蛛，在地中作巢，"巢深如蚓穴，网丝其中"，穴口盖土与地面平，平时蜘蛛守穴内，每遇小虫经过，即翻盖，捕小虫入穴内。平时则盖土与地面颜色一致，不易被发现。

---

① 古人在驯养动物以及家畜、家禽的集市交易的过程中积累了从动物的外部形态观察而推知该动物品质优劣的经验，并将这些经验传世。在春秋时期成书的《相马经》中，从马的头、眼、耳、口、蹄形等方面的特征判断马的优劣。在春秋齐国成书的《相牛经》中则依据牛眼圆且大，眼白与瞳仁相通，脖长、脚大、股阔、毛短者为佳。母牛毛白、乳红则多子，乳疏而黑则无子等；汉代有《相鸡经》，为《相六畜》之一。鹰自古是狩猎工具，并著有《相鹰经》。《隋书·经籍志》还提道梁代有过《相鸭经》《相鸡经》《相鹅经》三部书，可惜都已失传，但尚散见于明、清时代的《三农纪》等古农书中。相禽的目的是选种。上述这些从家畜、家禽的外形特征来推测家禽、家畜优劣的知识，统称为"相禽畜知识"。

**公元 716 年，** 开元四年，山东蝗虫大起，宰相姚崇力排干扰，发动群众，根据蝗虫习性，推行"以火诱杀"和"开沟捕杀"相结合的"火边掘坑"治理方法，有效扑灭了蝗灾。

**9—10 世纪，** 刘恂著《岭表录异》，记述岭南特有的动植物。所记多是所见所闻，真实性强。如对海蜇的记载："水母（海蜇），广州谓之水母，闽谓之蛇。其形乃浑然凝结一物，有淡紫色者、有百色者，大如夏帽，小者如碗。腹下有物如悬絮，俗谓之足，而无口眼。常有数十虾寄腹下，咂食其涎，浮汛水上，捕者或遇之，即欻然而没，乃是虾有听见耳。"这里不仅对腔肠动物水母的形态及习性描绘的栩栩如生，还指出了小虾与水母的共栖现象。

谭峭撰的《化书》生动地描绘了以食物建立的鱼对声音的条件反射。

后汉隐帝因鸜谷鸟（八哥）食蝗，而于公元 918 年颁令"禁捕鸜谷鸟"，这是以国家法令保护益鸟的开端。

**1000 年，** 王禹偁的《小畜集·记蜂》详细记述了蜂群内部组织和蜂的繁殖情况。

**1075 年，** 宋神宗颁布了中国第一道治蝗法规"捕蝗易谷诏"（即熙宁诏书），是我国也是世界上第一部治蝗法规。

**1083 年，** 秦观撰《蚕书》，这是一本根据实际观察写成的书，对蚕的龄期和食量、发蛾与温度等均有较详细的记载。

**1088—1093 年，** 沈括著《梦溪笔谈》，书中根据山石中有螺蚌化石及地下竹子化石，推测水陆变迁及气候变化。他对动、植物形态的描述，对植物名实的考证以及对生物的变异，对生物生长发育和活动与周围环境的关系都有深入的研究和独到的见解。

**1125 年，** 宋代陆佃撰《埤雅》共记载动植物 200 余种。书中多处记述动物生态活动，如獾与貉的共栖，蟾蜍、蜈蚣、蛇的相制。

**1241 年，** 宋代戴植撰《鼠璞》中记述了当时人工养殖金鱼的情况，指出当时对金鱼的繁殖已可在人工控制下进行。

**1241—1275 年，** 南宋戴侗撰《六书故》书中有对昆虫分类的尝试。例如"蚁"字注分出白蚁、玄蚁、虎蚁、蛆蚁、臭蚁等；玄蚁群中又指出大头蚁和黄蚁，并将蝉、蝶、蜩、螗、蜋等并为蝉类条。

**1282—1296 年，** 元代周密撰《癸辛杂识》，该书首次记载白蜡虫的生活史、寄生植物、白蜡虫的放养、收蜡的时间等。

**16 世纪 50 年代，** 明代王廷相著《慎言·道华篇》指出："人有人种，物有物种，各个具足，不相凌犯，不相假借。"他又进一步指出："万物巨细刚柔各异其才，声色臭味，各殊其性，通千古而不变者，气种之有定也。"这里的"气种"，是指不同生物性状遗传稳定现象的物质基础。

明代杨慎著《异鱼图赞》四卷。卷一、卷二记鱼类，卷三记乌鲗、鲸，卷四记其他水生动物，共 100 余种，是历史上较早的水生动物专著。

**1578 年，** 明代李时珍著《本草纲目》，书中记载药物 1892 种，插图 1160 幅，附方 11096 则。该书系统地总结了中国 16 世纪以前药物学的成就，对动植物的分类、生理、生态和遗传等方面都有独到的论述。

**1596 年，** 明代屠本畯著《闽中海错疏》，该书分三卷，共记载海产动物 200 多种，以经济海产鱼类为主，其中有少数属淡水鱼类。

明代张谦德著《硃砂鱼谱》，该书记述了对硃砂鱼（金鱼）大规模选种培育新品种的情况，表明当时人们已经对金鱼进行了有意义的人工选择。

1607—1641年，明代徐霞客著《徐霞客游记》记载动物约50余种，其中鱼类18种，昆虫和鸟类各6种，猿3种，鼠类4种，蛇类2种。他在考察生物时，特别注意生物与环境的关系。

1630年，徐光启著《除蝗疏》，揭示了蝗虫的生活史和蝗卵的发育条件，并提出了消灭蝗卵，改造蝗虫滋生地的防治措施。

1637年，宋应星著《天工开物》，记载了明代杭嘉湖地区蚕农已知道利用一化性雄蚕和二化性雌蚕杂交获取杂交种，供夏蚕生产使用。

宋应星的《论气》成书于1637年，在"水尘"一章中记述了他比英国医生梅猷（J.Mayow）和英国化学家普利斯特里（J.Prrestey）用小鼠在密闭的容器中做过的呼吸实验早几十年，证明空气和水中存在某种维持生命所必需的成分，一旦这种成分耗尽，陆生动物或水中的鱼就会死去。

1688年，陈淏子著《花镜》记叙鸟类25种、兽类6种，介绍金鱼、斗鱼、绿毛龟及蜂、蟋蟀的饲养方法。

1698年，聂璜著《海错图》。该书（前三册）描绘海洋生物物种193种，分属色素界、植物界和动物界。属动物界中的物种涉及无脊椎动物门类和脊索动物门的全部主要类群。其中属色素界的物种有4种，属植物界的物种有5种，属动物界的物种有184种。该书是集知识性、文学性、趣味性于一体的古代海洋生物图志，对后人了解中国古代海洋生物的分布、生态习性及其利用等均有十分重要的意义。

1700年，屈大均著《广东新语》。该书记载各种动物种，其中记叙广东农民已知利用鱼类不同食性进行四大家鱼（青、草、鲢、鳙）的混养，以提高池塘养鱼的效益。

1744年，清内府编撰的《石渠宝笈》初编著录记："蒋廷锡《鹁鸽谱》两册，素绢本，著色画。"该画册不仅具有艺术鉴赏价值，对研究17世纪中期中国鹁鸽类的驯养与品系形成有重要参考价值。

1761年，余省、张为邦完成《鸟谱》十二册，共绘鸟360幅。《鸟谱》对所绘之禽鸟均以写实的手法表现，即所绘之图与实物大小比例、羽毛色泽、形态特征、栖息环境等较一致，且文字说明与相对应的鸟图对照，识别种类。这是17世纪中期世人对鸟类记载最系统的论著，它不仅具有很高的艺术观赏价值，同时也具有很高的科学价值。

余省、张为邦完成《兽谱》六册，分为"瑞兽""现实存在兽"和"异国兽"三大类，对研究中国古代兽类学有重要的参考价值。

18世纪初，李元著《蠕范》一书记载动物420种，探讨了动物的形态、生理、生态及应用等方面的问题。

1830年，《鸽谱》和《鹁鸽谱》的问世，对研究中国鹁鸽类的品系形成有重要参考价值。

1848年，句曲山农著《金鱼图谱》。全书分原始（考证起源）、池畜、缸畜、配孕、养苗、辨色、相品、饲食、疾疗、识性、征用等项，记叙较详。配孕中提到金鱼交配时，要选择性状大小相称的亲鱼进行交配，以提高繁殖效果。

1886年，郭柏苍著《海错百一录》，记载福建沿海动植物400多种，其中动物360种，植物 40 多种。

1891—1894 年，岭南名医罗汝兰《鼠疫汇编》一书，为我国现存最早的鼠疫治疗专著。此后面世的鼠疫防治专著如《时症良方释疑》《鼠疫约编》《鼠疫抉微》等，均据该书第五刻本增辑而成。该书首次将鼠疫与鼠联系在一起，这在鼠疫认识上是一大进步。

1898 年，严复著《天演论》出版。《天演论》是英国赫胥黎《进化论与伦理学》一书的意译，对中国思想界影响很大，介绍了"物竞天择，适者生存"的进化思想，在中国学术界产生了深远影响。

1899 年，美传教士范约翰与国人吴子翔合作的《百兽集说图考》，该书首次介绍西方兽类的分类及其习性等知识。

美传教士潘雅丽编著《动物学新编》，为晚清中小学生物教科书。

1900 年，辽宁、福建鼠疫盛行。同年，林庆铨撰《时疫辨》，主要针对腺鼠疫提出了行之有效的治疗验方。

1905 年，废除科举制度，新学兴起，生物学的教学也在学校中得以逐步发展。

1907 年，留日学者汪鸾翔根据清廷颁布的"葵卯学制"的要求，自编《动物学讲义》，内容涵盖西方动物分类学、动物形态、构造、生理功能等特征，以及动物生殖、动物发生、生存竞争、遗传变异以及进化论等方面的内容。

## 二、中国近代动物学史大事记

1911 年，邹树文在全美科学联合会昆虫组上宣读他的研究论文《白蜡介壳虫》；1912 年在全美科学联合会上宣读论文《鳞翅目幼虫毛序同源的研究》，首开中国学者报告自然科学昆虫研究成果的记录。

1913 年，湖北成立武昌高等师范，薛德焴为博物部动物学教授，张挺为植物学教授，培养中学生物学师资，贡献较大。

1914 年，丁文江的《动物学教科书》在商务印书馆出版，为中国动物学教科书的首篇。

1915 年，由胡明复、赵元仁、周仁、秉志、章元善、过探先、金邦正、杨铨、任鸿隽等发起创办的综合性自然科学月刊《科学》在上海正式出版。同年 10 月 25 日，中国科学社正式成立，选举任鸿隽（社长）、赵元仁（书记）、胡明复（会计）、秉志、周仁五人为第一届董事会董事，杨铨为编辑部部长。

1915 年，秉志正式发表虫瘿昆虫论文《加拿大金杆草上虫瘿内的昆虫》，刊登在加拿大《昆虫学与动物学》杂志上。

1918—1922 年，我国植物学家钟观光应北京大学校长蔡元培的邀请，筹建北京大学生物系及标本馆。花 4 年时间采集植物标本，足迹遍及华北、长江流域及华南的 11 个省，采得标本 16000 余种。

1918 年，国立武昌高等师范学校博物学会创办《博物学杂志》，传播、普及大量生物学知识，规范了生物学名词，深化进化论的传播，推进了从博物学到生物学的学科演变。

1919 年，朱元鼎发表《变形阿米巴》，在《科学》第 4 卷第 1、11 期连载。

1921 年，我国动物学家秉志在南京高等师范学校创建中国大学的第一个生物系。

1922 年，中国第一个生物学研究机构——中国科学社生物研究所在南京成立，秉志任所长，下设动物部、植物部，分别由秉志、胡先骕任主任。

1922 年，私立南开大学成立生物系，李继侗任首任系主任。

1922 年，动物生理学家蔡堡发表《进化论的历史》。

1924 年，北京大学建立我国第一个生物标本室。

中山大学成立动物学系和植物学系。

伍献文发表《一个在中国发现的新种水母》。

蔡堡发表《脊椎动物的由来及其进化》

1925 年北京大学生物系成立，谭鸿熙为首任系主任。

我国生理学家蔡翘发现，在美洲袋鼠的中脑结构上有一个视觉与眼球运动的功能部位——顶盖前核，又称"蔡氏区"。

中国科学社生物研究所创办的研究刊物《中国科学社生物研究所丛刊》(*Contributions from the Biological Laboratory, Science Society of China*)(英文版)正式发行，是我国最早的生物学学术丛刊。

我国动物遗传学家陈桢在《中国科学社生物研究所丛刊》(英文版)发表《金鱼之变异》，为我国学者发表的首篇遗传学论文。同年 3 月，以中文《金鱼的变异与天演》发表于《科学》上，受到广泛关注。

我国动物学家秉志完成的《鲸鱼骨骼之研究》、王家楫完成的《南京原生动物之研究》均发表于《中国科学社生物研究所丛刊》(英文版)上。

1925—1934 年，英国鸟类学家拉陶齐(J.deLa Touche)发表了《中国东部地区的鸟类手册》(*A handbook of Birds of Eastern China*)两卷。

中国鸟类学家辛树帜发表《中国鸟类目录》。

1926 年，中国生理学会在北平成立，林可胜任会长，会员 17 人。

王家楫发表的论文《原生动物的生物学和生态学》为国内首次发表。

清华大学成立生物系，钱崇澍为首任系主任。

私立复旦大学成立生物系，许逢熙为首任系主任。

1927 年，在北京周口店龙骨山洞穴内，古生物学家发掘到中国猿人化石及哺乳动物化石，定名为北京猿人。[北京协和医学院加拿大籍人类学家步达生曾鉴定在该处发现的臼窝化石为一人类新属，并定名为北京猿人(*Sinanthropus pekinensis*)]。

美国康奈尔大学昆虫学家尼达姆(J.G.Needham)对我国蜻蜓目昆虫进行了全面和系统的研究，发表了《中国蜻蜓手册》(*A Manual of the Dragonfies of China*)。

1928 年 4 月，中央研究院组织广西科学调查团赴广西采集动植物标本，历时 6 个月，行程 1800 千米，获得丰富的动植物标本。

贝时璋发表论文《蜡线虫的生活周期及其实验形态学》，为国内首次发表的实验生物学论文。

我国生物化学家吴宪及其合作者进行了一系列素食与荤食动物的比较研究，证明素食动物在生长、发育等方面差，植物蛋白的营养价值也低于动物蛋白等。他们还编制出中国最早的《食物成分表》。

1928 年，中国生理学家朱鹤年的研究表明，美洲袋鼠间脑的室旁核具有神经分泌的特征。

1928 年，10 月 1 日，在北平成立北平静生生物调查所，该所是尚志学会为了纪念范静生未竟之志，委托中华教育文化基金董事会组织并管理该所。董事会聘请秉志为所长，兼动物部主任；聘请胡先骕为植物部主任兼技师；聘请寿振黄、刘崇乐为动物部技师。

1928 年，武汉大学成立生物系，张珽为首任系主任。

1928 年 5—11 月，中山大学生物系组成大瑶山采集队，由系主任辛树帜主持，获动植物标本 3.4 万件。

1928 年，由张巨伯、吴福桢、柳支英等在南京发起成立六足学会。张巨伯任会长。

1929 年 1 月，中央研究院成立自然历史博物馆筹备委员会，聘请李四光、秉志、钱崇澍、严复礼、李济、过探先、钱天鹤 7 人为筹备委员，以钱天鹤为常务委员，主持筹备事宜。聘请李四光、秉志、钱崇澍、李济、王家楫 5 人为顾问。

1929 年 4—6 月，中山大学生物系组成标本采集队，第三次到广西大瑶山采集动植物标本，收获颇丰。

1929 年 9 月，国立北平研究院动物研究所成立，陆鼎桓任所长，张玺、沈嘉瑞、朱弘复等任研究员。同年创办《国立北平研究院动物研究所中文报告汇刊》，自 1929 年至 1948 年，共发行 19 卷。

浙江大学成立生物系，贝时璋为首任系主任。

我国古生物、古人类学家裴文中在北京西南约 50 千米的周口店龙骨山发现北京猿人第一个头盖骨及用火遗迹，对研究人类起源有重大意义。

洪式闾提出姜片虫只有一种的观点。

张春霖发表《长江鱼类之新种》(《科学》13 卷 4 期)。

1930 年，北平静生生物调查所创办《北平静生生物调查所汇报》(*Bulletin of the Fan Memorial Institute of Biology*)，以英文刊出，自 1931 年至 1941 年，共发表 269 篇论文，动物方面的论文 133 篇。

中央研究院自然历史博物馆成立，钱天鹤为主任，李四光、秉志、钱崇澍、李济、王家楫 5 人为顾问。同年创办英文学术刊物 *Sinensia*，1930—1948 年共发行 18 卷。

国立北平研究院动物研究所创办《国立北平研究院动物研究所丛刊》(*Contributions from the Institute of Zoology, National Academy of Peiping*)，1930—1948 年共发行 18 卷。

中央研究院自然历史博物馆组织贵州自然科学调查团赴贵州采集动植物标本，共获脊椎动物标本 530 余种，7000 余号。

山东大学成立生物系，曾省为首任系主任。

中华海产学会在厦门大学成立。

1931 年，我国生物化学家吴宪提出蛋白质变性现象是由于蛋白质的结构发生了变化，是在蛋白质分子中紧紧缠绕的多肽链变为松散状态的结果。

我国生理学家冯德培在肌肉放热的研究中，发现了肌肉的"静息代谢能"因肌肉的拉长而增加的现象，被称为"冯氏效应"。1936—1940 年，他在中国又开创了神经肌肉接头这一重要研究领域，进行了一系列有关物理、化学反应的研究。

朱元鼎出版《中国鱼类索引》，计 1497 种。

四川大学成立生物系，周太玄为首任系主任。

1932年，北平静生生物调查所组织云南生物采集团，由蔡希陶带领，开展了长达20年的采集活动。

伍献文发表《中国比目鱼的形态学、生物学和系统研究》，记录5科、33属、66种，描述比目鱼的器官系统的解剖和生物学比较。

沈嘉瑞出版《华北蟹类志》，为中国动物学专著之始。

李赋京先后发表《中国日本住吸血虫中间宿主之解剖》和《中国日本住吸血虫中间宿主之胎后发育》。

1933年5月，中央研究院自然历史博物馆组织云南动植物调查团，历时2年，共获动物标本4400号。

王家楫发表《治动物学之方法》。

1934年7月，中央研究院决定将中央研究院自然历史博物馆改称为中央研究院动植物研究所，由王家楫任所长。

1934年8月，中国动物学会在庐山莲花谷成立，选举秉志、伍献文、胡经甫、伍兆发、孙宗彭、辛树帜、经利彬、王家楫、陈纳逊9人为首届理事。秉志当选为动物学会第一届会长，胡经甫为副会长，王家楫为书记，陈纳逊为会计。

中国科学社生物研究所与北平静生生物调查所、中央研究院动植物研究所、山东大学、北京大学、清华大学等单位合作，组成海南生物采集团，在海南岛进行大规模的生物调查，采集到大量珍贵的热带、亚热带动物标本。

伍献文发表《人体之寄生蠕虫》。

方炳文发表《中国鱼类之概说》。

1935年，动物学会创办《中国动物学杂志》（*The Chinese Journal of Zoology*），成立了第一届编委会，秉志任总编辑，陈桢、朱洗、胡经甫任编委。

中央研究院动植物研究所首次开展东沙岛珊瑚礁调查，历时6个月，共获珊瑚标本100余种，3000余号。

北平研究院动物研究所增设细胞学及实验发生学研究室，朱洗为兼任研究员主持之。

北平研究院动物研究所与青岛市政府合作开展"胶州湾海产生物调查"（1935—1936年），在青岛沿海发现文昌鱼的新变种及肠鳃类的一种柱头虫，获各类海产生物标本颇丰。

中央研究院动植物研究所派伍献文率领团队开展了"渤海湾海洋渔业调查"，调查工作包括海洋学、渔业和海产生物三个方面，获得大量海洋生物标本。

中国科学社生物研究所应江西省经济委员会和实业厅邀请，调查鄱阳湖鱼类。

美国学者蒲伯发表了《中国的爬行动物》（*The Reptiles of China*）。

欧阳翥发表《神经系统之发达与行为之关系》。

1936年，北平静生生物调查所寿振黄发表《河北鸟类志》（英文版），被认为是我国第一部地方动物志书。

李赋京在安徽省发现一个钉螺新种，经鉴定并命名为"李氏安徽钉螺"（*Oncomelania anhuinensis* Li）。

1936—1937年，徐丰彦、朱亮威提出"弥散性血管张力反射"概念，以及动脉管壁分布压力感受器。

卢于道发表《二十年来之中国动物学》。

昆虫学家杨惟义发表《二十年来中国昆虫学之演进及今后希望》。

**1937 年**，中国生理学家张锡钧创立"迷走神经垂体后叶反射"假说，开辟了神经对垂体内分泌调节作用的研究。

瑞典人赫梅尔（D.Hummel）根据斯文赫定率领的中瑞西北联合考察队所得标本进行整理研究，出版了《中国西北的节肢动物》（*Zur Arthropodenwell Nordwest-Chinas*）。

陈桢发表《金鲫之数量遗传》。

**1937 年 6 月**，以陈世骧为首的一批昆虫学家发起成立中华昆虫学会，由于抗日战争爆发，成立大会延后举行。

**1937—1938 年**，蔡翘的《生理学》出版。

**1938 年**，云南大学成立生物系。

胡经甫发表《中国襀翅目昆虫志》，记载 5 科、32 属、139 种，为中国昆虫志之首卷。

冯兰洲研究疟原虫在按蚊体内的有性繁殖。

沈嘉瑞发表《华北蟹类之研究》。

**1938—1940 年**，美国哈佛大学动物学家艾伦（G.M.Allen）以中亚探险队所采集的标本为基础，撰写了总结性的著作《中国和蒙古的兽类》（*The Mammals of China and Mongolia*），但该书存在定名牵强和主观臆断等缺陷。

**1939 年 4 月**，民国政府外交部致函中央研究院咨询大熊猫的保护问题，这也是首次由中国政府部门主动向学术研究机构征求保护珍稀野生动物的具体建议。在函中提道"在汶川、西康等地，外邦人士不惜重价收买，奖励土人猎捕射杀，若不加以禁止，终必使之绝种。拟请通令保护，并请主管部会禁止外邦人士潜赴区内收买捕猎等情"。

**1940 年**，陈心陶提出肺吸虫的形态学和实验生态学的特征。

伍献文、刘建康发现鳝鱼口喉表皮是主要呼吸器官。

燕京大学美籍教授博爱理（A.M.Boring）与蒲伯（C，H.Pope）合作，发表了《中国两栖类调查》（*A Survey of Chinese Amphibia*）。

**1941 年**，中国昆虫学家胡经甫的《中国昆虫名录》出版，这是他历时 12 年采集、研究的结果。

张春霖发表《盲鳗之发现》。

**1942 年**，中国科学社生物研究所创办的研究刊物《中国科学社生物研究所丛刊》（*Contributions from the Biological Laboratory，Science Society of China*）（英文版）由于抗战时期的各种困难，终止发行。该刊创办 17 年来，共出版 12 卷 3 期，发表论文 112 篇（交国内外其他刊物发表者不计），其分配为：分类学 66 篇（58.9%），解剖组织学 22 篇（19.6%），生理学 15 篇（13.4%），营养学 9 篇（8%）。此外，植物学方面共计论文百余篇，几乎都是分类学。

**1943 年**，华裔美国生物化学家李卓皓和美国实验生物学家 H.M.艾文斯合作取出纯促肾上腺皮质激素（ACTH）。以后在垂体激素方面又取得一系列成果。

**1944 年**，由张巨伯、邹树文、吴福桢、邹钟琳、刘崇乐、陈世骧等 30 余人联名发起筹建中华昆虫学会，经国民政府批准，于同年 10 月 12 日在重庆成立。吴福桢为首任理事长，邹树文为常务监事。

1945 年，伍献文发表《方炳文先生鱼类著作述要（附作者论文目录）》。

1946 年，中国遗传学家谈家桢提出"亚洲瓢虫色斑镶嵌显性的遗传理论"。

兰州大学成立动物系和植物系，1951 年两系合并，成立生物系。

1946—1958 年确定白蛉子传染黑热病，并提出防治白蛉子的措施，获得成功。

1947 年，王家楫发表《原生动物在中国》。

陈义的《动物学》出版。

天则昆虫研究所于陕西省西安市成立，周尧任所长。

1948 年，李景均的《群体遗传学》出版。

吴襄发表《三十年来国内生理学者之贡献》。

1949 年，朱洗发表《三十年来中国的实验生物学》。

山西大学成立生物系，何锡瑞为首任系主任。

1949—1955 年，张香桐发现大脑皮层原树突电位，阐述树突上突触连接的重要性，指出树突有兴奋作用和传导作用。

1. 兽类学发展大事记

1958 年，寿振黄等出版《东北兽类调查报告》。

1962 年，寿振黄等出版《中国经济动物志·兽类》。

1980 年，中国动物学会兽类学分会成立。

1981 年，《兽类学报》创刊。

1987 年，冯祚建等 18 人完成的《青藏高原哺乳动物》作为"青藏高原隆起原因及其对自然环境及人类活动影响"课题的一部分，获中国科学院自然科学奖特等奖、国家自然科学奖一等奖。

1992 年，《中国灵长类研究通讯》创刊。

1995 年，由北京动物园、中国科学院动物研究所完成的"大熊猫人工繁殖的研究"项目获国家科技进步奖一等奖。

2002 年，第十九届国际灵长类学大会在北京召开。

2002 年，张知彬等完成的"农田重大害鼠成灾规律及综合防治技术研究"项目获国家科技进步奖二等奖。

2005 年，陈大元等完成的"哺乳动物有性及无性生殖的实验胚胎学研究"项目获国家自然科学奖二等奖。

2. 鸟类分类学大事记

1932 年，中山大学任国荣教授在广西大瑶山发现金额雀鹛 *Alcippe variegaticeps* 一新种，这是我国鸟类学家命名的第一个新种。

1947 年，郑作新编写出版第一部《中国鸟类名录》。

1950 年，中国科学院成立了"自然资源综合考察委员会"，随后开始了全国大规模、多学科、长时间的鸟类资源综合考察。

1955—1959 年，郑作新出版了《中国鸟类分布名录》。

1959 年，郑作新等首次提出了中国动物地理的区划原则，为我国动物地理学领域的研究与发展奠定了基础。

1978 年,《中国动物志·鸟纲》(第四卷鸡形目)出版。这是中国鸟类系列志书的第一部。

1980 年 10 月,中国动物学会鸟类学分会在大连成立,成为我国有关鸟类学研究的唯一学术组织。

1984 年,中国科学院古脊椎与古人类研究所侯连海教授等在《中国科学》发表甘肃早白垩世陆相地层出现的"玉门甘肃鸟"( *Gansus yumenensis* Hou & Liu, 1984 ),开启了中国研究中生代鸟类区系研究的序幕。

1987 年,郑作新主编出版了《中国鸟类区系纲要》(英文版)。

1989 年,《中国鸟类区系纲要》获中国科学院科学技术进步奖一等奖,并获 1990 年国家自然科学奖二等奖。

1995 年,郑光美主编的教材《鸟类学》由北京师范大学出版社出版发行。

1995 年,李桂垣报道了旋木雀一个亚种 *Certhia familiaris tianquanensis*,该亚种于 2000 年被确认为独立物种——四川旋木雀( *Certhia tianquanensis* )。

2000 年,郑光美团队获得国家自然科学奖二等奖。

2002 年 8 月,中国动物学会鸟类学分会在北京承办了"第 23 届国际鸟类学大会",来自世界各地的约 1000 位专家学者参加了会议。

2005 年,郑光美主编出版了《中国鸟类分类与分布名录》,并于 2011 年和 2017 年出版了第 2 版、第 3 版,是我国鸟类资源的权威专著。

2008 年,广西大学周放和蒋爱伍报道了中国学者发现的第二个鸟类新种——弄岗穗鹛( *Stachyris nonggangensis* )。

2008 年 9 月 22—23 日,雷富民组织的首届全国鸟类系统分类与演化学术研讨会及郑作新院士逝世十周年纪念大会在福建长乐召开,推动了中国鸟类分类、区系与进化研究的发展。

2010 年,中国动物学会鸟类学分会与北京林业大学联合,创建了中国第一个国际鸟类学术刊物 *Chinese Birds*,并于 2014 年改版为 *Avian Research*。

2012 年,邹发生组织的"全国鸟类系统分类与演化学术沙龙"在广州召开,对促进中国的鸟类分类、区系与进化研究具有重要意义。

2014 年,Per Alström 等以原来隶属于雀形目的丽星鹩鹛 *Spelaeornis formosus* 为模式种,建立了 1 新属——鹩鹛属 *Elachura* 和新科——鹩鹛科 Elachuridae。

2014 年,刘小如和雷富民分别当选国际鸟类学家联盟主席和副主席。

2015 年,Per Alström 以中国科学者的身份与雷富民等合作,以整合分析方法再次发现中国鸟类一新种——四川短翅莺( *Locustella chengi* ),并首次以中国学者的名字来命名。

2017 年,郑光美主编的《中国鸟类分类与分布名录》(第 3 版)出版,收录中国鸟类 26目、109 科、497 属、1445 种。

3. 鱼类分类学大事记

1956 年夏,中国科学院水生生物所首次组队进行青海湖水生生物调查,褚新洛、曹文宣对青海湖鱼类进行了采集和分类鉴定。

1958—1960 年,全国海洋综合调查,中国科学院海洋所、水产部黄海水产所、山东大学、上海水产学院、厦门大学等生物系教职工及学生参加收集标本和研究。

1961—1976 年，中国科学院动物研究所和水生生物所岳佐和、沈孝宙、黄宏金、曹文宣和陈宜瑜等参加中国科学院综合考察队，采集西藏墨脱、阿里、可可西里鱼类并进行分类鉴定。

1961—1977 年，中国科学院西北高原生物所动植物考察队鱼类组考察包括青海湖、扎陵湖、鄂陵湖、纳木湖、亚东、墨脱、喀什、叶城、阿里等青藏高原地区，自黄河三门峡以上、长江宜昌以上至长江源干支流，澜沧江、怒江、伊洛瓦底江流域的干支流，雅鲁藏布江、恒河水系的朋曲、孔雀河和印度河水系的象泉河、狮泉河干支流；内流水系的伊犁河、乌伦古河、塔里木河、柴达木河、河西走廊疏勒河、弱水、石羊河等水系以及比邻湖泊的鱼类。

1973—1977 年，中国科学院动物研究所、中国科学院海洋研究所、东海水产所、上海水产学院开展对西沙群岛和南海动物区系调查，由王存信、伍汉霖、邓思明、李思忠、杨玉荣、张世义、金鑫波等负责鱼类采集研究。

1976—1978 年，中国科学院水生生物所与西北高原生物所、暨南大学对内蒙古自治区、云南、贵州等鱼类进行调查。

1977 年，中国鲤科鱼类志编写会议在武昌珞珈山举行。

1978 年 6 月 27 至 7 月 19 日，武云飞独自一人前往可可西里藏北伦坡拉采集鱼类化石，后与陈宜瑜合作研究，建立一大头近裂腹鱼新属新种，为裂腹鱼类起源演化奠定了基础。

1978—1982 年，伍献文、曹文宣、陈宜瑜、罗云琳、陈湘粦等的《中国鲤科鱼类志》在1978 年全国科学大会上得到奖励，在 1982 年又荣获全国自然科学二等奖。

1979 年 10 月，中国海洋湖沼学会鱼类学分会成立，鱼类学分会第一届代表大会在武昌举行，挂靠单位为中国科学院水生生物所。

1980 年 10 月，中国鱼类学会在西安召开学术年会，代表 80 余人，伍献文主持。这次学术年会以鱼类分类系统理论为中心议题。国内外学者分别介绍了国际鱼类分类系统学各学派的基本理论和方法，同时交流了近几年国内有关鱼类区系研究的主要成果。

1981 年，中国鱼类学会在成都召开，提交生理、组织胚胎等论文 50 多篇。大会接受著名鱼类学家陈兼善教授加入中国海洋湖沼学会并增选为鱼类学会名誉理事长。会议在决定 1982 年召开鱼类学会第二届代表大会的同时，举行以鱼类生态为主要内容的会议。

1981—1983 年，中国横断山脉综合科学考察，中国科学院水生生物所陈宜瑜、陈毅峰等参加鱼类调查，并完成《横断山脉鱼类》一书。

1982 年 8 月，欧洲鱼类学代表大会在西德汉堡召开，褚新洛、武云飞、莫显荞应邀参加。褚新洛和武云飞分别宣读了《褶鮡属鱼类（鲇形目鮡科）的系统发育及两新种的描述》和《关于中国裂腹鱼亚科鱼类的系统学研究》，得到了会议的好评。

1982 年 9 月，第二届鱼类学代表大会在安徽省九华山举行。大会提交生态资源论文 28 篇，主要探讨了鱼类与环境的关系。选举刘健康为第二届鱼类学会理事长，廖翔华、成庆泰、郑葆珊为副理事长。

1984 年 3 月，曹文宣、武云飞获中国科学院首届竺可桢野外科学工作奖。

1985 年 7 月 29 日，在日本东京博物馆召开"第二届印度 – 太平洋区鱼类学研讨会"。张弥曼的《中国晚中生代和新生代鱼类的地层和地理分布》引起与会者的极大兴趣。

1985 年，在瑞典斯德哥尔摩举办"第五届欧洲鱼类学会"，武云飞的两篇报告《中国鲤科鱼类研究现状》和《南迦巴瓦峰地区的鱼类区系调查》。被载入会议论文集中。

1986 年，在黄山召开第六次鱼类学术讨论会，陈宜瑜做了《我国淡水渔业发展和鱼类研究的任务》的报告，指出淡水渔业产量已在国际上领先，但离人民需要还有很大距离，近期必须在集约化养殖方面多做努力并向深水养殖发展。

1986—1987 年，张春光参加中国南极综合科学考察队，负责鱼类和水生生物调查研究。

1986 年 6—12 月，武云飞参加中国长江科学漂流探险，承担鱼类调查采集任务，共采集虎跳峡上游标本千余号，65 种，发表《长江上游鱼类的新属、新种和新亚种》和《滇西金沙江河段鱼类区系的初步分析》。

1986 年 12 月，武云飞获中国长江科学漂流探险奖。

1987 年，朱元鼎、孟庆闻的《软骨鱼类侧线管系统以及罗伦瓮和罗伦管系统的研究》获国家自然科学奖一等奖。

1987—1989 年，中国喀喇昆仑和昆仑山综合科学考察，武云飞承担鱼类调查科研任务并利用出发前时间与吴翠珍、李保朝完成新疆东部和伊犁河及阿尔泰地区鱼类调查。

1989 年 10 月，第三届鱼类学代表大会在大连举行。

1990 年，中国可可西里东部地区综合科学考察，武云飞、于登攀承担鱼类调查任务，补充长江源头空白区湖泊河流鱼类标本。

1991 年，孟庆文编著的《鱼类比较解剖学》被评为国家级优秀教材。

1992—1993 年，武云飞、吴翠珍、朱胜武、杨文有等在珠穆朗玛周围县区河流湖泊采集并制作鱼类染色体，进行鱼类细胞分类学研究。

1993 年 10 月，中国鱼类学会第四次全国代表大会暨 1993 年学术年会在青岛召开。这次会议收到论文 105 篇，基本反映了当前我国鱼类学研究的整体水平，其中有些研究工作已达到国内领先水平和具有国际影响，体现并代表了国内鱼类学研究领域的最高水平和发展现状。其中罗秉征的《持续发展与生态学前沿——兼论近海渔业资源持续利用问题》、崔奕波等的《草鱼生物能量学的一个初步模型》、殷名称的《欧美鱼类和仔鱼生物学简介》、梁旭方的《鳜鱼猎物识别的感觉行为生理学研究》、熊帮喜的《水库综合养鱼发展前景》等论文引起与会者的广泛兴趣。会议选举产生新一届鱼类学会理事会，曹文宣为理事长，王存信、苏锦祥为副理事长，陈毅峰为秘书长。

1996 年 1 月，武云飞、曹文宣、吴翠珍、朱松泉、陈宜瑜的《青藏高原鱼类研究及其相关论文整理》获 1995 年国家自然科学奖四等奖。

1999 年，在厦门举办"伍献文诞辰 100 周年纪念会暨中国鱼类学术讨论会"。

2004 年 9 月 23—27 日，在重庆北碚举行"2004 年中国鱼类学会学术研讨会"。

2006 年，在上海举办"中国鱼类学会第七届会员大会暨朱元鼎教授诞辰 110 周年学术研讨会"。

2008 年 12 月，在江西南昌江西大学召开"2008 年中国鱼类学会学术研讨会"。

2010 年 8 月，在新疆乌鲁木齐召开"中国鱼类学会第八次全国代表大会暨学术年会"。

2012 年 8 月，在兰州召开"2012 年中国鱼类学会学术年会"。

2014 年，在天津召开"2014 年中国鱼类学会学术年会"。

4. 缓步动物学大事记

1936—1937 年，北平辅仁大学的吉尔伯特·拉姆（Gilbert Rahm）和马修（GB Mathews）首次开展中国缓步动物区系分类调查研究，调查范围包括内蒙古、北京、河北、天津、山东、山西、四川、上海、福建、广东和海南等地。

1963 年，捷克斯洛伐克人伊曼纽尔·巴尔托（Emanuel Bartoš）对内蒙古、河北、山西和广东的缓步动物区系分类做了调查研究。

1974 年，著名意大利缓步动物学家乔万尼·彼拉多（Giovanni Pilato）对内蒙古、河北、广东和香港地区的缓步动物区系分类做了调查研究。

1996 年，著名美国缓步动物学家克拉克·比斯利（Clark W Beasley）首次来华考察并报道了采自云南西双版纳勐龙（Menglun）的缓步动物。

1999 年，中国科学院水生生物研究所杨潼首次发表缓步动物区系分类研究论文。

2005 年，比斯利再次来华进行学术交流与合作研究，此次来华随同的还有威廉·米勒（William R Miller）及他们的学生，一行共 5 人。

2005 年，李晓晨和王立志在国际上率先发表缓步动物热生物学研究论文。

2006 年，李晓晨首次参加了在意大利举行的第十届国际缓步动物学研讨会。

2007 年，著名英国缓步动物学家奈杰尔·马利（Nigel J Marley）来华进行学术交流和合作研究。

2015 年，杨潼主编的《中国动物志 无脊椎动物 第五十卷 缓步动物门》正式出版。

2019 年，中国人民解放军军事医学科学院和王立志团队合作开始了基于分子生物学的缓步动物抗逆性机制研究。

5. 寄生蠕虫学大事记

1935 年，陈心陶在鼠体内发现广州管圆线虫 Angiostrongylus cantonensis，20 多年以后人们才认识到这是一种重要的人畜共患寄生虫。

1936 年，Faust 和唐仲璋对吸虫系统学进行研究，建立盾腹亚纲 Aspidogastrea，该亚纲为现在的分类学所广泛接受。

1964 年，孔繁瑶对广义盅口属的分类系统进行了修订，将广义盅口属分为 7 个属。该项工作得到国际上的好评。

1985 年 1 月 14 日，中国动物学会寄生虫学专业委员会成立。

1985 年，陈心陶等编写的《中国动物志 扁形动物门 吸虫纲 复殖目（一）》出版，这是动物志中的第一部吸虫志。

1991 年，汪溥钦出版了《福建棘头虫志》，这是我国首部棘头虫的专著。

2001 年，吴淑卿等出版了《中国动物志 线虫纲 圆线亚目（一）》，这是动物志中的首部线虫志。

2001 年，张剑英等出版了专著《中国海洋鱼类单殖吸虫》，对我国海洋鱼类单殖吸虫的研究成果进行了系统总结。

6. 原生动物学大事记

1677 年，荷兰科学家列文虎克用自制的大约放大 270 倍的显微镜在池塘水中和青蛙肠道中看到自由生活的和寄生生活的原生动物，是人类历史上第一位看到原生动物的科学家。

1981 年 5 月 26—30 日，在张作人、倪达书、陈阅增、江静波、郑执中、史新柏等人的倡导下，中国原生动物学会成立大会暨中国原生动物学会第一次学术讨论会在武汉召开，中国动物学会原生动物学分会正式成立。

1985 年，在肯尼亚召开的第七届国际原生物学大会上，中国原生动物学会以团体会员国的身份加入国际原生动物学会。

1999 年 1 月，《原生动物学》由科学出版社出版。全面反映了我国原生动物学领域的先进水平，为相关专业的科研人员和大专院校学生提供了一本很好的原生动物学工具书和基础教材。

7. 软体动物学大事记

1950 年，中国科学院水生生物研究所海洋生物研究室，无脊椎动物组 – 贝类研究小组成立。张玺为组长，齐钟彦、李洁民、马绣同、楼子康、王祯瑞、林光宇、刘月英等为主要成员。从此开始了有组织的中国贝类学研究。

1955 年，张玺、齐钟彦、李洁民编著的《中国北部海产经济软体动物》由科学出版社出版（获中国科学院自然科学奖三等奖）。

1957—1960 年，张玺担任中苏海洋生物调查团中方团长，领导了青岛、塘沽、大连、舟山、湛江和海南岛的海洋生物调查，获得了丰富的贝类标本和相关资料。

1961 年，张玺、齐钟彦主编的《贝类学纲要》由科学出版社出版。这是我国第一部全面概括和综合论述贝类学的专著。

1963 年，对中国海软体动物区系区划。张玺、齐钟彦、张福绥、马绣同首次将我国海洋软体动物分为三个不同的区系：暖温带性质的长江口以北的黄渤海区；亚热带性质的长江口以南中国大陆近海区（包括台湾西北岸和海南岛北部）；热带性质的台湾东南岸、海南岛南端及其以南海区。

1964 年，张玺、齐钟彦、马绣同等编写的《中国动物图谱——软体动物》（第一册）由科学出版社出版。之后，陆续出版了第二册、第三册和第四册。

1981 年，中国动物学会贝类学分会在广州成立，选举齐钟彦为理事长，赵汝翼、张福绥、黄宝玉、郭源华、刘月英为副理事长。出版了《贝类学论文集》第一辑。

1997 年，在浙江温州召开了贝类学分会第八次学术研讨会暨张玺教授诞辰 100 周年纪念大会。会后出版了张玺文集，并发行了张玺教授诞辰 100 周年纪念章一枚。

2006 年，由国际医学和应用软体动物学会、中国动物学会、中国海洋湖沼学会贝类学分会在山东青岛成功举办了"第九届医学贝类学和应用贝类学国际大会（IX International Congress on Medical and Applied Malacology）"。

2007 年，贝类学分会第八次会员代表大会暨第十三次学术讨论会在山东济南召开，选举张福绥为理事长，齐钟彦为名誉理事长；黄宝玉、刘月英、庄启谦、张国范为副理事长。

2010 年，中国科学院海洋研究所和中国动物学会、中国海洋湖沼学会贝类学分会举办齐钟彦先生从事贝类学研究六十五周年座谈会。

2011 年，贝类学分会第九次会员代表大会暨第十五次学术讨论会在广东召开，选举张国范为理事长，齐钟彦、张福绥为名誉理事长，方建光、包振民、吴小平、杨红生、周晓农和柯才焕为副理事长。

8. 甲壳动物学大事记

1930 年，喻兆琦报道虾类新种，首开中国人甲壳动物分类学研究之先河。

1932 年，沈嘉瑞的《华北蟹类志》发表，开拓并奠定了中国的蟹类分类学研究。

1955 年，刘瑞玉的《中国北部经济虾类》发表，开拓并奠定了中国的虾类分类学研究。

1964 年，沈家瑞、戴爱云等编写的《中国动物图谱——甲壳动物》（第一册）出版，该系列图谱为生产实践中的甲壳动物鉴定起到了重要作用。

1965 年，郑重的《中国海洋浮游桡足类》（上卷）出版，开拓并奠定了中国海洋浮游桡足类的分类学研究。

1976 年，沈嘉瑞、刘瑞玉的《中国的虾蟹》发表，为普及中国甲壳动物分类学科学知识做出了重要贡献。

1979 年，第一本甲壳动物《中国动物志：淡水桡足类》出版。

1982 年 12 月，中国甲壳动物学会在杭州成立，同时举行第一次全国甲壳动物学学术研讨会，这是中国甲壳动物分类学乃至甲壳动物学研究里程碑式的大事。

1987 年，堵南山的《甲壳动物学》（上册）出版，是我国唯一一部系统介绍甲壳动物的专著，迄今被国内许多研究者奉为必备参考书。

1988 年，董聿茂主编的《东海深海甲壳动物》标志着我国甲壳动物分类学开始涉及深海和大陆架的甲壳动物种类。

1996 年，中国科学院海洋研究所成立"海洋生物分类与系统演化研究室"，分类室下设"海洋生物标本馆"，成为 20 世纪 90 年代直到 21 世纪初中国大陆保留下来的涉及海洋生物包括甲壳动物分类学唯一一支成建制的研究队伍。甲壳动物学分会副秘书长李新正任第一任研究室主任。

1996 年，中国科学院设立"生物分类与区系研究特别支持费"项目，对于中国科学院的生物分类学研究来说无疑打了一针强心剂，挽救了中国科学院乃至全国即将崩溃的生物分类学学科，大大减缓了中国大陆生物分类学萎缩的局面。

1998 年，由甲壳动物学分会主办，厦门大学承办的第一届"世界华人虾蟹养殖研讨会"举行，成为甲壳动物学分会主办的两个重要系列学术研讨会之一，也成为国际华人甲壳动物学者学术交流的重要平台。

2007—2010 年，台湾海洋大学陆续出版了台湾地区的甲壳动物系列志书《台湾寄居蟹类志》《台湾虾蛄志》《台湾藤壶志Ⅰ：围胸总目》《台湾蟹类志Ⅰ（绪论及低等蟹类）》《台湾蟹型异尾类志（蝉蟹、石蟹及瓷蟹）》。

2008 年，李新正作为大陆唯一代表受邀参加了"十足目分类与系统学专家国际联席会议"，与世界 20 多位十足目分类学顶级专家共同商定该类群研究的科学问题和发展方向。

2010 年，由甲壳动物学分会承办的"第七届国际甲壳动物学大会"在青岛召开，近 500 名代表参加了大会，是该系列国际学术会议参会人数最多的一次。

9. 动物胚胎学大事记

20 世纪 30—40 年代，以童第周和朱洗为代表的一批学者回国。

20 世纪 50 年代，童第周在山东大学组建胚胎学专门化组，编写《实验胚胎学》讲义并亲自讲授；李嘉泳在山东大学创建无脊椎动物胚胎学专门化课程。

1958 年，童第周等解决了青岛文昌鱼饲养、产卵和人工授精技术后，开展了系统的实验胚胎学研究，勾画出文昌鱼胚胎器官预定图谱。

20 世纪 50—60 年代，朱洗解决了家蚕和青鱼、草鱼、鲢鱼、鳙鱼四大家鱼人工授精问题，并培育出冬季低温休眠的家蚕杂交新种。

20 世纪 60 年代，上海实验生物研究所、武汉水生生物研究所、珠江水产研究所、上海市水产局和浙江水产厅协作建立了青鱼、草鱼、鲢鱼、鳙鱼四大家鱼亲鱼培育、人工催产和鱼苗孵化的技术方法。

20 世纪 60 年代，庄孝僡等发现蛙胚胎外胚层表皮具有传导刺激的能力，被称誉为一项开创性研究。

1961 年，朱洗培育出世界上第一批"没有外祖父的癞蛤蟆"。

1965 年，童第周等应用细胞核移植方法创建了金鱼和鳑鲏鱼不同亚科之间的远缘克隆鱼和鲤 – 鲫鱼核质杂种鱼。

1979 年，中国细胞生物学学会成立，下设发育生物学专业委员会，庄孝僡任学会理事长。

20 世纪 80 年代，朱作言等开创了我国转基因鱼和鱼类基因工程育种研究新领域，培育出快速生长转基因鲤、鲫和泥鳅。

1980 年 3 月，成立了中国科学院发育生物学研究所。

1985 年，李汝祺出版我国第一本《发生遗传学》专著。

2001 年，中国科学院发育生物学研究所和遗传学研究所合并为中国科学院遗传与发育生物学研究所。

10. 动物地理学大事记

1858 年，鸟类学家施克莱特根据生物界的相似性和差异性划分全球鸟类（雀形类）6 大分区，对动物地理学有重大的影响。

1876 年，华莱士所著《动物的地理分布》（*The Geographical distribution of Animals*）问世，被誉为动物地理学的奠基之著。

20 世纪早期，以杜波詹斯库为首在果蝇方面的工作表明，生理和遗传变异与物种自然分布有关，推动了生物界的进化与生物地理学类型关系的普遍性综合研究。

1963 年，Robert H. MacArthur 和 O. Wilson 提出岛屿生物地理学均衡论，并建立数学模型和应用实验研究，成为当代生物地理学研究中争议最多、最活跃的领域。

20 世纪中期，中国科学院领导开展中国自然区划的工作，促进了我国动物地理区划的研究，其中《中国自然地理·动物地理》一书根据陆栖脊椎动物提出的全国动物区划，经过同行的讨论与修订，得到广泛的认可与应用。该书被认为对填补空白、推动我国生物地理学的研究起到重要的历史作用，获中国科学院科技进步奖二等奖，被日本同行译为日文出版。

20 世纪中期，地学中魏格纳"大陆漂移"观点的复活和"板块论"的建立与生物学中由亨尼 Willi Hennig 所创立的系统发育学派"分支系统学（phylogenetic systematics）分支演化说（claistics）"的兴起，均被视为学科中的"革命"。生物地理学发展进入一个新的时期，被称为生物地理学的新生。

20 世纪 80 年代早期，中国科学院青藏高原综合科学考察队在自然地理学与生物学方面将"青藏高原隆起对现代生物与人类活动的影响"作为生物考察的中心问题。结合因地质板块活动和三次大幅度抬升，曹文宣、陈宜瑜、武云飞、朱松泉率先探讨了高原裂腹鱼类的形态分化与地理分布。这一课题受到国际生物及地学界的瞩目。

20世纪90年代晚期，国家自然科学基金委"八五"重点项目提出"中国动物地理学研究"，由中国科学院动物研究所、地理研究所、水生生物研究所及南开大学联合承担，历时3年完成工作，受到国内外动物学及生物地理学工作者的关注。

20世纪末，分子系统地理学出现，成为进化生物学和历史生物地理学发展的新方向。

2000年，国际生物地理学会成立，该会每两年举行一次学术聚会，出版两本重要的文集：《生物地理学基础》（*Foundation of Biogeography*）和《生物地理学前沿》（*Frontiers of biogeography*），前者叙述历史，后者讨论前景。

11. 动物生态学大事记

1957—1958年，苏联动物学家莫斯科州立师范学院教授亚历山大·彼得罗维奇·库加金应邀到长春东北师范大学讲授动物生态学。库加金的授课讲义整理成《动物生态学》于1959年由高等教育出版社出版。

1962年，中国科学院动物研究所动物生态学研究室成立，这是我国第一个动物生态学研究室。

1981年，华东师范大学、北京师范大学等四校编著的《动物生态学》（上下册）由高等教育出版社出版。

1986年，孙儒泳编著的《动物生态学原理》由北京师范大学出版社出版。1991年出版第二版，2001年出版第三版，2019年出版第四版。

1987年11月，中国生态学会动物生态专业委员会在北京成立，张洁任专业委员会主任。

1992年，中国生态学会动物生态专业委员会换届选举，黄玉瑶研究员任专业委员会主任。

1996年，中国生态学会动物生态专业委员会换届选举，张知彬任专业委员会主任。

1999年，由中国科学院水生生物研究所、西南师范大学、北京师范大学、重庆师范大学联合完成的"鱼类能量学机制的研究"获国家自然科学奖三等奖。

2000年，郑光美主持的"中国特产濒危雉类的生态生物学及驯养繁殖研究"获国家自然科学奖二等奖。

2001年，中国生态学会动物生态专业委员会换届选举，张知彬任专业委员会主任。

2001年，全国野生动物生态与资源管理学术会议在桂林召开。

2003年，第一届全国野生动物生态与资源保护学术会议在安徽芜湖召开。

2003年，张知彬等主持的"农田重大害鼠成灾规律及综合防治技术研究"获国家科技进步奖二等奖。

2005年，中国生态学会动物生态专业委员会换届选举，王德华任专业委员会主任。

2005年，第二届全国野生动物生态与资源保护学术研讨会在黑龙江哈尔滨召开。

2006年，第三届全国野生动物生态与资源保护学术研讨会在上海召开。

2007年，第四届全国野生动物生态与资源保护学术研讨会在青海西宁召开。

2007年，张知彬为首席科学家主持的科技部"973"项目"农业鼠害暴发成灾规律、预测及可持续控制的基础研究"启动。

2009年，第五届全国野生动物生态与资源保护学术研讨会在四川南充召开。

2010年，中国生态学会动物生态专业委员会换届选举，王德华任专业委员会主任。

2010 年，第六届全国野生动物生态与资源保护学术研讨会暨中国动物学会鸟类学分会和兽类学分会成立 30 周年纪念会在北京召开。

2011 年，首届全国动物生理生态学学术会议在温州大学召开。

2011 年，第七届全国野生动物生态与资源保护学术研讨会在浙江金华召开。

2012 年，第八届全国野生动物生态与资源保护学术研讨会在沈阳召开。

2013 年，第九届全国野生动物生态与资源保护学术研讨会在湖北武汉召开。

2014 年，第十届全国野生动物生态与资源保护学术研讨会在桂林召开。

2015 年，第十一届全国野生动物生态与资源保护学术研讨会在南京召开。

2016 年，第十二届全国野生动物生态与资源保护学术研讨会在广州召开。

12. 保护生物学大事记

20 世纪 50 年代，中国科学院成都生物研究所刘承钊等编写了《华西两栖类》及《中国无尾两栖类》专著，受到国际同行的重视。

1958 年，周开亚首次报道在长江下游发现白鱀豚，并在 1977 年查明其分布范围，纠正了国际流传数十年的白鱀豚分布在洞庭湖及相邻长江段的认识，同时确立了白鱀豚科，相关研究工作获得了国家自然科学奖四等奖和国家教委科技进步奖一等奖等奖项。

1981 年，中国科学院动物研究所刘荫增在陕西洋县发现了 7 只朱鹮，此前该物种已经消失 20 多年并一度被认为灭绝。

1983 年，以胡锦矗、潘文石为代表的中方科学家与世界自然基金会（WWF）合作，在卧龙自然保护区建立了首个国际合作研究大熊猫的卧龙大熊猫研究中心。

1985 年，在中国境内灭绝的麋鹿重返家园，并在北京南海子麋鹿苑成功生存繁殖下来。

2000 年，郑光美、张正旺等对黄腹角雉及其他珍稀濒危雉类的人工驯养繁殖的研究取得了重大突破，获得中国科学院科技进步奖二等奖和国家自然科学奖二等奖等奖项。

2006 年，中国科学院动物研究所动物生态与保护生物学重点实验室获批成立，标志着保护生物学学科的研究和保护工作在中国科学院有了综合和固定的研究团队。

2006 年，中国科学院动物研究所魏辅文团队关于野生大熊猫种群数量调查的工作以封面文章发表在 Current Biology 杂志上，被 Science 和 Nature 等杂志评论报道。随后另一项关于野生大熊猫种群遗传多样性的工作发表在 Molecular Biology and Evolution 杂志上，被评为 2007 年中国基础研究十大新闻之一。

2007 年 8 月 8 日，英国皇家学会的同行评议期刊 Biology Letters 发表了中国、美国、英国、德国、瑞士、日本六国科学家的 "2006 长江豚类考察" 报告，宣告白鱀豚可能出现了 "功能性灭绝"。

2010，由深圳华大基因研究院发起，中国科学院昆明动物研究所、中国科学院动物研究所、成都大熊猫繁育研究基地和中国保护大熊猫研究中心参与的合作研究成果《大熊猫基因组测序和组装》，以封面故事形式在国际权威杂志 Nature 上发表。

2010 年，李保国团队对秦岭川金丝猴稳定机制的研究获陕西省科学技术奖一等奖和陕西省高等学校科学技术奖一等奖。

2012 年，中国科学院动物研究所魏辅文团队和深圳华大基因共同合作。通过对 34 个野生大熊猫进行全基因组测序，重建了大熊猫从起源至今连续的种群演化史，结果表明，全球气候变化是上百万年来大熊猫种群波动的主要驱动因素，人类活动有可能是近期大熊猫种群分化和数量下降的重要原因。

2013年，浙江大学和深圳华大基因研究院等研究机构完成了对全球首个鳄鱼基因组——扬子鳄基因组的测序和分析，对扬子鳄长时间潜水行为的遗传学机制、进化以及性别发生等进行全面解读，为保护扬子鳄及其他爬行类濒危物种奠定了重要的遗传学基础，相关研究成果发表在 *Cell Research* 上。

2013年，南京师范大学杨光团队与深圳华大基因研究院合作，成功完成了白鱀豚的全基因组序列测定与分析工作。通过对白鱀豚基因组的初步分析，科学家揭示了鲸类的次生性水生适应机制，并重建了该物种的种群历史。相关论文发表在 *Nature Communications* 上。

2013年，由青海大学、深圳华大基因研究院和中国科学院昆明动物研究所等多家单位合作完成的藏羚羊基因组序列图谱在 *Nature Communications* 杂志上发表，本研究通过对已知的247个高原适应性相关基因进行了筛选，发现7个基因在藏羚羊和美国高原鼠兔中发生了趋同进化。

2014年，中国科学院动物研究所李明团队和诺禾致源共同合作，在国际上率先完成了金丝猴的基因组序列图谱的构建，为解析金丝猴适应植食性的分子机制、系统发育和进化提供了遗传基础，该研究成果发布于国际著名期刊 *Nature Genetics* 上。

2014年，中国科学院成都生物研究所费梁等关于中国两栖动物系统学研究获得国家自然科学奖二等奖。

# 附　录

附表 1　中国近代动物学第一代领军人物名单

| 姓名 | 生卒时间（年） | 籍贯 | 留学情况 | 最终学位 | 回国时间、职称 / 职务、研究方向 |
|---|---|---|---|---|---|
| 邹树文 | 1884—1980 | 江苏吴县 | 1908 年赴美，1912 年获伊利诺伊大学硕士学位 | 硕士 | 1915 年回国，历任金陵大学、东南大学教授。江苏昆虫局技师，代理局长。昆虫学、害虫防治、昆虫学史领军人 |
| 郑章成 | 1885—1963 | 福建闽侯 | 1913 年赴美，1919 年获耶鲁大学哲学博士学位 | 博士 | 1919 年回国，任沪江大学教授、生物系主任、副校长。沪江书院院长 |
| 秉志 | 1886—1965 | 河南开封 | 1909 年第一批庚款赴美，入康奈尔大学农学院，1918 年获哲学博士学位 | 博士 | 1920 年回国，历任南京高师、东南大学教授，建立我国大学第一个生物系，创办科学社生物研究所并任所长。1928 年兼任北平生物调查所所长，1948 年当选为中央研究院院士，1955 年当选为中国科学院学部委员。我国近代动物学的奠基人 |
| 过探先 | 1886—1929 | 江苏无锡 | 1910 年第二批庚款赴美，首入威斯康星大学，后入康奈尔大学攻读农学，先后获学士、硕士学位 | 硕士 | 1915 年回国，历任江苏农校校长、东南大学农科教授，兼农艺系主任、农科副主任、推广系主任 |
| 薛德焴 | 1887—1970 | 江苏江阴 | 1905 年留学日本宏文学院；1909 年考入帝国大学动物系 | 不详 | 1913 年回国，历任江西高师、武昌高师、北京师范大学、北京大学、浙江大学教授。我国近代动物学领军人之一 |
| 张巨伯 | 1892—1951 | 广东高鹤 | 1912 年考入美国俄亥俄州立大学农学院学习经济昆虫，1917 年获昆虫学硕士学位 | 硕士 | 1917 年回国，先后在岭南大学、南京高师、中山大学、金陵大学任教，培养了一代高级专业人才，如吴福桢、邹钟琳、尤其伟、杨惟义等。历任江苏昆虫局局长等职 |
| 吴宪 | 1893—1959 | 福建福州 | 1911 年赴美国麻省理工学院；1917 年考入哈佛大学研究生院，1919 年获博士学位 | 博士 | 1920 年回国，任北京协和医学院生理生化助教，1921 年升任讲师，1928 年升教授，1948 年当选为中央研究院院士。我国生物化学领军人之一 |

续表

| 姓名 | 生卒时间（年） | 籍贯 | 留学情况 | 最终学位 | 回国时间、职称/职务、研究方向 |
|---|---|---|---|---|---|
| 陈桢 | 1894—1957 | 江西铅山 | 1921年获美国哥伦比亚大学硕士学位后随著名遗传学家T. H. 摩尔根（Morgan）专攻遗传学； | 硕士 | 1922年回国，先后任东南大学、清华大学生物系教授、主任。1923年开展金鱼遗传的研究工作。编著的《普通生物学》于1924年由上海商务印书馆出版。1948年当选为中央研究院院士，1955年当选为中国科学院学部委员。我国近代动物遗传学、生物学史领军人 |
| 经利彬 | 1895—1958 | 浙江上虞 | 早年留学法国里昂大学，获理学及医学博士学位 | 博士 | 历任北平大学、中山大学等生物系教授，北平研究院生物部主任。动物形态学、解剖学、生理学领军人 |
| 李汝祺 | 1895—1991 | 天津 | 1919—1923年在美国普度大学留学，获博士学位后考入哥伦比亚大学，在摩尔根的指导下从事遗传学研究 | 博士 | 1926年回国，先后在复旦大学、燕京大学、北京大学任教授。我国动物遗传学领军人 |
| 胡经甫 | 1896—1972 | 广东三元 | 1920年清华大学公费留美，1922年获康奈尔大学博士学位 | 博士 | 1922年回国，历任东南大学、东吴大学、燕京大学、北京大学等校教授。1955年当选为中国科学院学部委员。昆虫分类学、医学昆虫学领军人 |
| 蔡翘 | 1897—1990 | 广东揭阳 | 1922年考入美国芝加哥大学生理系，1925年获博士学位 | 博士 | 1925年回国，在复旦大学任教，是我国生理学科创建人之一。致力于航天航空航海生理学研究。1948年当选为中央研究院院士，1955年当选为中国科学院学部委员 |
| 蔡堡 | 1897—1986 | 浙江余杭 | 1923年考入美国耶鲁大学和哥伦比亚大学动物系，后获硕士学位 | 硕士 | 1926年回国，先后任复旦大学、中央大学、浙江大学教授。动物学、动物生理学领军人 |
| 张景欧 | 1897—1952 | 江苏金坛 | 1920年赴美留学，1922年获美国加利福尼亚州立大学昆虫学硕士学位 | 硕士 | 1922年回国，任东南大学教授兼江苏昆虫局技师，指导江南地区治蝗工作。我国早期病虫害检疫工作的创建者，经济昆虫学领军人 |
| 邹钟琳 | 1897—1983 | 江苏无锡 | 1929年获江苏昆虫局资助赴美明尼苏达大学昆虫系学习，1931年获硕士学位，后再入康奈尔大学深造 | 硕士 | 1932年回国，任中央大学农学院副教授兼江苏昆虫局技术训练主任 |
| 王家楫 | 1898—1976 | 江苏奉贤 | 1925年赴美国宾夕法尼亚大学动物系学习，1928年获获哲学博士学位。1948年当选为中央研究院院士 | 博士 | 1929年回国，任中央大学教授，中央研究院自然历史博物馆、中央研究院动植物研究所、中央研究院动物研究所所长。1955年当选为中国科学院学部委员。我国原生动物学奠基人 |
| 张锡钧 | 1899—1988 | 天津 | 1920年毕业于清华学堂，1920—1926年留学美国，先后获学士、医学博士和哲学博士学位 | 博士 | 1926年回国，任北京协和医学院生理科助教。1948年协和医学院复校，任生理学科教授、主任。1955年当选为中国科学院学部委员 |

| 姓名 | 生卒时间（年） | 籍贯 | 留学情况 | 最终学位 | 回国时间、职称／职务、研究方向 |
|---|---|---|---|---|---|
| 张作人 | 1900—1991 | 江苏泰兴 | 1921 年在日本高等预备学校学习；1928—1930 年在比利时布鲁塞尔大学动物研究所学习，获科学博士学位；1930—1932 在法国奥斯科夫海洋生物研究所工作，后转入斯特拉斯堡大学生物研究所学习，获自然科学博士学位 | 博士 | 1921 年回国，先后任中学、大学博物学教员，后任中山大学、同济大学及华东师范大学教授。我国原生动物细胞学及实验原生动物学的奠基人之一 |
| 刘崇乐 | 1901—1969 | 福建闽侯 | 1922—1926 年赴美国康乃尔大学昆虫系学习，1926 年获农学博士学位 | 博士 | 1926 年回国，先后任清华大学、北京大学、北京师范大学教授。中国科学院动物研究所研究员。昆虫学、昆虫分类学、昆虫生物防治领军人。1955 年当选为中国科学院学部委员 |
| 童第周 | 1902—1979 | 浙江鄞县 | 1930 年毕业于复旦大学生物系，1934 年在比利时布鲁塞尔大学获哲学博士学位 | 博士 | 1934 年回国任山东大学生物系教授。抗战时期先后任中央大学医学院、同济大学、复旦大学生物系教授。1948 年当选为中央研究院院士，同年赴美国耶鲁大学任客座研究员。1949 年回国任山东大学生物系主任。1955 年当选为中国科学院学部委员。我国实验胚胎学奠基人之一 |
| 蔡邦华 | 1902—1983 | 江苏溧阳 | 1920—1924 年于日本鹿儿岛大学昆虫学系学习，1927 年考入帝国大学农学院研究蝗虫分类。后赴德国进修昆虫生态学 | 博士 | 1924 年回国，先后任北京农业大学、浙江大学等教授。昆虫分类学、昆虫生态学领军人。1955 年当选为中国科学院学部委员 |
| 贝时璋 | 1903—2009 | 浙江镇海 | 1928 年获德国图滨根大学自然科学博士学位 | 博士 | 1929 年秋回国，在浙江大学生物系任教授。1955 年当选为中国科学院学部委员。我国实验动物学和生物物理学的领军人 |

### 附表 2  中国近代动物学第二代领军人物名单

| 姓名 | 生卒时间（年） | 籍贯 | 留学情况 | 最终学位 | 回国时间、职称／职务、研究方向 |
|---|---|---|---|---|---|
| 朱洗 | 1900—1962 | 浙江临海 | 1920 年赴法勤工俭学；1925 年考入法国蒙伯利埃大学，师从巴德荣，从事实验生物学研究，1931 年获法国国家博士学位 | 博士 | 1932 年回国，任中山大学教授；1935 年在北平研究院动物研究所任研究员。1937 年到上海筹建生物研究所，此后发表一系列论文。1955 年当选为中国科学院学部委员。我国细胞生物学和实验生物学的创始人和奠基人之一 |
| 伍献文 | 1900—1985 | 浙江瑞安 | 1929 年赴法国留学，在法国巴黎博物馆鱼类学实验室学习，1932 年获巴黎大学科学博士学位 | 博士 | 1930 年回国，历任中央研究院自然历史博物馆技师。1934 年任中央研究院动植物研究所、动物研究所研究员。1955 年当选为中国科学院学部委员。我国鱼类学奠基人之一 |

续表

| 姓名 | 生卒时间（年） | 籍贯 | 留学情况 | 最终学位 | 回国时间、职称/职务、研究方向 |
|---|---|---|---|---|---|
| 刘承钊 | 1900—1976 | 山东泰安 | 1927年毕业于燕京大学，获学士、硕士学位；1932年考入康奈尔大学，1934年获哲学博士学位。然后赴欧洲各国查看标本，模式标本 | 博士 | 1934年回国，在东吴大学执教，并继续从事两栖爬行动物研究。我国两栖、爬行动物学奠基人之一 |
| 刘咸 | 1901—1970 | 江西都昌 | 1925年毕业于东南大学生物系；1928年赴英国牛津大学学习人类学，曾多次赴德国、法国考察，1932年获牛津大学科学硕士学位 | 硕士 | 1932年回国，任山东大学生物系教授、系主任。1935—1942年，任中国科学社社刊《科学》主编。1945年后任暨南大学、复旦大学生物系教授。人类学、生物化学等领军人 |
| 沈嘉瑞 | 1902—1975 | 浙江嘉兴 | 1932年赴英国，在伦敦大学动物系研究甲壳动物，1934年获哲学博士学位 | 博士 | 1935年回国，先后在北京大学、西南联合大学、云南大学生物系任教。甲壳动物学奠基人 |
| 肖采瑜 | 1903—1978 | 山东胶南 | 1933年毕业于北京师范大学生物系；1936年在美国俄勒冈州立大学生物系学习，获硕士学位；后入爱荷华州立大学获博士学位。太平洋战争爆发后无法回国，在俄勒冈州立大学、美国海军部医务局从事昆虫研究工作 | 博士 | 1946年回国，任南开大学生物系教授及主任，长达30余年。是我国著名半翅目昆虫分类学权威，培养了一大批昆虫学人才，是我国昆虫分类学研究的领军人之一 |
| 张孟闻 | 1903—1993 | 浙江宁波 | 1934年在法国巴黎大学留学，1936年获博士学位。后赴德国马普博物馆、柏林大学博物馆、比利时皇家博物馆、荷兰海牙博物馆、大英博物馆考察 | 博士 | 出国前曾在中国科学社生物研究所工作。1937年回国，历任浙江大学、复旦大学教授。我国两栖、爬行动物研究的领军人之一 |
| 陈心陶 | 1904—1977 | 福建古田 | 1925年毕业于福建协和大学生物系；1928—1929年在美国明尼苏达大学攻读寄生虫学，获硕士学位；1929—1931年在美国哈佛大学医学院获哲学博士学位；1948—1949年在美国哈佛大学、芝加哥大学考察 | 博士 | 1931年回国，先后在岭南大学、香港大学、中正大学医学院、中山大学医学院任教授。从事寄生虫学研究和教学，是我国医学寄生虫领域的领军人 |
| 徐荫祺 | 1905—1986 | 广东三元 | 1926年毕业于东吴大学生物系；1929年获燕京大学硕士学位；1932年获康奈尔大学昆虫学系博士学位 | 博士 | 1932年回国，历任东吴大学、圣约翰大学、沪江大学教授。我国医学昆虫学领军人之一 |
| 陈世骧 | 1905—1988 | 浙江嘉兴 | 1928年赴法巴黎大学留学，1934年获博士学位，论文获1934年巴赛奖金 | 博士 | 1934年回国，先后任中央研究院动植物研究所和动物研究所专任研究员，中国科学院动物研究所所长。1955年当选为中国科学院学部委员。我国昆虫分类学领军人之一 |
| 郑作新 | 1906—1998 | 福建福州 | 1926年赴美国密歇根大学生物系，1927年、1930年先后获得硕士和博士学位 | 博士 | 1930年回国，任福建协和大学教授兼生物系主任。从事鸟类学研究，是我国近代鸟类学奠基人之一。1980年当选为中国科学院学部委员 |

续表

| 姓名 | 生卒时间（年） | 籍贯 | 留学情况 | 最终学位 | 回国时间、职称／职务、研究方向 |
|------|--------------|------|----------|----------|-------------------------------|
| 卢于道 | 1906—1985 | 浙江宁波 | 1926年毕业于南京东南大学，获理学学士学位；同年赴美国芝加哥大学攻读神经生理学和解剖学，1930年获解剖学科哲学博士学位 | 博士 | 1930年回国，在中央大学医学院任教，主讲《解剖学》，并编写了国内第一本《神经解剖学》中文教材。1931年任国立中央研究院心理研究所专任研究员，从事人脑的显微研究。1941年担任湘雅医学院教授。1941—1942年任中国科学社生物研究所教授和中国科学社代理总干事、总干事。我国解剖学、神经生理学奠基人之一 |
| 冯德培 | 1907—1995 | 浙江临海 | 1926年毕业于复旦大学生物系；1927年在协和医学院生物系读研究生；1929年考取美国芝加哥大学，1930年获硕士学位；1933年考取伦敦大学，获博士学位 | 博士 | 1934年回国，在北京协和医学院生理系任讲师、副教授。1946—1947年在美国洛克菲勒医学研究所任访问研究员。1948年当选为中央研究院院士。1950年后任中国科学院上海生理研究所研究员兼所长，中国科学院华东分院、上海分院副院长。1955年当选为中国科学院学部委员。我国及国际神经和肌肉生理学研究的先驱者 |
| 邹钟琳 | 1897—1983 | 江苏无锡 | 1929年获江苏昆虫局资助赴美国明尼苏达大学昆虫系学习，1931年获硕士学位，后再入康奈尔大学深造 | 硕士 | 1932年回国，任中央大学农学院副教授兼江苏昆虫局技术训练主任 |
| 汪德耀 | 1903—2000 | 江苏灌县 | 1921年公费留法，1925年获里昂大学理科硕士学位；1926年到巴黎大学从事胚胎生理学研究，1931年获博士学位 | 博士 | 1931年回国，先后在国立北平大学、西北联合大学、厦门大学任教，1945年任厦门大学校长。我国细胞生物学领军人之一 |
| 武兆发 | 1904—1957 | 河南巩县 | 河南留学欧美预备学校英文科毕业，1929年获美国威斯康星大学动物学博士学位 | 博士 | 1929年回国，历任东吴大学、北平师范大学、辅仁大学、中国大学生物系教授。我国细胞生物学早期学术带头人之一 |
| 朱弘复 | 1910—2002 | 江苏南通 | 1935年毕业于清华大学生物系；1942年在美国伊利诺伊大学研究生院攻读昆虫学，获理学硕士学位；1945年获哲学博士学位。1946—1947年任爱荷华州威灵大学生物系客座教授 | 博士 | 1947年回国，任北平研究院动物研究所专任研究员，主持筹建昆虫研究室。我国昆虫分类学领军人之一 |
| 庄孝僡 | 1913—1995 | 山东莒南 | 1935年毕业于山东大学生物系；1936年赴德国慕尼黑大学深造，1939年获博士学位，并在该校解剖系任教。1943年任德国富来堡大学讲师 | 博士 | 1944年回国，任北京大学生物系教授、系主任及医预科主任。1950年任中国科学院实验生物研究所研究员、所长，1980年当选为中国科学院学部委员 |

附表 3　中国近代动物学第三代领军人物名单

| 姓名 | 生卒时间（年） | 籍贯 | 留学情况 | 最终学位 | 回国时间、职称/职务、研究方向 |
|---|---|---|---|---|---|
| 邱式邦 | 1911—2010 | 浙江吴兴 | 1948 年赴英国剑桥大学动物系，在 V.B.Wrigglesworth 指导下研究蝗虫生理，了解英国治蝗理论与实践 | 不详 | 1951 年回国，长期主持蝗灾治理。1980 年主持中国农业科学院生物防治研究所工作，1980 年当选为中国科学院学部委员。我国农林害虫防治研究领军人之一 |
| 张致一 | 1914—1990 | 山东泗水 | 获（美）爱荷华大学生物系硕士、博士学位 | 博士 | 1957 年回国，从事内分泌、生殖生物学研究。1980 年当选为中国科学院学部委员。我国生殖生物学奠基人之一 |
| 马世骏 | 1915—1991 | 山东滋阳 | 1948 年赴美国犹他州立大学攻读昆虫生态，获硕士学位；1951 年获明尼苏达大学哲学博士学位 | 博士 | 1951 年回国，历任中国科学院昆虫研究所、动物研究所研究员，中国科学院生态环境研究中心主任。1955 年当选为中国科学院学部委员。我国昆虫生态学、生态学学科奠基人 |
| 钦俊德 | 1916—2008 | 浙江安吉 | 1947—1951 年在荷兰阿姆斯特丹大学攻读昆虫生理，获博士学位 | 博士 | 1952 年回国，历任中国科学院昆虫研究所、动物研究所研究员。1991 年当选为中国科学院学部委员。我国昆虫生理学学科奠基人之一 |
| 陈阅增 | 1915—1996 | 河南灵宝 | 1937 年毕业于北京大学生物系，抗战期间任西南联大、云南大学助教、讲师。1947—1950 年在剑桥大学攻读原生动物，1950 年获博士学位 | 博士 | 1950 年回国，历任北京大学副教授、教授、系主任。我国原生动物学领军人之一 |
| 林昌善 | 1913—2000 | 福建福州 | 1936 年毕业于燕京大学生物系，后获硕士学位。1951 年获美国明尼苏达大学农学院昆虫学系博士学位 | 博士 | 1951 年回国，任北京大学生物系教授，从事昆虫生态学研究。我国昆虫生态学研究领军人之一 |
| 张香桐 | 1907—2007 | 河北正定 | 1933 年毕业于北京大学生物系，1946 年获美国耶鲁大学博士学位。曾先后在美国霍普金斯大学、耶鲁大学医学院及洛克菲勒医学研究所工作 | 博士 | 1956 年回国，曾在中国科学院上海生理研究所、科学院脑所从事神经生理学研究。1957 年当选为中国科学院学部委员，是国际著名的神经生理学家和国际公认的树突生理功能研究的先驱 |
| 刘建康 | 1917—2017 | 江苏吴江 | 1938 年毕业于东吴大学生物系；1939—1945 年在中央研究院动植物研究所攻读研究生；1947 年获加拿大麦吉尔大学哲学博士学位 | 博士 | 1949 年回国，曾任中国科学院水生生物研究所所长。1980 年当选为中国科学院学部委员。我国淡水生态学奠基人，鱼类实验生物学开创者之一 |